乡村振兴

2017主题研讨暨首届全国高等院校城乡规划专业大学生乡村规划方案竞赛优秀成果集

全国自选基地

中国城市规划学会乡村规划与建设学术委员会学术成果
中国城市规划学会小城镇规划学术委员会学术成果

乡村振兴

——2017主题研讨暨首届全国高等院校城乡规划专业大学生乡村规划方案竞赛优秀成果集（全国自选基地）

中国城市规划学会乡村规划与建设学术委员会
中国城市规划学会小城镇规划学术委员会
同济大学　主编
浙江工业大学
安徽建筑大学

上海同济城市规划设计研究院　参编

中国建筑工业出版社

图书在版编目（CIP）数据

乡村振兴——2017主题研讨暨首届全国高等院校城乡规划专业大学生乡村规划方案竞赛优秀成果集（全国自选基地）/中国城市规划学会乡村规划与建设学术委员会等主编. —北京：中国建筑工业出版社，2018.9
ISBN 978-7-112-22565-1

Ⅰ.①乡…　Ⅱ.①中…　Ⅲ.①乡村规划-中国　Ⅳ.①TU982.29

中国版本图书馆CIP数据核字（2018）第186299号

责任编辑：杨　虹　尤凯曦
书籍设计：付金红
责任校对：焦　乐

乡村振兴
——2017主题研讨暨首届全国高等院校城乡规划专业
大学生乡村规划方案竞赛优秀成果集（全国自选基地）

中国城市规划学会乡村规划与建设学术委员会
中国城市规划学会小城镇规划学术委员会
同济大学　主编
浙江工业大学
安徽建筑大学

上海同济城市规划设计研究院　参编
*
中国建筑工业出版社出版、发行（北京海淀三里河路9号）
各地新华书店、建筑书店经销
北京雅盈中佳图文设计公司制版
天津图文方嘉印刷有限公司印刷
*
开本：880×1230毫米　1/16　印张：$24\frac{3}{4}$　字数：572千字
2018年10月第一版　2018年10月第一次印刷
定价：**148.00**元
ISBN 978-7-112-22565-1
(32639)

编委会

序言／1

我国的乡村相对于城市而言是一个更具复杂性的地域，它既可以理解为城市以外的地区，同时也包含在城市地域中。乡村地域中既有与城市同样复杂的人口、经济、物质空间等要素，更有城市所不具有的农田、水塘、山林、河川等半自然或自然的要素，是一个更加复合的系统。长期以来，由于我国城乡经济社会发展被制度化的割裂开，乡村地区的发展受到极大地忽视，以往的城市规划专业教育对乡村地区的发展与规划并不重视，即使在规划中存在一些乡村的要素，也是出于服务城市需要的考虑，如城市郊区的副食品供应基地、城市的垃圾处理（填埋）场在郊区的选址等。伴随着改革开放以来国家经济社会发展体制的转型，城乡地域之间出现了越来越紧密的经济社会联系，人口、资金、资源等发展要素的跨地域流动不断增强，极大地促进了城乡地域的发展。2008 年我国出台了《中华人民共和国城乡规划法》，2011 年国家设立了城乡规划学一级学科，高等院校城乡规划专业教学对城乡地域及其规划的内涵认识不断加深，尤其是针对乡村地区，已经从关注较为简单的村庄建设空间形态规划拓展到城镇化发展框架下的更深层次的挖掘乡村经济社会发展规划及其对乡村空间的影响，并充分体现出城乡规划专业的教学体系的不断变化和完善。

党的十九大提出实施乡村振兴战略“产业兴旺、生态宜居、乡风文明、治理有效、生活富裕”的总要求，深刻揭示出乡村发展的丰富内涵。乡村发展首先要体现出乡村的产业发展，不仅是乡村的农业发展，更要体现出农业与二三产业的深度融合，保障农民富裕生活的实现。乡村发展要体现在乡村社会与文化的发展，还应包括乡村治理体系的完善与生态文明进步。本次 2017 年度首届全国高等院校城乡规划专业大学生乡村规划方案竞赛的成功举办就是我国高校城乡规划专业教学体系对城乡规划学科内涵与实施乡村振兴战略深刻理解的充分体现。

本次竞赛的三类基地中，有两个指定基地和一个自选基地。其中，安徽合肥基地的庐阳区三十岗乡作为合肥城市的边缘区，发挥着“都市后花园”的作用，其发展路径反映出其特殊区位对乡村发展的重要影响，其产业发展与生态建设成为该发展路径实现的重要支撑，三十岗乡的自然与人文资源被充分利用，美食、文化、音乐等要素被整合成为服务城市的休闲旅游。浙江台州基地的黄岩区宁溪镇的发展模式则表现为乡村绿色导向、生态导向的特色，体现了坚持人与自然和谐共生和绿水青山就是金山银山的发展理念。围绕这两个指定基地的 45 所高校 62 个参赛作品均在不同程度上把握了这两个基地乡村的本质特征，并开展了多视角的全面的乡村经济、社会、文化、历史与生态及自然环境的细致调查，在充分利用好乡村特色优势资源的基础上，以清晰的逻辑勾画出各具特色的乡村发展路径。同样，以自选基地参赛的 36 所高校提交的 74 个作品除了能体现出乡村发展的多样性与综合性外，还反映出我国乡村发展的极大差异化，不同地域发展条件与背景下的不同乡村规划理念与模式。

此次 2017 年度首届全国高等院校城乡规划专业大学生乡村规划方案竞赛也是对我国高校城乡规划专业在乡村规划教学实施方面的一次全面检阅。从 60 所高校提交的 136 个参赛作品来看，各高校在乡村规划教学体系上，无论是乡村发展的内涵，还是在乡村的地域层次以及城乡地域的联系上，已经基本形成了一整套完整并各具特色的乡村规划教学内容与教学方法。因此，我们有理由相信，我国高等院校城乡规划专业培养的人才完全能够成为乡村规划建设领域的高级专业人才，在我国的乡村振兴战略中发挥重要的作用。同时，也衷心希望在各方的共同努力下，全国高等院校城乡规划专业大学生乡村规划方案竞赛会越办越好。

住房和城乡建设部高等教育城乡规划专业评估委员会　主任委员
中国城市规划学会小城镇规划学术委员会　主任委员
同济大学建筑与城市规划学院　党委书记　教授

彭震伟

序 言／2

40 年的城镇化进程深刻影响着我国的城乡发展格局，促进城乡共同繁荣，实现城乡统筹发展，成为中国走向现代化的时代使命。党的十九大提出实施乡村振兴战略，乡村地区发展迎来前所未有的机遇，也对乡村规划建设人才培养提出了迫切需求，城乡规划教育肩负着适应新时代乡村振兴人才培养的历史责任。

2011 年城乡规划学确立为一级学科以后，部分高校率先将乡村规划纳入教学体系，探索从理论和实践教学两个方面完善教学内容，并通过联合教学、基地化教学等方式积累乡村规划教学经验。但总体上，全国高校的乡村规划教育尚处于起步阶段，人才培养与社会需求尚存在差距。2017 年 3—4 月，中国城市规划学会乡村规划与建设学术委员会秘书处对部分设置城乡规划专业的高校开展乡村规划教学情况进行了调研，在被调研的近 50 所高校中，56% 的高校开设了独立课程，28% 的高校设置了相关教学内容，而有 16% 的高校尚未设置。许多学校仅增加了理论教学内容，由于缺少教学基地、实践项目及受到教学经费限制等原因，乡村规划实践教学难以开展。

为了在全国范围内加快推动乡村规划教学的开展，促进高校间教学经验交流，2017 年 6 月，中国城市规划学会乡村规划与建设学术委员会和小城镇规划学术委员会，在国务院学位委员会城乡规划学科评议组、高等学校城乡规划学科专业指导委员会和住房和城乡建设部高等教育城乡规划专业评估委员会的支持下，在同济大学举办了乡村规划教育论坛，期间发布了《共同推进乡村规划建设人才培养行动倡议》，呼吁社会各界关注乡村规划教育事业发展。同时，作为践行这一倡议的重要举措之一，在论坛上正式发布举办首届全国高等院校城乡规划专业大学生乡村规划方案竞赛。

该项竞赛活动一经发起，即得到地方政府和各高校的大力支持和积极响应。分别确定浙江台州黄岩区宁溪镇白鹤岭下村、安徽合肥庐阳区三十岗乡作为两个竞赛基地，由地方提供调研便利和部分教学经费资助，同时各高校也可以自选基地参赛，按照统一任务书要求分别推进相关工作。共有近 70 所开设城乡规划专业及相关专业的高校报名，最终 60 所高校的 136 个参赛队伍提交了作品，近千名师生参与了竞赛。

2017 年 11 月底至 12 月初，大赛分别在浙江省台州市黄岩区、安徽省合肥市庐阳区和同济大学分别举办了方案评选、学术研讨和教学交流等活动，共评选出 75 个奖项，分别为 5 个一等奖、8 个二等奖、12 个三等奖、15 个优胜奖和 27 个佳作奖，此外还评选出三个最佳研究奖、两个最佳创新奖、一个最佳创意奖和两个最佳表现奖等 8 个单项奖。为了更好地推广此次竞赛的成果，共同促进乡村规划教学水平的提高，特将两个竞赛基地和一个自选基地的参赛作品，汇编成三册出版。

从此次竞赛活动举办的效果来看，有效推动了乡村规划实践教学的开展。广大师生走出校园深入乡村，与村民面对面交流，全方位调研乡村所处的地理环境、资源条件、产业条件、人口状况以及乡村地区的生产生活方式，自下而上地了解乡村发展过程。从获奖作品来看，准确把握了乡村规划的本质特征，立足深入调研和乡村发展实际，构建了较为清晰的规划逻辑和策略框架，展现了较强的研究及表现能力，对学生是一次综合能力的训练。在调研和评选两个环节的交流中，促进了高校间的相互学习和交流。

此次竞赛活动是一次高校之间、校地之间合作开展乡村规划教学的成功探索，感谢所有参与高校、广大师生及地方机构对此次活动给予的大力支持。感谢台州基地的承办单位，浙江工业大学小城镇城市化协同创新中心、浙江工业大学建筑工程学院、台州市住房和城乡建设局、台州市规划局、台州市黄岩区人民政府。感谢合肥基地的承办单位，三十岗乡人民政府和安徽建筑大学。全国自选基地的承办单位，同济大学建筑与城市规划学院和上海同济城市规划设计研究院。感谢多位专家教授在方案评选和教学研讨中的辛勤工作，感谢中国建筑工业出版社对出版工作给予的支持与帮助。希望本次竞赛成果的出版能够为我国城乡规划学科的发展提供一些乡村规划教学的经验借鉴，对于推进乡村规划建设人才的培养做出一些有益的贡献。

中国城市规划学会乡村规划与建设学术委员会　主任委员
同济大学建筑与城市规划学院　副院长、教授

张尚武

目 录

前言

在2017年度首届全国高等院校城乡规划专业大学生乡村规划方案竞赛活动中，为了满足来自全国各地高校学子们的参与热情，大赛组委会在浙江和安徽两个指定基地的基础上，专门增设了全国自选基地，并由同济大学承担相关的组织评审等工作，由两个指定基地的承办单位共同承担获奖方案奖励及成果出版等工作。

来自全国各地开设城乡规划专业及相关专业高校的学子们踊跃参与，在截止期前共有来自36所高校的74个团队提交了作品，涉及71个村落，它们位于全国的20个省、直辖市和自治区。

2017年12月11日，主办方邀请专家在同济大学对自选基地方案进行了评审。12月12—22日期间，主办方在同济大学中法中心举办了展览，全国自选基地竞赛方案、台州和合肥两基地的获奖方案都参加了此次展览。虽然接近年底并且时间较为短暂，展览仍然吸引了来自各地的参观者。

2017年12月16日，主办方在同济大学向获奖团队颁奖并举办了学术研讨会，中国城市规划学会常务副理事长兼秘书长石楠教授、同济大学副校长伍江教授、同济大学建筑与城市规划学院党委书记彭震伟教授、同济大学建筑与城市规划学院城市规划系系主任杨贵庆教授分别致辞，中国城市规划学会副秘书长曲长虹女士也专程出席了颁奖仪式。

学术研讨会还专门邀请了7位乡村规划与建设领域的专家做了学术报告。来自新疆维吾尔自治区住房和城乡建设厅，中国城市规划学会乡村规划与建设学术委员会委员归玉东局长的报告：《蝴蝶村的蜕变——伽师县克皮乃克村村庄规划及实践》；来自复旦大学，中国城市规划学会乡村规划与建设学术委员会顾问戴星翼教授的报告：《传统与现代农村社区》；来自同济大学美丽乡愁公益团队的创始人彭婧的报告：《我的故事我的家——美丽乡愁大学生公益实践计划》；来自同济大学，中国城市规划学会乡村规划与建设学术委员会主任委员张尚武教授的报告：《城乡现代化与乡村振兴》；来自苏州科技大学，中国城市规划学会乡村规划与建设学术委员会委员范凌云教授的报告：《苏南特色田园乡村规划建设实践》；来自南京大学、中国城市规划学会乡村规划与建设学术委员会委员罗震东教授的报告 :《淘宝村 3.0 与美丽乡村建设》；来自同济大学、中国城市规划学会小城镇规划学术委员会主任委员彭震伟教授的报告 :《小城镇发展与实施乡村振兴战略的思考》。

颁奖仪式上，主办方特邀了三位分别参与指定基地和自选基地方案评审的专家，浙江省城乡规划设计研究院的余建忠副院长、上海麦塔城市规划设计有限公司的陈荣总经理、浙江大学乡村人居环境研究中心主任王竹教授，对参加本次竞赛的方案进行了点评。

总体上，本次竞赛的竞争非常激烈，不仅获奖面非常分散，而且相当部分的传统名校落选高等级奖项，一些在以往城乡规划类大学生方案竞赛中少有露面的院校则引人注目，众多高校在乡村规划的教与学领域里共同站在了一个崭新的起跑线上。

从获奖方案来看，凡胜出者殊为不易，既要准确把握乡村规划的本质特征，又要立足当地进行深入调查以获悉自然、社会经济、历史等多方面的信息，同时还必须提出明确的村庄发展思路和逻辑严谨的行动策略，以及足以吸引眼球的表达或表现，只有那些具备足够强的综合能力的团队，才有可能在竞赛中脱颖而出。

这次自选基地的方案征集和评审等活动获得了圆满成功，也吸引了来自高校、研究和规划编制机构，以及很多地方政府的高度关注及支持，为乡村规划教育事业发展做出了积极贡献。

今天呈现给大家的，就是自选基地获奖方案及部分调研花絮，以及 12 月 16 日学术研讨会部分嘉宾的学术报告整理稿。我们希望这种分享，不仅能够记录下这次具有重要意义的活动，而且能够为大家提供这次活动的学术资料，为后续的继续发展尽绵薄之力。

本次活动的顺利举办，以及学术成果的顺利出版，不仅得益于主办方的领导和支持，也需要特别鸣谢同济大学、浙江工业大学和安徽建筑工业大学，以及中国城市规划学会的大力支持。

中国城市规划学会乡村规划与建设学术委员会秘书长
同济大学建筑与城市规划学院院长助理、副教授、博士生导师

栾　峰　博士

张尚武

栾 峰

张 立

会议主持：张尚武、栾　峰、张　立

2017 年度（首届）全国高等院校城乡规划专业大学生乡村规划方案竞赛（全国自选基地）颁奖点评暨学术研讨会由中国城市规划学会乡村规划与建设学术委员会、中国城市规划学会小城镇规划学术委员会共同主办，同济大学建筑与城市规划学院、上海同济城市规划设计研究院共同承办。

本次会议由中国城市规划学会乡村规划与建设学术委员会主任委员、同济大学建筑与城市规划学院副院长张尚武教授，中国城市规划学会乡村规划与建设学术委员会秘书长、同济大学建筑与城市规划学院栾峰副教授，中国城市规划学会小城镇规划学术委员会秘书长、同济大学建筑与城市规划学院张立副教授共同主持。

本次会议特别邀请了中国城市规划学会石楠副理事长、秘书长，曲长虹副秘书长，同济大学常务副校长伍江教授，同济大学建筑与城市规划学院城市规划系主任杨贵庆教授等出席并致辞。

石楠秘书长致辞

中国城市规划学会副理事长、秘书长

年底大家非常忙，这么忙的情况下大家还一起参加这个活动，我代表中国城市规划学会，向参加活动的领导、专家表示感谢，特别要感谢 70 所高校，一百个团队，大家在半年时间以内，投入了大量精力，还有几个基地，黄岩基地、合肥基地以及其他自选基地对活动的支持。从这项工作当中可以看出，大家对于乡村规划问题高度重视，我们学会两个委员会从年初开始研究，要从教学、学生培养做一些工作，从年中开始做这个竞赛，可以说一炮打红成为行业里很重要的教学活动。上次乡村规划与建设学术委员会开会时就讲，学会很多工作，大家非常支持，从有激情，到慢慢很理性地研究这项工作怎么做好，乡村规划建设确实也是这么一个情况，十九大讲到乡村振兴战略问题，特别从人、地、钱的问题，讲到农业和农村的现代化，这是“三农”基础上又一次重大的突破。从这个领域来讲，我们城乡规划专业也是义不容辞，同时也是我们城乡规划专业的短板领域，做好城乡规划工作，需要大家的支持，学会的平台也搭建起来了，希望大家用好这个平台，我们会对于大家在乡村规划建设领域各方面的工作给予必要的支持，也预祝这次会议圆满成功！

谢谢大家！

伍江教授致辞

同济大学常务副校长、教授

非常感谢今天最后的颁奖仪式在我们这里举行，首先我代表同济大学，对大家光临这个活动表示欢迎，同时也对将会获奖的同学、团队致以最高的祝贺，祝贺大家。

对于乡村规划，刚才石楠副理事长讲到，这是非常重要的事情。在中国改革开放几十年以后，乡村的发展跟城市的发展明显地产生了十分大的差异，在十九大报告里，习总书记指出我国主要矛盾是发展不平衡不充分的问题，这当中包括城市发展和乡村发展的不平衡不充分，对我们从事专业工作的同学来说，我们经常讲学城乡规划，你选对了时代，非常幸运，指的是我们后面相当长时间的城市工作者。接下来面临一个新的时代，我想在座的各位有更多的机会，不仅从事中国将会持续下来的城市发展，而且乡村规划发展也需要一个专业的过程。

第二，乡村无论在哪个国家，还是哪个地区，尤其在中国，一直是民族文化最重要的空间载体的一部分，离开了乡村，中国很多文化就失去了它的载体，所以我们经常讲乡愁。前两天余光中先生去世，又开始讲“乡愁”，城市也有乡愁，就是“城愁”，为什么我们不用“城愁”这个词，因为乡村有更深的根、更长的历史，跟文化的关联在时空上更深更长。虽然我们今天讲的是乡村规划，规划指的是对未来的谋划，但是一方面，我们不要忘了它是千百年来一个国家、一个文化的重要载体，同时我们今天规划建设的乡村，将会成为明天的历史，这点非常重要。过去我们曾经有段时间很重视乡村，乡村建筑设计，最后理解成农村糊弄糊弄就行，房子画得越土越像乡村，我讲的“土”不是文化的“土”，我指的是越不重视、越不当回事。中国古代的城市，中国古代的建筑，中国古代农村文化的产生，那个乡村文化的发展程度绝对不低于城市，在一些地方甚至高于城市，因为城市里面有更多的政治、军事等其他元素干扰，乡村似乎更少受到这些干扰，可以更加健康地发展它的文化。

第三，作为城乡规划专业，虽然几年前《规划法》改名字，我们的专业也改名字，但是我们的观念还是没变，城乡规划和城市规划区别到底在什么地方，我们所有的教材、思想理论、从西方引进的现代规划理论，似乎都跟乡村没有太大关系，以至于改了城乡规划以后，城市规划专业分数下降了，家长一看到“城市规划”四个字，觉得我的孩子将来毕业不会到农村去，一看到“城乡规划”有一半学生就会到乡村去了，其实这都是误解。乡村的规划其实跟城市规划一样重要，乡村的规划其实比城市的规划可能更复杂，这个“复杂”不在于城市里面的工程体系、工程系统，各种复杂的技术问题，它更多跟文化关联，跟生活方式关联，跟一个民族的价值观念相关联。所以我们希望通过这个竞赛活动，让更多的同学能够思考中国的乡村规划问题，实际上这样一种努力，可以为明天中国的乡村发展提供好的专业储备，其实就中国的乡村规划发展这样一个学术上的进步，也一定会推动全世界对于乡村问题的重视。

我想，竞赛活动意义非常重大，再次祝福获奖的同学，同时对所有参与的同学都要祝福，我希望有更多同学参与这个活动。刚才提到了70所大学，中国现在有城乡规划专业的大学不止70个，我希望更多学校、更多老师、更多学生参与。同时祝我们城乡规划专业越办越红火。我就讲这些。

杨贵庆教授致辞

同济大学建筑与城市规划学院城市规划系

主任、教授

不好意思，我没做什么准备，首先预祝 2017 年度首届全国高等院校城乡规划专业大学生乡村规划方案竞赛颁奖活动圆满成功。同济大学城市规划系一直耕耘在城乡规划教学领域，这里我们对来自全国各地的老师、学生表示由衷的欢迎。希望通过我们的不懈努力，把新时代乡村振兴战略能够实施好，通过我们的学习和我们的积累，能够冲到乡村规划建设的第一线，能够脚踏实地做一个“务实的远见者”，把我们的城乡规划和国家发展的乡村振兴战略事业有机结合起来，把我们的事业、我们的青春能够书写在祖国大地上，谢谢各位！

彭震伟教授致辞

住房和城乡建设部高等教育城乡规划专业评估委员会主任委员，中国城市规划学会小城镇规划学术委员会主任委员，同济大学建筑与城市规划学院党委书记、教授

尊敬的石楠副理事长，尊敬的伍江副校长，各位专家、各位同学，大家上午好！我站在这里，一方面代表主办方之一中国城市规划学会的小城镇规划学术委员会，也代表承办方——同济大学建筑与城市规划学院，首先要祝贺这次全国高等院校城乡规划专业大学生乡村规划方案竞赛活动，走了那么长时间，应该说取得了圆满的成功。作为主办方之一，整个过程我都参与了，由于时间的安排，我更多参与了合肥基地的活动，从开始到最后，我看到同学们在老师、学校指导下的方案，非常精彩。从这个中间可以看到大家在城乡规划专业中对于乡村规划的理解，大家认为不仅仅是乡村，不仅是涉农方面，涉及跟它相关的方方面面，尤其在合肥基地又考虑到合肥这座城市整体的发展背景。这周我也看了 70 多个在同济大学展出的自选基地方案，说明我们对“乡村”的理解越来越深刻。我待会会跟大家交流，乡村如何更好地发展，要跟城镇、要跟整个区域发展结合，这是我们对乡村未来发展的进一步认识，使得乡村能更好地发展。

长话短说，祝贺所有同学们和老师们在活动中取得的优异成绩，也衷心地祝愿这个活动能持续下去。可能有部分老师知道，尽管这次是首届全国大学生竞赛，但是之前已经有铺垫，以前的铺垫是局部的，在长三角地区小范围的，没有到全国，最早的活动是在崇明岛上的海永镇做的，说明这样的活动从开始到现在越来越关注乡村规划发展建设的重要意义。这么一个有重要意义的话题，不是简单的在中央文件里、在十九大报告里一段文字就能解决的，后面有很多议题需要我们去研究。刚才两位理事长讲了，我们高校城乡规划专业有 200 多个点，196 个高校要靠我们大家，当然还有很多农业、土地、旅游等方面的专家来研究，我衷心地祝愿 2017 年的活动，在 2018、2019 年持续下去，做出丰硕的成果，为城乡规划发展做贡献。

再次感谢各位领导、各位老师、各位学生的付出。

第一部分

学术研讨会报告

蝴蝶村的蜕变
——伽师县克皮乃克村村庄规划及实践

归玉东

中国城市规划学会乡村规划与建设学术委员会委员
新疆维吾尔自治区住房和城乡建设厅建设行政执法局局长

大家好！我今天的报告题目是《蝴蝶村（克皮乃克村）的蜕变》，克皮乃克在维吾尔族语里就是蝴蝶的意思。

这是经验介绍的一段话，我把这段话拿上来作为前言。

“在伽师县有个村子可漂亮了，村子里一座座精美的木护栏小桥，横架在哗啦啦流着水的防渗渠上，一栋栋红墙白窗的房屋，坐落在笔直的柏油路两旁，一走进村民的院落里，生活区、庭院经济区、养殖区都是分开的，后院外还建着葡萄架和拱棚，让人有种小桥流水人家的感觉！”

一、规划背景

2016 年，我们从住建厅到克皮乃克驻村。我们农村安居工程做了很多工作，房子也建了很多，但在村貌改变上还是存在些问题。领导给我们一个任务，针对“只见新房、不见新貌”这个问题做些深入的研究，我们就拿克皮乃克作为试点来研究和实践。

克皮乃克之前做过规划。我们驻村以后把原有的规划拿出来进行评估，发现许多问题，所以提出对原有规划进行深入的修编。

二、项目概况

克皮乃克村在伽师县英买里乡，是一个长条形村庄，总共九个小队，依次从乡政府由西向东排列。这里的农村产业主要就是两个：一是农，二是畜。

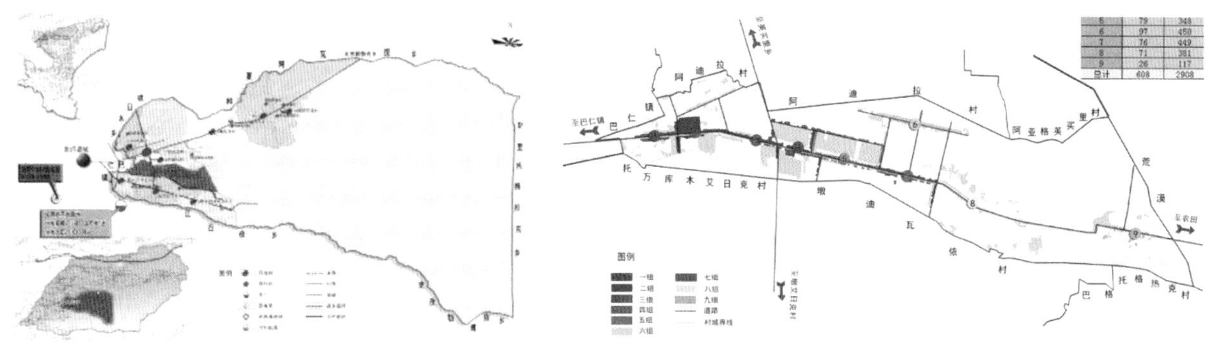

图 1 克皮乃克村区位图

图 2 克皮乃克村村域居民点分布图

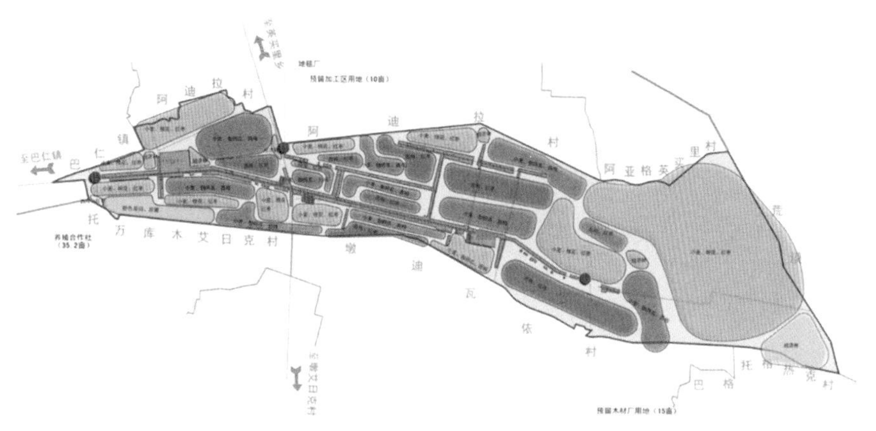

图 3 克皮乃克村村域种植业分布图

图 4 克皮乃克村农业相关图片

三、实施评估

我们评估时考虑的一个重要问题，就是原来的规划为什么在现实中实施不下去。

这里面最主要的问题，是原有的规划的基础调研太少，尤其是农民的意愿没有反映到规划上来。我举个简单的例子，许多规划都说村庄太散、太乱，要进行集中建设，但实际上，村民都不愿意集中建设，甚至集中建设好新房后，他们也宁愿回到老房子里住，新房就空在那里，这是一个很大的问题。我们在这个地方经过调研以后，也的确明白了他们为什么愿意在老房子住，而不愿意集中到新房住，因为跟他们的生产生活方式有很大的关系。

这次我们做规划，一是重视并突出村域规划，二是选择示范区编制整治规划。

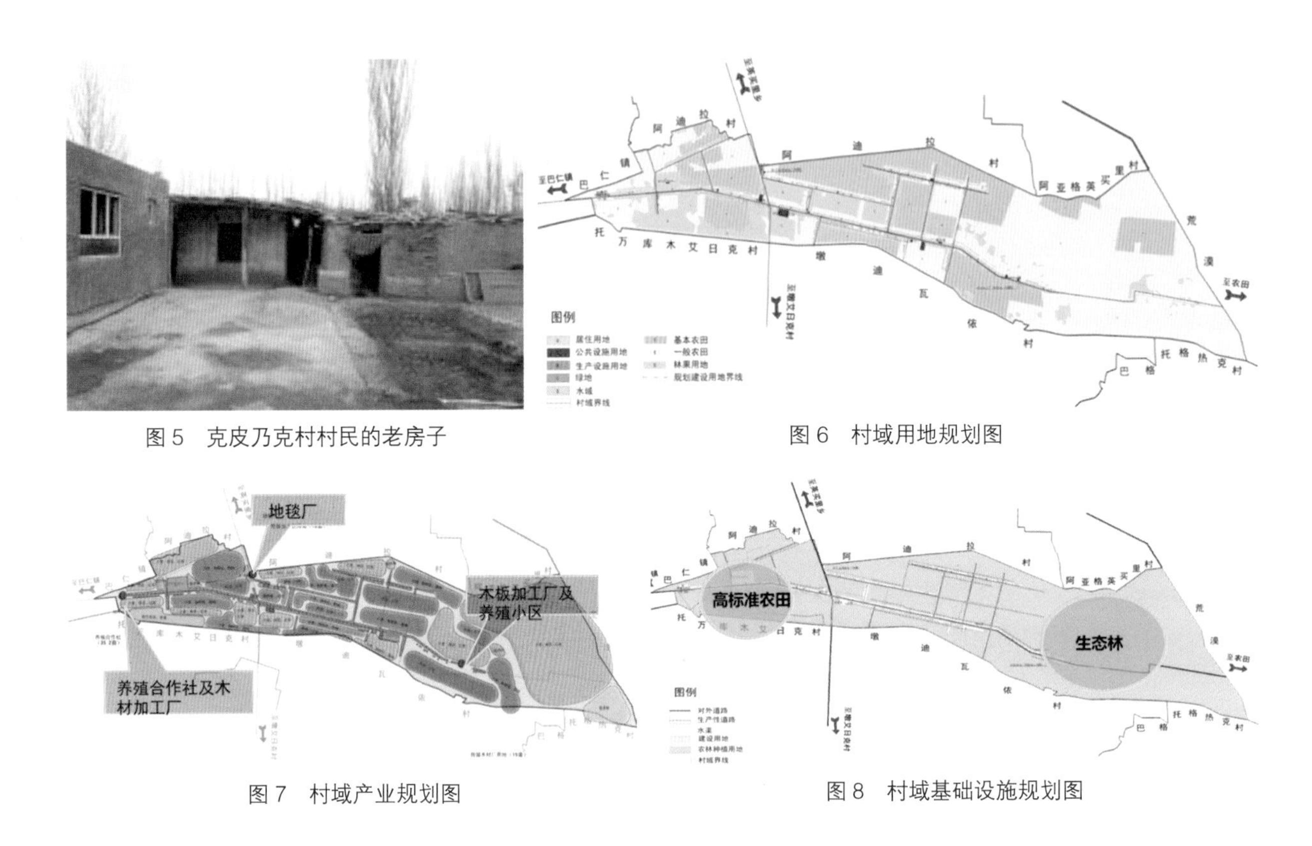

图 5　克皮乃克村村民的老房子

图 6　村域用地规划图

图 7　村域产业规划图

图 8　村域基础设施规划图

四、村域规划

村域规划主要是三生（生产、生活、生态）问题，另一个比较重视的就是产业发展问题。特别是重点考虑了基础设施和农田水利建设问题，以及生态林、高标准农田和小型加工车间、养殖小区的建设布局，为夯实农村经济奠定了重要基础。我们在这个上面花了很大的功夫，按照实际情况进行了综合部署。

五、示范区整治规划

1. 示范区概况

示范区所在的村落，长 369m，现状 23 户，规划 24 户。这个村落，我们从图 9 ~ 图 11 里可以看出原来的环境是很不好的，包括它的路、渠和原来的房子旧貌。

2. 建设目标

除了基础设施建设，我们最主要的是想通过整治形成一个比较好的风貌，并且整体上促进村庄的发展。调整后的克皮乃克村庄规划，已经作为村庄规划试点报到住建部。

图 9 示范区现状照片

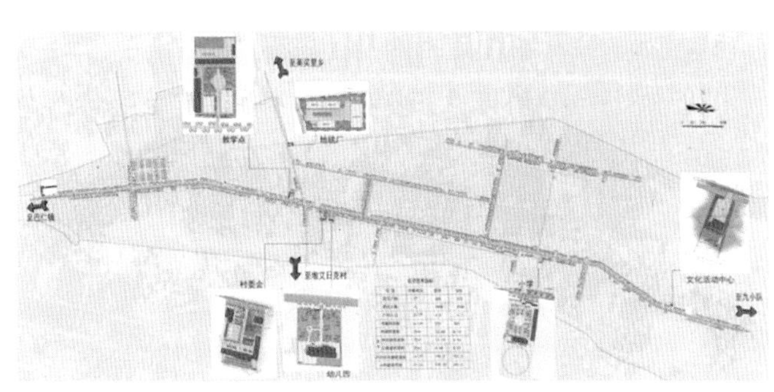

图 11 示范区在村域的位置

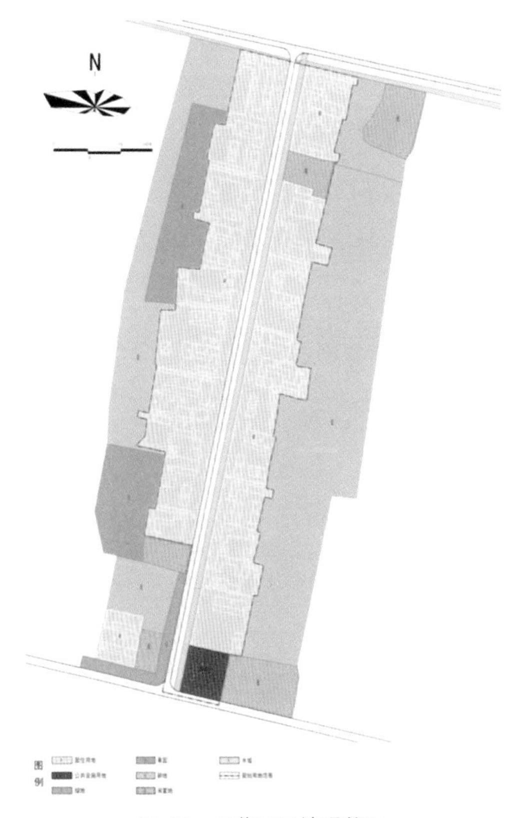

图 10 示范区用地现状图

规划调整工作，从 3 月份进驻时就开始了。我们首先花了大约一个多月的时间调研，到了 5、6 月份又进行了第二次调研，选择了示范区。7 月份完成了示范区的规划方案，我们又重新来到示范区跟群众进行实地交流，一直到最后 10 月份整个建成，总共七个多月的时间。

对于这个示范区，我们实际上做了一个整治规划，在保留原来村落的基础上进行综合整治，在经费上也统筹了各方面的来源。在建设实施的过程中，还接受了村民和当地工匠、木匠等的建议，做了许多调整。

图 12 村庄整治风貌

3. 环境整治

按照农村“五好”要求，即好的道路、好的绿带、好的条田、好的房子、好的渠道，我们把整个片区进行了整治，这也是典型的做法。考虑到经费有限的原因，我们想了各种方法来克服困难，有些方法还取得了很好的成效。比如，穿过村子的路当时修好了，但是宽度不够，也没有停车的地方。我们研究后，把砖侧立后摆放在柏油路面边上，虽然没有铺水泥，但也保证了它的强度，不仅能够满足人的通行，也能够用来停放小汽车。

原来部分被淤塞的沟渠，这次也按照要求进行了硬化和架设了闸门。每家每户跨越沟渠的设施也进行了统一的建设，进行了美化。

图 13　水渠整治前（左）
图 14　水渠整治后（右）

图 15　人行道整治前（左）
图 16　人行道整治后（右）

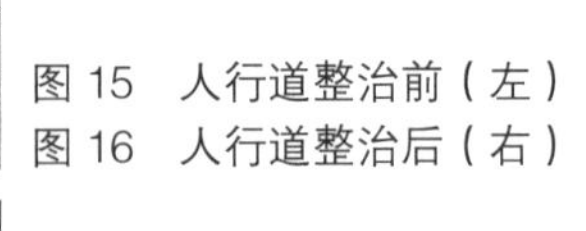

图 17　入户桥整治前（左）
图 18　入户桥整治后（右）

4. 风貌整治

风貌整治包括屋檐、窗套、大门以及整个院落的围墙，最后包括建筑的色彩等都做了整治。总体上，村民家里原有的围墙和门头等，都尽可能地保留了，所以整治后，每家的门等在细节上都各有变化，非常丰富。但同时，我们对于一些比较低洼的村民家里，就适当地垫高。围墙和装饰用的门套和窗套，也都进行了统一的粉刷。粉刷的颜色，我们也是在现场多次试验才确定的。房屋、围墙的整修和粉刷，都是组织起村民一起来干的，木工的活也是村里的木匠来做的，这样不仅明显节省了经费，还动员起了群众的热情。

图 20 房檐、窗套整治前、后

图 19 大门整治前、后

图 21 整治后街景风貌

5. 院落整治

院落的整治存在很大的困难。因为经常遇到的情况，就是新房子修出来以后，农民不愿意从老房子里彻底搬出来，留着老房子冬天时住，夏天待客的时候才住新房子。但是老房子基本都是不抗震的，只要有大点的地震，房子就会倒了，对于地震多发的喀什地区来说，这样对人民的安全有很大威胁。

为了让村民们都能住上符合要求的房子，我们做了大量的工作，尽可能结合实际情况，按照一户一院的方式进行设计，每个院落大小都是不一样的。院落之间大概的布局是相同的，前面是生活，中

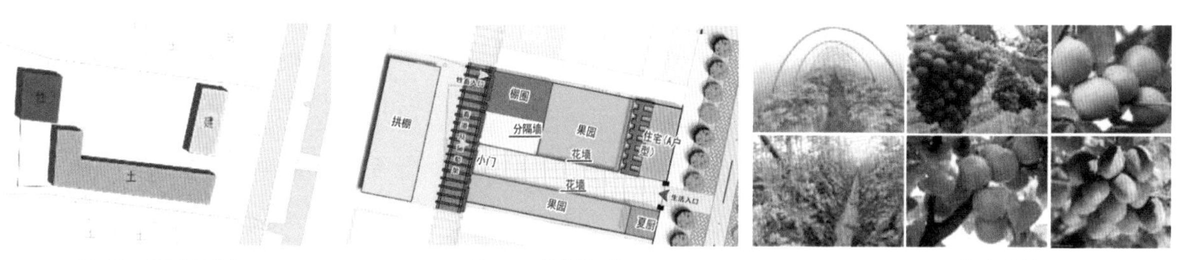

图 22 现状院落

图 23 规划院落

图 24 庭院种植

部是庭院经济，后面是棚圈。但是房子走向、具体的设施是不一样的，包括棚圈、花墙、楼房等都不太一样。

这些都是院落整治前和整治后的照片，有的是整治过程中的照片。在院落整治的过程中，我们先做了一个试点，等老百姓都接受以后，我们才逐户推开工作的。

6. 后院外整治

后院外的整治是这次的一个重要特色。原来后院基本上是堆放杂物、柴草，或者是牧民的牲畜，还有小的生产设施堆放场地。这次整治进行了统一安排，一个是后面的拱棚，可以用来种植反季节的蔬菜来增加村民收入，一个是畜道及葡萄架，这些都是方便生产的安排，但在原来的规划里是没有的，是交流的过程中村民自己提出来的。

图 25　整治前院落

图 26　整治后院落

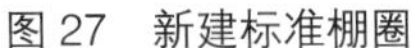

图 27　新建标准棚圈

图 28　拱棚

图 29　畜道及葡萄架

六、示范区规划建设收获与启示

1. 与安居富民工程相结合

我们原来没有考虑安居房建设，选了示范村以后，一次性调整指标，增加了六户安居房的指标，整个规划都是按照村镇建设标准执行的。开始的时候，每家每户的墙的调整都很困难，因为宅基地都是固有的，哪怕 10cm 或者 20cm 的调整原村民都不让。但是有些宅基地是曲曲弯弯的，有些是相互嵌入的，面积大小也差别很大。我们做了大量的工作，终于还是做了些调整，有些宅基地面积增加了，有些是缩减了，最终让每户的宅基地都符合了国家的要求，也符合了土地的要求，有些人家的院子因此做了很大的分隔。

图 30 安居工程整治后图片（左）
图 31 示范区规划总平面图（右）

2. 与精准扶贫相结合

克皮乃克村是重点贫困村，村里 13 户是贫困户，扶贫任务相当大。我们做的时候争取了三部分扶贫资金：第一个是棚圈扶贫资金，第二个是庭院经济发展扶贫资金，第三个是后面拱棚的扶贫资金。我们用这三部分扶贫资金做下来以后进行了测算，棚圈大概 50m，可以养 15 只羊左右，后面的拱棚每户平均将近 1m，测算下来，每户投入庭院经济发展养殖业和拱棚种蔬菜的成本可以增收 8000 元。

图 32 棚圈扶贫资金新建棚圈

图 33 庭院经济发展扶贫资金新建花墙

图 34 拱棚扶贫资金新建拱棚

3. 与美丽乡村建设相结合

这就是“五好”方面的结合。

图 35 水渠整治前

图 36 水渠整治后

图 37 道路整治前

图 38 道路整治后

图 39 庭院菜地

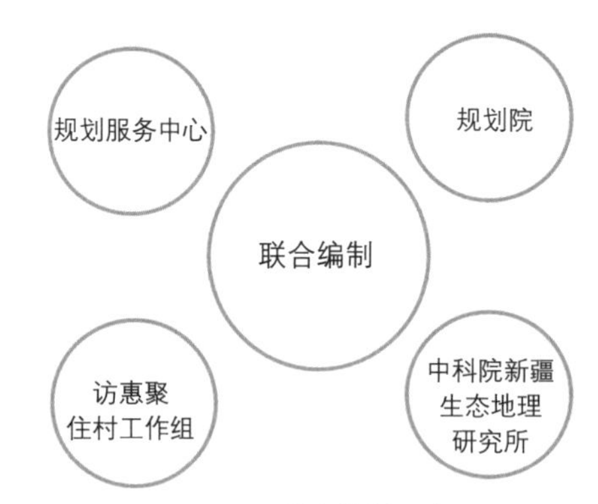

图 40 联合编制示意

图 41 项目组实地调研及现场协调会

4. 规范引领、示范现行

规划的时候我们就事先考虑扶贫因素，扩大到村域领域，所以我们的规划编制是联合编制，包括管理部门、村委会、访惠聚住村工作组、中科院新疆生态地理研究所做扶贫规划。我们许多规划与扶贫相结合，通过这个区域的建设，基本上可以达到国家精准扶贫所要求的内容，最起码房子是达标的，收入是达标的。我们的收入标准最后确定的是人均2850元。

5. 尊重现状、原址改造

农民的意愿在这里体现出来。

6. 文化引领、特色传承

我们还积极总结和增加了一些文化的因素，做了一些logo和农民画，还在村庄环境整治的过程

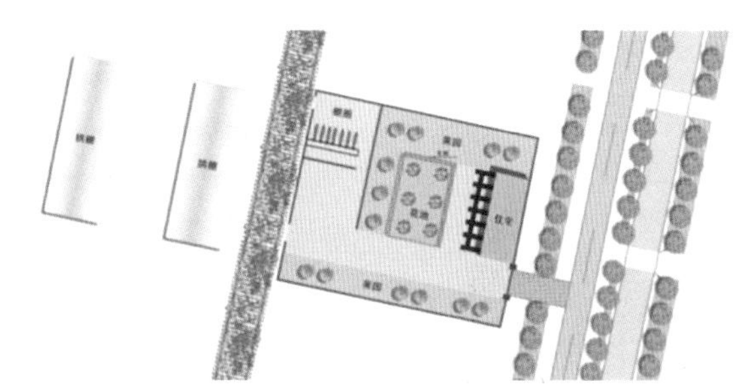

图 42 院落规划平面图

图 43 院落规划鸟瞰图

图 44 院落整治前

图 45 院落整治后

中收集意见，突出了对传统风貌的保护。比较突出的有两点：

一是原来的大门处理。我们重新做的一些大门采用了当地特有的工艺烧出的砖，配上原来老的木大门，还有砖雕的砖门，其中许多花砖砌筑方式都是当地工匠根据自己的经验和当地不同的情况做出来的。

二是保留原有的入户桥、古树等有特色的东西。这是克皮乃克的 logo。

图 46 改造大门

图 47 保留老门头、老门窗

图 48 保留古树

图 49 皮萨以旺

图 50 改造围墙

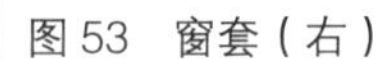

图 51 指示牌（左）
图 52 当地木匠做的座凳（中）
图 53 窗套（右）

图 54 改造入户桥及凉棚（左）
图 55 入户桥（右）

7. 用力挖潜，精准扶贫

投入扶贫资金，帮助农民开展科学种植和增加养殖，增加农民收入。

图 56 新建葡萄廊架

图 57 新建拱棚

图 58 庭院经济区

图 59 花墙

图 60 新建棚圈

图 61 村民自建葡萄架

8. 发动群众、村民自建

24 户总共投入 124 万元，村民自建这方面，我们大概投入了 20 多万，比如自家葡萄长廊，自家门口道路基础的建设，前面工作都是自己做的，包括院子里面的清理都让他们自己做，木匠、工匠、铁匠，铁匠自己做铁的大门。使得整治后能持续保持很好的风貌的方法就是进行自建，村民自己会比较珍惜。

图 62 村民自建花墙、地砖

图 63 入户调查

图 64 方案公示

图 65 与村庄主要领导进行座谈

图 66 参观农户拱棚

图 67 参观兄弟村新农村建设

9. 整合资源，多方筹资

我们动员了 18 个单位，有自治区的单位，其他县的单位，整个社会的，整个示范区投资 124 万，整个村庄投入 140 万，包括农田、水利、道路、水渠。这次安居工程把卫生间也考虑到了，修了下水道。

图 68 发动村民积极自建（左）
图 69 组织青年志愿服务参与者参与建设（右）

10. 注重可操作性和可实施性

实际上有些大门的做法，具体实施出来，工匠会做些改变，包括皮萨以旺、棚圈、葡萄廊架、花墙等改造内容。我们是通过调研，进行的专门施工图设计，并编制了实施方案，选择示范户。实施过程中，农民自己参与，工匠也有自己的想法和做法，在这上面大大增加了它的可实施性。

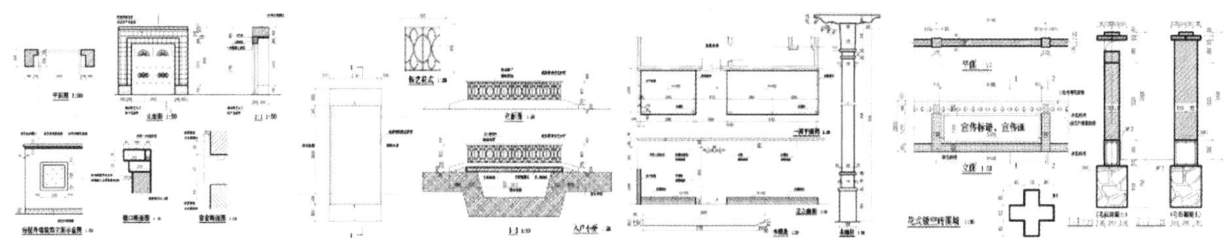

图 70 大门、屋檐、窗套、入户桥、外连廊、沿街围墙做法大样图

11. 弘扬爱国主义、倡导民族团结

这些画是当地的农民、学校的老师一起自己画的。染料费用我们出，手工费他们自己解决，这样两三米的画，总共算下来花了不到 3000 元，就把 24 幅画全部在这里展现出来了。

图 71　爱国主题壁画

在驻村的过程中，除了进行村庄规划建设，我们还共同在社会经济等方面开展了很多工作，包括晚上的识字班，以及积极创造新的就业岗位等。

克皮乃克的规划编制得到了上海专家组及自治区“访惠聚”领导小组的肯定，进行了推广，后面整治完成以后，去参观的人还是挺多的。

这是我们最后走的时候，农民对我们表示感谢，欢送的场景。

图 72　示范区整治前（左）
图 73　示范区整治后（右）

图 74　农民表示感谢

（本文由中国城市规划学会乡村规划与建设学术委员会志愿者、南京工业大学学生王慧敏根据报告速记稿整理，未经作者审定）

传统与现代农村社区

戴星翼

中国城市规划学会乡村规划与建设学术委员会顾问
复旦大学环境科学与工程系资源与环境经济学教授、博士生导师

各位下午好！谢谢大家给我这样一个机会，让我在这里发言，但是我是外行，我不是搞规划的，对规划可以说一窍不通，今天我想讲什么呢？因为我们规划界有一个问题，我们的农村既需要进步、变革，同时又需要保护，这种进步和保守之间的关系，我们究竟应该保守什么？在农村我们需要产出一些什么？农村是很美丽的，但是农村又有很多问题，我们的农民是可爱的，但是农民也是有很多问题的。今天我主要谈一下传统的中国农村或传统的农村社区究竟有哪些基本的特点，我的结论是，有些东西是必须要去掉的，剩下来的都是可以保护的。

我们总是说农村是一个熟人社会，这意味着什么呢？传统的农村是一个最完整的社区。为什么说它完整呢？是因为它的空间边界很清晰，不像城市，然后它的范围比较小。

农村社区是熟人社会，有着以亲缘为纽带的人际关系，人与人的关系是依靠亲缘邻里加以维系的。一个村落的人文经济、行为准则、价值观基本一样。尤其是比较传统的村，我们访问了一家人家，如果认真跟主人聊天，聊三五个小时，基本上这个村所有人的想法也就八九不离十了，也就是说，他们的价值观和行为准则是比较类似的。

通过一个传统的农村社区来说，他们的社会经济特征有哪些呢？我觉得是这样一些特征：以家庭为基本生产单位、以手工为主要生产方式的自给自足的小农经济。

当我们讲小农经济的时候，在中国或者在全世界，小农经济没有我们想象的那样诗情画意，小农经济可以说渗透着的是贫困。几千年来，即使任何朝代的盛世，小农的生活也都是贫困的。然后在这样的社区，每个劳动力，特别是以性别划分的话，每个劳动力都是全能的，相互之间没有什么分工，这样的村或者这样的农户是比较封闭的。传统农村的老百姓知识和技能主要来自长辈的传授，当然节奏缓慢、资源匮乏就不用讲了。

我们对传统农村社区应该怎样理解？我觉得有这样几个特点：

（1）小农经济：贫困的自给自足，不要把小农经济过分美化。

（2）低价值的人力对物质的无限替代。由于他贫困，由于小农经济资源特别匮乏，农民会有一种倾向，众所周知，我们国家从来不把农民劳动当做一回事，比如官方统计，讲到农民的收入，从来不扣除劳动价值。也就是说，我们的农民从来不把自己当有价值的劳动力，然后官方以及整个社会恐怕也看低农民劳动的价值，这样就会导致在行为上，我们农民会用无限的人力去跟非常贫乏的资源去结合，从而获取微薄的收入。比如我在湖南农村曾经看到一个家庭是卷烟花爆竹的，当时是20世纪90年代初期，农民卷一百个可以得到一分钱。我去的村落家家人都在做，我当时感到这个简直太悲惨，但是因为他们没有任何其他资源，他们所拥有的只是高度闲置的劳动力，这就构成了他们的生产行为。

（3）血亲为纽带的保障：养猪模式。什么叫养猪模式？传统农村家家人可能都会养猪，我割一把草，我把刷锅的水放在一起、煮一下，喂给猪，慢慢把这头猪养大。这是什么特点？我们用最没有价值的资源拼凑成为一个大的资源。农民平时待人接物跟邻里，跟整个家族成员相互帮来帮去，我给你带一会儿孩子，那个人今天帮我一下忙，我给张三也帮一下忙，通过很小很小的、几乎没有价值的劳动投入获得物质的帮助。等到这家人天灾人祸，他的左邻右舍有钱出钱、有人出人，帮助这家渡过难关。过去几千年当中，我们的农民之所以能够在频繁的天灾人祸下度过，很大程度取决于这样一种非保障的保障方式。

以上的几个观点合出来，就造成了我们的农村有一种“高度稳定的贫困”，或者“贫困条件下的高度稳定”。由于它太稳定了，就导致了对现代化的妨碍。

说老实话我是挺困惑的，现在光依靠政府高高在上地投下去，我们怎样真正地让我们的农村步入现代化社会队列？我听到我们在为农民干什么、干什么，农民自己呢？他们有没有这种动力、愿望，以及他们有没有自己的资源，这才是非常大的问题。

接下来我要讲一下小农经济条件下（这是社会学观点），小农经济社会或者人民认为幸福是非常有限的。由于大家相信幸福是非常有限的，于是在贫困的条件下，我们小农把任何可以拿到的东西拿到他的“篱笆墙”内，也就是说，能够私有的东西他尽可能私有，这是小农社会的共同特点。于是就导致了我们的农村社区一个最大的问题——没有公共物品，恰恰是因为这点，构成了传统农业社区跟新农村之间的一条鸿沟。两者之间究竟有什么差距？不是说农民的房子盖得好看一点就现代化了，而是有没有建立起、积累起必要的公共品，有没有形成公共服务、公共物品可持续的机制，这才是现在的农村和传统农村之间真正的鸿沟。

由于好东西是有限的，所以传统农村，我们的农民是保守的，因为不保守也没用，他是缺乏进取心的，因为好东西是有限的，这个人多拿一点，那个人就会少拿一点，这是传统农村社区的哲学。也正因为如此，它就从思想上、哲学上强化了传统的保守性。什么做大蛋糕、共赢，这样在市场经济条件下的理念，在传统农村是没有的，如果要竞争，更多在农民这个圈子里相互竞争，比如你盖房子比我高那么几寸，可能就觉得自己胜利了。

总结一下，小农社会负面的东西就那么几个，我觉得有两个是最重要的：①一盘散沙，高度缺乏组织。②缺乏公共物品，也缺乏公共物品意识。这两点加在一起，我认为造成农村工作的很多困难。我们领袖也讲过，严重的问题在于教育农民。我们也讲过中国最大的问题：我们面对的是小农经济的汪洋大海，这可能是整个国家现代化过程中遇到的最大问题。也正因为如此，我觉得从袁世凯一直到我党，可以说一直想打破农村的封闭和保守的特点。

农村近代化的开端应该是从袁世凯当山东巡抚开始，由于时间不多，我就不多讲了。但是彻底地干预农村，那还是我党夺取政权以后，强行摧毁原来很多结构，强行推动农村的现代化。

作为今天会议的结论，我就谈一下农村哪些东西是不能保护的。有三点：第一，妨碍生产的规模化专业化进展，或者说妨碍农村农业劳动生产力不断提高的那些因素；第二，妨碍了农村公共设施和公共服务发展的那些因素；第三，妨碍选举的那些因素。除了这三点以外，其他的可以保护，有的应该保护，有的必须保护，这样有利于我们在规划当中能够把千丝万缕值得保护下来的东西，交给我们的子孙。我就讲这些，谢谢！

（本文由乡村委志愿者、南京工业大学学生王慧敏根据报告速记稿整理，未经作者审定）

我的故事我的家
——美丽乡愁大学生公益实践计划

彭　婧

同济大学美丽乡愁公益团队创始人

很高兴在这里分享我从大一一直坚持到现在研一一直做的事情，我今天报告的题目是《我的故事我的家——美丽乡愁大学生公益实践计划》，我们团队是美丽乡愁公益团队，希望引导当地人了解认知当地的家乡，从而产生对家庭的认同与建设的力量。

一、故事的起源

大家可能觉得好奇，我本身是学管理的，为什么要做这样一件事呢？其实我们的故事起源于一位老人，这里是云南省大理白族自治州云龙县诺邓白族村。诺邓村是《舌尖上的中国》第一季第一集的地方。

我想大家肯定不知道诺邓古村有这样一位老师，他叫李文茂，年近 80 岁的人每天在自己家门口，给来往的路人讲述他们的历史、文化。

图 1　诺邓千年白族村

图 2 诺邓村李文茂老师讲述历史

图 3 乡土文化调查

当时在诺邓短期支教的我，听到这些非常惊喜，我没有想到这么一个小的村子里有这么丰富的故事。当我把听到的故事跟课堂上的孩子分享时，我却发现我眼前的孩子对自己的家乡一无所知。当我问到，您会唱家乡的白族调吗，全班 25 个孩子没有一个孩子举手。

看着他们摇头的样子，我似乎理解老人对我们所说的，儿子都出去了，孙子也不愿意学，我这些老东西再不讲就再也没有人知道了。

二、美丽乡愁的架构

其实在中国诺邓村不是个案，随着现代化和城镇化高速发展，乡土文化原有的口口相传、代际传递作用，随着青壮年外出打工而被削弱。这个时候孩子不知道如何看待和了解自己的家乡，越来越多的留守老人面对文化的失传和记忆的失传痛心疾首。而这个时候理应承担起乡土文化传承重任的乡土教育开展情况不容乐观。我和小伙伴走访 30 个村庄，访问 50 多位教育工作者，我们发现在受访的 30 所小学中，没有一所小学开设乡土课，与此相对的是大量的需求。受访的 789 名学生，98% 学生表示愿意接受乡土知识，也有近八成的老师和教育工作者表示愿意开展乡土课。这个活动中，他们表示没有人力支持和教材辅助很难开展乡土教育。

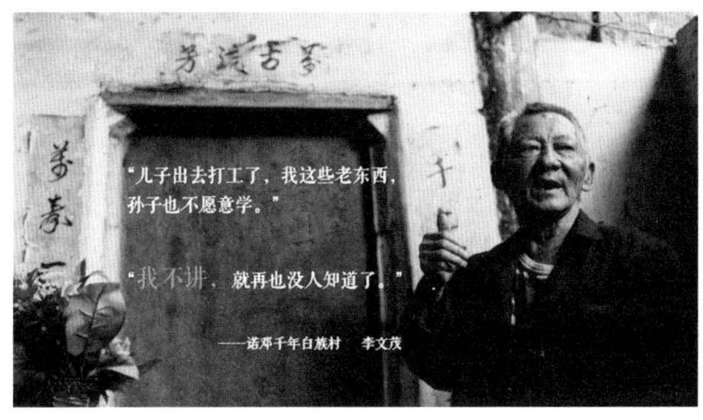

图 4 诺邓村李文茂老师

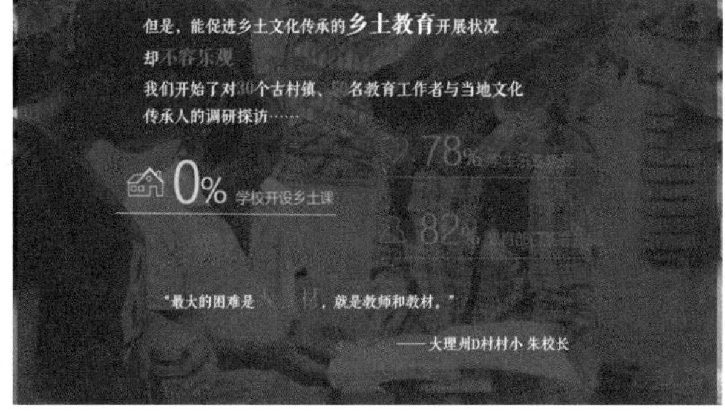

图 5 乡土教育调研结果

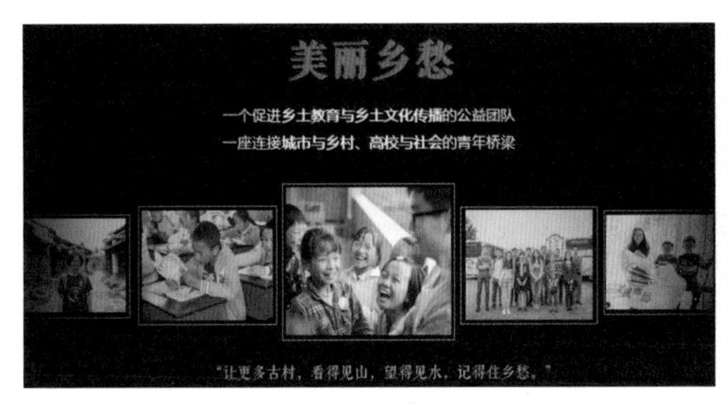

图 6　美丽乡愁的诞生

图 7　如何寻回乡愁

因此，面对这样的情况，我们想如何发挥大学生的作用，助力乡土教育，为乡土教育做些什么，于是我和我的小伙伴成立了美丽乡愁乡土文化培养机构。我们希望通过乡土教育和乡土文化公众传播来搭建一个城市与乡村、高校与社会的桥梁，让更多的地方，像习总书记所说的，看得见山，望得见水，也记得住乡愁。

具体来说，寻回乡愁我们主要做两件事。一个是乡土教育，我们去不同的地方，为不同的地方挖掘乡土文化，编辑问图读本，梳理这些素材。一方面乡土文本可以记录当地的文化，另外一方面，一些生动有趣的讲解方式可以让当地的孩子更加直观地了解自己的家乡。为了让教材更好地使用，我们配套开展主题夏令营、“乡土教育 +”课程包设计以及对教师进行培训。这个部分我们希望通过模块化推广，把我们编写教材的经验、方法进行不断复制，我们通过不断研究，将原来的乡土教材编写时间 7 到 8 年，缩短到现在的 1 到 2 年。

第二方面，主要做乡土文化公共传播。我们想文化的价值要让更多人发现，我们通过不断的文化梳理建立研究智库，也通过进行一些乡土文化公众传播，让更多的地方看到这些绚烂的文化。这个部分采用公众参与模式，参与文化梳理的学生，有大学生，有志愿者，有参与乡土文化主题导赏的游客。

我们以乡土教育为主题，当地人为主体，创新方法为手段，为当地孩子赋能。具体有乡土共学、唤醒工作坊，在这个过程中实现“我是谁，我来自哪里，我要到哪里去”。

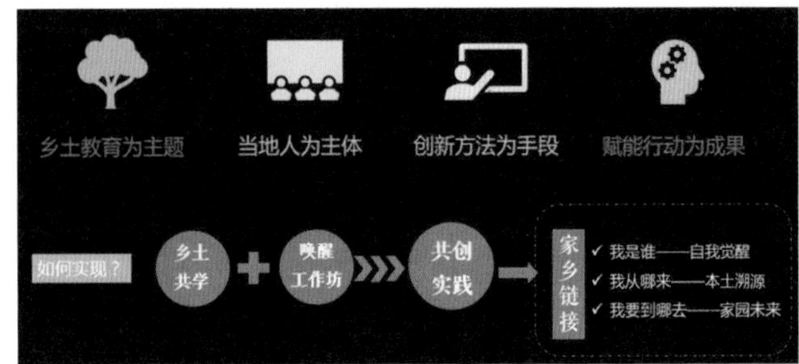

图 8　乡土教育的架构

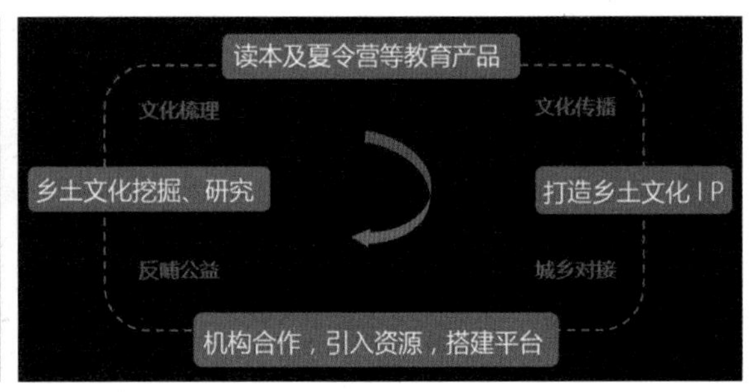

图 9　乡土教育传播可持续链条

乡土教育是公益部分，如何真正让乡土文化可持续呢？我们梳理一个乡土教育传播可持续链条，就是以打造乡土文化 IP 为核心的价值链，通过乡土教育和乡土文化公众传播来实现这样的闭环。

三、美丽乡愁的尝试与实践

在过去三年时间里我们做了一些尝试，包括文化梳理，去过很多历史文化名村，为不同的地方梳理乡村文化，编写乡土文化读本，除此之外在一些地方开展乡土文化夏令营，还组织一些大学生导赏、亲子导赏。

一路走来我们也获得一些认可和支持，获得挑战赛等奖项，这些奖项都是锦上添花，在这个过程中今天我最想分享的是我们在乡土教育实践中让我感动的故事。

图 10 美丽乡愁的阶段成果

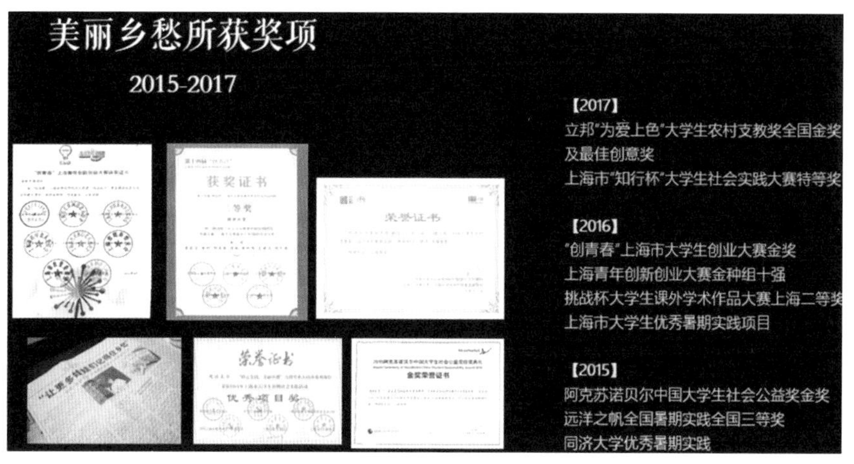

图 11 美丽乡愁所获奖项

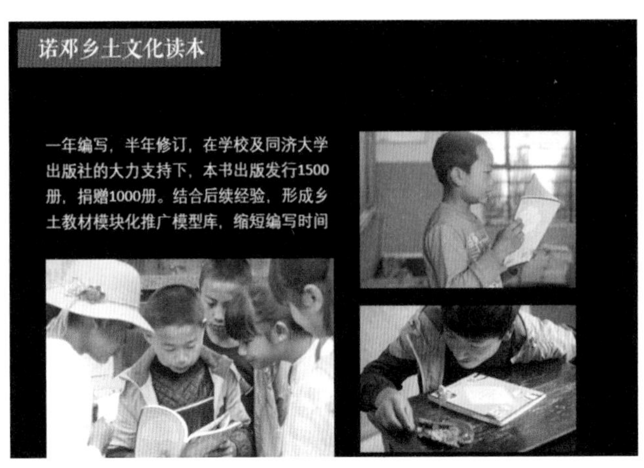

图 12　诺邓乡土文化读本

首先介绍一下乡土文化读本，这是我们第一次开始做乡土教育尝试，这算是出发点，经过一年编写、半年修订，我们的教材已经出版了。这是一本负责任的书，我们通过一则视频来了解它。

整本书有两个主人翁，让小朋友认知家乡的文化，我的家在哪里，我的家是什么样，从衣食住行等对家乡有个认知，除此之外我作为普通的诺邓人应该做怎样的努力。我们带着这本书回到诺邓，我们设计了游戏环节，视频中的两个主人翁，收集自己的记忆碎片，重返古代，第一天知道家在哪里，第二天了解衣食住行等，通过今天不断收集。

这里分享两个好玩的事情，第一个组织的是我当小导游的活动，让同学自己熟悉家乡的文化，自己当导游，给村子里的人介绍家乡的文化。他们遇到一个当导游的大人，看到这些孩子讲得比自己还好，觉得非常骄傲和自豪。确实是，可以看到当地的孩子在介绍家乡文化的时候，他们有的是用表演的形式，有的是情景剧的形式，通过各种各样的形式绘声绘色地把它讲出来。你会发现这些家乡文化，可能原来没有在意的时候不起眼，当他们真的去重拾的时候，可以看到他们眼底的仔细。

最后一个是辩论会，其中一个辩题是假设你有一栋房子，你愿意自己来使用还是给外来人，这个辩题放到现在都是比较难的，不管他们站在正方还是反方，他们都希望自己的家乡更好。这个小胖子说，只要我还有一口气在，我就不会让外来人损坏我们的村落。

去了这么多地方，去过很多乡村，我也在想，我自己对我的家乡有多少了解呢？所以在 2015 年夏天我发起返乡大学生回家编写家乡教材的活动，我召集了 40 位心系家乡的青年，寻访家乡的名人，搜集故事，搜集大概 20 万字的文字资料，编辑了《七彩祥云乡土文化读本》，只求我给学弟学妹上课，通过七天的时间，教给他们一些活化文化的方法，真正开展一些实践。这其中有两个有趣的事情，一个是邀请银器传承人曹师傅给同学们讲，同学们也给曹师傅设计了传承银器的方案。第二个小案例是在最后一天我们组织了一次参与古城共建会，让他们分角色扮演，有的是局长，有的是当地的居民，有的是小贩，他们来商讨古城要如何规划、发展。那个时候我仿佛看到他们变成未来的样子，令我们

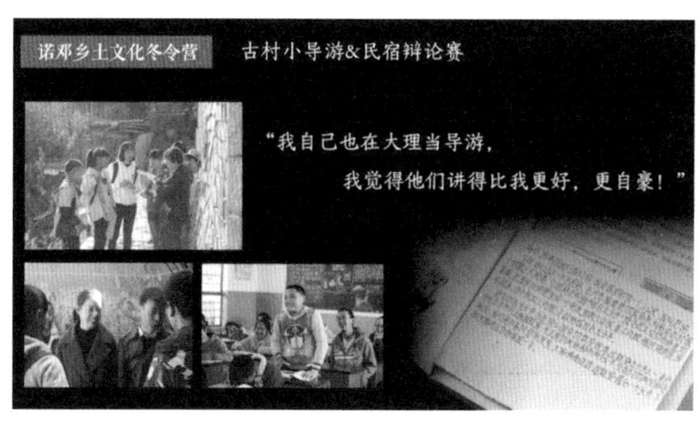

图 13 诺邓乡土文化冬令营

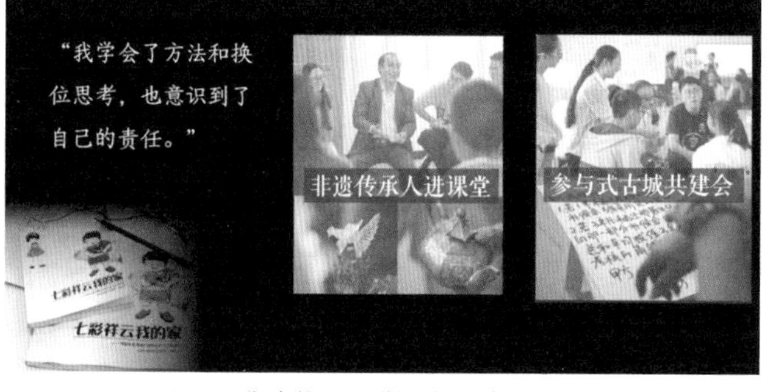

图 14 非遗传承人进课堂 + 古城共建会

欣慰的是，不管他们出发点如何，站在哪一方，他们都希望自己的家乡变得更好。最后得出来的方案，我们那个古城是一个中心、四条街巷，他们提出方案一条街巷做吃，一条街巷做文创，一条街巷做娱乐等，我觉得很了不起，中学生就能够对自己的家乡很有想法。

除了这些我们还开展文化创变活动，他们对古建筑进行调研，编制标签，外来的游客只要扫一扫就可以打开这些尘封已久的故事。从诺邓到祥云，我们的范围不断扩大，我们发现不仅乡村有乡愁，其实城市也有乡愁。

我们现在在做的一件事是对上海水文化进行梳理和公众教育。因为过去上海是依水而生，依水而兴，现在我们跟水又有什么链接？我们梳理了一本水文化素材，编写上海水文化读本，这过程中开展了苏州河亲子教育，开展一些青年共学活动，希望让更多人共同去发掘脚下的文化。

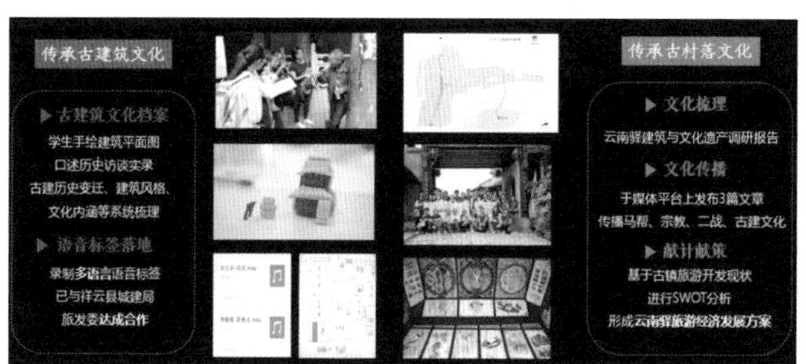

图 15 祥云乡土文化创变营

图 16 上海水文化公众教育

四、美丽乡愁可以为这个世界带来……

说了这么多，最后想跟大家聊一聊美丽乡愁希望能给这个世界带来什么。我们希望能为更多的当地人、当地孩子，唤醒他们对文化自觉的意识，并且为他们赋能，让一个留守古村的老人的文化得到关怀、传承、传播，像你我一样，在城市通过城市创新真正为乡土文化传承做一些有利的事情，让更多地方留得住青山绿水，也记得住美丽乡愁。

图 17　美好乡愁可以为这个世界带来……

· 关注我们，关注美丽乡愁的更多精彩

（本文由中国城市规划学会乡村规划与建设学术委员会志愿者、安徽建筑大学程龙根据速记稿整理，已经作者审定）

城乡现代化与乡村振兴

张尚武

中国城市规划学会乡村规划与建设学术委员会主任委员
同济大学建筑与城市规划学院副院长、教授

今天演讲题目是《城乡现代化与乡村振兴》，只是一些粗浅的认识。十九大报告重新定义了我们国家现代发展的方位，提出新时代两个百年的现代化建设目标和发展方略。整个框架中，把乡村振兴战略放到非常突出的位置，在国家现代化经济体系中谈乡村振兴问题。一个国家的现代化基础离不开经济体系的现代化，许多改革任务都是围绕如何建立现代化的经济体系展开的，其中包含了乡村振兴和区域协同战略。而且把整个“三农”问题综合到乡村振兴战略来谈，这是一个比较大的变化，值得认真学习和理解。

乡村振兴战略概括起来有四个方面内容。首先是公共政策导向，农业农村优先发展，提出新的 20 字总体发展要求，建立城乡“融合发展机制”，要把农业农村问题放在城乡融合机制下去认识和解决。二是体制机制改革，以土地制度改革为核心，稳定农村土地三权分置的土地制度和发展关系，壮大农村地区的集体经济。三是产业体系再造，归纳提出农业现代化和农村产业现代化，概括为农业产业体系、生产体系和经营体系，强调“要培育新型农业经营主体”，强调农村一二三产业的协调、融合发展，同时强调农村是未来的创业空间。四是农村的社会治理问题，提出加强农村基层基础工作，建立自治、法治、德治相结合的乡村治理体系，培养造就一支懂农业、爱农村、爱农民的“三农”队伍。这个要求非常契合今天论坛的主题，要有一个更宽的视角认识乡村规划建设人才培养的任务。

我主要从城乡规划学科视角谈几点认识和理解。

第一点思考，从城乡现代化视角来理解乡村振兴战略。城乡是一个整体，农村农业优先发展。国家现代化从地域上看，不仅包含城市现代化，也包含乡村现代化。当前社会发展矛盾，不平衡、不充分问题主要体现在乡村地区。从这个角度来理解，“城”与“乡”

是一个整体，农村农业优先发展是城乡经济关系调整的公共政策导向。同时，三农问题是一个整体，最终要实现以农业农村为核心的乡村现代化。

可以看到乡村振兴战略描述的目标，“产业兴旺、生态宜居、乡风文明、治理有效、生活富裕”，其实就是要实现乡村现代化。进一步理解，我认为它包含三个方面现代化：一是乡村经济现代化，既包含了农业产业的现代化，也包含了农村一二三产业的融合发展；其次是乡村生活的现代化，这是现在乡村发展中的一个突出矛盾，主要是基本公共服务和环境基础设施跟城市差距非常大，而在这背后，是因为乡村地区人口密度低和相对分散，这是乡村的特点和规律，与这些设施按规模配置存在矛盾；第三是乡村社会治理的现代化，包括宏观、微观层面的治理问题，尤其是乡村基层工作，如何构建与乡村现代化相适应的治理体系，同时也要广泛的社会参与，培养一支关心与热爱农村发展的三农队伍。

第二点思考，乡村振兴与城镇化格局。三农问题的有效应对将影响中国城镇化的长期趋势，需要从城乡现代化视角理解乡村发展、中国城镇化进程和未来城镇化格局。我们现在农业的比重是 8.6%，农民数量占 27.7%，有 2.15 亿人，农村人口 42.65%，有 5.89 亿人，其中农民工有 2.81 亿人。可以看到，中国的城镇化仍然处在没有完全稳定下来的过程中。

按照目前统计口径的城镇化速度，即使是以每年 1% 的速度发展，达到 70%，也就是 2035 年这样的阶段，仍然会有大量的农民。这对国家提出 2035 年基本实现国家现代化目标是个重大的挑战。既要看到农业地位在国家安全方面的重要性，也要看到农村地区面临的挑战和城乡关系发生的持续变化。特别是，经历了 40 年的改革开放，现在的农村人口结构正在发生重大改变，许多专家谈到未来农民正在面临代际转化的挑战。第一代农民工逐步回到农村，他们会从事农业。作为第二代、第三代农民工，很多不一定会从事农业，甚至对农村的家庭也缺乏一种责任意识，这种情况对接下来的农村现代化发展会产生巨大的挑战。

在城镇化过程中，一个核心问题就是如何有效缩小城乡差距。一方面农村农业低效率，必然需要更多的农村劳动力；而另一方面，城市化进程带来城市发展效率越来越高，在这样一个进程里，如何有效地缩小相互之间的差距，这是当前无论从数量规模还是从质量角度来审视未来发展格局时，非常值得关注的一个课题。

第三点思考，发展前景的多样化。由于乡村问题非常多样化，必然会带来整个乡村振兴实践路径的差异化。乡村规划根本而言，乡村振兴必须应对农村差异化的发展环境，应当更加注重按需规划，更加注重实施和实效。不同地区面临的问题不同，而且在不同的时间面对的问题也会有差异。因此，在这个过程中，地方实践和经验总结显得更加重要，并且要不断创新，推动更加广泛的社会参与、实践探索和研究工作。

差异化的乡村问题必然带来乡村地区未来差异化的前景。即使很多发达的地区，未来乡村地区也存在差异化。比如在上海，未来的乡村与传统意义上的乡村可能会有很大的差异。上海的乡村地区也在发生变化，比如嘉定区，本地 70% 的农村人口住在城镇，而大量外来人口居住在嘉定农村地区，大约有 70 万人，真正从事农业的只有 1.9 万人。怎么看待未来的上海乡村和传统意义的乡村，两者是不一样的。

最近我们也在学会安排下，参与了山西吕梁地区岚县长门村的规划。这是个贫困村，属于扶贫项目。这个村里有 500 多人，实际居住人口大概 400 多人，老龄化程度非常高，达到 70%，年轻人比例非常低，大部分农村孩子跟着父母到城里生活。我们看到发达地区和相对贫困地区的农村地区都面临着两个问题。第一个问题，未来的乡村和农民之间的关系是什么？类似于长门村，年轻一代会不会回到农村，如果回到农村，会不会从事农业。第二，怎么看待城市和乡村的关系？如果未来的农民以及农村和城市的关系跟现在看到的不一样，那样乡村地区就需要从城乡互动之中获得新的发展要素和发展机遇，就像十九大报告里讲的，需要新的农业农村产业经营主体介入。这是摆在我们面前值得探讨的课题。

第四点思考，乡村振兴与规划学科转型的关系。乡村振兴的核心问题不仅仅在于复兴经济，更重要的在于它的社会建设意义。从这一角度出发，像传统规划所关注的物质建设问题以及规划的作用等，都可能发生转变与重构。比如人口问题，乡村面临的不是人口增长，而是人口萎缩问题。乡村规划的方式、内容、手段方面都会发生本质的变化。需要思考，对乡村规划内涵的理解；如何通过规划实现对乡村地区有效的公共干预；乡村是否需要“规划”覆盖；乡村是否用“规划”来管理？乡村规划作为公共干预，政府如何运用这一工具等。

第五点思考，规划师的社会责任和人才培养模式。未来乡村地区的规划工作并不是我们现在意义上的乡村规划工作，需要大量的乡村规划师，不仅仅是专业技术人员，也会承担社会工作者的角色。乡村规划师会是更加多元化的构成，所以也就需要多层次、多类型的人才培养和教育模式。在人才培养过程中，高校是人才培养的重要阵地，需要更加面向社会需求。同时，乡村规划建设人才的培养也是一个全社会共同参与的过程，需要更多的专业化学术平台在这中间发挥重要作用，在人才培养方面适应我们时代的发展需求。

以上是从城乡规划学科视角，对城乡现代化和乡村振兴的粗浅认识，谢谢大家！

（本文由上海同济城市规划设计研究院中国乡村规划与建设研究中心主任研究员奚慧博士根据速记稿整理，已经作者审定）

淘宝村3.0与美丽乡村建设

罗震东

中国城市规划学会乡村规划与建设学术委员会委员
南京大学建筑与城市规划学院副教授

研究淘宝村不是替马云代言。大约从十年前开始研究中国的城镇化，我就一直关注乡村，这两年开始关注这类非主流的乡村，但与马云无关。今天的题目是《淘宝村 3.0 与美丽乡村建设》。“双十一”、“双十二”估计大家都“剁过手”了，大家关注淘宝的时候，估计并不知道手里拿到的商品是从哪里来的。我们手上有多少商品是从淘宝村来的呢？我也不知道。但是我可以告诉大家，阿里研究院关于淘宝村有一个非常清晰的界定，如果某村的电子商务年销售额超过一千万，本村注册网店数量达到 50 家以上，或注册网店数量达到当地家庭户数的 10% 以上，就可以认定为淘宝村。2017 年，全国共发现 2118 个淘宝村，这些淘宝村平均的网上销售规模约八千万左右。这样大家可以算一算总规模有多大，也能大致估计我们在网上买的东西有多少来自淘宝村。

一、淘宝村发展特征与趋势

淘宝村并不是谁评定的，很多村子被认定为淘宝村，但他们自己可能并不知道，因为淘宝村是通过阿里大数据平台测算、发现出来的。我跟阿里的数据工程师进行过深入交流，即使通过阿里大数据平台，获取淘宝村的信息依然很困难，最困难的就是地址。因为判定订单是不是从乡村里出来的，主要根据快递单上填写的发货地址。大家知道，乡村老百姓发货的时候，地址通常写得非常不全。所以淘宝村的认定，难点并不在数据，恰恰是在最熟悉的地址信息。

很多熟悉我的朋友知道我此前一直做城市发展战略研究、区域分析与规划。从 2008 年开始做城镇化研究，完成了包括山东、湖北等省的城镇化发展战略研究，做的过程中调研了大量的乡村，印象深刻。距武汉中心城区 20km，就可以看到非常破败的乡村，老人们坐在村口一坐一天，很少交谈，就是坐在村口看来来往往的人，使他们的生活不至于过于单调。当我调研淘宝村的时候，我看到淘宝村在改变过去 30 年中国的城乡关系，人口、要素、资源不再单向地流出乡村，而是有更多的年轻人、更多的资金、技术、人才回到乡村。这是过去 30 年城镇化进程中的一次结构性改变，如果这个结构性改变是个偶然事件的话，我是不会关注的，恰恰它不是一个偶然事件。从 2014 年的 200 多个淘宝村到今天的 2000 多个，短短三、四年时间里，增长了 10 倍，它是一个新的现象，我把这个现象称之为“新自下而上的城镇化进程”。

大家应该很熟悉，自下而上的城镇化进程，在 30 年前伴随着乡镇企业的兴起，成为中国城镇化研究的一个非常重要的领域。包括费孝通先生在内，一大批社会学家关注到了这一现象，将其称之为“一场静悄悄的革命”。然而 1992 年后，在珠三角、长三角地区，我们观察到大量乡镇企业开始面临各种各样的问题，陷入发展困境，因为乡镇企业在某种程度上和国企有着相类似的结构。所以在 20 世纪 90 年代中后期，随着大量外资进入珠三角、长三角，我们看到那场自下而上的城镇化戛然而止，随之而来的是人口大量从中西部向沿海地区流动。这样一种流动所带来的问题我想大家都很清楚。因此，当我们重新看到有要素回流到乡村时，这种自下而上的城镇化有似曾相识的感觉。

淘宝村带来的结构转变是什么样的？我们可以做一个对比，过去乡村留下的是老人、妇女和孩子，而现在我们在很多淘宝村里看到的标语是“东奔西跑，不如淘宝”（图 1）。人们在乡村从事电子商务，可以获得如同在城市打工的收入，甚至比在城市里更好，这样人们就不用离乡奔波了。

从 2014 年的 212 个淘宝村，到 2015 年的 780 个、2016 年的 1311 个，再到 2017 年的 2118 个，四年的时间，从最早浙江、江苏、广东、河北、福建、山东几个省零零星星的分布，到现在密集地分布在东部沿海六省。2017 年非常可喜的是在河南、江西、安徽等中部地区继续有新的淘宝村出现，

图 1　淘宝村正改变着无数人的生活

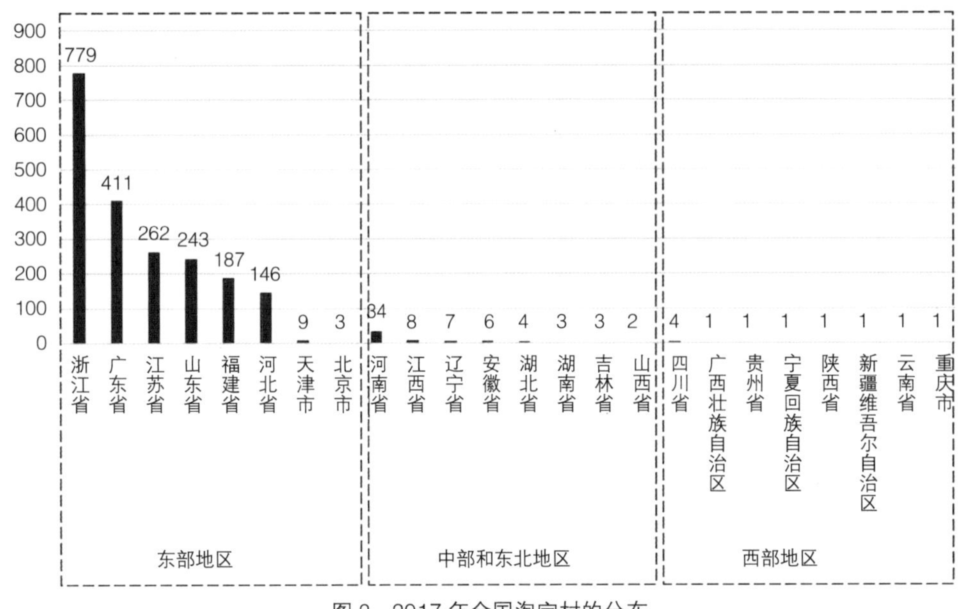

图2　2017年全国淘宝村的分布

并且开始出现更密集的淘宝村集群。同时在四川、宁夏、陕西、重庆、云南、贵州等西部地区也开始发现淘宝村。

进一步研究，我们发现在淘宝村的发展过程中，新的淘宝村会在周边地区快速增殖。最初只有一个淘宝村，经过一两年，周边的村都学会这种模式，整个镇域快速发展成淘宝村集群，甚至有的城镇全部村庄都是淘宝村。

淘宝村在整个东部地区，尤其东部六省的分布和上一轮乡镇企业推动的自下而上的城镇化有着非常相似的空间分布（图2），当然这里面存在着不同的规律和机制。

这样一场新自下而上的城镇化进程具备怎样的特征？

第一，跃迁的就业非农化。在淘宝村大家看到的不是传统的产业发展路径，即从第一产业到第二产业再到第三产业，而是从第一产业直接跳跃到第三产业，进行网上交易。当在网上交易达到了一定规模时，开始办厂。这是从第三产业回过头来再来推动第二产业发展的格局。这个“一三二”过程，明显不同于“一二三”过程。非专业人士不会觉得有什么大不了的，但是我们认为这一变化意义重大。因为这个过程是通过第三产业带动第二产业的发展，因此是以需求定供给的。通过市场和需求来确定供给，可以使农民避免盲目生产，这就完全不同于过去乡镇企业发展的格局。大家看照片中的这位年轻人，他专门做表演服饰中的各种鞋，通过网络及时掌握需求信息，瞄准细分市场，有效地形成了错位发展，发展得很好。表演服饰或曰演出服在正常的线下空间里是不可能成为一个市场的，然而互联网将全国甚至全球分散的需求汇集起来，就形成了巨量的需求，推动了虚拟市场的形成。这个地方就是著名的山东省曹县大集镇，因网上销售儿童演出服饰而快速地形成了一个淘宝产业集群（图3）。

图 3 曹县大集镇的成熟淘宝产业

图 4 全面现代化的淘宝村生活

在座有很多年轻的父母，当各位家中的小朋友六一儿童节要表演节目时，大家肯定开始抓狂怎么给他们找到表演服装。过去我儿子小的时候也不知道怎么办，有时候妈妈缝一个，但费时费工。需求客观存在，但没有供给。大集镇的淘宝村最早的时候，每年只做六一儿童节的服装，一个六一儿童节基本完成一年的大部分销售。随着产业的规模化，当许多村民都加入淘宝交易的时候，只做六一儿童节的服装就不够了，于是他们开始做万圣节、圣诞节服装。圣诞节各个单位都要搞年会，包括我们学校还有迎新晚会，因此市场在不断扩大。这些在过去都不可能形成一个线下市场，这些产品在线下开店估计一年只能有几单生意。网络改变了交易模式，推动了新的产业的诞生。

第二，全面的生活现代化（图 4）。

淘宝村的村民能在网上卖东西，就一定会通过网络买东西。当互联网平台提供的终端产品丰富到一定程度时，乡村居民买到的商品和城市居民买到的商品不会有实质性差异，这时你会发现城乡至少在互联网上实现了均等化。进一步我们会发现，淘宝村开始在文化生活上，在家庭艺术追求上，出现变化。如果我说这是在一个淘宝村村民家里拍到的起居室（图 5），肯定有很多朋友不相信，但这是真的。

有文化产品需求，就有文化产品供给。今年发现的淘宝村中就有一个非常有趣的村，专门卖牡丹花国画。这个村是洛阳市下面的一个淘宝村，村民有画牡丹花的传统，接触电子商务后他们尝试把人工画的牡丹花画放到网上销售，非常火。这个村因为卖牡丹花画成了淘宝村，大家肯定觉得这怎么可能？然而它就是这样成的。现在大家装修新房子都喜欢挂画，如果找艺术家、名家画一幅画，费用很高买不起，买一个打印或者印刷品又觉得很低端。于是这个卖真迹的细分市场就产生了，虽然是农民画的，但水平并不差，关键是费用也不高，牡丹花雍容华贵，装饰效果很好。

第三，集约的空间城镇化。这一轮自下而上的城镇化进程是一次集约的空间城镇化。由于近年来严格执行的土地管理制度，所以乡村的这一轮城镇化进程中利用的基本都是存量空间，居民自家庭院、宅基地，甚至是过去农村的闲置集体建设用地。比如图 6 中的演出服饰工厂，过去是养鸡场。

养鸡场明显利润不高，因禽流感等因素影响，基本不赚钱，现在流转置换成服饰工厂，重焕活力。当然这种集约的空间城镇化在淘宝村起步时可能效果不错，但是进一步发展将面临很多问题，这就是淘宝村发展的困境和升级需求。

图 5　淘宝村居民家中起居室　　　　图 6　养鸡场改建的演出服饰工厂

二、淘宝村发展困境与升级

很多朋友说，你这几年总是讲淘宝村，是不是替他们宣传？我说没有，我反倒常常批判他们。我为什么批判他们？因为我希望他们发展得更好。我告诉他们，你们只看到电商带来的财富，但是你们没有看到农村因为电子商务所发生的变化和面临的危机。乡村电子商务发展的最终的目的不是仅仅有钱。工作只是生活的一部分，生活才是生活的全部。淘宝村如果最终不是一个美丽乡村，不是宜居的空间，那我们发展的目的是什么？如果因电商致富的有钱人最终全部离开了村子，那么淘宝村发展的意义在哪里？其实淘宝村的困境已经显现，以下三个方面就是我们研究的总结。

1. 过度竞争下的电商产业发展“内卷化”

我使用“内卷化”这个词，大家可能会觉得不是非常准确，主要是想描述当前部分淘宝村出现的“有增长、无发展”情况。由于电商带来的财富累积效应和扶贫效应比较显著，所以各级政府与老百姓热情高涨，很多地方政府积极推广，希望乡村电子商务大力发展。但市场规律是简单的，当整个行业的需求基本不变，供给不断扩大的结果必然是利润被大大摊薄，形成生产增长快速但利润增长缓慢的情况（图 7）。

今年去菏泽参加第五届淘宝村峰会，我问大集镇淘宝村村民，今年的销售情况如何？大家的反馈基本都是货卖了很多，但赚的钱没有以前多了，甚至很多人慢慢转向其他行业。淘宝村电子商务的发展怎样才能避免低端竞争、持续升级，是淘宝村下一步要思考的非常重要的问题。

2. 弱管制能力下的乡村空间建设失序

中国的城乡治理能力跟行政等级有很大的关系，等级越低治理能力通常越弱，且不论乡镇层面，许多县级单元城乡规划管理都处于一种非常弱势的情况。因此乡村，淘宝村在面临巨大的发展活力、快速的工业化和城镇化进程时，基本不具备相应的治理能力。空间治理能力的缺失，必然导致淘宝村的建设空间处于快速失序的状态（图 8）。

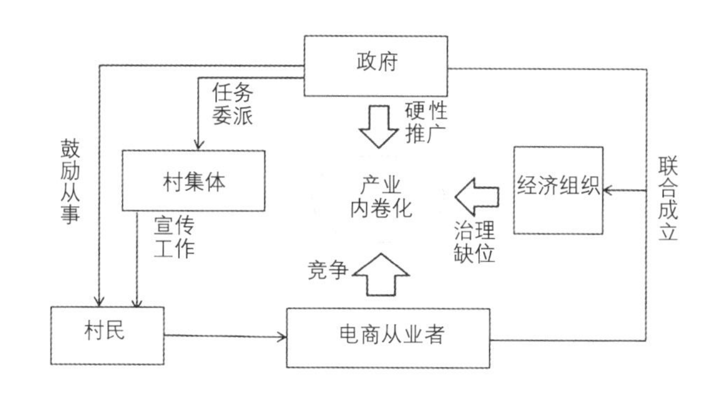

图 7 淘宝村产业“内卷化”的形成

图 8 2013—2015 年大集镇空间变化及数据

图 8 中的道路是普通县道，2014 年后沿路迅速建起了临时厂房。我们知道，临时建设是不能长期存在的，简单的沿路建设也有很多问题。当地政府也已经认识到这些问题，并开始着手管控和规划。但富裕起来的老百姓建房的冲动非常强烈，在大部分缺乏规划管控的乡村地区，失序的情况普遍存在。大集镇是北方平原地区的案例，我们再来看南方地区。图 9 来自潮汕地区，这是我见过的最高的农民自建房。

图 9 潮汕地区农民自建房

大家不要以为他们是乱建的，这是经过规划的，有规整的道路网。但显然乡村地区的建设管控是非常弱的。村民们每户基本用足宅基地面积，13—15 层带电梯的自建房，底层做店铺，二层以上有工厂、有仓储，最上面基本是住宿功能。我们不禁要思考，当这种多功能的空间开始大规模地出现在乡村时，它还是乡村吗？这样的空间必将给我们带来很多困惑。

3. 供求失衡下的乡村公共服务功能转移

图 10 是一所幼儿园，临近放学的时间，大量三轮带棚的电动车就会聚集在校园周边。

许多同学没有去过乡村，对乡村环境缺少理解。这个季节的华北地区，每天四点接孩子时温度已低至零下，所有家长都靠这种车接孩子，整个学校周边就被他们包围了。乡村的公共服务以这种方式提供，效果大家可想而知。所以淘宝村里新富裕的人，当他们有更多钱时，他们会选择离开，他们会到县城买商品房、学区房。我曾调研过他们，基本都在县城买了几套房，虽然他们暂时不去住，只说是为小孩子买的。电商能人有这样的经济实力离开乡村，但并不是所有淘宝村的人都有能力搬离村子，然而当这些有能力的人搬离村子后，村子留下来的将是什么？这一轮电子商务推动的乡村发展是一次巨大的机遇，但如果连淘宝村都没有很好地实现乡村的可持续发展，其他的村子我们也很难救活了。这就是我每次都要讲淘宝村升级的原因，从最早的电子商务发展到电商产业升级，最终都要指向美好乡村环境。只有进入美好乡村建设，淘宝村真正成为宜居、宜业空间的时候，我们的发展才是可持续的。从去年淘宝村高峰论坛到今年的峰会，我专门组织论坛（图 11），讲城乡规划的原理和知识，讨论淘宝村怎么发展，3.0 到底是什么，乡村治理和规划建设该怎样推进（图 12）。

图 10　幼儿园周边的带棚摩托车

图 11　淘宝村高峰论坛及峰会

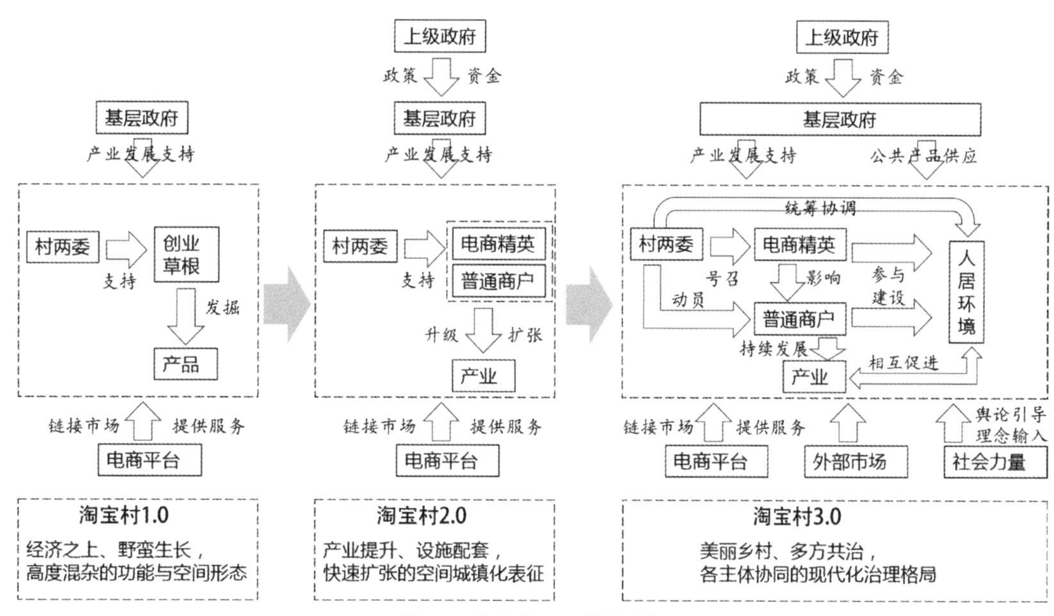

图 12 淘宝村 3.0 发展过程

三、淘宝村 3.0：乡村治理与规划建设

我经常讲中国的乡村并不都需要“规划”,必要的建设管制是需要的,但很多地方是没有发展动力的。淘宝村是快速发展和变革中的乡村，它们需要立即进行规划引导。当然我们无法过早地超前规划，因为太早根本不知道淘宝村电子商务快速发展的特征和规律,是没有办法给它做规划的。但当我们观察到、发现它的发展趋势时，就需要及时提供必要的规划引导。基于我们团队对淘宝村的研究，根据淘宝村发展会不会带来工业化、会不会带来用地扩张以及会不会引致空间城镇化的判断，我将其分成三类：

第一类淘宝村会走上工业化道路，这些村庄不可避免地会融入都市一体化进程或者成为区域增长极型的小城镇，快速的空间城镇化进程明显。非常典型的例子如江苏省沙集镇。

第二类是不涉及工业产品的淘宝村，它主要是农产品电商，基本不发生大规模工业化进程，因此没有更多的用地需求，不会带来空间上的巨大变化。这时规划部门要做的更多的是交通物流体系、服务体系和环境风貌的建设，这些乡村和城镇会变成美丽乡村、特色小镇建设的典范。

第三类是轻加工类淘宝村。轻加工类淘宝村涉及初级的加工业，需要根据加工业的类型进行区别应对。

对于涉及工业化的淘宝村一定要合理考虑空间规划，而且对于很多村庄的进一步发展，不能仅仅停留在乡村思维里，需要更多地从小城镇发展角度考虑。今天彭（震伟）老师也到场了，我觉得乡村学委会和小城镇学委会一起开会是非常好、非常有必要的，因为乡村和小城镇本身就不可分割，还会发生转化。

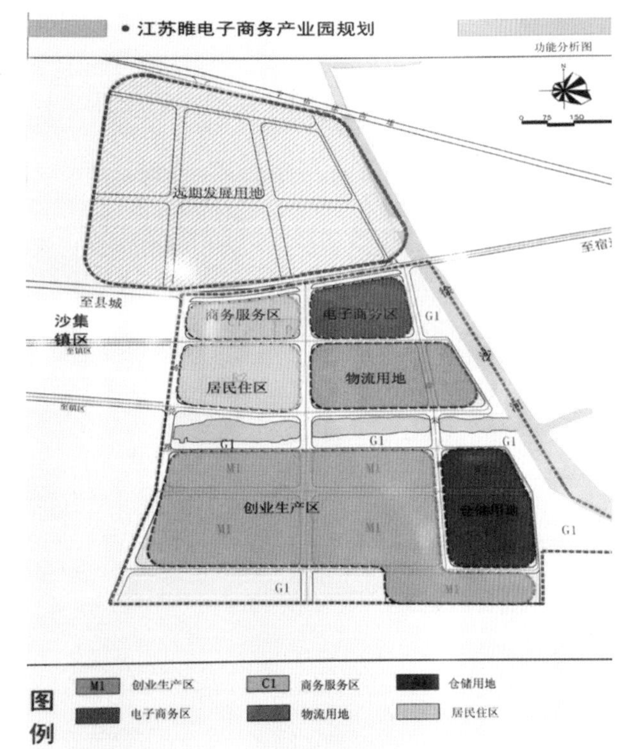

图 13　江苏省沙集镇睢电子产业园规划

图 14　秦巴山区深处的鄂西北山村

图 13 是沙集镇电子商务产业园的规划图，在座的规划专业同学可能会觉得这个规划做得很简单，当然可能也存在很多问题，但它很实用，因为符合实际需求、便于实施。

很多人会问有没有淘宝村变身美丽乡村的成功案例，答案是有。图 14 的村子是湖北省西北山区里一个村庄，十堰市郧西县涧池乡下营村，村民通过网上销售绿松石成为湖北省的第一个淘宝村。

过去我们觉得绿松石不是非常宝贵的石头，而现在好工好料的绿松石可以卖出玉石的价格。图 15 中间的两张图片是村子自建发建设的淘宝一条街。当他们建完这条街时，发现自己的能力不足以再推动美丽乡村建设了，于是他们力邀中国乡建院的孙君（最著名的规划设计就是郝堂村）帮他们做美丽乡村建设规划。图 15 右边的两张图是当前美丽乡村建设完成的主要观景平台。

这个村以村两委为主体，和村里新兴的电商精英一同构成一个非常有效的治理结构（图 16）。这些年轻的电商精英加入到乡村治理的时候，他们自身有钱、有能力而且有公德心，能够推动乡村有序发展，这种模式被称为乡村合谋型治理。村两委在年轻人的帮助下，不仅可以把村内部的事情做好，而且能够跟上级政府进一步互动，争取支持，同时促进更多社会群体包括学者、专家、记者等进入乡村，使整个乡村面貌发生巨大的变化。

当村书记带我去看他们新建的荷花塘时，看到两个小朋友就在村子前面的荷塘里走，我问他们害不害怕，他们说不害怕。是啊，这是他们的村子，是安全的地方，我想这样的乡村肯定是我们最终希望看到的乡村（图 17）。

目前中国约有六十多万个行政村，淘宝村只有两千多个，淘宝村的数量大约仅占中国乡村总数的三百分之一。在中国乡村的发展进程中，不是所有的乡村都能够、都需要成为淘宝村，但我们要关注中国乡村的这些巨大的变化。大家可能以为淘宝村只利用淘宝、天猫平台，其实远不止于此。他们广泛地利用京东、苏宁、唯品会以及微信等多种电子商务平台，只是这些平台的数据没有显示出来。从

图 15 鄂西北山村美丽乡村建设

图 16 村书记刘庭洲与年轻电商

图 17 村中荷花塘

这个角度，我们可以推断当今中国从事电子商务并受到电子商务影响的乡村数量远多于淘宝村的数量，只是它们没有被贴上“淘宝村”或者“电商村”的标签。这就是正在发生着巨大变化的中国城镇化的前沿，作为城乡规划学者和规划师，我们必须关注新经济、新技术对于乡村的影响，使新自上而下的城镇化进程在我们这代人手里不至于是盲目的、被忽视的、没有引导的。否则当这个时代过去的时候，我们会都心存更多的遗憾和后悔。

感谢大家的聆听！谢谢！

（本文由中国城市规划学会乡村规划与建设学术委员会志愿者、天津大学硕士研究生张媛和王柳璎根据报告速记稿整理，已经作者审定）

彭震伟

中国城市规划学会小城镇规划学术委员会主任委员
同济大学建筑与城市规划学院党委书记、教授

小城镇发展与实施乡村振兴战略的思考

大家好，下面请允许我用 5 分钟时间来阐述我的观点。我的观点很简单，就是这个题目——乡村发展要与小城镇发展紧密联系。

报告内容分为五个部分：乡村振兴战略、城镇化与小城镇发展、小城镇与乡村发展、乡村振兴视角的小城镇发展、结语。

中国共产党第十九次全国代表大会

不忘初心，牢记使命，高举中国特色社会主义伟大旗帜，决胜全面建成小康社会，夺取新时代中国特色社会主义伟大胜利，为实现中华民族伟大复兴的中国梦不懈奋斗。

图 1　十九大报告提到城乡融合是乡村振兴的重要路径

第一部分，乡村振兴战略。乡村振兴涉及城镇化的发展，涉及小城镇的发展。十九大报告提到城乡融合是乡村振兴的重要路径（图 1）。十九大报告整篇三万多字，两处提到城镇化，一处提到小城镇，提出一个战略，十六处提到农村（图 2）。

关于我们社会主要矛盾的变化，从八大到改革开放、再到十九大提出的“人民日益增长的美好生活的需要与不平衡不充分的发展之间的矛盾”，现在最大的“不平衡不充分”问题在农村，所以要发展农村，但如何发展？中央十九大报告提到以下内容（图 3），我们可以从中看出发展应遵循的大致方向：将城乡融合作为重要路径来实施乡村振兴。因此我将把城镇化、小城镇、乡村这三个关键词放在一起，来讨论乡村振兴中小城镇的作用。

第二部分：城镇化与小城镇发展。我国城镇化进程还在持续，2016 年城镇化率为 57.35%，并仍在不断提高。改革开放以来，我国城市发展与城镇化政策中，都提到了小城镇的发展。随着时代发展，很多政策都发生了变化，唯有小城镇发展没变，其中非常重要的一个理由是：小城镇的发展是带动农村发展重要的推动力，这是长期的政策。例如从 1978 年以来的政策变化，到 1984 年到 1991 年的“离土不离乡”，以及 20 世纪 90 年代以后的政策，包括对小城镇、

■ 城镇化（2）

• 城镇化率年均提高一点二个百分点，八千多万农业转移人口成为城镇居民（一、过去五年的工作和历史性变革）

• 坚持新发展理念：推动新型工业化、信息化、城镇化、农业现代化同步发展（三、新时代坚持和发展中国特色社会主义的14大基本方略）

■ 小城镇（1）

以城市群为主体构建大中小城市和小城镇协调发展的城镇格局（五、贯彻新发展理念，建设现代化经济体系）

■ 乡村——坚定实施乡村振兴战略

■ 农村（16）

图 2 十九大报告 16 处提到农村

• 农业农村农民问题是关系国计民生的根本性问题，必须始终把解决好“三农”问题作为全党工作重中之重。
• 要坚持农业农村优先发展，按照产业兴旺、生态宜居、乡风文明、治理有效、生活富裕的总要求，建立健全城乡融合发展体制机制和政策体系，加快推进农业农村现代化。
• 巩固和完善农村基本经营制度，深化农村土地制度改革，完善承包地“三权”分置制度。
• 保持土地承包关系稳定并长久不变，第二轮土地承包到期后再延长三十年。
• 深化农村集体产权制度改革，保障农民财产权益，壮大集体经济。确保国家粮食安全，把中国人的饭碗牢牢端在自己手中。
• 构建现代农业产业体系、生产体系、经营体系，完善农业支持保护制度，发展多种形式适度规模经营，培育新型农业经营主体，健全农业社会化服务体系，实现小农户和现代农业发展有机衔接。
• 促进农村一二三产业融合发展，支持和鼓励农民就业创业，拓宽增收渠道。
• 加强农村基层基础工作，健全自治、法治、德治相结合的乡村治理体系。
• 培养造就一支懂农业、爱农村、爱农民的“三农”工作队伍。

图 3 将城乡融合作为重要路径来实施乡村振兴

■ 1984—1991年，以“离土不离乡”就业模式为主导的乡镇企业及其支撑的小城镇发展和以来料加工为核心的特区城市发展，是这一时期中国城镇化发展的主要标志。

1984年，中共中央和国务院批转农牧渔业部《关于开创社队企业新局面的报告》提出乡办、村办、联户办和户办四个轮子一起转的乡镇企业发展策略。乡镇企业在全国范围内得到了较大的发展，成为中国农村剩余劳动力就业的主要途径、经济发展和小城镇发展的主要动力。

• 允许务工、经商、办服务业的农民自带口粮在城镇落户（1984年），鼓励农民进入集镇落户（1985年）
• 城乡经济发展模式带动了沿海地区出现大量新兴的小城镇
• 1984-1988年，降低建制镇标准（1984），建制镇数量从6211个增加到11481个

■ 1992—1999年，以邓小平南巡讲话为转折点，中国城市经济和城市化发展均开始进入快速发展阶段，全国的城镇化水平发展到30.9%。沿海城市和大城市的快速发展成为该阶段的主要特征。

该阶段城镇化全面推进，以城市建设、小城镇发展和普遍建立经济开发区为主要动力。1995年底与1990年相比，建制镇则从12000个增加到16000多个。

• 1992年，国务院再次修订小城镇建制标准，促进了小城镇的发展。
• 1993年10月，建设部召开全国村镇建设工作会议，确定了以小城镇建设为重点的村镇建设工作方针。
• 1994年9月，建设部、国家计委、国家体改委、国家科委、农业部、民政部联合颁发《关于加强小城镇建设的若干意见》（建村〔1994〕564号）。

• 1995年4月，国家体改委、建设部、公安部等11个部委联合下达《小城镇综合改革试点指导意见》，并在全国选择了57个镇作为综合改革试点。
• 1997年6月10日，国务院批转了公安部《小城镇户籍管理制度改革试点方案》和《关于完善农村户籍管理制度意见》的通知。
• 1998年10月，中共十五届三中全会通过了《中共中央关于农业和农村工作若干重大问题的决定》，提出“发展小城镇，是带动农村经济和社会发展的一个大战略”。

图 4 1984 年—20 世纪 90 年代后的有关小城镇的政策

■ 2000年7月，2000年7月，中共中央、国务院发布《关于促进小城镇健康发展的若干意见》指出，加快城镇化进程的时机和条件已经成熟。抓住机遇，适时引导小城镇健康发展，应当成为当前和今后较长时期农村改革与发展的一项重要任务。

“走符合我国国情、大中小城市和小城镇协调发展的多样化的城镇化道路，逐渐形成合理的城镇体系。有重点地发展小城镇，积极发展中小城市，完善区域性中心城市功能，发挥大城市的辐射带动作用，引导城镇密集区有序发展。”

• 2001年5月，国务院批转了公安部《关于推进小城镇户籍管理制度改革的意见》。
• 2006年，国务院发布《关于解决农民工问题的若干意见》，提出“必须从我国国情出发，顺应工业化、城镇化的客观规律，引导农村富余劳动力向非农产业和城镇有序转移。”

■ 从2008年至今，开始实施以破除城乡二元结构为核心，推进城乡经济社会发展一体化的战略。2011年，全国的城镇化水平突破50%。

2013年《中共中央关于全面深化改革若干重大问题的决定》提出：“坚持走中国特色新型城镇化道路，推进以人为核心的城镇化，推动大中小城市和小城镇协调发展、产业和城镇融合发展，促进城镇化和新农村建设协调推进。”

• 2016年我国小城镇数量达到20654个。

图 5 2000 年以后的有关小城镇的政策

村镇方面的意见等（图 4）。1998 年的“小城镇大战略”，以及到 2000 年《关于促进小城镇健康发展的若干意见》，这是持续很长时间在小城镇最高层面的要求，涉及农民、农民工问题、户籍、人口流动等问题。以及到十八届三中全会，发展大中小城市和小城镇协调发展来促进城镇化和新农村发展，这整体上是一个延续过程（图 5）。

图 6 是国家统计局农民工监测报告，监测每年农民工的规模变化状况，尽管增长率在下降，但绝对数量在增加。乡村发展离不开城镇化大趋势，从 2016 年报告数据中可以看出，本地农民工增量占到了全部农民工的 88.2%，也就是说在自己乡镇范围内离开土地的农民工占比很大，未来的发展可能会变化，但这个趋势还存在。

第三部分：小城镇与乡村发展。我一个观点是，在乡村发展中要突出小城镇的作用，这体现了小

城镇化进程中的农民工问题

2011-2016年农民工规模（万人）

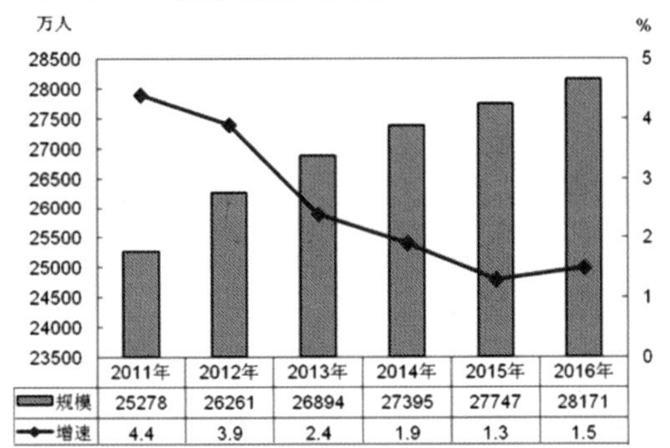

	2011年	2012年	2013年	2014年	2015年	2016年
规模	25278	26261	26894	27395	27747	28171
增速	4.4	3.9	2.4	1.9	1.3	1.5

2016年，本地农民工增量占新增农民工的88.2%

图6 2016年农民工监测报告

■ 小城镇的城乡二元属性

小城镇位于我国的“村－镇－市”城乡聚落序列中，是“城之尾，乡之首”，城乡二元属性明显。

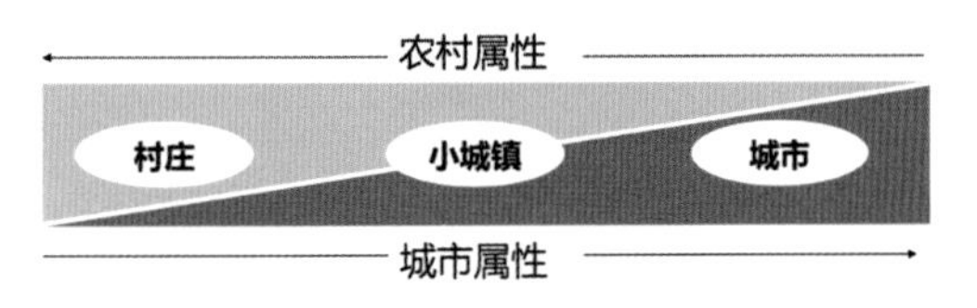

图7 小城镇的城乡二元属性

城镇两个特性，城市治尾、农村治首（图7）。

《说清小城镇》这本书是住建部主持的，石楠秘书长与我都写过书评，本书在对全国121个镇进行调查的基础上，分析小城镇和农村的关系，人口的分布，以及农村跟镇、区的关系，图8是本书摘取的一些基本信息。在这个基础上我提出：我们要从乡村视角来谈小城镇的发展，如何更好地让小城镇推动乡村振兴发展。

第四部分：乡村振兴视角的小城镇发展。我们引用国家2014年提出的城镇规划要求。要求中将小城镇分了很多类，对于2000多个县，我们要在城镇体系中去考虑这些县城、城关镇如何发挥副中心的作用。有大城市的地区如何发展特色小城镇，这次四部委明确了什么叫特色小城镇，什么叫特色小镇。我们从关注建制镇的角度，特色小镇是以特色产业发展来带动整个地区的发展，但有更多内容是服务于乡村地区的小城镇（图9）。

20世纪末、21世纪初《欧洲空间发展展望》提到（图10），新的城乡关系中乡村发展策略与城乡的关系，欧洲已经有一些案例证明了：乡村发展离不开外部区域，离不开城镇，中国两万多个城镇发展要有区别，有些更多地依靠大城市，有些更多地带动农村地区发展。

最后部分是结语：乡村振兴——社会主义现代化强国战略，这个战略实施路径就是城乡统筹，在城乡统筹过程中发挥小城镇的作用，发展小城镇来服务这些领域。在发展小城镇当中要有分类指导。

以上就是我的发言，谢谢大家！

■ 小城镇的居住人口

约70%的镇建成区居民仍为农业户籍，虽然常年居住在城镇，但并不享受城镇居民社会保障和福利待遇。镇建成区居民与农村具有较紧密联系，21%从事农业生产，13%在农村有宅基地和老屋，20%有农村的三代内近亲。

小城镇户籍居民构成比

户籍	常住人口比例
农业	69.5%
非农业	30.5%

（有效样本数41128个居民）

小城镇15-64岁劳动年龄人口工作地分布

工作地/上学地	劳动年龄人口比例
镇建成区	65.1%
村里	20.4%
县城	5.2%
非隶属的县城	0.9%
所属地级市区	2.7%
非隶属的地级市区	1.7%
所属省城	2.1%
非隶属的省级城市	2.0%

（有效样本数30081人）

图8 《说清小城镇》及内容摘要

四、乡村振兴视角的小城镇发展

国家新型城镇化规划（2014 – 2020年）

“有重点地发展小城镇”—— 按照控制数量、提高质量，节约用地、体现特色的要求，推动小城镇发展与疏解大城市中心城区功能相结合、与特色产业发展相结合、与服务“三农”相结合。

◆ 大城市周边的重点镇，要加强与城市发展的统筹规划与功能配套，逐步发展成为卫星城。

◆ 具有特色资源、区位优势的小城镇，要通过规划引导、市场运作，培育成为文化旅游、商贸物流、资源加工、交通枢纽等专业特色镇。

◆ 远离中心城市的小城镇和林场、农场等，要完善基础设施和公共服务，发展成为服务农村、带动周边的综合性小城镇。

◆ 大城市地区的小城镇
◆ 县城关镇——城镇体系（副中心）
◆ 特色小城镇
◆ 服务于乡村地区的小城镇

图 9　乡村振兴视角下的小城镇发展

欧洲空间发展展望（ESDP）：新的城乡关系（政策选择）

本土化、多样化与高效发展的乡村地区	城乡合作伙伴关系
◆ 引导多元化的发展策略，使之利于乡村地区自身潜力的发挥，利于实现本地化发展（包括推动多重功能的大农业发展）。在教育、培训和创造非农就业岗位等方面对乡村地区给予支持。 ◆ 巩固乡村地区中小城镇作为区域发展的中心地位，推动其网络化发展。 ◆ 采取环境措施，进行农业土地利用的多种经营，保障农业的可持续发展。 ◆ 倡导和扶持乡村地区之间的合作与信息交流。 ◆ 发挥城乡地区可再生能源的潜力，关注地方和区域发展条件，尤其是文化与自然遗产。 ◆ 挖掘环境友好型旅游的发展潜力。	◆ 保证乡村地区（尤其是那些经济萧条的乡村）的中小城镇得到基本的社会福利和公共交通服务。 ◆ 以强化区域功能为目标，倡导城乡之间的合作。 ◆ 在城市化地区空间发展战略中对大城市周围的乡村进行整合，使土地利用规划更为高效，同时关注城市周边地区的生活质量问题。 ◆ 通过项目合作和相互交换经验，倡导并扶持国家和跨国层面的中等城市和小城镇之间以伙伴关系为基础的合作。 ◆ 推进城乡中小型企业之间的企业集团化建设。

图 10　欧洲空间发展展望中提到小城镇在区域发展处于中心地位

（本文由中国城市规划学会乡村规划与建设学术委员会志愿者、天津大学硕士研究生张媛和刘德政根据报告速记稿整理）

第二部分

乡村规划方案

竞赛组织及获奖作品

2017 年度首届全国高等院校城乡规划专业大学生乡村规划方案竞赛（全国自选基地）

任务书

一、背景

为响应国家新型城镇化的战略导向，2011 年学科调整设置城乡规划专业，乡村规划成为城乡规划专业的重要组成部分。2017 年中央一号文件有关发展乡村规划专业的要求，对于城乡规划专业建设提出了更高要求。积极推进乡村规划领域的专业知识发展，培养具备乡村规划专业能力的技术人才，呼吁社会各界关注乡村规划与建设事业，成为开设城乡规划专业的高等院校的重要责任。

为此，经中国城市规划学会同意，中国城市规划学会乡村规划与建设学术委员会和小城镇规划学术委员会共同举办 2017 年度首届全国高等院校城乡规划专业大学生乡村规划方案竞赛，诚邀各高校参与支持。

二、目的

其一，持续推进全国高等院校的乡村规划教学研究及交流，以及学科发展。

其二，积极吸引城乡规划专业及相关专业学生关注乡村建设及规划，提升学习和研究热情，交流并促进研究及规划方法。

其三，积极探索适应新时代的办学方法，将专业教育及发展与社会实践需要紧密结合，吸引更多地方积极支持学科发展。

三、活动组织方

1. 主办方

中国城市规划学会乡村规划与建设学术委员会

中国城市规划学会小城镇规划学术委员会

2. 承办方

同济大学建筑与城市规划学院

上海同济城市规划设计研究院

四、举办方式

采取自由报名的方式开展该项活动。

凡有意向的高校，以及城乡规划专业及相关专业的在校本科生和研究生，皆可以高校为单位或者自行组团队并经所在高校许可报名参加该次竞赛。每个高校推荐的自选基地参赛团队的报名数额不限。

参赛团队应按照活动时间节点和规定的形式，及时提交参赛成果。

承办方和主办方将组织专家评审，并根据实际情况选择部分优秀成果纳入专辑出版。

五、活动时间

2017 年 6 月 4 日，同济大学启动仪式。

2017 年 6 月 10 日，报名截止。

2017 年 6 月 20 日，公布自选基地参赛团队，发放技术文件。

2017 年 11 月 15 日，所有参赛单位提交成果。

2017 年 11 月 30 日前，参赛成果完成评审，产生入围方案。

2017 年 12 月 20 日前，入围方案完成最终评审。

六、竞赛选题及成果内容

1. 选题

自由选题

2. 主要成果内容

本次方案竞赛重在激发各参赛团队的创新思维，提出乡村发展的创意策划，因此规划内容包括但不限于以下部分：

（1）调研分析：对于规划对象，从区域和本地等多个层面，以及经济、社会、生态、建设等多个维度，进行较为深入的调研，挖掘发展资源、剖析主要问题。

（2）发展策划：根据地方发展资源和主要问题，提出较具可行性的规划对策。

（3）村域规划：根据地形图或卫星影像图，对于村域现状及发展规划绘制必要图纸，并重点从村域发展和统筹的角度、提出有关空间规划方案，至少包括用地、交通、景观风貌等主要图纸。允许根据发展策划创新图文编制的形式及方法。

（4）居民点设计及节点设计：根据上述有关发展策划和规划，选择重要居民点或节点，探索乡村意象，编制能够体现乡村设计意图的规划设计图纸。原则上设计深度应达到 1 ： 1000—1 ： 2000，成果包括反映乡村意象的入口、界面、节点、区域、路径等设计方案和必要的文字说明。

七、成果形式

成果应图文并茂，并适应后期出版需要。任务书将详细规定具体要求。主要成果形式有：

（1）每份成果，应有统一规格的图版文件 4 幅（图幅设定为 A0 图纸，应保证出图精度，分辨率不低于 300dpi。勿留边，勿加框），应为 psd、jpg 等格式的电子文件，或者 Indd 打包文件夹。该成果将用于出版。

（2）每份成果，还应另行按照统一规格，制作两幅竖版展板 psd、jpg 格式电子文件，或者 Indd 打包文件夹。该成果将统一打印，以便展览用途。

（3）能够展示主要成果内容的 PPT 等演示文件一份，一般不超过 30 张页面。

凡是提交的成果，知识产权将由提供者和组织方共同拥有，组织方有权独立决定是否用于出版，以及提交基地所在地用于规划编制参考，并不再另行支付经费。

八、评选方式

由活动组织方邀请 5—7 位评审专家组成评选小组，评审细则由评审专家集体讨论决定。

评审产生一等奖 2 名，二等奖 4 名，三等奖 6 名，优胜奖 8 名，佳作奖 16 名。此外，根据现场情况评选产生单项最佳研究奖一名、最佳创新奖一名、最佳表现奖一名。

对于获奖方案将颁发证书并给予一定奖励：一等奖：2500 元；二等奖：2000 元；三等奖：1500 元；优胜奖：1000 元；单项奖：2000 元。

九、参赛团队要求

每个参赛队伍宜指定指导教师 2—3 名，学生一般不超过 5—6 人，本科生、硕士研究生不限。

十、其他事宜

有关竞赛事宜，自本公告发出即接受报名及咨询，联系方式为：

中国城市规划学会乡村规划与建设学术委员会报名联系及咨询方式：

邹海燕，乡村委官方邮箱：×××××@planning.org.cn

2017年度首届全国高等院校城乡规划专业大学生乡村规划方案竞赛（全国自选基地）

参赛院校及作品

序号	作品名称	参赛院校
1	探圩观沚——马鞍山市当涂县黄池镇杨桥村村庄规划	安徽农业大学
2	人地共生，破圩之围	西交利物浦大学
3	深圳市梧桐山村发展研究与规划设计	深圳大学
4	召唤 · 纽带	贵州大学
5	Duan · 续	宁波大学
6	合纵连横	天津城建大学
7	生态荷园 · 绿色鱼庄	天津城建大学
8	十里江村	南京工业大学
9	新乡市西平罗传统村落规划设计	河南科技学院新科学院
10	再生计划——基于研学旅行的邯郸市张家楼村规划	河北工程大学
11	鸣山历史文化村落保护利用规划设计	上海理工大学
12	都市渔村	福州大学
13	肖坊村村庄规划	福州大学
14	围塘嬉戏 · 红歌飘扬	福州大学
15	陶公渔火 钱湖人家	华中科技大学
16	黄梅县停前镇潘河村美丽乡村规划设计	华中科技大学
17	湖北省黄冈蕲春县畈上湾村美丽宜居乡村规划	华中科技大学
18	面向实施的井冈山古城镇长望村美丽乡村规划设计	天津大学
19	现代农业视角下的集约型村庄规划	天津大学
20	生态乌托邦	天津大学
21	居移气养移体	天津大学
22	蟹岛稻香，了凡于心	天津大学
23	井峪乡曲情 蓟州桃源境	天津大学
24	行动规划 · 协同设计	华南理工大学
25	逐水 · 筑塬 · 归田	西安建筑科技大学
26	药谷青瓦 · 存漪传情	西安建筑科技大学
27	古陵新居——帝王陵边的生活	西安建筑科技大学
28	“合 · 和之境”	西安建筑科技大学
29	青山绿水，返朴归真	西安建筑科技大学
30	黄土天成 · 智慧弥新	西安建筑科技大学
31	生态管护 · 乡土培补	西安建筑科技大学
32	拯救上川口	西安建筑科技大学
33	沈阳市石佛寺村历史文化名村概念规划	东北大学
34	悠“髯”见南山	西安科技大学
35	筏头老街乡村规划——创客小镇	上海大学

续表

序号	作品名称	参赛院校
36	梦衍市界	南阳理工学院
37	河南省南阳市宛城区黄台岗镇三十里屯	南阳理工学院
38	湖南永州兰溪村乡村规划	衡阳师范学院
39	市不远，吾老养于斯	广西大学
40	珊瑚藏海岛 初日照涠洲	广西大学
41	山水禅意 · 印象桔乡	西北大学
42	厚土塬生 十里果香	西北大学
43	“四态”共融	贵州民族大学
44	石阡县甘溪乡铺溪村“美丽乡村”规划	贵州民族大学
45	走“进”乡村，走“近”乡村	贵州民族大学
46	河南省洛宁县下峪镇后上庄村乡村规划	河南科技大学
47	苏羊村乡村规划	河南科技大学
48	东乡引擎——始于羊，益于众	兰州理工大学
49	“锻”续——大墩村乡村概念规划设计	兰州理工大学
50	木兰传奇	武汉工程大学
51	曲水安生 共话桑麻	浙江工商大学
52	山上的石头记丨湘西自治州吉首市齐心村乡村规划	湖南大学
53	傍水而居	湖南大学
54	邵阳市新邵县仓场村规划	湖南大学
55	蚌埠市禹会区冯嘴村建设规划	安徽科技学院
56	归园田居	湖北工业大学
57	湖北省洪湖市老湾乡柯里湾乡村规划	湖北工业大学
58	徐州市塔山村村庄规划项目介绍	江苏师范大学
59	徐州市塔山村村庄规划	江苏师范大学
60	徐州市铜山区塔山村村庄规划	江苏师范大学
61	茗香禅意 · 水街人家	湖南理工学院
62	精明收缩下的花园村乡村振兴	长沙理工大学
63	花间计划	长沙理工大学
64	平湖市新埭镇鱼圻塘村村庄规划 · 文化新生	同济大学
65	e 茶 /e 村 /e 视界	同济大学
66	麻趣乡村 艺活浦阳	同济大学
67	新农 · 兴市 · 欣居村	同济大学
68	生态塑活 水乡绿岗	同济大学
69	小清胜畔寻故迹 江村回首旧桥新	苏州大学
70	张家港市凤凰镇支山村乡村规划	苏州大学
71	苏州市东山镇古周巷特色田园乡村方案设计	苏州大学
72	新乡市小店河村特色古村落规划设计	河南科技学院新科学院
73	不知归鹭	西安建筑科技大学
74	重庆市开州区九龙山镇双河村幸福美丽乡村规划	西南科技大学

2017年度首届全国高等院校城乡规划专业大学生乡村规划方案竞赛（全国自选基地）

评优专家

序号	专家姓名	专家简介
1	宁志中	中国科学院地理科学与资源研究所总规划师
2	陈玉娟	浙江工业大学建筑工程学院规划系系主任、副教授
3	余建忠	浙江省城乡规划设计研究院副院长、教授级高工
4	陈　荣	中国城市规划学会乡村规划与建设学术委员会委员 上海麦塔城市规划设计有限公司总经理
5	任文伟	世界自然基金会（WWF）中国淡水项目主任
6	储金龙	安徽建筑大学建筑与规划学院院长
7	张尚武	中国城市规划学会乡村规划与建设学术委员会主任委员 同济大学建筑与城市规划学院副院长、教授

2017年度首届全国高等院校城乡规划专业大学生乡村规划方案竞赛（全国自选基地）

获奖作品

序号	获奖类型	作品名称	参赛院校	参赛学生	指导教师
1	一等奖	人地共生，破圩之围	西交利物浦大学	忻晟熙 周 翔 陆思羽 王 琦 刘梦川 罗燕南	钟声 王怡雯 Christian Nolf
2	一等奖	黄土天成·智慧弥新	西安建筑科技大学	赵海清 林 伟 陈淑婷 夏梦丹 史国庆 尤智玉	段德罡 黄 梅
3	二等奖	Duan·续	宁波大学	张 锐 王亮亮 曹静轩 樊静枝 冯森珏 裘虹瑜	潘 钰 徐入云
4	二等奖	鸣山历史文化村落保护利用规划设计	上海理工大学	李雯婷 王忠求 黄汉邦	王 勇 张 洋
5	二等奖	生态塑活 水乡绿岗	同济大学	翟丽王芝 葛紫淳 张 杨	戴慎志 高晓昱 陆希刚
6	二等奖	苏州市东山镇古周巷特色田园乡村规划	苏州大学	茆昕明 王颖怡 朱羽佳 李嘉欣 汪 滢 邱俊扬	王 雷
7	三等奖	深圳市梧桐山村发展研究与规划设计	深圳大学	吴秋虹 徐 键 肖婉婷 陈伟聪 梁卓华	杨晓春
8	三等奖	生态荷园·绿色鱼庄	天津城建大学	赵英杰 张盛强 马嘉卉 王 恒 冯延奕 杜昊钰	刘立钧 孙永青 曾穗平 刘 欣
9	三等奖	都市渔村	福州大学	黄 迪 方晓冰 陈明远 池小燕 刘子颖 杜一卓	缪建平 刘淑虎
10	三等奖	“合·和之境”	西安建筑科技大学	乔壮壮 熊泽嵩 李捷扬 沈 蕊	段德罡 蔡忠原 王 瑾
11	三等奖	青山绿水，返朴归真	西安建筑科技大学	王成伟 吴昕恬 李佳澎 许惠坤 廖 颖	吴 锋 蔡忠原
12	三等奖	小清胜畔寻故迹，江村回首旧桥新	苏州大学	丁浩宇 李 娜 杨源源 邱俊扬	王 雷
13	优胜奖	围塘嬉戏·红歌飘扬	福州大学	詹 烨 郭 雨 陈惠彬 高淑滢 邓伟涛 刘 惠	樊海强 彭 琳
14	优胜奖	市不远，吾老养于斯	广西大学	邓若璇 冯昌鹏 蒙世森 莫立瑜 王依婷 凌 萍	廖宇航 潘 冽
15	优胜奖	山水禅意·印象桔乡	西北大学	袁洋子 孙圣举 程 元 侯少静 屈婷婷 李海峰	李建伟 沈丽娜
16	优胜奖	厚土塬生 十里果香	西北大学	王 婷 李光宇 苟嘉辉 韩 静 龙 欢 丁竹慧	惠怡安 董 欣 吴 欣
17	优胜奖	“四态”共融	贵州民族大学	茶连程 王 瓒 高 尚 李态群 梅世娇 李韩钰	牛文静
18	优胜奖	走“进”乡村，走“近”乡村	贵州民族大学	刘燕雯 陆显莉 彭书琴 谭艳华 陈芳芳 刘 美	吴缘缘 牛文静 熊 媛

续表

序号	获奖类型	作品名称	参赛院校	参赛学生	指导教师
19	优胜奖	精明收缩下的花园村乡村振兴	长沙理工大学	王伟宇 陶 醉 宋佳倪 肖梦琼 高 挺	徐海燕 邹 芳 陈 英
20	优胜奖	花间计划	长沙理工大学	孙 鑫 樊晨溪 代宇涵 赵 雯 罗淦元	徐海燕 邹 芳 陈 英
21	佳作奖	十里江村	南京工业大学	尤家曜 李子豪 陈文珺 骆彬斌	黎智辉 黄 瑛 陈 轶
22	佳作奖	陶公渔火 钱湖人家	华中科技大学	毕雅豪 杨若楠 黄 劲 王抚景 刘炎铷 高健敏	何 依
23	佳作奖	面向实施的井冈山古城镇长望村美丽乡村规划设计	天津大学	朱柳慧 汪梦琪 李晋轩 陈雨祺 靳子琦 奚雪晴	曾 鹏
24	佳作奖	现代农业视角下的集约型村庄规划	天津大学	董瑞曦 杨一苇 胡从文 刘瑾瑶	闫凤英 袁大昌
25	佳作奖	井峪乡曲情 蓟州桃源境	天津大学	刘 冲 许北辰 张 璐 林 澳	李 泽 张天洁
26	佳作奖	行动规划 · 协同设计	华南理工大学	贾 姗 苏章娜 张晓茵 赵浩嘉 陈雄飞 阮宇超 朱 蕾 李淑桃	叶 红 陈 可 李 腾
27	佳作奖	逐水 · 筑塬 · 归田	西安建筑科技大学	陈丛笑 杜 康 张 环 赵 浩 倪楠楠 赵晓倩	沈 婕 段德罡 谢留莎
28	佳作奖	药谷青瓦 · 存漪传情	西安建筑科技大学	张茹茹 张冬璞 齐岩卫 刘亚茹 阎 希	邓向明
29	佳作奖	拯救上川口	西安建筑科技大学	杨 茹 郑自程 韩 汛 刘晓明 金 戈 徐原野 雷连芳	段德罡 王 瑾 蔡忠原
30	佳作奖	珊瑚藏海岛 初日照涠洲	广西大学	邓若璇 汪 栗 黄达光 霍韦婧 关 粤 朱雅琴	卢一沙 周 游 陈 楠
31	佳作奖	东乡引擎——始于羊，益于众	兰州理工大学	陈越依 杜咸月 徐茂荣 仲思文 宋思琪 耿满国	张新红 王雅梅 闫海龙
32	佳作奖	“锻”续——大墩村乡村概念规划设计	兰州理工大学	韩双睿 刘文瀚 杨振亮 王 雪 邹 玉 张学鹏	张新红 夏润乔 闫海龙
33	佳作奖	木兰传奇	武汉工程大学	龚 越 汤建根 吴雪儿 张丽波 周明亮 左 红	陈可欣 宋会访 隗剑秋
34	佳作奖	曲水安生 共话桑麻	浙江工商大学	王奕苏 陈 希 陈 伊 叶诗宇 金 园	徐 清 童 磊 陈 怡
35	佳作奖	茗香禅意 · 水街人家	湖南理工学院	刘梦真 武亚杰 李婷婷 郑 聪 唐 娜	刘文娟 龚 岚 王曦涓
36	佳作奖	平湖市新埭镇鱼圻塘村村庄规划 · 文化新生	同济大学	姜雨姗 马若雨 来佳莹 汪 滢	钮心毅 朱 玮
37	佳作奖	张家港市凤凰镇支山村乡村规划	苏州大学	洪柳依 石遵堃 杨媛媛 吴佳静 李 娜 杨源源	王 雷
38	最佳研究奖	人地共生，破圩之围	西交利物浦大学	忻晟熙 周 翔 陆思羽 罗燕南 王 琦	钟 声 王怡雯 Chrisnolf Nolf
39	最佳创新奖	市不远，吾老养于斯	广西大学	邓若璇 冯昌鹏 蒙世森 莫立瑜 王依婷 凌 萍	廖宇航 潘 冽
40	最佳表现奖	新农 · 兴市 · 欣居村	同济大学	曾 迪 刘子健 刘晓韵 张贻豪	彭震伟 耿慧志

参赛院校及作品

人地共生，破圩之围

【参赛院校】 西交利物浦大学

【参赛学生】 忻晟熙 周 翔 陆思羽 王 琦 刘梦川 罗燕南

【指导教师】 钟 声 王怡雯 Christian Nolf

城市资本主导的城镇化正在对可达地理空间上的一切进行再修复，并逐渐侵蚀着脆弱的中国乡村。资本披着各色各样的外衣占据乡村空间，造就了一片又一片均质与单一的旅游村、度假村以及层出不穷的毫无特色的“特色小镇”。资本的狂潮以及非理性的市场在推动乡村物质空间趋于同质化的同时，也将村民的权利、乡村的社会结构等抛在了脑后。由于资源严重不足，中国的大量乡村难以得到发展机会，逐渐出现了“萎缩”现象，空心化、老龄化、产业衰落、生态破坏、社会文化解体等问题日益凸显。如今，随着城镇化步入新的阶段，乡村又逐步被变为资本获利以及城市中产阶级消费的目的地，随着城市资源的投入，乡村面临着沦为城市附属品的威胁。苏州作为至今影响着中国的苏南模式的先驱者，也面临着严重的乡村空间式微问题。我们认为，在城镇化发展的过程中，对于乡村的主人——农民的权利以及意愿的忽视是导致乡村发展乏力的主要原因之所在。因此，西交利物浦大学规划团队决定走进没有任何“光环加身”的普通村落，以试图研究最深刻、最普遍的乡村发展问题。

留守村里的老人和孩子

破败的房屋与荒地

水体富营养化的河流与池塘

湖南村是一个位于苏州市吴江区同里镇东南侧方圆2000多亩的自然村落，属叶建村委员会统一实施行政管理，户籍人口约700余人。紧临著名的国家5A级景区同里古镇。该地区未来将大力发展旅游等高度资本化的产业，同时周围的城镇化也对村落形成了合围，村子的未来面对着强大的外部冲击。小组成员通过频繁的实地考察走访，测量与取样，并结合对同里镇政府部门、叶建村委会以及村民的多方了解与数据比对，从社会结构、产业经济、自然生态、历史文化与人居环境四个方面入手对村落进行了全面的分析。

①在社会方面，村落空心化与老龄化问题显著，人口迁出率高达35%，且40%以上的留守村民都为老人。整个社会呈现出凋敝、涣散、停滞的低效稳定状态。②在经济方面，村庄主要以圩塘养殖为主，风险高、土地利用率低且引发了水污染的恶性循环。原有的粮食耕作已主要流转至大户，但实际效益以及效率低下，高度依赖补贴。③在生态方面，村落主要问题为高度的富营养化，且现有的防洪设施主要依赖水闸等简单基建，对于未来愈发可能出现的洪水威胁没有准备。④在建成环境方面，村内服务设施匮乏、公共空间稀缺、房屋大量空置、建筑特色湮灭。

针对上述问题，规划团队以农民为本、农业为根、农村为架的理念，提出了针对以湖南村为代表的江南衰败水乡的再复兴战略。规划试图以具有地方特色的产业融合、社会结构重塑以及生态创新修复为手段塑造可持续发展的韧性水乡综合体，使得其在面临外部城镇化、资本化冲击时，仍能迎接并内化冲击的外部性，形成新的稳定发展。

在社会方面，将规划本身作为激起村民自主发展意识的手段，公众参与的性质从咨询村民获取信息演变为帮助村民实现其共同愿景，并推动形成以村民为主导、村委会为平台同时涉及上级政府、企业、高校、非政府组织等多方资源的协作模式。在多次完成参与式工作坊后，规划团队提出了构建村民主导、多方参与的经济合作、生态保护、邻里互助、社会参与推动四大组织，形成资源共享、协同合作的社会发展矩阵，在社会基础上重振乡村的风貌。并通过包括公共空间在内的设计将制度落实于

艳阳下走访的小组成员们

规划跟着村民的心

小组成员向村民及相关部门汇报成果

物质空间上，形成以圩为单位的社会治理组织。

在经济方面，以农业为基础，加强一二三产业融合。运用江南地区逐渐成熟的立体共生农业，并结合地势地貌形成“北渔南稻，混合发展”的农业生产模式。利用当地传统的圩田特色景观，形成“一圩一品”的立体农业模式。在村民的建议下，规划团队还提出了恢复部分传统院落生产的功能，以提高农业的附加值。为保障农业的发展以及产业链的形成，建议强化当地缺失的合作社组织以引导产业方向、协调资源配置、提供资本和技术支持从而获得共同发展。团队还结合西交利物浦大学城市规划与设计系对苏州园区绿色农产品需求的调查，提出利用社区支持农业形成城乡联动资源交互的格局，加强面对市场变化的韧性。这一提议得到了村民，尤其是养殖户的积极回应以及普遍支持。在本规划方案中，乡村旅游虽然不是发展重心，但作为农业景观以及生产的衍生品存在，可以起到丰富产业结构的作用。

在环境空间方面，接受人口减少的现实，打破生产组等固有模式，形成生产生活一体化的空间模式，恢复以“圩”为主要基础的空间单位。在交通组织和道路设计方面，没有以游客等外部群体的需求为出发点重新规划村内的空间流动，而是把着眼点放在现有路网的改造以解决农产品运输困难以及日常生活需求等农民关注的切身问题上。在生态方面，以国内外的实践案例以及文献资料为基础，将江南特有的圩田景观作为背景，提出了韧性的“圩”（微）循环的空间布局。利用植物自净、湿地修复等手段使得每一个圩都是韧性自循环的生产单位，而所有的圩通过地形以及河道紧密连接，与外部生态系统形成大的循环。同时，新“圩”循环格局还将弥补现在依赖水闸以及水泵的机械雨洪管理模式。

西交利物浦规划团队认为乡村更需要的不是当今盛行的以物质空间为中心的“规划”，而是“治理”。农村问题的症结不是规划问题，而是治理问题！也因此，规划师需要从农民的角度入手，来审视面前的每一寸泥土、每一条河流。农业是农村的根，农民是农村的本。无视村民以及农业的乡村复兴，注定沦为城市资本狂欢的牺牲品。如今，农村似乎成了一个贬义词，城市化幻影造成的村民对农业以及农村深深的不屑与对这一“羁绊”的摒弃才是阻挡乡村振兴的“太行王屋”。只有让村民意识到自己的权利，明白脚下土地的价值才能如习近平总书记所希望的那样——“记得住乡愁”。在本次规划中，团队正是通过深入到各家各户的公众参与，将村民视为“甲方”与“规划者”，才得以获得官方资料无法提供的数据、信息与村民心中的未来愿景，才得以完成这份属于湖南村的规划。因此，在进行乡村规划之前，每一个规划师都应该回答这样一个问题：“农村是谁的农村？”

乡村正在从农民生产生活的家园异化为资本空间生产的战场，农村空间的使用价值正在被交换价值所替代。如何塑造乡村空间的韧性，迎战这一场异化，将会成为每一位城市研究者与规划师不可避免的挑战。伊塔洛·卡尔维诺曾这样说道：“我们住的房子越是明亮和豪华，房子的墙上就越有鬼影；因为进步和理性的梦中往往掺杂着鬼影。”规划师或许不能改变“房子”的形象，但至少应该努力照亮那些“鬼影”。

方案获奖后团队与村民分享协同规划的成果同时进一步加强村民参与意识

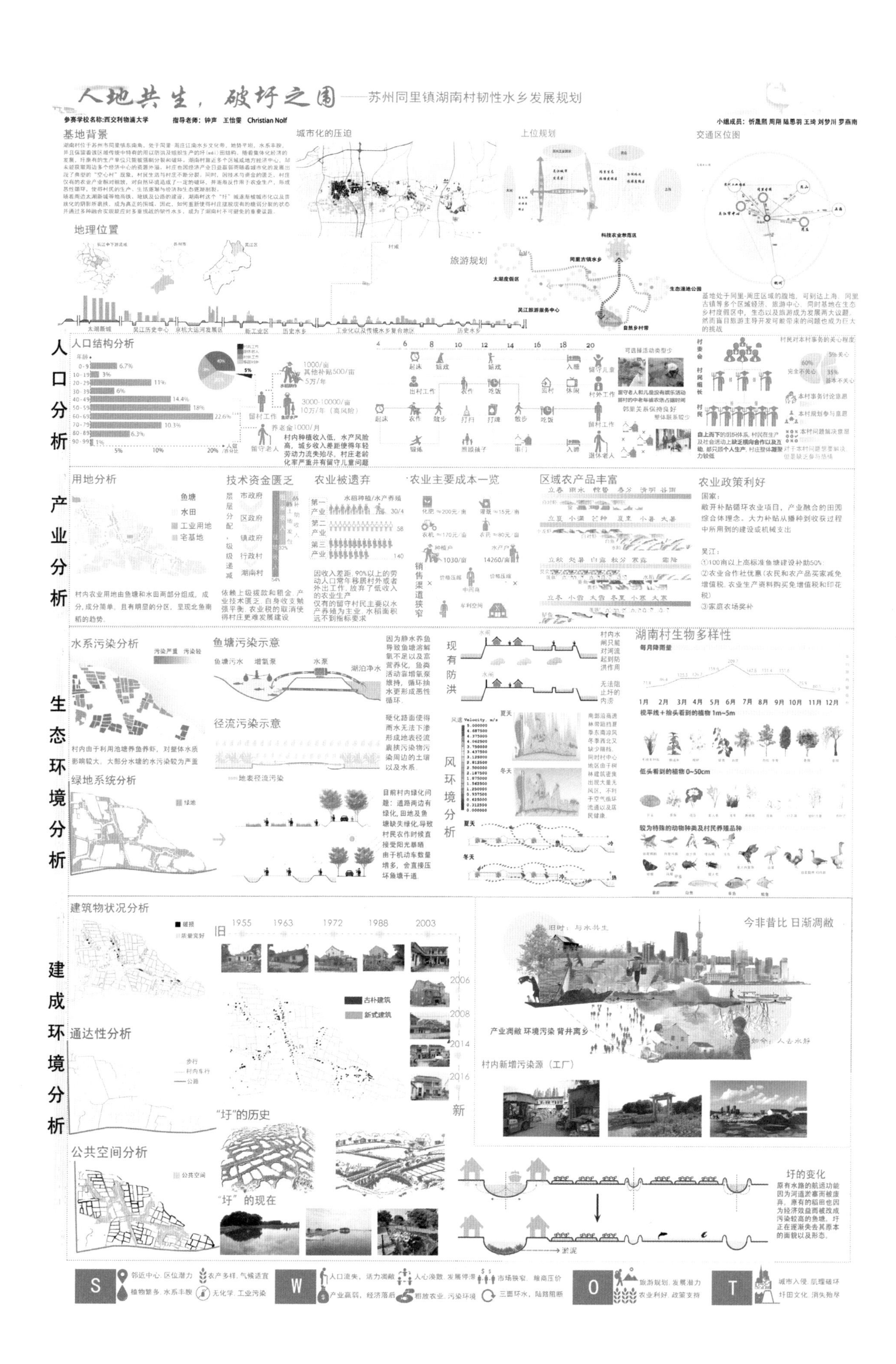
人地共生，破圩之围——苏州同里镇湖南村韧性水乡发展规划
参赛学校名称:西交利物浦大学
指导老师：钟声 王怡雯 Christian Nolf
小组成员：忻晟熙 周翔 陆思羽 王琦 刘梦川 罗燕南
基地背景
城市化的压迫
上位规划
交通区位图
地理位置
旅游规划
人口分析
人口结构分析
产业分析
用地分析
鱼塘
水田
工业用地
宅基地
技术资金匮乏
农业被遗弃
农业主要成本一览
区域农产品丰富
农业政策利好
生态环境分析
水系污染分析
鱼塘污染示意
径流污染示意
绿地系统分析
现有防洪
风环境分析
湖南村生物多样性
建成环境分析
建筑物状况分析
通达性分析
公共空间分析
“圩”的历史
“圩”的现在
今非昔比 日渐凋敝
产业凋敝 环境污染 背井离乡
村内新增污染源（工厂）
圩的变化
S
W
O
T

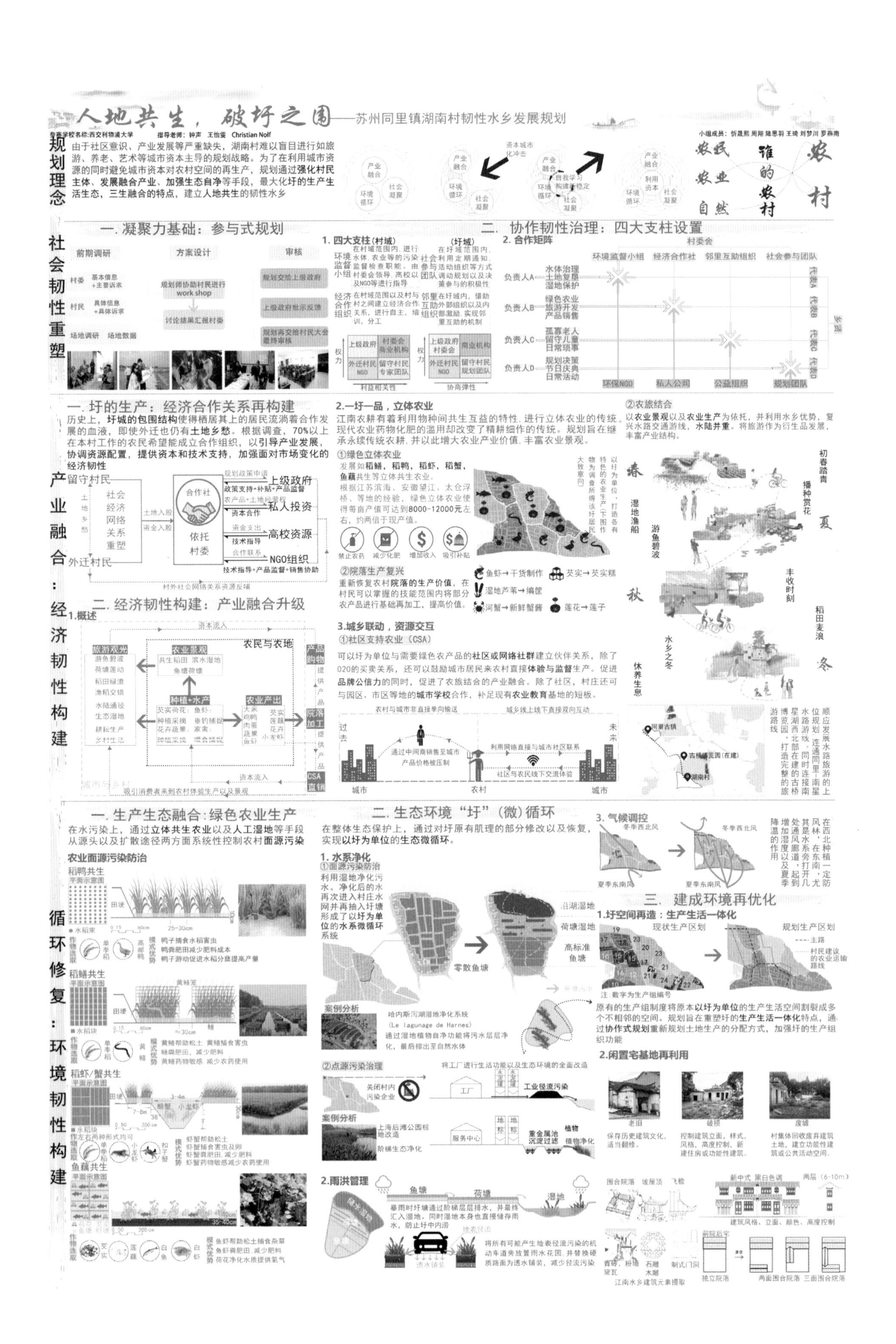

人地共生，破圩之困——苏州同里镇湖南村韧性水乡发展规划
参赛学校名称:西交利物浦大学 指导老师：钟声 王怡雯 Christian Nolf
小组成员：忻晟熙 周翔 陆思羽 王琦 刘梦川 罗燕南
规划理念
由于社区意识、产业发展等严重缺失，湖南村难以盲目进行如旅游、养老、艺术等城市资本主导的规划战略。为了在利用城市资源的同时避免城市资本对农村空间的再生产，规划通过强化村民主体、发展融合产业、加强生态自净等手段，最大化圩的生产生活生态，三生融合的特点，建立人地共生的韧性水乡
产业融合 社会凝聚 环境循环
资本城市化冲击
自我学习 构建新稳定
农民 农业 自然
谁的农村
农村
社会韧性重塑
一.凝聚力基础：参与式规划
前期调研 方案设计 审核
规划师协助村民进行work shop
讨论结果汇报村委
规划交给上级政府
上级政府批示反馈
规划再交给村民大会最终审核
二.协作韧性治理：四大支柱设置
1.四大支柱（村域）（圩域）
2.合作矩阵
村委会
环境监督小组 经济合作社 邻里互助组织 社会参与团队
负责人A 水体治理 土地复垦 湿地保护
负责人B 绿色农业 旅游开发 产品销售
负责人C 孤寡老人 留守儿童 日常琐事
负责人D 规划决策 节日庆典 日常活动
环保NGO 私人公司 公益组织 规划团队
产业融合：经济韧性构建
一.圩的生产：经济合作关系再构建
历史上，圩城的包围结构使得栖居其上的居民流淌着合作发展的血液，即使外迁也仍有土地乡愁。根据调查，70%以上在本村工作的农民希望能成立合作组织，以引导产业发展，协调资源配置，提供资本和技术支持，加强面对市场变化的经济韧性
留守村民 外迁村民 合作社 依托村委 上级政府 私人投资 高校资源 NGO组织
二.经济韧性构建：产业融合升级
1.概述
农民与农地
2.一圩一品，立体农业
江南农耕有着利用物种间共生互益的特性，进行立体农业的传统。现代农业药物化肥的滥用却改变了精耕细作的传统。规划旨在继承永续传统农耕，并以此增大农业产业价值，丰富农业景观。
①绿色立体农业
②院落生产复兴
重新恢复农村院落的生产价值，在村民可以掌握的技能范围内将部分农产品进行基础再加工，提高价值。
②农旅结合
以农业景观以及农业生产为依托，并利用水乡优势，复兴水路交通游线，水陆并重。将旅游作为衍生品发展，丰富产业结构。
春 夏 秋 冬
3.城乡联动，资源交互
①社区支持农业（CSA）
可以圩为单位与需要绿色农产品的社区或网络社群建立伙伴关系，除了020的买卖关系，还可以鼓励城市居民来农村直接体验与监督生产。促进品牌公信力的同时，促进了农旅结合的产业融合。除了社区，村庄还可与园区、市区等地的城市学校合作，补足现有农业教育基地的短板。
城市 农村 城市
循环修复：环境韧性构建
一.生产生态融合：绿色农业生产
在水污染上，通过立体共生农业以及人工湿地等手段从源头以及扩散途径两方面系统性控制农村面源污染
农业面源污染防治
稻鸭共生 稻鳝共生 稻虾/蟹共生 鱼藕共生
二.生态环境“圩”（微）循环
在整体生态保护上，通过对圩原有肌理的部分修改以及恢复，实现以圩为单位的生态微循环。
1.水系净化
①面源污染防治
②点源污染治理
2.雨洪管理
3.气候调控
三.建成环境再优化
1.圩空间再造：生产生活一体化
现状生产区划 规划生产区划
原有的生产组制度将原本以圩为单位的生产生活空间割裂成多个不相邻的空间。规划旨在重塑圩的生产生活一体化特点，通过协作式规划重新规划土地生产的分配方式，加强圩的生产组织功能
2.闲置宅基地再利用
老旧 破损 废墟

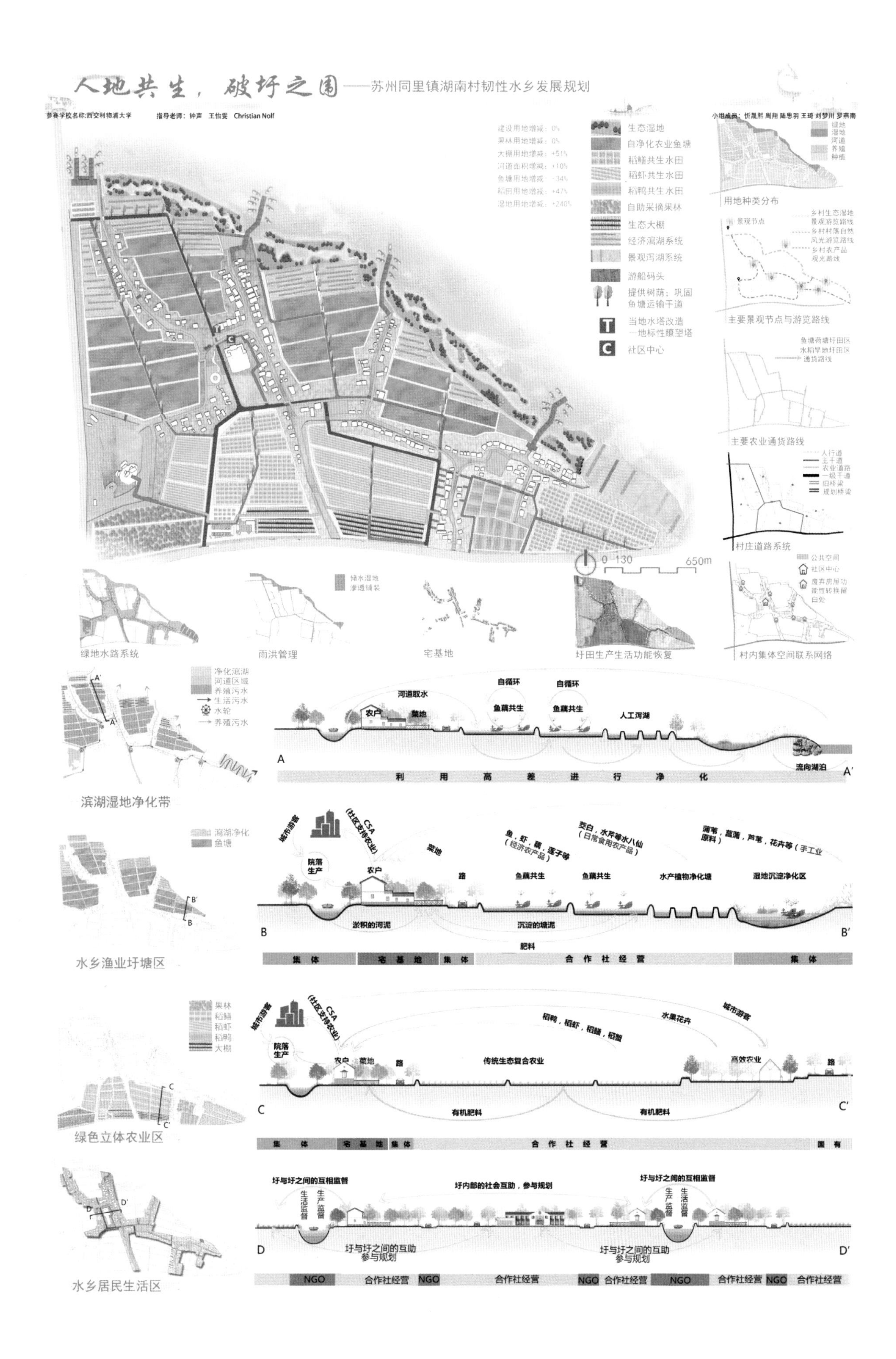

人地共生，破圩之围——苏州同里镇湖南村韧性水乡发展规划
参赛学校名称:西交利物浦大学
指导老师：钟声 王怡雯 Christian Nolf
小组成员：忻晟熙 周翔 陆思羽 王琦 刘梦川 罗燕南
生态湿地
自净化农业鱼塘
稻鳝共生水田
稻虾共生水田
稻鸭共生水田
自助采摘果林
生态大棚
经济潟湖系统
景观泻湖系统
游船码头
提供树荫；巩固鱼塘运输干道
当地水塔改造一地标性瞭望塔
社区中心
用地种类分布
主要景观节点与游览路线
主要农业通货路线
村庄道路系统
村内集体空间联系网络
绿地水路系统
雨洪管理
宅基地
圩田生产生活功能恢复
滨湖湿地净化带
河道取水
自循环
鱼藕共生
人工泻湖
流向湖泊
利 用 高 差 进 行 净 化
水乡渔业圩塘区
城市游客
CSA（社区支持农业）
院落生产
农户
菜地
路
鱼，虾，藕，莲子等（经济农产品）
茭白，水芹等水八仙（日常食用农产品）
蒲苇，菖蒲，芦苇，花卉等（手工业原料）
水产植物净化塘
湿地沉淀净化区
淤积的河泥
沉淀的塘泥
肥料
集体
宅基地
合作社经营
绿色立体农业区
稻鸭，稻虾，稻鳝，稻蟹
水果花卉
传统生态复合农业
高效农业
有机肥料
国有
水乡居民生活区
圩与圩之间的互相监督
圩内部的社会互助，参与规划
生活监督
生产监督
圩与圩之间的互助参与规划
NGO

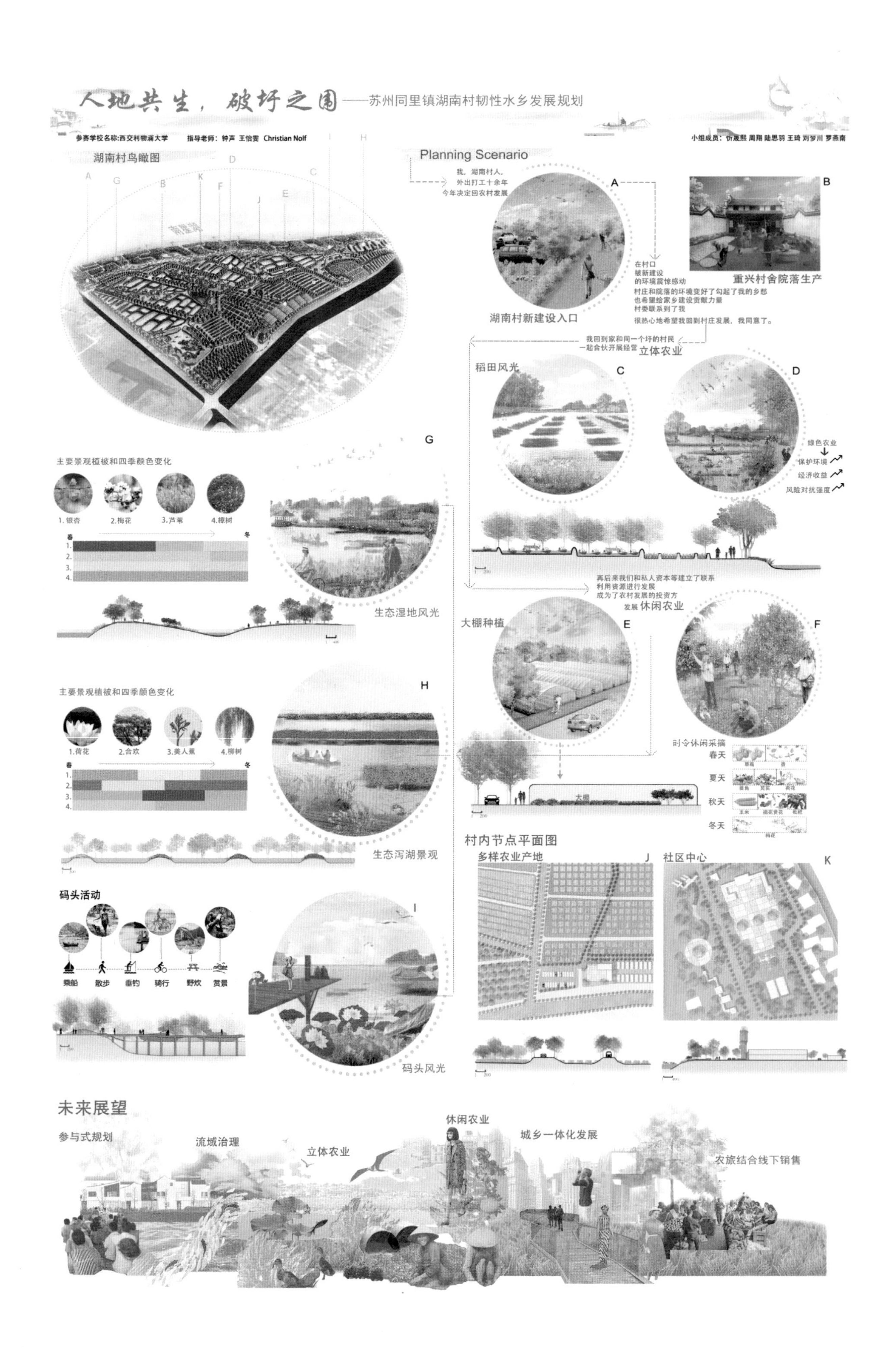
人地共生，破圩之围——苏州同里镇湖南村韧性水乡发展规划
参赛学校名称:西交利物浦大学
指导老师：钟声 王怡雯 Christian Nolf
小组成员：忻晟熙 周翔 陆思羽 王琦 刘梦川 罗燕南
湖南村鸟瞰图
Planning Scenario
我，湖南村人，
外出打工十余年
今年决定回农村发展
湖南村新建设入口
在村口
被新建设
的环境震惊感动
重兴村舍院落生产
村庄和院落的环境变好了勾起了我的乡愁
也希望给家乡建设贡献力量
村委联系到了我
很热心地希望我回到村庄发展，我同意了。
我回到家和同一个圩的村民
一起合伙开展经营 立体农业
稻田风光
绿色农业
保护环境
经济收益
风险对抗强度
再后来我们和私人资本等建立了联系
利用资源进行发展
成为了农村发展的投资方
发展 休闲农业
大棚种植
大棚
时令休闲采摘
春天
夏天
秋天
冬天
主要景观植被和四季颜色变化
1.银杏
2.梅花
3.芦苇
4.榉树
春
冬
生态湿地风光
主要景观植被和四季颜色变化
1.荷花
2.合欢
3.美人蕉
4.柳树
生态泻湖景观
码头活动
乘船
散步
垂钓
骑行
野炊
赏景
码头风光
村内节点平面图
多样农业产地
社区中心
未来展望
参与式规划
流域治理
立体农业
休闲农业
城乡一体化发展
农旅结合线下销售

黄土天成 · 智慧弥新

【参赛院校】 西安建筑科技大学

【参赛学生】 赵海清　林　伟　陈淑婷　夏梦丹　史国庆　尤智玉

【指导教师】 段德罡　黄　梅

基于甘肃省天水市清水县贾川乡梅江峪村传统村落在自然环境、地域文化、营建传统等方面的良好基础，本次规划核心理念在于以保护为基础展开村落的可持续发展研究。通过提取梅江村在生态环境、人地关系、空间营建、人文环境四大方面的核心价值，即因地制宜、人地和谐、因材施建、因人营村，探索梅江村物质与文化保护路径。借助其自身特色资源，通过外部资源（如科研机构、文创机构、生土协会、慈善机构等）的介入，未来有条件将其打造成为我国黄土台塬地貌上的人居环境典范，规划定位为以学术研究、科研交流、艺术创作为主的黄土科研创作服务基地，带动村庄整体向绿色生态、设施完善、民风淳朴、人民安居乐业的目标前进，在保护传统、提升村落整体人居环境品质的同时，为村落注入活力，带动村落经济发展，并使村民认识到村落的自我价值。

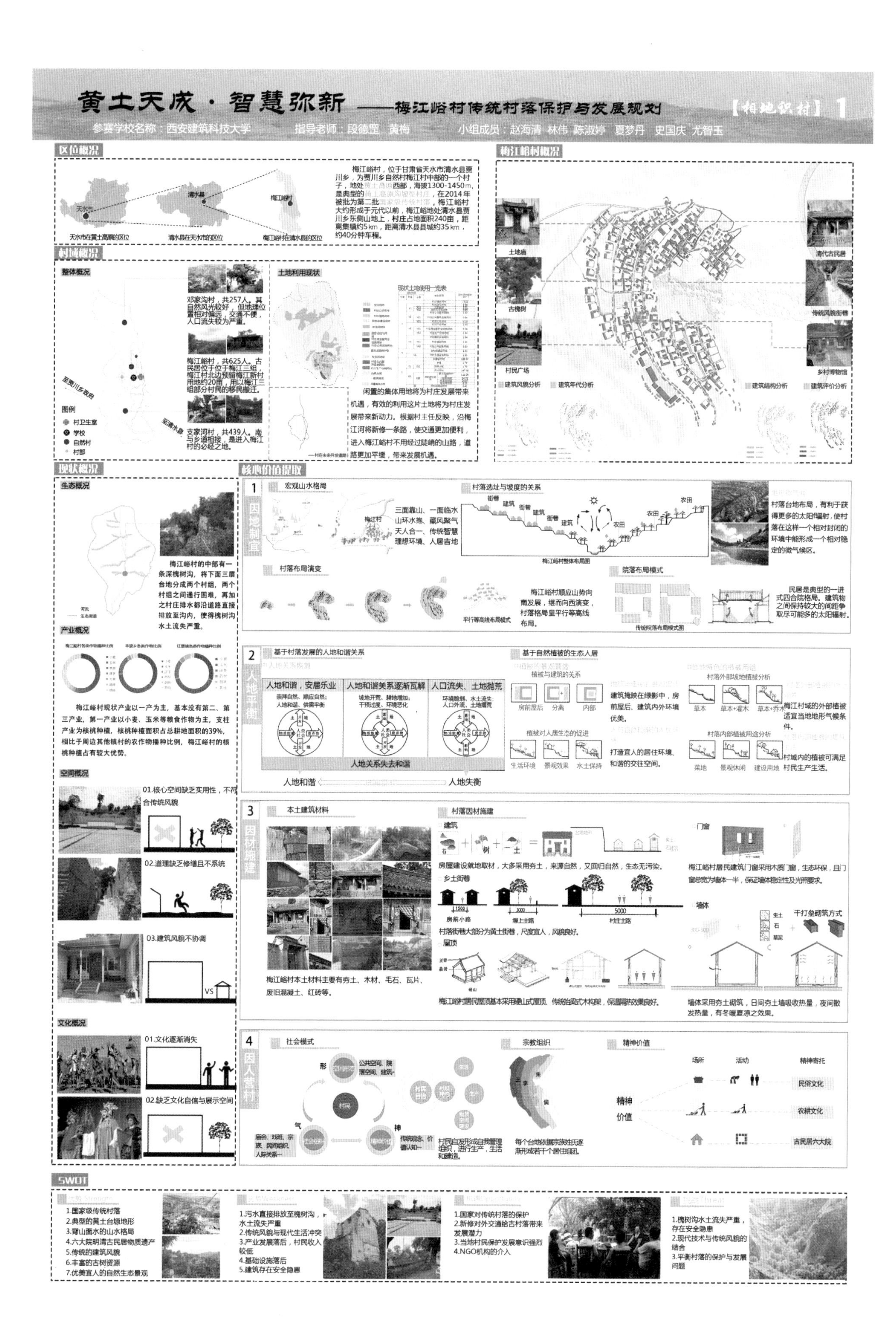
黄土天成·智慧弥新 ——梅江峪村传统村落保护与发展规划
【相地织村】1
参赛学校名称：西安建筑科技大学 指导老师：段德罡 黄梅 小组成员：赵海清 林伟 陈淑婷 夏梦丹 史国庆 尤智玉
区位概况
梅江峪村，位于甘肃省天水市清水县贾川乡，为贾川乡自然村梅江村中部的一个村子，地处黄土高原西部，海拔1300-1450m，是典型的黄土高原沟壑型村庄，在2014年被批为第二批国家级传统村落，梅江峪村大约形成于元代以前，梅江峪地处清水县贾川乡东侧山地上，村庄占地面积240亩，距离集镇约5km，距离清水县县城约35km，约40分钟车程。
梅江峪村概况
村域概况
邓家沟村，共257人，其自然风光较好，但地理位置相对偏远，交通不便，人口流失较为严重。
梅江峪村，共625人。古民居位于位于梅江三组，梅江村北边预留梅江新村用地约20亩，用以梅江三组部分村民的移民搬迁。
支家河村，共439人。离与乡道相接，是进入梅江村的必经之地。
闲置的集体用地将为村庄发展带来机遇，有效的利用这片土地将为村庄发展带来新动力。根据村主任反映，沿梅江河将新修一条路，使交通更加便利，进入梅江峪村不用经过陡峭的山路，道路更加平缓，带来发展机遇。
现状概况
生态概况
梅江峪村的中部有一条深槐树沟，将下面三层台地分成两个村组，两个村组之间通行困难，再加之村庄排水都沿道路直接排放至沟内，使得槐树沟水土流失严重。
产业概况
梅江峪村现状产业以一产为主，基本没有第二、第三产业，第一产业以小麦、玉米等粮食作物为主，支柱产业为核桃种植，核桃种植面积占总耕地面积的39%，相比于周边其他镇村的农作物播种比例，梅江峪村的核桃种植占有较大优势。
空间概况
01.核心空间缺乏实用性，不符合传统风貌
02.道理缺乏修缮且不系统
03.建筑风貌不协调
文化概况
01.文化逐渐消失
02.缺乏文化自信与展示空间
核心价值提取
1 因地制宜
宏观山水格局
三面靠山、一面临水、山环水抱、藏风聚气、天人合一、传统智慧理想环境、人居吉地
村落选址与坡度的关系
村落台地布局，有利于获得更多的太阳辐射，使村落在这样一个相对封闭的环境中能形成一个相对稳定的微气候区。
村落布局演变
梅江峪村顺应山势向南发展，继而向西演变，村落格局呈平行等高线布局。
院落布局模式
民居是典型的一进式四合院格局。建筑物之间保持较大的间距争取尽可能多的太阳辐射。
2 人地平衡
基于村落发展的人地和谐关系
人地和谐，安居乐业
人地和谐关系逐渐瓦解
人口流失、土地抛荒
人地关系失去和谐
人地和谐 人地失衡
基于自然植被的生态人居
建筑掩映在绿影中，房前屋后、建筑内外环境优美。
打造宜人的居住环境、和谐的交往空间。
梅江村域的外部植被适宜当地地形气候条件。
村域内的植被可满足村民生产生活。
3 因材施建
本土建筑材料
梅江峪村本土材料主要有夯土、木材、毛石、瓦片、废旧混凝土、红砖等。
村落因材施建
房屋建设就地取材，大多采用夯土，来源自然，又回归自然，生态无污染。
梅江峪村居民建筑门窗采用木质门窗，生态环保，且门窗总宽为墙体一半，保证墙体稳定性及光照要求。
乡土街巷
村落街巷大部分为黄土街巷，尺度宜人，风貌良好。
屋顶
梅江峪村居民屋顶基本采用硬山式屋顶，传统抬梁式木构架，保温隔热效果良好。
墙体
墙体采用夯土砌筑，日间夯土墙吸收热量，夜间散发热量，有冬暖夏凉之效果。
4 因人营村
社会模式 宗教组织 精神价值
每个台地依据宗族姓氏逐渐形成若干个居住组团。
民俗文化 农耕文化 古民居六大院
SWOT
1.国家级传统村落
2.典型的黄土台塬地形
3.背山面水的山水格局
4.六大院明清古民居物质遗产
5.传统的建筑风貌
6.丰富的古树资源
7.优美宜人的自然生态景观
1.污水直接排放至槐树沟，水土流失严重
2.传统风貌与现代生活冲突
3.产业发展落后，村民收入较低
4.基础设施落后
5.建筑存在安全隐患
1.国家对传统村落的保护
2.新修对外交通给古村落带来发展潜力
3.当地村民保护发展意识强烈
4.NGO机构的介入
1.槐树沟水土流失严重，存在安全隐患
2.现代技术与传统风貌的结合
3.平衡村落的保护与发展问题

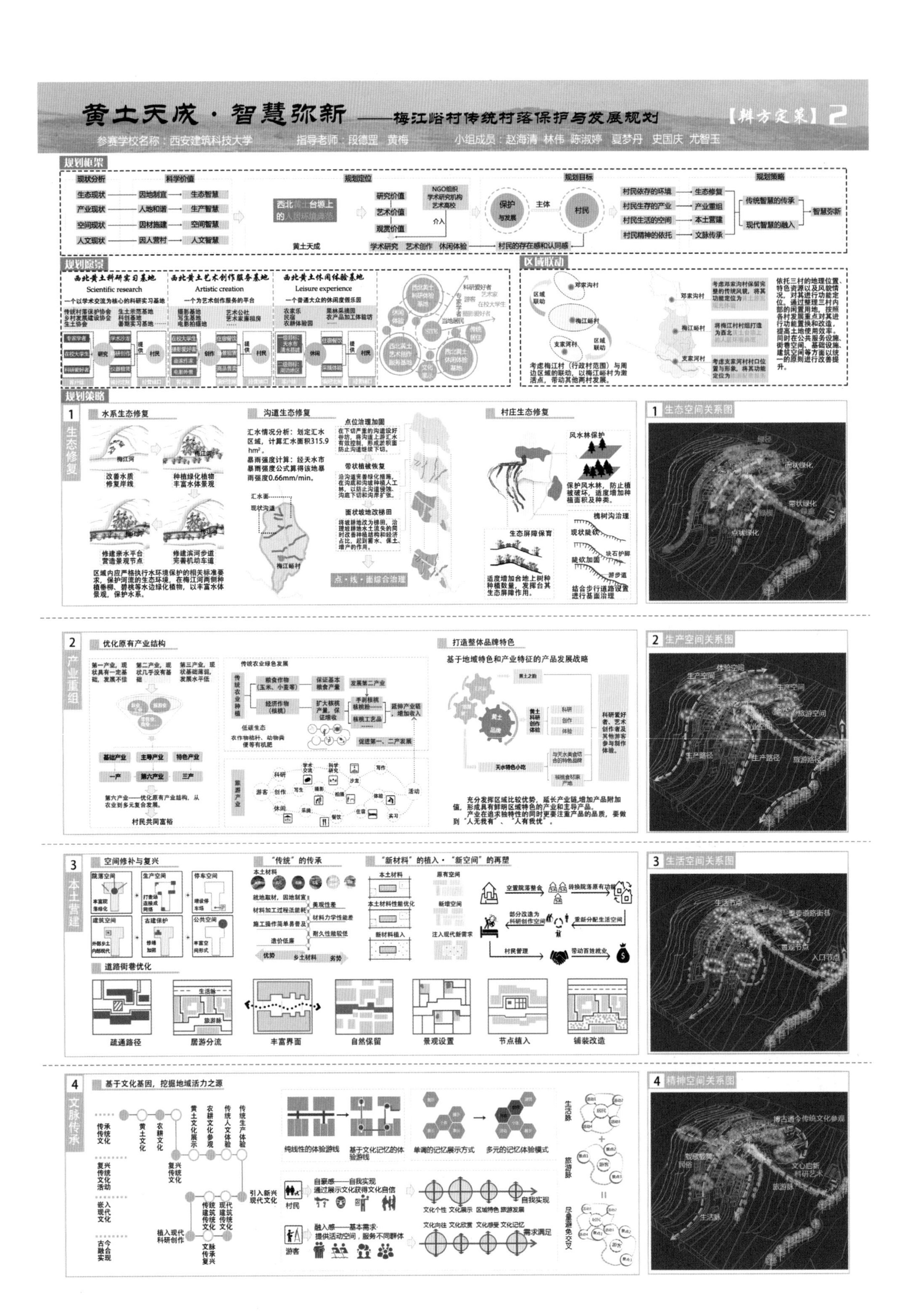

黄土天成·智慧弥新 ——梅江峪村传统村落保护与发展规划
【辩方定策】2
参赛学校名称：西安建筑科技大学 指导老师：段德罡 黄梅 小组成员：赵海清 林伟 陈淑婷 夏梦丹 史国庆 尤智玉
规划框架
规划策略
区域联动
1 生态修复
水系生态修复
沟道生态修复
村庄生态修复
1 生态空间关系图
2 产业重组
优化原有产业结构
打造整体品牌特色
基于地域特色和产业特征的产品发展战略
2 生产空间关系图
3 本土营建
空间修补与复兴
"传统"的传承
"新材料"的植入·"新空间"的再塑
道路街巷优化
疏通路径
居游分流
丰富界面
自然保留
景观设置
节点植入
铺装改造
3 生活空间关系图
4 文脉传承
基于文化基因，挖掘地域活力之源
4 精神空间关系图

黄土天成·智慧弥新 ——梅江峪村传统村落保护与发展规划

【谋势布局】3

参赛学校名称：西安建筑科技大学 指导老师：段德罡 黄梅 小组成员：赵海清 林伟 陈淑婷 夏梦丹 史国庆 尤智玉

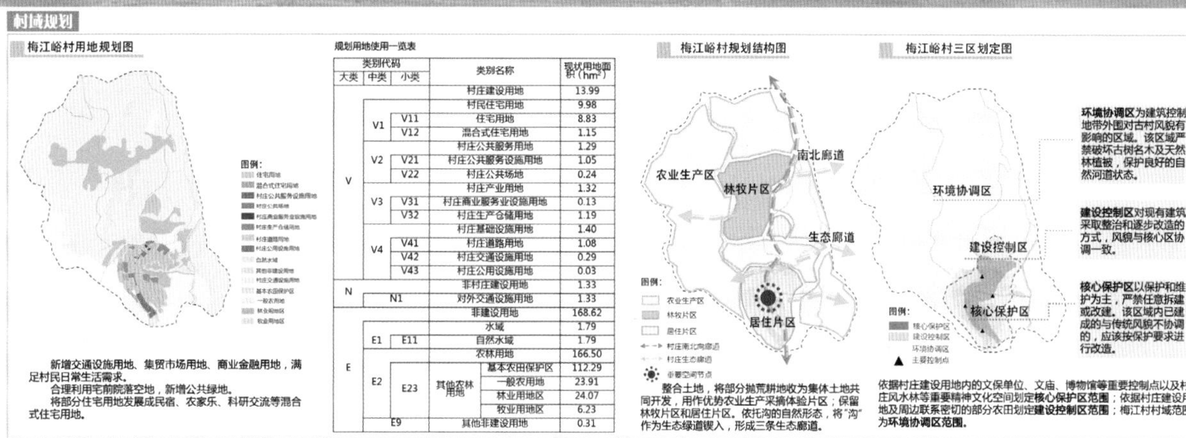

规划用地使用一览表

类别代码			类别名称		现状用地面积（hm^2）
大类	中类	小类			
V			村庄建设用地		13.99
	V1		村民住宅用地		9.98
		V11	住宅用地		8.83
		V12	混合式住宅用地		1.15
	V2		村庄公共服务用地		1.29
		V21	村庄公共服务设施用地		1.05
		V22	村庄公共场地		0.24
	V3		村庄产业用地		1.32
		V31	村庄商业服务业设施用地		0.13
		V32	村庄生产仓储用地		1.19
	V4		村庄基础设施用地		1.40
		V41	村庄道路用地		1.08
		V42	村庄交通设施用地		0.29
		V43	村庄公用设施用地		0.03
N			非村庄建设用地		1.33
	N1		对外交通设施用地		1.33
E			非建设用地		168.62
	E1		水域		1.79
		E11	自然水域		1.79
	E2		农林用地		166.50
		E23	其他农林用地	基本农田保护区	112.29
				一般农用地	23.91
				林业用地区	24.07
				牧业用地区	6.23
	E9		其他非建设用地		0.31

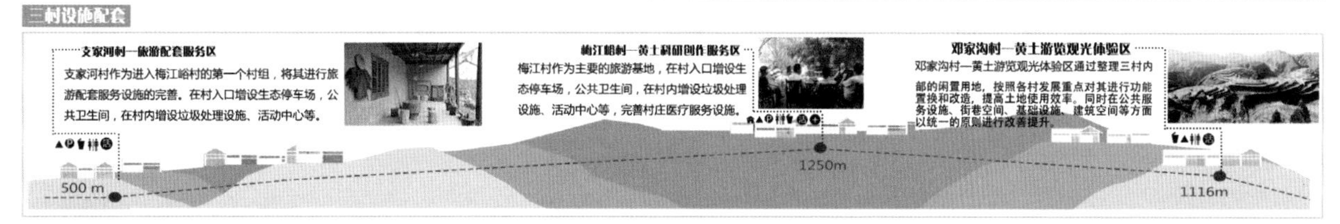

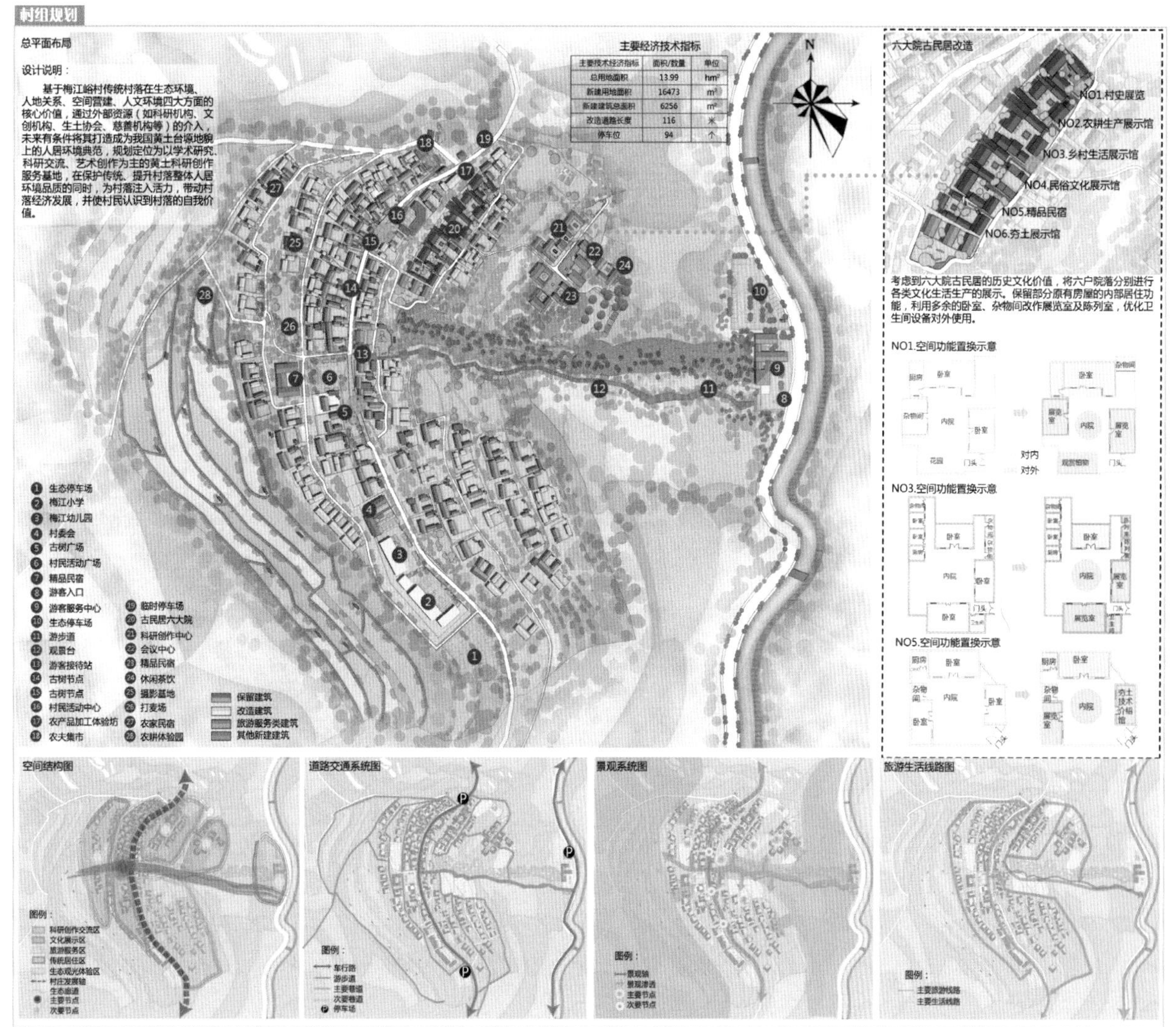

黄土天成·智慧弥新——梅江峪村传统村落保护与发展规划

【古韵今生】4

参赛学校名称：西安建筑科技大学　指导老师：段德罡　黄梅　小组成员：赵海清　林伟　陈淑婷　夏梦丹　史国庆　尤智玉

鸟瞰图

木土营建

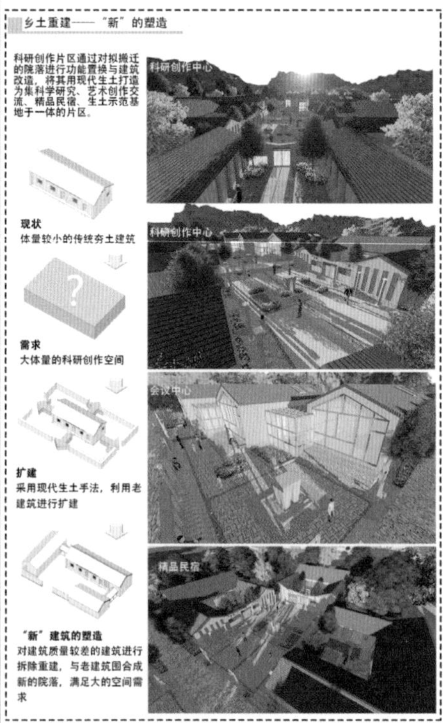

多方协同

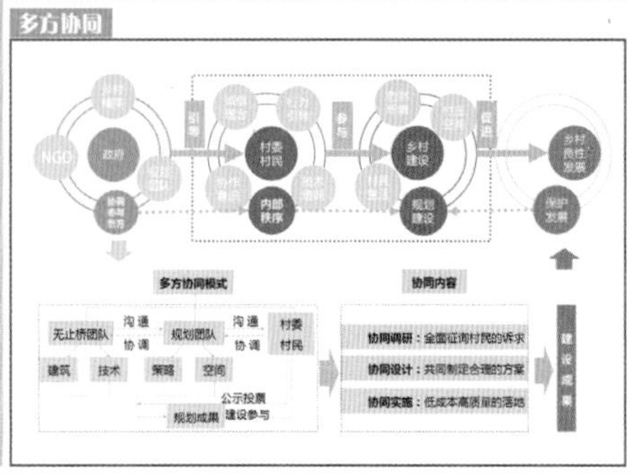

Duan · 续

【参赛院校】 宁波大学

【参赛学生】 张　锐　王亮亮　曹静轩　樊静枝　冯森珏　裘虹瑜

【指导教师】 潘　钰　徐入云

一、方案介绍

（1）保护古村，延续文脉，包括物质空间和非物质文化，传承和发扬老祖宗留下来的遗产；

（2）提高村民收入，改善村民生活；老有所养，中有所为，少有所学；使村民的生活都能舒适、安全、干净、便捷、愉快；

（3）深入挖掘石门的历史文化价值，适度开发和利用石门现有的优美的生态环境和古树古桥古村等资源发展生态型旅游，使之成为未来村庄经济的持续动力；

（4）以文化建设为核心，以社区营造为主要手段，将物质空间品质提升与当地资源相结合，通过场所营造激发全村村民的内生力量，使之共同参与石门的建设、修复和发展，重振石门曾经的辉煌。

二、延伸内容

1. 石门初印象

奉化市溪口镇石门村位于溪口镇西南，深藏于大雷山南麓，2015 年入选宁波市第三批历史文化名村。村里的自然和人文资源非常丰富：背靠奉化中部第一高峰大雷山，石门溪穿村而过，溪上有大大小小十座古桥，村域内四条古道，十多处百年古宅，香樟古树遍布村头巷尾。

2. 环境现状

石门村自然环境优美，周围群山环抱，山上奇石怪岩众多，动植物资源丰富。常年盛产各类竹产品。作为宁波市历史文化名村，石门村保留了众多具有较高历史价值的传统院落。整个村庄依溪而建，古村落肌理和层次保持较为完整，总体建成环境较为优美。作为浙东千年古村，石门村历史人文资源丰富，不仅有丰富的历史故事和文化名人（毛氏家族等）值得被挖掘，还拥有“大毛筒”等独一无二的竹文化，其中“竹海飞人”这一绝技已成功申报非物质文化遗产，具有传统竹制品加工。

3. 村庄产业

村庄以低端制造产业为主，主要产品为“痒痒挠”，污染较多。

4. 村民参与

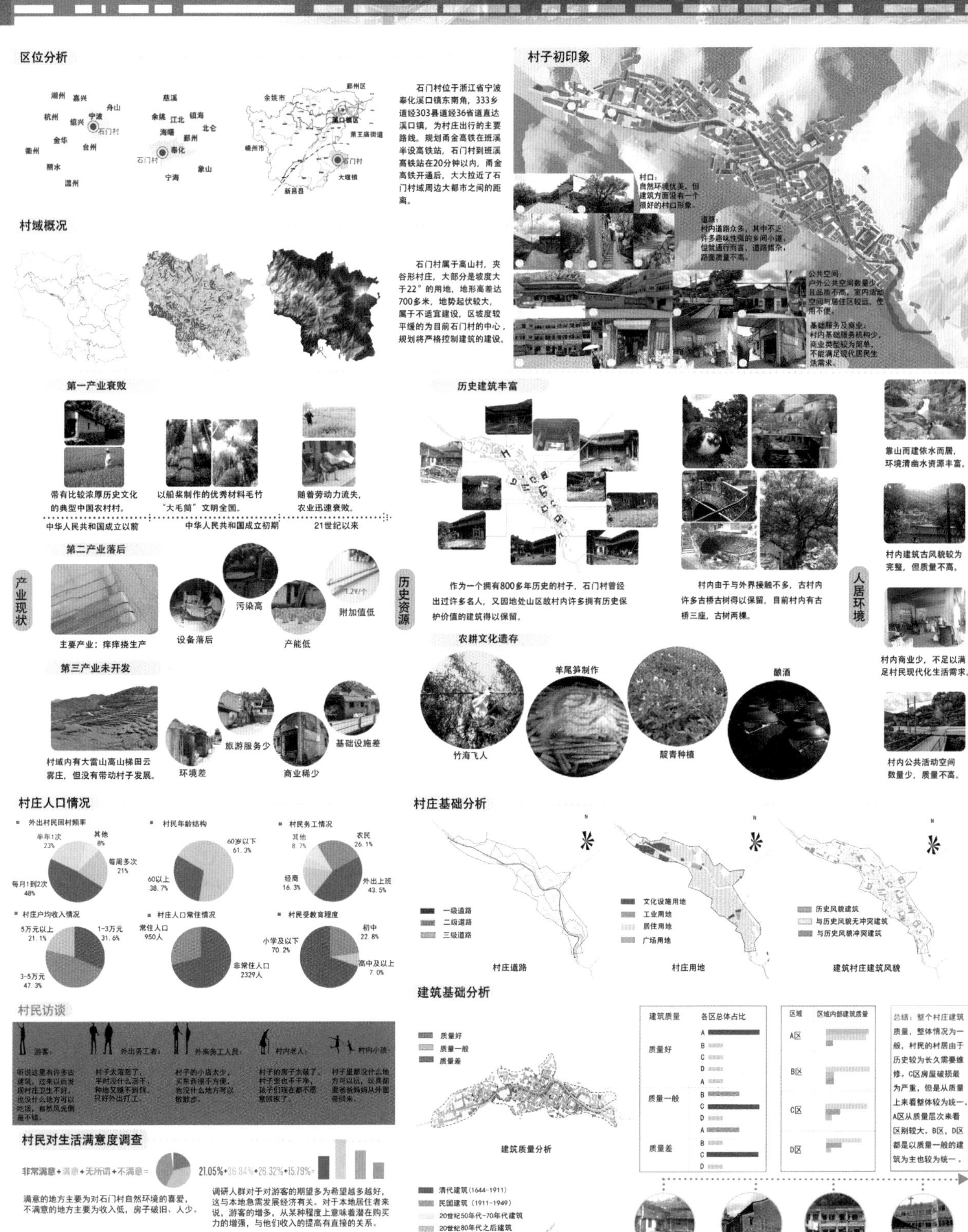

Duan·续 ----参与式规划下的乡村生活营造
单位：宁波大学
指导老师：潘钰 徐入云
参赛同学：张锐 王亮亮 曹静轩 樊静枝 冯森珏 裘虹瑜 1
区位分析
石门村位于浙江省宁波奉化溪口镇东南角，333乡道经303县道经36省道直达溪口镇，为村庄出行的主要路线。规划甬金高铁在班溪半设高铁站，石门村到班溪高铁站在20分钟以内，甬金高铁开通后，大大拉近了石门村域周边大都市之间的距离。
村域概况
石门村属于高山村，夹谷形村庄，大部分是坡度大于22°的用地，地形高差达700多米，地势起伏较大，属于不适宜建设，区坡度较平缓的为目前石门村的中心，规划将严格控制建筑的建设。
村子初印象
第一产业衰败
带有比较浓厚历史文化的典型中国农村村。
以船桨制作的优秀材料毛竹"大毛筒"文明全国。
随着劳动力流失，农业迅速衰败。
中华人民共和国成立以前
中华人民共和国成立初期
21世纪以来
第二产业落后
主要产业：痒痒挠生产
设备落后
污染高
产能低
附加值低
第三产业未开发
村域内有大雷山高山梯田云雾庄，但没有带动村子发展。
环境差
旅游服务少
商业稀少
基础设施差
产业现状
历史建筑丰富
作为一个拥有800多年历史的村子，石门村曾经出过许多名人，又因地处山区故村内许多拥有历史保护价值的建筑得以保留。
村内由于与外界接触不多，古村内许多古桥古树得以保留，目前村内有古桥三座，古树两棵。
历史资源
农耕文化遗存
竹海飞人
羊尾笋制作
靛青种植
酿酒
人居环境
靠山而建依水而居，环境清幽水资源丰富。
村内建筑古风貌较为完整，但质量不高。
村内商业少，不足以满足村民现代化生活需求。
村内公共活动空间数量少，质量不高。
村庄人口情况
外出村民回村频率
村民年龄结构
村民务工情况
村庄户均收入情况
村庄人口常住情况
村民受教育程度
村庄基础分析
一级道路
二级道路
三级道路
村庄道路
文化设施用地
工业用地
居住用地
广场用地
村庄用地
历史风貌建筑
与历史风貌无冲突建筑
与历史风貌冲突建筑
建筑村庄建筑风貌
建筑基础分析
质量好
质量一般
质量差
建筑质量分析
清代建筑（1644-1911）
民国建筑（1911-1949）
20世纪50年代-70年代建筑
20世纪80年代之后建筑
建筑年代分析
村民访谈
村民对生活满意度调查
非常满意+满意+无所谓+不满意=
满意的地方主要为对石门村自然环境的喜爱，不满意的地方主要为收入低、房子破旧、人少。
21.05%+36.84%+26.32%+15.79%=
调研人群对于对游客的期望多为希望越多越好，这与本地急需发展经济有关。对于本地居住者来说，游客的增多，从某种程度上意味着潜在购买力的增强，与他们收入的提高有直接的关系。
问题总结
村庄核心问题：
产业发展遇到瓶颈
居住空间使用困境
道路交通组织不明
公共空间使用匮乏
基础配套设施缺乏

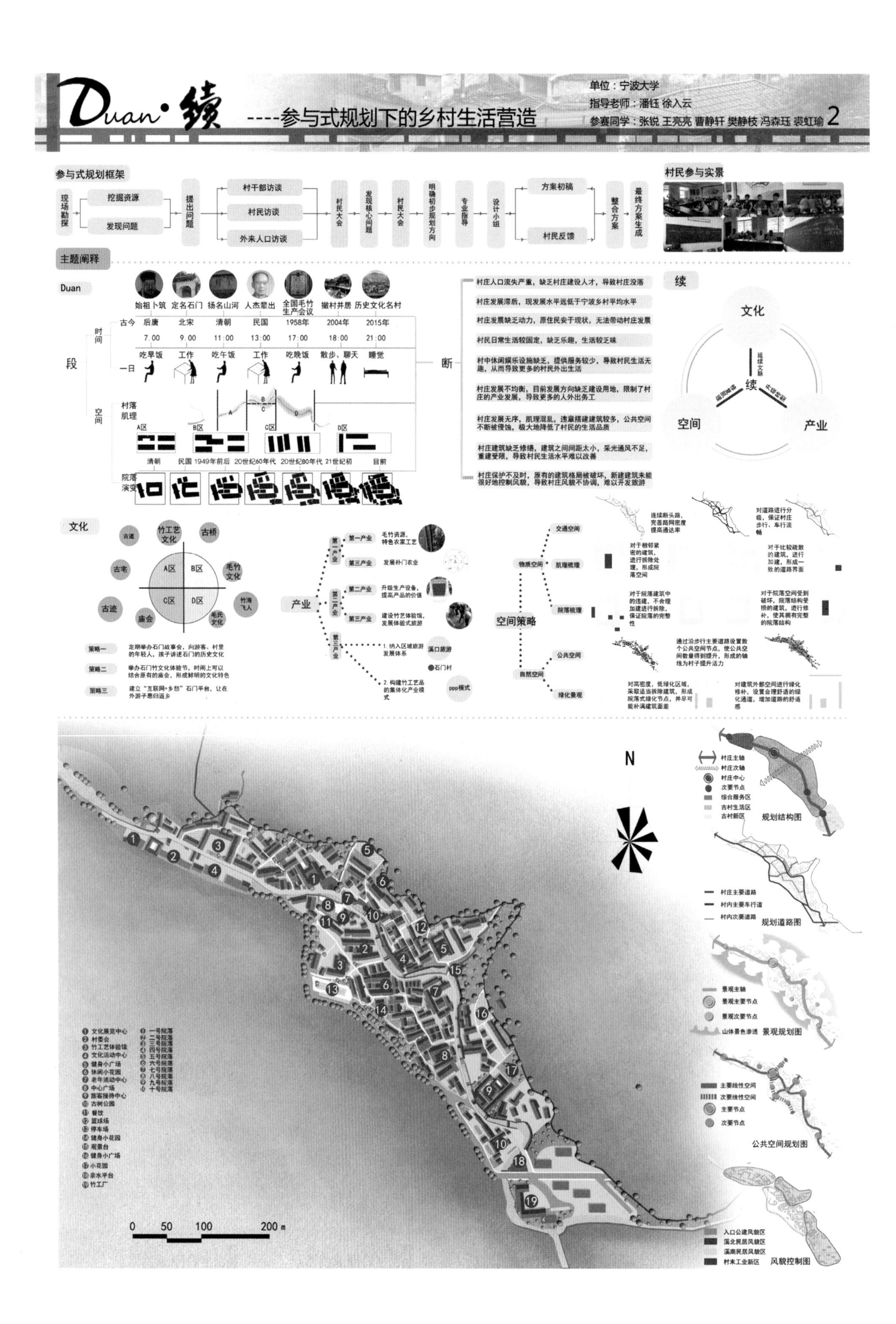

Duan·续
----参与式规划下的乡村生活营造
单位：宁波大学
指导老师：潘钰 徐入云
参赛同学：张锐 王亮亮 曹静轩 樊静枝 冯森珏 裘虹瑜 2
参与式规划框架
现场勘探
挖掘资源
发现问题
提出问题
村干部访谈
村民访谈
外来人口访谈
村民大会
发现核心问题
村民大会
明确初步规划方向
专业指导
设计小组
方案初稿
村民反馈
整合方案
最终方案生成
村民参与实景
主题阐释
Duan
始祖卜筑 定名石门 扬名山河 人杰辈出 全国毛竹生产会议 撤村并居 历史文化名村
古今 后唐 北宋 清朝 民国 1958年 2004年 2015年
7:00 9:00 11:00 13:00 17:00 18:00 21:00
吃早饭 工作 吃午饭 工作 吃晚饭 散步、聊天 睡觉
段
时间
一日
空间
村落肌理
A区 B区 C区 D区
清朝 民国 1949年前后 20世纪60年代 20世纪80年代 21世纪初 目前
院落演变
断
村庄人口流失严重，缺乏村庄建设人才，导致村庄没落
村庄发展滞后，现发展水平远低于宁波乡村平均水平
村庄发展缺乏动力，原住民安于现状，无法带动村庄发展
村民日常生活较固定，缺乏乐趣，生活较乏味
村中休闲娱乐设施缺乏，提供服务较少，导致村民生活无趣，从而导致更多的村民外出生活
村庄发展不均衡，目前发展方向缺乏建设用地，限制了村庄的产业发展，导致更多的人外出务工
村庄发展无序，肌理混乱，违章搭建建筑较多，公共空间不断被侵蚀，极大地降低了村民的生活品质
村庄建筑缺乏修缮，建筑之间间距太小，采光通风不足，重建受限，导致村民生活水平难以改善
村庄保护不及时，原有的建筑格局被破坏，新建建筑未能很好地控制风貌，导致村庄风貌不协调，难以开发旅游
续
文化
空间
产业
延续文脉
文化
古道 竹工艺文化 古桥 古宅 毛竹文化 古迹 竹海飞人 庙会 毛民文化
A区 B区 C区 D区
策略一 定期举办石门故事会，向游客、村里的年轻人，孩子讲述石门的历史文化
策略二 举办石门竹文化体验节，时间上可以结合原有的庙会，形成鲜明的文化特色
策略三 建立"互联网+乡愁"石门平台，让在外游子思归返乡
产业
第一产业 毛竹资源，特色农家工艺
第三产业 发展朴门农业
第二产业 升级生产设备，提高产品的价值
第三产业 建设竹艺体验馆，发展体验式旅游
1. 纳入区域旅游发展体系 溪口旅游 石门村
2. 构建竹工艺品的集体化产业模式 ppp模式
空间策略
物质空间
交通空间
肌理梳理
院落梳理
自然空间
公共空间
绿化景观
连续断头路，完善路网密度提高通达率
对道路进行分级，保证村庄步行、车行流畅
对于相邻紧密的建筑，进行拆除处理，形成院落空间
对于比较疏散的建筑，进行加建，形成一致的道路界面
对于院落建筑中的违建，不合理加建进行拆除，保证院落的完整性
对于院落空间受到破坏，院落结构受损的建筑，进行修补，使其拥有完整的院落结构
通过沿步行主要道路设置数个公共空间节点，使公共空间数量得到提升，形成的轴线为村子提升活力
对高密度、低绿化区域，采取适当拆除建筑，形成院落式绿化节点，并尽可能补满建筑面差
对建筑外部空间进行绿化修补，设置合理舒适的绿化通道，增加道路的舒适感
N
1 文化展览中心
2 村委会
3 竹工艺体验馆
4 文化活动中心
5 健身小广场
6 休闲小花园
7 老年活动中心
8 中心广场
9 旅客接待中心
10 古树公园
11 餐饮
12 篮球场
13 停车场
14 健身小花园
15 观景台
16 健身小广场
17 小花园
18 亲水平台
19 竹工厂
1 一号院落
2 二号院落
3 三号院落
4 四号院落
5 五号院落
6 六号院落
7 七号院落
8 八号院落
9 九号院落
10 十号院落
0 50 100 200 m
村庄主轴
村庄次轴
村庄中心
次要节点
综合服务区
古村生活区
古村新区
规划结构图
村庄主要道路
村内主要车行道
村内次要道路
规划道路图
景观主轴
景观主要节点
景观次要节点
山体景色渗透
景观规划图
主要线性空间
次要线性空间
主要节点
次要节点
公共空间规划图
入口公建风貌区
溪北民居风貌区
溪南民居风貌区
村末工业新区
风貌控制图

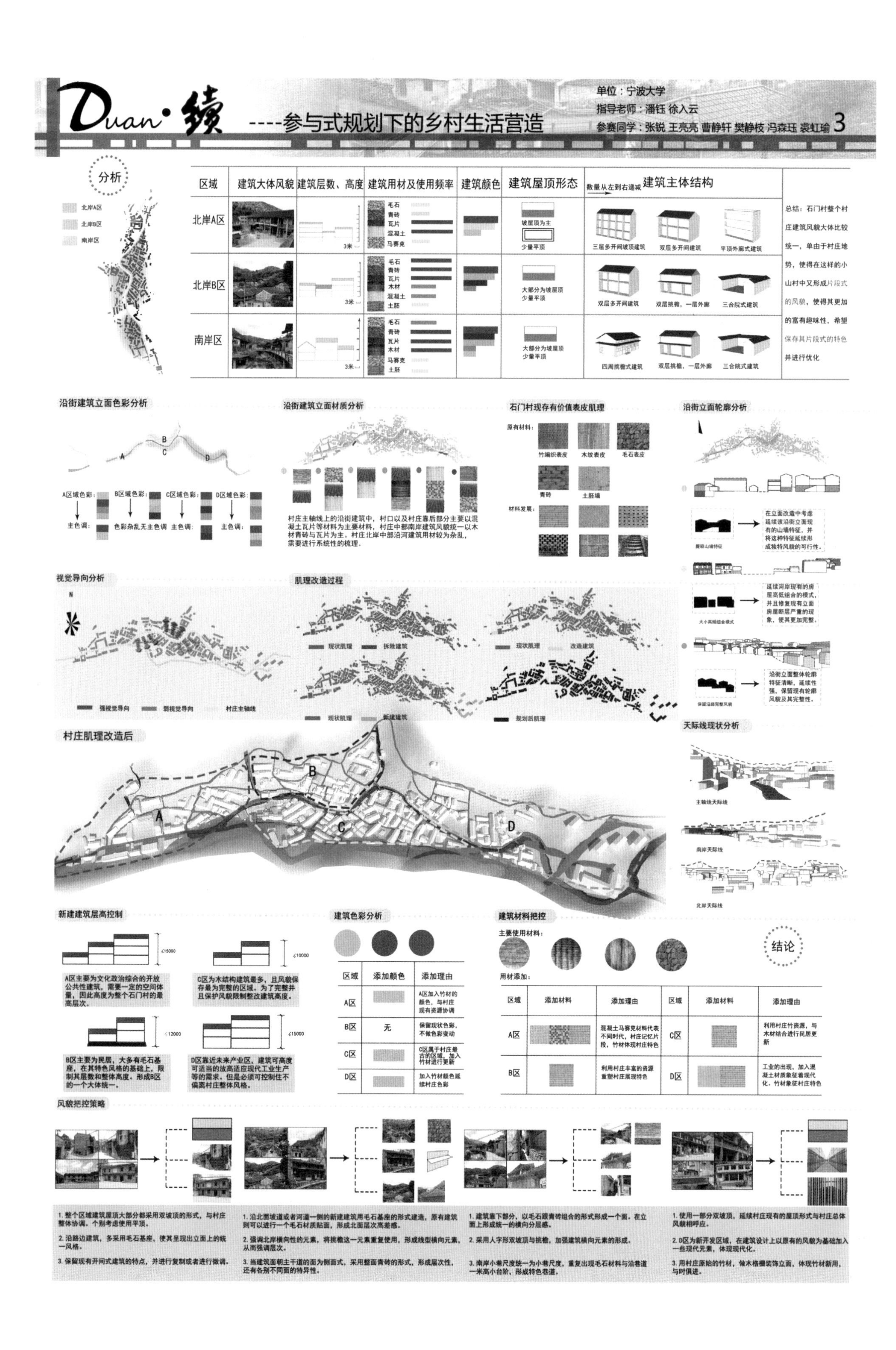
Duan·缎
----参与式规划下的乡村生活营造
单位：宁波大学
指导老师：潘钰 徐入云
参赛同学：张锐 王亮亮 曹静轩 樊静枝 冯森珏 裘虹瑜 3
分析
北岸A区
北岸B区
南岸区
区域
建筑大体风貌
建筑层数、高度
建筑用材及使用频率
建筑颜色
建筑屋顶形态
数量从左到右递减
建筑主体结构
北岸A区
北岸B区
南岸区
毛石
青砖
瓦片
混凝土
马赛克
木材
土胚
坡屋顶为主
少量平顶
大部分为坡屋顶
少量平顶
三层多开间坡顶建筑
双层多开间建筑
平顶外廊式建筑
双层挑檐、一层外廊
三合院式建筑
四周挑檐式建筑
总结：石门村整个村庄建筑风貌大体比较统一，单由于村庄地势，使得在这样的小山村中又形成片段式的风貌，使得其更加的富有趣味性，希望保存其片段式的特色并进行优化
沿街建筑立面色彩分析
A区域色彩：
B区域色彩：
C区域色彩：
D区域色彩：
主色调：
色彩杂乱无主色调
沿街建筑立面材质分析
村庄主轴线上的沿街建筑中，村口以及村庄靠后部分主要以混凝土瓦片等材料为主要材料，村庄中部南岸建筑风貌统一以木材青砖与瓦片为主。村庄北岸中部沿河建筑用材较为杂乱，需要进行系统性的梳理。
石门村现存有价值表皮肌理
原有材料：
竹编织表皮
木纹表皮
毛石表皮
青砖
土胚墙
材料发展：
沿街立面轮廓分析
在立面改造中考虑延续该沿街立面现有的山墙特征，并将这种特征延续形成独特风貌的可行性。
延续河岸现有的房屋高低组合的模式，并且修复现有立面房屋断层严重的现象，使其更加完整。
大小高低组合模式
沿街立面整体轮廓特征清晰，延续性强，保留现有轮廓风貌及其完整性。
保留沿线完整风貌
视觉导向分析
强视觉导向
弱视觉导向
村庄主轴线
肌理改造过程
现状肌理
拆除建筑
改造建筑
新建建筑
规划后肌理
村庄肌理改造后
天际线现状分析
主轴线天际线
南岸天际线
北岸天际线
新建建筑层高控制
≤15000
≤10000
≤12000
≤15000
A区主要为文化政治综合的开放公共性建筑，需要一定的空间体量，因此高度为整个石门村的最高层次。
C区为木结构建筑最多，且风貌保存最为完整的区域。为了完整并且保护风貌限制整改建筑高度。
B区主要为民居，大多有毛石基座，在其特色风格的基础上，限制其层数和整体高度。形成B区的一个大体统一。
D区靠近未来产业区，建筑可高度可适当的放高适应现代工业生产等的需求。但是必须可控制住不偏离村庄整体风格。
建筑色彩分析
区域 | 添加颜色 | 添加理由
A区 | | A区加入竹材的颜色，与村庄现有资源协调
B区 | 无 | 保留现状色彩，不做色彩变动
C区 | | C区属于村庄最古的区域，加入竹材进行更新
D区 | | 加入竹材颜色延续村庄色彩
建筑材料把控
主要使用材料：
用材添加：
区域 | 添加材料 | 添加理由 | 区域 | 添加材料 | 添加理由
A区 | | 混凝土马赛克材料代表不同时代，村庄记忆片段，竹材体现村庄特色 | C区 | | 利用村庄竹资源，与木材结合进行民居更新
B区 | | 利用村庄丰富的资源重塑村庄展现特色 | D区 | | 工业的出现，加入混凝土材质象征着现代化，竹材象征村庄特色
结论
风貌把控策略
1. 整个区域建筑屋顶大部分都采用双坡顶的形式，与村庄整体协调。个别考虑使用平顶。
2. 沿路边建筑，多采用毛石基座，使其呈现出立面上的统一风格。
3. 保留现有开间式建筑的特点，并进行复制或者进行微调。
1. 沿北面坡道或者河道一侧的新建建筑用毛石基座的形式建造，原有建筑则可以进行一个毛石材质贴面，形成北面层次高差感。
2. 强调北岸横向性的元素，将挑檐这一元素重复使用，形成线型横向元素，从而强调层次。
3. 当建筑面朝主干道的面为侧面式，采用整面青砖的形式，形成层次性，还有各别不同面的特异性。
1. 建筑靠下部分，以毛石跟青砖组合的形式形成一个面。在立面上形成统一的横向分层感。
2. 采用人字形双坡顶与挑檐，加强建筑横向元素的形成。
3. 南岸小巷尺度统一为小巷尺度，重复出现毛石材料与沿巷道一米高小台阶，形成特色巷道。
1. 使用一部分双坡顶，延续村庄现有的屋顶形式与村庄总体风貌相呼应。
2. D区为新开发区域，在建筑设计上以原有的风貌为基础加入一些现代元素，体现现代化。
3. 用村庄原始的竹材，做木格栅装饰立面，体现竹材新用，与时俱进。

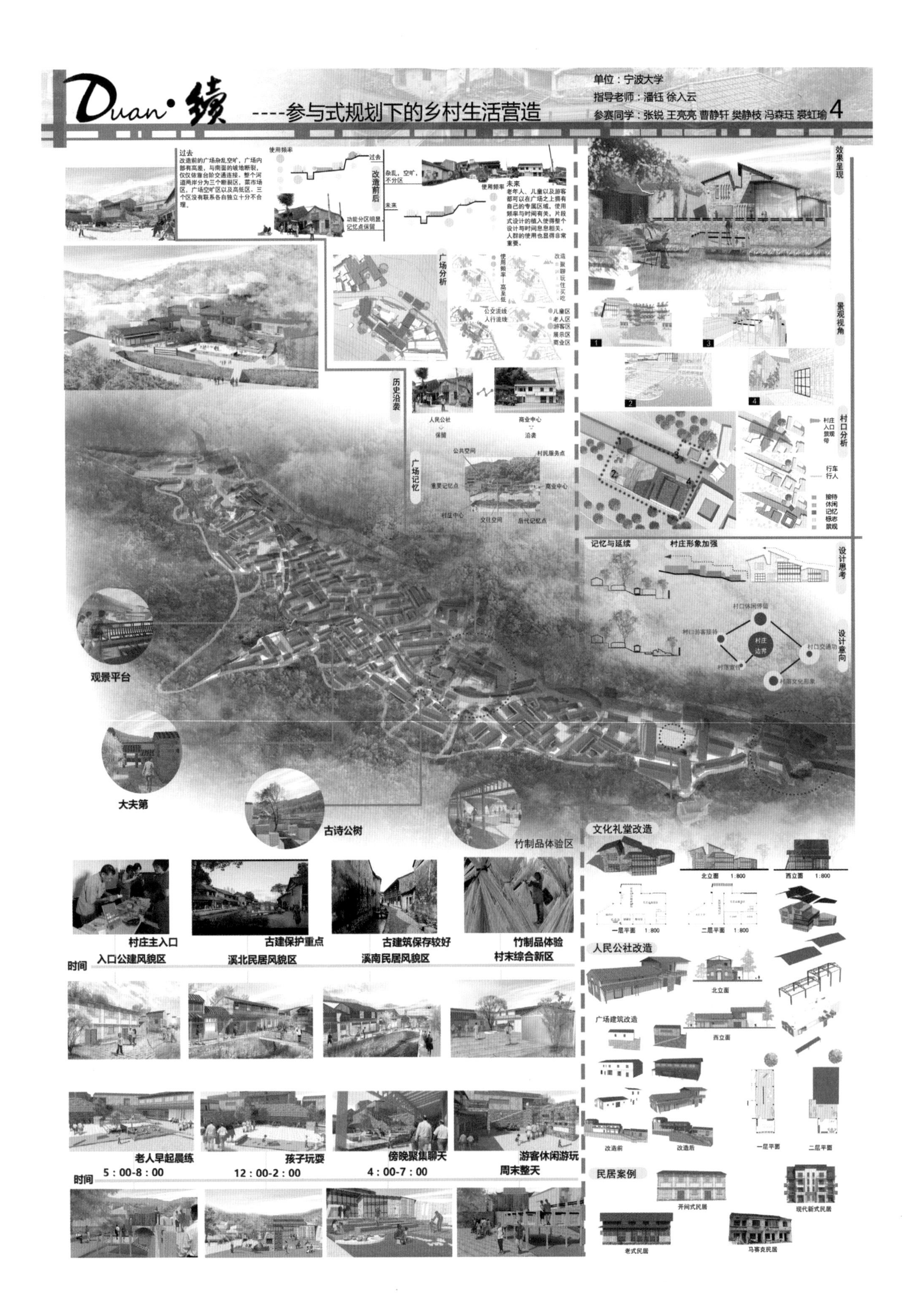

Duan·续 ----参与式规划下的乡村生活营造
单位：宁波大学
指导老师：潘钰 徐入云
参赛同学：张锐 王亮亮 曹静轩 樊静枝 冯森珏 裘虹瑜
4
过去
改造前后
未来
广场分析
历史沿袭
人民公社
保留
商业中心
沿袭
广场记忆
公共空间
村民服务点
重要记忆点
商业中心
村庄中心
文娱空间
后代记忆点
效果呈现
景观视角
村口分析
记忆与延续
村庄形象加强
设计思考
设计意向
观景平台
大夫第
古诗公树
竹制品体验区
村庄主入口
古建保护重点
古建筑保存较好
竹制品体验
入口公建风貌区
溪北民居风貌区
溪南民居风貌区
村末综合新区
时间
老人早起晨练
孩子玩耍
傍晚聚集聊天
游客休闲游玩
5：00-8：00
12：00-2：00
4：00-7：00
周末整天
文化礼堂改造
北立面 1:800
西立面 1:800
一层平面 1:800
二层平面 1:800
人民公社改造
北立面
广场建筑改造
西立面
改造前
改造后
一层平面
二层平面
民居案例
开间式民居
现代新式民居
老式民居
马赛克民居

鸣山历史文化村落保护利用规划设计

【参赛院校】 上海理工大学

【参赛学生】 李雯婷　王忠求　黄汉邦

【指导教师】 王　勇　张　洋

上海理工大学团队于2017年的1月前往浙江省温州市昆阳镇鸣山村进行现场踏勘，该项目整整历经11个月，付出的汗水不用多说，呈现的作品亦是拥有足够的深度，从宏观到细节处处透露着灵气与创意。今天为大家献上的就是该团队的获奖作品，供大家欣赏。

随着城市化进程的快速发展，古村落的人文生态环境和自然生态环境日益受到威胁。传统村落作为农耕文明的传承载体，其保护、更新、利用成为后农耕时代面临的严峻课题。上海理工大学团队就在这样的背景下，于机缘巧合中接触到了鸣山村的项目，一步步走到了今天。

鸣山村靠近昆阳镇中心，其南部与昆阳镇凤湖公园衔接，平瑞塘河穿村而过。2017年，温州市平阳县鸣山村被纳入浙江省第五批历史文化村落保护利用重点村名单。鸣山村基于自身的优势，已经得到了初步的发展，元旦民俗文化节期间游客逾万人。如何做这锦上添花的规划设计，并能对鸣山村的发展提供宏观把控与细节的指导，想必是该团队遇到的最大难题了。

上海理工大学团队针对传统地域人居环境特征对鸣山村进行保护利用规划设计。作品以“活态·存续”为核心，以鸣山、塘河、街巷、院落的空间重构为设计架构，以村落空间整体保护为目标，以产业、文化、旅游“三位一体”为原则，赋予古村落新生活、新活力。通过保护和整治规划，协调保护与旅游的关系，以文化为核心，以古村落为载体，通过文化的激活，唤醒聚落空间，实现文化的延续。

在方案中，出于有众多诗人在鸣山留下了赞美其山水、文化的诗句，更有陆游来访鸣山的传说，该团队提出以“传奇古村，诗画鸣山”为主题，结合规划片区环境及功能给鸣山赋予诗画意境，演绎鸣山的如画风景。整个方案赋予每一个片区每一个景观节点一首陆游诗、一种特殊意境，希望达到“步移景异”的效果。

上海理工大学团队从陆游的田园诗、佳肴诗、草药诗和爱情诗出发，打造鸣山悠闲风景、美味佳肴、中药养生和甜蜜婚礼四大旅游主题，并为鸣山策划了十二个活动，引入产业与人气，树立鸣山的特色品牌形象，带动鸣山的整体发展。该团队将品牌传播理念融入规划中，将村落旅游后期运营发展的设想、策划纳入其中，考虑周全，别出心裁。

更令人惊喜的是，该团队敢于创新，将BIM技术活用于规划项目中。一方面该团队使用BIM技术将设计进一步可视化，通过数字信息仿真模拟建筑所具有的真实信息，更精确地将古建修复，并进行更新改造。另一方面，项目前期采用BIM技术，对鸣山村建筑分布、气候、地理信息模型等进行构建，为后期规划提供合理的依据。

鸣山历史文化村落保护利用规划设计

——基于山、水、巷、院的历史空间重构

参赛单位：上海理工大学 指导老师：王勇 张洋 小组成员：李雯婷 王忠求 黄汉邦

一、课题解读 Subject interpretation

以文化为核心，以古村落为载体，通过文化的激活，唤醒聚落空间。以空间的活化，实现文化的延续。

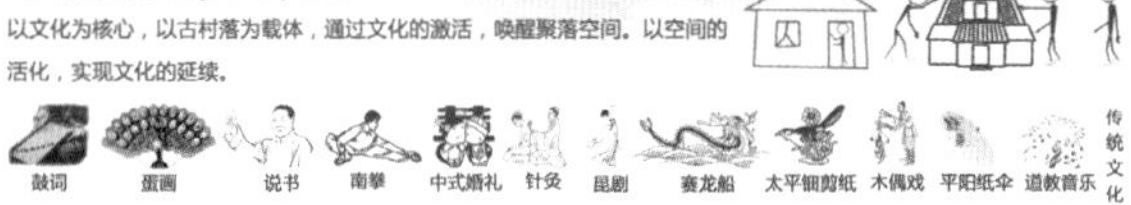

二、项目背景 Project background

2017年，温州市平阳县鸣山村被纳入浙江省第五批重点历史村落保护利用名单。根据平阳县域总体规划，鸣山村靠近昆阳镇中心，以打造历史文化名村为主。鸣山村其南部与昆阳镇凤湖公园衔接，在城镇发展的辐射范围内，连接平阳县和瑞安县的漫步道将穿过鸣山村。本设计目标是保护和研究鸣山村的历史风貌，修复传统建筑，更新历史环境，提升人居品质，延续历史文脉，协调保护与利用的关系，促进鸣山村社会、经济、文化的协调发展。通过保护和整治规划，延续鸣山村的古村落风貌，发掘其历史、文化资源，发展村庄旅游功能，协调保护与旅游的关系。

三、规划范围 Planning area

本次规划范围包括鸣一和鸣山两个自然村，鸣山建设用地及规划控制建设的范围，面积约为45.41 km^2。

四、规划期限 Planning period

本结合昆阳镇鸣山村发展的实际情况，将本次规划分为近期规划和远期规划。近期规划实施年限为2017－2019年。

五、区位分析 Location analysis

温州 45km
鸣山村
1.5km
昆阳镇中心
浙江-温州
温州-平阳
平阳-昆阳
平瑞塘河
甬台温高速
104国道

鸣山村位于浙江省温州市平阳县昆阳镇内，南与昆阳镇凤湖公园衔接，距离昆阳镇中心仅1.5km。此外，鸣山村在城镇发展辐射范围内，连接平阳县和瑞安县的漫步道将穿过鸣山。

六、基地分析 Status Analysis

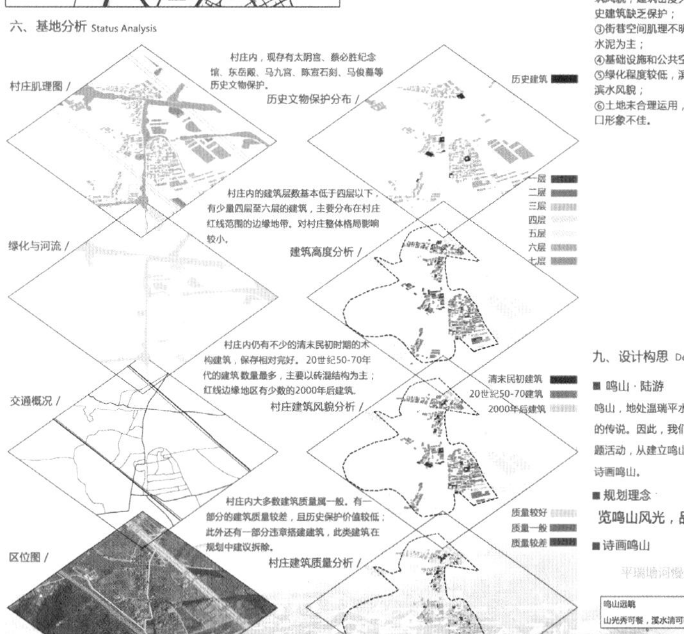

七、资源分析 Resource analysis

鸣山村一直流传着一句话，即“古屋多 古树多 名人多”，形容鸣山，十分贴切。

太阴宫（道宫） 平瑞塘河 鸣山码头 浙南水乡 古榕树 马九宫（道宫） 滨水风情 蔡必胜纪念馆 东岳殿（道宫） 黄世界宅（古宅） 蔡心谷故居（古宅） 民俗活动 书法协会 祭祀活动 鸣山 马俊墓(纪念墓) 中式婚礼 石马泉

鸣山村背靠鸣山，一条平瑞塘河贯穿全村，风景秀丽，自然资源丰富，村内还有百年榕树，载于古树名木名录。鸣山村三面绕河，北首依山，具有典型江南水乡的特点。村内有东岳殿和太阴宫两座宫殿，与平瑞塘河形成了天然的太极图形。

鸣山村还有众多的古宅、历史建筑等，如蔡必胜纪念馆、蔡振堂宅、马九宫等，文化底蕴深厚，其中陈宣墓还被评为文保单位。鸣山村的整体古村落格局保存较好，基本没有遭到破坏，具有整体保护价值。

一方水土养一方人，鸣山村千年来也出了不少名人，如蔡心谷、蔡必胜、马俊等人。可以说，鸣山村是一个真正的风水宝地，人杰地灵。

鸣山码头 鸣一桥古民居 塘河人家旁古民居 塘河人家 石马路古民居 太阴宫 水埠桥 东岳殿 马九宫 净土寺 才必胜纪念馆 陈宣石刻 下埠巷古民居 马俊墓 黄世界宅 蔡振堂宅南侧古民居1 蔡振堂宅南侧古民居2 蔡云祥宅 蔡振堂宅 安置区

物质遗存分布图

■ 当地传统文化 Local traditional culture

1. 山水八卦太极：古人崇尚风水学，在村落的选址上都受此影响。从天空俯瞰，平瑞塘河和鸣山的太阴宫、东岳殿成太极格局，暗含风水之道。

2. 名人文化&家训文化：鸣山村名人辈出，如马俊、陈宣、蔡必胜等人，并形成了独特的家训文化。鸣山最大的名人效应：陆游的传说。

3. 墨香文化：有很多人在鸣山留下了美丽的诗句。这里文人雅士不少，还出了一位书法家——蔡心谷，书香氛围极浓。

4. 民俗文化：在这里还留下了许多的民俗文化，如打糕、道教祭祀、唱鼓词、太平钿剪纸等。每年也定期举办民俗文化节。

八、现状问题归纳 Current situation and problem induction

环境问题

①交通没有梳理，出入混乱，没有形成合理的交通流线；
②建筑杂乱失修，没有形成统一的浙南建筑风貌；建筑密度大，违章搭建较多；历史建筑缺乏保护；
③街巷空间肌理不明显，主要道路路面以水泥为主；
④基础设施和公共空间缺乏；
⑤绿化程度较低，滨水岸线不曾梳理，无滨水风貌；
⑥土地未合理运用，有较多荒废土地；入口形象不佳。

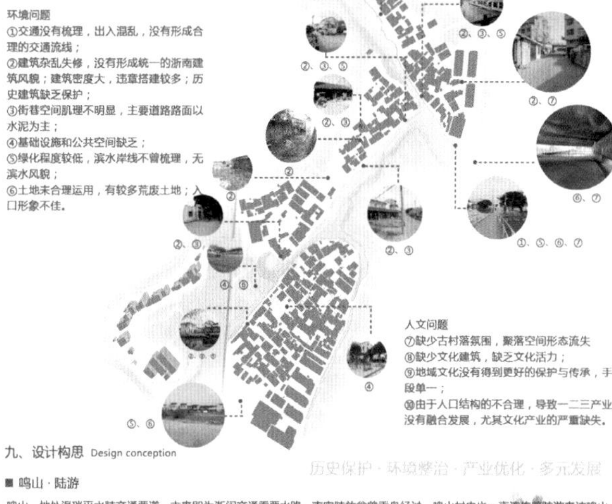

人文问题

⑦缺少古村落氛围，聚落空间形态流失
⑧缺少文化建筑，缺乏文化活力；
⑨地域文化没有得到更好的保护与传承，手段单一；
⑩由于人口结构的不合理，导致一二三产业没有融合发展，尤其文化产业的严重缺失。

九、设计构思 Design conception

历史保护 · 环境整治 · 产业优化 · 多元发展

■ 鸣山 · 陆游

鸣山，地处温瑞平水陆交通要道，古来即为浙闽交通重要水路，南宋陆放翁曾乘舟经过。鸣山村内也一直流传着陆游来访鸣山的传说。因此，我们以陆游为切入点，通过陆游的田园诗、美食诗、养生诗和爱情诗，结合鸣山村的地域文化，策划相关的主题活动，从建立鸣山村的陆游品牌开始，到在每一个节点景观设计中，融入陆游诗句的意境，进行对鸣山村的深度改造，打造诗画鸣山。

■ 规划理念

览鸣山风光，品陆游诗境

■ 诗画鸣山

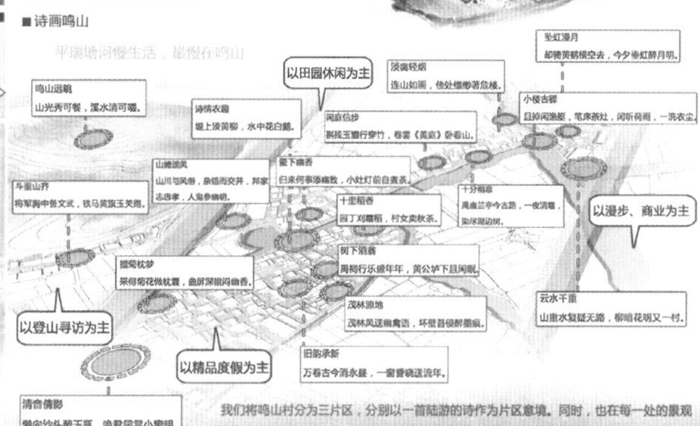

我们将鸣山村分为三片区，分别以一首陆游的诗作为片区意境。同时，也在每一处的景观节点，融入一句陆游诗，一个意境，一句陆游诗句，一处文风雅意，打造一片文化古村落。

01

鸣山历史文化村落保护利用规划设计
——基于山、水、巷、院的历史空间重构
参赛单位：上海理工大学
指导老师：王勇 张洋
小组成员：李雯婷 王忠求 黄汉邦
十、保护规划 Conservation planning
指导思想
以五大发展理念为统领；以提升人居环境、建设美丽宜居村庄为核心目标；以科学规划布局美、村容整洁环境美、创业增收生活美、乡风文明素质美为目标要求，形成有利于农村生态环境保护、传统文化传承和可持续发展的农村产业结构和生产方式。
保护要素
鸣山村的历史环境要素由物质要素和非物质要素组成，具体如表所示。
物质要素包括建（构）筑物要素和环境要素。建（构）筑物要素及物质遗存分布图上所列项。
环境要素主要包括村庄格局和自然环境。鸣山村整体村落格局保存较好，背靠鸣山，平瑞塘河穿村而过，对村落的发展有着重要的作用。其山水格局与风貌河道需重点保护。鸣山村特有的自然环境特征由鸣山、平瑞塘河、示范良田、古树名木等构成，其中共有三棵国家级古榕树，分别位于鸣一桥头、马九宫前、蔡必胜纪念馆旁。
鸣山的非物质文化遗产包括思想文化、传统技艺、传统艺术、民风民俗等。应充分挖掘加以保护与弘扬。
对于上述保护要素，应做到物质文化遗产和非物质文化遗产并重。
物质要素保护引导
1 保护层级
鉴于鸣山紧邻县城，基于文保点+历史建筑及传统片区两个层次，分别设核心保护区和建设控制地带。为了更好地保护古村外围的山水自然环境，在建设控制地带范围外再划定环境协调区。
2 建筑保护
规划范围内的建筑分为：文物保护单位、保护建筑、历史建筑、一般建（构）筑物。针对类型不同、损毁程度不同的建筑，我组共提出了五大整治模式。
1）修缮：针对文物保护单位、文保点及保护建筑，保护原有历史风貌，如实反映历史遗存。
2）维修：针对历史建筑采取的整治模式，是指对历史建筑和历史环境要素进行的不改变外观特征的加固和保护性复原。
3）整治：针对与历史风貌有冲突，建筑质量一般的的建（构）筑物和环境因素进行的改建。
4）重点整治：针对与历史风貌严重冲突的建（构）筑和环境因素进行的改造活动。
5）拆除：针对违章搭建及加建，破坏原建筑布局和村内空间形态的建筑，或因市政设施建设必须拆除的建（构）筑物。
修缮类建筑
维修类建筑
整治类建筑
重点整治
拆除类建筑
3 BIM技术在古建保护中的应用
如何100%保留历史建筑，在彻底恢复历史风貌的同时准确记录信息？传统的2D绘图存在着误差，这对历史建筑数据的采集很困难，既不准确，也不能复核，会导致设计的错误以及工期的延误。
BIM技术的引入更好地解决了这个问题。
在本次设计中，我组尝试使用BIM技术，BIM可将设计进一步视像化，通过数字信息仿真模拟建筑物所具有的真实信息，更可维持所需标准，把古建"活化"起来。
BIM
GIS
鸣山村历史建筑修复方案
建筑立面修复
A
B
4 历史建筑保护图则
保护建筑保护一览表
历史建筑保护一览表
区位、照片
单体建筑信息化模型
5 古建立面修复引导
滨水建筑立面改造
02

鸣山历史文化村落保护利用规划设计

——基于山、水、巷、院的历史空间重构

参赛单位：上海理工大学 指导老师：王勇 张洋 小组成员：李雯婷 王忠求 黄汉邦

4 环境要素保护

1）街巷空间保护：梳理街巷肌理、拆除违章建筑，适当增加公共开放空间。
2）传统古道保护：传统古道被水泥路替代，应按照原有古道样式进行修复。主要采用条石、青砖、瓦片、鹅卵石铺设。
3）河道空间保护：设置生态驳岸，恢复古桥原貌。

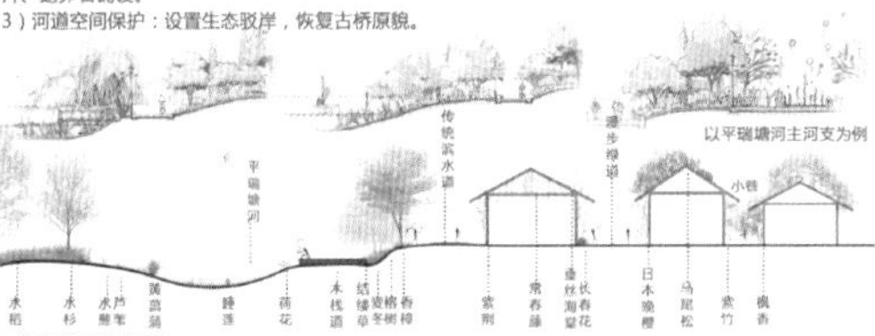

5 非物质文化保护

鸣山的非物质文化众多，此处以鸣山光饼和家训文化提出初步的保护措施，只作引导。

（1）鸣山光饼
传承主体：鸣山村委会
传承客体：鸣山光饼及其制作手法
传承受众体：鸣山游客、昆阳镇居民
保护措施：将鸣山光饼的历史、出处、制作技法、种类等做好文字记录工作。对鸣山光饼的制作技法进行改良，做出更符合现代人口味的糕点；加大对光饼的宣传，在鸣山或昆阳开设实体店，设计光饼标志，制作精美礼盒，让光饼成为鸣山的特色品牌，成为游客带回家与亲人朋友分享的桑上伴手礼。开设光饼制作学习体验班，让更多的受众参与到光饼的制作过程中。

（2）家训文化
传承主体：鸣山村委会
传承客体：家训
传承受众体：平阳游客、鸣山村民
保护措施：将家训的历史、出处和含义记录在册。邀请墙绘师对家训墙画进行重新设计；将家训编成歌谣与故事，歌谣可让昆阳的孩子传唱，家训故事可搬上表演舞台作为民俗文化节的一项表演内容。

6 文化旅游

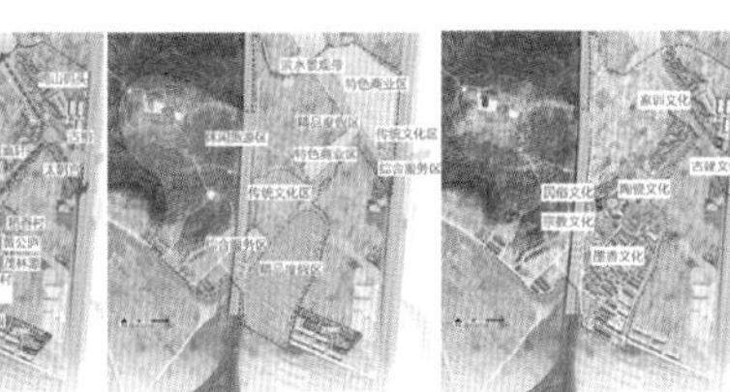

鸣山村的文化主要包括：

太阴宫为主要代表的古建文化；鸣山瓯窑博物馆为主要代表的陶瓷文化；传统民居为代表的家训文化；蔡心谷故居为主要代表的墨香文化；马九宫为代表的民俗文化以及东岳殿为主要代表的宗教文化。

通过对村落文化的梳理，合理规划文化旅游发展的布局，引入产业与人气，重塑文化系统，使鸣山村的传统文化得以传承。

7 活动策划

存续，着重于一个“续”字。规划整治可让鸣山修旧如旧，保有原来风貌；而品牌的策划，可树立鸣山的形象，优化产业，有助鸣山的发展。

根据对鸣山村特色和文化，我们策划了相应的12场活动。一月一活动，让鸣山村的活力带动传统文化的延续，完成文化的“活态传承”。

动乾坤	味佳肴	书衍意	文人瓷
武术活动	美食节日	书法活动	瓷器制作
蝶恋花	少年游	飞云渡	草木里
春日赏花	研学旅行	水上比赛	健康养生
忆当年	鹊桥仙	访鸣山	觅果子
古迹寻访	中式婚礼	登山活动	采摘瓜果

十一、设计原则和策略
Design Principles And Strategies

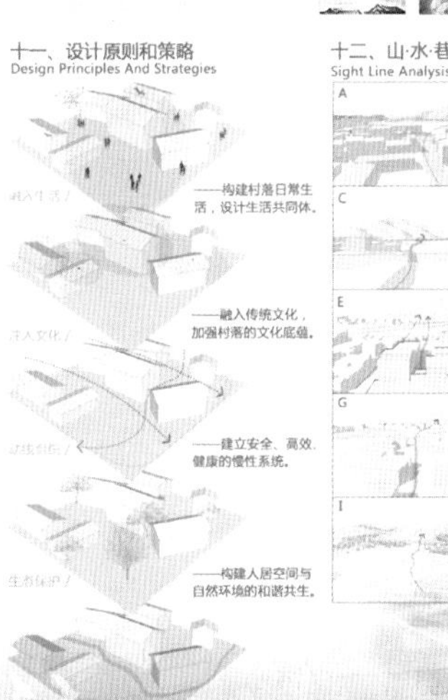

十二、山·水·巷 视线分析
Sight Line Analysis Of Mountain, River, Alley And

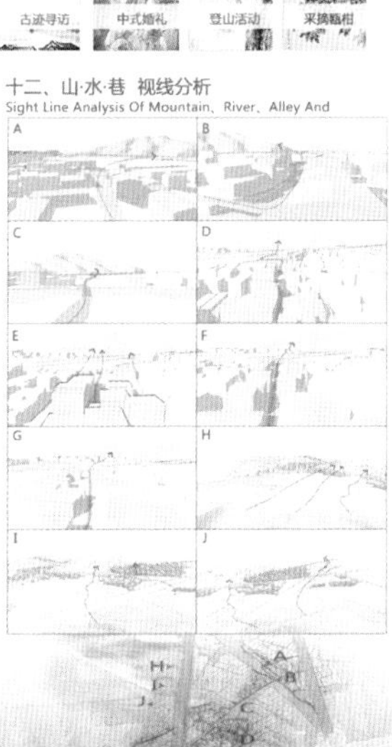

十三、BIM分析 BIM analysis

项目前期采用BIM技术，进行相关方案的对比和实验，探寻既能保护历史文化村落原貌，又能激活村落活力，提高原住民居住环境舒适度、满足游客体验多样化的方法。通过对鸣山村建筑、气候、地理信息模型的构建，为后期规划提供合理的依据。

1.建筑信息模型分析

鸣山村内的建筑多砖木结构且年代久远，以大面积高密度的低矮建筑群为主，基础设施等存在较大的问题。因此，通过BIM技术计算区域可视度，为村庄公共设施布置、游览路线规划、防灾减灾设施安置提供了合理化的建议。

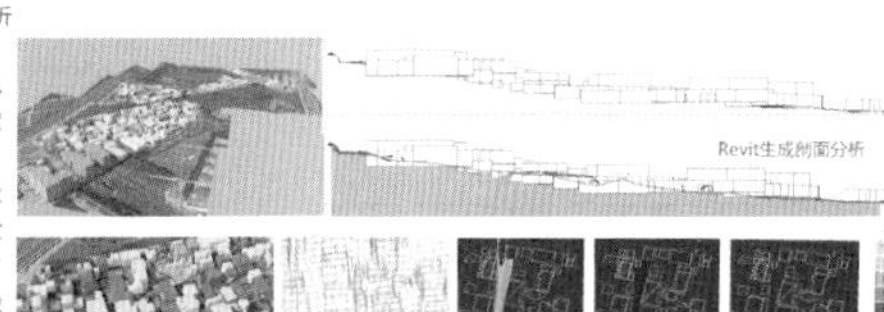

1点可视度高区域较2、3点多49%以上，游客和居民在此街道能更直接有效的看到此处的服务设施或消防设施。

2.气象信息模型分析

通过采集平阳县的基础气象信息，构建鸣山村的气象数据模型，直观感受本地区各时段的气象变化，计算出焓湿值。考虑空气流变等因素，以减少建筑物对周围环境产生的影响，达到节能效果。同时根据其空气流动状态安置美食街，公共卫生间等气味流通因素较强的公共设施。

全年累计频率焓湿图

空间中整体空气流通示意
黄色框区域有无流通烟雾场地

底层空气流动示意
取人体平均身高1.62m为参照

3.地理信息模型分析

构建鸣山村地理信息模型，采集对象周围环境的具体信息，快速准确的评估场地使用条件和特点，更好地保护村落整体格局、改善村落环境品质。

经实地考察发现，由于客观因素需求，鸣山村被沈海高速（G15）和104国道相夹，车流量大且多为大型运输车辆，鸣山村距离高速路最近点仅为15m，噪音污染对鸣山村整体环境产生较大影响，虽然高速路加装隔音设施，但是鸣山村建筑密度较大，混响时间较长，噪音减弱幅度小。通过BIM软件模拟和计算，选择A一处分别进行实验计算和优化设计，为减弱噪音提供有效数据和办法。

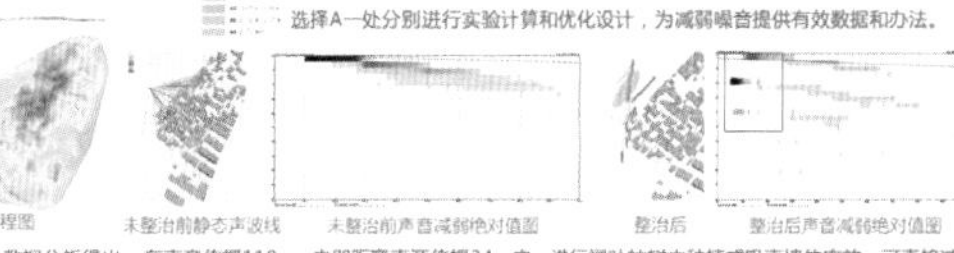

通过以上数据分析得出，在声音传播110ms 内即距离声源传播34m内，进行阔叶林树木种植或吸声墙体安放，可直接减弱绝大部分噪声。地形复杂地区，进行改变植物或墙体的排列方式，以阶梯状排布，逐层变高，可以改变声音传播途径，减少直达声，也能有效减少噪声污染。

十四、总体规划 General Layout Design

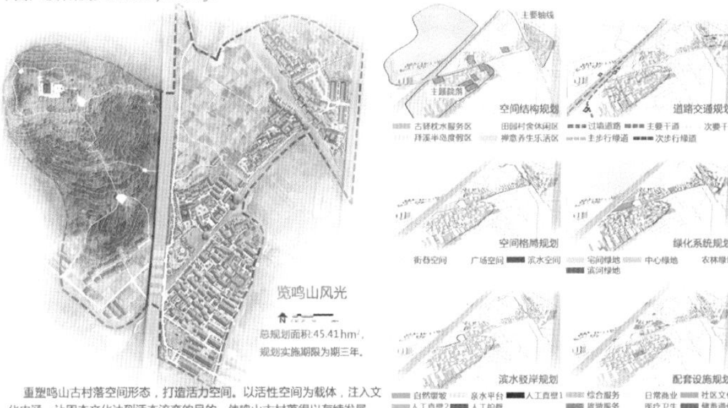

重塑鸣山古村落空间形态，打造活力空间。以活性空间为载体，注入文化内涵，让固态文化达到活态流变的目的，使鸣山古村落得以存续发展，历久弥新。

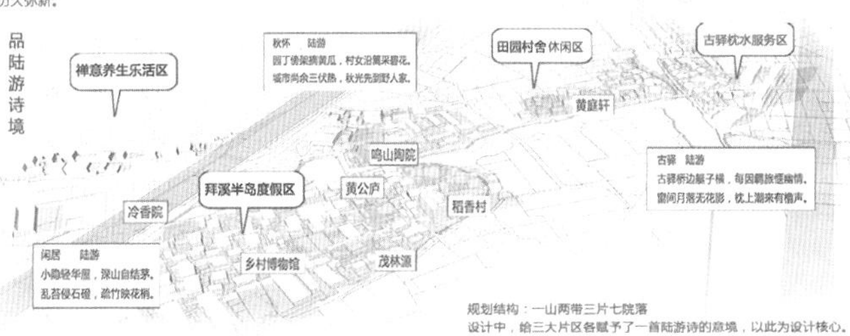

规划结构：一山两带三片七院落
设计中，给三大片区各赋予了一首陆游诗的意境，以此为设计核心。

十五、详细片区设计 Partition Detail Design

■古驿枕水服务区

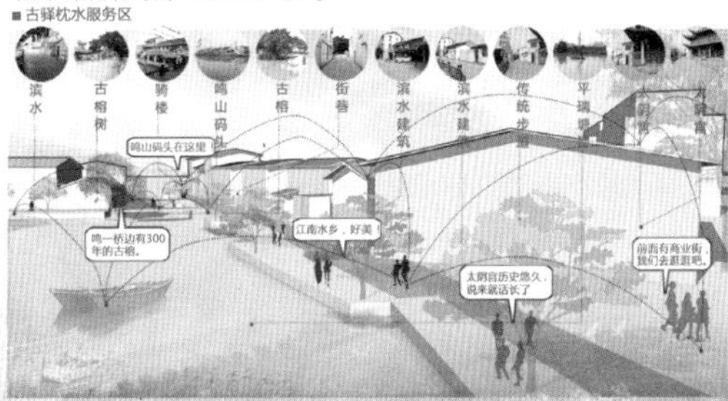

主要问题：交通入口窄，人车不分流，存在安全隐患。

设计解决：增加入口桥，实现传统滨水步道和新漫步绿道并行。滨水步道设计结合水上游览。

滨水道路偏传统，绿道偏现代，新与旧的交替，是古村落重生的开始。

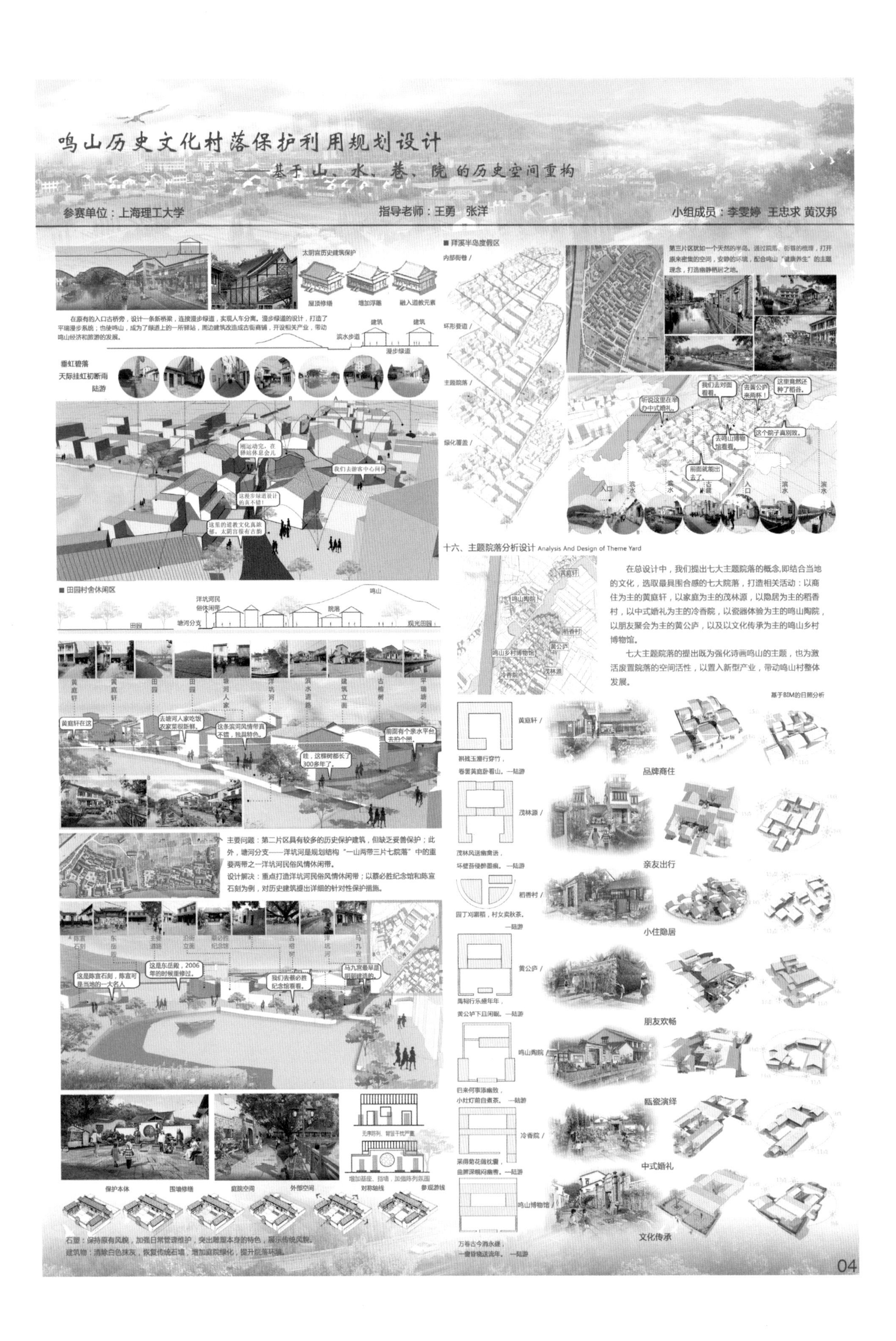
鸣山历史文化村落保护利用规划设计
——基于山、水、巷、院的历史空间重构
参赛单位：上海理工大学
指导老师：王勇　张洋
小组成员：李雯婷　王忠求　黄汉邦
太阴宫历史建筑保护
屋顶修缮
增加浮雕
融入道教元素
在原有的入口古桥旁，设计一条新桥梁，连接漫步绿道，实现人车分离。漫步绿道的设计，打造了平端漫步系统；也使鸣山，成为了绿道上的一所驿站，周边建筑改造成古街商铺，开设相关产业，带动鸣山经济和旅游的发展。
滨水步道
建筑
漫步绿道
垂虹碧落
天际挂虹初断雨
陆游
拜溪半岛度假区
内部街巷
环形景道
主题院落
绿化覆盖
第三片区就如一个天然的半岛，通过院落、街巷的梳理，打开原来密集的空间，安静的环境，配合鸣山"健康养生"的主题理念，打造幽静栖居之地。
我们去对面看看。
去黄公庐来品茶！
这里竟然还种了稻谷。
听说这里在举办中式婚礼。
这个院子真别致。
去鸣山博物馆看看。
前面就能出去了。
入口
滨水
古树
十六、主题院落分析设计 Analysis And Design of Theme Yard
在总设计中，我们提出七大主题院落的概念，即结合当地的文化，选取最具围合感的七大院落，打造相关活动：以商住为主的黄庭轩，以家庭为主的茂林源，以隐居为主的稻香村，以中式婚礼为主的冷香院，以瓷器体验为主的鸣山陶院，以朋友聚会为主的黄公庐，以及以文化传承为主的鸣山乡村博物馆。
七大主题院落的提出既为强化诗画鸣山的主题，也为激活废置院落的空间活性，以置入新型产业，带动鸣山村整体发展。
基于BIM的日照分析
黄庭轩
茂林源
稻香村
黄公庐
鸣山陶院
冷香院
鸣山乡村博物馆
品牌商住
亲友出行
小住隐居
朋友欢畅
瓯瓷演绎
中式婚礼
文化传承
田园村舍休闲区
鸣山
洋坑河民俗休闲带
院落
田园
塘河分支
观光田园
黄庭轩在这
去塘河人家吃饭农家菜很新鲜。
这条滨河风情带真不错，独具特色。
前面有个亲水平台，去拍个照。
哇，这棵树都长了300多年了。
主要问题：第二片区具有较多的历史保护建筑，但缺乏妥善保护；此外，塘河分支——洋坑河是规划结构"一山两带三片七院落"中的重要两带之一洋坑河民俗风情休闲带。
设计解决：重点打造洋坑河民俗风情休闲带；以蔡必胜纪念馆和陈宣石刻为例，对历史建筑提出详细的针对性保护措施。
这是陈宣石刻，陈宣可是当地的一大名人。
这是东岳殿，2006年的时候重修过。
我们去蔡必胜纪念馆看看。
保护本体
围墙修缮
庭院空间
外部空间
对称轴线
参观游线
石塑：保持原有风貌，加强日常管理维护，突出雕塑本身的特色，展示传统风貌。
建筑物：清除白色抹灰，恢复传统石墙，增加庭院绿化，提升院落环境。
04

生态塑活 水乡绿岗

【参赛院校】 同济大学

【参赛学生】 翟丽王芝 葛紫淳 张 杨

【指导教师】 戴慎志 高晓昱 陆希刚

一、“新维度”解析后岗

后岗村位于金山区亭林镇西南角，其位置的边缘化导致村庄未能受镇区辐射效应而逐渐纳入城镇范围。后岗村仍保持着第一产业为主的经济形态，发展增速缓慢；年轻人群流失；常住人口比例失调。

小组认为，虽然上述条件在城镇视角上成为限制后岗村发展的“枷锁”，但我们认为，从“美丽乡村”、“特色村落”的维度上考量，后岗村所蕴含的集镇历史文化与延续至今的原始江南自然村落的空间形态是激活乡村基因、塑造区别于城镇的独有的新时代乡村风貌的丰富潜质。

通过对这种独有潜质的挖掘，我们将把后岗打造成具有远郊生态吸引力的原生态新村落。

二、“新模式”塑造后岗

针对后岗丰富的农业资源和自然风貌，小组提出“生态 +”战略。

水系“生态 +”旨在对后岗原有的河道进行整治，并结合生活水渠和生态鱼塘策略将村民的生活生产与水系有机结合。

文化“生态 +”则针对原后岗老镇所在的后岗塘进行滨水空间设计和集镇空间重塑，并通过若干空间节点的塑造将村民的活动融于其中，唤醒尘封的老镇记忆。

产业“生态 +”通过后岗村坚实的生态基础，发展智慧农业、周末农场、果蔬采摘等新兴产业，在为农民收入手段“开源”的同时，加强后岗村对上海都市人群的吸引力，实现城乡一体发展的目标。

三、“新时代”展望后岗

我们希望，“新农村”未来将不仅仅只有新道路、新住房、新集镇，城乡发展需要一体化，但或许城乡形态并不一定要一面化。未来的乡村，应是一个村民可以安居乐活；城市居民能够前来放飞自我，两者共同享受村落特有的人与自然和谐共生的载体。而希望不久的将来，后岗可以成为这种人们共同向往的场所。

广袤的稻田

阡陌交通

雪瓜种植棚

亭林雪瓜

后岗老街

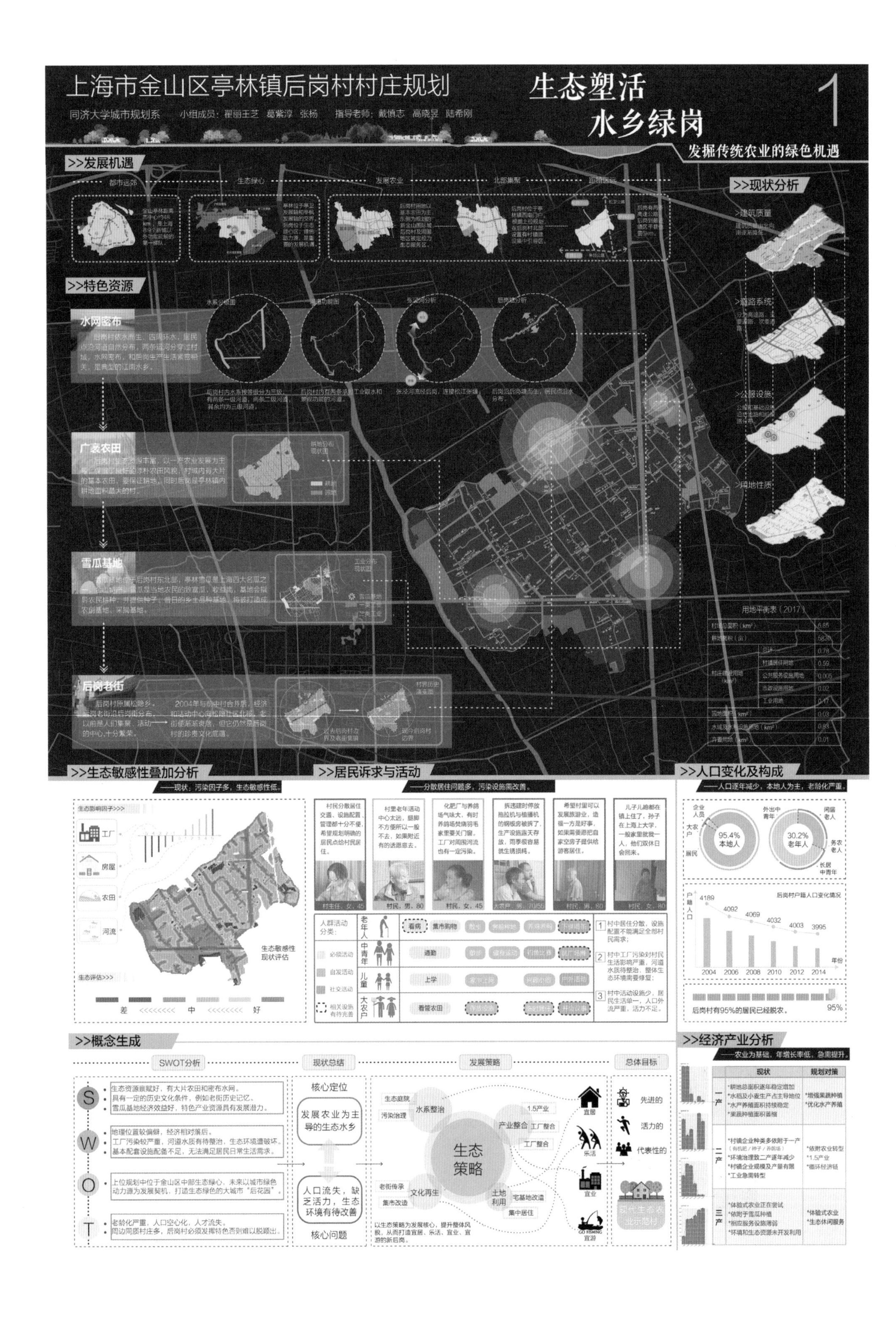

上海市金山区亭林镇后岗村村庄规划
同济大学城市规划系 小组成员：翟丽王芝 葛紫淳 张杨 指导老师：戴慎志 高晓昱 陆希刚
生态塑活
水乡绿岗
1
发掘传统农业的绿色机遇
>>发展机遇
都市远郊
生态绿心
发展农业
北部集聚
>>现状分析
建筑质量
道路系统
公服设施
用地性质
>>特色资源
水网密布
后岗村依水而生，四周环水，居民点沿河道自然分布，两条运河分穿过村域，水网密布，和后岗生产生活紧密相关，是典型的江南水乡。
广袤农田
雪瓜基地
后岗老街
用地平衡表（2017）
>>生态敏感性叠加分析
——现状：污染因子多，生态敏感性低。
生态影响因子>>>
工厂
房屋
农田
河流
生态敏感性现状评估
生态评估>>>
差 <<<<<<<< 中 <<<<<<<< 好
>>居民诉求与活动
——分散居住问题多，污染设施需改善。
村民分散居住交通、设施配置、管理都十分不便，希望规划明确的居民点给村民居住。
村里老年活动中心太远，腿脚不方便所以一般不去，如果附近有的话愿意去。
化肥厂与养鸽场气味大，有时养鸽场焚烧羽毛家里要关门窗。工厂对周围河流也有一定污染。
拆违建时停放拖拉机与植播机的钢板房被拆了，生产设施露天存放，雨季很容易就生锈损耗。
希望村里可以发展旅游业，造福一方是好事。如果需要愿把自家空房子提供给游客居住。
儿子儿媳都在镇上住了，孙子在上海上大学，一般家里就我一人，他们双休日会回来。
村主任，女，45
村民，男，80
村民，女，45
大农户，男，70/56
村民，男，60
村民，女，80
人群活动分类：
必须活动
自发活动
社交活动
相关设施有待完善
老年人
中青年
儿童
大农户
看病
集市购物
通勤
上学
看管农田
1 村中居住分散，设施配置不能满足全部村民需求；
2 村中工厂污染对村民生活影响严重，河道水质有待整治，整体生态环境需要修复；
3 村中活动设施少，居民生活单一，人口外流严重，活力不足。
>>人口变化及构成
——人口逐年减少，本地人为主，老龄化严重。
企业人员
大农户
居民
95.4% 本地人
外出中青年
闲居老人
30.2% 老年人
务农老人
长居中青年
户籍人口
后岗村户籍人口变化情况
4189
4092
4069
4032
4003
3995
2004
2006
2008
2010
2012
2014
年份
后岗村有95%的居民已经脱农。
95%
>>概念生成
SWOT分析
现状总结
发展策略
总体目标
S
生态资源禀赋好，有大片农田和密布水网。
具有一定的历史文化条件，例如老街历史记忆。
雪瓜基地经济效益好，特色产业资源具有发展潜力。
W
地理位置较偏僻，经济相对落后。
工厂污染较严重，河道水质有待整治，生态环境遭破坏。
基本配套设施配备不足，无法满足居民日常生活需求。
O
上位规划中位于金山区中部生态绿心，未来以城市绿色动力源为发展契机，打造生态绿色的大城市“后花园”。
T
老龄化严重，人口空心化，人才流失。
周边同质村庄多，后岗村必须发挥特色否则难以脱颖而出。
核心定位
发展农业为主导的生态水乡
人口流失，缺乏活力，生态环境有待改善
核心问题
生态策略
水系整治
生态庭院
污染治理
产业整合
1.5产业
工厂整合
文化再生
老街传承
集市改造
土地利用
宅基地改造
集中居住
以生态策略为发展核心，提升整体风貌，从而打造宜居、乐活、宜业、宜游的新后岗。
宜居
乐活
宜业
宜游
先进的
活力的
代表性的
现代生态农业示范村
>>经济产业分析
——农业为基础，年增长率低，急需提升。
现状
规划对策
一产
*耕地总面积逐年稳定增加
*水稻及小麦生产占主导地位
*水产养殖面积持续稳定
*果蔬种植面积最稳
*增强果蔬种植
*优化水产养殖
二产
*村镇企业种类多依附于一产
*环境治理致二产逐年减少
*村镇企业规模及产量有限
*工业急需转型
*依附农业转型
*1.5产业
*循环经济链
三产
*体验式农业正在尝试
*依附于雪瓜种植
*相应服务设施薄弱
*环境和生态资源未开发利用
*体验式农业
*生态休闲服务

上海市金山区亭林镇后岗村村庄规划

同济大学城市规划系 小组成员：翟丽王芝 葛紫淳 张杨 指导老师：戴慎志 高晓昱 陆希刚

生态塑活 水乡绿岗 2

探寻新型水乡的生态模式

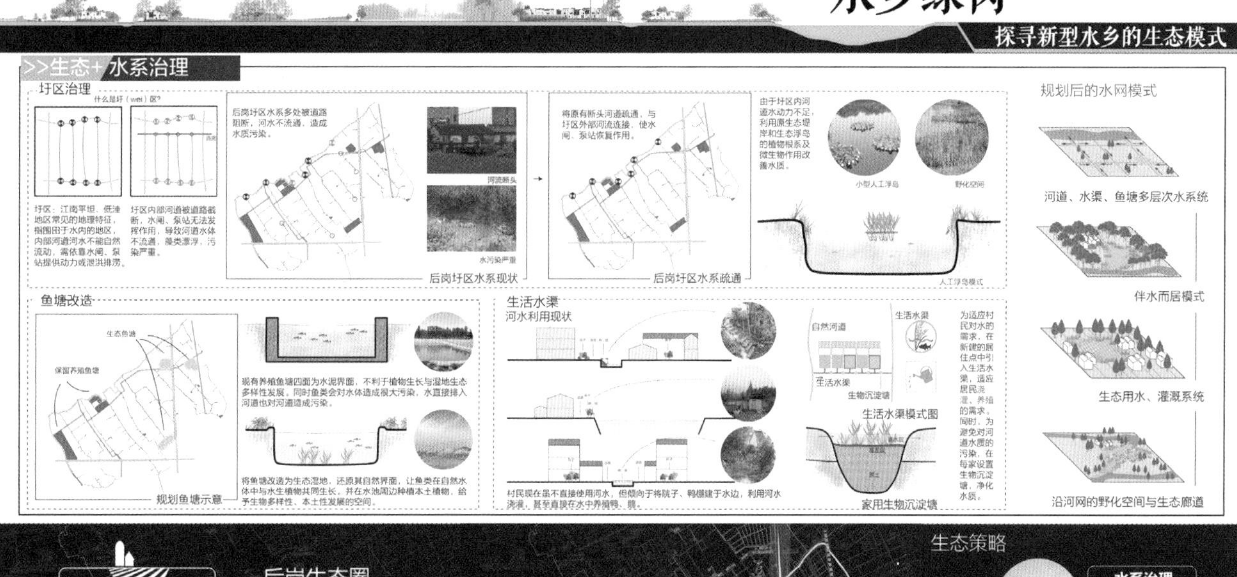

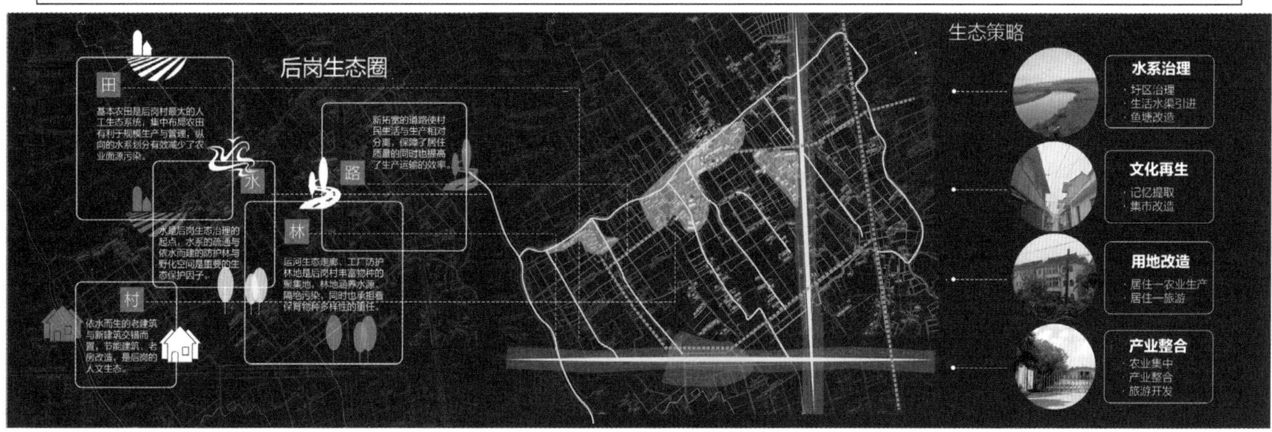

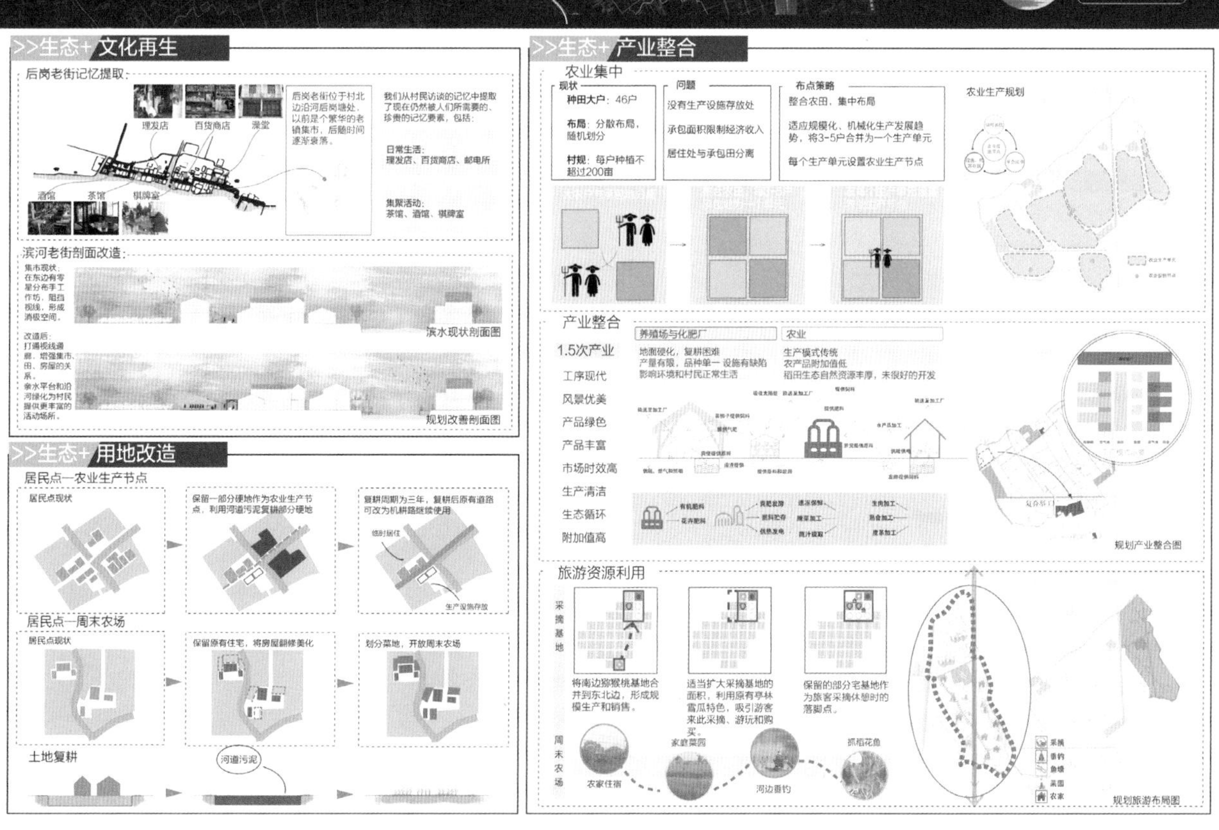

上海市金山区亭林镇后岗村村庄规划
同济大学城市规划系　小组成员：翟丽王芝　葛紫淳　张杨　指导老师：戴慎志　高晓昱　陆希刚
生态塑活
水乡绿岗
3
营造生态发展的多样空间
人口变化分析及规模预测
五普-六普后岗人口变化
五普-六普后岗人口密度变化
明显减少　持平　明显增加
后岗村历年人口规模
村民小组数　总户数　户籍人口数
2003　7　509　1858
2004　7　1109　1169
2006　21　1182　4092
2007　21　1177　4077
2008　15　1172　4069
2010　15　1170　4032
2012　15　1170　4003
2014　15　1170　3995
2015　15　1120　3880
2006-2012年人口基本稳定、小幅下降，2014年-2015年有明显减少；
根据预测2030年每村民小组平均人口240人，规模很小，无聚集效应。
人口规模：3620人
户数：1109户
用地规模：38.83hm²
户均用地：350.0m
人均用地：107.29m
村民小组平均人数：240人
用地规划
用地规划图
图例
用地平衡表
规划结构
生态敏感性叠加分析
——"生态+后岗"规划使生态敏感性明显提升
生态影响因子>>>
农田　河道
房屋
工厂
野化空间
差　中　好
生态规划实施
——只做生态的增量规划
农业
保留居民点改造为民宿
保留居民点改造为农业生产节点
减—将村中原有小型服装厂、零件厂等零散分布且有一定污染的生产加工企业搬迁，实现建设用地负增长。
合—将居住用地、农业用地、养殖等产业用地及旅游用地整合，使相同功能聚集形成一定规模，集约用地以增大土地的使用效率。
留—保留部分原有居民点，保留硬化场地，改造为农业生产节点与周末农场。
增—增加生态设施、产业，对原有用地进行生态改造，在生态发展的基础上发展一、二、三产业，提升村庄活力。
保养水源，净化水质
资源利用
带动经济与活力
自然集镇风光
古镇文化复兴
提供活动场所
拓展交往空间
保护村庄生物多样性
防止农业面源污染
还原水生态系统
创造天然垂钓场所
隔绝工厂污染
保障居住环境
提高产值
生态生产
田
水
林
路
村
系统分析
村落鸟瞰图

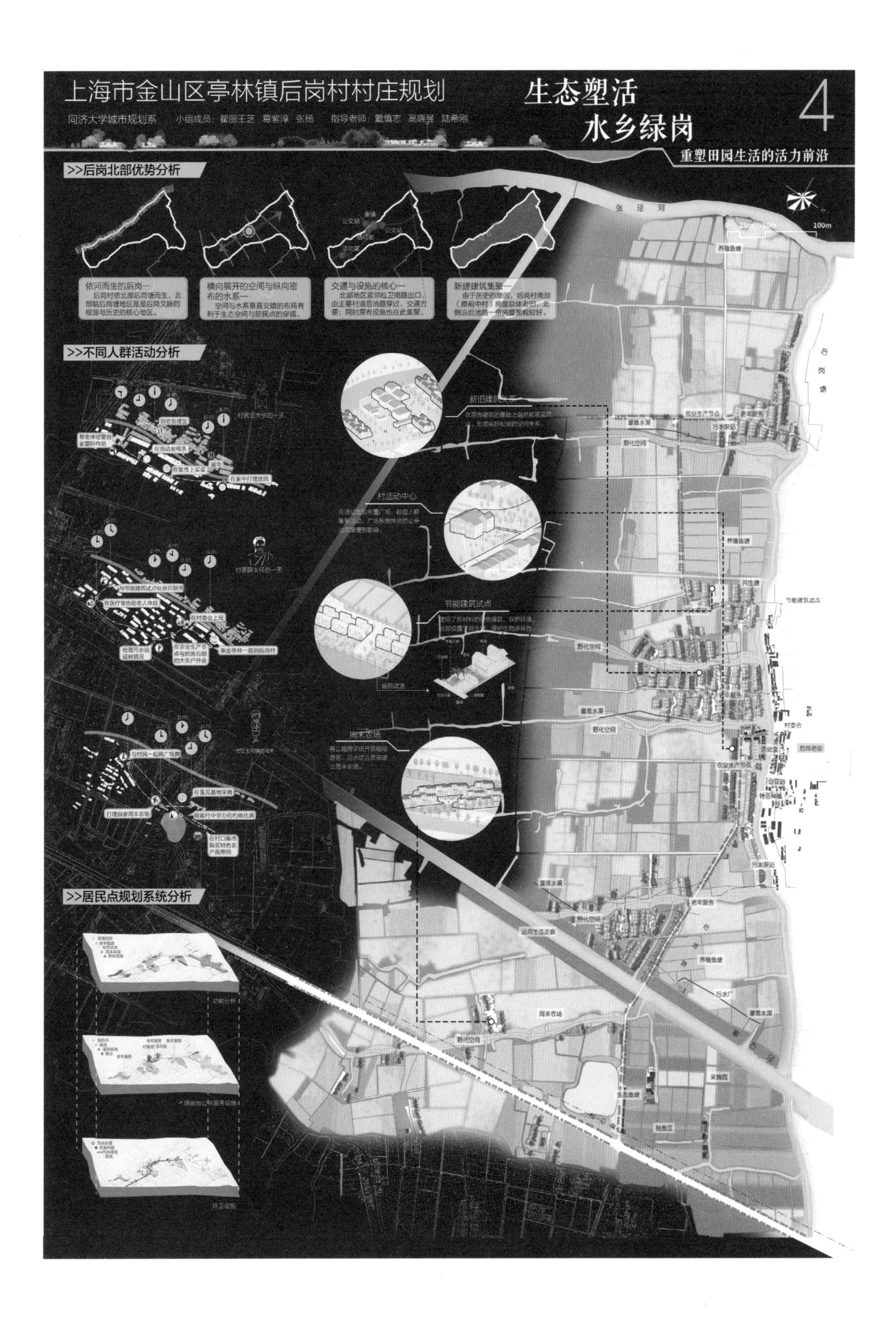

上海市金山区亭林镇后岗村村庄规划
同济大学城市规划系 小组成员：翟丽王芝 葛紫淳 张杨 指导老师：戴慎志 高晓昱 陆希刚
生态塑活
水乡绿岗
4
重塑田园生活的活力前沿
>>后岗北部优势分析
依河而生的后岗一
后岗村依北部后岗塘而生，北部临后岗塘地区是后岗文脉的根源与历史的核心地区。
横向展开的空间与纵向密布的水系一
空间与水系垂直交错的布局有利于生态空间与居民点的穿插。
交通与设施的核心一
北部地区紧邻松卫南路出口，由主要村道后池路穿过，交通方便；同时原有设施也在此集聚。
新建建筑集聚一
由于历史的原因，后岗村南部（原前中村）房屋总体老旧，北侧沿后池路一带房屋面貌较好。
>>不同人群活动分析
>>居民点规划系统分析
功能分析
活动与公共服务设施
环卫设施
张泾河
后岗塘
新旧建筑关系
村活动中心
节能建筑试点
周末农场
养殖鱼塘
农业生产节点
老年服务
污水泵站
野化空间
村委会
后岗老街
污水厂
采摘园
生态鱼塘
销售区
100m

苏州市东山镇古周巷特色田园乡村规划

【参赛院校】 苏州大学

【参赛学生】 茆昕明 王颖怡 朱羽佳 李嘉欣 汪 滢 邱俊扬

【指导教师】 王 雷

一、设计思路

1. 规划目标定位：农业强、农村美、农民富，在乡村规划层面切实落实习近平总书记在十九大报告中提出的乡村振兴战略。

2. 基本框架：目标导向→乡村综合规划→乡村全面振兴。

3. 产业布局：乡村产业发展思路要求落实在空间布局上。

4. 公共服务与基础设施布局：乡村公共服务与基础设施规划设计，方案要求立足于村民的共同意愿与认知。

二、方案介绍

1. 乡村空间布局：规划范围覆盖村庄居民点、山水自然和农业用地空间。基于人与自然共生的发展理念评估原有山、水、田、林、路、村的格局和层次，进而谋划未来乡村综合空间布局。

2. “第六产业”模式：梳理产业链，打造本地优势项目产业集群。推动乡村一、二、三产彼此衔接，相互融合，消除孤立产业的发展趋势。

3. 手机 SNS 信息化管理平台设计：改善原有的农产品和乡村旅游产品供应上存在的产业链碎化、信息沟通不畅、环节过多等问题。

4. 村民住宅改造策略：（Ⅰ类）保留、引导、提升；（Ⅱ类）改造、引导、统一；（Ⅲ类）重建、更新、改造。

三、延伸内容

古周印象

1. 依山傍水、自然诗意

古周巷北靠东山、南向太湖，村落呼应自然地势，湖光山色两相宜。

2. 窄巷、老树与矮墙——村庄风貌

村内街巷尺度很小，但仍存在过街楼这样有趣的空间。午后树影投射在斑驳的墙面上，一派安静祥和的场景。

3. 关于水——传统的乡村生产生活方式

靠水吃水，古周巷的农户承包了一大片水面用于水产养殖，同时也沿袭了水边洗衣，水井汲水的原生态却又真实的生活习惯。

4. 杨梅、枇杷——乡村特色产业

靠山吃山，东山杨梅、白玉枇杷、碧螺春茶，古周巷的农业产业已经形成了自己的品牌，未来将从传统农作物生产向民宿观光、乡村休闲度假领域拓展。

5. 村民日常、村内见闻

村内生活有声有色，村民会布置精致的院子，用上了太阳能光伏电板，即使因为没有活动场地，也会组织跳广场舞。然而随着私家车的增加，村内原本宽敞的道路也越发显得拥挤起来。

6. 入户问卷、村民意愿、公众参与

我们前后三次走村入户，与普通村民面对面访谈并发放问卷，分析古周巷的村民们对于生产、生活环境的意愿和认知，这让我们认识了隐藏在农民内心深处的古周巷乡村。

苏州市东山镇古周巷特色田园乡村规划

参赛学校：苏州大学 指导老师：王雷 小组成员：茆昕明 王颖怡 朱羽佳 李嘉欣 汪滢 邱俊扬

现状分析

区位条件

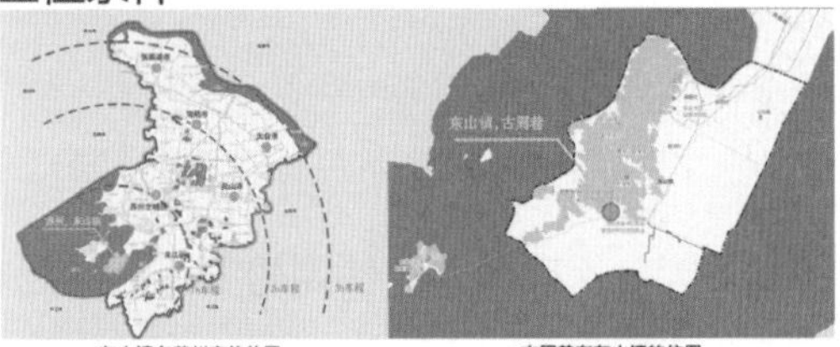

东山镇在苏州市的位置

古周巷在东山镇的位置

交通分析

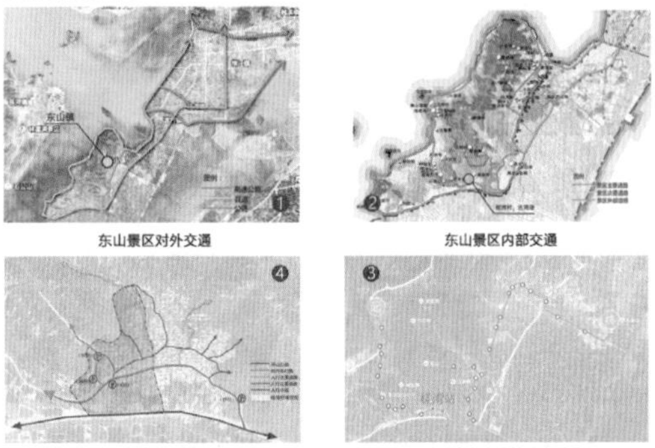

东山景区对外交通

东山景区内部交通

古周巷内部交通

古周巷与东山镇公交联系

乡村介绍

项目所在地位于苏州市太湖西畔的东山镇双湾村，双湾村由金湾村与槎湾村合并而成，古周巷是槎湾村行政区划下的一个自然村落。全村现有农户100户，人口344人。村内用地性质以林地及村民宅基地为主，主导产业为种植枇杷、杨梅、碧螺春为主的第一产业，同时古周巷也顺应东山镇旅游经济不断发展的趋势，开展农业生态示范的观光项目，越来越多的游客走进古周巷。

乡村资源概况

自然资源	山体资源	东山是延伸于太湖中的一个半岛，古周巷位于东山中西部三面环水，万顷湖光连天，渔帆鸥影点点。 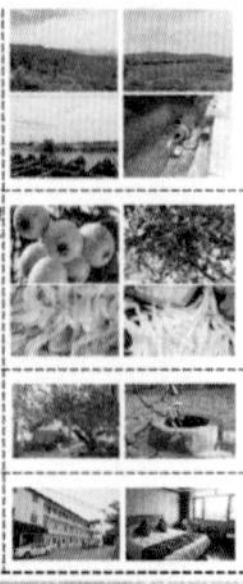
	水系资源	首先是太湖景观资源，村内上山，可鸟瞰太湖景色。其次村内水系发达，水质较好，很多村民保持着沿河居住的传统生活习惯。
农业资源	林业产品	村内林业产品丰富。盛产枇杷、洞庭山碧螺春茶、桔子，杨梅。枇杷和碧螺春茶叶远销外省，是当地的招牌特色农产品。
	渔业产品	东山濒临太湖，古周巷水系发达，村内水产养殖也是一项特色产业。太湖大闸蟹、"太湖三白，白虾，白鱼，银鱼等都是当地特色产品。
历史	古树古井	古周巷历史悠久，村内现存很多古树和古井，成为村民的集体记忆，这些历史文化资源还未被充分利用，可作为下一步的旅游资源。
产业	旅游度假	古周巷位于东山景区内，目前已有部分特色产业和旅游服务产业，包括农副产品（特产）采摘基地、加工基地、农家乐、度假酒店等。

乡村公共服务设施现状

村内旅游服务设施

农贸市场出行时间

东山镇配套设施

小学出行时间

中学出行时间

建筑风貌分析

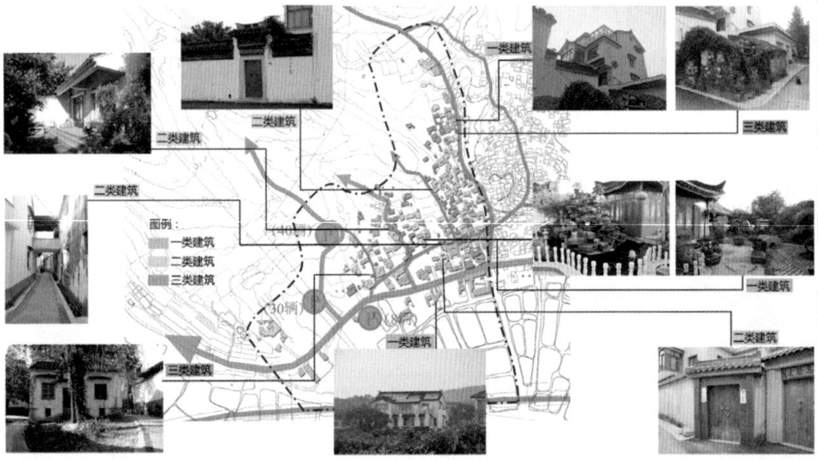

图例：一类建筑 二类建筑 三类建筑

现状建筑概况

基地内建筑根据建造时间由近及远分为三类，均呈苏式民居风貌。值得一提的是当属古周巷街角处的门，它们受到家家户户的重视，样式各不相同，是古周巷区别于其他地区建筑风貌的一个特色。一类建筑是近十年新建苏式民居等；二类建筑为较旧苏式民居或中西混合风格建筑，已有部分损坏亟待修缮；三类建筑建于20世纪80年代及以前，多为亟待更新重建的破旧单层空置房或危房。

建筑改造策略

一类建筑风貌：新建苏式民居或者农家乐、度假酒店等用房。大部分为近十年所建。⇒ 保留，引导，提升

二类建筑风貌：较旧苏式民居，仍在使用或中西风格混合建筑。门窗或者墙体已有部分损坏，未经修缮。建筑年代大概在20世纪90年代 ⇒ 改造，引导，统一

三类建筑风貌：比较破旧的建筑，多为单层，建筑外形已经受到较大的损坏，或者已经被遗弃、不具居住功能的空置房、危房。建筑年代在20世纪80年代及更早。⇒ 重建，更新，改造

村民对乡村空间的认知与意愿分析

本规划设计团队对古周巷村的村民入户访谈，共发放访谈问卷70份，其中回收有效问卷60为份，回收率达到86%，问卷分析结果显示：

（1）乡村宜居环境的认知。古周巷在供电、供水、对外交通等村庄基础设、施建设方面，都得到了村民一致较好的评价。但是宜居环境建设方面，无论是购、物就医、儿童入学还是休闲娱乐活动等方面，设施严重不足甚至为0，村民对、上级政府和乡村组织提出了更高的要求和期待。

（2）村民特征和参与乡村规划的意愿。槎湾村作为苏州市太湖明珠东山镇的知名古村落，村民对于村庄发展的认识水平高于普通的中国村庄，参与乡村规划建设的意愿强烈，在乡村管理的透明度方面更为敏感，在政府主导下实施以村民为主体的乡村规划模式的时机业已成熟。

村内服务设施满意度

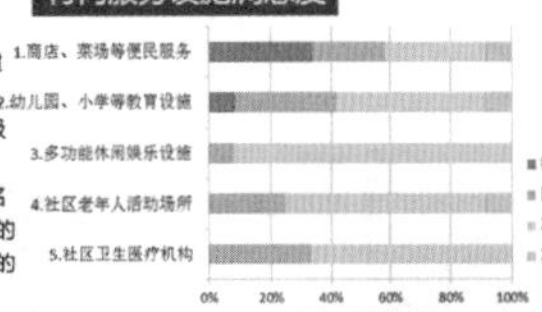

服务设施满意度

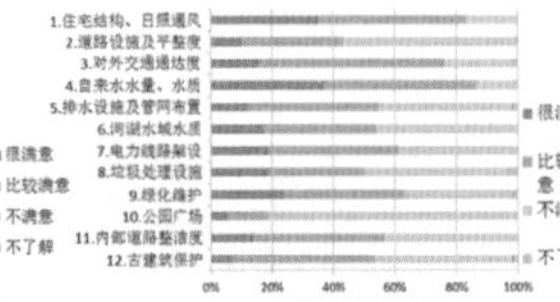

居住环境满意度

居住环境满意度

家庭经济情况

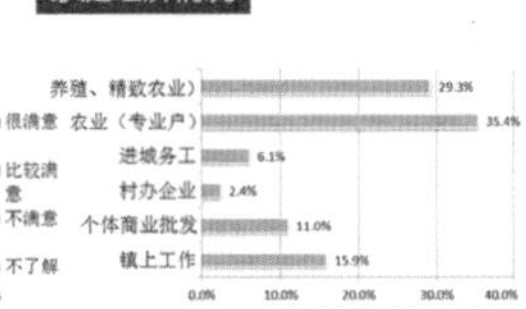

收入来源分布

村民基本情况

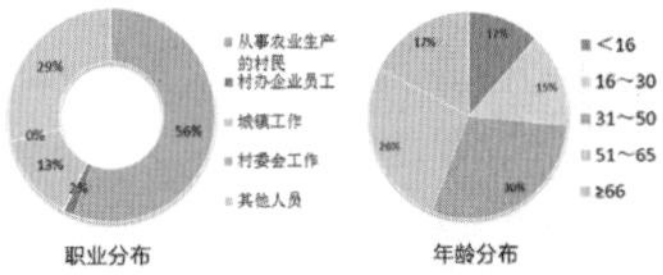

职业分布

年龄分布

村民住房情况

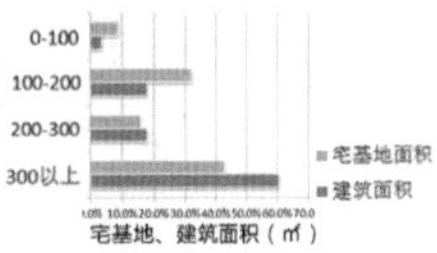

宅基地、建筑面积（㎡）

理想村庄类型

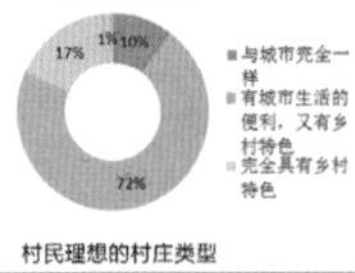

村民理想的村庄类型

规划参与意愿

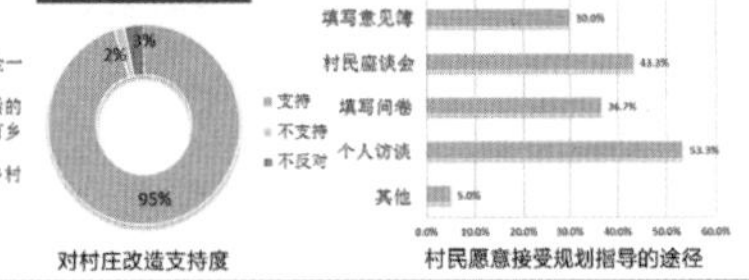

对村庄改造支持度

村民愿意接受规划指导的途径

SWOT分析

S—优势

政策环境优势：苏州市政府对东山风景区有政策倾斜，古周巷可利用政府政策、市场需求进行旅游开发。

交通区位优势：既处于长三角经济圈内，又在沿太湖旅游休闲轴上，可共享太湖休闲旅游的游客资源。

自然历史人文资源优势：古周巷背山靠水，风景秀丽，是个天然氧吧，具有一定的自然资源优势,另外枇杷、杨梅在整个江苏省享有一定声誉。历史悠久，古有仿母迁与此。

W—劣势

基础设施及软环境建设不足：基础设施配套不完善。乡村公路道路状况较差，旅游交通标识系统也较为缺乏。

旅游产业尚未形成，旅游产品化程度低：旅游开发缺乏科学规划和技术性指导，产品开发上存在规模小、层次低、结构不合理等现象，吸引力和竞争力不强。

形象塑造及营销投入不足，市场知名度低：古周巷的市场知名度较低，影响力有限，从侧面反映出槎湾村的市场营销及形象塑造投入少，旅游市场影响力有待进一步扩大。

O—机遇

国家扩大内需的机遇：近年来乡村休闲度假逐渐提上日程，抓住机会对古周巷进行重新的整合规划也十分必要。

旅游者对新景点需求的机遇：东山古周巷目前对旅游发展的开发度不高，适合结合当地特产发展高品质体验型旅游业，符合发展趋势。

新休假制度带来的机遇：中短途旅游日益兴起，以城市为核心的环城游憩活动逐渐兴盛，短途、休闲的近郊旅游已成为城市居民周期性调节生活方式的选择之一。

T—挑战

缺乏资源竞争力：古周巷长期以来以第一产业为主导，旅游产业刚刚起步，经济贡献率低，导致其在资源竞争中缺乏发言权。强势产业在资源竞争中的优将会对旅游业的发展产生较大的制约作用。

在激烈市场竞争中的不利地位：东山旅游格局 以太湖沿岸为重，半岛内陆为轻，长期以来以沿湖景观为中心发展旅游业。位于东山内陆的古周巷，一直游离在旅游发展边缘，是旅游发展的洼地地带。周边有古紫金庵、三山古文化遗址及陆巷古村等成熟旅游地。

苏州市东山镇古周巷特色田园乡村规划

参赛学校：苏州大学　指导老师：王雷　小组成员：莳昕明 王颖怡 朱羽佳 李嘉欣 汪滢 邱俊扬

规划方案解读

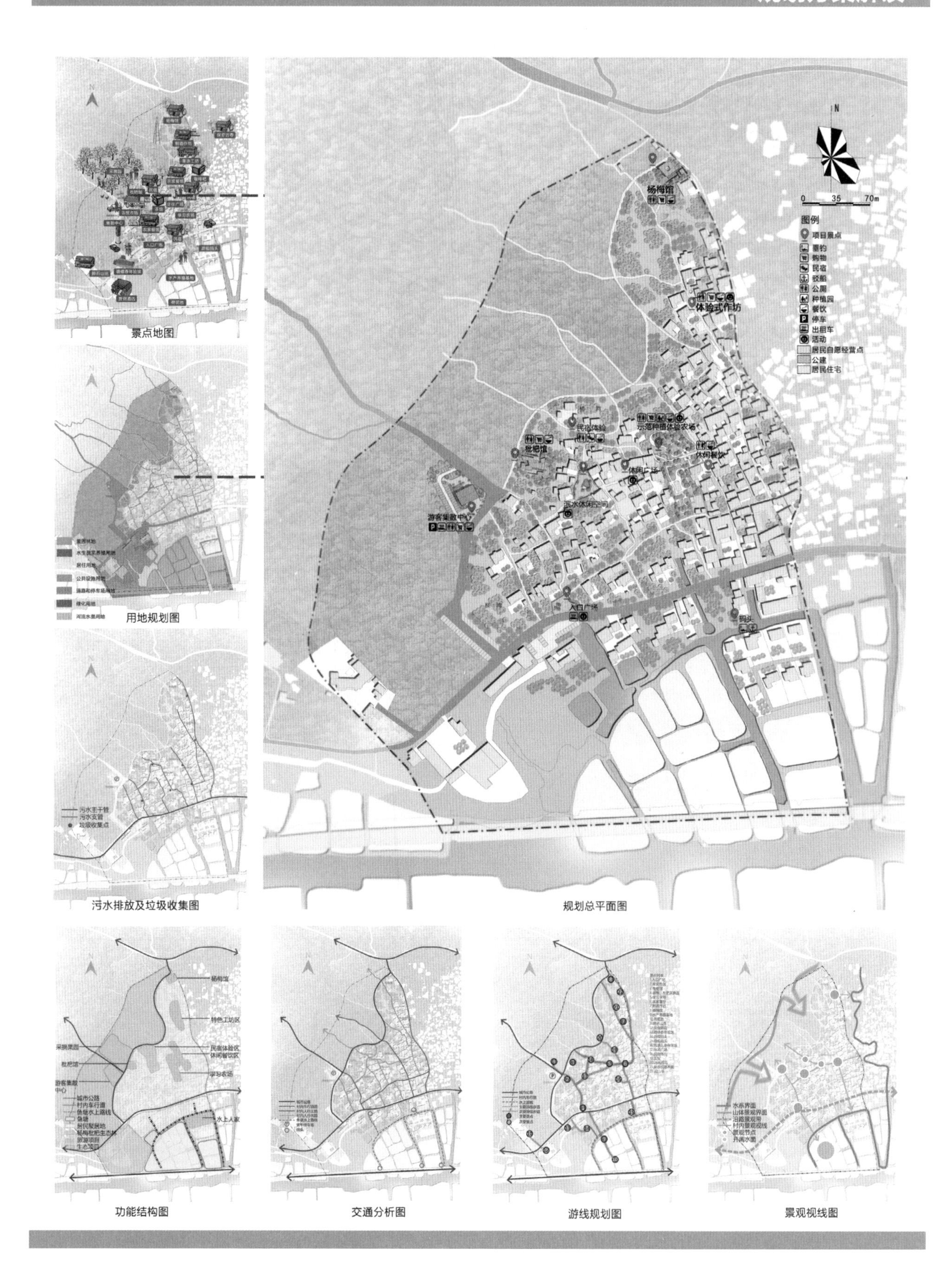

景点地图

用地规划图

污水排放及垃圾收集图

规划总平面图

功能结构图

交通分析图

游线规划图

景观视线图

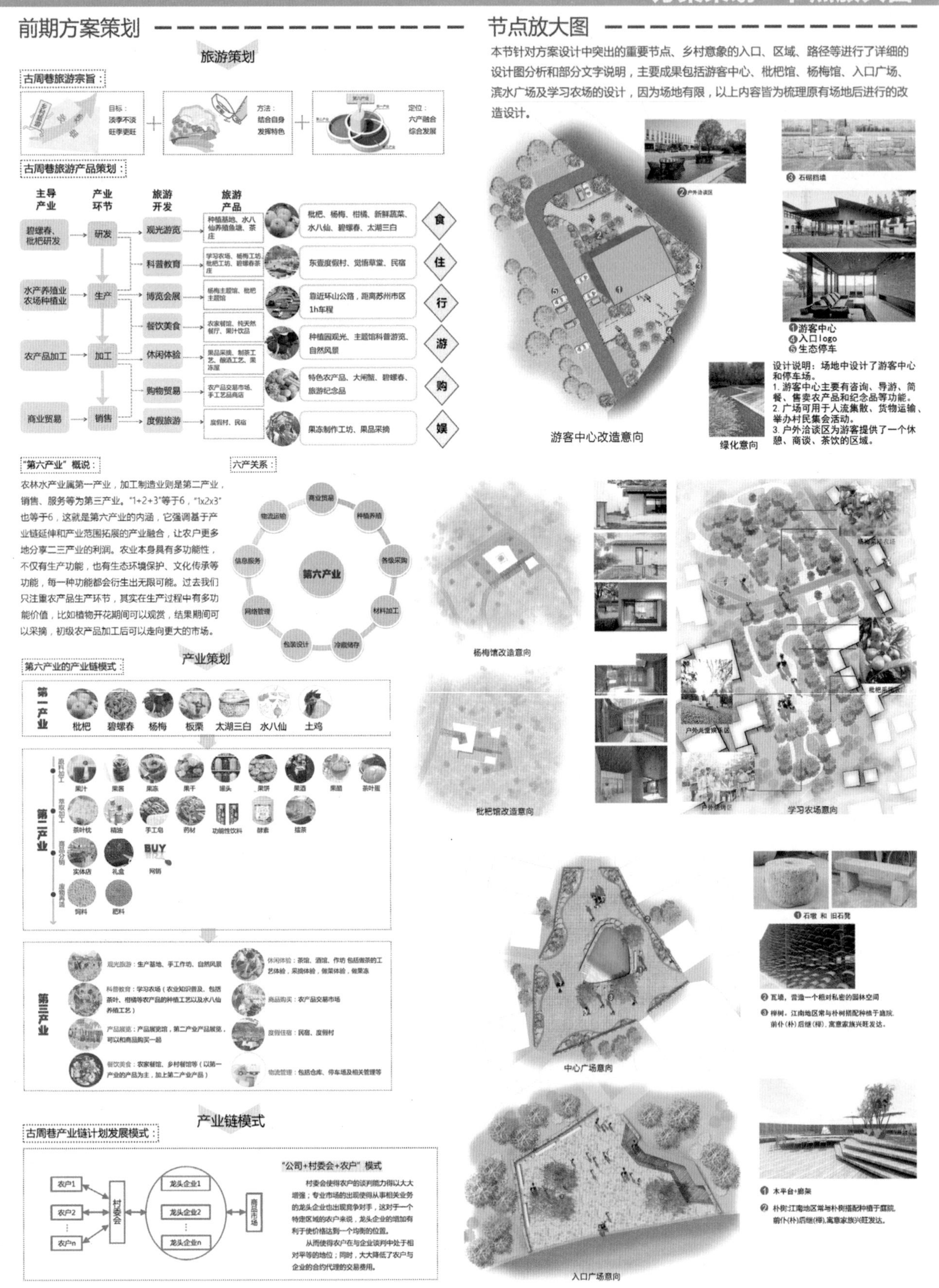

苏州市东山镇古周巷特色田园乡村规划
参赛学校：苏州大学 指导老师：王雷 小组成员：薛昕明 王颖怡 朱羽佳 李嘉欣 汪滢 邱俊扬
方案策划＆节点放大图
前期方案策划
旅游策划
古周巷旅游宗旨：
目标：淡季不淡 旺季更旺
方法：结合自身 发挥特色
定位：六产融合 综合发展
古周巷旅游产品策划：
主导产业
产业环节
旅游开发
旅游产品
碧螺春、枇杷研发
水产养殖业 农场种植业
农产品加工
商业贸易
研发
生产
加工
销售
观光游览
科普教育
博览会展
餐饮美食
休闲体验
购物贸易
度假旅游
枇杷、杨梅、柑橘、新鲜蔬菜、水八仙、碧螺春、太湖三白
东壹度假村、觅缘草堂、民宿
靠近环山公路，距离苏州市区1h车程
种植园观光、主题馆科普游览、自然风景
特色农产品、大闸蟹、碧螺春、旅游纪念品
果冻制作工坊、果品采摘
食
住
行
游
购
娱
"第六产业"概说：
农林水产业属第一产业，加工制造业则是第二产业，销售、服务等为第三产业。"1+2+3"等于6，"1x2x3"也等于6，这就是第六产业的内涵，它强调基于产业链延伸和产业范围拓展的产业融合，让农户更多地分享二三产业的利润。农业本身具有多功能性，不仅有生产功能，也有生态环境保护、文化传承等功能，每一种功能都会衍生出无限可能。过去我们只注重农产品生产环节，其实在生产过程中有多功能价值，比如植物开花期间可以观赏，结果期间可以采摘，初级农产品加工后可以走向更大的市场。
六产关系：
第六产业
商业贸易
种植养殖
各级采购
材料加工
冷藏储存
包装设计
网络管理
信息服务
物流运输
产业策划
第六产业的产业链模式：
第一产业
枇杷 碧螺春 杨梅 板栗 太湖三白 水八仙 土鸡
第二产业
第三产业
产业链模式
古周巷产业链计划发展模式：
"公司+村委会+农户"模式
农户1
农户2
农户n
村委会
龙头企业1
龙头企业2
龙头企业n
商品市场
节点放大图
本节针对方案设计中突出的重要节点、乡村意象的入口、区域、路径等进行了详细的设计图分析和部分文字说明，主要成果包括游客中心、枇杷馆、杨梅馆、入口广场、滨水广场及学习农场的设计，因为场地有限，以上内容皆为梳理原有场地后进行的改造设计。
①游客中心
④入口logo
⑤生态停车
设计说明：场地中设计了游客中心和停车场。
1.游客中心主要有咨询、导游、简餐、售卖农产品和纪念品等功能。
2.广场可用于人流集散、货物运输、举办村民集会活动。
3.户外洽谈区为游客提供了一个休憩、商谈、茶饮的区域。
游客中心改造意向
绿化意向
杨梅馆改造意向
枇杷馆改造意向
学习农场意向
中心广场意向
入口广场意向
① 木平台+廊架

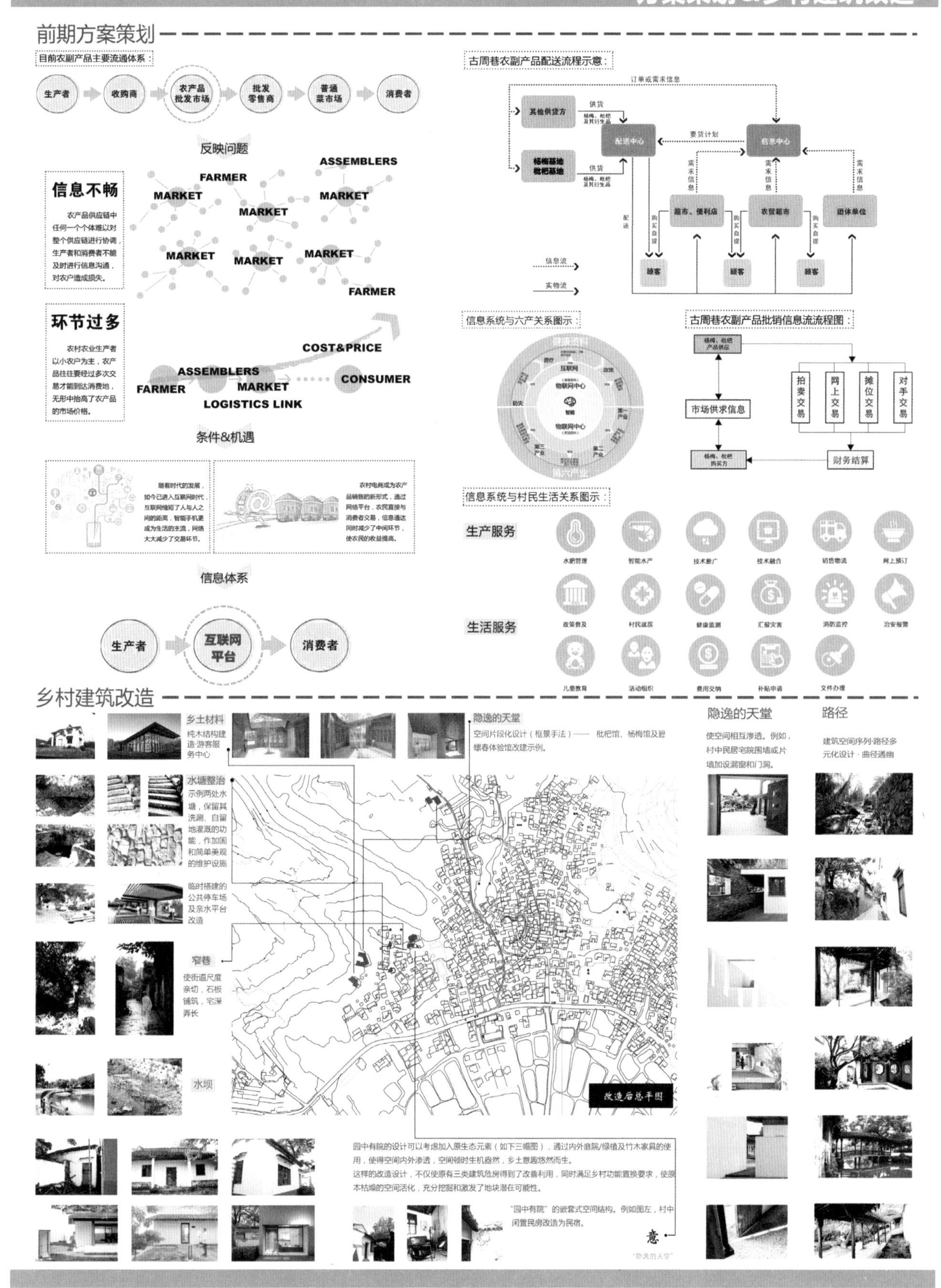

苏州市东山镇古周巷特色田园乡村规划
参赛学校：苏州大学 指导老师：王雷 小组成员：茆昕明 王颖怡 朱羽佳 李嘉欣 汪滢 邱俊扬
方案策划&乡村建筑改造
前期方案策划
目前农副产品主要流通体系：
生产者
收购商
农产品批发市场
批发零售商
普通菜市场
消费者
反映问题
信息不畅
农产品供应链中任何一个个体难以对整个供应链进行协调，生产者和消费者不能及时进行信息沟通，对农户造成损失。
环节过多
农村农业生产者以小农户为主，农产品往往要经过多次交易才能到达消费地，无形中抬高了农产品的市场价格。
FARMER
MARKET
ASSEMBLERS
COST&PRICE
CONSUMER
LOGISTICS LINK
条件&机遇
随着时代的发展，如今已进入互联网时代，互联网缩短了人与人之间的距离，智能手机更成为生活的主流，网络大大减少了交易环节。
农村电商成为农产品销售的新形式，通过网络平台，农民直接与消费者交易，信息通达同时减少了中间环节，使农民的收益提高。
信息体系
生产者
互联网平台
消费者
古周巷农副产品配送流程示意：
订单或需求信息
其他供货方
杨梅基地 枇杷基地
供货
配送中心
要货计划
信息中心
超市、便利店
农贸超市
团体单位
顾客
信息流
实物流
信息系统与六产关系图示：
古周巷农副产品批销信息流流程图：
市场供求信息
拍卖交易
网上交易
摊位交易
对手交易
财务结算
信息系统与村民生活关系图示：
生产服务
生活服务
乡村建筑改造
乡土材料
纯木结构建造游客服务中心
水塘整治
示例两处水塘，保留其洗涮、自留地灌溉的功能，作加固和简单美观的维护设施
临时搭建的公共停车场及亲水平台改造
窄巷
使街道尺度亲切，石板铺筑，宅深弄长
水坝
隐逸的天堂
空间片段化设计（框景手法）—— 枇杷馆、杨梅馆及碧螺春体验馆改建示例。
改造后总平图
隐逸的天堂
使空间相互渗透。例如，村中民居宅院围墙或片墙加设漏窗和门洞。
路径
建筑空间序列·路径多元化设计 · 曲径通幽
园中有院的设计可以考虑加入原生态元素（如下三幅图），通过内外庭院/绿植及竹木家具的使用，使得空间内外渗透，空间顿时生机盎然，乡土意趣悠然而生。
这样的改造设计，不仅使原有三类建筑危房得到了改善利用，同时满足乡村功能置换要求，使原本枯燥的空间活化，充分挖掘和激发了地块潜在可能性。
"园中有院"的嵌套式空间结构。例如图左，村中闲置民房改造为民宿。

深圳市梧桐山村发展研究规划设计

【参赛院校】 深圳大学

【参赛学生】 吴秋虹 徐 键 肖婉婷 陈伟聪 梁卓华

【指导教师】 杨晓春

深圳大学团队围绕着深圳市罗湖区梧桐山村进行了系列调查，所提交成果的部分内容也同时参展了 2017 第七届深港城市\建筑双城双年展（深圳）。

除了正式的图纸版面，深港双城双年展策展团队的视频采录更值得引起深思。为参加双年展而特邀录制的基于三维激光扫描的视频，更为我们带来缥缈深邃的艺术享受，隆重推荐给大家欣赏。

梧桐山村

梧桐山村是深圳市最重要的全景眺望点梧桐山的登山口，同时又位于城市水源地，受到基本生态保护线及二级水源保护区内的双重限制，进而有了“入世与出世自由转换”的特点。正是这些特殊性，使得梧桐山村失位于深圳经济特区轰轰烈烈的历史步伐，却也因此成就了如今世外桃源般的境界，加之轻松自由的人文氛围、怡然自得的生活态度、相互包容的多元文化，这些都是梧桐山村的特质，然而对现实的迷惘和对未来的憧憬，仍然是这个小山村里新老村民共同面临的问题。

在方案设计中，深圳大学团队大开脑洞，希望进行一次社区实验，畅想通过打造远程办公平台、社区微更新等手段提升梧桐山村价值，吸引更多不同想法、追求自我的人群留居梧桐山村，将梧桐山村打造成为一个人们“安放理想”的容身之所。

以竞赛方案为基础，深圳大学建筑与城市规划学院组织师生团队参与了 2017 第七届深港城市\建筑双城双年展（深圳）。该团队进一步开展多方面的调查，以“NATURE & URBAN+”为关键词，借助影像技术结合三维模型等展呈方式，分别展示梧桐山村的区位和独特山水资源、世外桃源般的聚居演替和来自五湖四海的新村民的感受，进而带领大家进入有关未来发展的新思考。

更加值得称道的是，该团队还运用了最为酷炫的三维激光扫描技术，在对主要观察点进行测绘的基础上，以数码方式还原观测点的工作模型，在点云塑造的虚拟环境中重构出空幻缥缈的梦境般的当地场景，艺术化地隐喻了这一城市边缘地带的安逸及其易碎的现实。这一少见的艺术呈现方式，不仅让我们看到了“现代科技 + 艺术”的魅力，更让我们看到了传统乡村嫁接“现代科技 + 艺术”的无限可能性。

番外

作为毕业设计和深港双年展的延伸活动，深圳大学建筑与城市规划学院分别在双年展主展场举办了“湖山之间的迷茫与憧憬”——生态控制线内的城边村发展论坛，以及在梧桐山村举办了“绿色梧桐、永续发展”的社区互动活动。一方面集结业内大咖，共同探讨本次研讨的“城边村”——梧桐山村的发展存在的困难和可能的出路；同时深入社区，与当地居民一起探讨村环境改善与发展的机会。整个活动不仅汇集了规划建筑界学者、规划师、规划管理者、开发者等专业人士，也有村基层管理者与股份公司、社会组织、村民、学生等多方人士，通过这一公共参与的开放研讨，进一步将深圳水源地村庄的发展问题不仅提升到学术高度，更推向社区实践的深度。

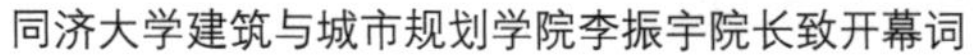

同济大学建筑与城市规划学院李振宇院长致开幕词

社区居民积极献策

学术、设计和实践界与村民代表共同热议

深圳市梧桐山村发展研究与规划设计

深圳大学建筑与城市规划学院 指导老师：杨晓春 小组成员：吴秋虹 徐键 肖婉婷 陈伟聪 梁卓华

【基地调研】

项目位于深圳市罗湖区东北部，梧桐山北麓，深圳水库的上游，属于二级水源保护区。

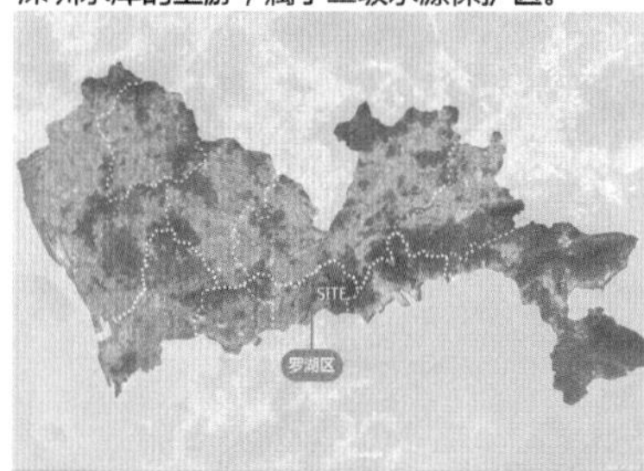

梧桐山村辖区面积约为1.2万km²，由7个自然村组成，现状以居住、工业用地为主，建设用地拓展空间有限

7个自然村由西向东分别是塘坑仔村、禾塘光村、茂仔村、坑背村、赤水洞村、横排岭村和虎竹吓村。

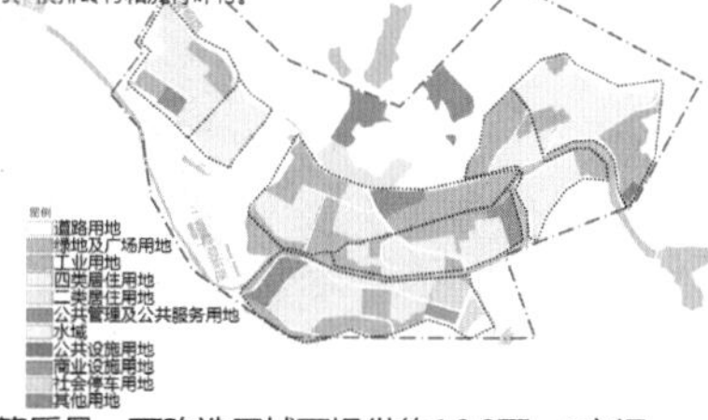

建筑肌理形式多样，有机但散乱，也影响了街道的连续性和通达性

距深圳市中心区约15km
距离罗湖中心区约10km
位于二级水源保护区内

建筑质量：可改造区域可提供约16.2万m²空间

- 实地调研发现，梧桐山社区少部分质量良好的建筑多为新建的公共服务建筑以及住宅。
- 中等层次的建筑多数为10-20年屋龄的砖混结构自建楼房，部分经过立面翻新。
- 质量较差的建筑约130栋，主要是20世纪80-90年代的部分厂房和客家老房、海沙房、瓦房，以及一些加建/违建的临时建筑。

现状存在的主要三种肌理分析：

工业园区
空间开场，适宜交流、展示等活动
适宜改造作为办公、创作、展览等公共空间

居住组团
空间形态丰富、生活氛围浓厚但现状缺乏管理，整治后可用作"示范街区"

古村落
街巷空间狭长有特色，现状主要分布在基地边缘，符合艺术家们需要的清静环境

大梧桐新兴产业带
打造"协同创新区"

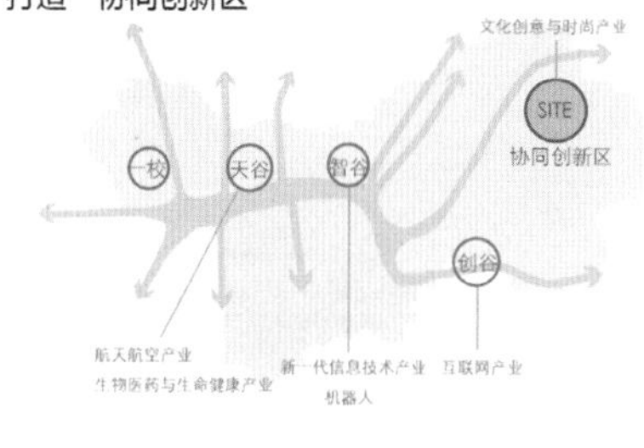

开放空间：基地内的公共空间系统不完善,东部村庄严重缺乏公共绿地。

- 区级公园（1个）：在建滨河公园
- 社区级（2个）：梧桐文体公园 梧桐凤凰广场
- 居住组团级：点式散落在村庄内部的运动休闲小广场

罗湖"十三五"规划
打造"一圈一带"的产业发展格局

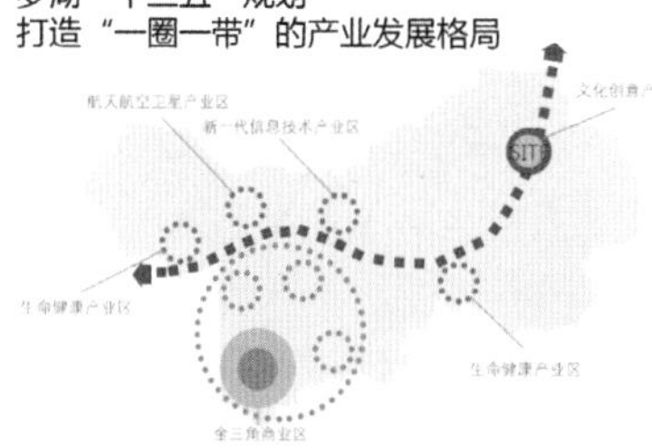

道路交通：内部微循环不畅，村落、工业区内部交通疏解效率低。

内部主要道路呈双通道连接型，次要道路呈枝状分布；
基地内有两个公交首末站，三处社会停车场（其中两处在西南部的梧桐山风景区入口附近，主要供游客使用

基地处于深圳市基本生态控制线内，建设规模受到限制。

生态控制线和水源保护区对于梧桐山村的意义
既制约了经济发展，
也保护了独特文化氛围不受市场经济的冲击。

产业分布：主导产业以劳动密集型中低端制造业为主，经济效益相对不高；村民收入主要靠楼房出租；现状主导产业与上层次规划定位不符且与生态保护目标有一定冲突。

第二产业：电子厂、服装厂、手袋厂居多，此外还有服装小作坊
第三产业：主要以餐饮和零售业为主，辅以教育培训和养生堂，艺术家工作室较少

【社会调研】

居民意见

蓝毛衣大妈：
那些艺术家过来就是跟我们抢房子的！他们来租那么多房子搞到房租涨的特别高！

散步的妈妈：
私塾学堂那些啊……就是骗子！让小孩子吃素，包子还要吃硬的！有钱都不去！

穿衬衫的司机：
艺术家啊，那些人就是来"装"的嘛

看风景的叔叔：
这里环境很好呀，轻松自在。特别适合我

厉害的大叔：
艺术小镇只要政府一句话，一句话要多少东西才能搞定，还要看整个大环境，这里已经没得搞了，除非开隧道什么的联通一体化旅游区

溜孩子的阿姨：
搞艺术小镇就不应该让车开进来，弄得街上乌烟瘴气，小孩都给吸坏了！

---Design of Development Plan of Wutong Mountain Village---

深圳市梧桐山村发展研究与规划设计

深圳大学建筑与城市规划学院　指导老师：杨晓春　小组成员：吴秋虹 徐键 肖婉婷 陈伟聪 梁卓华

【社会调研】

日常生活

梧桐山村的日常生活大部分都是沿着街道展开

走在经过改造的主街上，我们看到许多富有情趣的商店，古色古香的茶铺、专于麻布的衫庄、装满雅致的咖啡店、现代风的艺廊、偶尔抖机灵“招男性老板娘”的餐厅，最普通的士多店也会有专属产品，比如“妈妈做的柚子糖”。这里工作和生活是混在一起的，像是时间都慢下来了。

调研总结 Summary

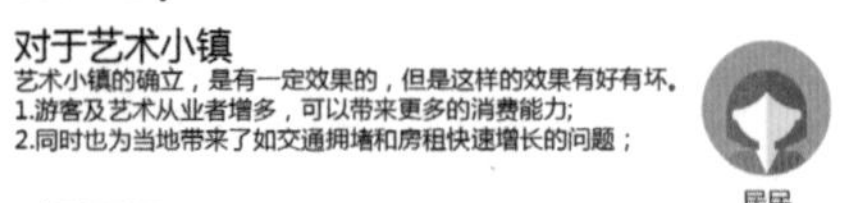

对于艺术小镇

艺术小镇的确立，是有一定效果的，但是这样的效果有好有坏。

1.游客及艺术从业者增多，可以带来更多的消费能力;

2.同时也为当地带来了如交通拥堵和房租快速增长的问题；

居民

对于工厂

当地的工厂是否迁出，居民们多数持不要迁出或没有影响的态度。

1.当地工厂主要以服装制作/手袋/电子厂等轻工业为主，不会带来严重噪声/空气污染等问题；

2.工厂能为当地提供劳动岗位以及不小的消费能力，工厂的迁出会对当地的一些小商户造成不小的影响；

3.值得注意的是，工厂对压制当地房租快速上涨也是有一定作用的。

艺术家

对于艺术家

1.艺术家希望能够有高质量艺术产业圈。

2.艺术家同样看重梧桐山优良的景观资源，悠闲的生活氛围

3.部分艺术家有公共展示交流的需求

店家

对于店家

1.一般的商家没有在发展艺术小镇的过程中获利

2.商家看重梧桐山优良的景观资源，并非一味是经济因素

3.发展对原本的环境氛围有一定程度的影响

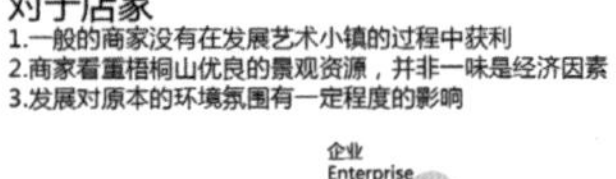

每个群体相对封闭，各种群体成员之间交流较少。私下有大量小型的聚会活动，比如读书会、分享会等，希望扩大活动规模的人苦于没有有效的社区交流途径，也没有公共互动的平台。这对于新引入的人群会有一定的壁垒。

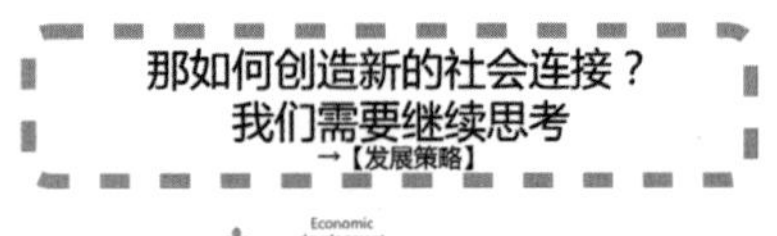

那如何创造新的社会连接？

我们需要继续思考

→【发展策略】

【发展策略】

梧桐山村的价值是什么？

What is the value of Wutong community?

开放包容，自然生态

Wutong community is somewhere like utopia that everyone can reach their own lalaland.

梧桐山村最大的吸引力在于她的“氛围”，
这里开放包容，毫不排外。她接纳各种各样的人，
给予他们追寻自己理想生活的温床。
梧桐山村是一个孕育着无限可能的地方，
它突破了城市土地对于高效率高产出的追求，
每人有无数发展的可能性，
也许在城市其他地方是不被接纳，
甚至被判定是错误的，
在梧桐山村这里都可以成立，
梧桐山村就像每个人能够追求自我的乌托邦，
它听起来非常理想和浪漫，
却也切切实实存在在我们城市的边缘。
当然也有这里迷人的自然景色和生态环境。
这就是这片土地的魅力，也是这个社区的魅力。

我们能够为梧桐山村做什么？

What can we do for Wutong?

我们不应该粗暴地用城市经济去衡量这片土地的成败，
在不破坏它基本生态价值和原有的社会氛围的前提下，
我们应该“小心翼翼”地进行优化改造。

我们希望梧桐山村可以成为
以低资源消耗为前提的

创造力的孵化器、生活方式的实验室

孕育出无限的多样性。

We hope that Wutong community can become a creative incubator,
lifestyle laboratory, nurture infinite diversity

原则
principle
保护基本生态价值
回应经济发展的诉求
延续开放包容的社区文化
Protect basic ecological value
Respond to the demands of economic development
Reserve the open and inclusive community culture

营造可以追寻理想生活的乌托邦，生活工作方式的试验场。
我们将这里称为
ITOPIA
Create a utopia that can pursue an ideal life , Lifestyle mode lab.
We will call it

ITOPIA

“i”是自我，也是独特的个体。就像梧桐山的每个人，他们身上的社会标签随他们的社会阅历愈来愈多，他们身份已经不能被轻易界定，最终变成一个独特的个体。梧桐山将是孕育这种特性的理想国。

为了达到这个目的，我们策划一场更新试验引导梧桐山村发展：

梧桐山村实验计划！

WT community experiment proposal

1.远程办公引入
Remote office introduction
通过改建厂房的契机，引入新工作方式，改变人口结构

2.公共平台建立
Establish a public platform
通过建筑改造形成节点型触媒，打造多类型交流平台，接纳多种生活形式，激发社区活力

3.自发微更新
Spontaneous micro-update
通过导则鼓励引导居民自发改造社区公共环境，促进环境改善和经济发展

试验计划——引入远程办公

我们希望通过引入适合远程办公的企业，带动经济发展，回应社区对经济发展的诉求，从而推动社区物质空间的建设，进而建设触媒点，形成公共活动平台，继续强化社区氛围，达到

“良性循环”

在未来，随着梧桐山的经济开始转型，梧桐山的社区空间和建筑都会相应被经济发展引导，这个过程中，我们也希望鼓励社区居民自发改造，营造更加有归属感的社会氛围。这些将会成为未来梧桐山持续发展的经济基础和社会基础。

试验计划——搭建公共平台

多维社交

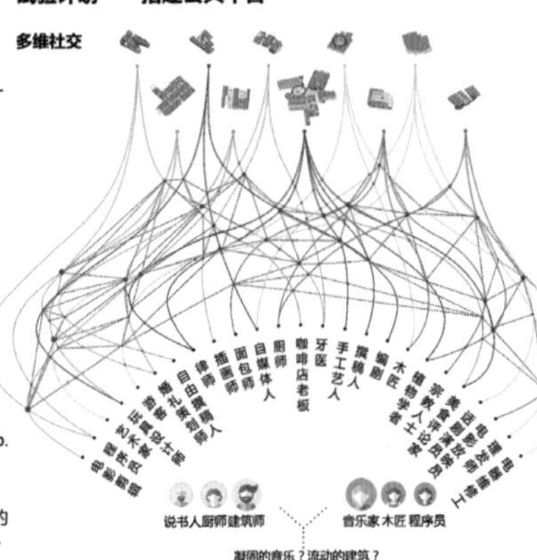

触媒点和活动网络

可利用的厂房面积达16.2万㎡。

现状厂房主要分布在中部，容易形成产业核心片区。

EFG三区厂房建筑面积合计约10万㎡，将会成为首先改造的触媒点。

通过将利用的厂房改造成为活动的触媒点，出发各种公共活动流线，形成自由有机的活动网络。

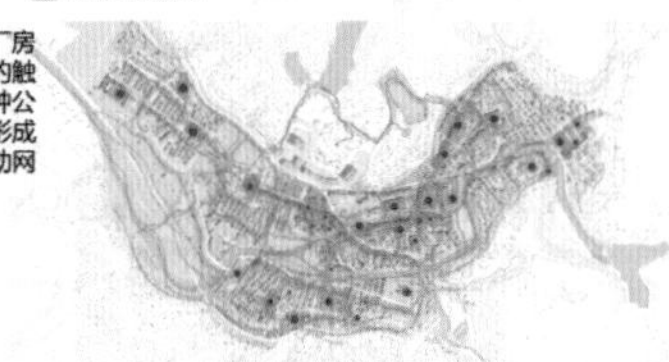

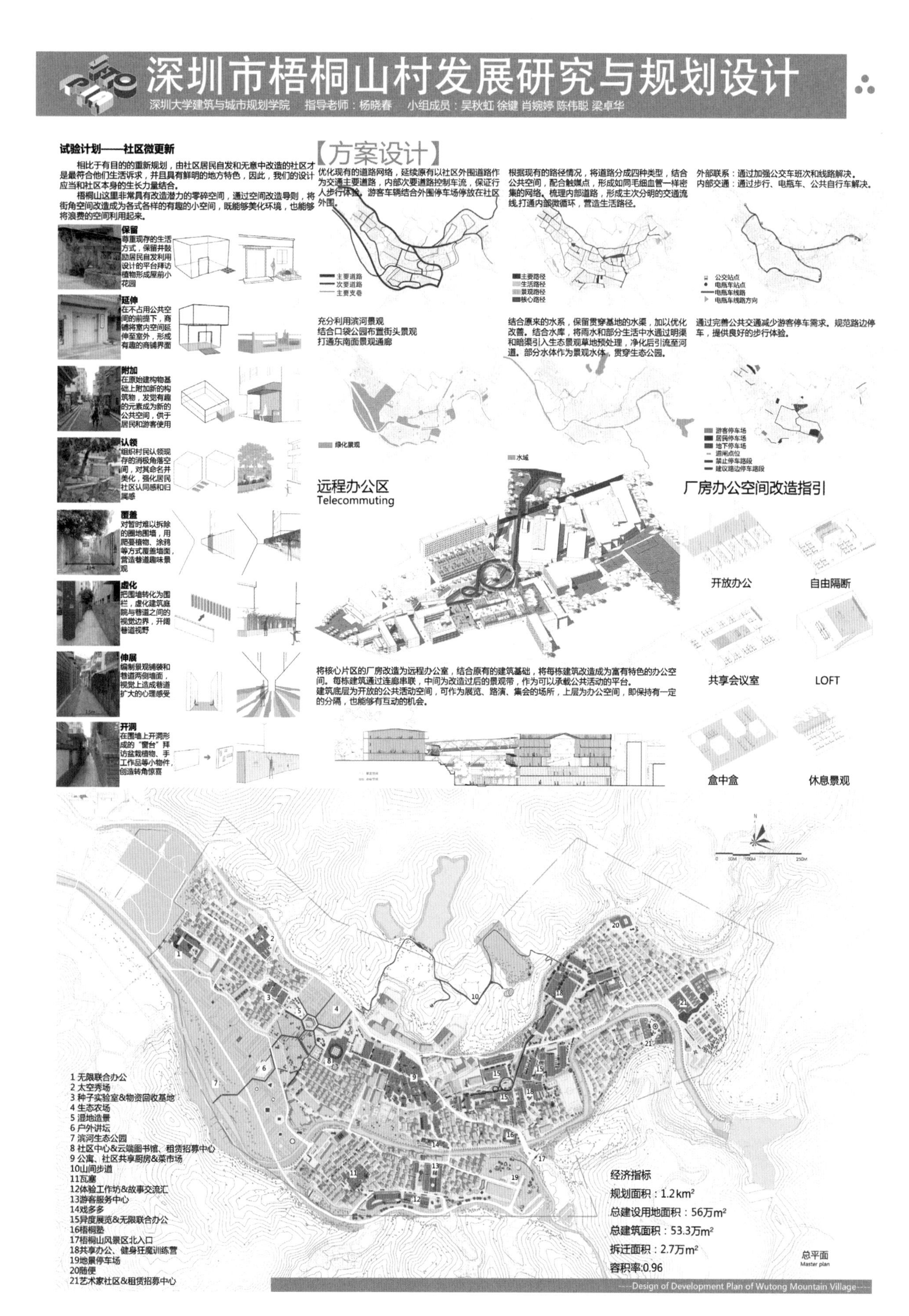
深圳市梧桐山村发展研究与规划设计
深圳大学建筑与城市规划学院 指导老师：杨晓春 小组成员：吴秋虹 徐键 肖婉婷 陈伟聪 梁卓华
试验计划——社区微更新
相比于有目的的重新规划，由社区居民自发和无意中改造的社区才是最符合他们生活诉求，并且具有鲜明的地方特色，因此，我们的设计应当和社区本身的生长力量结合。
梧桐山这里非常具有改造潜力的零碎空间，通过空间改造导则，将街角空间改造成为各式各样的有趣的小空间，既能够美化环境，也能够将浪费的空间利用起来。
保留 尊重现存的生活方式，保留并鼓励居民自发利用设计的平台拜访植物形成屋前小花园
延伸 在不占用公共空间的前提下，商铺将室内空间延伸至室外，形成有趣的商铺界面
附加 在原始建构物基础上附加新的构筑物，发觉有趣的元素成为新的公共空间，供于居民和游客使用
认领 组织村民认领现存的消极角落空间，对其命名并美化，强化居民社区认同感和归属感
覆盖 对暂时难以拆除的围地围墙，用爬藤植物、涂鸦等方式覆盖墙面，营造巷道趣味景观
虚化 把围墙转化为围栏，虚化建筑庭院与巷道之间的视觉边界，开阔巷道视野
伸展 编制景观铺装和巷道两侧墙面，视觉上造成巷道扩大的心理感受
开洞 在围墙上开洞形成的"窗台"拜访盆栽植物、手工作品等小物件，创造转角惊喜
【方案设计】
优化现有的道路网络，延续原有以社区外围道路作为交通主要道路，内部次要道路控制车流，保证行人步行体验。游客车辆结合外围停车场停放在社区外围。
主要道路
次要道路
主要支巷
根据现有的路径情况，将道路分成四种类型，结合公共空间，配合触媒点，形成如同毛细血管一样密集的网络。梳理内部道路，形成主次分明的交通流线，打通内部微循环，营造生活路径。
主要路径
生活路径
景观路径
核心路径
外部联系：通过加强公交车班次和线路解决。
内部交通：通过步行、电瓶车、公共自行车解决。
公交站点
电瓶车站点
电瓶车线路
电瓶车线路方向
充分利用滨河景观
结合口袋公园布置街头景观
打通东南面景观通廊
绿化景观
结合原来的水系，保留贯穿基地的水渠，加以优化改善。结合水库，将雨水和部分生活中水通过明渠和暗渠引入生态景观草地预处理，净化后引流至河道。部分水体作为景观水体，贯穿生态公园。
水域
通过完善公共交通减少游客停车需求。规范路边停车，提供良好的步行体验。
游客停车场
居民停车场
地下停车场
禁止停车路段
建议路边停车路段
远程办公区
Telecommuting
将核心片区的厂房改造为远程办公室，结合原有的建筑基础，将每栋建筑改造成为富有特色的办公空间。每栋建筑通过连廊串联，中间为改造过后的景观带，作为可以承载公共活动的平台。
建筑底层为开放的公共活动空间，可作为展览、路演、集会的场所，上层为办公空间，即保持有一定的分隔，也能够有互动的机会。
厂房办公空间改造指引
开放办公
自由隔断
共享会议室
LOFT
盒中盒
休息景观
1 无限联合办公
2 太空秀场
3 种子实验室&物资回收基地
4 生态农场
5 湿地造景
6 户外讲坛
7 滨河生态公园
8 社区中心&云端图书馆、租赁招募中心
9 公寓、社区共享厨房&菜市场
10山间步道
11瓦寨
12体验工作坊&故事交流汇
13游客服务中心
14戏多多
15异度展览&无限联合办公
16梧桐塾
17梧桐山风景区北入口
18共享办公、健身狂魔训练营
19地景停车场
20随便
21艺术家社区&租赁招募中心
经济指标
规划面积：1.2km²
总建设用地面积：56万m²
总建筑面积：53.3万m²
拆迁面积：2.7万m²
容积率：0.96
总平面
Master plan
Design of Development Plan of Wutong Mountain Village

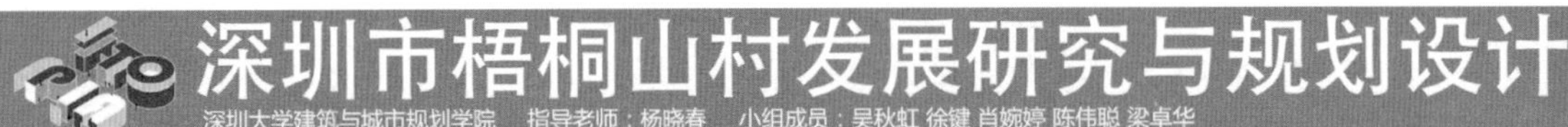

深圳市梧桐山村发展研究与规划设计

深圳大学建筑与城市规划学院　指导老师：杨晓春　小组成员：吴秋虹 徐键 肖婉婷 陈伟聪 梁卓华

【方案设计】

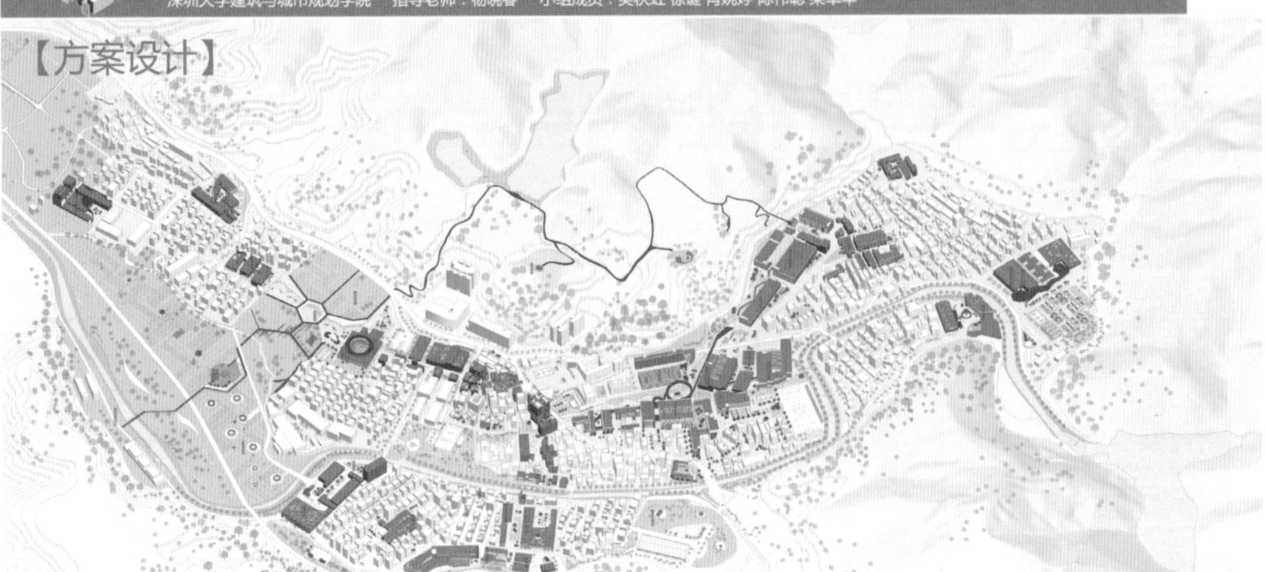

轴测图

其他设计节点
Other details

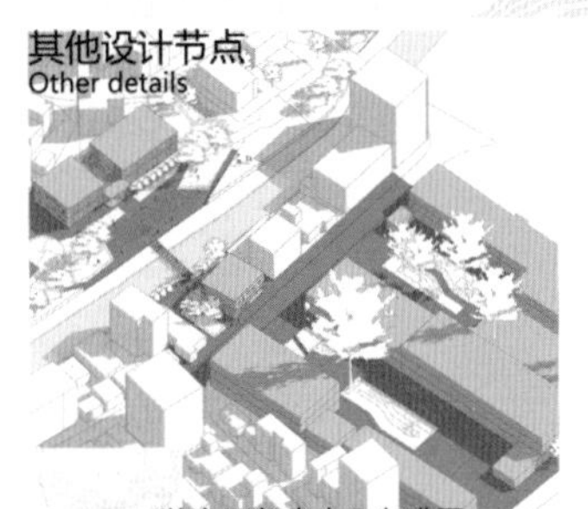

游客服务中心&咖啡屋

文体公园的末端有一处咖啡屋，里面可以举行读书会。隔河相望的是游客中心。广场可以举办交易市场，交换自己多余的物品，淘一些有趣的东西。艺术家常常在这里找到各种奇怪有趣的素材。定期举办一些教导回收利用的课程。

瓦塞

社区内有一座座等待“领养”的瓦房，不少被相中改造为工作室、小茶馆···我们选择南边旅游配套片区中心几座瓦房，将他们组合成该片区的休闲空间，包含书吧、茶馆、熏香馆、简餐·····

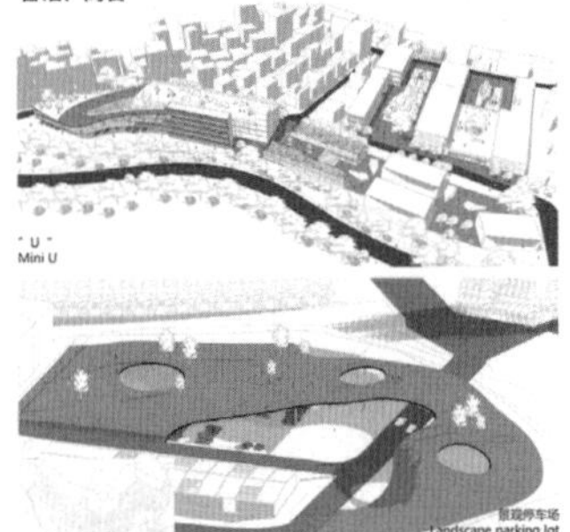

景观停车场

原有停车场为平地露天停车场，平日利用率低。改造后这里能够成为居民活动和休息的绿色节点，也是村子里少有的开阔空间，能够结合梧桐山入口，形成活动平台。

“U ”

这是一篇经过综合改造的厂房，包含了旅游服务中心、创客办公室、VR体验式、室外运动场，游客在这里可以获得丰富的游玩体验。

艺术家社区

西边厂房片区靠近梧桐山边，环境清静，原有的两个大空间厂房改造为大型艺术品创作工作室，满足艺术家对大尺寸艺术品创作的空间需求，也有活动展览的空间。旁边还有新建的艺术家studio和画廊，满足艺术家多样的生活需求。

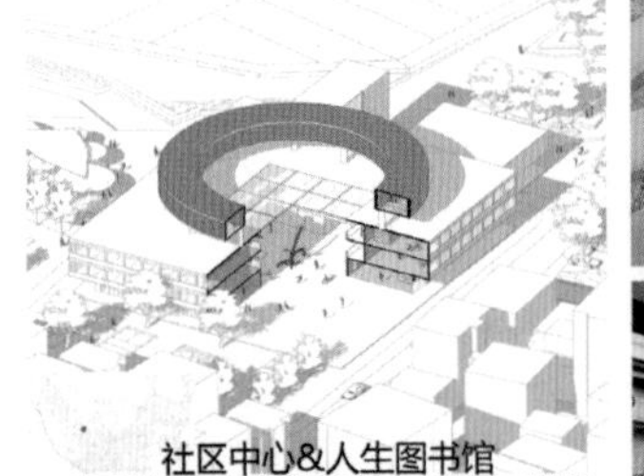

社区中心&人生图书馆

由原来的塑胶厂房改造的社区中心，是社团、俱乐部、社区居民管理组织的办公室，制定社区条例，协商共同管理社区。

我们植入一个云端图书馆，增加其趣味性。这里为读者保存他们认为对他们人生节点产生影响的书。“阅读是一个孤独的行为，图书馆是自我面对的地方。”在这里也能鸟瞰西南面的大片生态景观。

市场&共享厨房

这是一个共享厨房的地方，设计在整个片区的中心、主要街道的出入口。在这里可以享受来自农田新鲜的收获，也能学习处理食材的知识，还可以举办小型的厨艺交流活动。

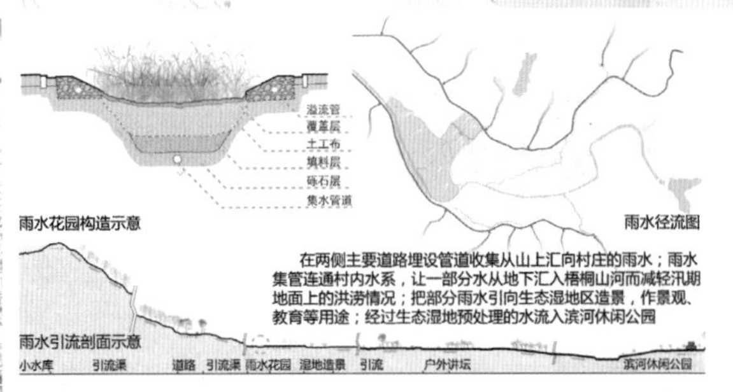

雨水花园构造示意

雨水径流图

雨水引流剖面示意

在两侧主要道路埋设管道收集从山上汇向村庄的雨水；雨水集管连通村内水系，让一部分水从地下汇入梧桐山河而减轻汛期地面上的洪涝情况；把部分雨水引向生态湿地区造景，作景观、教育等用途；经过生态湿地预处理的水流入滨河休闲公园

核心区

街市景象

河边休闲

----Design of Development Plan of Wutong Mountain Village----

生态荷园 · 绿色鱼庄

【参赛院校】 天津城建大学

【参赛学生】 赵英杰 张盛强 马嘉卉 王 恒 冯延奕 杜昊钰

【指导教师】 刘立钧 孙永青 曾穗平 刘 欣

西河口村位于天津市宝坻区口东街道南部，距城区 15km，西邻潮白河 326 省道穿村而过，距京津新城约 67.5km、距口东镇约 6.2km。西河口村距离天津市区、北京市区、唐山市区，均不到一小时车程，有一定区位优势。

西河口村村内北部自然坑塘内种植大片藕地。潮白河内鱼和鱼虫均很丰富，潮白河岸植物茂密。规划区内建筑拥有典型的北方院落文化，有发展旅游业的很大潜力，进行民宿，农家乐等开发形式。

此次设计紧跟时代步伐，通过分析宝坻区西河口村经济发展现状、区位及自然资源优势等，得出该村需要摒弃先前完全依靠资源型的产业，确定基于产业转型的生态型农村经济发展模式。在传统的农业保留的基础上，加大推进观光型、休闲型农业的发展，塑造独立于城市之外的乡野气息文化，形成了生态荷园 · 绿色鱼庄的发展理念。

与村干部开会

深入与村民交谈

生态荷园·绿色鱼庄

基于产业转型的口东镇西河口村庄规划

VillagePlanningOfHekouTownInHekouTownBasedOnIndustrialTransformation

指导教师：刘立钧 孙永青 曾穗平 刘欣　小组成员：赵英杰 张盛强 马嘉卉 王恒 冯延奕 杜昊钰

融·合 融·荷 融·河 1

·西河口村西邻潮白河326省道穿村而过，村庄农田种植农作物小麦、玉米。为传统与现代相结合生产方式。
·潮白河沿岸风景优美，修建潮白河左堤公路，交通便利，村内天然水景整齐村貌。
·村庄环境较为良好，有自然水池萦绕其中，自然景色秀美，大片荷花的种植，接天莲叶。河道旁树木郁郁葱葱。

调查研究

技术路线

调研主要在以前数据基础上进行实地调查并完善基础资料，主要采取了访谈、观察的方法并辅以文献法对西河口村发展的产业、生态资源、村庄空间规模、农村生活形态、地域建筑等方面进行全面的了解和思考。

调研内容
西河口村域
西河口村址
村庄基础资料收集
村干部座谈
村庄资料收集
村庄现场踏勘
村民入户访谈
收集现状文献
访谈
调研结果汇报

现状概况

【1】区位交通

西河口村位于宝坻区口东街道南部，距城区 15 km。
西邻潮白河 326 省道穿村而过。
西河口村距京津新城约 67.5 km、距口东镇约 6.2 km。
交通便利程度一般，接临宝白公路。
西河口村距离天津市区、北京市区、唐山市区，均不到一小时车程，有一定区位优势。

北京　天津　唐山　西河口村　高速公路　省道　一小时公路交通圈

【2】自然条件与自然资源

自然条件　自然资源

地形地貌
平原地貌，地形平坦。

水文条件
潮白河由村庄西部流过，水资源较为丰富。年平均降水量为520～660 mm，降水日数为63～70天。

气候条件
属暖温带半湿润大陆性季风气候。一年之中四季分明，春秋短，冬夏长，年平均气温11.6℃，年降水量612.5 mm，历年无霜期平在184天左右。

水资源
村庄规划区内地下水较为资源丰富。海河水系五大河之一潮白河从村庄西侧流过。

生物资源
村内北部坑塘内种植大片藕地。潮白河内鱼和鱼虫均很丰富，潮白河岸植物茂密。

文化、旅游资源
规划区内建筑拥有典型的北方院落文化，有发展旅游业的很大潜力，进行民宿，农家乐等开发形式。

【3】人口

村民 500 户　人口 1800 人　村民代表 37 名　党员 51 名　男性 950 人　女性 850 人

【4】土地

西河口村用地气泡图
人均耕地2亩
耕地3460亩
水浇地2500亩
园林面积150亩
村庄绿地200亩
林地面积400亩

土地使用现状一览表

大类	中类	小类	用地名称	用地面积（hm²）	占村庄用地比例（%）
			村庄建设用地	38.643	6.76
			村民住宅用地	27.349	4.66
	V1	V11	村民住宅用地	27.083	
		V12	混合式住宅用地	0.346	
			村庄公共服务用地	2.422	0.41
	V2	V21	村庄公共服务设施用地	0.321	
		V22	村庄公共场地	2.101	
V			村庄产业用地	3.109	0.53
	V3	V31	村庄商业服务业设施用地	1.982	
		V32	村庄生产仓储用地	1.127	
			村庄基础设施用地	6.764	1.16
	V4	V41	村庄道路用地	5.311	
		V42	村庄交通设施用地	1.422	
		V43	村庄公用设施用地	0.031	
	V9		村庄其他建设用地	0.000	0
			非村庄建设用地	6.746	1.23
N		N1	对外交通设施用地	6.746	
		N2	国有建设用地	0.000	
			其他非建设用地	539.617	92.01
			水域	175.136	29.86
	E1	E11	自然水域	163.199	
		E12	水库	0.000	
E		E13	坑塘沟渠	11.937	
			农林用地	364.481	62.15
	E2	E21	设施农用地	39.323	
		E22	农林道路	1.217	
		E23	其他农林用地	323.941	
	E9		其他非建设用地	0.000	0

1河塘片区突出优势为景观生态商业配套设施
2潮白河片区突出优势为交通
3村中心片区突出优势公共服务设施以及区位
4村委会片区突出优势为建筑质量和文娱设施

A建筑质量　E景观环境
B商业配套　T道路交通
C文娱设施　P服务设施

现状分析

一类建筑　二类建筑
现状建筑质量分析图

村庄内部交通　村庄外部交通　村庄主干路　S326
现状道路系统分析图

商店　党员活动室　村委会　文体活动场地　健身活动场地
现状公共服务设施分析图

电力线路　污水线路　垃圾站　水泵　变压器
现状公市政设施分析图

沿河景观带　荷花景观区
现状景观分析图

问题研判

【1】基地综合条件

	基地现状	基地问题	解决对策
自然生态		问题1： ·渔船直接在潮白河内消耗资源。 ·堤岸丰富度不够环境较差。 ·荷塘利用不够丰富坑塘缺乏治理。	对策1： ·潮白河景观蔓延，丰富物种。 ·整治堤岸，绿化环境综合提升。 ·荷塘整治优化，提升农产品质量。
公共设施		问题2： ·公共场地杂草丛生使用率低。 ·采用明沟引水的排水形式质量较差。 ·市政设施逐渐增加但仍有缺乏。	对策2： ·整治开敞空间，综合使用功能。 ·对基础设施进行修建、增建。 ·市政管线等服务设施逐渐完善。
产业活力		问题3： ·村庄境外交通与境内交通联系不紧密。 ·堤岸丰富度不够环境较差。 ·荷塘利用不够丰富坑塘缺乏治理。	对策3： ·适当拓宽村庄境内交通。并于境外交通有机连接。 ·整治堤岸增加绿化。 ·发展农业周边产业形成规模经营。

【2】开发愿景

【3】SWOT

S：区位优势明显　生态资源禀赋良好　农业基础富足　乡野景观良好

W：产业发展不可持续　产业联动效应差　生态环境缺乏治理　配套设施不完善

O：十九大农村建设召开　农村建设、生态文明建设的步伐迈进　潮白河流域旅游开发

T：强县战略与生态保护矛盾　产业转型机制待发掘　传统产业待升级

生态荷园·绿色鱼庄

基于产业转型的口东镇西河口村庄规划

VillagePlanningOfHekouTownInHekouTownBasedOnIndustrialTransformation

指导教师：刘立钧 孙永青 曾穗平 刘欣

小组成员：赵英杰 张盛强 马嘉卉 王恒 冯延奕 杜昊钰

融·合 融·荷 融·河 2

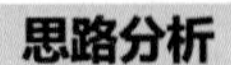

理论推导

STEP1村庄机理研究

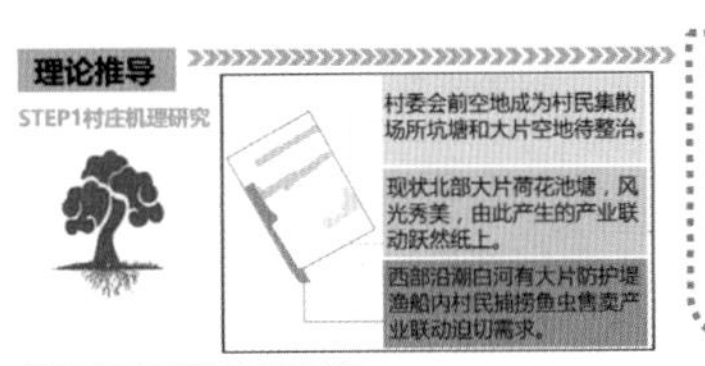

战略解读

国家政策 中共中央办公厅、国务院办公厅印发了《关于创新体制推进农业绿色发展的意见》本着资源利用更加高效、产地环境更加清洁、生态系统更加稳定、绿色供给能力明显提升为目标任务。

宏观战略 根据《天津市规划局2016年指令性任务计划》（规业字029号）的要求，对天津市规范乡村规划编制技术要求进行修订，并推进农村城镇化建设着力发展改革农业产业。

地方战略 根据《天津市规划局2016年指令性任务计划》（规业字029号）的要求，对天津市规范乡村规划编制技术要求进行修订，并推进农村城镇化建设着力发展改革农业产业。

STEP2基于产业转型的规划概念提出

乡村绿色发展近来成为规划界统筹城乡的有效手段。乡村建设需要活力，需要向绿色发展转型。现状乡村现状肌理较完整略有少量空地，公共服务设施、市政设施、文体科技、医疗卫生、商业等设施能够满足村民基本需求。村内渔业发展和藕的种植得以支撑经济生活需求。基于此对西河口村打造基于产业转型的村庄规划模式。在保持基本农耕不变的基础上针对荷园、潮白河两片区域进行主要产业转型升级。

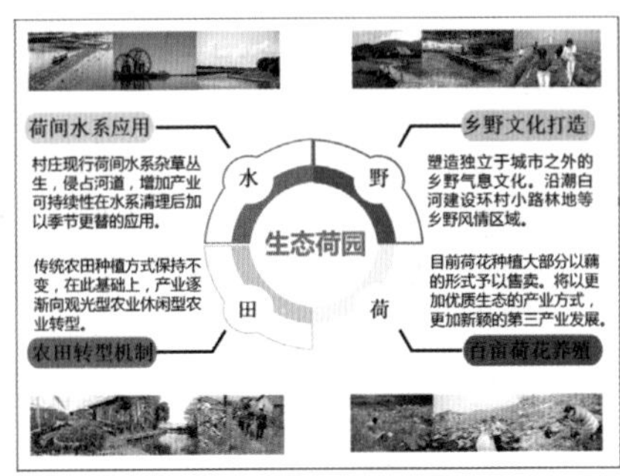

STEP3产业转型开发示意

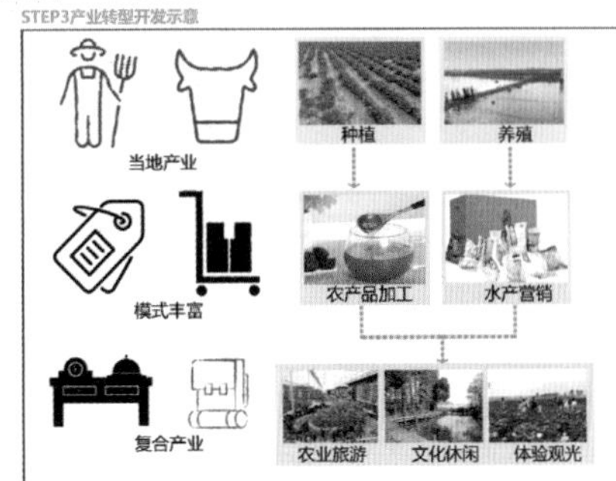

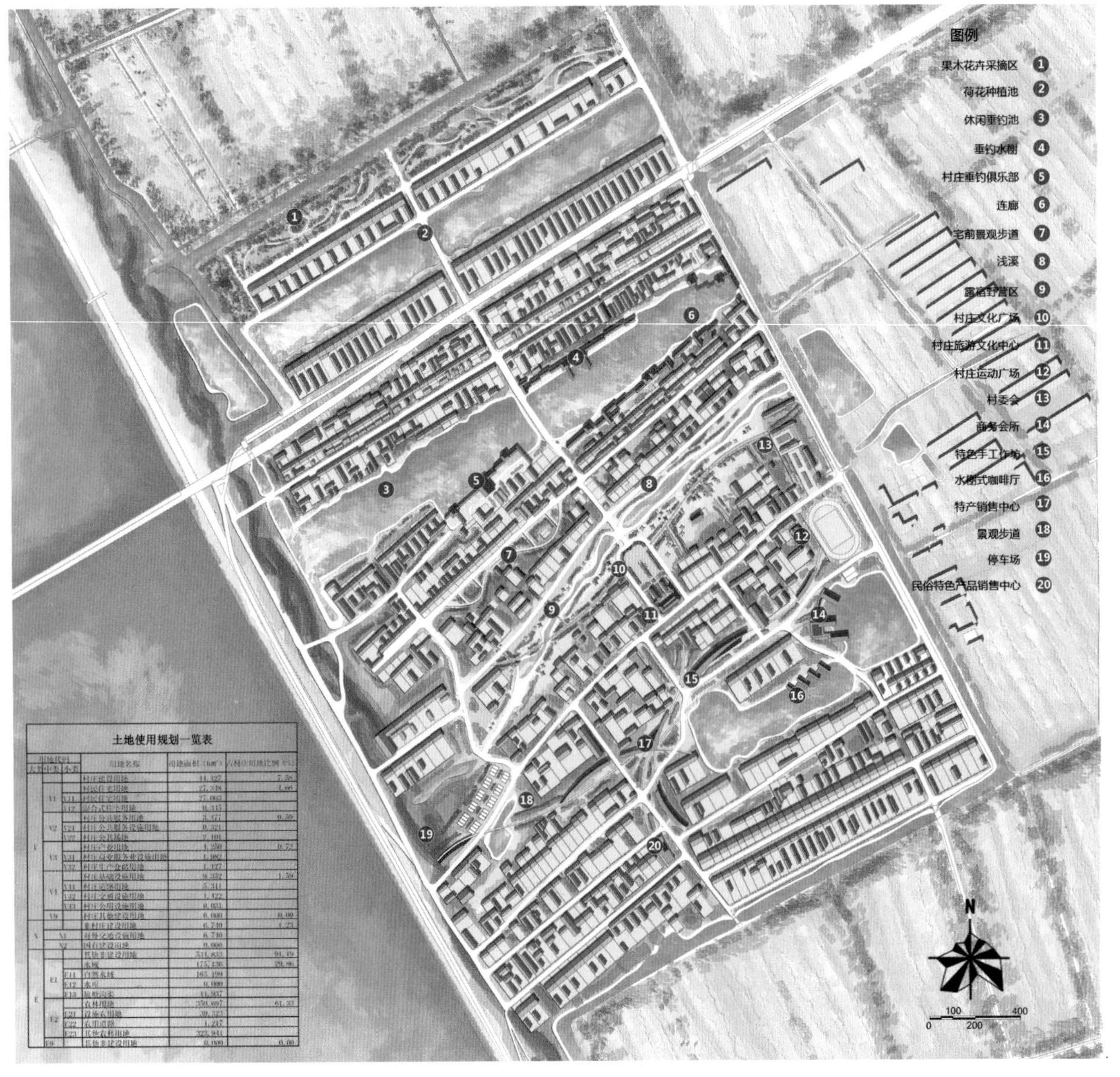

土地使用规划一览表

用地代码 大类	中类	小类	用地名称	用地面积（hm²）	占村庄用地比例（%）
V			村庄建设用地	41.427	7.38
	V1		村民住宅用地	27.348	4.86
		V11	村民住宅用地	27.083	
		V12	混合式住宅用地	0.315	
	V2		村庄公共服务用地	3.477	0.59
		V21	村庄公共服务设施用地	0.321	
		V22	村庄公共场地	2.101	
	V3		村庄产业用地	4.250	0.72
		V31	村庄商业服务业设施用地	1.882	
		V32	村庄生产仓储用地	1.327	
	V4		村庄基础设施用地	9.352	1.59
		V41	村庄道路用地	5.311	
		V42	村庄交通设施用地	1.422	
		V43	村庄公用设施用地	0.031	
	V9		村庄其他建设用地	0.000	0.00
N			非村庄建设用地	6.740	1.23
	N1		对外交通设施用地	6.740	
	N2		国有建设用地	0.000	
E			其他非建设用地	514.853	91.19
	E1		水域	175.136	29.86
		E11	自然水域	163.199	
		E12	水库	0.000	
		E13	坑塘沟渠	11.937	
	E2		农林用地	339.697	61.33
		E21	设施农用地	39.323	
		E22	农用道路	1.217	
		E23	其他农林用地	323.941	
	E9		其他非建设用地	0.000	0.00

生态荷园·绿色鱼庄 基于产业转型的口东镇西河口村庄规划

VillagePlanningOfHekouTownInHekouTownBasedOnIndustrialTransformation

指导教师：刘立钧 孙永青 曾穗平 刘欣 小组成员：赵英杰 张盛强 马嘉卉 王恒 冯延奕 杜昊钰

融·合 融·荷 融·河 3

规划引导

建筑改造分析

[1] 沿街商业改造

基地内接到两侧建筑传统要素为坡顶与特色的围墙样式，改造时应保留。

坡顶 特色围墙 竖窗 落地窗

延续传统要素 添加现代元素

改造后的沿街商业建筑既保留了传统要素，又形成了新的立面景观

[2] 建筑功能升级

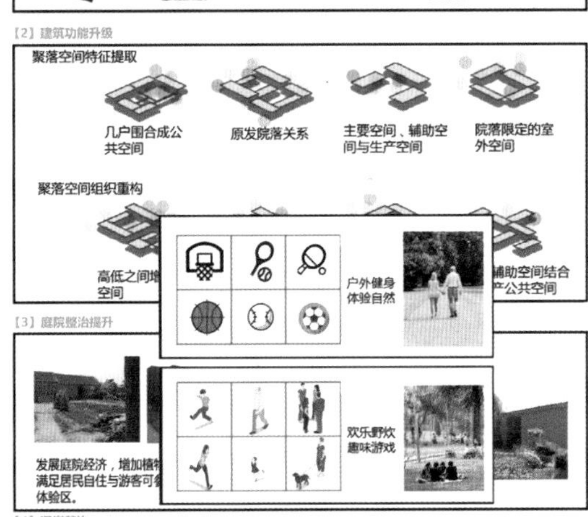

[3] 庭院整治提升

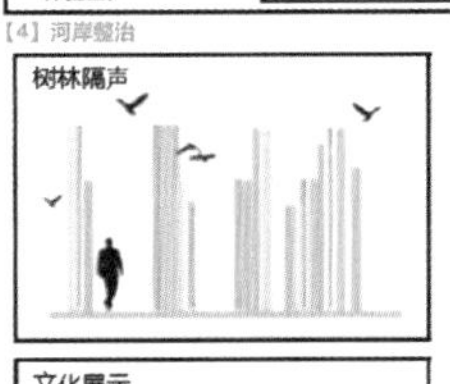

[4] 河岸整治

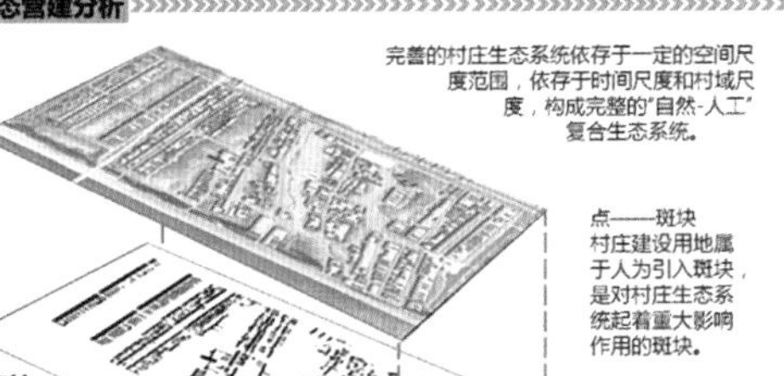

文化展示

湿地小岛

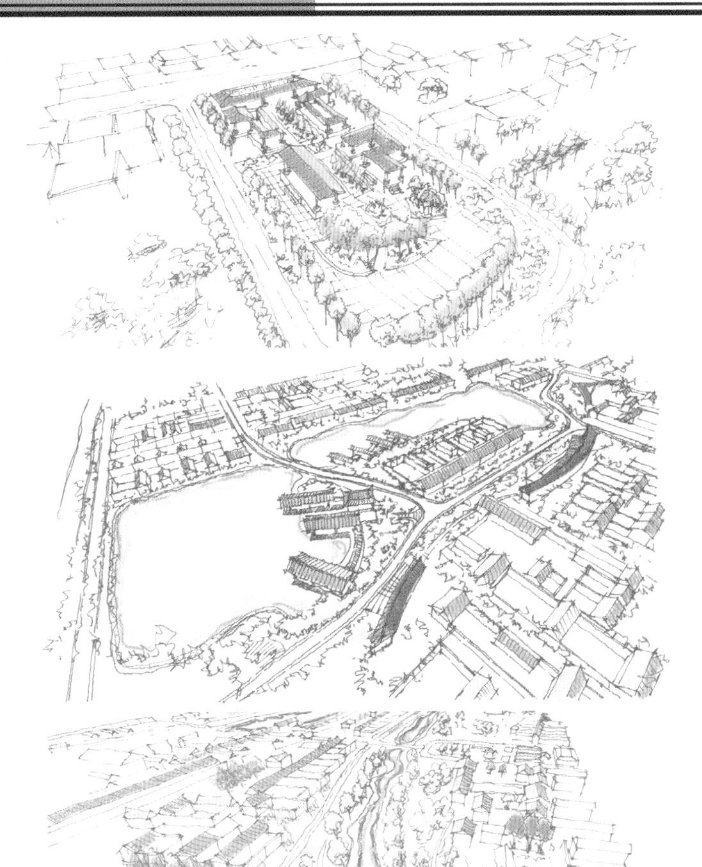

生态营建分析

完善的村庄生态系统依存于一定的空间尺度范围，依存于时间尺度和村域尺度，构成完整的"自然-人工"复合生态系统。

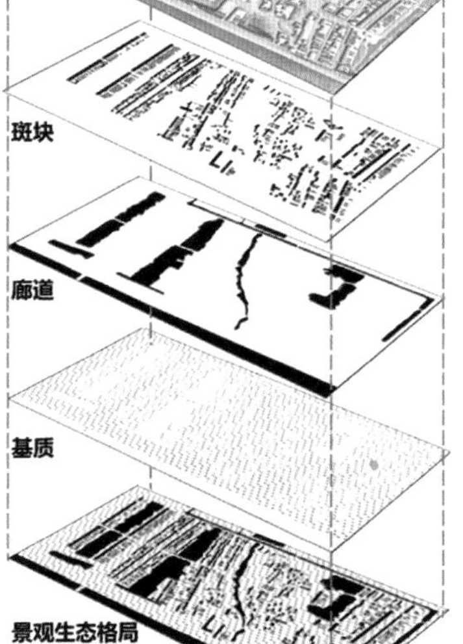

点——斑块
村庄建设用地属于人为引入斑块，是对村庄生态系统起着重大影响作用的斑块。

线——廊道
河流湖泊为西河口村重要的自然廊道，承载重要的生态功能，动植物以及其他物质在廊道中运动。

面——基质
农田基质为西河口村范围最广、连接度最高的背景结构单元，对景观生态系统的动态变化起主导作用。

基于景观生态学的生态型村庄规划就是把景观生态单元与设计学的形态构成要素有机结合在一起。

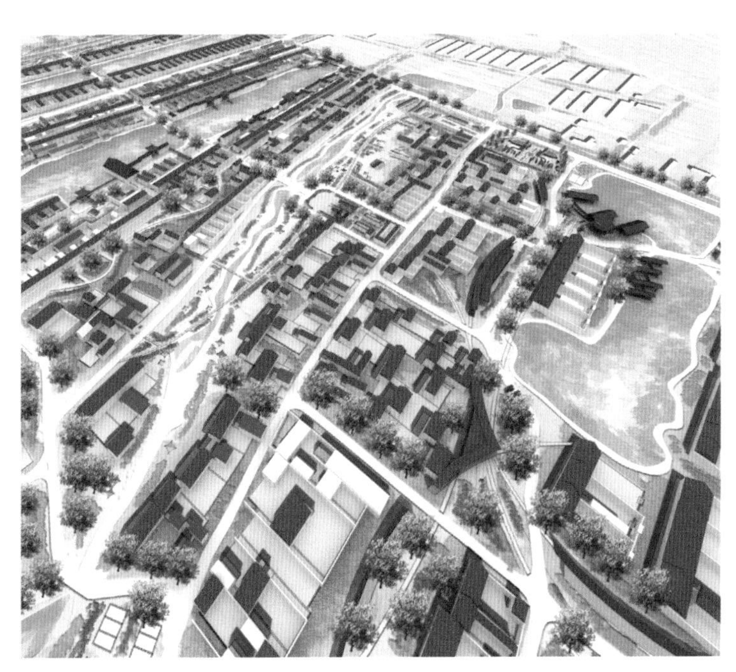

生态荷园·绿色鱼庄 基于产业转型的口东镇西河口村庄规划

VillagePlanningOfHekouTownInHekouTownBasedOnIndustrialTransformation

指导教师：刘立钧 孙永青 曾穗平 刘欣　小组成员：赵英杰 张盛强 马嘉卉 王恒 冯延奕 杜昊钰

融·合　融·荷　融·河　4

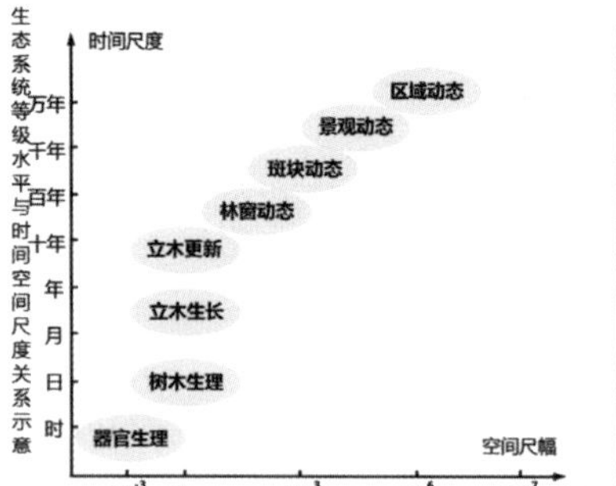

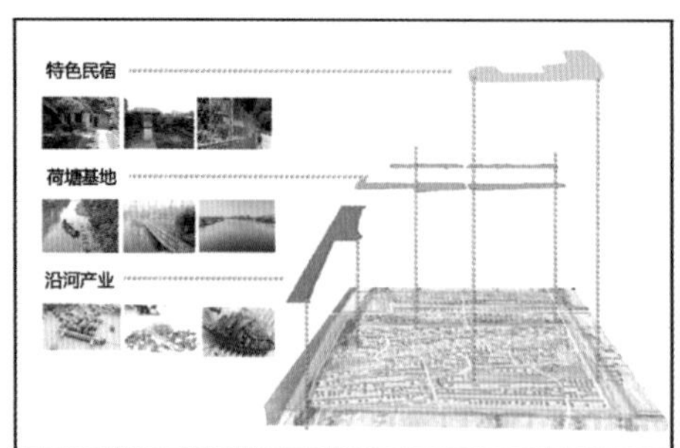

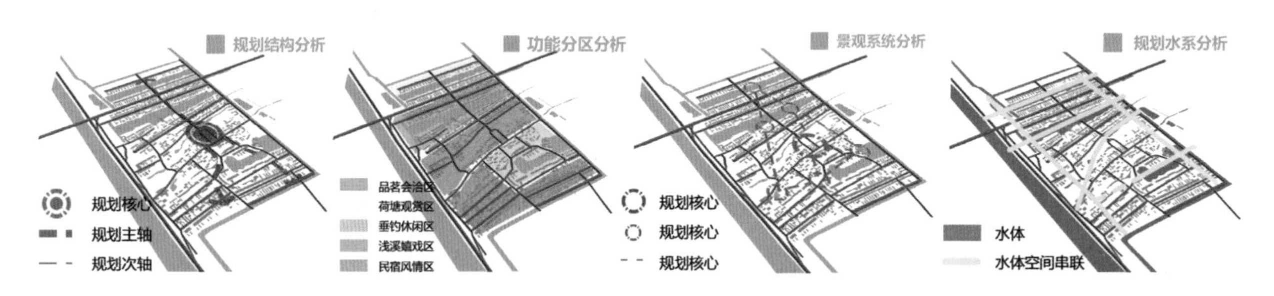

都市渔村

【参赛院校】 福州大学

【参赛学生】

黄　迪　　方晓冰　　陈明远

池小燕　　刘子颖　　杜一卓

【指导教师】

缪建平　　刘淑虎

一、乡村·初印象

走进位于平潭岛东北角的北港村，像是走进一幅古朴乡村的画里：青灰色的房、砖红色的瓦、彩色的窗、白色的路，花田交错、村民闲适。随便在路边找家茶舍或者咖啡店，就可以面对大海发呆一下午。

听石头在海风里唱歌“平潭岛，光长石头不长草，风沙满地跑，房子像碉堡。”流传在平潭的这首古老民谣，见证了平潭岛过去的荒凉，同时也道出平潭岛另一特色“石头厝”的由来。

二、设计思考

1. 我们在思考

在城镇化快速发展的今天，乡村经济如何复苏？乡村应如何在不被同化、保留乡村自身的特色的同时，融入城镇化发展的进程中。城乡之间的关系密不可分，如何加强城市与乡村的联系，让乡村承担城市的部分功能，是我们探索的方向。

2. 新型城乡关系的探索

保持差异→城乡功能互补→乡村可为城市分担其因快速扩张而无力承担的功能

缩小差距→城乡经济相融→引入第三产业，促进乡村经济产业结构转型与发展

3. 理念初成

平潭县城与流水镇老龄化趋于严重，现行规划的基础设施无法满足要求

→乡村集中养老模式的提出

依据土地权利流转政策，可将农民的土地出让，创造经济效益

→分时集中养老的模式提出

→文化创意产业模式的提出

三、方案介绍

1. 发展定位

以乡村养老为核心，依托地理位置优势，承担城市功能；

以文创旅游为核心，以石厝建筑为特色，发展“渔村”招牌；

乡村承担居住、旅游、养老、文创旅游等功能。

2. 功能策划

整个地块由四大功能区组成，分别为：养老服务区、文化创意区、滨海娱乐区、商业休闲区。各区域之间相互渗透，面向不同的人群，用公共空间、景观环境等作为连接，串联各区域。

3. 街巷空间策略

秉承保持原有村庄肌理的原则，整理公共空间，通过补充、扩建、拆除、规整外部空间等手法，丰富公共空间的形式，使道路具有引导性。

4. 村民住宅改造策略

将原有破损的建筑改造为适宜老年人居住的生活空间，同时植入民俗功能，多样化新型空间创造。

福州市平潭北港村村庄规划
参赛学校：福州大学 指导老师：缪建平 刘淑虎 小组成员：黄迪 方晓冰 陈明远 池小燕 刘子颖 让一卓
CITY LIFE
都市
渔村
SEAPORT PASSION
基地概况
区位分析
上位规划
基地现状总平面图
村落演变
现状思考
村庄基本状况
土地利用现状
空间问题
现状分析
现状道路分析
建筑质量分析
建筑功能分析
建筑层数分析
北港优势寻觅
渔港特色发掘
以渔为集——多样文化欣欣向荣
发展潜力远瞩
人口——构成趋向多元、老龄化趋势明显
从事非农业人口比例下降
经济——整体收入水平上升
家庭收入来源中第三产业比重明显增大
理念初成
保持差异
城乡功能互补
缩小差距
城乡经济相融
乡村可为城市分担其因快速扩张发展而无力承担的功能
平潭县城与流水镇老龄化趋于严重
现行规划的基础设施无法满足需求
乡村集中式养老的模式提出
引入第三产业产业，促进乡村经济产业结构转型与发展
依据土地权利流转政策，可将农民土地租让，创造经济效益
分时度假模式提出
文化创意产业模式的提出
都市渔村初探
发展策略思考
都市渔村构建
FUTURE EXPECTATION
渔米之乡，古往今来——平潭北港乡村规划设计
北港渔村 BEIGANG VILLAGE

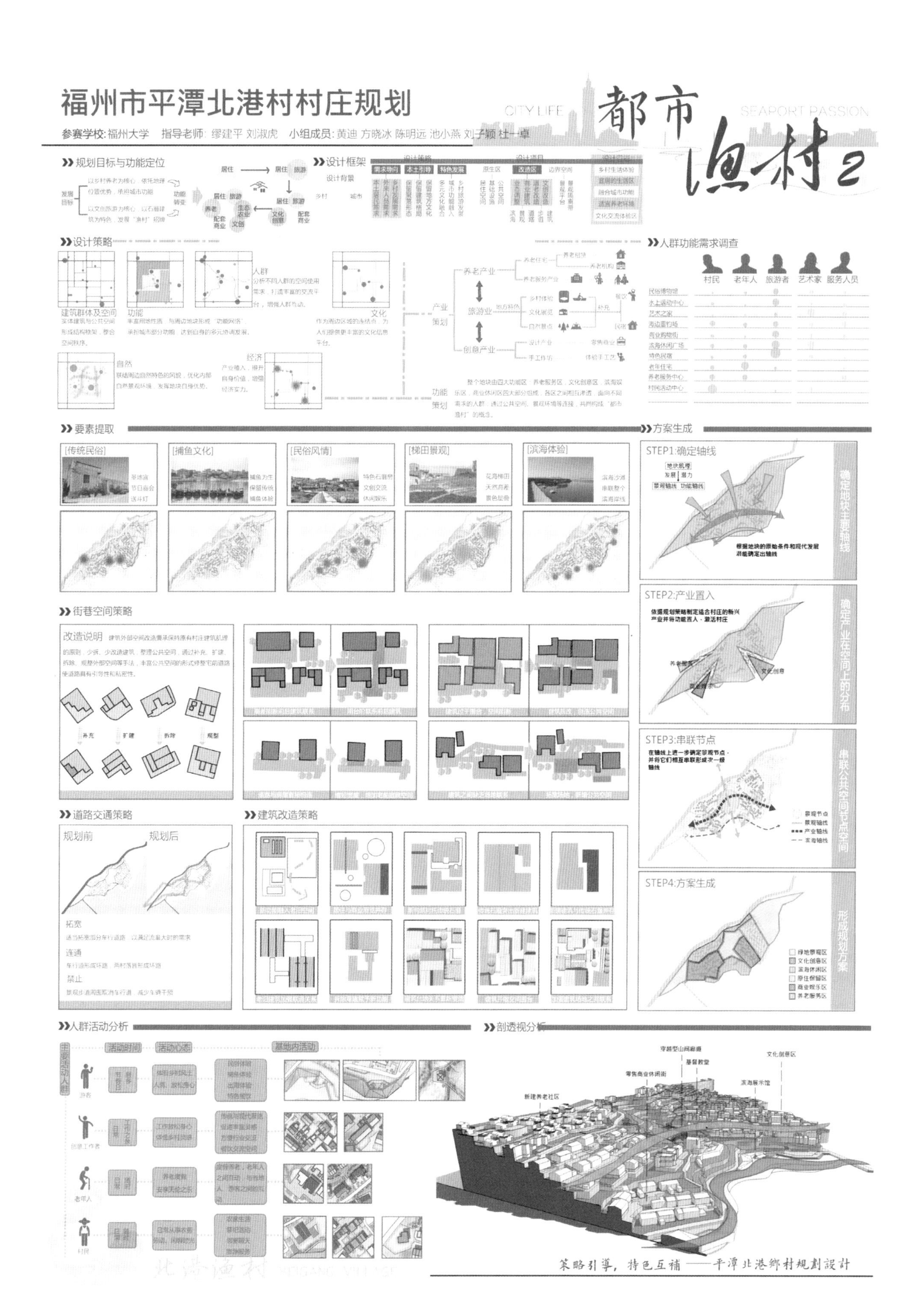
福州市平潭北港村村庄规划
参赛学校：福州大学 指导老师：缪建平 刘淑虎 小组成员：黄迪 方晓冰 陈明远 池小燕 刘子颖 杜一卓
都市渔村2
规划目标与功能定位
设计框架
设计策略
人群功能需求调查
村民 老年人 旅游者 艺术家 服务人员
要素提取
[传统民俗]
[捕鱼文化]
[民俗风情]
[梯田景观]
[滨海体验]
方案生成
STEP1:确定轴线
确定地块主要轴线
STEP2:产业置入
确定产业在空间上的分布
STEP3:串联节点
串联公共空间节点空间
STEP4:方案生成
形成规划方案
街巷空间策略
改造说明
道路交通策略
规划前
规划后
拓宽
连通
禁止
建筑改造策略
人群活动分析
剖透视分析
策略引导，特色互补——平潭北港乡村规划设计

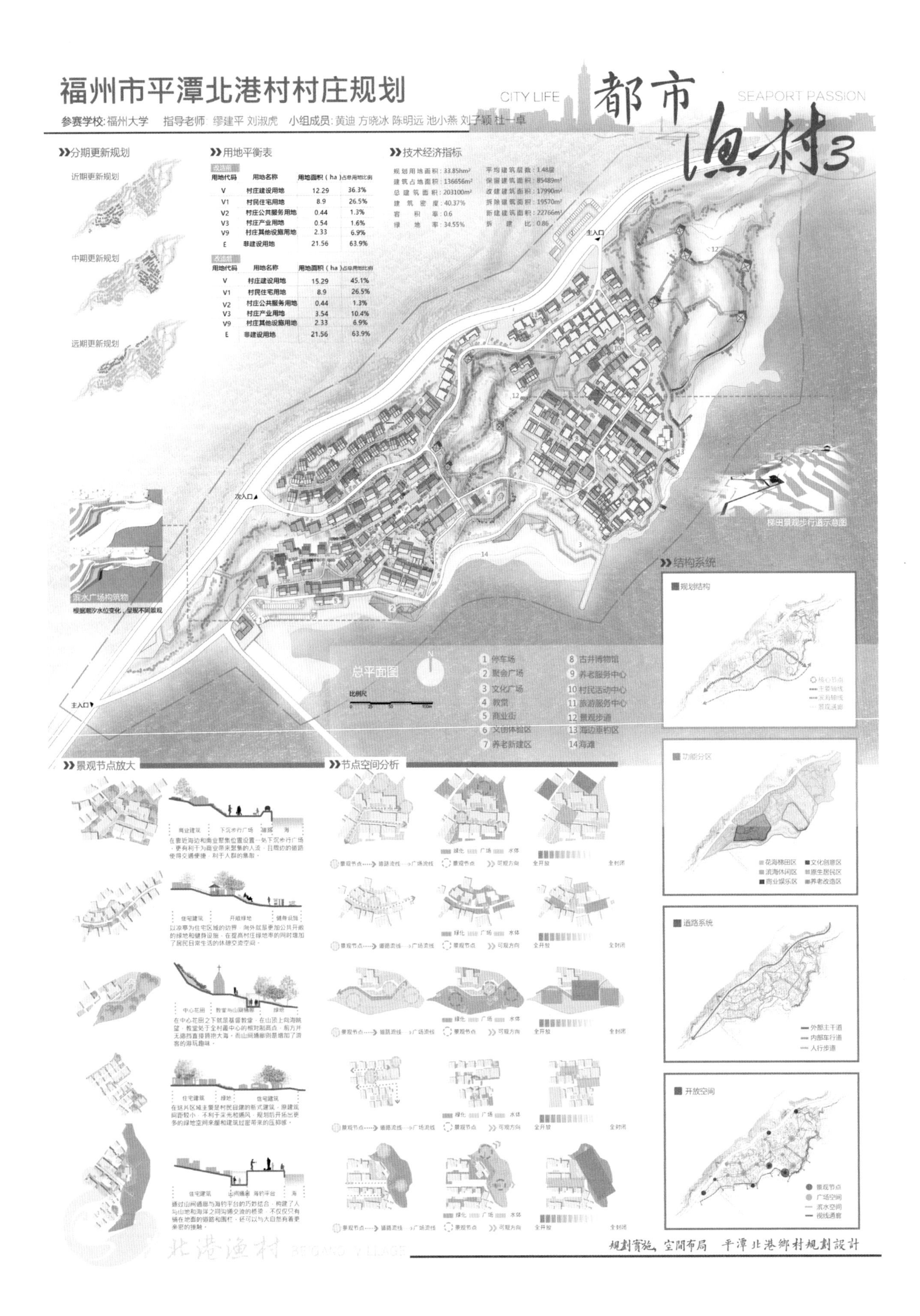

用地代码	用地名称	用地面积（ha）	占总用地比例
V	村庄建设用地	12.29	36.3%
V1	村民住宅用地	8.9	26.5%
V2	村庄公共服务用地	0.44	1.3%
V3	村庄产业用地	0.54	1.6%
V9	村庄其他设施用地	2.33	6.9%
E	非建设用地	21.56	63.9%

用地代码	用地名称	用地面积（ha）	占总用地比例
V	村庄建设用地	15.29	45.1%
V1	村民住宅用地	8.9	26.5%
V2	村庄公共服务用地	0.44	1.3%
V3	村庄产业用地	3.54	10.4%
V9	村庄其他设施用地	2.33	6.9%
E	非建设用地	21.56	63.9%

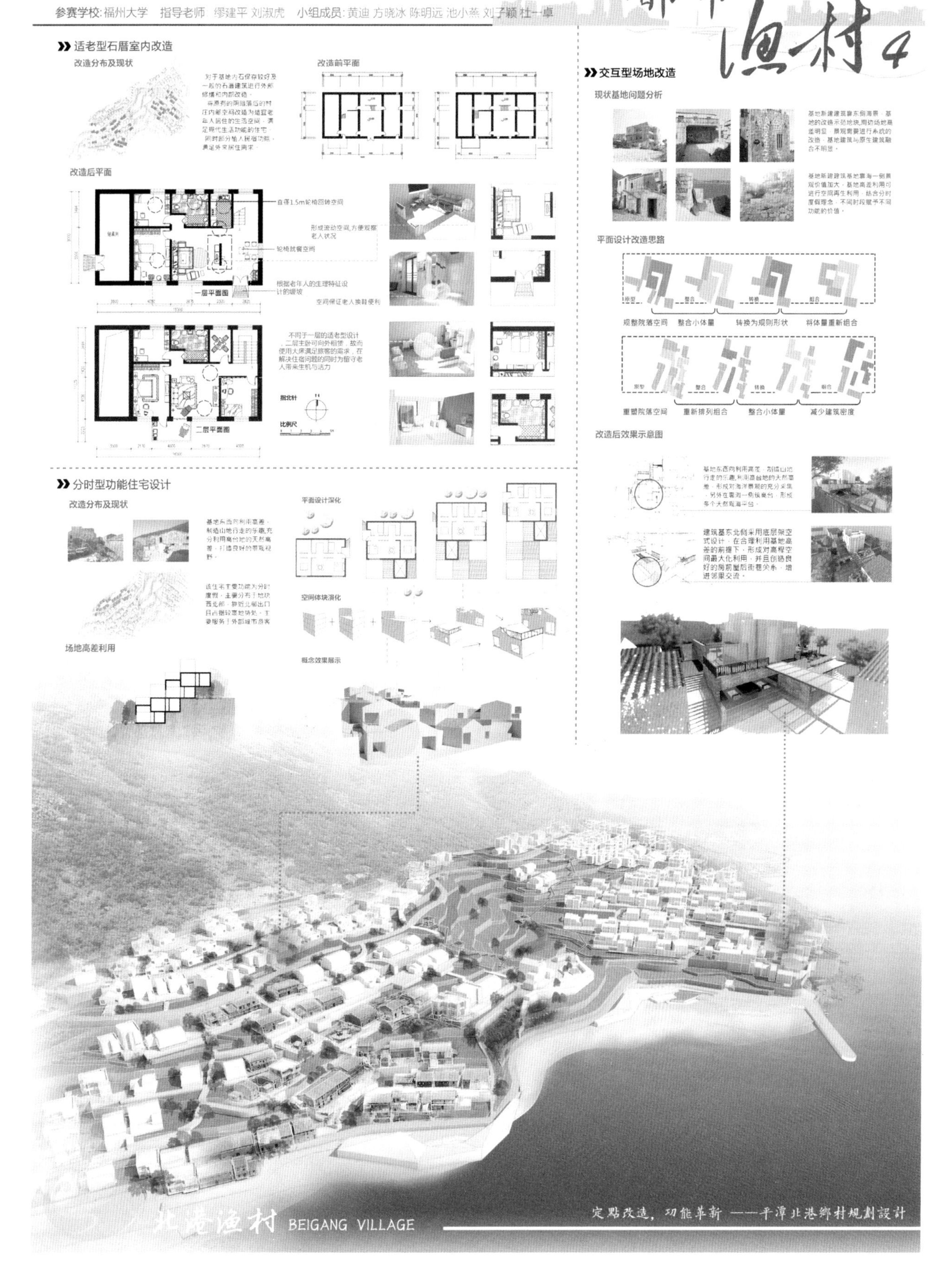
福州市平潭北港村村庄规划
参赛学校:福州大学 指导老师 缪建平 刘淑虎 小组成员:黄迪 方晓冰 陈明远 池小燕 刘子颖 杜一卓
CITY LIFE
都市渔村4
SEAPORT PASSION
适老型石厝室内改造
改造分布及现状
改造前平面
改造后平面
一层平面图
二层平面图
交互型场地改造
现状基地问题分析
平面设计改造思路
规整院落空间
整合小体量
转换为规则形状
斜体量重新组合
重塑院落空间
重新排列组合
整合小体量
减少建筑密度
改造后效果示意图
分时型功能住宅设计
改造分布及现状
平面设计深化
空间体块演化
场地高差利用
概念效果展示
北港渔村 BEIGANG VILLAGE
定点改造，功能革新 ——平潭北港乡村规划设计

“合 · 和之境”

【参赛院校】 西安建筑科技大学

【参赛学生】 乔壮壮 熊泽嵩 李捷扬 沈 蕊

【指导教师】 段德罡 蔡忠原 王 瑾

基地位于陕西省杨凌示范区杨陵区五泉镇，规划重点在于斜上村、王上村两个村庄合并为新型农村社区后该如何发展以及怎么实现更具有竞争力的发展。

我们带着问题进入，将规划从以下四个方面进行：首先，调研分析层面注重审时相地，通过详实的调研与分析找出村庄核心资源、空间特色与主要问题；其次，针对资源与问题，提出发展目标与发展路径，建构整合发展后的时代格局、产业格局、人文格局、人地格局与空间格局；第三，将以上格局与策略落实到村域规划层面，重点在于用地的管控与设施的配置；第四，将以上格局与策略落实到村庄建设层面,重点在于功能业态布局和空间风貌整治提升。规划以可实施为目的进行风貌整治提升，并植入文化要素塑屋成景，营造斜王上村新型农村社区的特色村庄风貌。

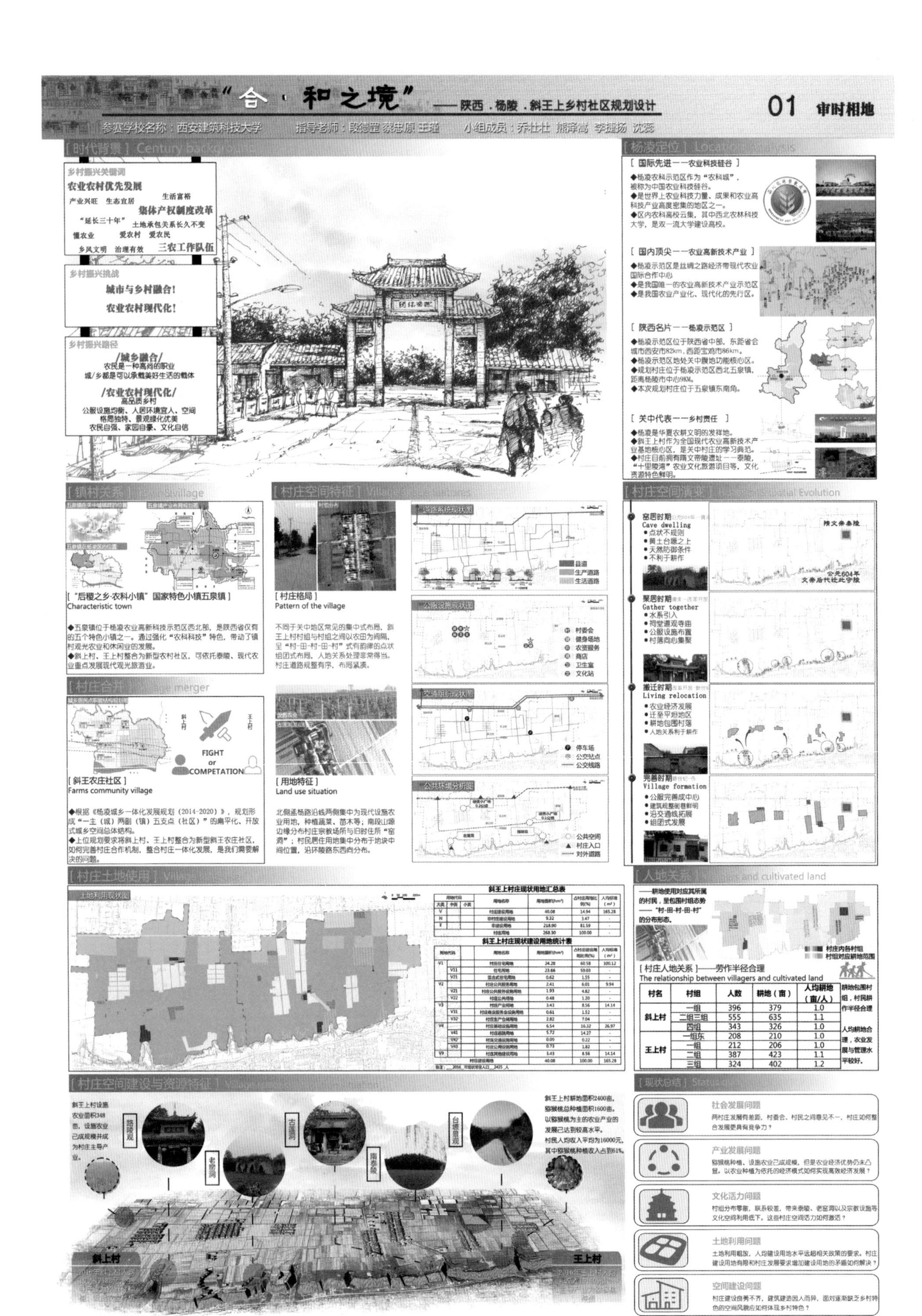

斜王上村庄现状用地汇总表

用地代码 大类	中类	小类	用地名称	用地面积(hm²)	占村庄用地比例(%)	人均标准(m²)
V			村庄建设用地	40.08	14.94	165.28
N			非村庄建设用地	9.32	3.47	-
E			非建设用地	218.90	81.59	-
			村庄用地	268.30	100.00	-

斜王上村庄现状建设用地统计表

用地代码			用地名称	用地面积(hm²)	占村庄建设用地比例(%)	人均标准(m²)
V1			村庄住宅用地	24.28	60.58	100.12
	V11		住宅用地	23.66	59.03	-
	V21		混合式住宅用地	0.62	1.55	-
V2			村庄公共服务用地	2.41	6.01	9.94
	V21		村庄公共服务设施用地	1.93	4.82	-
	V22		村庄公共场地	0.48	1.20	-
V3			村庄产业用地	3.43	8.56	14.14
	V31		村庄商业服务业设施用地	0.61	1.52	-
	V32		村庄生产仓储用地	2.82	7.04	-
V4			村庄基础设施用地	6.54	16.32	26.97
	V41		村庄道路用地	5.72	14.27	-
	V42		村庄交通设施用地	0.09	0.22	-
	V43		村庄公用设施用地	0.73	1.82	-
V9			村庄其他建设用地	3.43	8.56	14.14
村庄建设用地				40.08	100.00	165.28

备注：2016年现状常住人口2425人

[村庄人地关系]——劳作半径合理
The relationship between villagers and cultivated land

村名	村组	人数	耕地（亩）	人均耕地（亩/人）
斜上村	一组	396	379	1.0
	二组三组	555	635	1.1
	四组	343	326	1.0
王上村	一组东	208	210	1.0
	一组	212	206	1.0
	二组	387	423	1.1
	三组	324	402	1.2

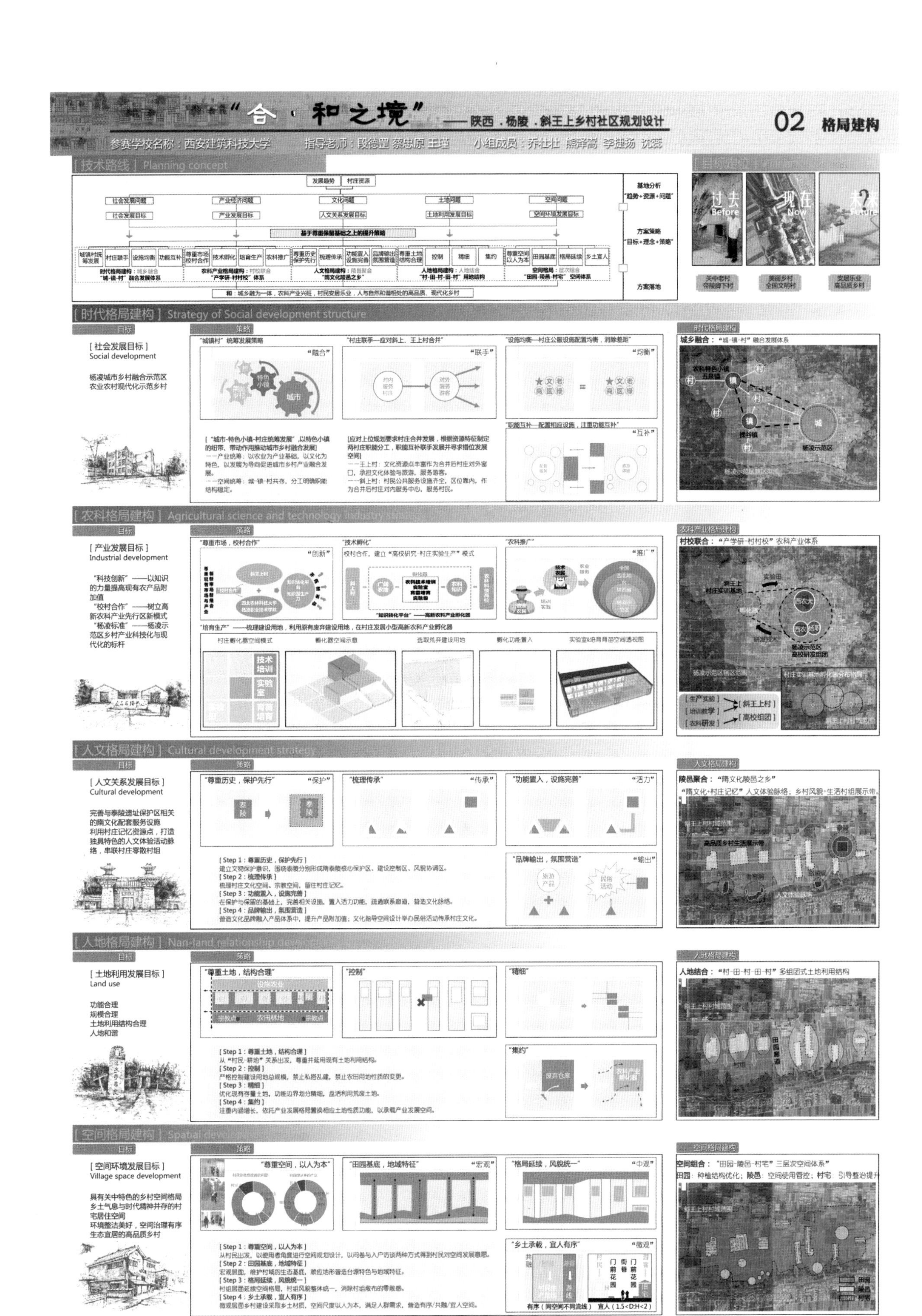

"合·和之境"
——陕西．杨陵．斜王上乡村社区规划设计
02 格局建构
参赛学校名称：西安建筑科技大学
指导老师：段德罡 蔡忠原 王瑾
小组成员：乔壮壮 熊祥高 李建扬 沈露
[技术路线] Planning concept
[目标定位]
过去 Before
现在 Now
未来 Future
[时代格局建构] Strategy of Social development structure
[社会发展目标]
Social development
杨凌城市乡村融合示范区
农业农村现代化示范乡村
[农科格局建构] Agricultural science and technology industry structure
[产业发展目标]
Industrial development
[人文格局建构] Cultural development strategy
[人文关系发展目标]
Cultural development
[人地格局建构] Man-land relationship development
[土地利用发展目标]
Land use
功能合理
规模合理
土地利用结构合理
人地和谐
[空间格局建构] Spatial development
[空间环境发展目标]
Village space development
具有关中特色的乡村空间格局
乡土气息与时代精神并存的村宅居住空间
环境整洁美好，空间治理有序
生态宜居的高品质乡村

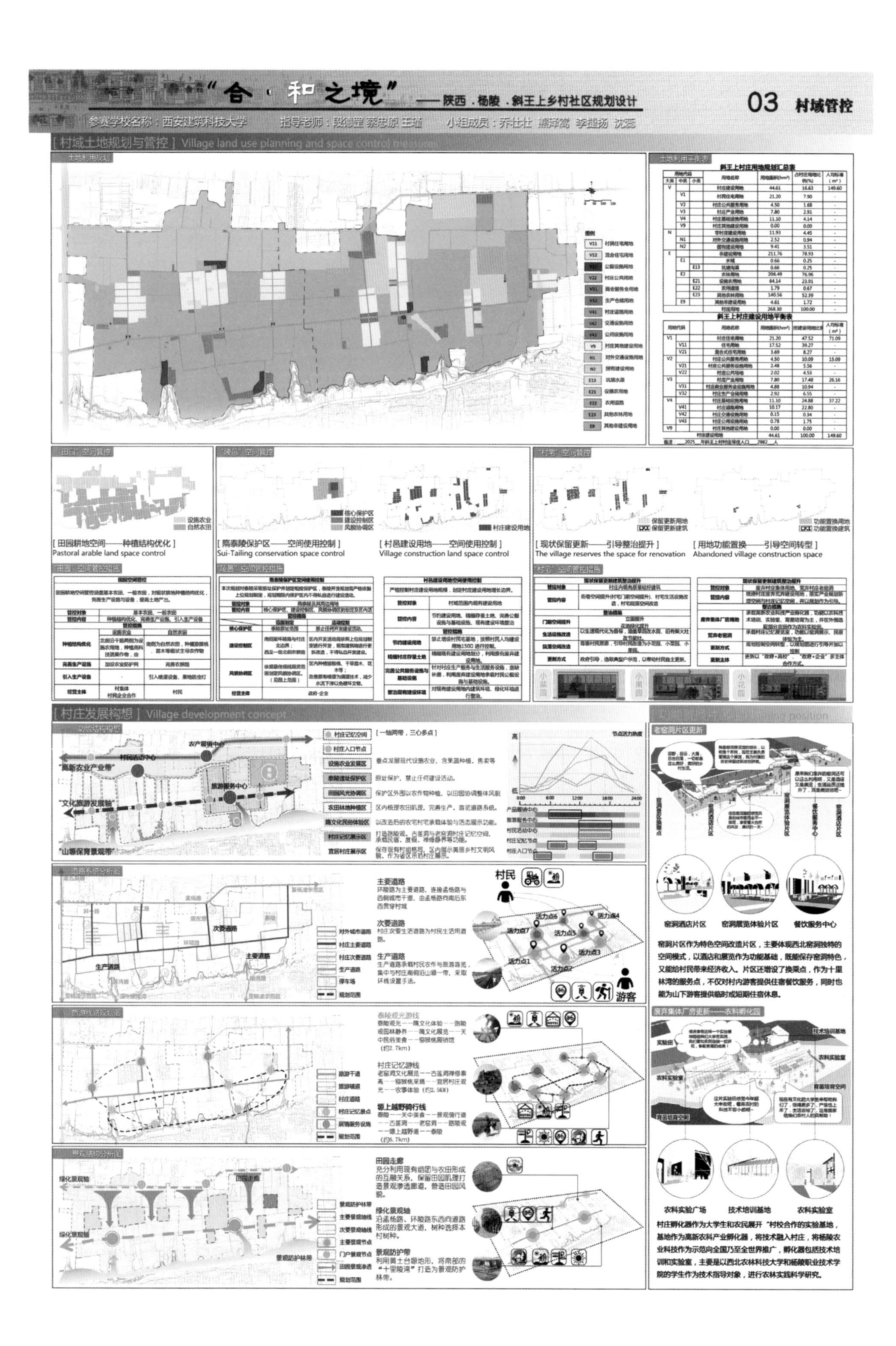

“合·和之境”——陕西．杨陵．斜王上乡村社区规划设计
03 村域管控
参赛学校名称：西安建筑科技大学　指导老师：段德罡 蔡忠原 王瑾　小组成员：乔壮壮 熊泽高 李提扬 沈震
[村域土地规划与管控] Village land use planning and space control measures
土地利用规划
土地利用平衡表
斜王上村庄用地规划汇总表
斜王上村庄建设用地平衡表
[田园耕地空间——种植结构优化] Pastoral arable land space control
[隋泰陵保护区——空间使用控制] Sui-Tailing conservation space control
[村邑建设用地——空间使用控制] Village construction land space control
[现状保留更新——引导整治提升] The village reserves the space for renovation
[用地功能置换——引导空间转型] Abandoned village construction space
[村庄发展构想] Village development concept
功能结构构想
农产展销中心
村民活动中心
旅游服务中心
“高新农业产业带”
“文化旅游发展轴”
“山塬保育景观带”
[一轴两带，三心多点]
保护区外围以农作物种植，以田园协调整体风貌
区内梳理农田肌理，完善生产、游览道路系统。
以改造后的农宅村宅承载体验与活态展示功能。
打造路陵观、古莲洞与老窑洞村庄记忆空间，承载民宿、度假、禅修静养等功能。
保存现有村组格局，区内展示美丽乡村文明风貌，作为省区示范村庄展示。
道路系统分析图
主要道路
环陵路为主要道路，连接孟杨路与西侧城市干道，由孟杨路向南后东西贯穿村域
次要道路
村庄次要生活道路为村民生活用道路。
生产道路
生产道路承载村民农作与旅游游览，集中与村庄南侧沿山塬一带，采取环线设置手法。
村民
游客
活力点1
活力点2
活力点3
活力点4
活力点5
活力点6
活力点7
旅游线路规划图
泰陵观光游线
泰陵观光——隋文化体验——路陵观园林静养——隋文化展览——关中民俗美食——猕猴桃展销馆（约2.7km）
村庄记忆游线
老窑洞文化展览——古莲洞禅修养斋——猕猴桃采摘——宜居村庄观光——农事体验（约2.5KM）
塬上越野骑行线
泰陵——关中美食——景观骑行道——古莲洞——老窑洞——路陵观——塬上越野道——泰陵（约6.7km）
景观结构分析图
田园走廊
充分利用现有组团与农田形成的互融关系，保留田园肌理打造景观渗透廊道，营造田园风貌。
绿化景观轴
景观防护带
老窑洞片区更新
窑洞酒店片区
窑洞展览体验片区
餐饮服务中心
窑洞片区作为特色空间改造片区，主要体现西北窑洞独特的空间模式，以酒店和展览作为功能基础，既能保存窑洞特色，又能给村民带来经济收入。片区还增设了换乘点，作为十里林湾的服务点，不仅对村内游客提供住宿餐饮服务，同时也能为山下游客提供临时或短期住宿休息。
废弃集体厂房更新——农科孵化园
实验田
技术培训基地
农科实验室
育苗培育空间
农科实验广场
技术培训基地
农科实验室
村庄孵化器作为大学生和农民展开“村校合作的实验基地，基地作为高新农科产业孵化器，将技术融入村庄，将杨陵农业科技作为示范向全国乃至全世界推广，孵化器包括技术培训和实验室，主要是以西北农林科技大学和杨陵职业技术学院的学生作为技术指导对象，进行农林实践科学研究。

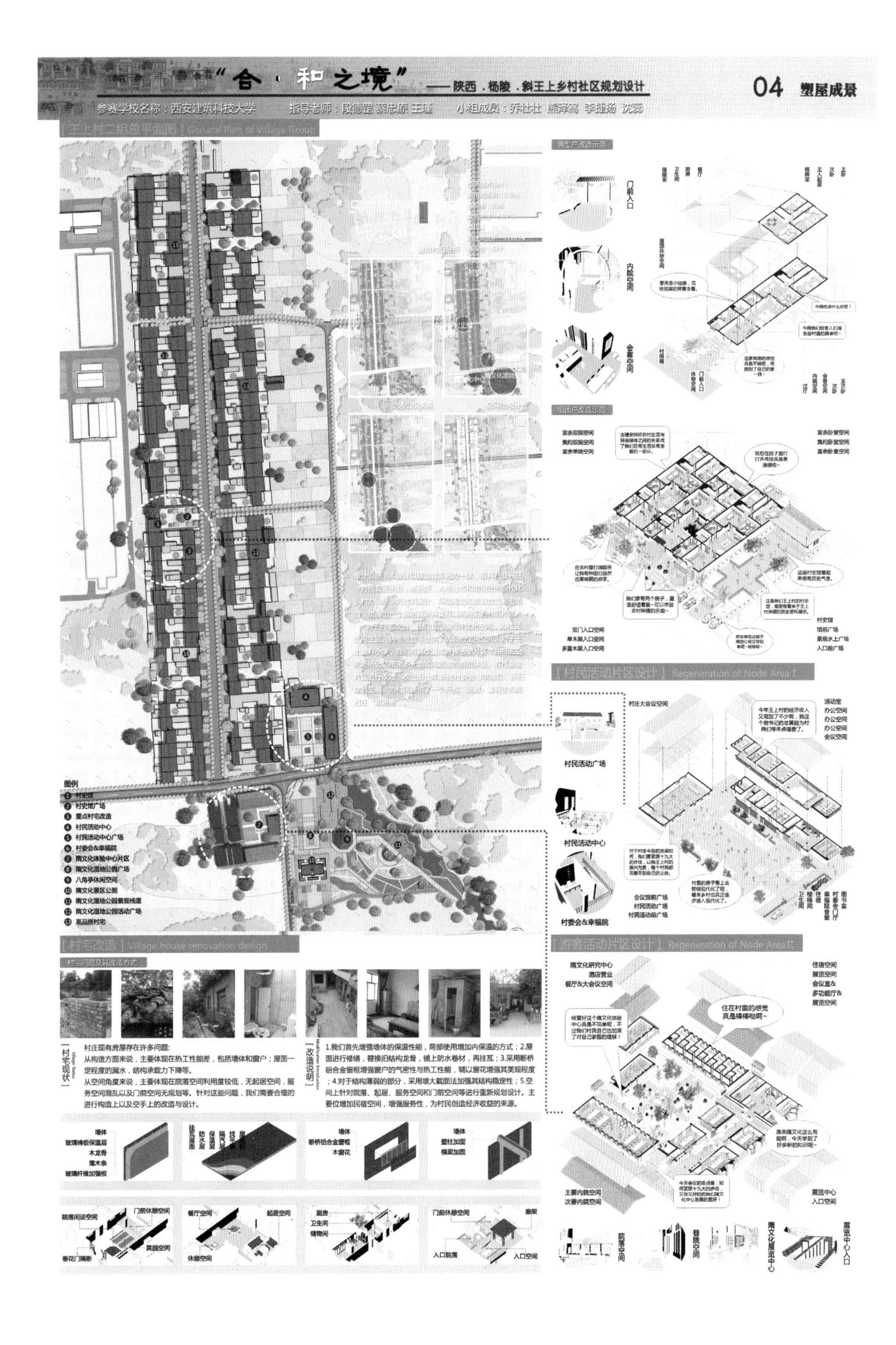

“合·和之境”——陕西．杨陵．斜王上乡村社区规划设计
04 塑屋成景
参赛学校名称：西安建筑科技大学
指导老师：段德罡 蔡忠原 王瑾
小组成员：乔壮壮 熊泽嵩 李建扬 沈聪
典型户改造示范
门前入口
内院空间
会客空间
组团户改造示范
村民活动片区设计 | Regeneration of Node Area I
村民活动广场
村民活动中心
村委会&幸福院
游客活动片区设计 | Regeneration of Node Area II
住在村里的感觉真是棒棒哒呦~
图例
1 村史馆
2 村史馆广场
3 重点村宅改造
4 村民活动中心
5 村民活动中心广场
6 村委会&幸福院
7 隋文化体验中心片区
9 八角亭休闲空间
10 隋文化景区公厕
11 隋文化湿地公园景观栈道
12 隋文化湿地公园活动广场
13 高品质村宅
村宅改造 | Village house renovation design
村宅问题及其改造方式
村宅现状 Village Status
村庄现有房屋存在许多问题:
从构造方面来说，主要体现在热工性能差，包括墙体和窗户；屋面一定程度的漏水，结构承载力下降等。
从空间角度来说，主要体现在院落空间利用度较低，无起居空间，服务空间混乱以及门前空间无规划等。针对这些问题，我们需要合理的进行构造上以及空手上的改造与设计。
改造说明 Modification Introduction
1.我们首先增强墙体的保温性能，局部使用增加内保温的方式；2.屋面进行修缮，替换旧结构龙骨，铺上防水卷材，再挂瓦；3.采用断桥铝合金窗框增强窗户的气密性与热工性能，辅以窗花增强其美观程度；4.对于结构薄弱的部分，采用增大截面法加强其结构稳定性；5.空间上针对院落、起居、服务空间和门前空间等进行重新规划设计。主要位增加民宿空间，增强服务性，为村民创造经济收益的来源。
墙体
玻璃棉板保温层
木龙骨
薄木条
玻璃纤维加强板
挂瓦屋面
防水层
保温层
隔汽层
找平层
断桥铝合金窗框
木窗花
壁柱加固
横梁加固
院落闲谈空间
门前休憩空间
餐厅空间
起居空间
厨房
卫生间
储物间
门前休憩空间
廊架
入口院落
入口空间
院落空间
隋文化展览中心
展览中心入口

青山绿水，返朴归真

【参赛院校】 西安建筑科技大学

【参赛学生】 王成伟 吴昕恬 李佳澎 许惠坤 廖 颖

【指导教师】 吴 锋 蔡忠原

随着乡村生态旅游的兴起，朱家湾村依靠其良好的资源条件优势，迅速发展成为以旅游服务业为主导产业的乡村，随之而来的是生活、生产、生态之间的矛盾。本次规划通过挖掘其核心矛盾，从管控治理的角度出发，通过对其风貌、服务、居住、生态提出管控措施，划分四大不同功能板块，再结合生态保护要求构建管控单元，并在单元内构建斑块系统，针对各斑块提出不同的修复策略。规划重点在于适度地抑制过度商业化的趋势，在旅游发展背景下最大限度地保住山村特色，改善村民生活并解决发展与可持续发展之间的矛盾，旨在打造一个三生空间协调的旅游型乡村。

青山绿水，返朴归真

——基于“三生”影响的秦岭南麓朱家湾村乡村游憩综合管控治理规划

西安建筑科技大学 指导老师：吴锋 蔡忠原 小组成员：王成伟 吴昕栝 李佳澎 许惠坤 廖颖

1

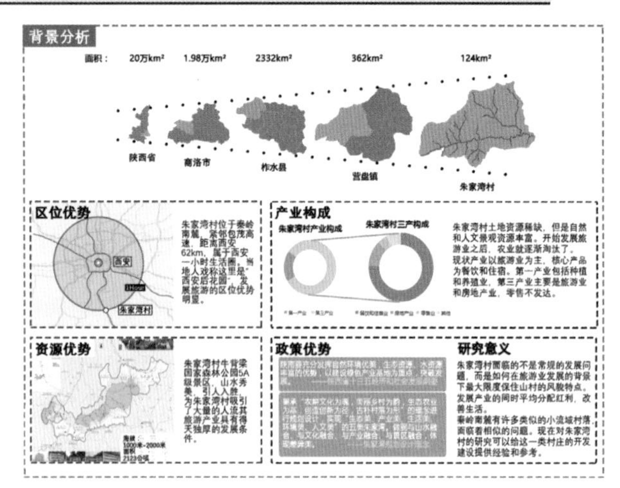

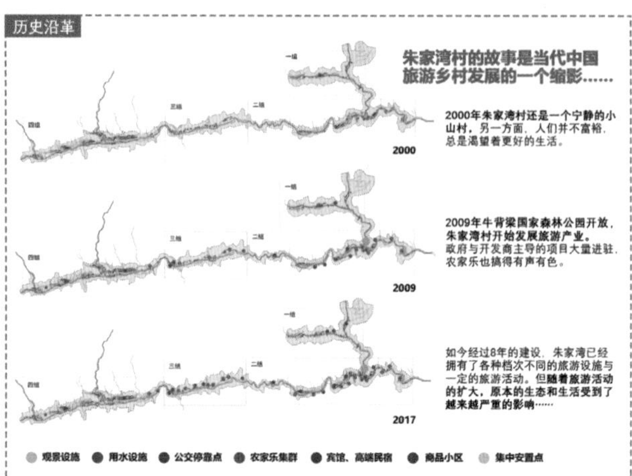

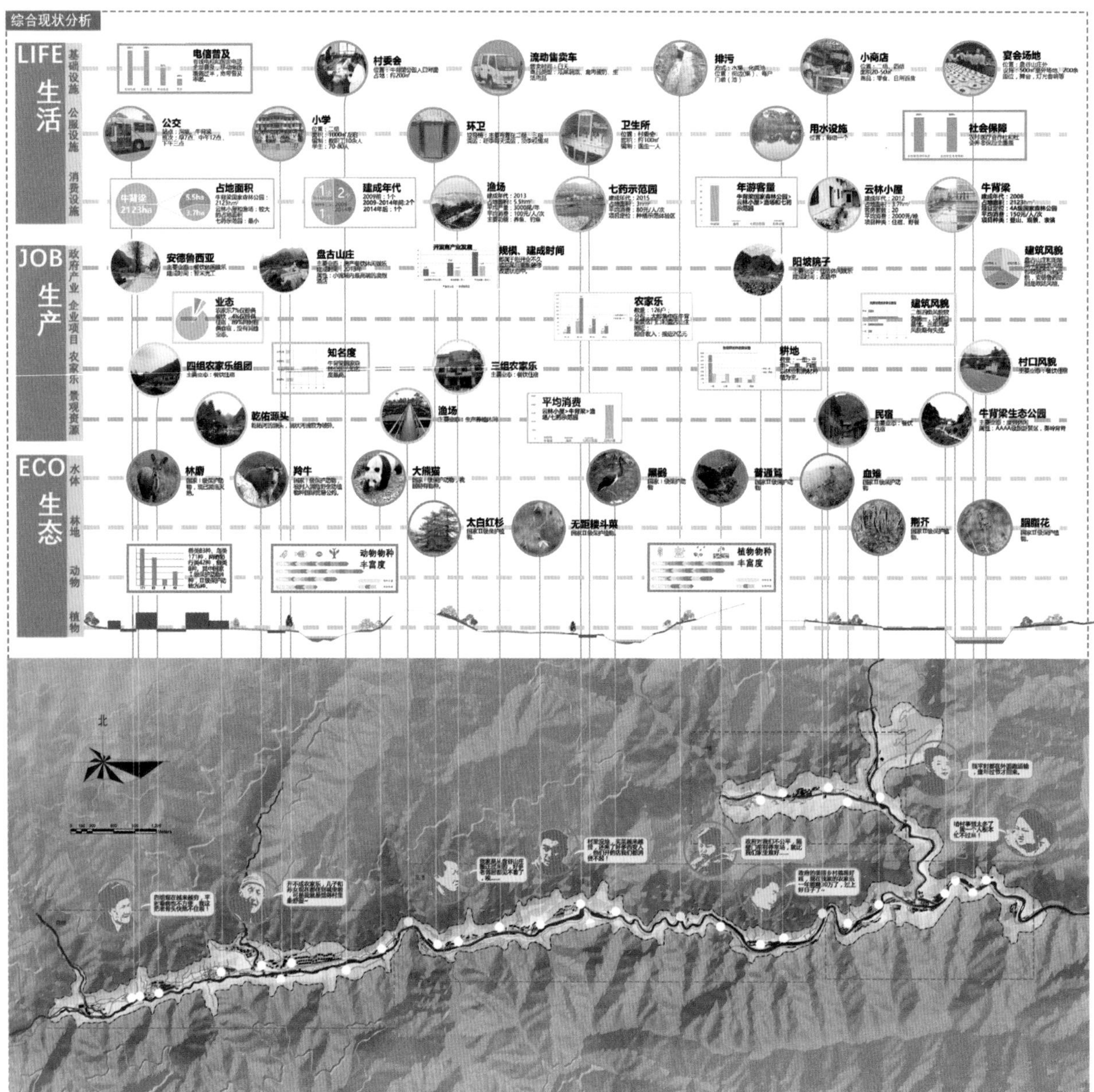

青山绿水，返朴归真 2

——基于“三生”影响的秦岭南麓朱家湾村乡村游憩综合管控治理规划

西安建筑科技大学 指导老师：吴锋 蔡忠原 小组成员：王成伟 吴昕恬 李佳澎 许惠坤 廖颖

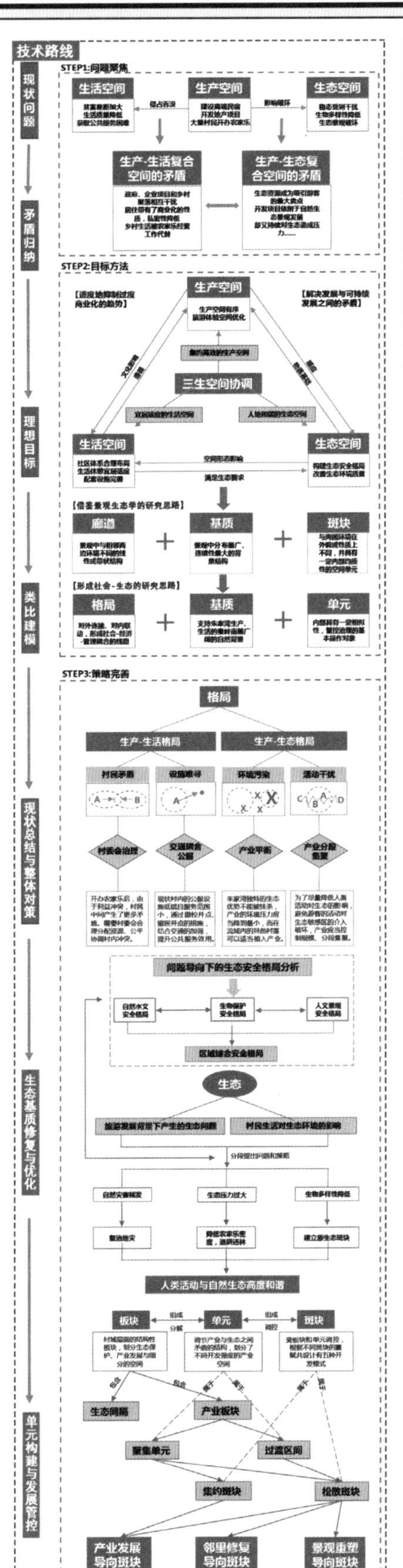

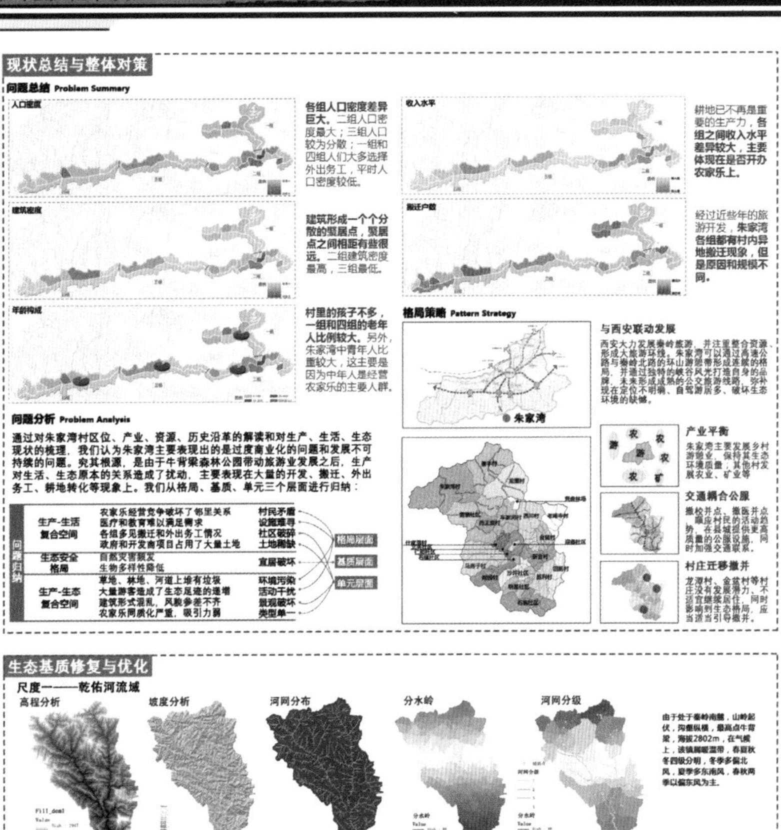

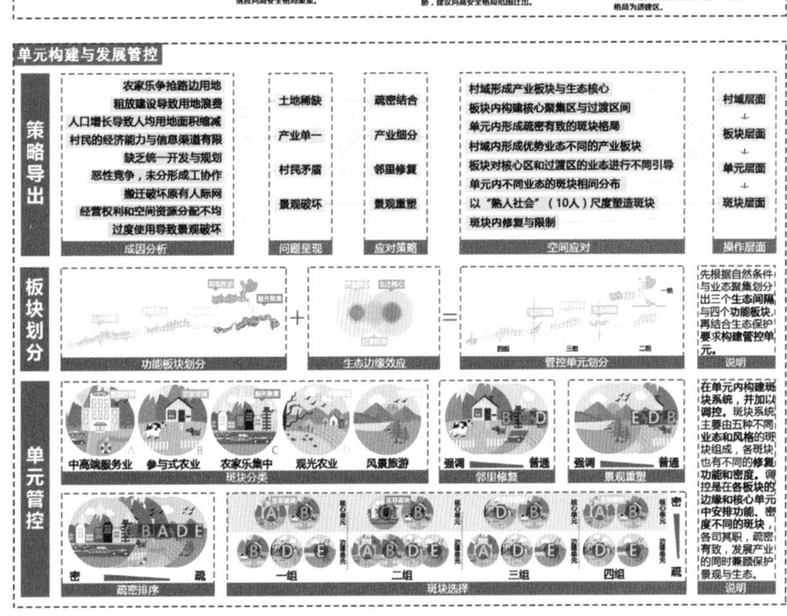

青山绿水，返朴归真——基于“三生”影响的秦岭南麓朱家湾村乡村游憩综合管控治理规划 3

西安建筑科技大学　指导老师：吴锋　蔡忠原　小组成员：王成伟　吴昕恬　李佳澎　许惠坤　廖颖

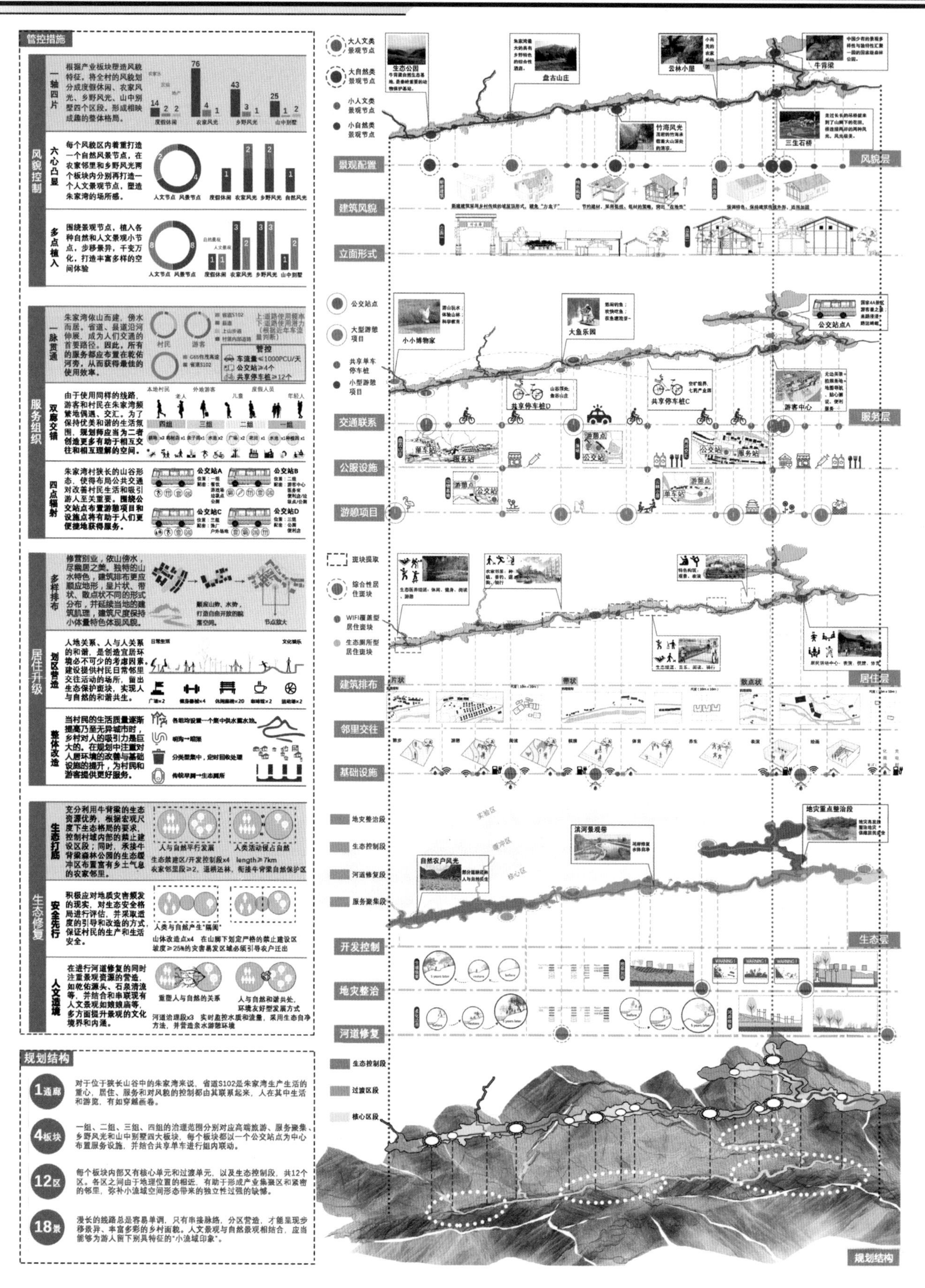

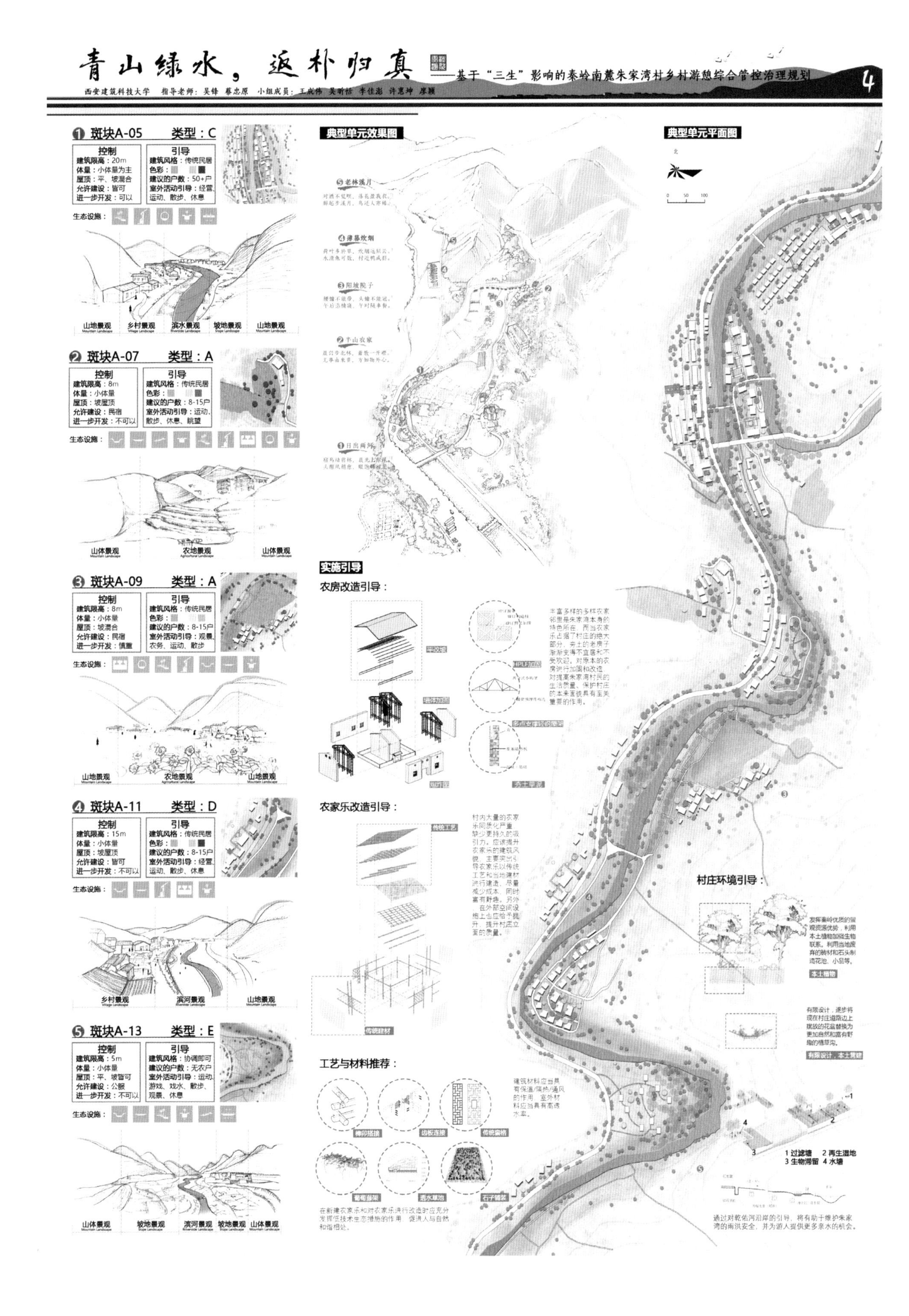

青山绿水，返朴归真
——基于"三生"影响的秦岭南麓朱家湾村乡村游憩综合管控治理规划
4
西安建筑科技大学 指导老师：吴锋 蔡忠原 小组成员：王成伟 吴昕恬 李佳彪 许惠坤 席颖
1 斑块A-05 类型：C
控制
建筑限高：20m
体量：小体量为主
屋顶：平、坡混合
允许建设：皆可
进一步开发：可以
引导
建筑风格：传统民居
色彩：
建议的户数：50+户
室外活动引导：经营、运动、散步、休息
生态设施：
山地景观 乡村景观 滨水景观 坡地景观 山地景观
2 斑块A-07 类型：A
控制
建筑限高：8m
体量：小体量
屋顶：坡屋顶
允许建设：民宿
进一步开发：不可以
引导
建筑风格：传统民居
色彩：
建议的户数：8-15户
室外活动引导：运动、散步、休息、眺望
生态设施：
山体景观 农地景观 山体景观
3 斑块A-09 类型：A
控制
建筑限高：8m
体量：小体量
屋顶：坡混合
允许建设：民宿
进一步开发：慎重
引导
建筑风格：传统民居
色彩：
建议的户数：8-15户
室外活动引导：观景、农务、运动、散步
生态设施：
山地景观 农地景观 山体景观
4 斑块A-11 类型：D
控制
建筑限高：15m
体量：小体量
屋顶：坡屋顶
允许建设：皆可
进一步开发：不可以
引导
建筑风格：传统民居
色彩：
建议的户数：8-15户
室外活动引导：经营、运动、散步、休息
生态设施：
乡村景观 滨河景观 山地景观
5 斑块A-13 类型：E
控制
建筑限高：5m
体量：小体量
屋顶：平、坡皆可
允许建设：公服
进一步开发：不可以
引导
建筑风格：协调即可
建议的户数：无农户
室外活动引导：运动、游戏、戏水、散步、观景、休息
生态设施：
山体景观 坡地景观 滨河景观 坡地景观 山体景观
典型单元效果图
⑤老林溪川
④薄暮炊烟
③阳坡院子
②半山农家
①日出商贸
典型单元平面图
北
0 50 100
实施引导
农房改造引导：
平改坡
墙体加固
构件替
夯土墙面
丰富多样的乡村农家邻里是朱家湾本身的特色所在，而当农家乐占据了村庄的绝大部分，夯土的老房子渐渐变得不宜居和不受欢迎，对原本的农房进行加固和改造对提高朱家湾村民的生活质量，保护村庄的本来面貌具有至关重要的作用。
农家乐改造引导：
传统工艺
传统建材
村内大量的农家乐同质化严重，缺少更持久的吸引力，应该提升农家乐的建筑风貌，主要突出引导农家乐以传统工艺和当地建材进行建造，尽量减少成本，同时富有野趣。另外在外部空间设施上也应给予提升，提升村庄立面的质量。
工艺与材料推荐：
榫卯搭接
齿板连接
传统窗格
葡萄藤架
透水草地
石子铺装
建筑材料应当具有保温/隔热/通风的作用，室外材料应当具有高透水率。
在新建农家乐和对农家乐进行改造时应充分发挥低技术生态措施的作用，促进人与自然和谐相处。
村庄环境引导：
发挥秦岭优质的景观资源优势，利用本土植物加强生物联系，利用当地废弃的砖材和石头制造花池、小品等。
本土植物
有限设计，逐步将现在村庄道路边上摆放的花盆替换为更加自然和富有野趣的植草沟。
有限设计，本土营建
1 过滤塘 2 再生湿地
3 生物滞留 4 水塘
通过对乾佑河沿岸的引导，将有助于维护朱家湾的南洪安全，并为游人提供更多亲水的机会。

小清胜畔寻故迹，江村回首旧桥新

【参赛院校】 苏州大学

【参赛学生】 丁浩宇 李 娜 杨源源 邱俊扬

【指导教师】 王 雷

一、设计思路

1. 变迁江村

在开弦弓村的百年变迁中，探求乡村生活和乡村产业在空间发展上的演进线索和规律，以期提出能够承前启后的特色田园“江村”规划设计方案。

2. 学术江村

基于开弦弓村长期作为乡村调查学术窗口的独特优势，展开详实的乡村规划问卷调查，了解村民对于乡村规划建设的真实意愿和认知，保障村民的参与权和受益权，实现美丽乡村的共建共享。

3. 产业江村

分析当前开弦弓村的产业发展瓶颈，尝试着提出适合本地“苏南模式”乡村产业转型的有效路径，以农业为主导，坚持一、二、三产深度融合发展，打造乡村田园综合体，实现农业生产、加工、服务的一体化发展。

二、方案介绍

1. 打造完整的特色产业体系

充分发掘开弦弓村作为中国乡村研究窗口的得天独厚的文化底蕴和知名度；统筹农业景观功能和体验功能，推动农业与旅游、科研、教育、文化、康养等产业深度融合；引导乡村工业转型，推进农村电商、物流服务业发展，构建稳定的第六产业体系。

2. 创建绿色乡村生态体系

优化田园景观资源配置，深度挖掘农业生态价值，积极配合太湖流域村水田林湖的整体保护、综合治理，坚持农业清洁生产。

3. 完善乡村生活基础设施配套及服务体系

按照生活现代化、景观田园化、城乡一体化的发展路径，全面提升乡村教育、医疗等公共服务设施以及乡村道路、停车场、生活污水处理等基础设施配套水平。

三、延伸内容

江村印象：最学术的村庄——中国农村的首选标本

江村历史文化陈列馆内展示了村落的历史及多彩的文化和民俗

合影

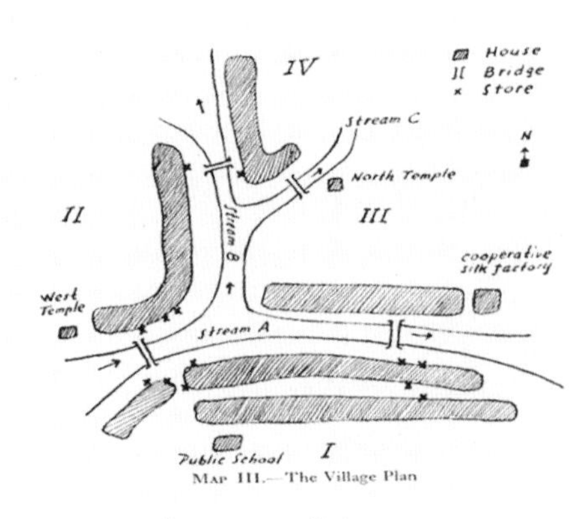

早期平面图（费孝通手绘）

江村是费孝通先生两次学术生命中的起点，也是他为实现志在富民的夙愿，开展农村社会调查跟踪时间最长、取得学术成果最多的实践基地。现在的江村作为世界认识中国农村的一个窗口，已被赋予民族标志，成为中国农村对外的一个形象表征。能够在学术先辈们的伟大成就基础上再一次完成江村田野调查，并尝试着做出一点乡村规划方面的贡献，让我们感到非常幸运和自豪。

参赛学校名称：苏州大学　指导老师：王雷　小组成员：丁浩宇　李娜　杨源源　邱俊扬

江村简介

开弦弓村傍依在一条东西向、弓弯的小清河两侧，如从高空俯瞰，南村象张弓，北村象支箭，故成村名。开弦弓村位于太湖南岸，距湖仅3公里，历史上张网捕鱼，地上种桑养蚕，春天菜花澄黄，秋来稻谷沉甸，虽水灾易发，但仍不失为一鱼蚕之乡。

村庄风貌

宏观区位　中观区位　微观区位

地理区位

开弦弓村，隶属于苏州市吴中区七都镇。位于苏州市西南部，靠近太湖，距离苏州市区47km，外部交通十分便捷。苏震桃一级公路自北向南穿越村庄后在不足2km处与沪渝高速公路出口相接。

学术渊源

“江村”的名字是费孝通先生为著书立说而起。1936年，费孝通对开弦弓村进行了第一次社会调查并在此基础上完成了他的博士论文《江村经济》。江村是费孝通两次学术生命中的起点，也是他为实现志在富民的夙愿，开展农村社会调查跟踪时间最长、取得学术成果最多的实践基地。

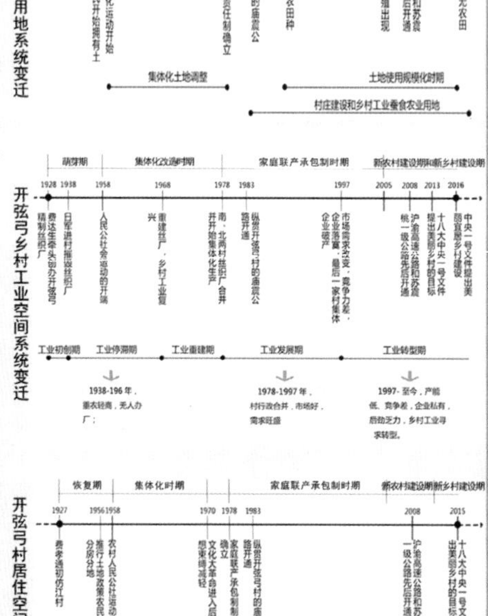

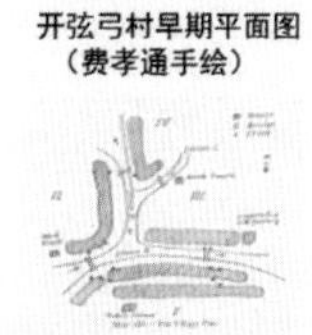

开弦弓村早期平面图（费孝通手绘）

费孝通纪念馆

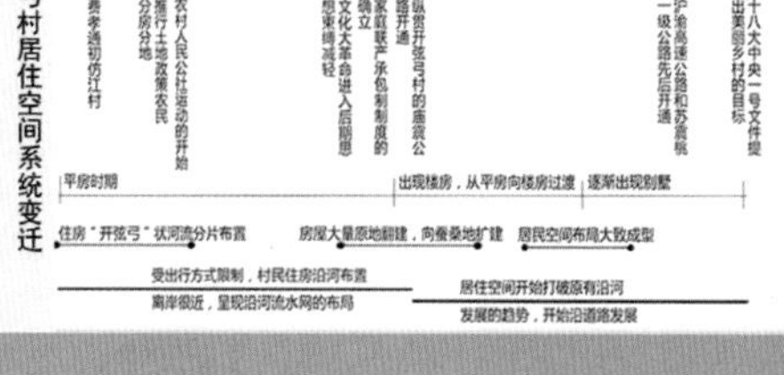

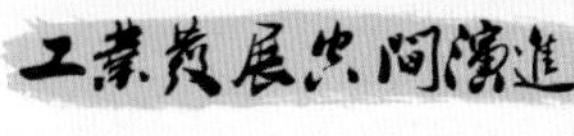

村庄演变

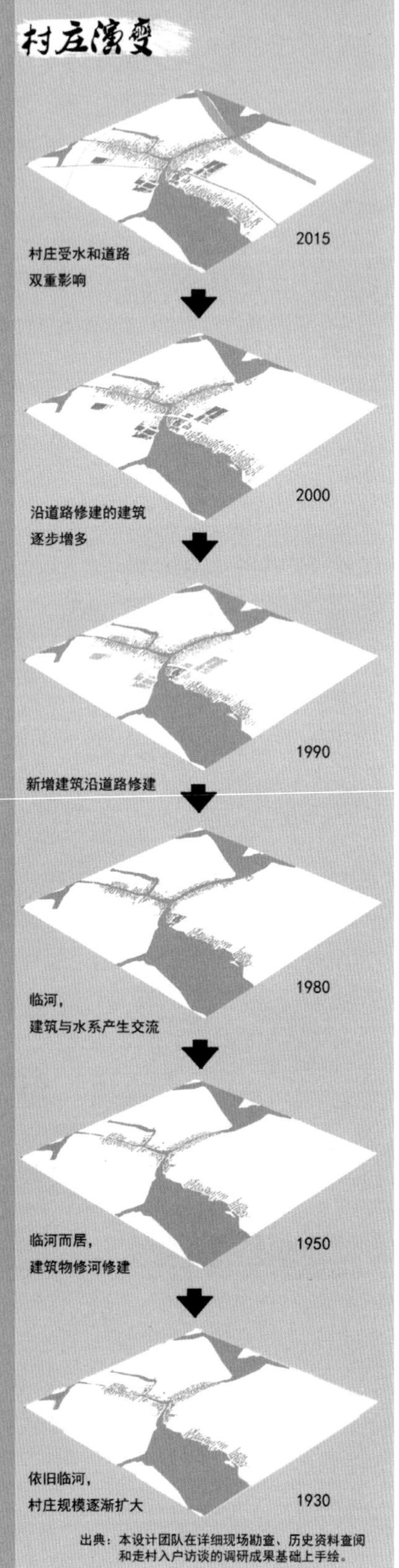

出典：本设计团队在详细现场勘查、历史资料查阅和走村入户访谈的调研成果基础上手绘。

工业发展空间演进

开弦弓村的工业经历了工业初创、工业停滞、工业重建、工业发展、工业转型五个重要时期，工厂的布局特征是基于交通方式的变化而变化。早起依靠水路运输，后沿庙镇公路布置。

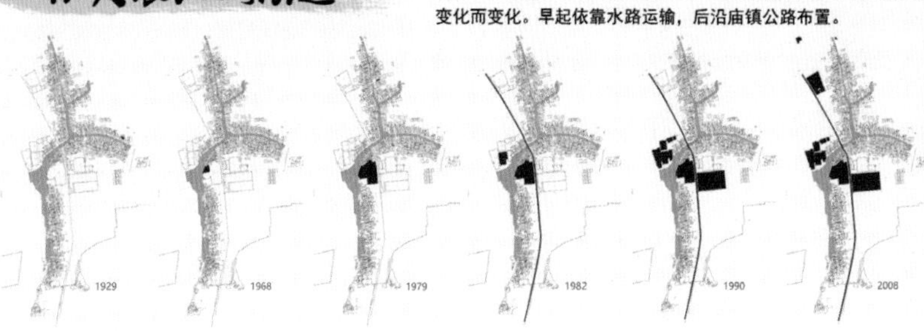

小涛胜畔寻故迹，江村回首旧桥新 2

参赛学校名称：苏州大学　指导老师：王雷　小组成员：丁浩宇 李娜 杨源源 邱俊扬

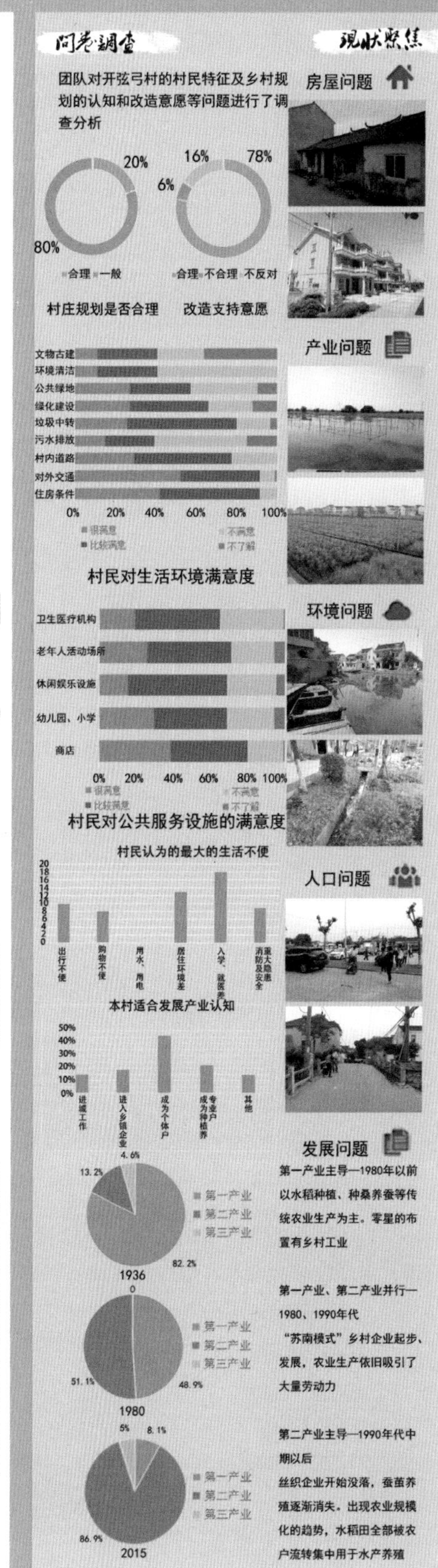

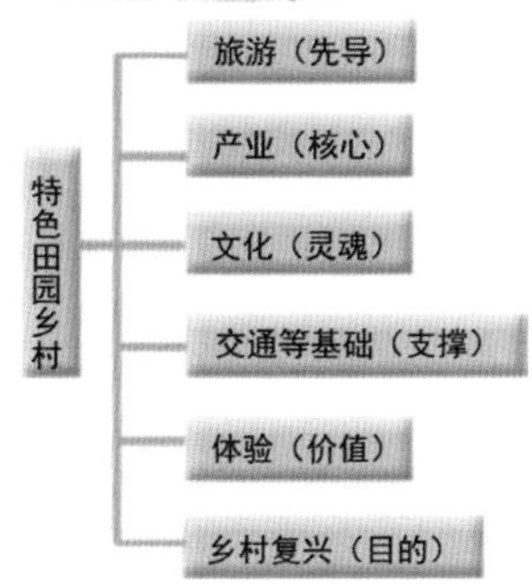

现状用地平衡表

序号		用地性质		用地代号	面积（hm^2）	比例（%）
1		村庄建设用地		V	62.22	21.99
	1	村民住宅用地		V1	44.78	15.82
	2	村庄公共服务用地		V2	1.17	0.41
		其中	村庄公共服务设施用地	V21	1.17	0.41
	3	村庄产业用地		V3	13.07	4.62
		其中	村庄商业服务业用地	V31	0.61	0.22
			村庄生产仓储用地	V32	12.46	4.40
	4	村庄基础设施用地		V4	1.59	0.58
		其中	村庄道路用地	V41	1.27	0.45
			村庄交通设施用地	V42	0.32	0.11
	5	景观绿地		V9	1.49	0.56
2	6	非村庄建设用地		N	6.10	2.16
		其中	对外交通设施用地	N1	6.10	2.16
3	7	非建设用地		E	214.58	75.85
		其中	水域	E1	58.19	20.57
			农林用地	E2	156.39	55.28
4		规划区总用地			282.9	100

本规划宗旨：以农民为主，为农民某福利，服务于提高乡村综合生产力水平，实现农业现代化，致力于构建符合江村发展的田园综合体。

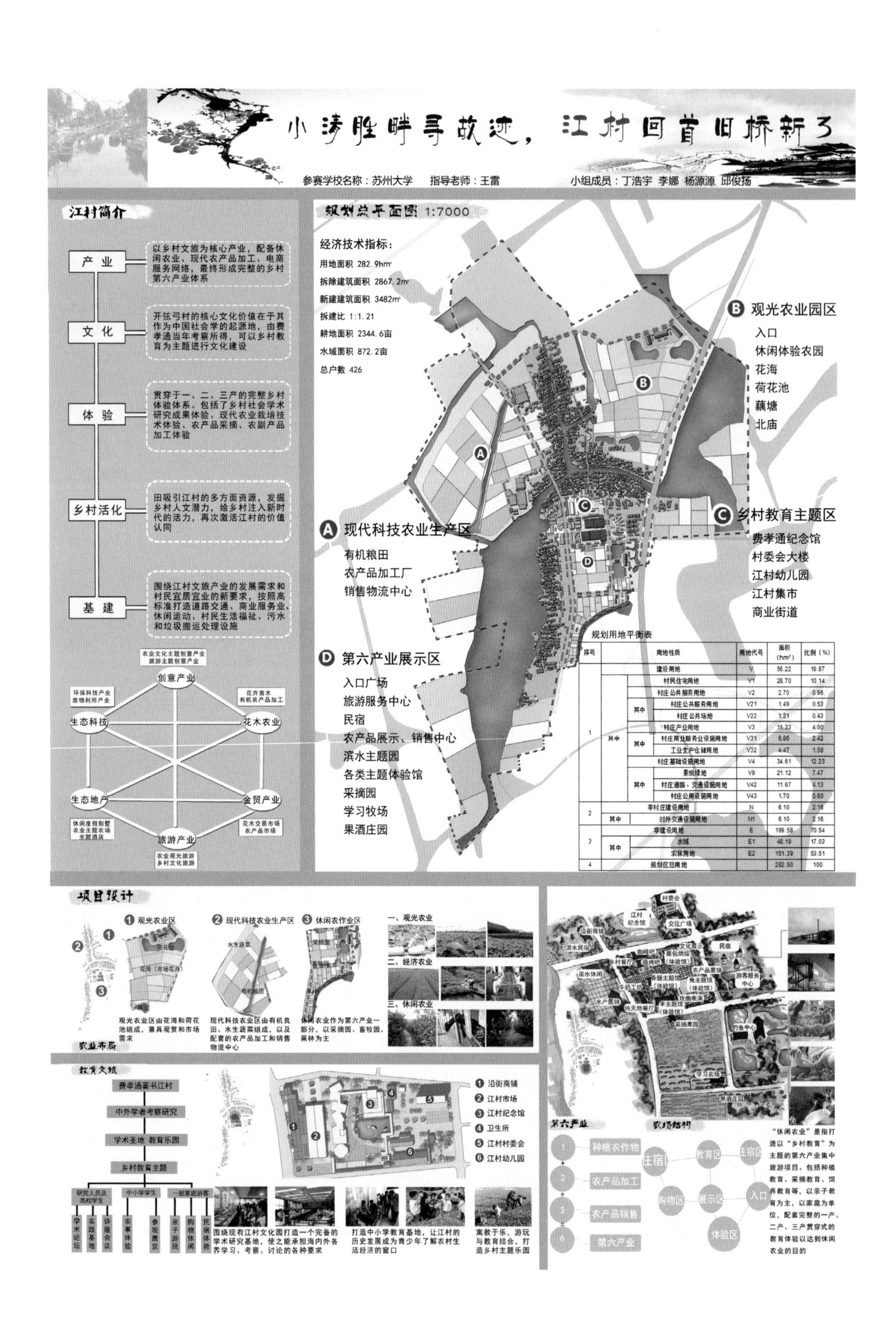

规划用地平衡表

序号	用地性质			用地代号	面积（hm²）	比例（%）
1	建设用地			V	56.22	19.87
	其中	村民住宅用地		V1	28.70	10.14
		村庄公共服务用地		V2	2.70	0.96
		其中	村庄公共服务用地	V21	1.49	0.53
			村庄公共场地	V22	1.21	0.43
		村庄产业用地		V3	11.33	4.00
		其中	村庄商业服务业设施用地	V31	6.86	2.42
			工业生产仓储用地	V32	4.47	1.58
		村庄基础设施用地		V4	34.61	12.23
		其中	景观绿地	V9	21.12	7.47
			村庄道路、交通设施用地	V42	11.67	4.13
			村庄公用设施用地	V43	1.70	0.60
2	非村庄建设用地			N	6.10	2.16
	其中	对外交通设施用地		N1	6.10	2.16
3	非建设用地			E	199.58	70.54
	其中	水域		E1	48.19	17.03
		农林用地		E2	151.39	53.51
4	规划区总用地				282.90	100

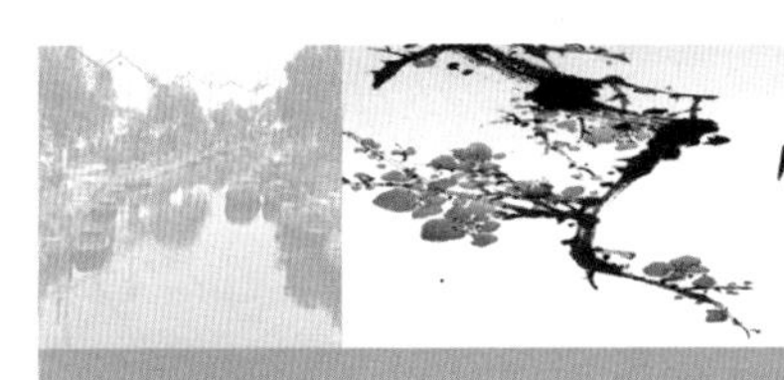

小涛胜畔寻故迹，江村回首旧桥新 4

参赛学校名称：苏州大学　指导老师：王雷　小组成员：丁浩宇　李娜　杨源源　邱俊扬

规划说明

本方案通过前期的详细调研，结合村庄实际，村民意愿和政府规划，以现代化农业为核心，以乡村旅游为先导，积极打造空间田园综合体，抓住社会学文化核心配套与完善村庄设施。实现农业生产、加工、销售的一体化进程，强调村庄的农业体验促进第六产业的蓬勃发展，努力做到村民生活富裕，村庄生产良性循环，村庄生态良好健康。

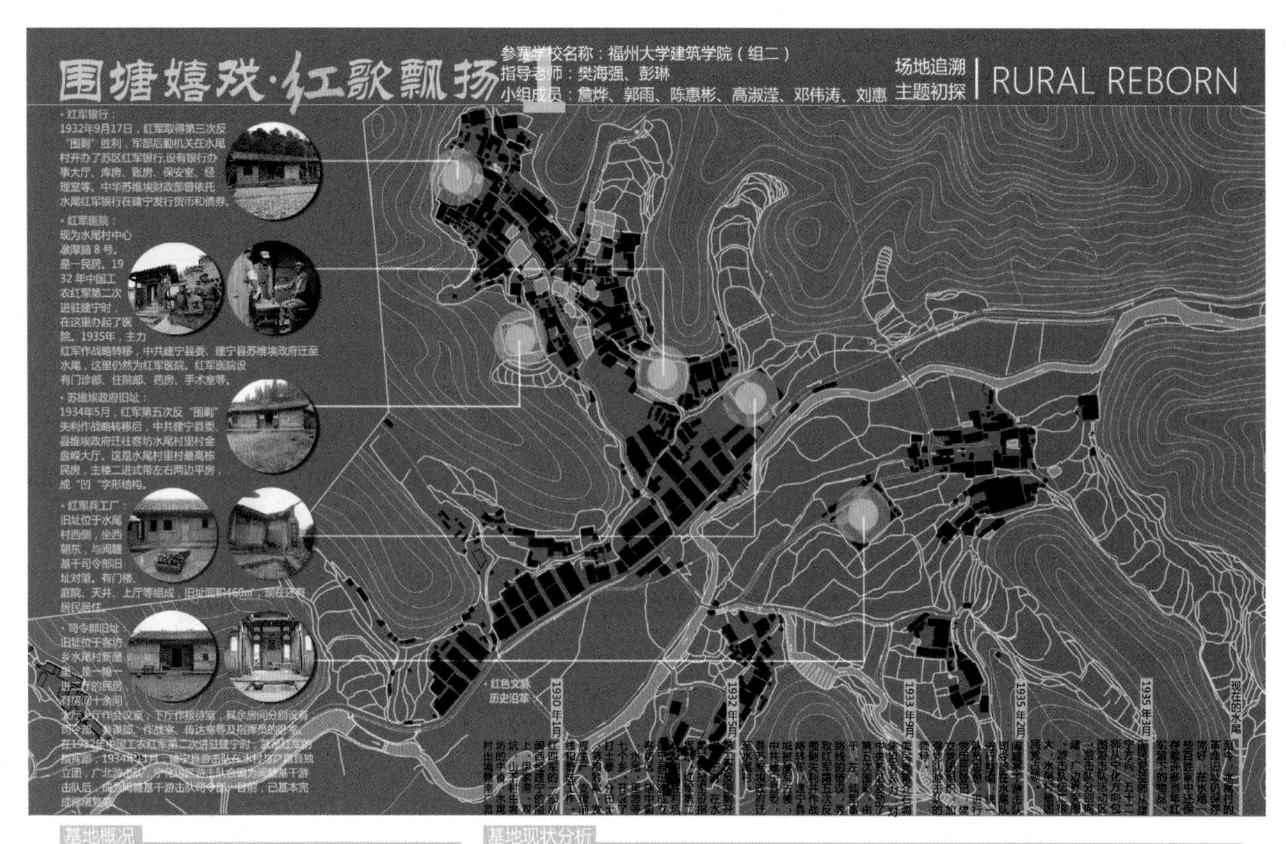

基地概况

地理区位

· 建宁县区位：建宁县，属福建省三明市直辖县，古为绥安县，唐乾元二年建镇南唐中兴元年(958)置县。位于福建省西南部，以丘陵、低山为主，占总面积的84%。

· 水尾村区位：建宁县客坊乡水尾村,位于客坊乡西南部，东临中畲村、客坊集镇，西邻江西省，南临中畲村、江西省，北靠龙溪村。水尾村距客坊集镇9.5km。交通条件一般，是革命老区基之一。在第二次国内革命战争时期，毛泽东、周恩来、朱德等老一辈革命家在建宁创建了革命根据地，建宁是中央苏区21县之一，水尾村是建宁县主要的苏区自然村。

交通区位

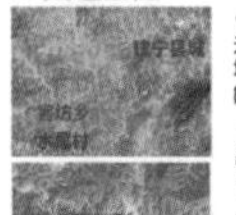

· 客坊乡交通区位：客坊乡地处建宁县城西南部，距建宁县城关52 km，东北方与黄埠相连，西南与江西省广昌县的尖峰、塘坊、大株毗邻，南与宁化县安远乡接壤，是建宁与江西往来的主要门户之一。

· 水尾村交通区位：水尾村位于客坊乡东南部，距县城70 km，距客坊集镇9.5 km，四面群山环抱村中地势平坦，村落嵌于田间，素有"高山小平原"之称，形成山区独特的地貌景观。

· 旅游交通区位：《2004-2010年全国红色旅游发展规划纲要》就发展红色旅游的总体思路、布局和主要措施做出明确规定，表明将大力发展红色旅游产业。其中，要实现的六大目标之一是配套完善30条"红色旅游精品线"，水尾村周边涉及的"黄山-上饶-武夷山""赣州-瑞金-长汀-上杭""南昌-吉安-井冈山"等游线，是"湘赣闽红色旅游区"内重要的红色旅游源。

地形地貌分析

· 地形地貌特征：客坊乡地处建宁县城西南部，距城关52km，东北方与黄埠相连，西南与江西省广昌县的尖峰、塘坊、大株毗邻，南与宁化县安远乡接壤，是建宁与江西往来的主要门户之一。

· 气候特征：地处中南亚热带，属海洋性气候区，又有大陆性山地气候特点。四季分明昼夜温差大。冬夏干湿差异悬殊，地形复杂，立体气候及地区小气候差异显著。

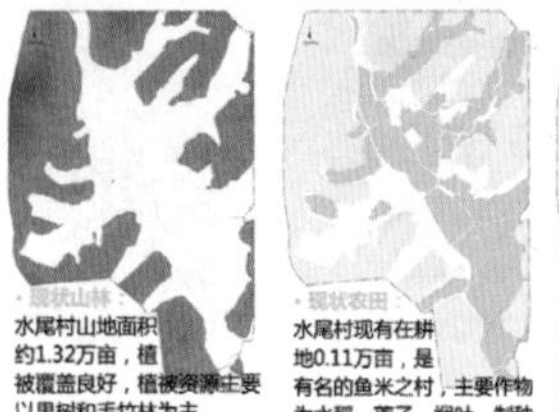

设计思路导图

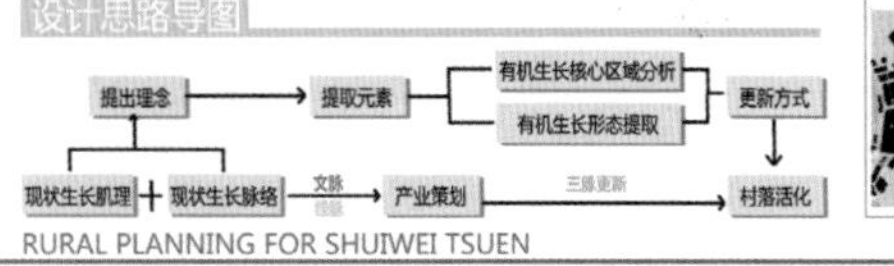

基地现状分析

建筑质量现状分析

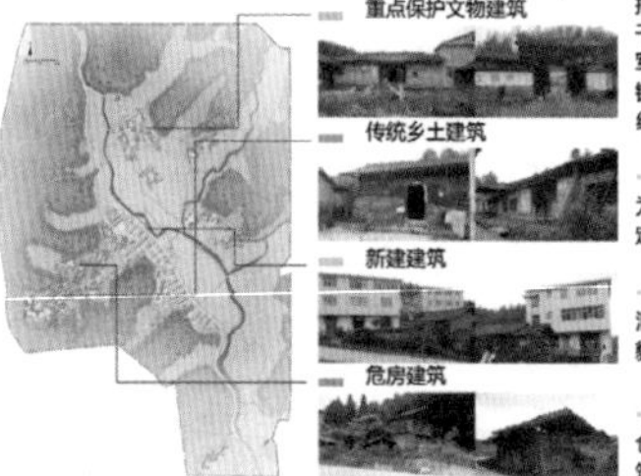

· 重点保护建筑：包括红军医院、闽赣基干游击队司令部、红军兵工厂、苏区红军银行、县苏维埃政府、红军食堂等。

· 传统乡土建筑：多为一般民宅，具有一定历史。

· 断建建筑：新建砖混结构民宅建筑，风貌较为不协调。

· 危房建筑：多为谷仓或破损传统民宅建筑，濒临倒塌。

· 传统聚落与风貌建筑：水尾村现围绕红军革命旧址保留着众多具有一定风貌特色的传统民居，形成集地域文化、特色建筑于一身的风情古村落。

建筑总体风貌特征

村落景观风貌特征

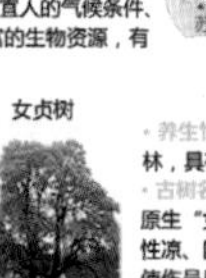

· 清新莲海：形成以建莲、烟叶为核心的特色规模种植，发展成良好的特色产业产品和精深加工的田园观光业。

· 四季稻田：水尾村有宜人的气候条件、优质的水文条件、丰富的生物资源，有良好的水稻田、烟田。

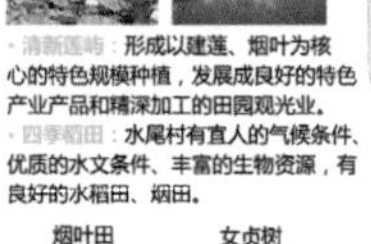

· 养生竹林：水尾村西面为高山竹林，具有良好的竹林景观资源。

· 古树名木：红军医院旧址旁有一原生"女真子树"能治伤。味甘苦、性凉、四季长青。安精神、除百病，使伤员早日康复，因此才选此屋为医院基点。

村落与自然环境的协调性

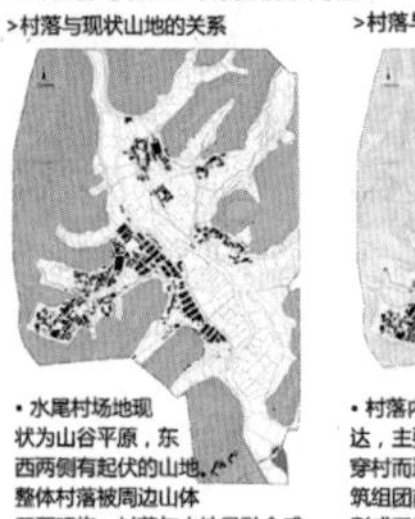

· 水尾村场地现状为山谷平原，东西两侧有起伏的山地。整体村落被周边山体四面环抱，村落与山地呈融合感。

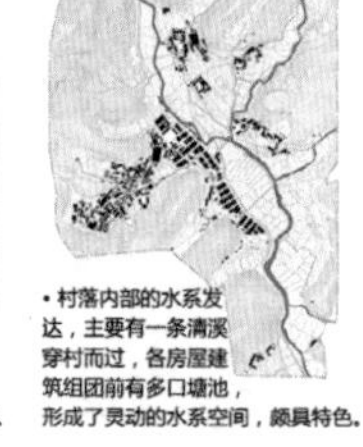

· 村落内部的水系发达，主要有一条清溪穿村而过，各房屋建筑组团前有多口塘池，形成了灵动的水系空间，颇具特色。

村落有机生长肌理形成过程

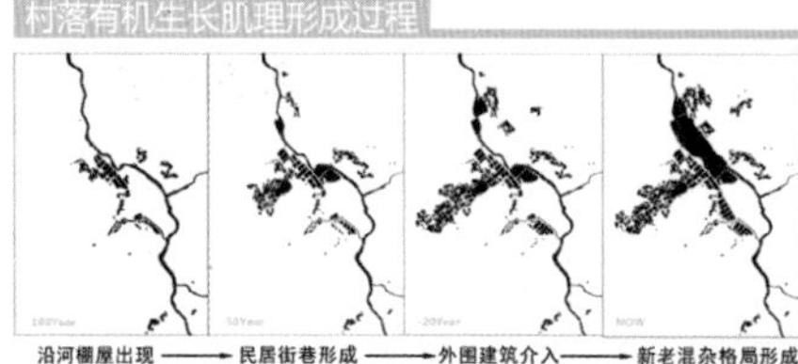

村落有机生长脉络分析

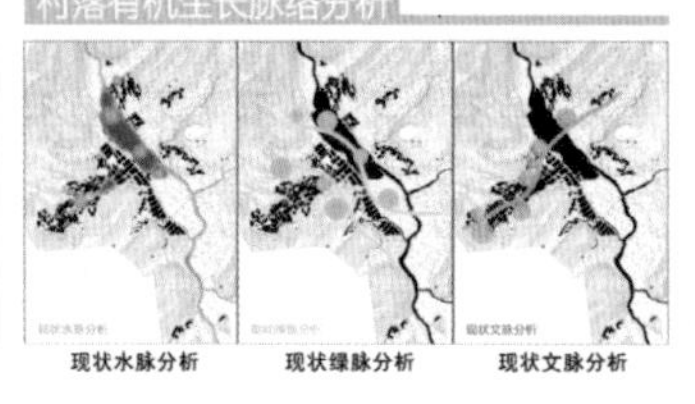

现状问题梳理

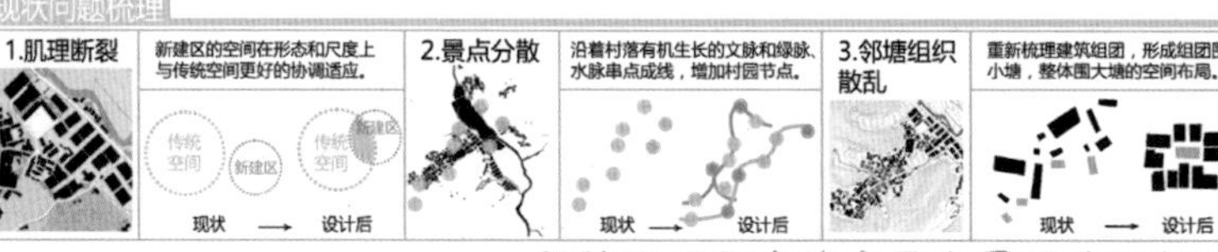

RURAL PLANNING FOR SHUIWEI TSUEN

福建省三明市建宁县水尾村乡村规划

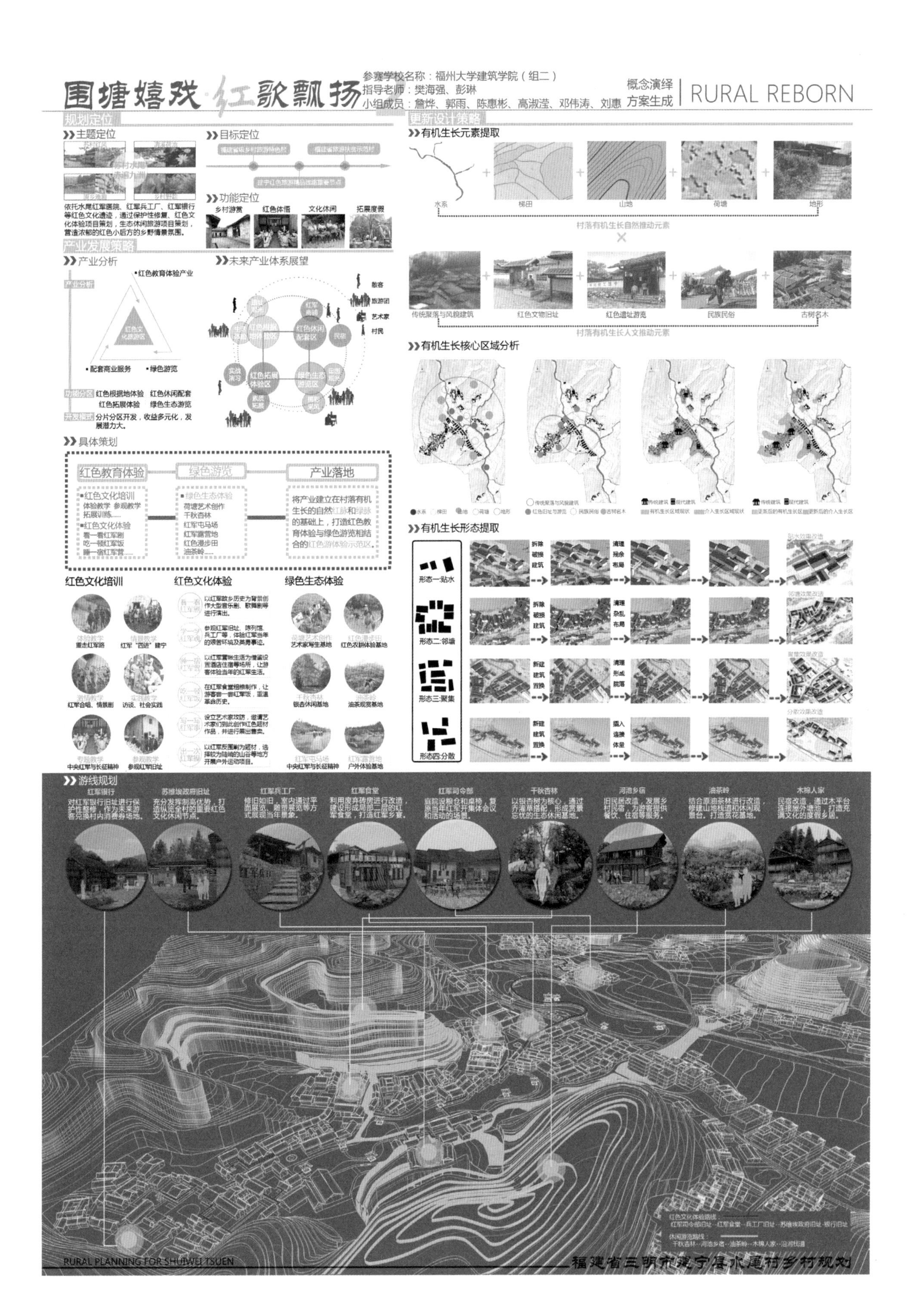
围塘嬉戏·红歌飘扬
参赛学校名称：福州大学建筑学院（组二）
指导老师：樊海强、彭琳
小组成员：詹烨、郭雨、陈惠彬、高淑滢、邓伟涛、刘惠
概念演绎 方案生成
RURAL REBORN
规划定位
主题定位
依托水尾红军医院、红军兵工厂、红军银行等红色文化遗迹，通过保护性修复、红色文化体验项目策划，生态休闲旅游项目策划，营造浓郁的红色小后方的乡野情景氛围。
目标定位
功能定位
乡村游赏
红色体悟
文化休闲
拓展度假
产业发展策略
产业分析
红色教育体验产业
配套商业服务
绿色游览
红色根据地体验 红色休闲配套
红色拓展体验 绿色生态游览
分片分区开发，收益多元化，发展潜力大。
未来产业体系展望
散客
旅游团
艺术家
村民
具体策划
红色教育体验
绿色游览
产业落地
将产业建立在村落有机生长的自然红脉和绿脉的基础上，打造红色教育体验与绿色游览相结合的红色游体验示范区。
红色文化培训
红色文化体验
绿色生态体验
更新设计策略
有机生长元素提取
水系
梯田
山地
荷塘
地形
村落有机生长自然推动元素
传统聚落与风貌建筑
红色文物旧址
红色遗址游览
民族民俗
古树名木
村落有机生长人文推动元素
有机生长核心区域分析
有机生长形态提取
形态一:贴水
形态二:邻塘
形态三:聚集
形态四:分散
游线规划
红军银行
对红军银行旧址进行保护性整修，作为未来游客兑换村内消费券场地。
苏维埃政府旧址
充分发挥制高优势，打造纵览全村的重要红色文化休闲节点。
红军兵工厂
修旧如旧，室内通过平面展览、雕塑展览等方式展现当年景象。
红军食堂
利用废弃砖房进行改造，建设形成局部二层的红军食堂，打造红军乡宴。
红军司令部
庭院设粮仓和桌椅，复原当年红军开集体会议和活动的场景。
千秋香林
以银杏树为核心，通过乔灌草搭配，形成赏景忘忧的生态休闲基地。
河池乡宿
旧民居改造，发展乡村民宿，为游客提供餐饮、住宿等服务。
油茶岭
结合原油茶林进行改造，修建山地栈道和休闲观景台，打造赏花基地。
木棉人家
民宿改造，通过木平台连接屋外塘池，打造充满文化的度假乡居。
RURAL PLANNING FOR SHUIWEI TSUEN
福建省三明市建宁县水尾村乡村规划

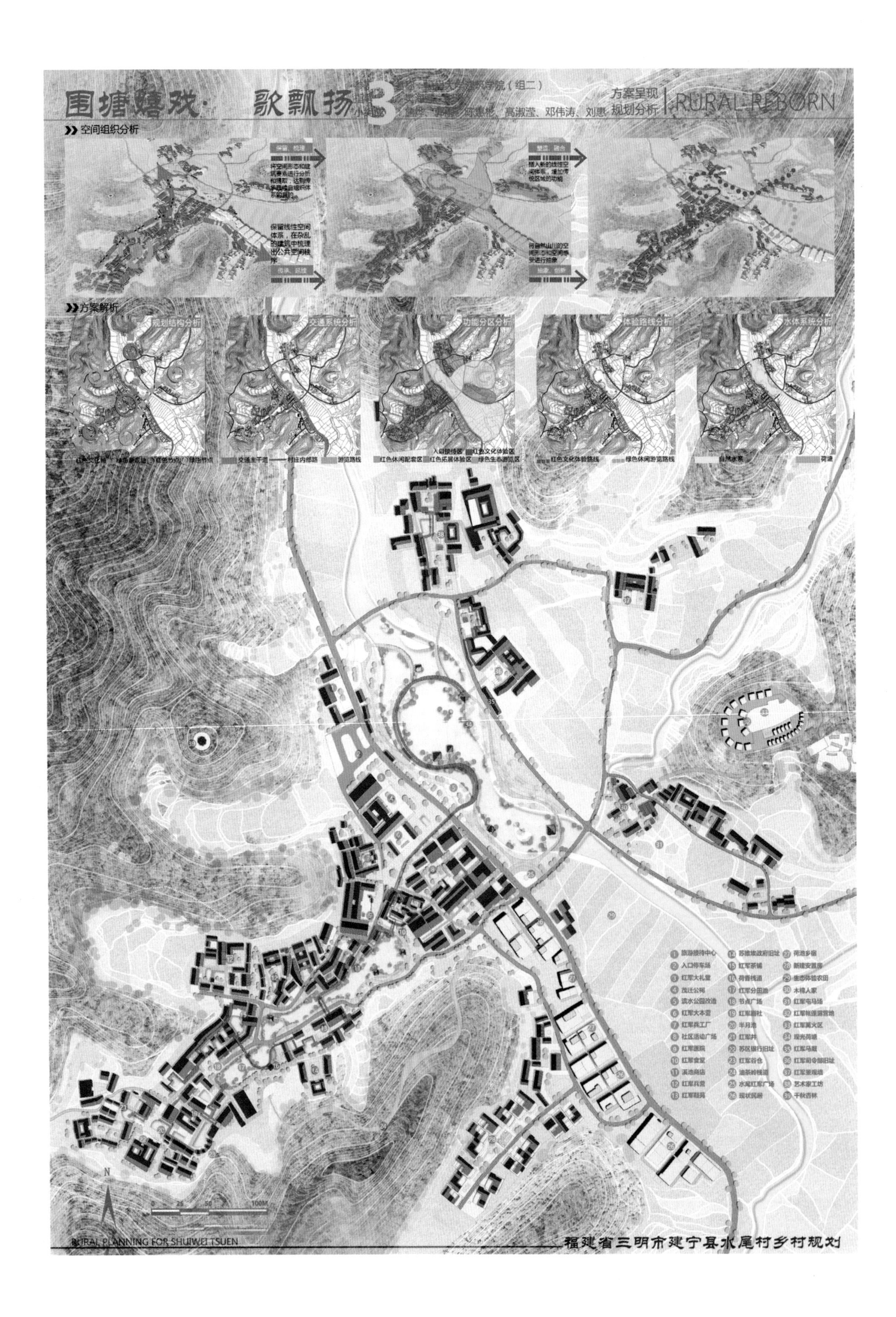

围塘嬉戏·歌飘扬
方案呈现
规划分析
RURAL REBORN
高淑滢、邓伟涛、刘惠
空间组织分析
保留、梳理
将空间形态和建筑要素进行分析和提取，达到传承旧有组织体系的目的
保留线性空间体系，在杂乱的建筑中梳理出公共空间秩序
插入新的线性空间体系，增加传统区域的功能
将自然山川的空间形态和空间感受进行抽象
方案解析
规划结构分析
交通系统分析
功能分区分析
体验路线分析
水体系统分析
交通主干道
村庄内部路
游览路线
入口接待区
红色文化体验区
红色休闲配套区
红色拓展体验区
绿色生态游览区
红色文化体验路线
绿色休闲游览路线
自然水系
荷塘
1 旅游接待中心
2 入口停车场
3 红军大礼堂
4 茂迁公祠
5 滨水公园改造
6 红军大本营
7 红军兵工厂
8 社区活动广场
9 红军医院
10 红军食堂
11 溪池商店
12 红军兵营
13 红军鞋苑
14 苏维埃政府旧址
15 红军茶铺
16 荷香栈道
17 红军分田池
18 节点广场
19 红军剧社
20 半月池
21 红军井
22 苏区银行旧址
23 红军谷仓
24 油茶岭栈道
25 水尾红军广场
26 现状民居
27 荷池乡宿
28 新建安置房
29 生态体验农田
30 木棉人家
31 红军屯马场
32 红军帐篷露营地
33 红军篝火区
34 观光荷塘
35 红军马厩
36 红军司令部旧址
37 红军景观墙
38 艺术家工坊
39 千秋杏林
N
0 25 50 100M
RURAL PLANNING FOR SHUIWEI TSUEN
福建省三明市建宁县水尾村乡村规划

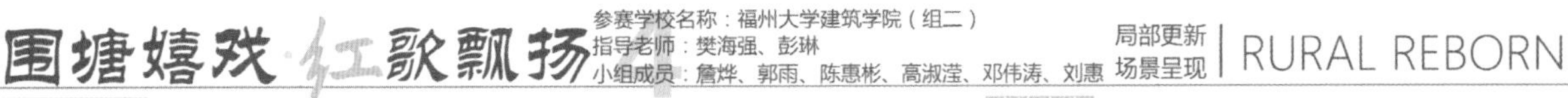

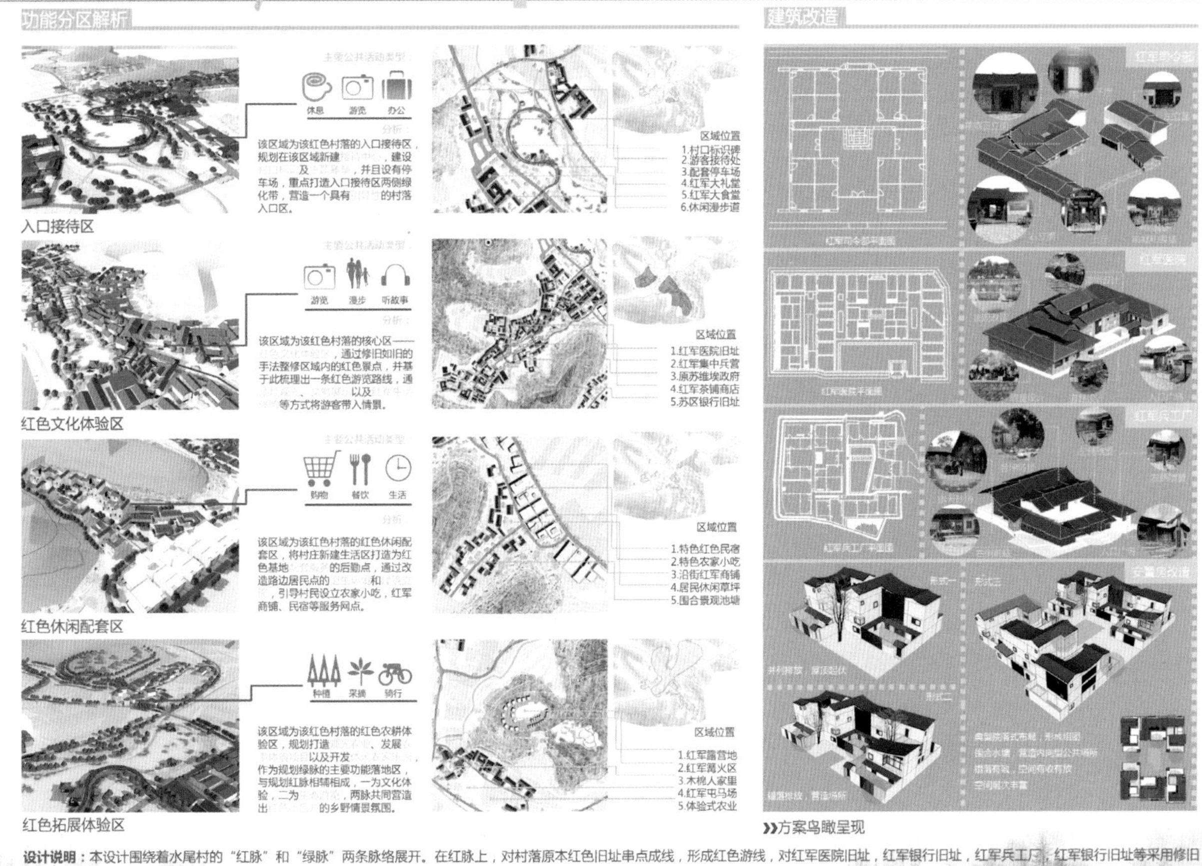

设计说明：本设计围绕着水尾村的“红脉”和“绿脉”两条脉络展开。在红脉上，对村落原本红色旧址串点成线，形成红色游线，对红军医院旧址，红军银行旧址，红军兵工厂，红军银行旧址等采用修旧如旧的整修手法，通过物品展览、多媒体放映等方式向游客展现当年的红军风貌，并且在红脉上建筑部分旧民居改造，植入红军食堂、荷香民宿等功能。在绿脉上，对现有的生态景观资源进行梳理，并且植入红军屯马场、油茶岭、红军露营地等节点，形成一条体验式的绿色生态游览路线。整个设计红脉绿脉相辅相成，以水脉为中心舒展开来，共同将村落营造出具有红色小后方的乡野氛围。在空间设计上，提取水尾村“围塘”的特色保留线性空间体系，在杂乱的建筑中梳理出公共空间秩序，将空间形态和建筑要素进行分析和提取，达到传承延续自组织体系的目的。在空间规划上，兼顾游客体验及居民生活。将自然山川的空间形态和空间感受进行抽象，插入新的线性空间体系，增加传统区域的功能，增加可游览性。对旧房进行共时性改造，建造贴合村庄肌理的新房，丰富现代区域的内涵，增加居民归属感。

RURAL PLANNING FOR SHUIWEI TSUEN 福建省三明市建宁县水尾村乡村规划

市不远，吾老养于斯

【参赛院校】　广西大学

【参赛学生】　邓若璇　冯昌鹏　蒙世森　莫立瑜　王依婷　凌　萍

【指导教师】　廖宇航　潘　冽

一、方案简介

本次规划设计从南宁市、美丽南方景区、乐洲村基地现状调研入手，深入挖掘基地现状问题，总结出宏观（南宁与美丽南方）、中观（美丽南方景区）、微观层面（乐洲村）都存在资源闲散、产业疲态、活力不足的问题。

以实际存在的现状问题为导向，我们提出“共享经济”的设计理念，基于互联网 + 对宏观、中观、微观三个层面的闲散资源进行整合再开发。宏观层面，美丽南方与南宁市经过互联网平台共享医教、农旅、知识等资源。中观层面，美丽南方景区结合“田园综合体”试点进行产业错位发展建设。微观层面，乐洲村利用互联网风投平台整合线上线下闲置资源，发展乡村创新养老产业，活化乡里。通过产业新发展激发乡村活力，让村民认识到自我价值，重返乡村，振兴乡村。

二、延伸内容

1. 美丽南方

“美丽南方，五彩忠良”

“绿树村边合，青山郭外斜。开轩面场圃，把酒话桑麻”。美丽南方景区环绕一江（邕江)、一湖（金沙湖)、一岛（太阳岛)；自然田园风光秀丽，四季分明，物产丰富，人杰地灵。

2. 景区风貌

小青瓦、白粉墙、青石墙裙，沿着这曲折巷陌、亭台池塘，走进这鳞次栉比、高低错落的白墙黑瓦，你会觉得是身处江南水乡了。这幅邕江环抱、碧水盈盈、远山含黛、风光秀丽的乡村风情画卷。

3. 人文资源

景区因陆地先生创作的《美丽的南方》而得名，有着丰富的设计来源。同时美丽南方还具有知青下乡土地改革历史，具有一定的历史文化内涵。

4. 乐洲村

（1）村庄景观

乐洲位于南宁市西郊，石埠街道南面。地处邕江之畔，太阳岛坐落村中，环境优美，北临邕江等丰富的景观生态资源，自然田园风光秀丽。

（2）建筑风貌

建筑风格较统一，多数建筑保存完善，主要为清水砖与红砖房土坯房。院落结构完整，有一进院二进院等。

（3）特色建筑构件

特色的建筑构件使原来的青砖房和土坯房变得与众不同，独具一格。除了装饰的作用之外，这些特色构件都有着特殊的文化内涵，凝聚了当地祖祖辈辈人民的心血。

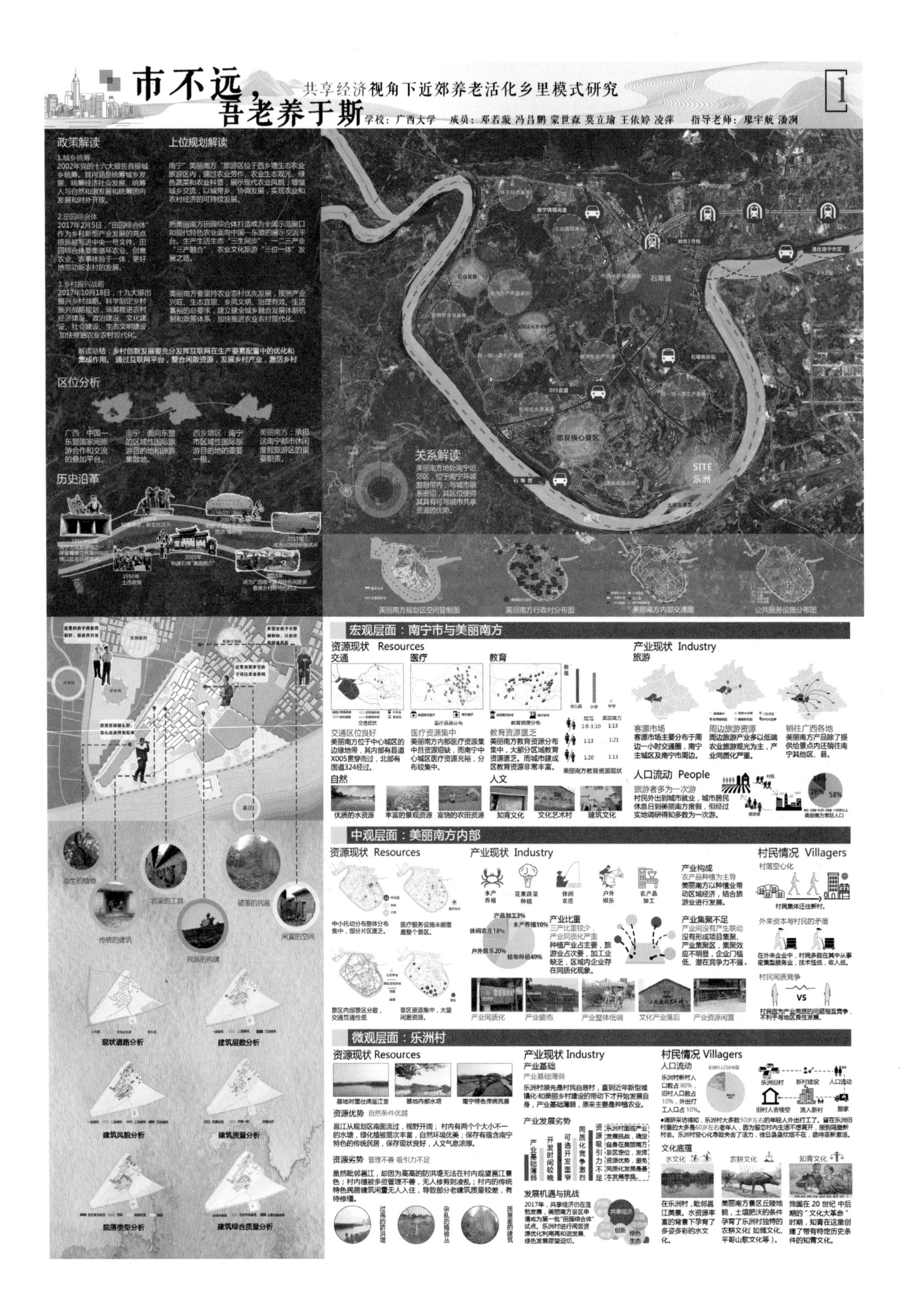

市不远，吾老养于斯
共享经济视角下近郊养老活化乡里模式研究
1
学校：广西大学 成员：邓若璇 冯昌鹏 蒙世森 莫立瑜 王依婷 凌萍 指导老师：廖宇航 潘洌
政策解读
1.城乡统筹
2002年党的十六大报告首提城乡统筹。其内涵是统筹城乡发展、统筹经济社会发展、统筹人与自然和谐发展和统筹国内发展和对外开放。
2.田园综合体
2017年2月5日，“田园综合体”作为乡村新型产业发展的亮点措施被写进中央一号文件。田园综合体要集循环农业、创意农业、农事体验于一体，更好地带动新农村的发展。
3.乡村振兴战略
2017年10月18日，十九大提出振兴乡村战略。科学制定乡村振兴战略规划，统筹推进农村经济建设、政治建设、文化建设、社会建设、生态文明建设，加快推进农业农村现代化。
上位规划解读
南宁“美丽南方”旅游区位于西乡塘生态农业旅游区内，通过农业劳作、农业生态观光、绿色蔬菜和农业科普，展示现代农业风貌，增强城乡交流，以城带乡、协调发展，实现农业和农村经济的可持续发展。
把美丽南方田园综合体打造成为全国示范窗口和现代特色农业面向中国—东盟的展示交流平台。生产生活生态“三生同步”、一二三产业“三产融合”、农业文化旅游“三位一体”发展之路。
美丽南方要坚持农业农村优先发展，按照产业兴旺、生态宜居、乡风文明、治理有效、生活富裕的总要求，建立健全城乡融合发展体制机制和政策体系，加快推进农业农村现代化。
解读总结：乡村创新发展要充分发挥互联网在生产要素配置中的优化和集成作用。通过互联网平台，整合闲散资源，发展乡村产业，激活乡村
区位分析
广西：中国—东盟国家间旅游合作和交流的叠加平台。
南宁：面向东盟的区域性国际旅游目的地和旅游集散地。
西乡塘区：南宁市区域性国际旅游目的地的重要一极。
美丽南方：承担这南宁都市休闲度假旅游区的重要职责。
历史沿革
2005年
始建石埠“美丽南方”
2007年
2017年
1950年
土改政策
关系解读
美丽南方地处南宁近郊区，位于南宁环城游憩带内，与城市联系密切，其区位使得其具有可与城市共享资源的优势。
石埠镇
忠良核心景区
SITE
乐洲
邕江
美丽南方规划区空间管制图
美丽南方行政村分布图
美丽南方内部交通图
公共服务设施分布图
现状道路分析
建筑层数分析
建筑风貌分析
建筑质量分析
院落类型分析
建筑综合质量分析
野生的植物
农家的工具
破落的民居
传统的建筑
民族的构建
闲置的空间
宏观层面：南宁市与美丽南方
资源现状 Resources
交通
医疗
教育
交通现状
医疗资源分布
教育资源分布
交通区位良好
美丽南方位于中心城区的边缘地带，其内部有县道X005贯穿而过，北部有国道324经过。
医疗资源集中
美丽南方内部医疗资源集中且资源短缺，而南宁中心城区医疗资源充裕，分布较集中。
教育资源匮乏
美丽南方教育资源分布集中，大部分区域教育资源匮乏。而城市建成区教育资源非常丰富。
幼儿园
小学
中学
规范
美丽南方
1:8-1:10
1:13
1:13
1:21
1:20
1:13
美丽南方教育资源现状
自然
优质的水资源
丰富的景观资源
富饶的农田资源
人文
知青文化
文化艺术村
建筑文化
产业现状 Industry
旅游
客源市场
客源市场主要分布于周边一小时交通圈，南宁主城区及南宁市周边。
周边旅游资源
周边旅游产业多以低端农业旅游观光为主，产业同质化严重。
销往广西各地
美丽南方产品除了提供给景点内还销往南宁其他区、县。
人口流动 People
旅游者多为一次游
村民外出到城市就业，城市居民休息日到美丽南方度假，但经过实地调研得知多数为一次游。
村民
旅游者
16%
26%
58%
美丽南方常驻人口
中观层面：美丽南方内部
资源现状 Resources
中小托幼分布整体分布集中，部分片区匮乏。
医疗服务设施未能覆盖整个景区。
景区内部景区分散，交通互通性低
景区资源集中，大量闲置资源。
产业现状 Industry
水产养殖
花果蔬菜种植
休闲农庄
户外娱乐
农产品加工
产品加工3%
水产养殖10%
休闲农庄18%
户外娱乐20%
植物种植49%
产业构成
农产品种植为主导
美丽南方以种植业带动区域经济，结合旅游业进行发展。
产业比重
三产比重较少，产业同质化严重
种植产业占主要，旅游业占次要，加工业缺乏，区域内企业存在同质化现象。
产业集聚不足
产业间没有产生联动
没有形成项目集聚、产业集聚区，集聚效应不明显，企业门槛低、潜在竞争力不强。
产业同质化
产业疲态
产业整体低端
文化产业落后
产业资源闲置
村民情况 Villagers
村落空心化
村民集体迁往新村。
外来资本与村民的矛盾
在外来企业中，村民多数在其中从事密集型服务业，技术性低，收入低。
村民同质竞争
VS
村民因为产业同质的问题相互竞争，不利于与地区良性发展。
微观层面：乐洲村
资源现状 Resources
基地对面壮阔邕江景
基地内部水塘
南宁特色传统民居
资源优势 自然条件优越
邕江从规划区南面流过，视野开阔；村内有两个个大小不一的水塘，绿化植被层次丰富，自然环境优美；保存有蕴含南宁特色的传统民居，保存现状良好，人文气息浓厚。
资源劣势 管理不善 吸引力不足
虽然毗邻邕江，却因为高高的防洪堤无法在村内观望邕江景色；村内植被多但管理不善，无人修剪则凌乱；村内的传统特色民居建筑闲置无人入住，导致部分老建筑质量较差，有待修缮。
过高的防洪堤
杂乱的植被丛
质量差的建筑
产业现状 Industry
产业基础
产业基础薄弱
乐洲村原先是村民自居村，直到近年新型城镇化和美丽乡村建设的带动下才开始发展自身，产业基础薄弱，原来主要是种植农业。
产业发展劣势
产业基础薄弱
开发时间较晚
可选开发面窄
同质化竞争激烈
资源吸引力不足
乐洲村面临产业发展挑战，确定自身在美丽南方景区定位，发挥资源优势，避免同质化发展是基本发展思路。
发展机遇与挑战
2017年，共享经济仍在蓬勃发展，美丽南方景区申请成为第一批“田园综合体”试点。乐洲村进行闲置资源优化利用再和谐发展、绿色发展愿望迫切。
共享经济
创新
绿色生态
村民情况 Villagers
人口流动
乐洲村新村人口数占80%，旧村人口数占10%，外出打工人口占10%。
乐洲旧村
新村建设
人口流动
旧村人去楼空
流入新村
搬家
●调研采访得知，乐洲村大多数30岁左右的年轻人外出打工了。留在乐洲旧村里的大多是60岁左右老年人，因为留恋村内生活不想离开，搬到隔壁新村去。乐洲村空心化导致失去了活力，往日袅袅炊烟不在，亟待重新激活。
文化底蕴
水文化
农耕文化
知青文化
在乐洲村，毗邻邕江美景。水资源丰富的背景下孕育了多姿多彩的水文化。
美丽南方景区丘陵地貌，土壤肥沃的条件孕育了乐洲村独特的农耕文化（如傩文化、平哥山歌文化等）。
我国在20世纪中后期的“文化大革命”时期，知青在这里创建了带有特定历史条件的知青文化。

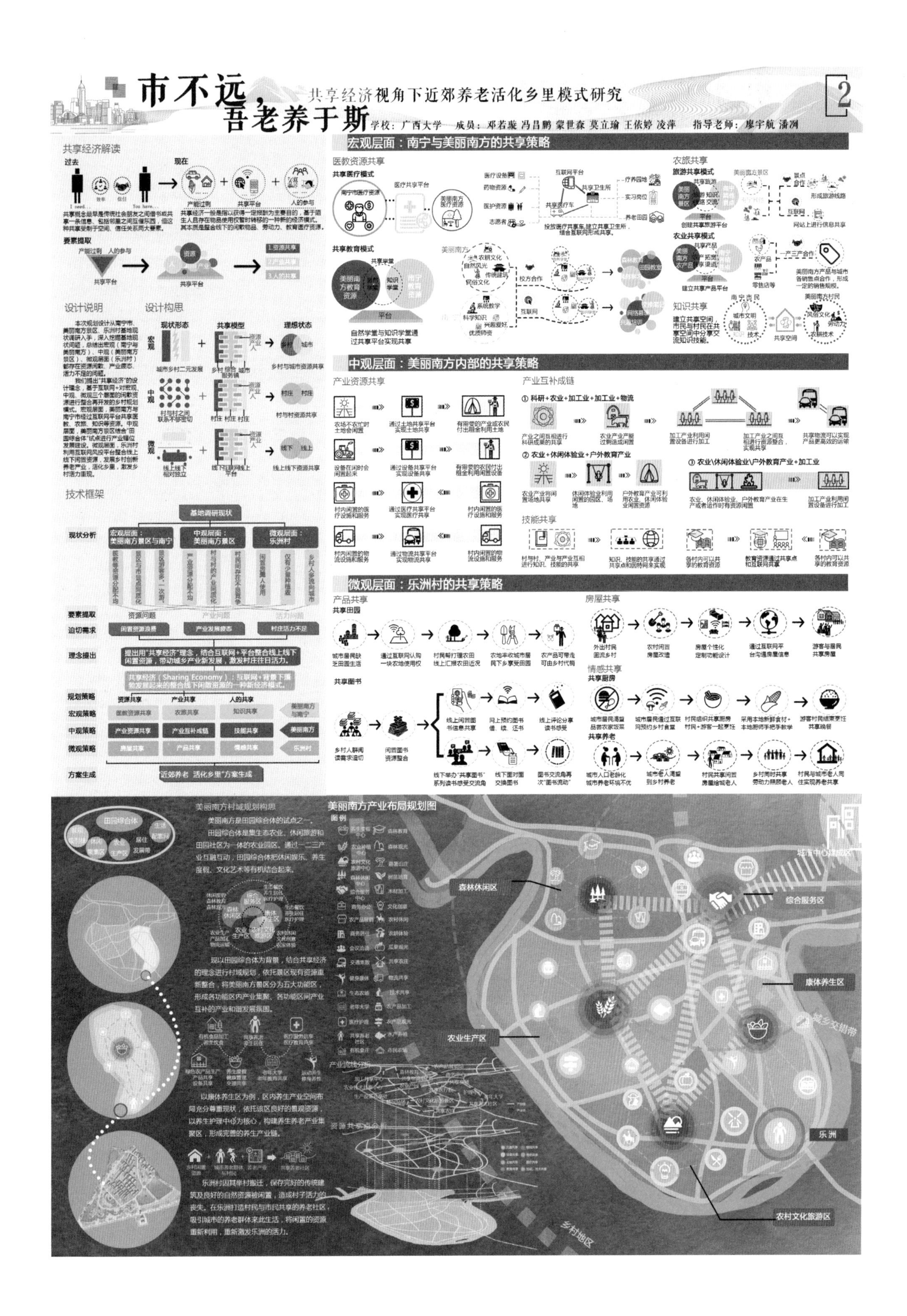
市不远，吾老养于斯
共享经济视角下近郊养老活化乡里模式研究
学校：广西大学 成员：邓若璇 冯昌鹏 蒙世森 莫立瑜 王依婷 凌萍 指导老师：廖宇航 潘洌
宏观层面：南宁与美丽南方的共享策略
中观层面：美丽南方内部的共享策略
微观层面：乐洲村的共享策略
共享经济解读
设计说明
设计构思
技术框架
医教资源共享
农旅共享
知识共享
产业资源共享
产业互补成链
技能共享
产品共享
房屋共享
情感共享
美丽南方村域规划构思
美丽南方产业布局规划图
森林休闲区
综合服务区
康体养生区
农业生产区
乐洲
农村文化旅游区
城市中心城区
乡村地区

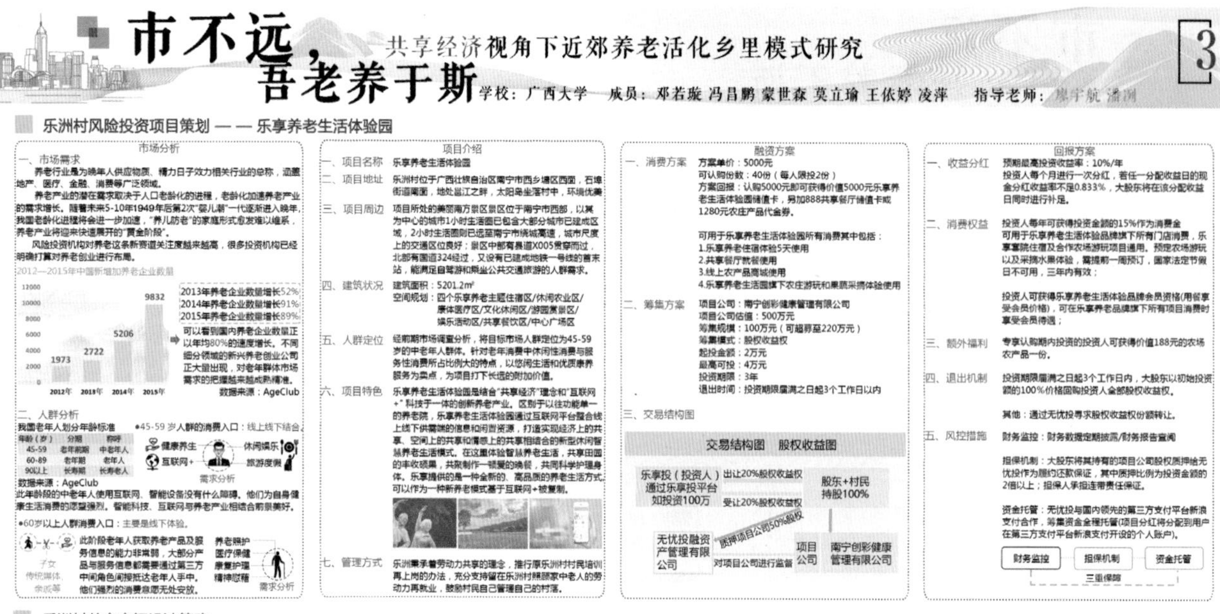

市不远，吾老养于斯
共享经济视角下近郊养老活化乡里模式研究
3
学校：广西大学 成员：邓若旋 冯昌鹏 蒙世森 莫立瑜 王依婷 凌萍 指导老师：
乐洲村风险投资项目策划 —— 乐享养老生活体验园
市场分析
项目介绍
融资方案
回报方案
交易结构图 股权收益图

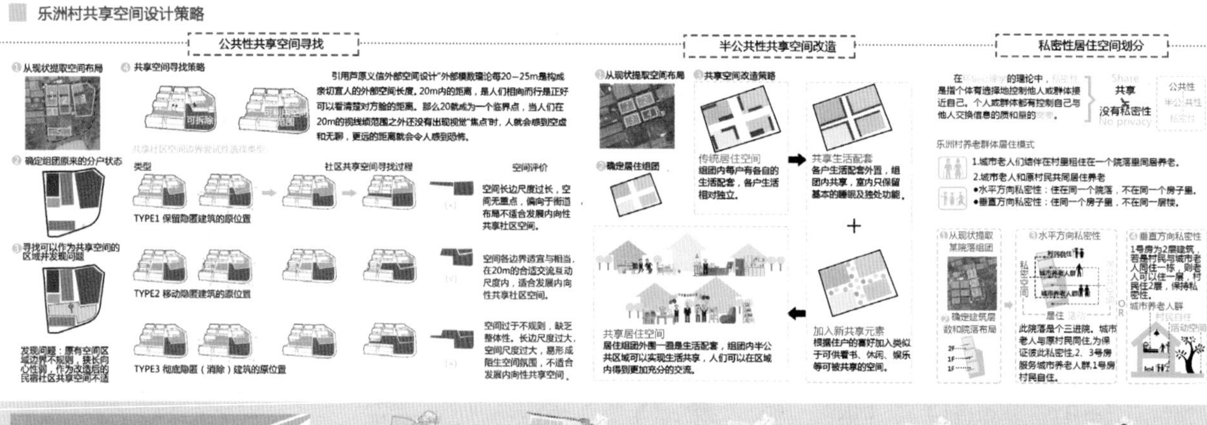

乐洲村共享空间设计策略
公共性共享空间寻找
半公共性共享空间改造
私密性居住空间划分
TYPE1 保留隐匿建筑的原位置
TYPE2 移动隐匿建筑的原位置
TYPE3 彻底隐匿（消除）建筑的原位置

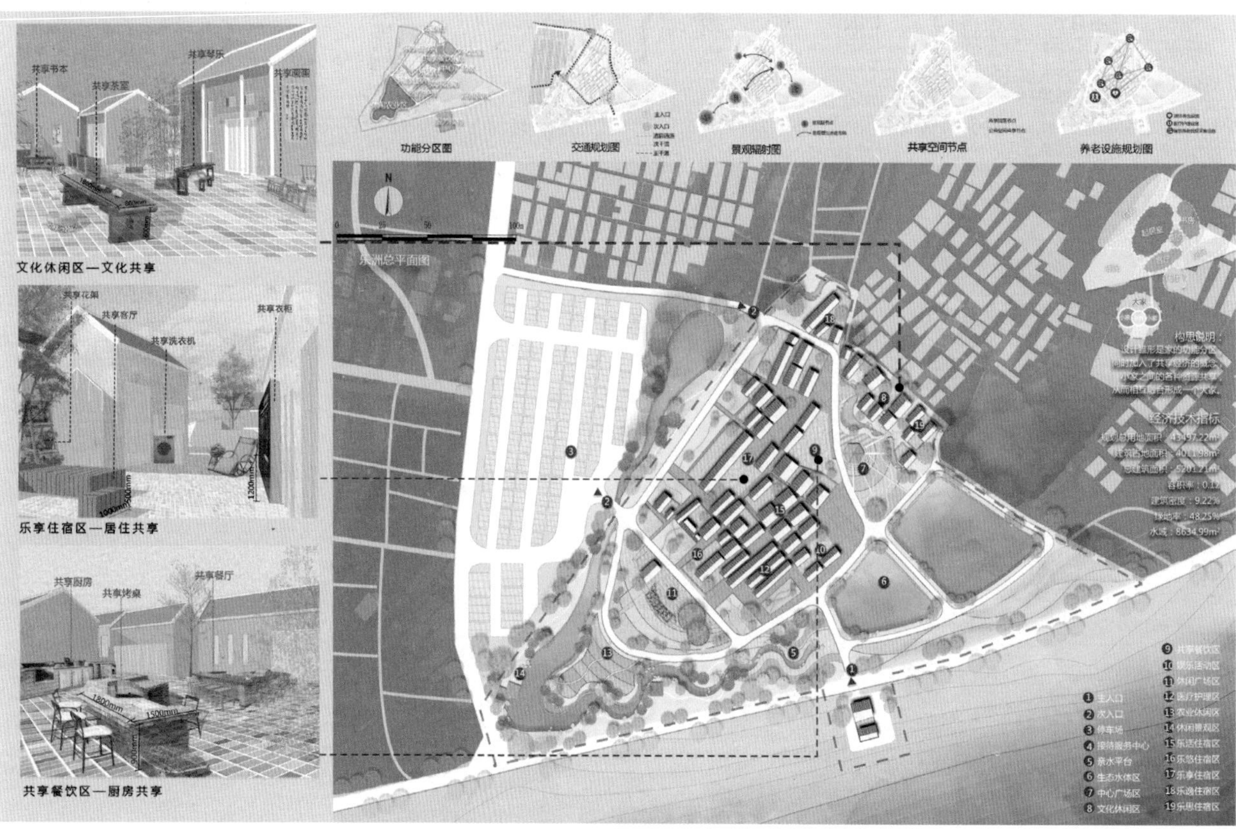

文化休闲区—文化共享
乐享住宿区—居住共享
共享餐饮区—厨房共享
功能分区图
交通规划图
景观辐射图
共享空间节点
养老设施规划图
乐洲总平面图
构思说明
经济技术指标
1 主入口
2 次入口
3 停车场
4 接待服务中心
5 亲水平台
6 生态水体区
7 中心广场区
8 文化休闲区
9 共享餐饮区
10 娱乐活动区
11 休闲广场区
12 医疗护理区
13 农业休闲区
14 休闲景观区
15 乐活住宿区
16 乐悠住宿区
17 乐享住宿区
18 乐晟住宿区
19 乐居住宿区

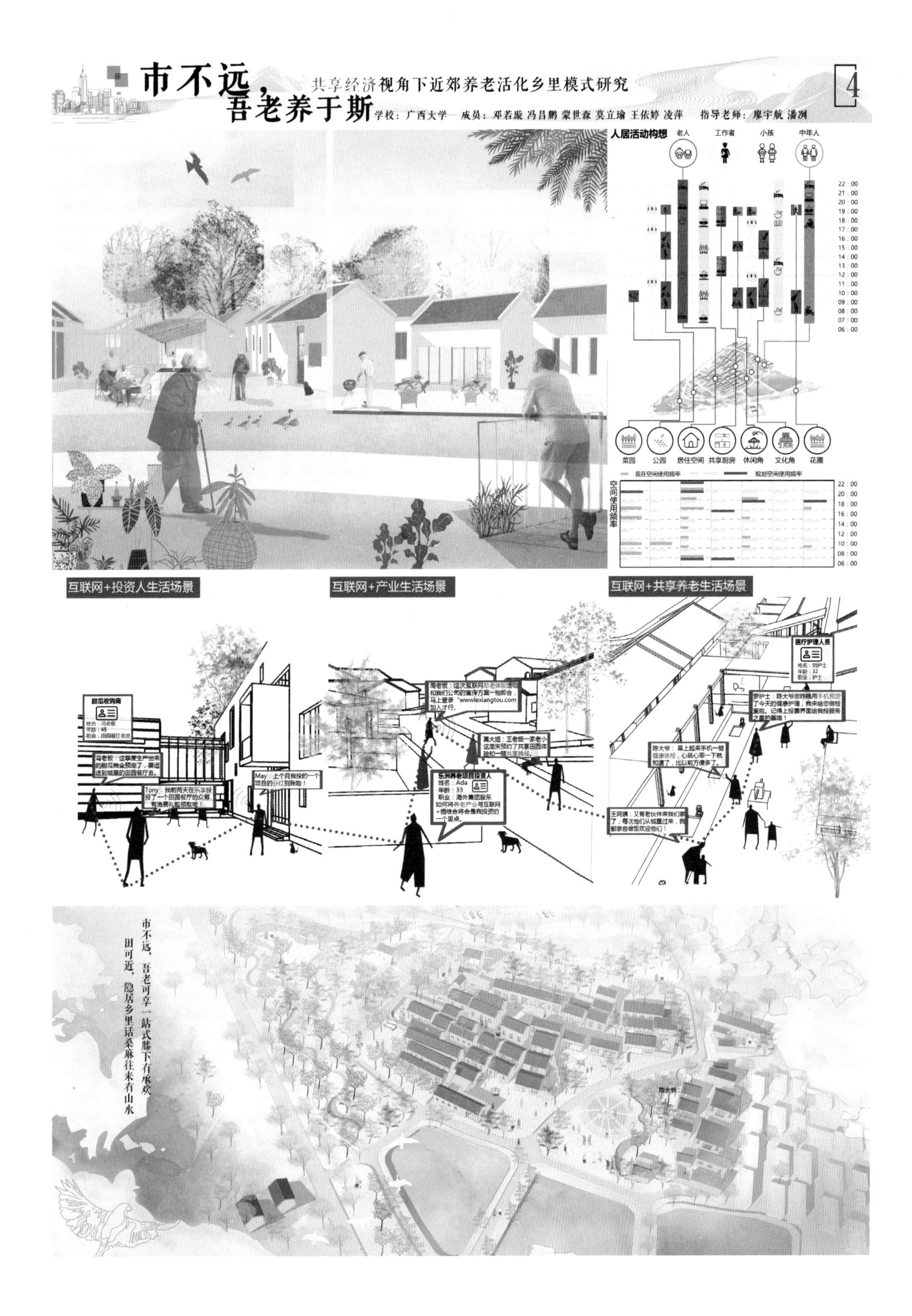

市不远，吾老养于斯
共享经济视角下近郊养老活化乡里模式研究
4
学校：广西大学 成员：邓若璇 冯昌鹏 蒙世森 莫立瑜 王依婷 凌萍 指导老师：廖宇航 潘洌
人居活动构想
老人
工作者
小孩
中年人
菜园
公园
居住空间
共享厨房
休闲角
文化角
花圃
现在空间使用频率
规划空间使用频率
空间使用频率
互联网+投资人生活场景
互联网+产业生活场景
互联网+共享养老生活场景
甜瓜收购商
医疗护理人员
乐洲养老项目投资人
市不远，吾老可享一站式膝下有承欢
田可近，隐居乡里话桑麻往来有山水

参赛学校名称：西北大学 小组成员：袁洋子 孙圣举 程元 侯少静 屈婷婷 李海峰 指导教师：李建伟 沈丽娜

山水禅意·印象桔乡

空间生产导向下的青龙寺村村庄规划 1 现状篇

QINGLONG TEMPLE VILLAGE PLANNING UNDER THE GUIDANCE OF THE PRODUCTION OF SPACE

时代背景 BACKGROUND

快速城镇化 57.36%

截止2016年底全国城镇化率已达到57.36%，仍呈现快速增长模式。

城镇化率的高速增长，对于农村的发展产生了很大的冲击。

100% 56.1% 39.9%

总人口 城市常住人口 农村户籍人口

农村人口大量涌入城市，农村劳动力流失。

360万个 210万个

从2000年到2015年全国共消失了150万个自然村

农村人口越来越少空巢老人和留守儿童越来越多，农村文化慢慢消失。

乡村分异现象严重

社会关系 空间功能

空间社会关系的转变导致原有空间功能丧失

十九大提出振兴乡村

美丽乡村 田园一体化 新农村 乡村旅游发展

乡村具有更多的可能性

如何协调原有空间格局和新生空间

乡村空间生产

需要生产新的空间适应新的社会关系，产生新的空间功能

基地区位 LOCATION ANALYSIS

地理区位

汉中市 城固县 SITE 原公镇

[省域层面] [市域层面] [镇域层面]

240hm²

[村域范围] [集中居民点]

集中居住区为本次规划居民点规划范围，位于青龙寺村最南侧，沿村庄主要道路分布。

交通区位

京昆高速 10国道 城固机场 阳安铁路 城固北站 城固火车站 高速入口 西成高铁

SITE 15km 6.5km 13km 1.6km 城固县

基地距汉中市28km，距城固县城13km，西部、北部与桔园镇相邻，是城固桔园景区的重要组成部分。

基地分析 SITE ANALYSIS

村域分析

村庄住宅用地 村庄公共服务设施用地 村庄公共场所 村庄生产仓储用地 村庄商业服务设施用地 水域 农林用地 村庄基础设施用地

土地利用现状图

村庄主要生活道路 村庄次要生活道路 村庄生产道路 规划范围

道路交通现状图

山脉景观 农田景观 水系景观 规划范围

村庄景观现状图

居民点分析

活动中心 宝箧印塔 公共厕所 观景平台 桔山 村委会 村庄主要道路

侯家疙瘩 张湾 柑桔种植基地 村委会 商店 商店 青龙寺 池塘 水库 堰坎村 宝箧印塔

0 100 200m

质量较好 质量一般 质量较差

村庄基础设施较为完善，公共设施、休闲广场等仍待完善。村庄建筑多为居住功能，集中居住片区位于村域南侧青龙寺水库一带，整体居住环境较好。

村庄主要产业为柑桔种植，成片的柑桔与自然山体、村庄构成了山、水、园、湖为一体的景观生态格局。

建筑高度：1-2层 ≥3层

建筑功能：居住建筑 工业建筑 宗教建筑 公共建筑

建筑风貌：生土建筑 砖石建筑 砖混建筑

道路现状：组团路 主干路

社会分析 SOCIAL ANALYSIS

社会经济条件

有效利用 闲置 未有效利用

土地闲置情况

2013 2015 2017 游客量增长

部分用地未有效利用，如砖厂、鱼塘等。今年游客量逐渐增长，对青龙寺旅游业发展提供较大机遇。

第三产业 第二产业 第一产业

三产占比 人均收入

<3K 3K-5K 5K-1W >1W

村庄以农业生产为主，人均收入较低，农户种植作物以桔树为主。

非常不满意 较为满意 一般 较为不满意 非常满意

居民满意度

较为不愿意 一般 较为愿意 非常愿意

改造意愿

居民具有较为强烈的改造意愿，希望村庄实现更好的发展。

人群活动分析

年龄分布：青少年 中年人 老年人 —— 年龄跨度较大，弱势群体较多。

人口构成：非常住人口 常住人口 —— 常住居民为主，外来人口较少。

人群类型：其他 外出打工 农业 —— 人群构成简单，以从事农业为主。

活动类型	活动场所
教育和学习	住宅
出行	街角与街巷
购物	街角与街巷
居住	住宅
营业	街角与街巷
运动	宅前空地
休憩	宅前空地
餐饮	住宅
文化休闲	宅前空地
交往	街角与街巷
棋牌	街角与街巷
商品展销	街巷

活动时间：早 中 晚

生态环境好，旅游发展不足

这里的生态环境非常好，周末也会来徒步休闲一下，但是这里的农家乐很少，没地方吃饭。——游客张女士

年轻人外出务工，村庄活力不足

村上年轻人都出去打工赚钱了，人越来越少，只剩下我们老年人和小孩子，没有以前热闹了。——村民李大爷

公共设施缺乏，无处玩耍

每天放学之后，周围没有好玩的地方，只能在路上玩，太危险了，期待有娱乐设施以及固定场所。——村民刘同学

村庄建设畅想

希望能将村庄的历史文化与自然山水结合，把这里打造成农业和旅游兼具的村庄，大家共同发展。——村民赵先生

问题梳理 PROBLEM CLARIFICATION

资源禀赋

区位优势

青龙寺村位于城固县桔园大环线的重要节点，南侧有西成高铁、西汉高速等重要交通线路，倚靠区域优势，未来发展潜力巨大。

SITE 区域带动

产业优势

以柑桔种植为特色产业，资源禀赋优越，为产业延伸升级、特色产品打造打下基础。随着交通的不断便捷，村庄柑橘产业必将有更好的发展。

生态旅游 产业延伸 服务体验

文化优势

区域包含宝箧印塔、青龙寺遗址、鹁鸪钻天等三处寺庙，民俗文化源远流长，是村庄发展中宝贵的财富。

宗教文化 建筑文化 民俗文化 农耕文化

生态优势

北靠秦岭，植被资源丰富，山水风光优美，村庄水系发达，山、水、田、园等要素集聚，带来原乡多元化的生态田园景观感受。

SITE 园 水 山 林

问题总结

社会结构失衡 —— 留守人群数量大，生活空间需求如何满足？

生态尚未利用 —— 生态保护需求下生态资源如何利用？

活力逐渐流失

村庄产业衰落 —— 传统农业受限，村产业如何发展？

村庄土地闲置 —— 土地利用如何优化？

发展诉求

功能发展诉求

多元复合 产业升级——根据上位规划，村庄未来发展将具有休闲、娱乐、居住等多项功能，形成特色复合型功能。

居住 休闲 复合 娱乐 工作

产业发展诉求

扎根本土 特色引领——村庄发展仅仅依靠原始农业有所局限，需挖掘本土特色，延伸产业链条，实现产业活化。

特色引领 特色产业支撑

文化发展诉求

原生保护 吸纳包容——文化发展是传承与更新的过程。青龙寺村在发展的过程中要包容并济，积极引导。

建筑彰显文化

生态发展诉求

保护为本 合理开发——重视对生态的保护。村庄在发展中要平衡开发与保护的关系，控制开发强度，有序发展。

BALANCE

参赛学校名称：西北大学 小组成员：袁洋子 孙圣举 程元 侯少静 屈婷婷 李海峰 指导教师：李建伟 沈丽娜

山水禅意·印象桔乡

空间生产导向下的青龙寺村村庄规划 2 理念篇

QINGLONG TEMPLE VILLAGE PLANNING UNDER THE GUIDANCE OF THE PRODUCTION OF SPACE

规划目标 PLANNING OBJECTIVE

传承发扬文化 挖掘文化 重构生产空间 生态资源再利用 空间再组 延长产业链 生态空间 文化空间 重组社会关系 生产空间 回复原真 生活空间 传承文化 生产便捷 亲近自然 生活美好

规划定位 PLANNING POSITIONING

打造以柑橘种植和乡村旅游为主的，集休闲、观光、旅游为一体的特色生态村庄。

规划年限：近期（2020年），远期（2025年）

远期规划人口630户，6300人。

生态住区 宗教文化 归园田居 居住 文化 生态 生产 柑橘产业 特色农业 乡村旅游

基于当地良好的发展条件，在生产生活与生态三方面打造多元化、康生态的产业链条，提供多方面的生产生活服务，居住、游览、生产相辅相成，共同促进村庄发展。

目标人群 TARGET POPULATION

人群类型	功能需求	空间需求	空间生产
当地居民	农耕劳作	生活居住组团	
外来游客	居住生活	文化体验区域	
学生	休闲娱乐	亲近自然场所	
投资商人	感受自然	农业生产场地	
艺术家	激发灵感	休闲娱乐之所	
	产业增收		
	康体健身		
	感受文化		

概念引入 CONCEPT INTRODUCTION

空间生产之问

空间生产概念：社会发展转型过程中，带来不同活动实践，并通过对空间的占用和使用，实现对空间的社会塑造，使空间反映一定的社会关系。

乡村现处于社会激烈的变动期，现代乡村社会形成过程中乡村空间生产既是动力也是目标。

社会经济转型 社会制度变革 社会关系变化 体验 乡村 休闲 文化

"乡村+体验"空间：农耕文化体验 橘园采摘 橘子加工坊 体验型民宿

"乡村+休闲"空间：水乡垂钓 青龙山庄 民俗一条街 乡间游乐园

"乡村+文化"空间：青龙古寺旧址 宝刹印塔

空间生产之思

乡村社会转型 空间生产机制

社会经济转型——三产融合发展；社会制度变革——土地流转制度改革；社会关系变化——血缘地缘关系消融

新的活动内容

挖掘乡村生态资源经济价值打造乡村生态旅游空间。

集中流转乡村土地并闲置土地优化乡村公共活力空间。

延续乡村传统居住文化，设计乡村特色体验空间。

体现乡村社会新秩序 实现产业延伸升级

青龙寺村空间生产

宏观空间生产：改变乡村现状产业疲乏，秩序混乱现象

自然山水·特色桔园·原乡文化三位一体

微观空间生产：延续原乡文化，空间活力，挖掘资源价值。

土地利用完善 优化提升土地资源；乡村产业重构 拓展延续乡土农业；乡村形态保护 延续乡村整体肌理

居住空间修复 延续陕南原乡文化；公共空间重塑 丰富乡村社会生活；生态空间利用 挖掘山水资源价值

用地调控 建筑设计 乡村空间生产方式 柑橘产业群 空间营造 村落形态 功能优化 乡村治理 乡村建设

乡村社会空间 乡村空间生产 乡村物质空间

空间生产之行

产业体系 生活空间 生态环境 地域文化

要求：秦岭生态保护 陕南佛教场所 示范标杆名村 特色产业发展

挖掘：优势区位：靠近高速公路；自身特色：文化、历史、自然；产业基础：乡村旅游、柑橘种植

推动：社会结构失衡 传统产业凋后 旅游服务矛盾

目标导向 区域角度 潜力结合 村庄角度 问题导向

规划策略 PLANNING STRATEGY

产业重构

Step1 产业延伸强化

Step2 产业升级整合

主导产业 柑橘 获利 批发 爆炸 加工 共同销售 统一管理 共同种植

餐饮 住宿 停车 徒步 采摘 游览 购物 休憩 亲子 聚会 垂钓 游船

共同种植 空间生产 部分加工 加工厂 出售 乡村旅游

生态利用

Step1 水体保护利用

组织多样化的滨水岸线，营造丰富滨水活动。

表演 体验 锻炼 休憩 休闲 野餐 骑车 垂钓 划船 游览 跑步 写生

荷塘 水库 柳树林自然湿地

Step2 山体保护利用

生活原真

Step1 改造建筑街巷

原始建筑 劣质拆除 宅前打造 原始建筑 墙面粉刷 屋顶清理 原始建筑 加建坡顶 增设构架

加盖坡屋顶

保证传统居住建筑风貌协调统一

当地石材硬化路面 绿植优化环境 建筑立面统一 张贴文化宣传图画

Step2 盘活公共空间

原始地块 坑地变湖 闲地利用 功能置换 空间打造 游客服务 综合中心

原始地块 旧墟整治 植林种植 功能完善 空间打造 休闲垂钓 民俗体验

盘活废弃集体用地

文化传承

Step1 挖掘优化资源

特色文化 民俗文化

鹤鸣钟天 宝刹印塔 青龙寺 特色建筑文化

修建文化广场展示特色活动

Step2 串联整合资源

文化活动 文化项目

虽然远但可以参加庙会

徒步上山感受山水文化

这里有美丽的桔园

不仅可以拜佛也可以听戏

在山水自然间寻找灵感

我可以在这里为来年祈福

利用乡村生态：快速城镇化的缓冲与调节

传承乡村文化：都市人的故园情结

延续乡村生活：社会变迁下不变的脉脉温情

重构乡村产业：城乡转型下乡村空间活力源泉

山体保护利用

居住空间修复

产业延伸升级

文化资源挖掘

公共空间重塑

水体整治优化

1.产业延伸强化

2.产业升级整合

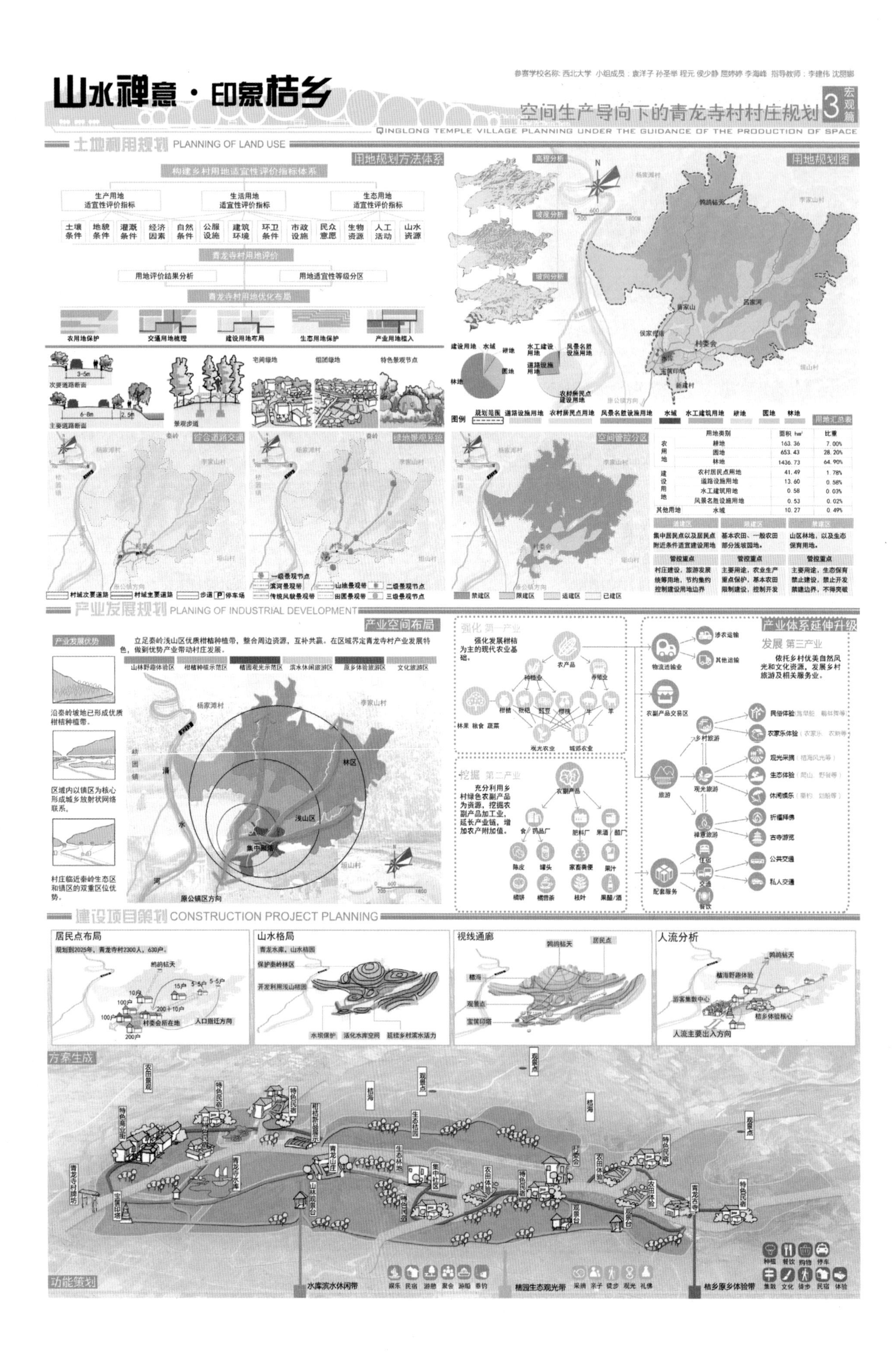

用地类别		面积 hm²	比重
农用地	耕地	163.36	7.00%
	园地	653.43	28.20%
	林地	1436.73	64.90%
建设用地	农村居民点用地	41.49	1.78%
	道路设施用地	13.60	0.58%
	水工建筑用地	0.58	0.03%
	风景名胜设施用地	0.53	0.02%
其他用地	水域	10.27	0.49%

参赛学校名称：西北大学 小组成员：袁洋子 孙圣举 程元 侯少静 屈婷婷 李海峰 指导教师：李建伟 沈丽娜

空间生产导向下的青龙寺村村庄规划

4 微观篇

QINGLONG TEMPLE VILLAGE PLANNING UNDER THE GUIDANCE OF THE PRODUCTION OF SPACE

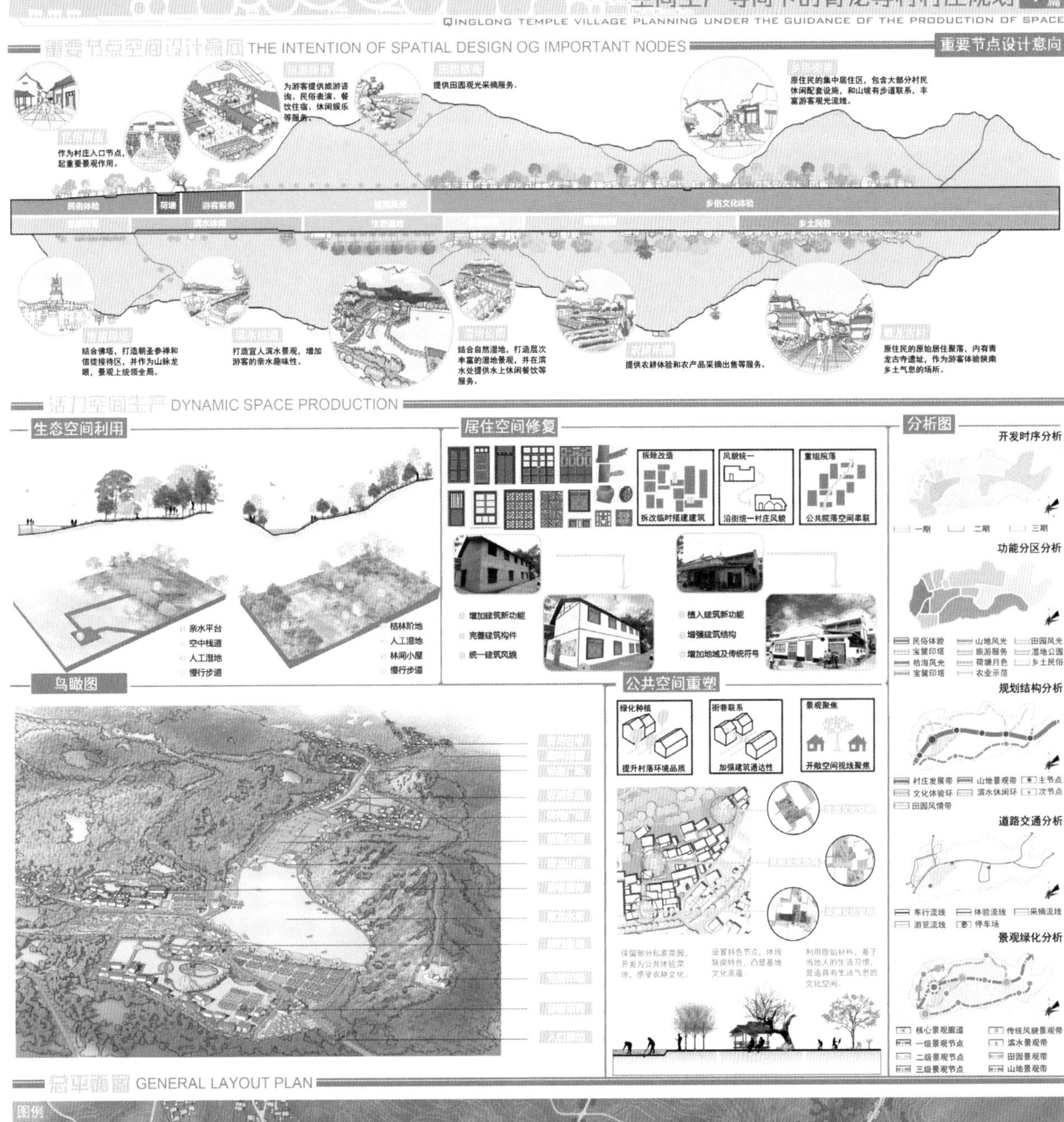

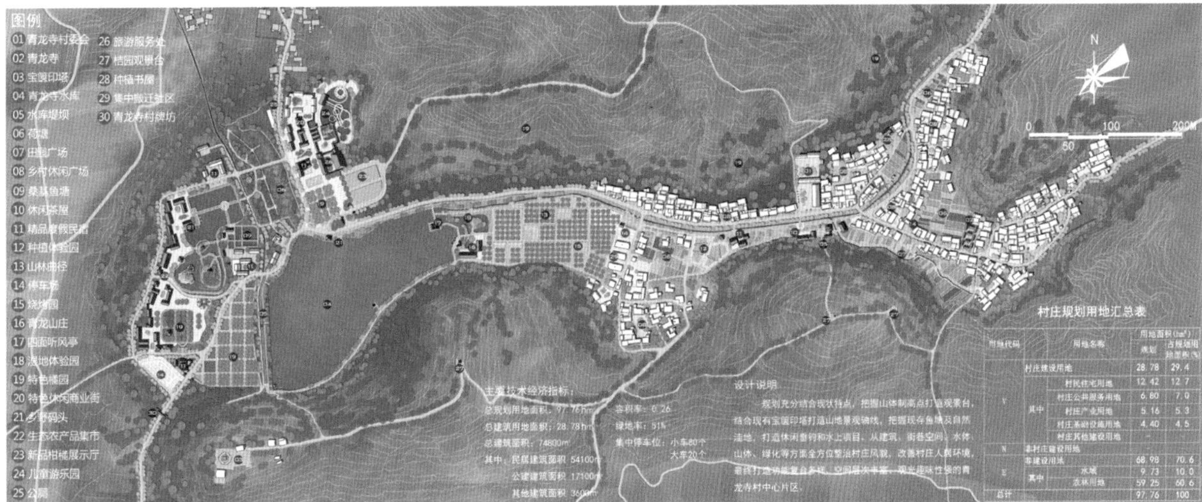

村庄规划用地汇总表

用地代码	用地名称		用地面积（hm²） 规划	占规划用地面积（%）
V	村庄建设用地		28.78	29.4
	其中	村民住宅用地	12.42	12.7
		村庄公共服务用地	6.80	7.0
		村庄产业用地	5.16	5.3
		村庄基础设施用地	4.40	4.5
		村庄其他建设用地	-	-
N	非村庄建设用地		-	-
E	非建设用地		68.98	70.6
	其中	水域	9.73	10.0
		农林用地	59.25	60.6
总计			97.76	100

厚土塬生 十里果香

【参赛院校】 西北大学

【参赛学生】

王 婷

李光宇

苟嘉辉

韩 静

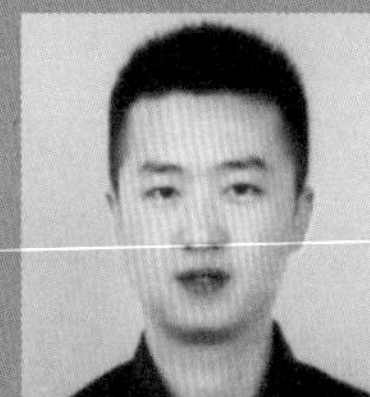
龙 欢

丁竹慧

【指导教师】

惠怡安

董 欣

吴 欣

一、安沟印象

安沟镇地处陕西省东北部、延安市东部、延长县城东南，距延安市区72km，距西安市区404km。政府驻地安沟村到延长县城沿201省道（渭清公路）路程约20.09km。安沟镇辖25个行政村，61个自然村，共计2806户，总人口9673人（常住人口4995人）。镇政府驻安沟村，是安沟镇的政治、经济、文化、社会服务中心。安沟村位于安沟镇版图中心偏西北，延河一级支流——安沟干流的中段偏下游位置。安沟镇属大陆性季风半干旱气候，多年平均降水量565.7mm，是典型的黄土丘陵沟壑区。

安沟地貌类型可以分为山梁系统和沟道系统。安沟地貌属黄土宽梁残塬类型，河谷地域大多为短梁、低峁地貌。登顶四眺，地面大体呈齐一的宽梁残塬。

二、现状调研

调研过程中，我们利用三周时间走完了全镇25个行政村内所有61个自然村，对安沟镇乡村发展现状有了较为详细的了解。调研主要采用问卷访谈的形式按照各村庄常住人口数目的20%进行随机入户调研，对各村基本情况都有较为详细的了解。安沟镇各村庄居民基本居住在自家建设的窑洞中，窑洞主要类型分为石窑、砖窑、土窑，条件较好的家庭居住在新建的石窑和砖窑中，条件较差的村民居住在土窑中，有的窑洞甚至属于危房，亟待整修。

三、规划愿景

通过为期三周的暑期调研及十一期间的补调研，我们在后期针对其乡村发展存在的问题，主要从生产、生活、生态三个方面进行思考：

1. 生活方面

①村民居住分散，如何实现城乡公共服务设施均等化？②村民生活条件差，如何缩小城乡生活水平间的差距，尽量实现乡村生活“现代化”？③空间结构不合理，如何实现生活空间功能更完善，结构与形制更合理？

2. 生产方面

①农户收入低，如何增加农民收入，提高劳动生产率？②土地生产率低，如何通过合理利用土地、有效整治土地，从而提高土地生产率？③农闲时间打工难，如何通过完善产业链，平衡农忙、农闲两阶段的劳动力？

3. 生态方面

①水土流失严重，如何通过规划手段，有效治理水土流失？②生产生活受冰雹、滑坡等自然灾害的威胁，如何有效避免？③水资源短缺，如何合理利用水资源，实现农业灌溉？

团队在针对安沟镇乡村发展的问题深入剖析后，主要针对以上三方面问题进行规划方案的设计。

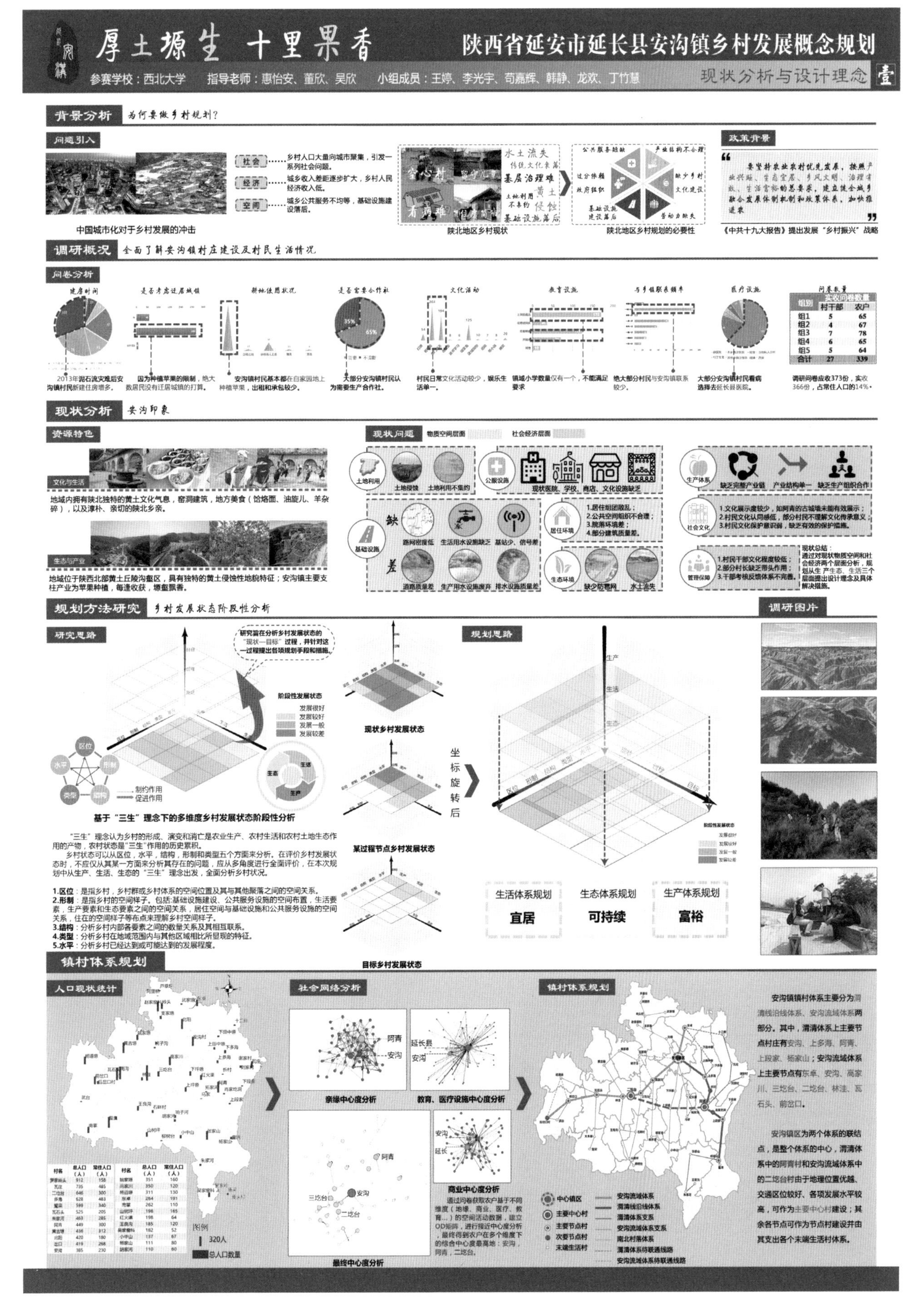

厚土塬生 十里果香
陕西省延安市延长县安沟镇乡村发展概念规划
参赛学校：西北大学 指导老师：惠怡安、董欣、吴欣 小组成员：王婷、李光宇、苟嘉辉、韩静、龙欢、丁竹慧
现状分析与设计理念 壹
背景分析 为何要做乡村规划？
问题引入
社会 乡村人口大量向城市聚集，引发一系列社会问题。
经济 城乡收入差距逐步扩大，乡村人民经济收入低。
空间 城乡公共服务不均等，基础设施建设设施落后。
中国城市化对于乡村发展的冲击
空心村 有贫难 水土流失 基层治理难 基础设施落后
陕北地区乡村现状
陕北地区乡村规划的必要性
政策背景
要坚持农业农村优先发展，按照产业兴旺、生态宜居、乡风文明、治理有效、生活富裕的总要求，建立健全城乡融合发展体制机制和政策体系，加快推进
《中共十九大报告》提出发展“乡村振兴”战略
调研概况 全面了解安沟镇村庄建设及村民生活情况
问卷分析
2013年泥石流灾难后安沟镇村民新建住房增多。
因为种植苹果的限制，绝大数居民没有迁居城镇的打算。
安沟镇村民基本都在自家园地上种植苹果，出租和承包较少。
大部分安沟镇村民认为需要生产合作社。
村民日常文化活动较少，娱乐生活单一。
镇域小学数量仅有一个，不能满足要求
绝大部分村民与安沟镇联系较少。
大部分安沟镇村民看病选择去延长县医院。
调研问卷总收373份，实收366份，占常住人口的14%。
组别 实收问卷数量 村干部 农户
组1 5 65
组2 4 67
组3 7 78
组4 6 65
组5 5 64
合计 27 339
现状分析 安沟印象
资源特色
文化与生活
地域内拥有陕北独特的黄土文化气息，窑洞建筑，地方美食（饸饹面、油旋儿、羊杂碎），以及淳朴、亲切的陕北乡亲。
生态与产业
地域位于陕西北部黄土丘陵沟壑区，具有独特的黄土侵蚀性地貌特征；安沟镇主要支柱产业为苹果种植，每逢收获，漫山飘香。
现状问题 物质空间层面 社会经济层面
土地利用 土地侵蚀 土地利用不集约
公服设施 现状医院、学校、商店、文化设施缺乏
生产体系 缺乏完整产业链 产业结构单一 缺乏生产组织合作
基础设施 缺 差 路网密度低 生活用水设施缺乏 基站少、信号差 道路质量差 生产用水设施废弃 排水设施质量差
居住环境 1.居住组团散乱；2.公共空间组织不合理；3.院落环境差；4.部分建筑质量差。
社会文化 1.文化展示度较少，如阿青的古城墙未能有效展示；2.村民文化认同感低，部分村民不理解文化传承意义；3.村民文化保护意识弱，缺乏有效的保护措施。
生态环境 缺少防若网 水土流失
管理保障 1.村民干部文化程度较低；2.部分村长缺乏带头作用；3.干部考核反馈体系不完善。
现状总结：通过对现状物质空间和社会经济两个层面分析，规划从生产态、生活三个层面提出设计理念及具体解决措施。
规划方法研究 乡村发展状态阶段性分析
研究思路
研究旨在分析乡村发展状态的“现状—目标”过程，并针对这一过程提出各项规划手段和措施。
阶段性发展状态 发展很好 发展较好 发展一般 发展较差
区位 形制 结构 类型 水平
制约作用 促进作用
生态 生活 生产
基于“三生”理念下的多维度乡村发展状态阶段性分析
“三生”理念认为乡村的形成、演变和消亡是农业生产、农村生活和农村土地生态作用的产物，农村状态是“三生”作用的历史累积。
乡村状态可以从区位，水平，结构，形制和类型五个方面来分析。在评价乡村发展状态时，不应仅从某一方面来分析其存在的问题，应从多角度进行全面评价，在本次规划中从生产、生活、生态的“三生”理念出发，全面分析乡村状况。
1.区位：是指乡村，乡村群或乡村体系的空间位置及其与其他聚落之间的空间关系。
2.形制：是指乡村的空间样子。包括基础设施建设、公共服务设施的空间布置，生活要素，生产要素和生态要素之间的空间关系，居住空间与基础设施和公共服务设施的空间关系，住在的空间样子等布点来理解乡村空间样子。
3.结构：分析乡村内部各要素之间的数量关系及其相互联系。
4.类型：分析乡村在地域范围内与其他区域相比所显现的特征。
5.水平：分析乡村已经达到或可能达到的发展程度。
现状乡村发展状态
某过程节点乡村发展状态
目标乡村发展状态
规划思路
坐标旋转后
生产 生活 生态
生活体系规划 宜居
生态体系规划 可持续
生产体系规划 富裕
调研图片
镇村体系规划
人口现状统计
社会网络分析
亲缘中心度分析
教育、医疗设施中心度分析
商业中心度分析
通过问卷获取农户基于不同维度（地缘、商业、医疗、教育…）的空间活动数据，建立OD矩阵，进行报近中心度分析，最终得到农户在多个维度下的综合中心度最高地：安沟，阿青，二圪台。
最终中心度分析
图例 320人 总人口数量
镇村体系规划
中心镇区 主要中心村 主要节点村 次要节点村 末端生活村
安沟流域体系 涓涓线沿线体系 涓涓体系支系 安沟流域体系支系 南北村落体系 涓涓体系待联通线路 安沟流域体系待联通线路
安沟镇镇村体系主要分为涓涓线沿线体系、安沟流域体系两部分。其中，涓涓体系上主要节点村庄有安沟、上多涓、阿青、上段家、杨家山；安沟流域体系上主要节点有东单、安沟、高家川、三圪台、二圪台、林洼、瓦石头、前岔口。
安沟镇区为两个体系的联结点，是整个体系的中心，涓涓体系中的阿青村和安沟流域体系中的二圪台村由于地理位置优越、交通区位较好、各项发展水平较高，可作为主要中心村建设；其余各节点可作为节点村建设并由其支出各个末端生活村体系。

厚土塬生 十里果香

陕西省延安市延长县安沟镇乡村发展概念规划

参赛学校：西北大学　指导老师：惠怡安、董欣、吴欣　小组成员：王婷、李光宇、苟嘉辉、韩静、龙欢、丁竹慧

生产体系规划 贰

现状问题与解决途径

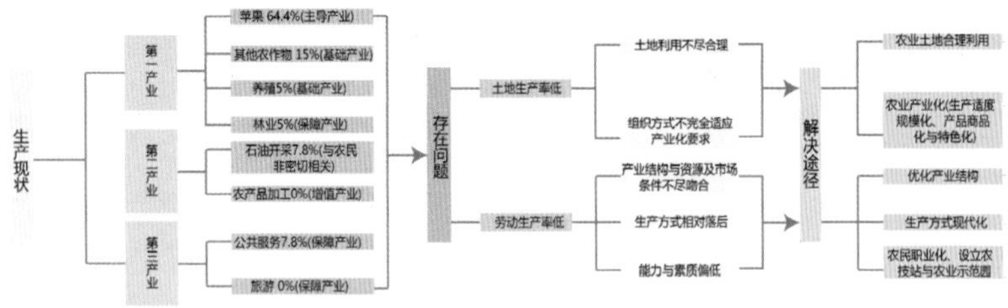

生产现状

第一产业：苹果 64.4%(主导产业)；其他农作物 15%(基础产业)；养殖5%(基础产业)；林业5%(保障产业)

第二产业：石油开采7.8%(与农民非密切相关)；农产品加工0%(增值产业)

第三产业：公共服务7.8%(保障产业)；旅游 0%(保障产业)

存在问题：

- 土地生产率低：土地利用不尽合理；组织方式不完全适应产业化要求
- 劳动生产率低：产业结构与资源及市场条件不尽吻合；生产方式相对落后；能力与素质偏低

解决途径：农业土地合理利用；农业产业化(生产适度规模化、产品商品化与特色化)；优化产业结构；生产方式现代化；农民职业化、设立农技站与农业示范园

生产发展状态变化

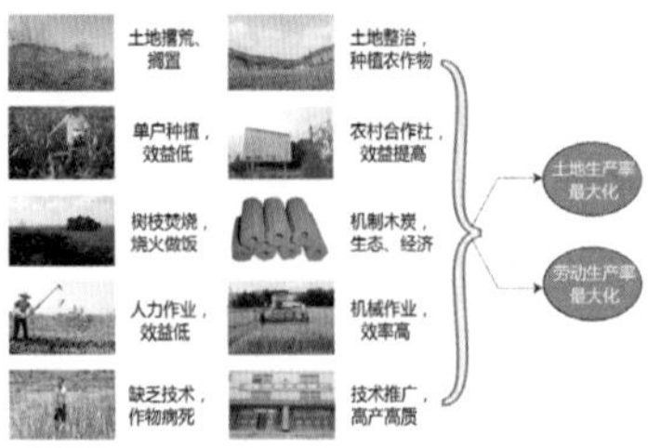

土地撂荒，摘置 → 土地整治，种植农作物

单户种植，效益低 → 农村合作社，效益提高

树枝焚烧，烧火做饭 → 机制木炭，生态、经济

人力作业，效益低 → 机械作业，效率高

缺乏技术，作物病死 → 技术推广，高产高质

土地生产率最大化；劳动生产率最大化

农业土地合理利用

项目区土地类型可分为高山地、塬地、坡地、沟台地和沟床地。坡地可分为陡坡地(上沟坡地)和缓坡地(下沟坡地)。

高山地由于山高坡陡，宜加强生态措施，不用作农业用地。

塬地是最优的农用地。建议以种植苹果、玉米为主，间以种植红薯等价值较高的农作物。

陡坡地建议退耕还林，不作农业用地。

缓坡地可修筑便于机械化种植的宽幅梯田，既能防止水土流失，也能带来更高的经济效益。

沟台地与沟床地可通过修建淤地坝治沟造地等生态工程，增加大量肥沃耕地。

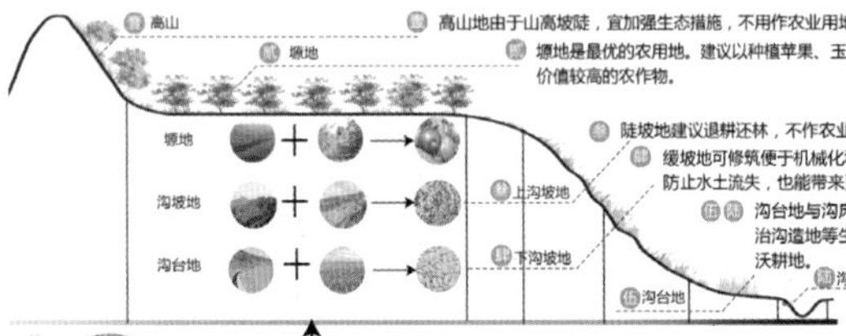

高山；塬地；上沟坡地；下沟坡地；沟台地；沟床地

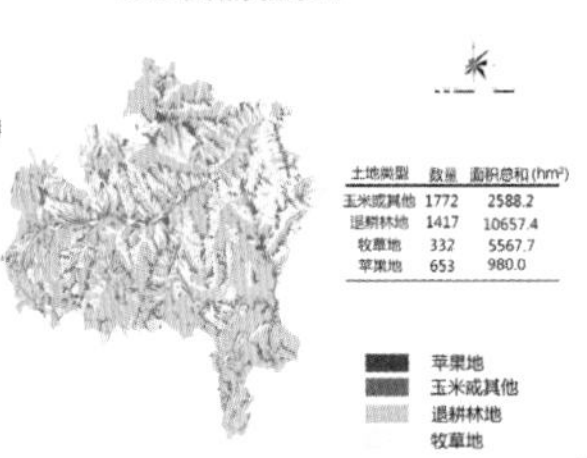

塬地、沟坡地、沟台地

农业土地合理利用空间分析

土地类型	数量	面积总和(hm²)
玉米或其他	1772	2588.2
退耕林地	1417	10657.4
牧草地	332	5567.7
苹果地	653	980.0

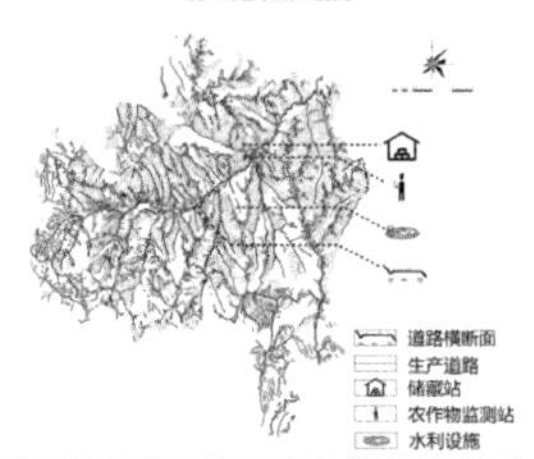

苹果地；玉米或其他；退耕林地；牧草地

生产配套设施布置图

道路横断面；生产道路；储藏站；农作物监测站；水利设施

农业产业结构分析

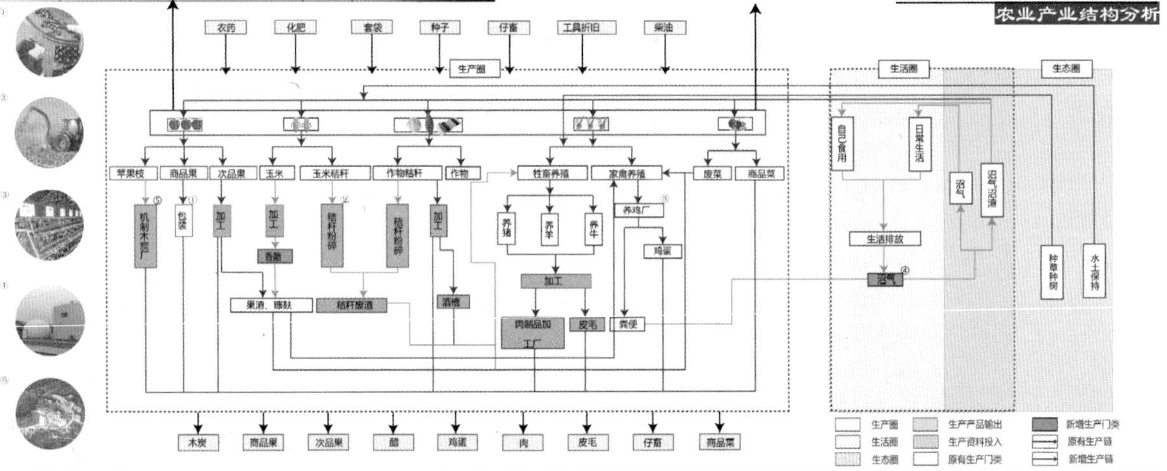

农药；化肥；套袋；种子；仔畜；工具折旧；柴油

生产圈；生活圈；生态圈

苹果枝；商品果；次品果；玉米；玉米秸秆；作物秸秆；作物；牲畜养殖；家禽养殖；废菜；商品菜

机制木炭厂；包装；加工；加工；秸秆粉碎；秸秆粉碎；加工；养猪；养羊；养牛；养鸡厂；自己食用；日常生活；沼气；沼气沼渣；种草种树；水土保持

香醋；果渣、糠麸；秸秆废渣；酒糟；加工；鸡蛋；生活排放；沼气；肉制品加工厂；皮毛；粪便

木炭；商品果；次品果；醋；鸡蛋；肉；皮毛；仔畜；商品菜

生产圈；生活圈；生态圈；生产产品输出；生产资料投入；原有生产门类；新增生产门类；原有生产链；新增生产链

劳动力数量平衡分析

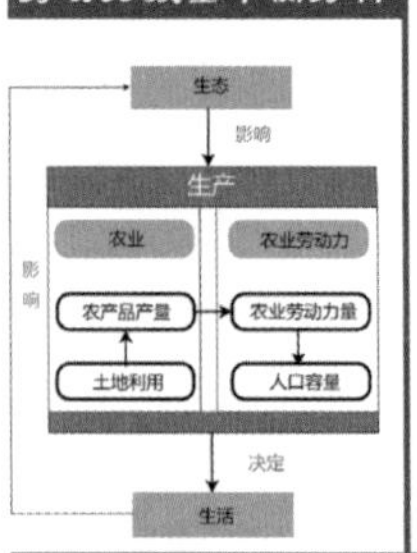

生态 —影响→ 生产（农业、农业劳动力；农产品产量、农业劳动力量；土地利用、人口容量） —决定→ 生活

种植业用工统计表

	类别	苹果	玉米	其他作物	合计
	土地规模	23106	4682	1585	19373
	单位量	2	0.6	0.16	2.76
	总量	4790	281	25	5096
第二季度	单位量	0.45	0.2	0.19	0.84
	总量	1040	94	30	1164
	单位量	0.54	1.5	0.2	2.24
	总量	1248	702	32	1982
第四季度	单位量	1.62	1.5	0.1	3.22
	总量	3743	702	16	4461
	单位量	4.61	3.8	0.65	9.06
	总量	10821	1779	103	12703

*单位：土地规模(亩)，单位量(人/天·亩)、总量(人/亩)。

*由表格可知，苹果产业所需劳动力最多，占全域所有劳动力的85%，且第一、第四季度用工量最大；一年四个季度中，第一、四季度所需劳动力多于二、三季度，且第二季度最少，不同季度间所需劳动力数量不平衡。

*可通过新增农产品生产加工方式，调整季度间劳动力数量不平衡。

农业劳动过程分析

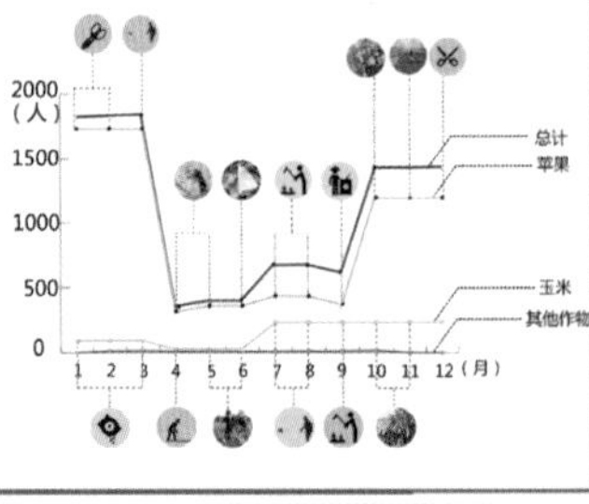

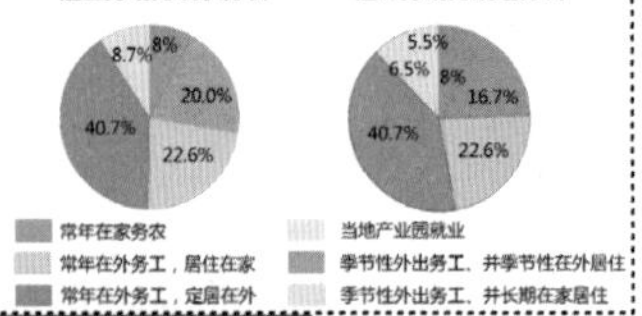

2000（人）；1500；1000；500；0；1 2 3 4 5 6 7 8 9 10 11 12（月）；总计；苹果；玉米；其他作物

社区劳动力现状分析

8%；8.7%；20.0%；22.6%；40.7%

社区劳动力规划分析

5.5%；6.5%；8%；16.7%；22.6%；40.7%

常年在家务农；常年在外务工，居住在家；常年在外务工，定居在外；当地产业园就业；季节性外出务工、并季节性在外居住；季节性外出务工、并长期在家居住

土地生产率与劳动生产率

- 规划前，全域农作物亩均产值1045元，仅为全国平均值的74%；劳动生产率为8903元，仅为全国平均值的12.2%。
- 规划后，全域农作物亩均产值可达到1402元，追平乃至赶超全国平均水平；劳动生产率可达到15000元，与规划前相比提高了68个百分点。

旅游体系规划

规划缘由

推动经济增长

通过旅游业拉动项目区第三产业发展，增加农户家庭收入。一方面，能增加当地居民就业机会；另一方面，可推动农产品销售。

充分利用资源

当地有很多可利用的旅游资源，如传统村庙、石窟、浮雕、古槐树、古城墙等，通过旅游业的发展，使这些旅游资源可以得到充分利用。

促进文化传播

通过旅游业的发展使游客能充分了解并体验陕北农村传统民俗文化。

村庙；庙会；石窟；浮雕；老槐树；古城墙；红色文化

二圪台村：现存一处古庙，20世纪70年代被毁，村民自发修复。

小中山村：现存一处保留较完好的石窟。

阿青村：

1.红色文化：是延长县最早建立的7个农村党支部之一。

2.历史文化：现存有宋古城墙遗址，遗址旁种有一颗600多年的老槐树，民国时期还曾有官兵在此安营扎寨。

规划定位

利用现有旅游资源，沿渭清公路规划可满足游客短时间停歇并消费的旅游目的地。

纵贯安沟镇的渭清公路南起渭南市，北至清涧县，途径蒲城、白水、黄龙、宜川、延长和延川等县，过往车辆较多。因此在渭清公路沿线设置旅游目的地，可使前往沿线大型旅游景点(如延川乾坤湾景区和宜川壶口瀑布等景区)的游客在此短暂停歇。

旅游目的地预期日均接纳游客365人，使渭清公路过往车辆在此停留的比例达到30%-50%，平均停留时间达到1-3小时。按人均消费150元计算，年产值可达2000万元。

阿青旅游线路意向图

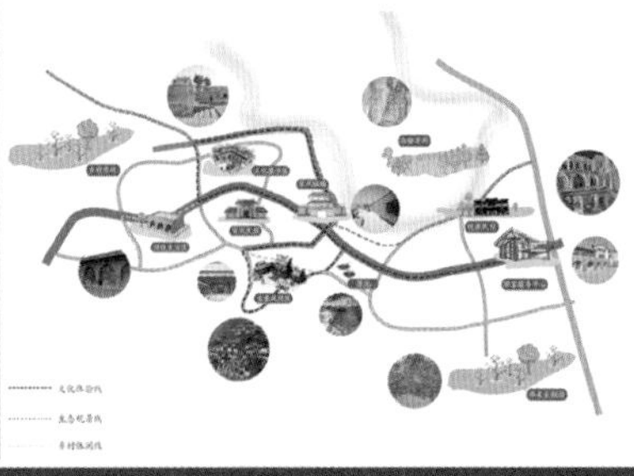

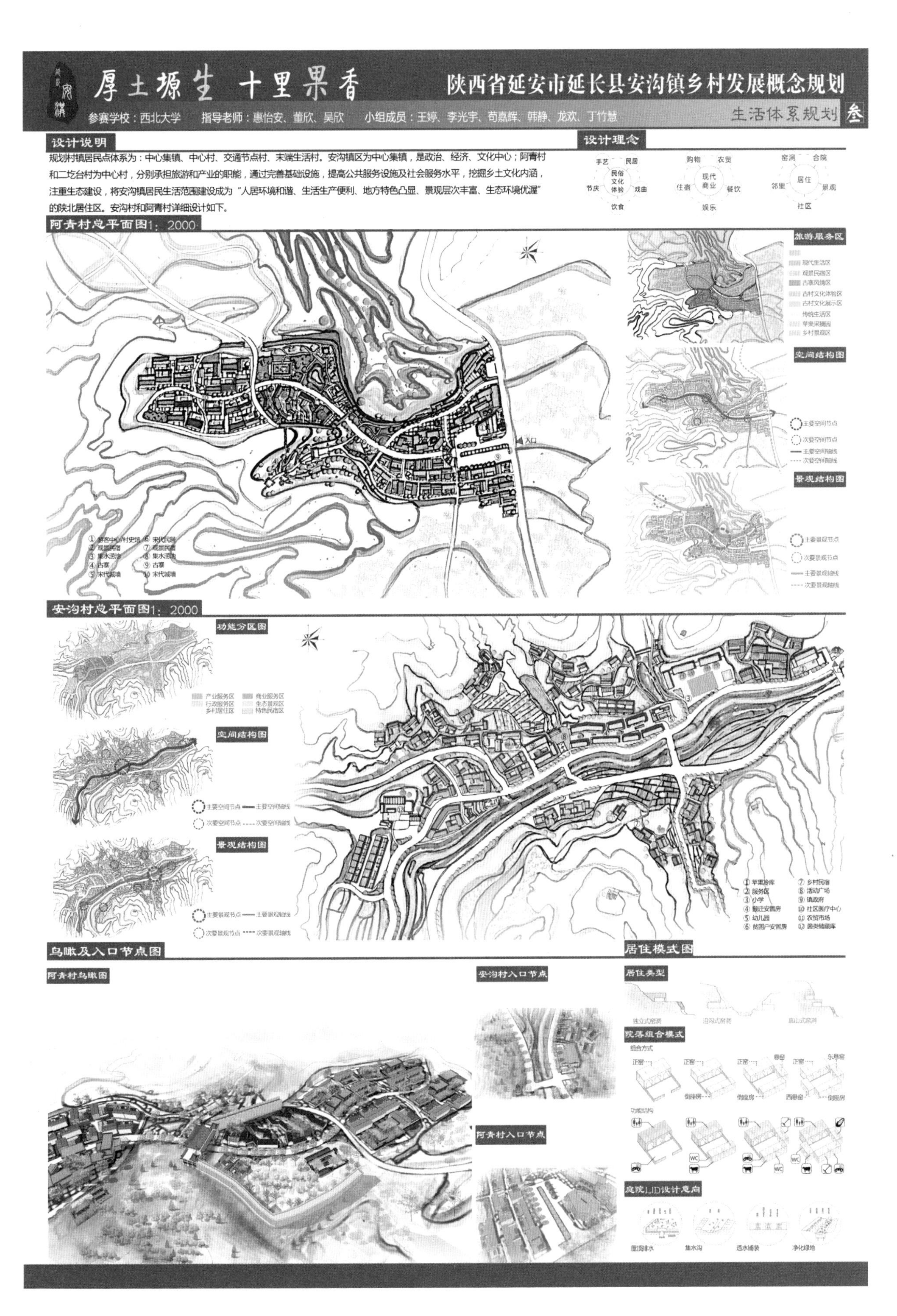
厚土塬生 十里果香
陕西省延安市延长县安沟镇乡村发展概念规划
参赛学校：西北大学 指导老师：惠怡安、董欣、吴欣 小组成员：王婷、李光宇、荀嘉辉、韩静、龙欢、丁竹慧
生活体系规划 叁
设计说明
规划村镇居民点体系为：中心集镇、中心村、交通节点村、末端生活村。安沟镇区为中心集镇，是政治、经济、文化中心；阿青村和二圪台村为中心村，分别承担旅游和产业的职能，通过完善基础设施，提高公共服务设施及社会服务水平，挖掘乡土文化内涵，注重生态建设，将安沟镇居民生活范围建设成为"人居环境和谐、生活生产便利、地方特色凸显、景观层次丰富、生态环境优渥"的陕北居住区。安沟村和阿青村详细设计如下。
设计理念
阿青村总平面图1：2000
旅游服务区
空间结构图
景观结构图
安沟村总平面图1：2000
功能分区图
空间结构图
景观结构图
鸟瞰及入口节点图
阿青村鸟瞰图
安沟村入口节点
阿青村入口节点
居住模式图
居住类型
院落组合模式
庭院LID设计意向

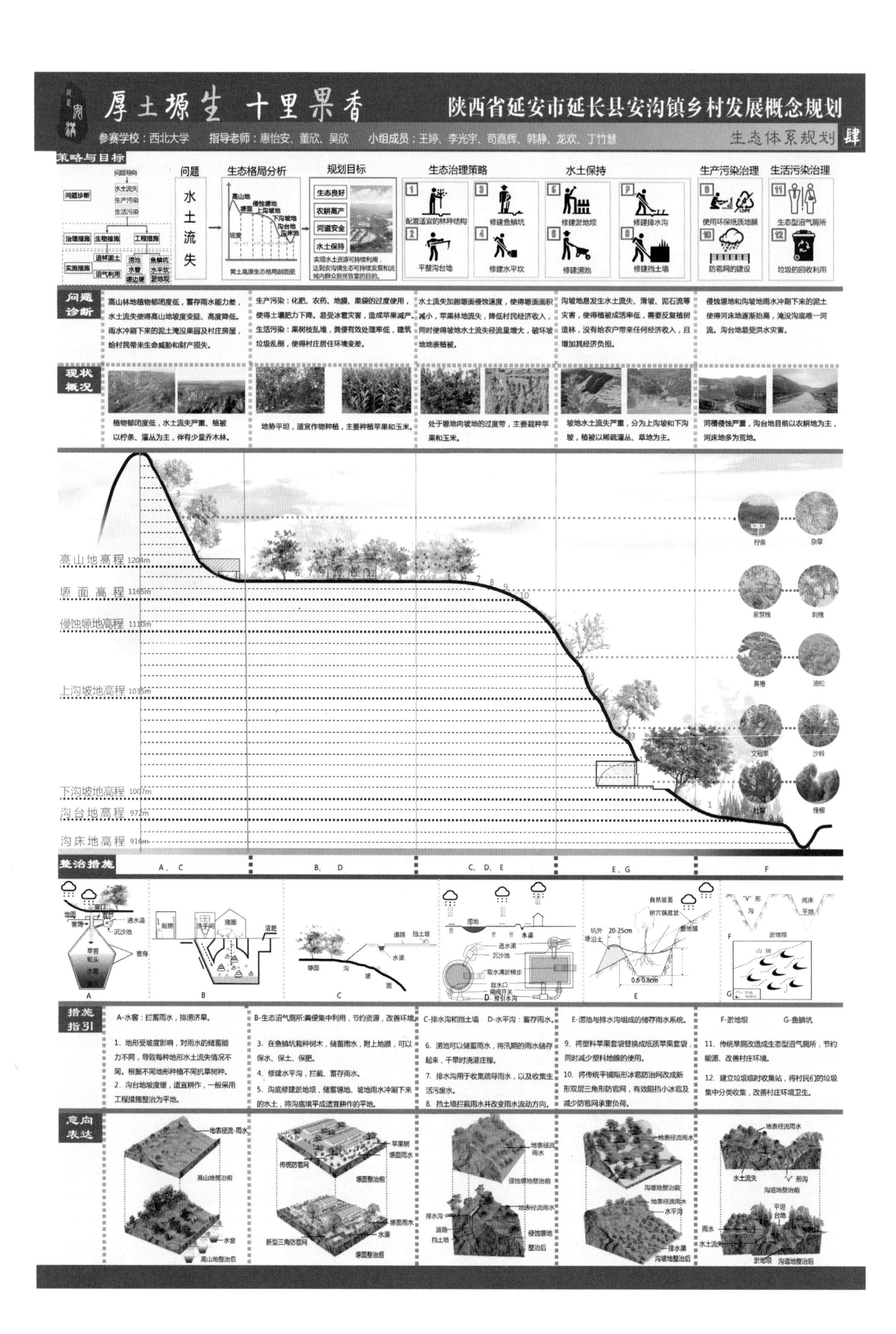

厚土塬生 十里果香
陕西省延安市延长县安沟镇乡村发展概念规划
参赛学校：西北大学 指导老师：惠怡安、董欣、吴欣 小组成员：王婷、李光宇、苟嘉辉、韩静、龙欢、丁竹慧
生态体系规划 肆
策略与目标
问题 水土流失
生态格局分析
黄土高原生态格局剖面图
规划目标
生态良好
农耕高产
河道安全
水土保持
实现水土资源可持续利用，达到安沟镇生态可持续发展和流域内群众脱贫致富的目的。
生态治理策略
1 配置适宜的林种结构
2 平整沟台地
3 修建鱼鳞坑
4 修建水平坎
水土保持
5 修建淤地坝
6 修建涝池
7 修建排水沟
8 修建挡土墙
生产污染治理
9 使用环保纸质地膜
10 防雹网的建设
生活污染治理
11 生态型沼气厕所
12 垃圾的回收利用
问题诊断
高山林地植物郁闭度低，蓄存雨水能力差，水土流失使得高山地坡度变陡、高度降低。雨水冲刷下来的泥土淹没果园及村庄房屋，给村民带来生命威胁和财产损失。
生产污染：化肥、农药、地膜、果袋的过度使用，使得土壤肥力下降。易受冰雹灾害，造成苹果减产。生活污染：果树枝乱堆，粪便有效处理率低，建筑垃圾乱倒，使得村庄居住环境变差。
水土流失加剧塬面侵蚀速度，使得塬面面积减小，苹果林地流失，降低村民经济收入，同时使得坡地水土流失径流量增大，破坏坡地地表植被。
沟坡地易发生水土流失、滑坡、泥石流等灾害，使得植被成活率低，需要反复植树造林，没有给农户带来任何经济收入，且增加其经济负担。
侵蚀塬地和沟坡地雨水冲刷下来的泥土使得河床地逐渐抬高，淹没沟底唯一河流。沟台地易受洪水灾害。
现状概况
植物郁闭度低，水土流失严重、植被以柠条、灌丛为主，伴有少量乔木林。
地势平坦，适宜作物种植，主要种植苹果和玉米。
处于塬地向坡地的过度带，主要栽种苹果和玉米。
坡地水土流失严重，分为上沟坡和下沟坡，植被以稀疏灌丛、草地为主。
河槽侵蚀严重，沟台地目前以农耕地为主，河床地多为荒地。
高山地高程 1204m
塬面高程 1165m
侵蚀塬地高程 1110m
上沟坡地高程 1035m
下沟坡地高程 1007m
沟台地高程 972m
沟床地高程 916m
柠条 杂草 紫穗槐 刺槐 臭椿 油松 文冠果 沙棘 杜梨 柽柳
整治措施
A、C B、D C、D、E E、G F
窖身 沉沙池 旱窖 水窖 厨房 洗手间 猪圈 沼肥
塬面 沟 坡 面 道路 挡土坡 水渠
涝池 水渠 进水渠 沉沙池 取水清淤梯步 放水口 闸阀开关 排引水沟
自然坡面 树穴镇底状 覆地膜 坑外埂沿土 20-25cm 0.6-0.8cm
"V"形沟 河床平地 淤地坝 山坡
措施指引
A-水窖：拦蓄雨水，排涝济旱。
1. 地形受坡度影响，对雨水的储蓄能力不同，导致每种地形水土流失情况不同。根据不同地形种植不同抗旱树种。
2. 沟台地坡度缓，适宜耕作，一般采用工程措施整治为平地。
B-生态沼气厕所:粪便集中利用，节约资源，改善环境。
3. 在鱼鳞坑栽种树木，储蓄雨水，附上地膜，可以保水、保土、保肥。
4. 修建水平沟，拦截、蓄存雨水。
5. 沟底修建淤地坝，储蓄塬地、坡地雨水冲刷下来的水土，将沟底填平成适宜耕作的平地。
C-排水沟和挡土墙 D-水平沟：蓄存雨水。
6. 涝池可以储蓄雨水，将汛期的雨水储存起来，干旱时浇灌庄稼。
7. 排水沟用于收集疏导雨水，以及收集生活污废水。
8. 挡土墙拦截雨水并改变雨水流动方向。
E-涝池与排水沟组成的储存雨水系统。
9. 将塑料苹果套袋替换成纸质苹果套袋，同时减少塑料地膜的使用。
10. 将传统平铺矩形冰雹防治网改成新形双层三角形防雹网，有效阻挡小冰雹及减少防雹网承重负荷。
F-淤地坝 G-鱼鳞坑
11. 传统旱厕改造成生态型沼气厕所，节约能源、改善村庄环境。
12. 建立垃圾临时收集站，将村民们的垃圾集中分类收集，改善村庄环境卫生。
意向表达
地表径流-雨水
高山地整治前
水窖
高山地整治后
苹果树
塬面雨水
传统防雹网
塬面整治前
新型三角防雹网
水渠
塬面整治后
地表径流雨水
侵蚀塬地整治前
排水沟
道路
挡土墙
侵蚀塬地整治后
沟坡地整治前
水平沟
排水渠
沟坡地整治后
"V"形沟
水土流失
沟道地整治前
平塬台地
雨水
淤地坝
沟道地整治后

“四态”共融

【参赛院校】 贵州民族大学

【参赛学生】

茶连程

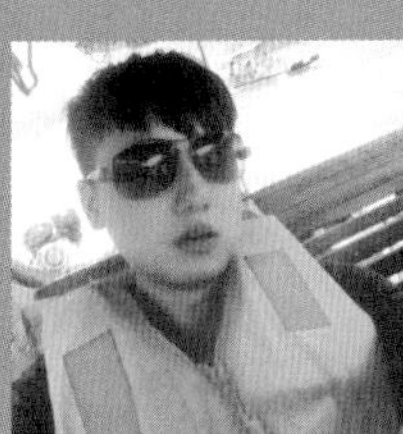
王　瓒

高　尚

李态群　梅世娇

李韩钰

【指导教师】

牛文静

一、发展策略

“四态共融，产村结合”

二、发展定位

村域：以生态农业为基础，以民俗文化为特色，以制造加工业为带动的休闲旅游乡村型“田园综合体”。

村庄：以生态农业为基础、民俗文化和传统风貌为自身特色，打造集传统文化、田园风光为一体的特色旅游乡村。

三、基本发展框架

“产业先导”+“空间均衡”+“网络互联”

四、空间格局

规划范围覆盖村庄居民点、山水自然和农业用地空间。基于人与自然和谐共生的发展理念评估原有山、水、田、林、路、村的格局与层次。

五、产业模式

衍生多向产业链，复合联动发展，多角度提供村民收入。

六、基础设施

做好给水排水规划、电力电信规划以及环保环卫规划。

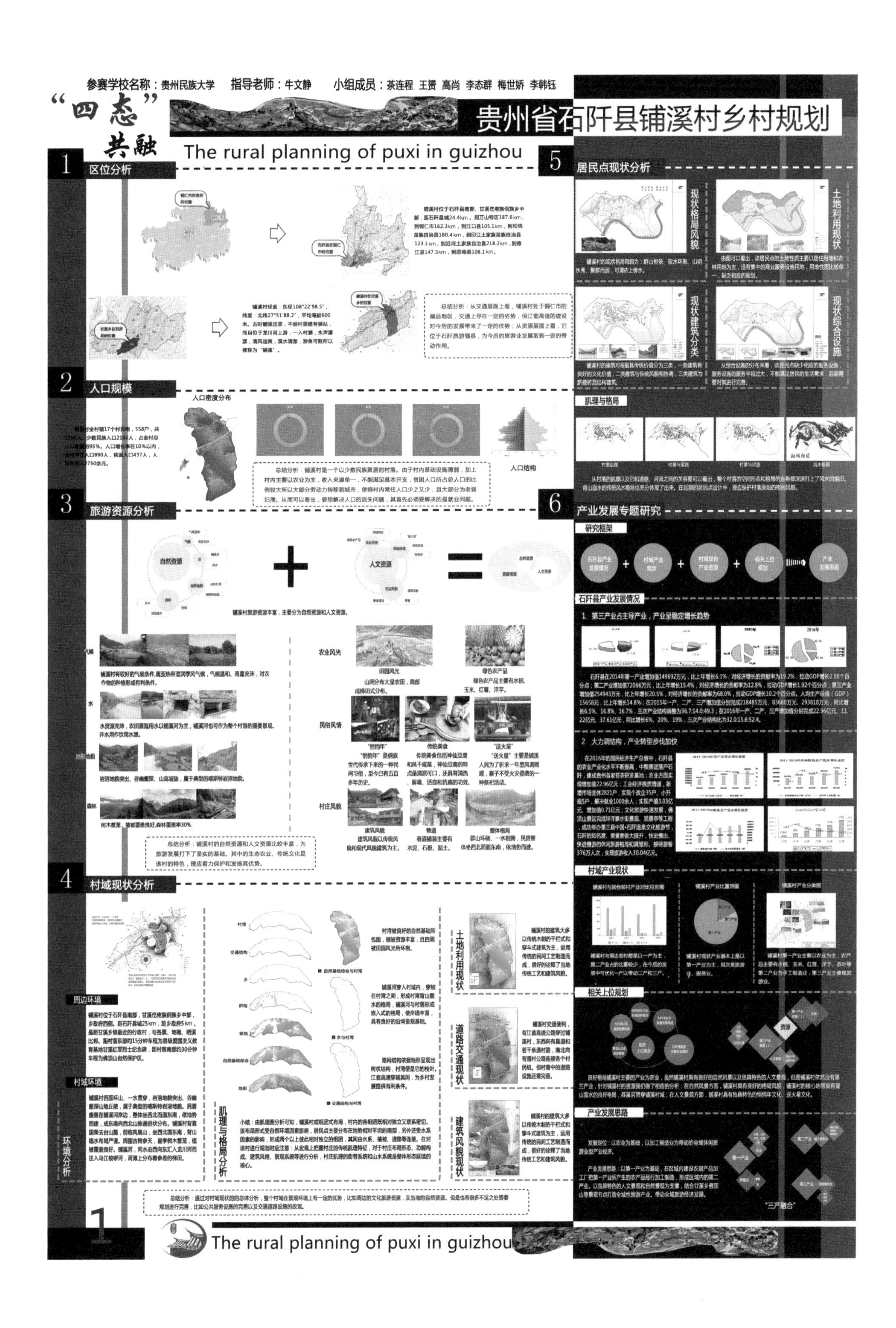

参赛学校名称：贵州民族大学 指导老师：牛文静 小组成员：茶连程 王赞 高尚 李忞群 梅世娇 李韩钰
“四态”共融
贵州省石阡县铺溪村乡村规划
The rural planning of puxi in guizhou
1 区位分析
2 人口规模
人口密度分布
人口结构
3 旅游资源分析
自然资源
人文资源
铺溪村旅游资源丰富，主要分为自然资源和人文资源。
农业风光
民俗风情
村庄风貌
4 村域现状分析
周边环境
村域环境
环境分析
土地利用现状
道路交通现状
建筑风貌现状
肌理与格局分析
5 居民点现状分析
现状格局风貌
土地利用现状
现状建筑分类
现状综合设施
肌理与格局
6 产业发展专题研究
研究框架
石阡县产业发展情况
1 第三产业占主导产业，产业呈稳定增长趋势
2 大力调结构，产业转型步伐加快
村域产业现状
相关上位规划
产业发展思路
“三产融合”
The rural planning of puxi in guizhou

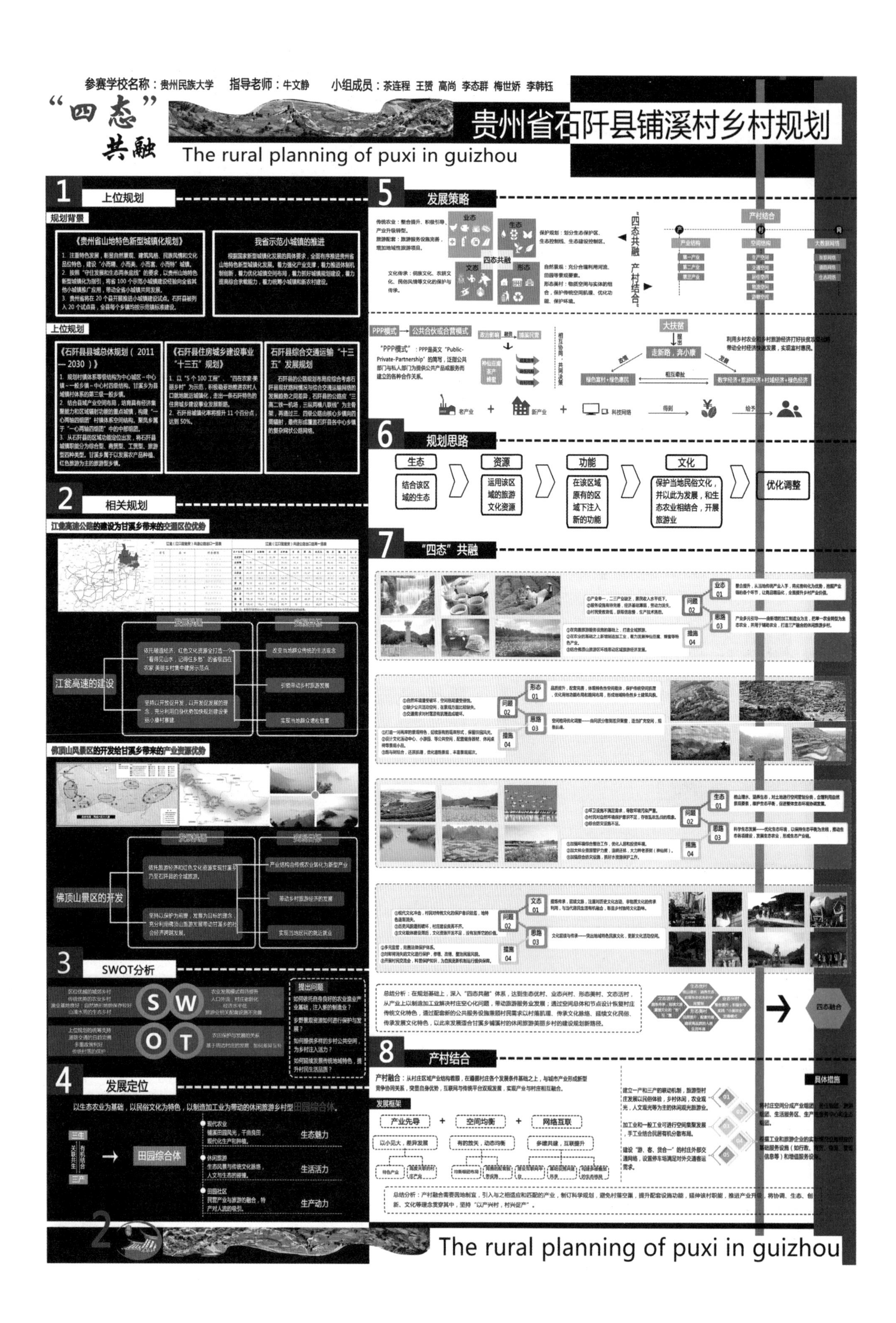

参赛学校名称：贵州民族大学　指导老师：牛文静　小组成员：茶连程 王赟 高尚 李态群 梅世娇 李韩钰
“四态”共融
贵州省石阡县铺溪村乡村规划
The rural planning of puxi in guizhou
1 上位规划
规划背景
《贵州省山地特色新型城镇化规划》
我省示范小城镇的推进
上位规划
《石阡县县城总体规划（2011—2030）》
《石阡县住房城乡建设事业“十三五”规划》
石阡县综合交通运输“十三五”发展规划
2 相关规划
江瓮高速公路的建设为甘溪乡带来的交通区位优势
江瓮高速的建设
佛顶山风景区的开发给甘溪乡带来的产业资源优势
佛顶山景区的开发
3 SWOT分析
S W O T
提出问题
4 发展定位
以生态农业为基础，以民俗文化为特色，以制造加工业为带动的休闲旅游乡村型田园综合体。
田园综合体
生态魅力
生活活力
生产动力
5 发展策略
业态 生态 文态 形态 四态共融
“四态共融 产村结合”
产村结合
PPP模式→公共合伙或合营模式
大扶贫
走新路，奔小康
6 规划思路
生态
结合该区域的生态
资源
运用该区域的旅游文化资源
功能
在该区域原有的区域下注入新的功能
文化
保护当地民俗文化，并以此为发展，和生态农业相结合，开展旅游业
优化调整
7 “四态”共融
业态 问题 思路 措施
形态 问题 思路 措施
生态 问题 思路 措施
文态 问题 思路 措施
四态融合
8 产村结合
发展框架
产业先导 + 空间均衡 + 网络互联
具体措施
The rural planning of puxi in guizhou

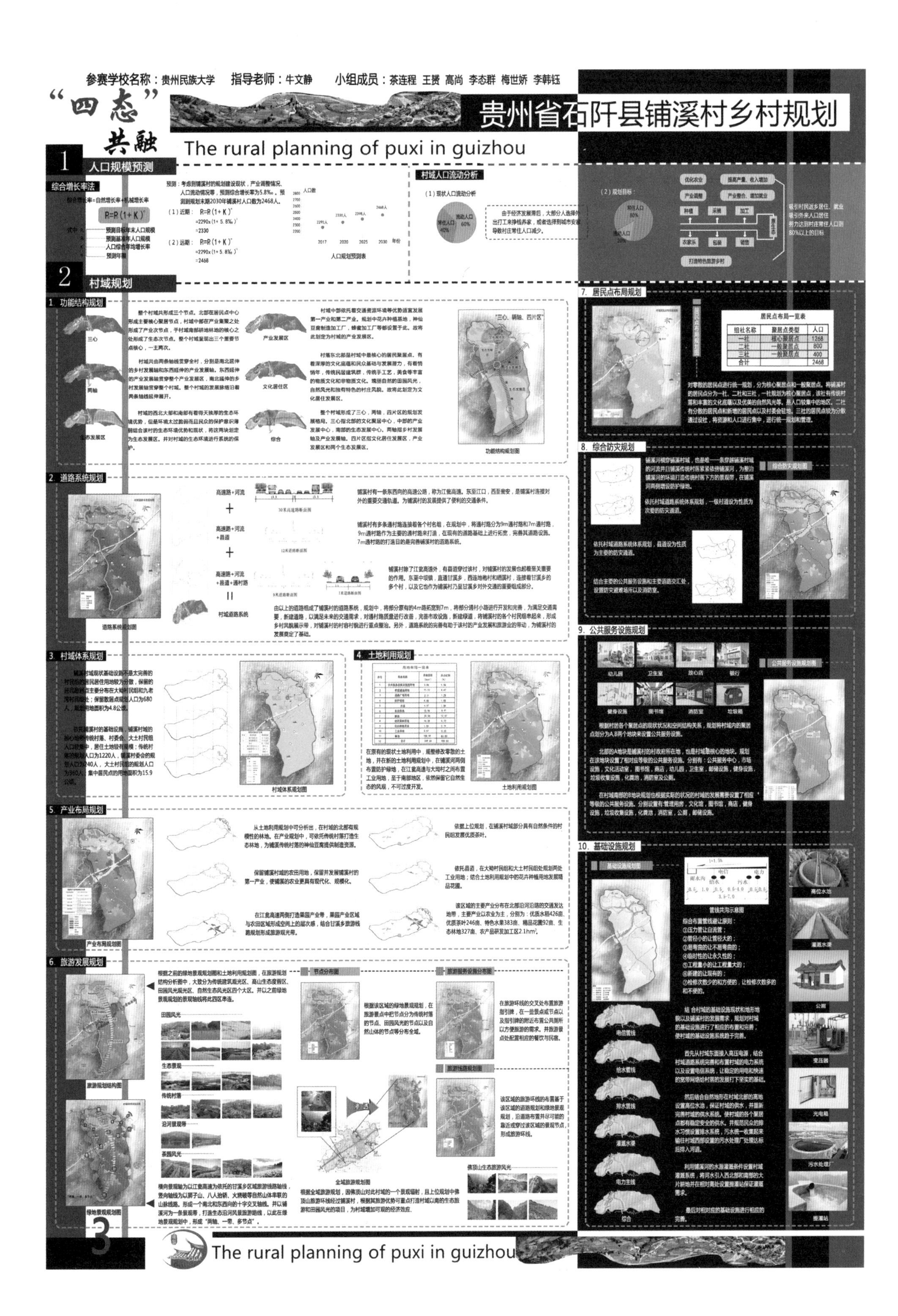
参赛学校名称：贵州民族大学 指导老师：牛文静 小组成员：茶连程 王赟 高尚 李态群 梅世娇 李韩钰
"四态"共融
贵州省石阡县铺溪村乡村规划
The rural planning of puxi in guizhou
1 人口规模预测
综合增长率法
村域人口流动分析
2 村域规划
1. 功能结构规划
2. 道路系统规划
3. 村域体系规划
4. 土地利用规划
5. 产业布局规划
6. 旅游发展规划
7. 居民点布局规划
8. 综合防灾规划
9. 公共服务设施规划
10. 基础设施规划
3
The rural planning of puxi in guizhou

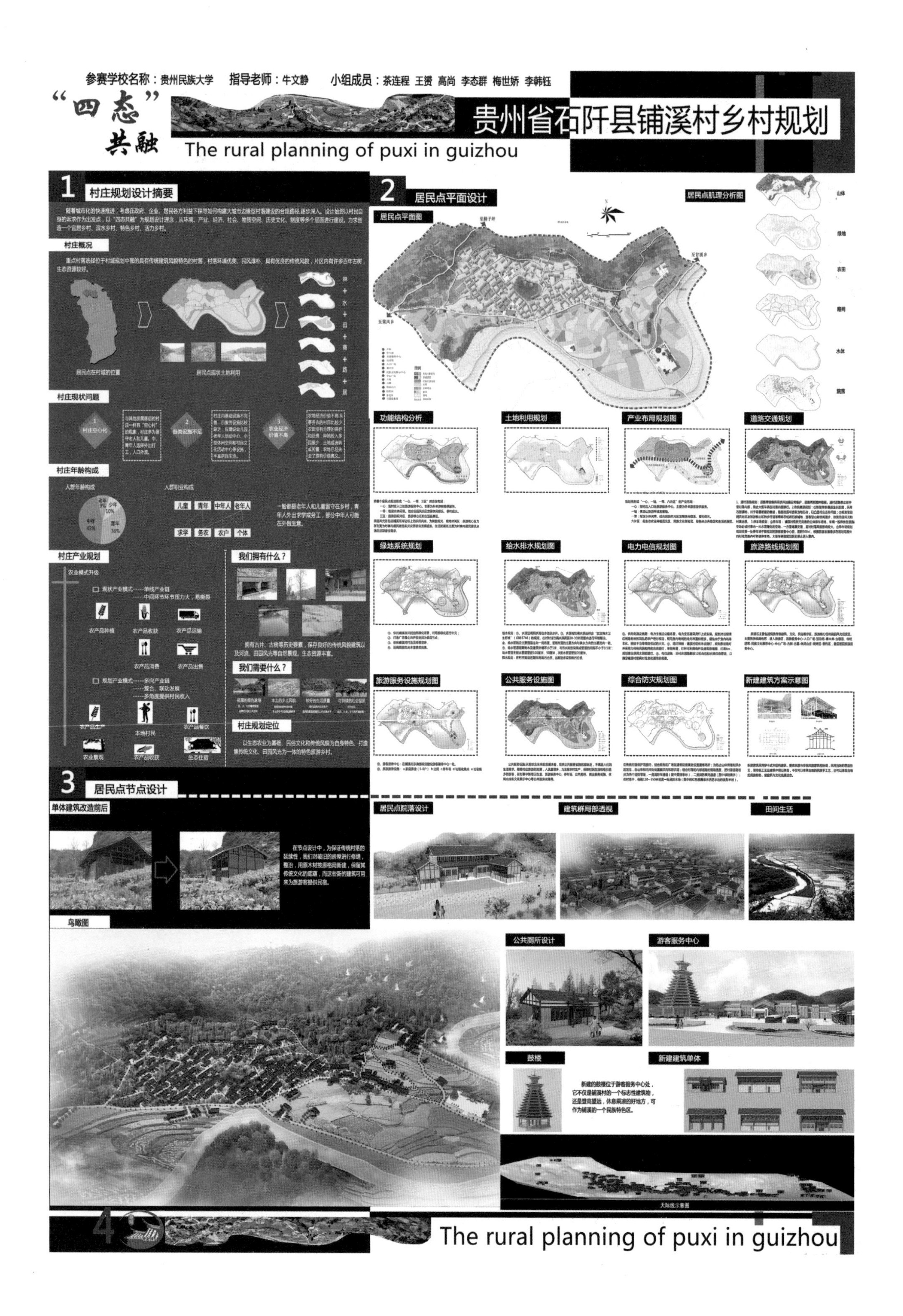

参赛学校名称：贵州民族大学
指导老师：牛文静
小组成员：茶连程 王赟 高尚 李态群 梅世娇 李韩钰
“四态”共融
贵州省石阡县铺溪村乡村规划
The rural planning of puxi in guizhou
1 村庄规划设计摘要
村庄概况
居民点在村域的位置
居民点现状土地利用
村庄现状问题
村庄年龄构成
人群年龄构成
人群职业构成
儿童 青年 中年人 老年人
求学 务农 农户 个体
村庄产业规划
我们拥有什么？
我们需要什么？
村庄规划定位
2 居民点平面设计
居民点平面图
居民点肌理分析图
山体
绿地
农田
路网
水体
院落
功能结构分析
土地利用规划
产业布局规划图
道路交通规划
绿地系统规划
给水排水规划图
电力电信规划图
旅游路线规划图
旅游服务设施规划图
公共服务设施图
综合防灾规划图
新建建筑方案示意图
3 居民点节点设计
单体建筑改造前后
居民点院落设计
建筑群局部透视
田间生活
鸟瞰图
公共厕所设计
游客服务中心
鼓楼
新建建筑单体
天际线示意图
4
The rural planning of puxi in guizhou

走“进”乡村 走“近”乡村

【参赛院校】 贵州民族大学

【参赛学生】

刘燕雯

陆显莉

彭书琴

谭艳华

陈芳芳

刘 美

【指导教师】

吴缘缘

牛文静

熊 媛

1.1　规划定位

旅游休闲 + 茶产业，打造特色休闲、生态宜居、设施完善、民族特色突出的传统村落。

1.2　规划目标

依托原有村落格局，统筹乡村生产、生活和生态，探索廖家屯村庄规划的建设新模式与新机制，建设宜居宜业、景色宜人、城乡互动的传统村落。

1.3　规划理念

通过“三生”（生产、生活、生态）、“三产”（农业、加工业、服务业）的有机融合与关联共生，实现生态农业、休闲旅游、田园居住等复合功能的田园综合体，实现人与自然和谐共融与可持续发展。

1.3.1　生产生活一体化

对廖家屯村进行产业植入，结合产业进行用地布局，除蔬菜和油茶加工基地规划和发展生态农业外，引入休闲旅游功能，在带动经济发展的同时，对村庄生产系统和生活系统整体布局，关联互动。

1.3.2　田园人居和谐化

真正的农村生活不能没有土地，没有田园风光，没有田园生活状态。因此，依据保持廖家屯村分散的田园式生活状态对村庄进行规划，达到以田为基座，房在园中的空间格局。

1.3.3　生态景观共生化

摒弃表面化的村容整治方式，避免雷同的村庄风貌，将特色的产业生态资源引入村庄，最终形成独特的、不同的景观格局。

1.4 发展策略

文化传承 + 产业转型 + 幸福家园

廖家屯村现状风貌　　廖家屯村民族工艺（传统油茶加工）

走“进”乡村，走“近”乡村

参赛学校名称：贵州民族大学 指导老师：吴缘缘 牛文静 熊媛
小组成员：刘燕雯 陆显莉 彭书琴 谭艳华 陈芳芳 刘美

——贵州省石阡县聚凤仡佬族侗族乡廖家屯村村庄规划 1

一 现状概况

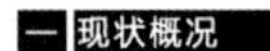

1 区位条件

1.1 地理区位

廖家屯在铜仁市的位置　廖家屯在聚凤乡的位置

聚凤乡廖家屯村位于聚凤乡东部，距石阡县城65km，距聚凤乡集镇所在地2.5km，全村国土面积8km²。该村地势开阔，与国家级保护区佛顶山山脉相连。

总结：廖家屯村区位优势明显，对外交通便捷。

2 资源条件

2.1 自然资源

村寨北面为野生油茶基地，西面为山体公园，中部是盆地（俗称坝子），西北角为蔬菜基地，西侧种植绿茶，东侧布置花海，宝龙河自北向南蜿蜒穿过。属贵州高原向湘西丘陵过渡的梯级状大斜坡地带，喀斯特地貌。

2.2 人文资源

在廖家屯村，传统手工艺（刺绣、仡佬族服饰、侗族银饰、仡佬族传统背带、油茶加工器具、春等）、婚丧、节庆（“仡佬毛龙”、清明会等）、历史人物的事迹等民族习俗文化和歌天歌地。

2.3 特色资源

被列为贵州省“四在农家、美丽乡村”创建示范点，也是首批“中国传统村落”之一。

总结：廖家屯村自然、人文资源丰富，可依托美丽乡村传统村落打造特色旅游。

民俗文化资源

清明会　仡佬毛龙　仡佬族婚俗

茶叶糯米鸡　侗族银饰　仡佬族山歌

刺绣　仡佬族服饰　仡佬族传统背带

3 经济社会发展

3.1 村域经济

廖家屯村历为农耕经济，靠山吃山，村民以油茶、茶叶、烤烟为主，养殖业为辅。近年大力发展大塘坳油茶、绿茶示范园风景、传统村落等旅游，外出打工也是廖家屯村经济收入的重要渠道。

3.2 村域居民点和人口

全村共有6个村民组，291户，1136人。居民点的人口空间分布呈现大聚集，小散居的特点。

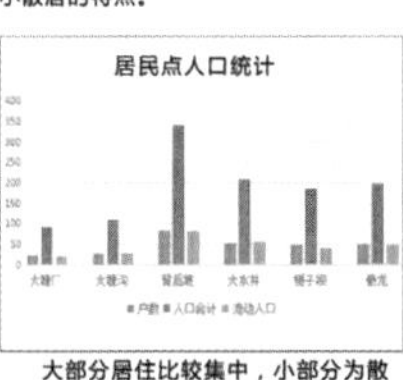

大部分居住比较集中，小部分为散居，其中背后坡居民点居住人数为最多。

3.3 人口基本特征

（1）人口分布与人口结构：人口主要集中于背后坡，全村基本都是非农业人口。
（2）劳动力现状：村内35%的村民外出务工，劳动力外流，村内空巢化严重。
（3）城镇化水平低下

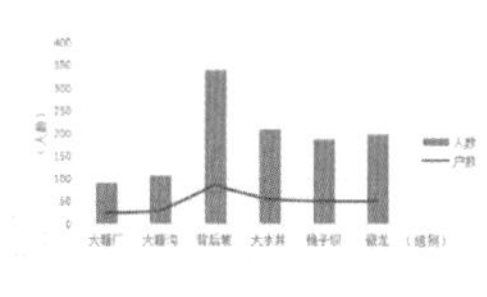

3.4 社会事业

小学1所，幼儿园1所,卫生室1所

总结:人口主要集中于背后坡，且多为非农人口。目前存在劳动力外流、空巢化等问题。

4 产业发展

4.1 产业发展现状

廖家屯村历为农耕经济，主要以第一产业为主：油茶、茶叶、烤烟，第二、三产业为辅，近年大力发展大塘坳油茶、绿茶示范园风景、花海基地、传统村落等旅游。以农业发展为主导，二、三产业发展薄弱且旅游业发展仍属初步发展时期。产业优势不明显,带动性不强。现代农业体系的建设基础薄弱，抗风险能力差；旅游产业发展缺乏全局统筹和专业引导。

4.2 上位规划要求

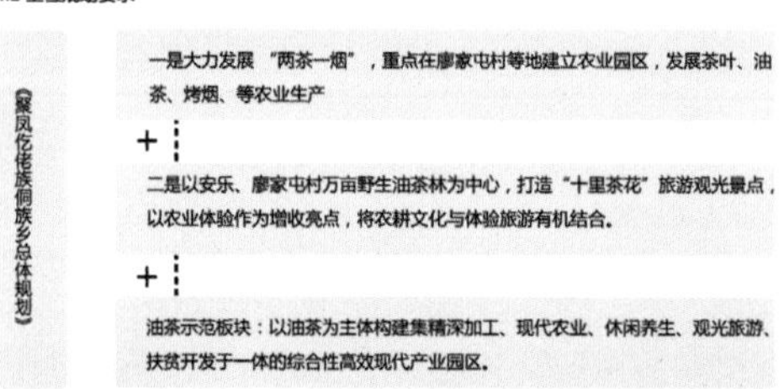

4.3 相关政策解读

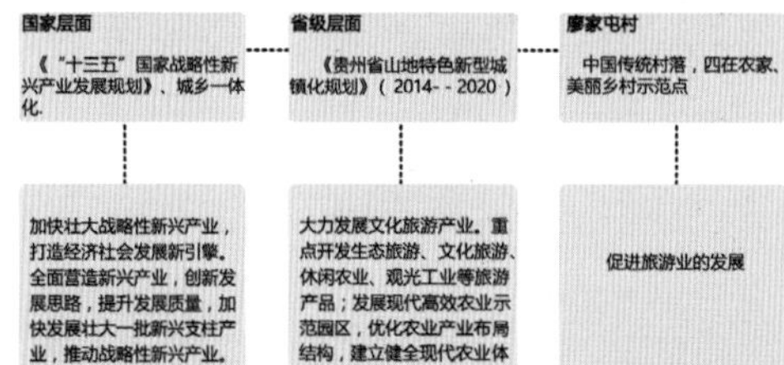

4.4 乡域产业对比分析

聚凤乡各村落以第一产业为主导产业，产业差异化小,特色突出的优质产业较少。因此，廖家屯村的产业发展应依托自身的优势，发展有别于其它村落的特色产业。

总结：通过对产业发展现状、上位规划、相关政策及乡域产业对比分析，得出廖家屯村应依据自身产业发展优势（即：油茶、传统村落、美丽乡村），结合上位规划及相关政策的要求，大力发展有别于其它村落的茶产业、旅游业。

5 人居环境

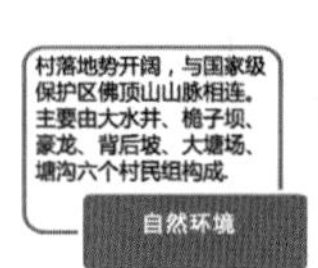
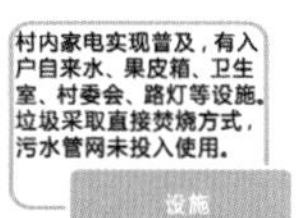

总结：村落人居优美，保存较为完整，但受到现代文化的影响，部分环境受到破坏。

6 基础设施

6.1 公共服务设施分析

类别	设施名称	现状分析
行政管理及综合服务	综合服务中心（办公处）	行政区域小，功能单一，就只有一个村委会
教育	幼儿园	配套设施欠缺，服务半径较小
	小学	规模适中，配套设施较为完善，能满足村域的需求
医疗卫生	卫生室	建于寨门街道旁，规模较小，缺少绿化，环境较简陋
文化娱乐体育	文化活动中心	文化娱乐的场地较缺乏，除表演广场外无其他娱乐场地
	全民健身设施	学校内部有体育活动设施，但只服务于学生，无特定的娱乐场所
商业服务	家庭式小商业	主要沿街布置，功能单一，覆盖面积小

6.2 市政基础设施分析

给排水设施	村内无污水排放及处理设施，雨水沿公路或者沟渠直接排放至宝龙河。农户的人畜粪便用旱厕收集，用于农灌：其他生活污水直接排放，影响村内环境卫生。目前全村已敷设污水排放管道，采取雨污分流制，但还未投入使用
供电设施	结合农网改造，已完成户户通电。其电力设施基本能满足村民生产和生活的需要，但供电线路比较零乱，有一定的安全隐患
通讯设施	广播电视全覆盖，以安装小锅盖接收为主。移动电话信号全覆盖，未开通电信座机
燃气设施	廖家屯村大部分村名日常生活主要利用薪材，辅以煤和电
综合防灾设施	村寨的河道可作为平时农田的浇水灌溉，同时也可做防洪用。表演广场和学校预留用地，在紧急情况下可以作为防灾避难场所
环境保护设施	现有果皮箱若干个，无垃圾收集点，垃圾采用直接焚烧方式，影响村内的环境卫生

总结：村落基础设施较为缺乏。其中，公共服务设施功能单一，未形成规模，不能满足居民日常生活需求；市政基础设施的配置也比较滞后.

二 问题研判

经济　生产总值有所提高，但总体经济效益仍较低，主要经济来源依托第一产业。

人口　居民外出务工比例大，农村空心化、老龄化。需要发展适宜产业，吸引年轻人返乡创业解决空心化问题，同时完善社会福利设施解决看病和养老问题。

产业　以第一产业为主导，二、三产业发展薄弱，农业发展模式单一，旅游业仍属初步发展阶段。产业优势不明显,带动性不强。

资源　良好的自然资源和丰富的历史文化资源，未能充分结合旅游发展利用起来，形成自己的品牌。

建设　各村民组建设情况相当，基本完成房屋整体改造，风貌协调。公共服务设施缺乏，市政设施落后。

三 SWOT分析

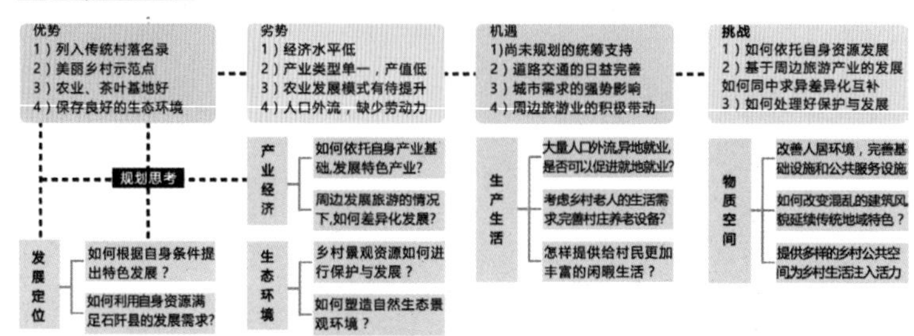

四 发展策略

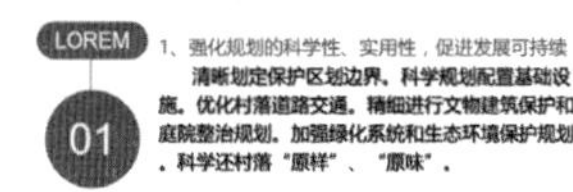

LOREM 01　1、强化规划的科学性、实用性，促进发展可持续
清晰划定保护区划边界。科学规划配置基础设施。优化村落道路交通。精细进行文物建筑保护和庭院整治规划。加强绿化系统和生态环境保护规划，科学还村落“原样”、“原味”。

LOREM 02　2、突出建设的有效性、完整性，提升人居环境品质
一是规划法定原则，坚持“依规建设，按图施工”第一原则。
二是建设复古原则，力求实现原有事物的味道。
三是生活再现原则，尊重原住民的需求。
四是文化传承原则，突显村落原生文化资源优势。

LOREM 03　3、注重发展的特色化、差异化，彰显村落资源魅力
第一，立足资源条件培植特色农业产业。
第二，大力推行“传统村落+乡村旅游”发展模式。
一、完善旅游设施，落实旅游规划路线。
二、引导和培育吃住行娱游购，创造旅游卖点。
三、通过宣传提升旅游竞争力，并提高村民素质。

LOREM 04　4、用好传统村落的特色底片，乡愁名片
传统村落之美，在于其选址和整体布局与周边自然环境都相得益彰。抓住新型城镇化和全域旅游发展契机，推动人居环境改善，传承优秀文化，共享现代文明，是传统村落保护与发展面临的主要任务。

走"进"乡村，走"近"乡村

参赛学校名称：贵州民族大学 指导老师：吴缘缘 牛文静 熊媛
小组成员：刘燕雯 陆昱莉 彭书琴 谭艳华 陈芳芳 刘美

——贵州省石阡县聚凤仡佬族侗族乡廖家屯村村庄规划 2

五 村域规划

1 规划定位和目标

1.1 规划定位

旅游休闲+茶产业，打造特色休闲、生态宜居、设施完善、民族特色突出的传统村落

1.2 规划目标

依托原有村落格局，统筹乡村生产、生活和生态，探索廖家屯村庄规划的建设新模式与新机制，建设宜居宜业、景色宜人、城乡互动的传统村落。

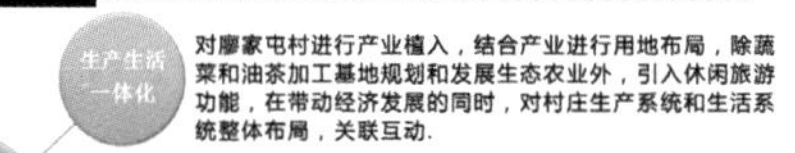

2 规划理念

田园综合体

生产生活一体化：对廖家屯村进行产业植入，结合产业进行用地布局，除蔬菜和油茶加工基地规划和发展生态农业外，引入休闲旅游功能，在带动经济发展的同时，对村庄生产系统和生活系统整体布局，关联互动。

田园人居和谐化：真正的农村生活不能没有土地，没有田园风光，没有田园生活状态。因此，依据保持廖家屯村分散的田园式生活状态对村庄进行规划，达到以田为基座，房在园中的空间格局。

生态景观共生化：摒弃表面化的村容整治方式，避免雷同的村庄风貌，将特色的产业生态资源引入村庄，最终形成独特的、不同的景观格局。

3 发展策略

依据	总体策略	文化传承	产业转型	幸福家园
上位规划对廖家屯村的发展定位	文化传承 + 产业转型 + 幸福家园	1）提高村民对传统文化价值的认识	1）稳固农业基础，发展油茶种植，提供技术支撑	1）完善基础设施建设
相关政策要求		2）保护村落物质文化与非物质文化	2）茶产品技工体验基地建设	2）完善乡村社会服务设施和医疗设施。
良好的农业基础、资源条件		3）培养民族技艺传承人	3）促进农产品商品转化，提高经济效益	3）保护自然生态，打造景观环境改善乡村人居环境
油茶产业与乡村旅游的结合		4）传承民族文化、农耕文化	4）依托一、二产发展基础，带动三产的发展，实现产业转型	4）促进居民依托产业就地就业，解决空心村问题
经济、人口、产业、资源、建设等问题				
SWOT分析				

4 人口规模预测

廖家屯村现有村民1136人，按廖家屯村人口自然增长率3‰，规划期末2030年人口增长至1171人，增加35人，考虑到城镇吸引导致的外迁人口，折减系数按0.8记，2030年规划新增人口为28人，以每户4人计算，新增户数为7户。

5 规划内容

5.1土地利用规划

村域土地利用规划结合生产生活需求，保持现有山水格局、林地、耕地，整合土地资源，发展第二产业，主要分为居住用地、公共服务设施用地、产业用地、基础设施用地、农林用地等几个方面。

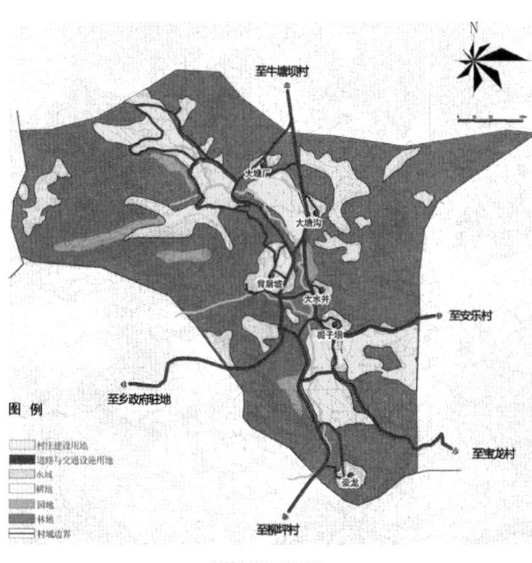

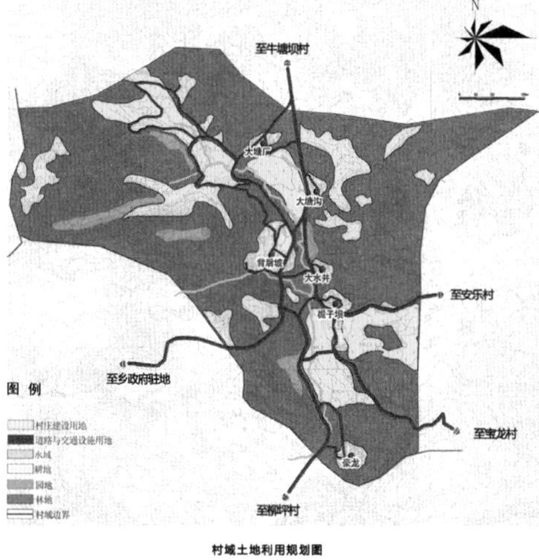

村域土地利用规划图

5.2居民点布局规划

居民点呈组团分布，人口布局呈现大聚集、小分散形式，基础设施缺乏，公共活动场所少。规划将居民点整治进行合理分类实施相应的管理策略，统筹居民点中各类用地，处理好生产建筑用地及农业用地和生活居住总地的关系。合理预测村庄人口，规划合适的居民点规模。

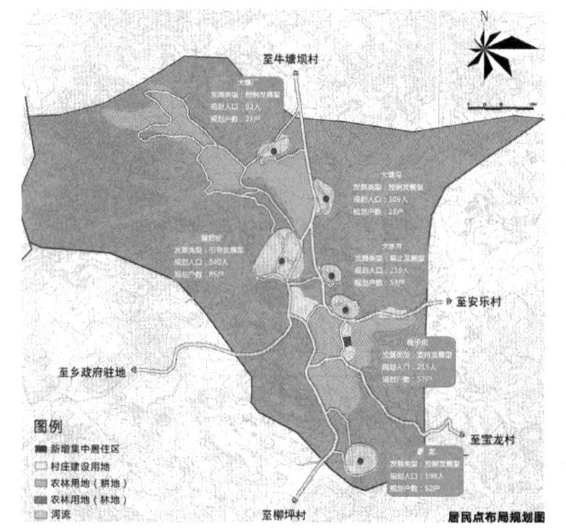

居民点布局规划图

5.3村域功能结构规划

规划将形成"一心、一轴、一带、三区"的总体布局：一心：指村庄新寨门入口处旅游服务中心。一轴：指旅游发展轴。三区：指农业种植加工区、田园观光体验区、传统村落旅游区。

村域功能结构规划图

5.4村域道路交通规划

规划道路共分为三个等级：通村道路，7m宽；通组道路，4m宽；入户道路，3m宽；现有停车场1处，位于游客接待中心旁，另在各村民组结合广场规划5处停车场。

村域道路交通规划图

5.5村域产业结构规划

村域产业发展各区域发展优势及村落统筹发展规划，规划形成"一轴、六区"的总体布局：一轴：依托通村公路及各产业区之间的联系形成一条产业发展轴，产业发展轴将各片区联系在一起，形成产业链，六区：油茶种植区、蔬菜种植加工区、花海基地区、传统村落旅游区、综合服务区、生态农业种植区等六个片区。

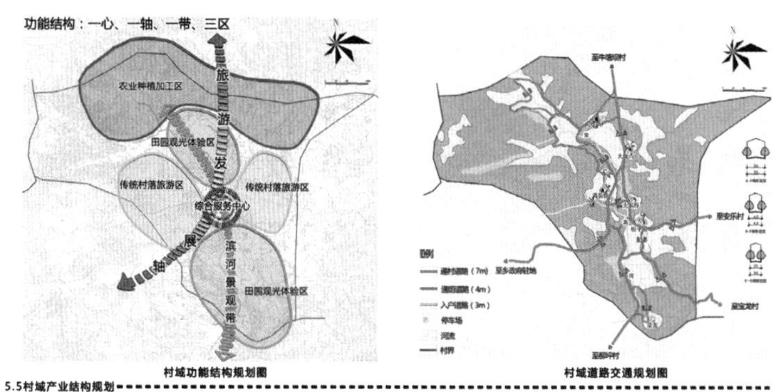

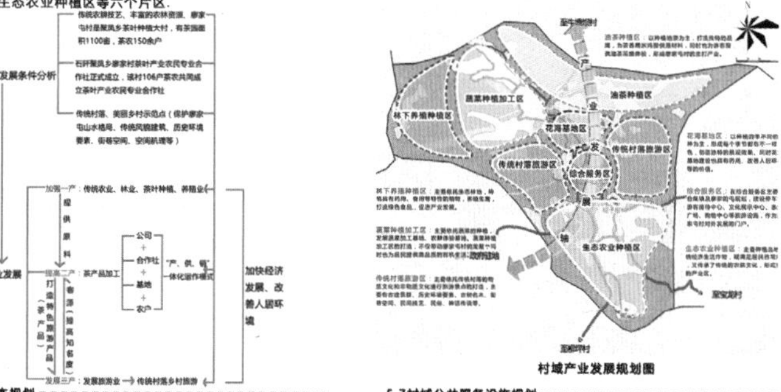

村域产业发展规划图

5.6村域景观生态规划

形成"一轴--两带--多点"的绿化景观结构。一轴：主干道两侧的景观通廊。两带：山体绿地形成的自然景观带和河道两侧形成的滨水景观带。多点：即重要的景观绿化节点和核心景观圈内的主要景观节点。

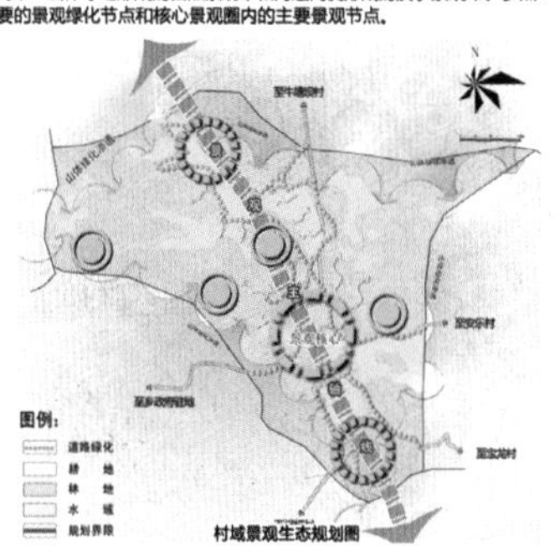

村域景观生态规划图

5.7村域公共服务设施规划

规划保留原村委会、小学、幼儿园、卫生所的位置，在原基础上进行扩建或者整治改造，增设文化展示、旅游服务、便民超市、健身活动、垃圾污水处理等设施

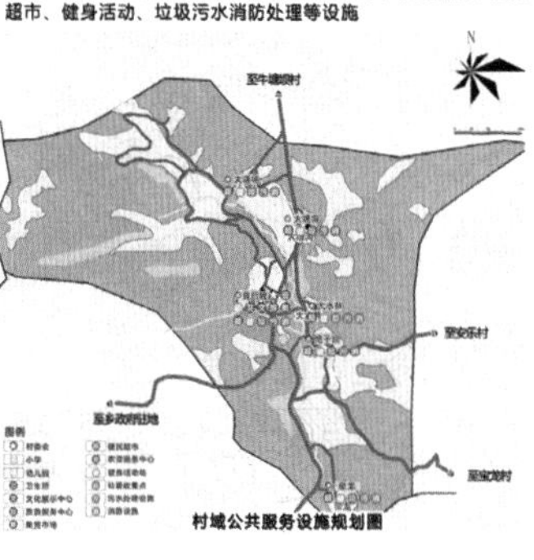

村域公共服务设施规划图

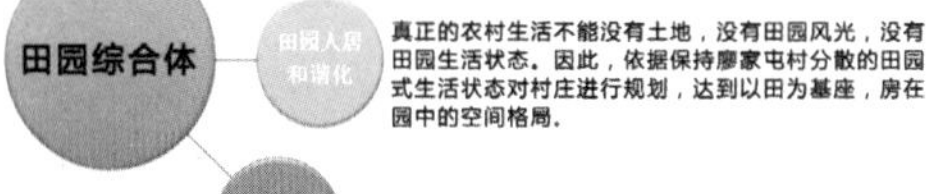

走“进”乡村，走“近”乡村

参赛学校名称：贵州民族大学　指导老师：吴缘缘　牛文静　熊媛
小组成员：刘燕雯　陆显莉　彭书琴　谭艳华　陈芳芳　刘美

——贵州省石阡县聚凤仡佬族侗族乡廖家屯村村庄规划 3

五 村域规划

5.8 村域旅游发展规划

石阡县以发展休闲、度假、娱乐旅游路线为主，对廖家屯旅游发展具有指导作用。

连接石阡县、沿河县、松桃县等民族文化特色旅游景区，对廖家屯的旅游发展具有带动作用。

依托廖家屯村农业资源、自然生态景观、民族文化特色，打造以休闲旅游观光为主题的乡村旅游体验，推出农业观光体验、传统村落民族文化体验、茶文化体验、农家乐休闲体验等旅游。

村域旅游发展规划图

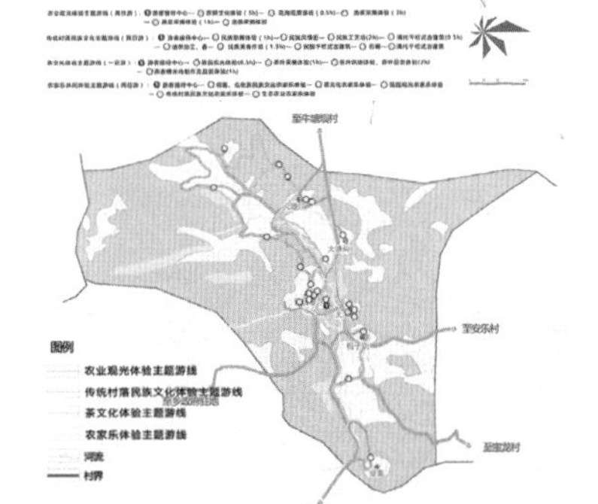

旅游线路规划图

乡村旅游体验规划图

5.9 村域文化传承

【民间技艺——刺绣、仡佬族服饰、背带制作、山歌】

1. 形式
一种传统的工艺和艺术形式。具有浓烈的乡土气息和民族特色，在重大节日穿戴或表演。
2. 保护与传承策略
利用传统民居，规划设置制作工作坊，使其具有展示，游客体验以及手工艺商品的功能。

【民间工艺技术——仡佬族、侗族民居营造技术】

1. 形式
传统民居，为当地居民提供居住功能的建筑物的建筑工艺技术。
2. 保护与传承策略
提高村民的传承意识，学习并掌握营造工艺。对现有传统民居，进行保护。

【民俗节庆——清明会、仡佬毛龙、婚俗】

1. 形式
当地居民在特定的日子，会举行庆典活动或特定的婚俗形式。
2. 加大宣传力度，设置工作坊和展示表演舞台，将这些文化风俗变成表演形式，邀请游客参与，体验民族节庆。

【民俗文化——茶香糯米鸡、农耕文化】

1. 形式
民族特色食品，以及传统农业耕作方式。
2. 发展特色食品生产，打出品牌。设置农耕文化体验点。

5.10 村域建筑风貌引导

结合现状对建筑的评估与分类，根据其历史价值、建筑风貌、建筑质量而采用不同的保护或整治模式。本规划将廖家屯村建筑物保护和整治模式分为三类，即建议历史建筑、传统风貌建筑和其他建筑。

1. 建议历史建筑

主要针对建议历史建筑，按照《历史文化名城名镇名村保护条例》关于历史建筑的保护要求进行修缮。主要采取修缮的保护整治方式。

修缮：严格按照《历史文化名城名镇名村保护条例》关于历史建筑的保护要求进行修缮。廖家屯村建议历史建筑为穿斗式木结构青瓦房，而历史比较久远。因此，对于有局部破损、脱落的建议历史建筑，严格按照《历史文化名城名镇名村保护条例》关于历史建筑的保护要求进行修缮。

2. 传统风貌建筑

对于村庄传统风貌建筑，主要采取改善的保护整治方式。

改善：对于廖家屯村传统风貌建筑，对如传统民居建筑及附属用房，外部局部破损、脱落的应进行改善，但应保持和修缮传统外观风貌特征，特别是保护具有历史文化价值的细部构件和装饰物。其内部允许进行改善和更新，以改善居住、使用条件，适应现代的生活方式.

3. 其他建筑

对于与村庄传统风貌不协调的近现代建筑、棚房等临时建筑、质量很差的建筑和砖木混合的建筑，主要采取整治改造的方式。整治改造：对那些与传统风貌不协调或质量很差的其他建筑，可以采取整治、改造等措施，使其符合历史风貌要求。

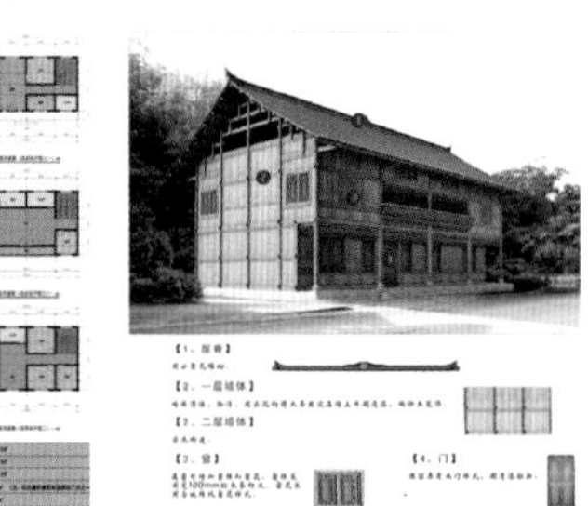

5.11 村域环卫设施规划

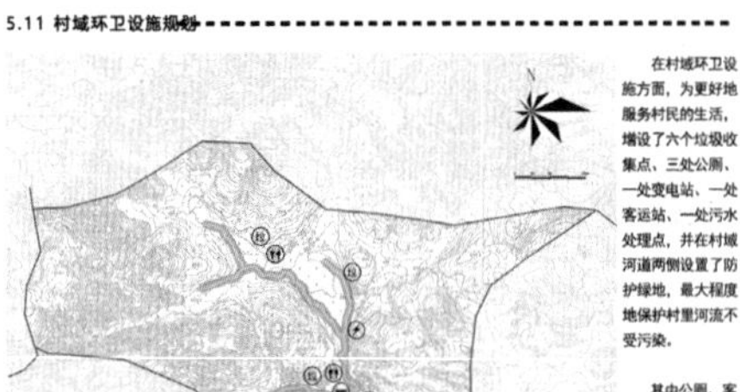

在村域环卫设施方面，为更好地服务村民的生活，增设了六个垃圾收集点、三处公厕、一处变电站、一处客运站、一处污水处理点，并在村域河道两侧设置了防护绿地，最大程度地保护村里河流不受污染。

其中公厕、客运站应以符合当地建筑特色的设计风格进行建设，详见村域建筑风貌引导图。

公厕设计指引图　　民居设计指引图

5.12 村域防灾规划

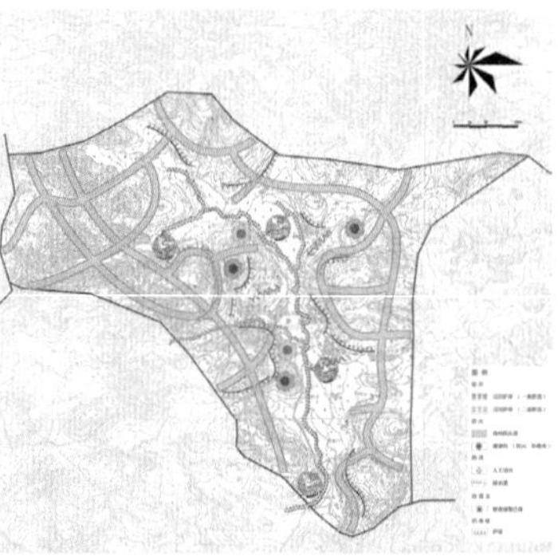

防洪　根据自然条件在水流平顺地带建设防洪堤，并利用山体原有汇水渠建设排洪沟，并结合雨水管道建设截洪沟规划主要河道和次要河道建设两种类别的防洪护岸。

防火　结合地形设置了三个瞭望台，主要目的是及时发现火灾。

防涝　结合河道建立人工湿地，并利用排水渠将其与主要河道连接，同时在沿途设置景观点。

防滑坡　村庄外部山体，特别是沿山路、居民点应加强水土保持，对村庄的不安全地质必须采取切实有效的工程措施加以治理，禁止在不良地质地段进行建设活动。

走"进"乡村，走"近"乡村

参赛学校名称：贵州民族大学 指导老师：吴缘缘 牛文静 熊媛
小组成员：刘燕雯 陆显莉 彭书琴 谭艳华 陈芳芳 刘美

——贵州省石阡县聚凤仡佬族侗族乡廖家屯村村庄规划 4

六 居民点及节点设计

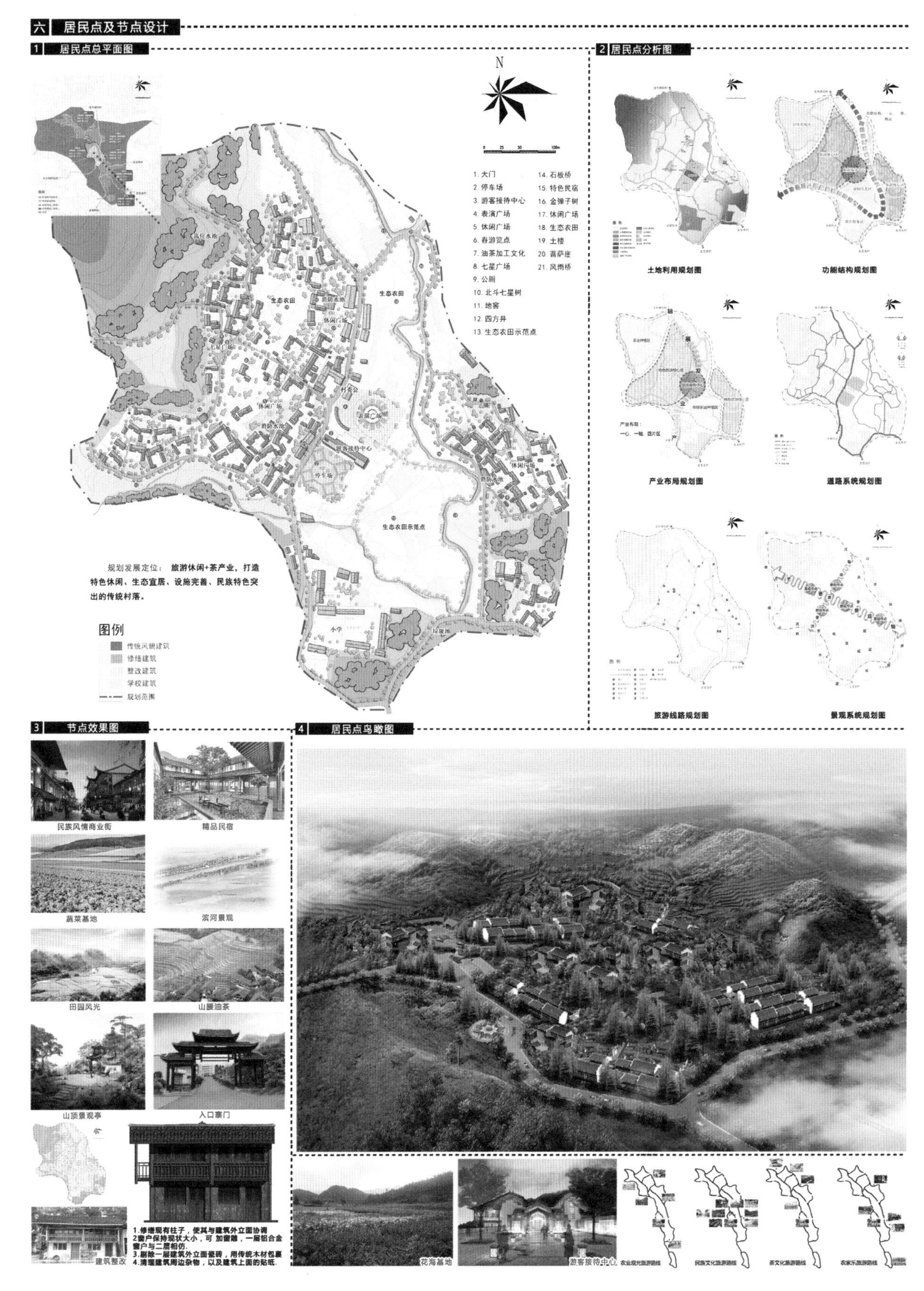

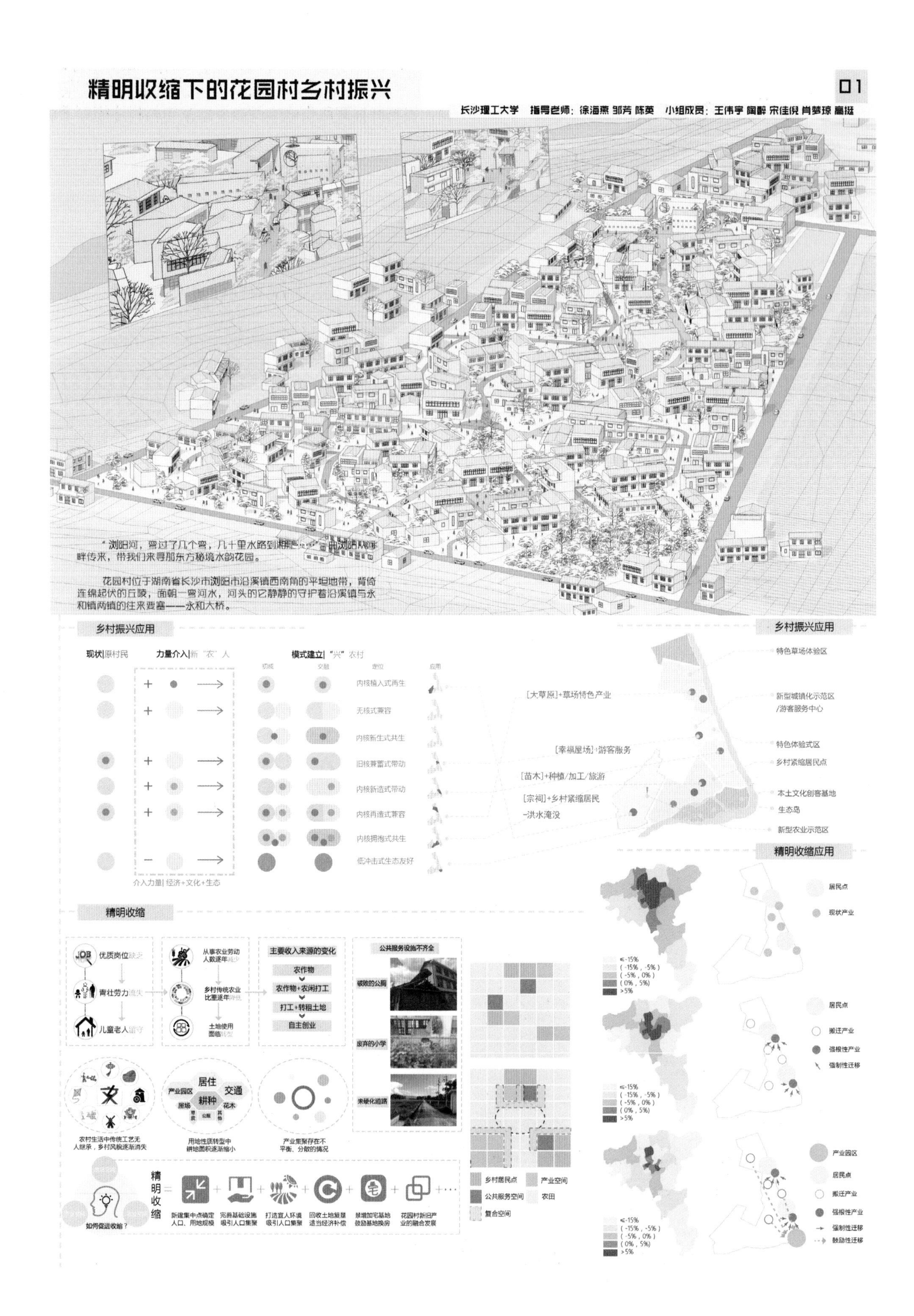

精明收缩下的花园村乡村振兴
01
长沙理工大学 指导老师：徐海燕 邹芳 陈英 小组成员：王伟宇 阎醉 宋佳倪 肖梦琼 高挺
“浏阳河，弯过了几个弯，几十里水路到湘江……”由浏阳河畔传来，带我们来寻那东方秘境水韵花园。
花园村位于湖南省长沙市浏阳市沿溪镇西南角的平坦地带，背倚连绵起伏的丘陵，面朝一弯河水，河头的它静静的守护着沿溪镇与永和镇两镇的往来要塞——永和大桥。
乡村振兴应用
现状|原村民
力量介入|新“农”人
模式建立|“兴”农村
内核植入式再生
无核式兼容
内核新生式共生
旧核兼营式带动
内核新造式带动
内核再造式兼容
内核拥抱式共生
低冲击式生态友好
介入力量|经济+文化+生态
[大草原]+草场特色产业
[幸福屋场]+游客服务
[苗木]+种植/加工/旅游
[宗祠]+乡村紧缩居民
-洪水淹没
特色草场体验区
新型城镇化示范区
/游客服务中心
特色体验式区
乡村紧缩居民点
本土文化创客基地
生态岛
新型农业示范区
精明收缩应用
居民点
现状产业
搬迁产业
强根性产业
强制性迁移
产业园区
鼓励性迁移
精明收缩
优质岗位缺乏
青壮劳力流失
儿童老人留守
从事农业劳动人数逐年减少
乡村传统农业比重逐年降低
土地使用面临转型
主要收入来源的变化
农作物
农作物+农闲打工
打工+转租土地
自主创业
公共服务设施不齐全
破败的公厕
废弃的小学
未硬化道路
农村生活中传统工艺无人继承，乡村风貌逐渐消失
居住
交通
产业园区
耕种
花木
屋场
用地性质转型中耕地面积逐渐缩小
产业集聚存在不平衡、分散的情况
乡村居民点
产业空间
公共服务空间
农田
复合空间
如何促进收缩？
精明收缩
新建集中点确定人口、用地规模
完善基础设施吸引人口集聚
打造宜人环境吸引人口集聚
回收土地复垦适当经济补偿
鼓励加宅基地鼓励基地换房
花园村新旧产业的融合发展

精明收缩下的花园村乡村振兴

02

长沙理工大学 指导老师：徐海燕 邹芳 陈英 小组成员：王伟宇 闻醉 宋佳倪 肖梦琼 高挺

基地认知

生态驳岸 粮食、草皮耕作区 浏阳河 苗木林 村庄 耕作区 浏阳河 村庄 耕作区、苗木林

建筑现状

小卖部 看马滩 农大 祠堂 渡桥

建筑质量差 建筑质量 建筑质量中 农田

建筑年代	翻新次数	建筑风格	建筑质量	建筑层数	建筑结构	现状照片	数量/栋
1960年左右	无	黄土房	差	1	砖结构		43
1990年-至今	翻新（新+旧）	传统建筑（独栋）	良	1~2	砖结构		642
1990年-至今	新建	传统建筑（独栋）	良	1~2	砖结构		453
1990年-至今	新建	传统建筑（一栋多户）	良	1~2	砖结构		36
2000年以后	新建	古典建筑	良	2~3	砖结构		4
2000年以后	新建	仿欧式	优	2~4	钢筋混凝土		21
2000年以后	新建	现代建筑	优	2~4	钢筋混凝土		4
	废弃建筑	黄土房	差	1	砖结构		52
		传统建筑（独栋）	差	2	砖结构		24

用地现状分析

面积/亩

耕地 园地 林地 水面

10% 6% 18% 66%

V11 住宅用地
V12 混合式住宅用地
V21 村庄公共服务设施用地
V22 村庄公共用地
V31 村庄商业服务业设施用地
V32 村庄生产仓储用地
V41 村庄道路用地
V42 村庄交通设施用地
V43 村庄公共设施用地
E11 自然水域
E13 坑塘沟渠
E22 农用道路
E23 其他农林用地

上层规划分析

长株潭城市群层面

① 长株潭城市群为“全国资源节约型和环境友好社会建设综合配套改革试验区”。

③长株潭环城游憩圈成型，出现了许多的游憩地带，带动周边旅游业的发展。

长沙市层面

① 长沙市委提出力争长沙市美丽乡村覆盖率达80%

②全力支持浏阳市美丽乡村建设提出用五年时间，在浏阳建设100个示范“美丽乡村”

浏阳市层面

① 2015年被正式认定为“全国休闲农业与乡村旅游示范县”。

②提出“一河、一山、一城、五区”的空间布局，其中“一河”为浏阳河岸乡村风情旅游带；“五区”包括花卉苗木观赏休闲区。

沿溪镇层面

① 在镇域产业结构与布局中：确立花园村为无公害蔬菜产业区与农业特色旅游区。

②提出“一个中心、两条线路、四大特色、四大旅游体系”，花园村处于一个中心附近，两条线路的沿线，涵盖四大特色之一，四大旅游体系一半。

用地规划

V11 住宅用地
V12 混合式住宅用地
V21 村庄公共服务设施用地
V22 村庄公共用地
E62 村庄旅游服务用地
E22 耕地
E23 现代农业耕地
E51 牧草地
E33 园地
V41 村庄道路用地
V42 村庄交通设施用地
V43 村庄公共设施用地
E11 自然水域
E13 坑塘沟渠
E22 农用道路

村域总体规划

往沿溪镇
往永和镇
往农业科技园
往长浏高速出入口

规划公厕 规划垃圾站 规划绿地

大草原旅游风光产业区
浏阳河沿河风光带
产业发展轴
综合产业服务区
现代休闲观光农业产业区农业
新型居民集聚区
现代农业区
生态活动区

一轴一带五区

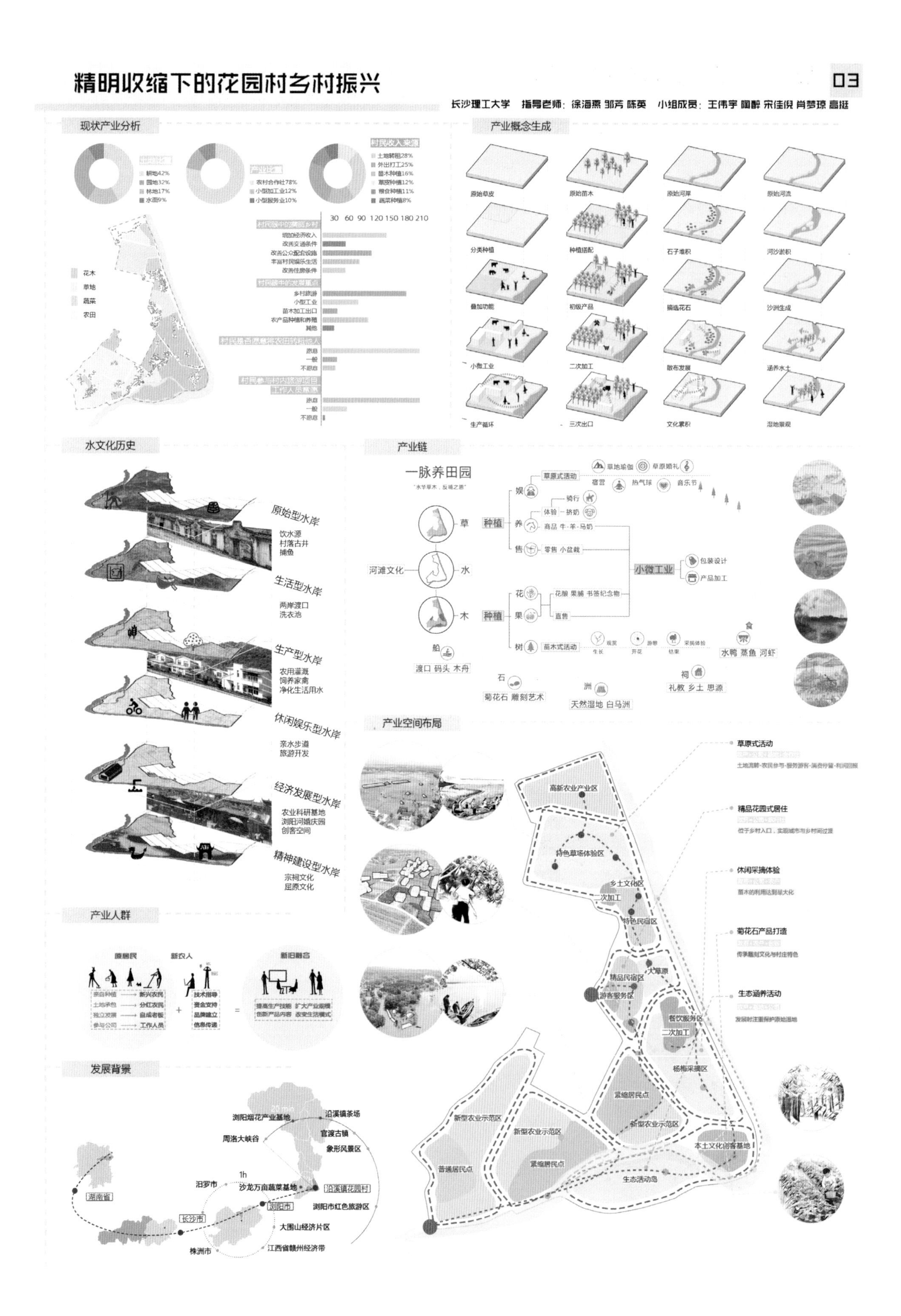

精明收缩下的花园村乡村振兴
03
长沙理工大学 指导老师：徐海燕 邬芳 陈英 小组成员：王伟宇 阚醉 宋佳倪 肖梦琼 高挺
现状产业分析
产业概念生成
水文化历史
原始型水岸
饮水源
村落古井
捕鱼
生活型水岸
两岸渡口
洗衣池
生产型水岸
农用灌溉
饲养家禽
净化生活用水
休闲娱乐型水岸
亲水步道
旅游开发
经济发展型水岸
农业科研基地
浏阳河婚庆园
创客空间
精神建设型水岸
宗祠文化
屈原文化
产业链
一脉养田园
河滩文化
草
水
木
种植
小微工业
船
渡口 码头 木舟
菊花石 雕刻艺术
天然湿地 白马洲
礼教 乡土 思源
水鸭 蒸鱼 河虾
产业空间布局
高新农业产业区
特色草场体验区
乡土文化区
特色民宿区
精品民宿区
游客服务区
大草原
餐饮服务区
杨梅采摘区
紧缩居民点
新型农业示范区
本土文化创客基地
生态活动岛
普通居民点
草原式活动
精品花园式居住
休闲采摘体验
菊花石产品打造
生态涵养活动
产业人群
新农人
新旧融合
发展背景
浏阳烟花产业基地
沿溪镇茶场
周洛大峡谷
官渡古镇
象形风景区
汨罗市
沙龙万亩蔬菜基地
沿溪镇花园村
湖南省
长沙市
浏阳市
浏阳市红色旅游区
大围山经济片区
株洲市
江西省赣州经济带

乡村在新人口构成模式下精明收缩
04
长沙理工大学 指导老师：徐海燕 邹芳 陈英 小组成员：王伟宇 陶醉 宋佳倪 肖梦琼 喬挺
新农文化中心打造
新时代生活引入
菊花石雕塑广场
水井小游园
祠堂更新
原居民乡土性文化沿承
废弃小学再利用
乡村综合体农人融合
节点要素提取
现状典型街边独院
过境交通车速、粉尘干扰大
缺乏生活性公共交往空间
缺乏成体系的公共绿地空间
人群对策
新农人和原居民分布现状
产业植入引发人群结构转型
新农人=新兴农人+外来新农人
汇聚成组团
形成人群交往体系
居民点更新对策
居民布局现状
拆除部分质量差类建筑
建立交通骨架
拆除搬迁综合评分较低建筑
梳理原村落建筑密集区域，降低密度
新建合宜密度的新农建筑组团
打造新农人居住空间紧缩点
节点要素提取
实施计划
1965
1985
2017
2023
2033
村落演变
Rural Evolution
人口规模
Population Size
实施计划
Implement Plan
FIRST YEAR
SECOND YEAR
THIRD YEAR
FOURTH YEAR
FIFTH YEAR
给水管网完善
路面扩宽铺装处理
建筑外立面修复
绿化栽植处理
河道驳岸整治
优化生态景观环境
建立家庭农场
开放瓜果采摘园
成立村民股份委员会
推动农产品产销衔接
引进产业化龙头企业
土地权属转移
开展乡土庙会活动
村庄标识推广
成立社区文化宣传队
河源民俗特色重拾

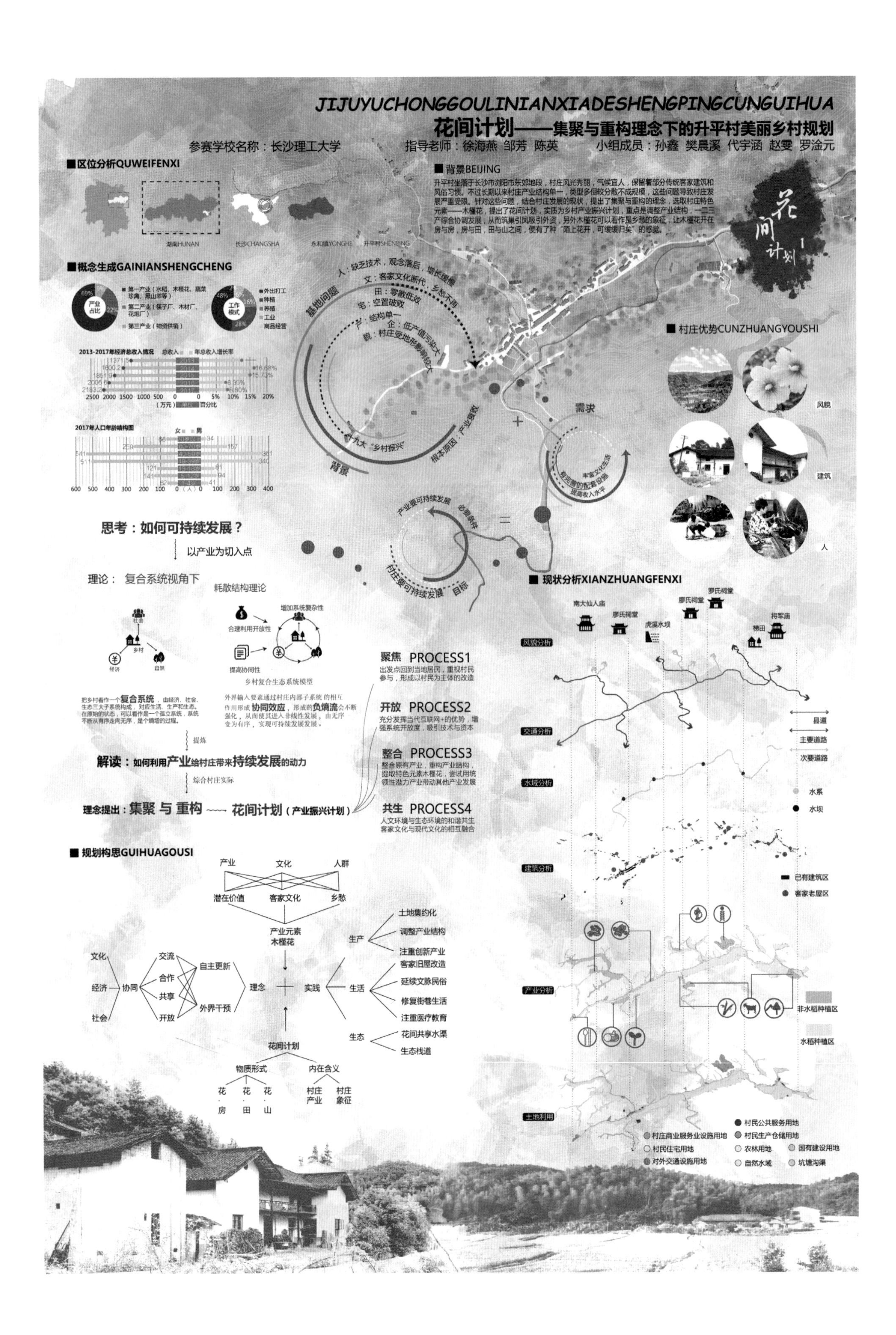
JIJUYUCHONGGOULINIANXIADESHENGPINGCUNGUIHUA
花间计划——集聚与重构理念下的升平村美丽乡村规划
参赛学校名称：长沙理工大学
指导老师：徐海燕 邹芳 陈英
小组成员：孙鑫 樊晨溪 代宇涵 赵雯 罗淦元
■ 区位分析QUWEIFENXI
湖南HUNAN
长沙CHANGSHA
永和镇YONGHE
升平村SHENPING
■ 背景BEIJING
升平村坐落于长沙市浏阳市东郊地段，村庄风光秀丽，气候宜人，保留着部分传统客家建筑和风俗习惯。不过长期以来村庄产业结构单一，类型多但较分散不成规模，这些问题导致村庄发展严重受限。针对这些问题，结合村庄发展的现状，提出了集聚与重构的理念，选取村庄特色元素——木槿花，提出了花间计划，实质为乡村产业振兴计划，重点是调整产业结构，一二三产综合协调发展，从而筑巢引凤吸引外资，另外木槿花可以看作是乡愁的象征，让木槿花开在房与房，房与田，田与山之间，便有了种“陌上花开，可缓缓归矣”的感觉。
花间计划
■ 概念生成GAINIANSHENGCHENG
产业占比
工作模式
2013-2017年经济总收入情况
2017年人口年龄结构图
基地问题
人：缺乏技术，观念落后，增长缓慢
文：客家文化断代，乡愁不再
田：零散低效
宅：空置破败
产：结构单一
企：低产值污染大
貌：村庄受地形影响较大
背景
十九大“乡村振兴”
根本原因：产业衰败
需求
产业更可持续发展
必要条件
村庄要可持续发展
目标
■ 村庄优势CUNZHUANGYOUSHI
风貌
建筑
人
思考：如何可持续发展？
以产业为切入点
理论：复合系统视角下
耗散结构理论
社会
乡村
经济
自然
增加系统复杂性
合理利用开放性
提高协同性
乡村复合生态系统模型
把乡村看作一个复合系统，由经济、社会、生态三大子系统构成，对应生活、生产和生态。在原始的状态，可以看作是一个孤立系统，系统不断从有序走向无序，是个熵增的过程。
外界输入要素通过村庄内部子系统的相互作用形成协同效应，形成的负熵流会不断强化，从而使其进入非线性发展，由无序变为有序，实现可持续发展发展。
提炼
解读：如何利用产业给村庄带来持续发展的动力
综合村庄实际
理念提出：集聚 与 重构 ～～ 花间计划（产业振兴计划）
聚焦 PROCESS1
出发点回到当地居民，重视村民参与，形成以村民为主体的改造
开放 PROCESS2
充分发挥当代互联网+的优势，增强系统开放度，吸引技术与资本
整合 PROCESS3
整合原有产业，重构产业结构，提取特色元素木槿花，尝试用统领性潜力产业带动其他产业发展
共生 PROCESS4
人文环境与生态环境的和谐共生
客家文化与现代文化的相互融合
■ 规划构思GUIHUAGOUSI
产业
文化
人群
潜在价值
客家文化
乡愁
产业元素
木槿花
文化
经济
社会
协同
交流
合作
共享
开放
自主更新
外界干预
理念
实践
生产
土地集约化
调整产业结构
注重创新产业
生活
客家旧屋改造
延续文脉民俗
修复街巷生活
注重医疗教育
生态
花间共享水渠
生态栈道
花间计划
物质形式
内在含义
花 房
花 田
花 山
村庄产业
村庄象征
■ 现状分析XIANZHUANGFENXI
风貌分析
南大仙人庙
廖氏祠堂
虎溪水坝
廖氏祠堂
罗氏祠堂
梯田
将军庙
交通分析
县道
主要道路
次要道路
水域分析
水系
水坝
建筑分析
已有建筑区
客家老屋区
产业分析
非水稻种植区
水稻种植区
土地利用
村民公共服务用地
村庄商业服务业设施用地
村民生产仓储用地
村民住宅用地
农林用地
国有建设用地
对外交通设施用地
自然水域
坑塘沟渠

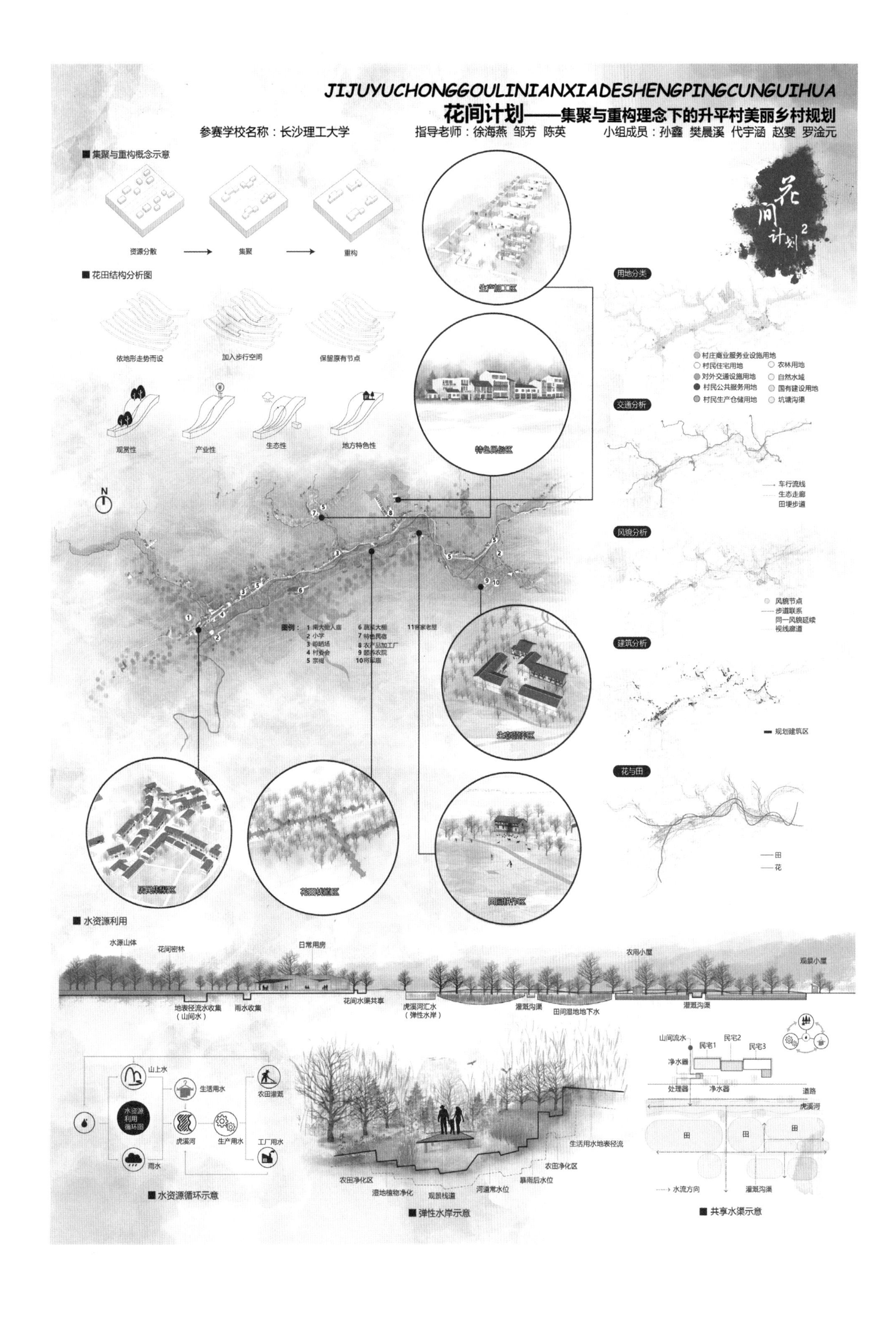
JIJUYUCHONGGOULINIANXIADESHENGPINGCUNGUIHUA
花间计划——集聚与重构理念下的升平村美丽乡村规划
参赛学校名称：长沙理工大学
指导老师：徐海燕 邹芳 陈英
小组成员：孙鑫 樊晨溪 代宇涵 赵雯 罗淦元
集聚与重构概念示意
资源分散
集聚
重构
花田结构分析图
依地形走势而设
加入步行空间
保留原有节点
观赏性
产业性
生态性
地方特色性
生产加工区
特色民宿区
生态养殖区
居民集聚区
花田景观区
田园耕作区
用地分类
村庄商业服务业设施用地
村民住宅用地
对外交通设施用地
村民公共服务用地
村民生产仓储用地
农林用地
自然水域
国有建设用地
坑塘沟渠
交通分析
车行流线
生态走廊
田埂步道
风貌分析
风貌节点
步道联系
同一风貌延续
视线廊道
建筑分析
规划建筑区
花与田
田
花
水资源利用
水源山体
花间密林
日常用房
农用小屋
观景小屋
地表径流水收集（山间水）
雨水收集
花间水渠共享
虎溪河汇水（弹性水岸）
灌溉沟渠
田间湿地地下水
灌溉沟渠
山上水
生活用水
农田灌溉
水资源利用循环图
虎溪河
生产用水
工厂用水
雨水
水资源循环示意
生活用水地表径流
农田净化区
农田净化区
暴雨后水位
河道常水位
湿地植物净化
观景栈道
弹性水岸示意
山间流水
民宅1
民宅2
民宅3
净水器
处理器
净水器
道路
虎溪河
田
田
田
水流方向
灌溉沟渠
共享水渠示意

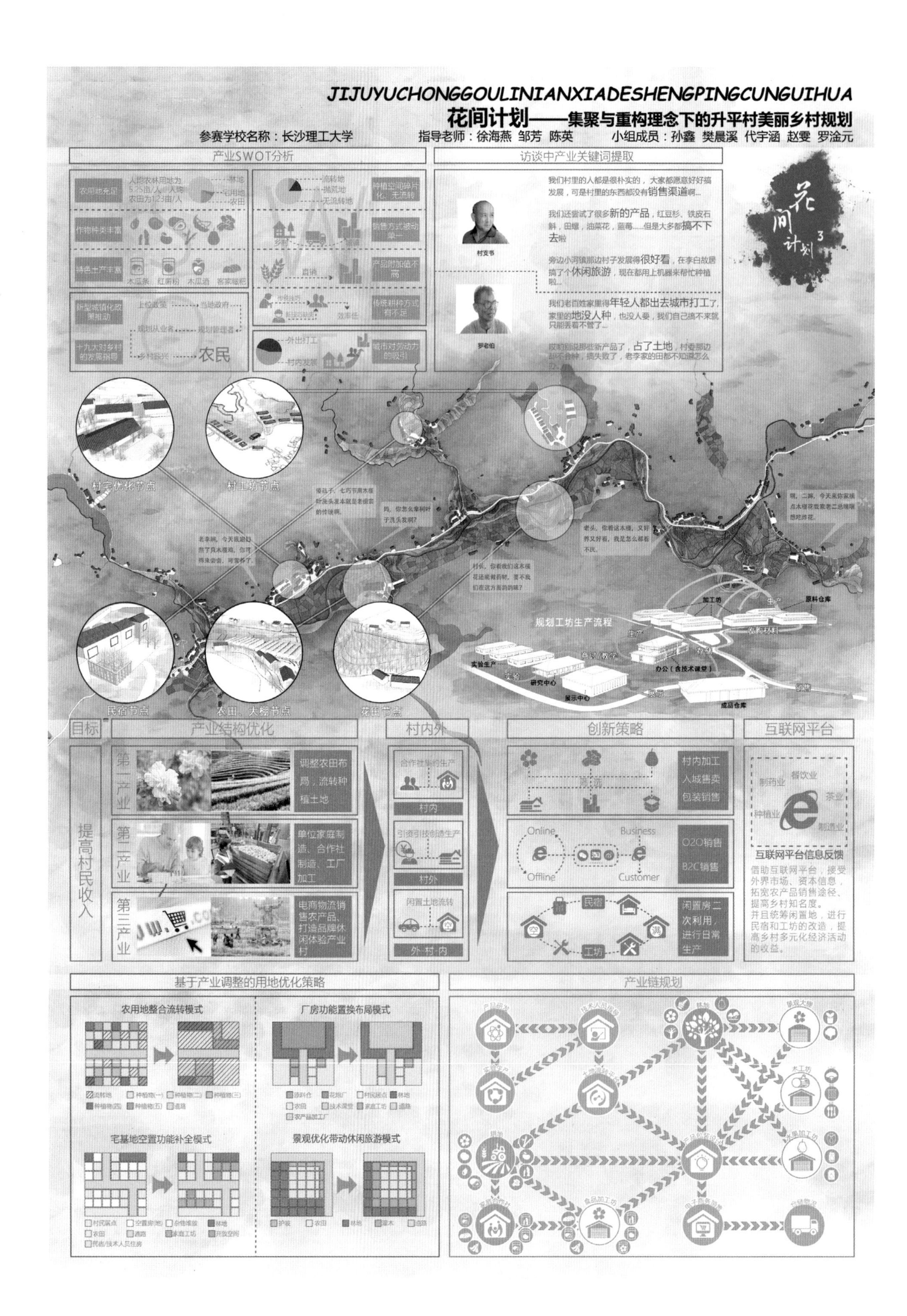

JIJUYUCHONGGOULINIANXIADESHENGPINGCUNGUIHUA
花间计划——集聚与重构理念下的升平村美丽乡村规划
参赛学校名称：长沙理工大学
指导老师：徐海燕 邹芳 陈英
小组成员：孙鑫 樊晨溪 代宇涵 赵雯 罗淦元
产业SWOT分析
访谈中产业关键词提取
我们村里的人都是很朴实的，大家都愿意好好搞发展，可是村里的东西都没有销售渠道啊...
我们还尝试了很多新的产品，红豆杉、铁皮石斛，田螺，油菜花，蓝莓......但是大多都搞不下去啦
村支书
旁边小河镇那边村子发展得很好看，在李白故居搞了个休闲旅游，现在都用上机器来帮忙种植啦...
我们老百姓家里得年轻人都出去城市打工了，家里的地没人种，也没人要，我们自己搞不来就只能丢着不管了...
罗老伯
哎哟别说那些新产品了，占了土地，村委那边却不会种，搞失败了，老李家的田都不知道怎么办...
花间计划
村宅优化节点
村工坊节点
民宿节点
农田、大棚节点
花田节点
规划工坊生产流程
加工坊
原料仓库
研究中心
展示中心
成品仓库
目标
提高村民收入
产业结构优化
第一产业
调整农田布局，流转种植土地
第二产业
单位家庭制造、合作社制造、工厂加工
第三产业
电商物流销售农产品、打造品牌休闲体验产业村
村内外
村内
村外
外-村-内
创新策略
村内加工入城售卖包装销售
Online
Business
Offline
Customer
O2O销售
B2C销售
民宿
工坊
闲置房二次利用，进行日常生产
互联网平台
餐饮业
制药业
茶业
种植业
制造业
互联网平台信息反馈
借助互联网平台，接受外界市场、资本信息，拓宽农产品销售途径、提高乡村知名度。并且统筹闲置地，进行民宿和工坊的改造，提高乡村多元化经济活动的收益。
基于产业调整的用地优化策略
农用地整合流转模式
厂房功能置换布局模式
宅基地空置功能补全模式
景观优化带动休闲旅游模式
产业链规划

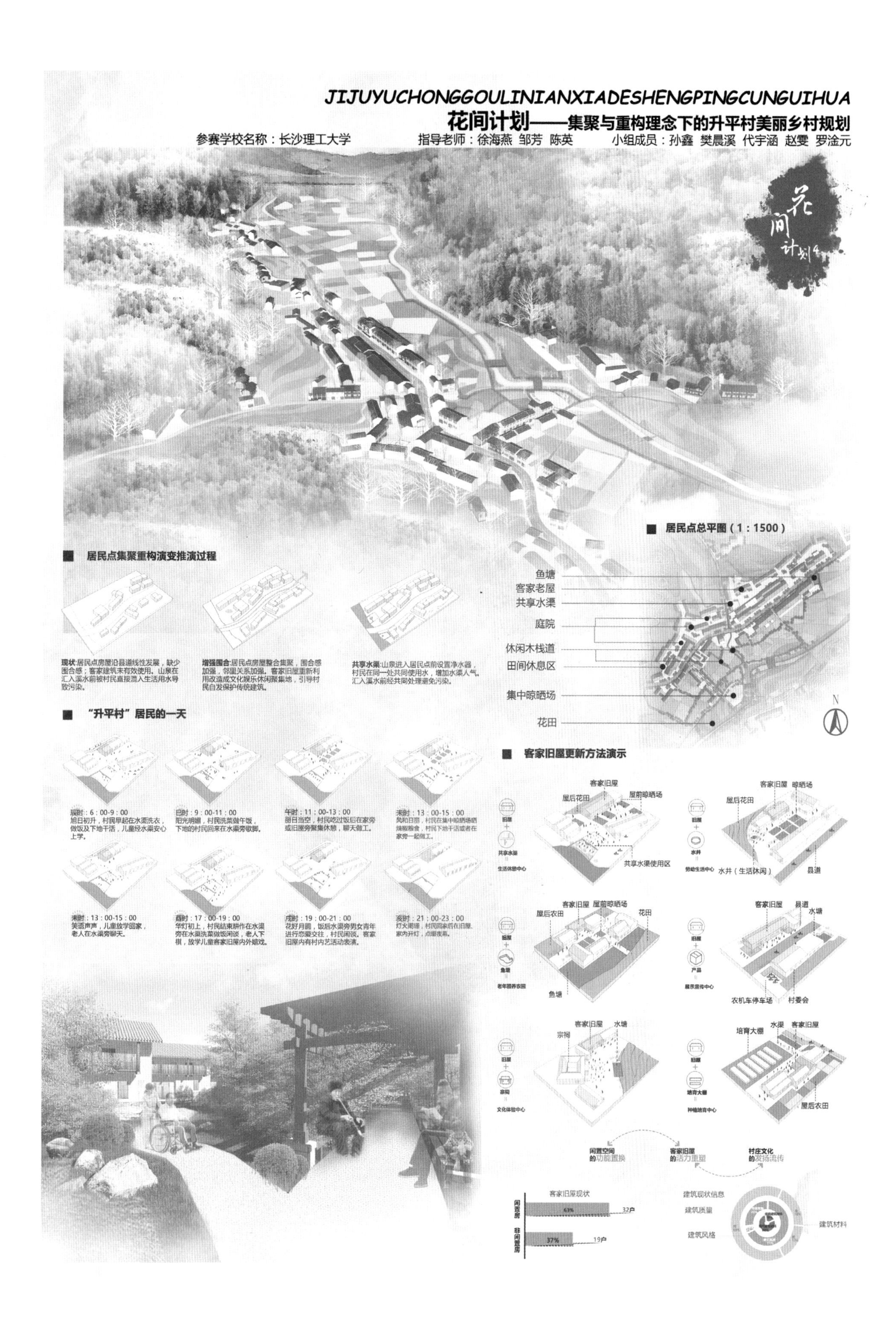
JIJUYUCHONGGOULINIANXIADESHENGPINGCUNGUIHUA
花间计划——集聚与重构理念下的升平村美丽乡村规划
参赛学校名称：长沙理工大学
指导老师：徐海燕 邹芳 陈英
小组成员：孙鑫 樊晨溪 代宇涵 赵雯 罗淦元
花间计划
居民点总平图（1：1500）
鱼塘
客家老屋
共享水渠
庭院
休闲木栈道
田间休息区
集中晾晒场
花田
N
居民点集聚重构演变推演过程
现状:居民点房屋沿县道线性发展，缺少围合感；客家建筑未有效使用。山泉在汇入溪水前被村民直接混入生活用水导致污染。
增强围合:居民点房屋整合集聚，围合感加强，邻里关系加强。客家旧屋重新利用改造成文化娱乐休闲聚集地，引导村民自发保护传统建筑。
共享水渠:山泉进入居民点前设置净水器，村民在同一处共同使用水，增加水渠人气。汇入溪水前经共同处理避免污染。
“升平村”居民的一天
辰时：6：00-9：00
旭日初升，村民早起在水渠洗衣，做饭及下地干活，儿童经水渠安心上学。
巳时：9：00-11：00
阳光明媚，村民洗菜做午饭，下地的村民回来在水渠旁歇脚。
午时：11：00-13：00
丽日当空，村民吃过饭后在家旁或旧屋旁聚集休憩，聊天做工。
未时：13：00-15：00
风和日丽，村民在集中晾晒场晒辣椒粮食，村民下地干活或者在家旁一起做工。
未时：13：00-15：00
笑语声声，儿童放学回家，老人在水渠旁聊天。
酉时：17：00-19：00
华灯初上，村民结束耕作在水渠旁在水渠洗菜做饭闲谈，老人下棋，放学儿童客家旧屋内外嬉戏。
戌时：19：00-21：00
花好月圆，饭后水渠旁男女青年进行恋爱交往，村民闲谈。客家旧屋内有村内艺活动表演。
亥时：21：00-23：00
灯火阑珊，村民回家后在旧屋、家内开灯，点缀夜幕。
客家旧屋更新方法演示
客家旧屋
屋后花田
屋前晾晒场
共享水渠使用区
生活休憩中心
客家旧屋
晾晒场
屋后花田
水井（生活休闲）
县道
劳动生活中心
客家旧屋
屋前晾晒场
屋后农田
花田
鱼塘
老年颐养农园
客家旧屋
县道
水塘
农机车停车场
村委会
展示宣传中心
客家旧屋
水塘
宗祠
文化体验中心
水渠
客家旧屋
培育大棚
屋后农田
种植培育中心
闲置空间的功能置换
客家旧屋的活力重塑
村庄文化的发扬流传
客家旧屋现状
闲置房
63%
32户
非闲置房
37%
19户
建筑现状信息
建筑质量
建筑风格
建筑材料

十里江村

【参赛院校】　南京工业大学

【参赛学生】　尤家曜　李子豪　陈文珺　骆彬斌

【指导教师】　黎智辉　黄　瑛　陈　轶

一、方案介绍

位于浦口城郊的永宁街道随着浦口新城江北新区的发展面临着村庄生存延续的策略性问题，同时，伴随滁河圩岸的改造开发，村庄也将迎来一系列的机遇与挑战。本案结合村民意愿调研，以费孝通先生江村经济为理论基础，运用就地城镇化理念，寻找合适的产业模式，让村民留得住乡土，记得住乡情。

二、延伸内容

青山之山，约莫就是浦口的老山了，中国的民俗起名法一向直截了当，为何这地方比老山更青一些，大概是这地方种苗木的更多些，沿着主路走过去，各色苗木苗圃的广告不少。

河北之河，就是紧邻村子的滁河。起先我对滁河的印象一直停留在小时候背《滁州西涧》的那种小小的静静的，挂着条泛舟垂钓的小船的河沟。

冬日的河北村，寒风凛冽，本地树木除少数经济苗木雪松外，均为落叶树，荷塘只留残杆，显得格外萧瑟。河滩部分在冬日枯水期时完全显露出来，河滩上的柳树光秃秃一片，只留农家放养的野鸡野鸭在喧嚣。

这里的很多年轻人，工作在浦口高新区，每日往返城乡。还有的已经搬离了村子，只有父母还住在乡下。下图中两人是儿时的玩伴了，而右一是我们的某队友。烧烤的材料很简单，冬日里腌的腊肉片成薄片烤得透明就能吃，配上简单的蘸料咬上去真是满足，自己钓起的小鱼十分鲜嫩，只加些盐就

美味异常。场地就在冬日枯水现出的河滩上，木头是各家都有的，不够的时候随手都能捡到干枯的枝丫，凑着一堆火，烘着手，真是觉得暖上心头。

夏日的河北村，焕发着蓬勃的生机，村里的各类产业也在蓬勃发展。粮食生产、蔬菜种植、苗木生产、传统渔业都在这片土地上共存，共同带动村民致富。

河北村的圩下部分天然造就了诸多水塘泊面，夏日凉风阵阵，草木丰沛。

传统的鱼作生产式微，补船织网的生活虽有继续，但少传承。

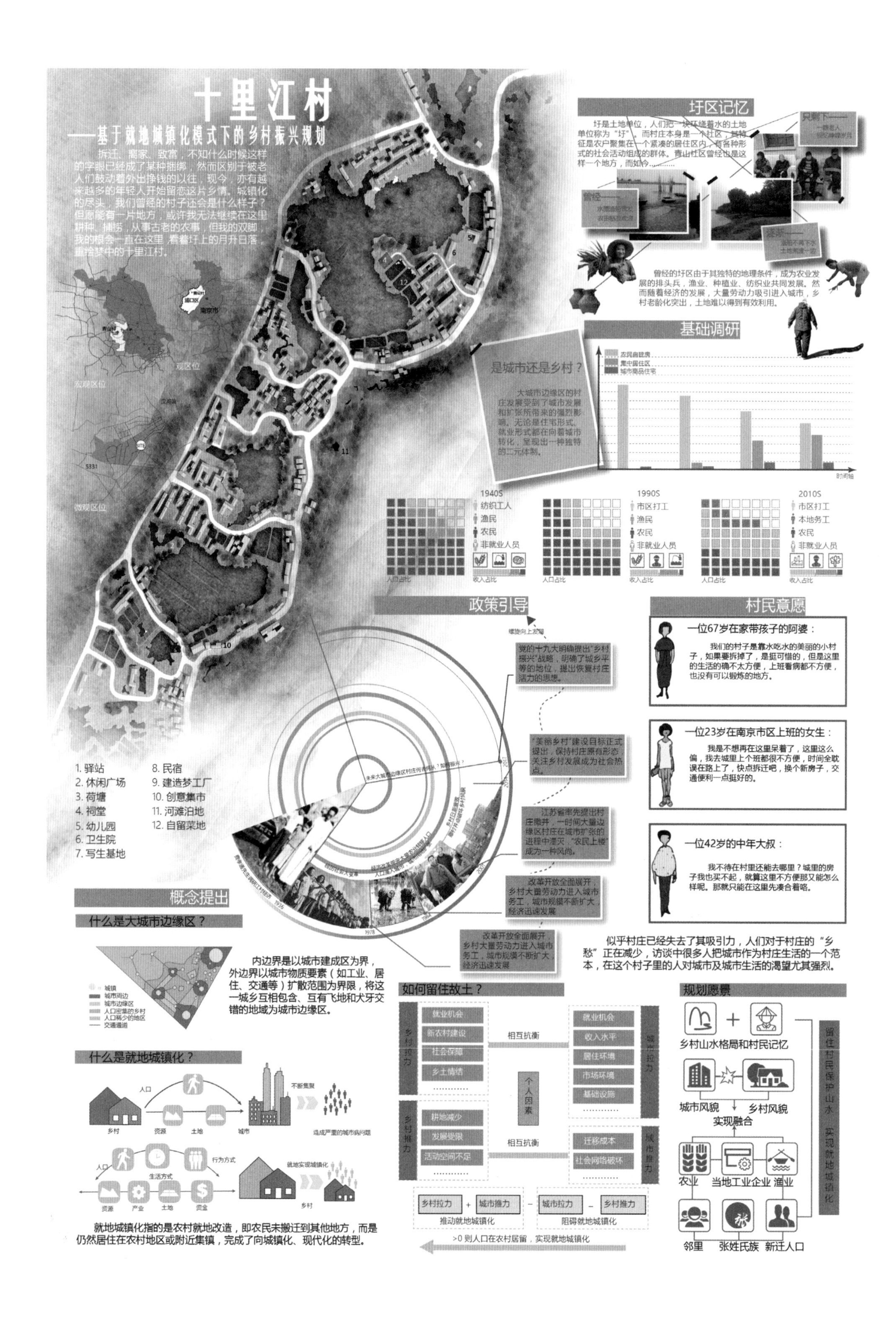
十里江村
——基于就地城镇化模式下的乡村振兴规划
拆迁、离家、致富，不知什么时候这样的字眼已经成了某种捆绑，然而区别于被老人们鼓动着外出挣钱的以往，现今，亦有越来越多的年轻人开始留恋这片乡情。城镇化的尽头，我们曾经的村子还会是什么样子？但愿能有一片地方，或许我无法继续在这里耕种、捕捞，从事古老的农事，但我的双脚，我的根会一直在这里，看着圩上的月升日落，重拾梦中的十里江村。
圩区记忆
圩是土地单位，人们把一块环绕着水的土地单位称为"圩"。而村庄本身是一个社区，其特征是农户聚集在一个紧凑的居住区内，有各种形式的社会活动组成的群体。青山社区曾经也是这样一个地方，而如今……
曾经的圩区由于其独特的地理条件，成为农业发展的排头兵，渔业、种植业、纺织业共同发展。然而随着经济的发展，大量劳动力吸引进入城市，乡村老龄化突出，土地难以得到有效利用。
基础调研
是城市还是乡村？
大城市边缘区的村庄发展受到了城市发展和扩张所带来的强烈影响，无论是住宅形式、就业形式都在向着城市转化，呈现出一种独特的二元体制。
农民自建房
爬中居住区
城市商品住宅
时间轴
1940S
纺织工人
渔民
农民
非就业人员
1990S
市区打工
渔民
农民
非就业人员
2010S
市区打工
本地务工
农民
非就业人员
人口占比
收入占比
政策引导
党的十九大明确提出"乡村振兴"战略，明确了城乡平等的地位，提出恢复村庄活力的思想。
"美丽乡村"建设目标正式提出，保持村庄原有形态，关注乡村发展成为社会热点。
江苏省率先提出村庄撤并，一时间大量边缘区村庄在城市扩张的进程中湮灭，"农民上楼"成为一种风尚。
改革开放全面展开，乡村大量劳动力进入城市务工，城市规模不断扩大，经济迅速发展
1978
1984
1996
2001
2017
村民意愿
一位67岁在家带孩子的阿婆：
我们的村子是靠水吃水的美丽的小村子，如果要拆掉了，是挺可惜的，但是这里的生活的确不太方便，上班看病都不方便，也没有可以锻炼的地方。
一位23岁在南京市区上班的女生：
我是不想再在这里呆着了，这里这么偏，我去城里上个班都很不方便，时间全耽误在路上了，快点拆迁吧，换个新房子，交通便利一点挺好的。
一位42岁的中年大叔：
我不待在村里还能去哪里？城里的房子我也买不起，就算这里不方便那又能怎么样呢。那就只能在这里先凑合着咯。
似乎村庄已经失去了其吸引力，人们对于村庄的"乡愁"正在减少，访谈中很多人把城市作为村庄生活的一个范本，在这个村子里的人对城市及城市生活的渴望尤其强烈。
1. 驿站
2. 休闲广场
3. 荷塘
4. 祠堂
5. 幼儿园
6. 卫生院
7. 写生基地
8. 民宿
9. 建造梦工厂
10. 创意集市
11. 河滩泊地
12. 自留菜地
宏观区位
微观区位
南京市
概念提出
什么是大城市边缘区？
内边界是以城市建成区为界，外边界以城市物质要素（如工业、居住、交通等）扩散范围为界限，将这一城乡互相包含、互有飞地和犬牙交错的地域为城市边缘区。
城镇
城市周边
城市边缘区
人口密集的乡村
人口稀少的地区
交通通道
什么是就地城镇化？
人口
乡村
资源
土地
城市
不断集聚
造成严重的城市病问题
生活方式
行为方式
资源
产业
土地
资金
就地实现城镇化
就地城镇化指的是农村就地改造，即农民未搬迁到其他地方，而是仍然居住在农村地区或附近集镇，完成了向城镇化、现代化的转型。
如何留住故土？
乡村拉力
就业机会
新农村建设
社会保障
乡土情结
…………
相互抗衡
城市拉力
就业机会
收入水平
居住环境
市场环境
基础设施
…………
个人因素
乡村推力
耕地减少
发展受限
活动空间不足
…………
城市推力
迁移成本
社会网络破坏
…………
乡村拉力 + 城市推力 - 城市拉力 - 乡村推力
推动就地城镇化
阻碍就地城镇化
>0 则人口在农村居留，实现就地城镇化
规划愿景
乡村山水格局和村民记忆
城市风貌
乡村风貌
实现融合
农业
当地工业企业
渔业
邻里
张姓氏族
新迁人口
留住村民保护山水 实现就地城镇化

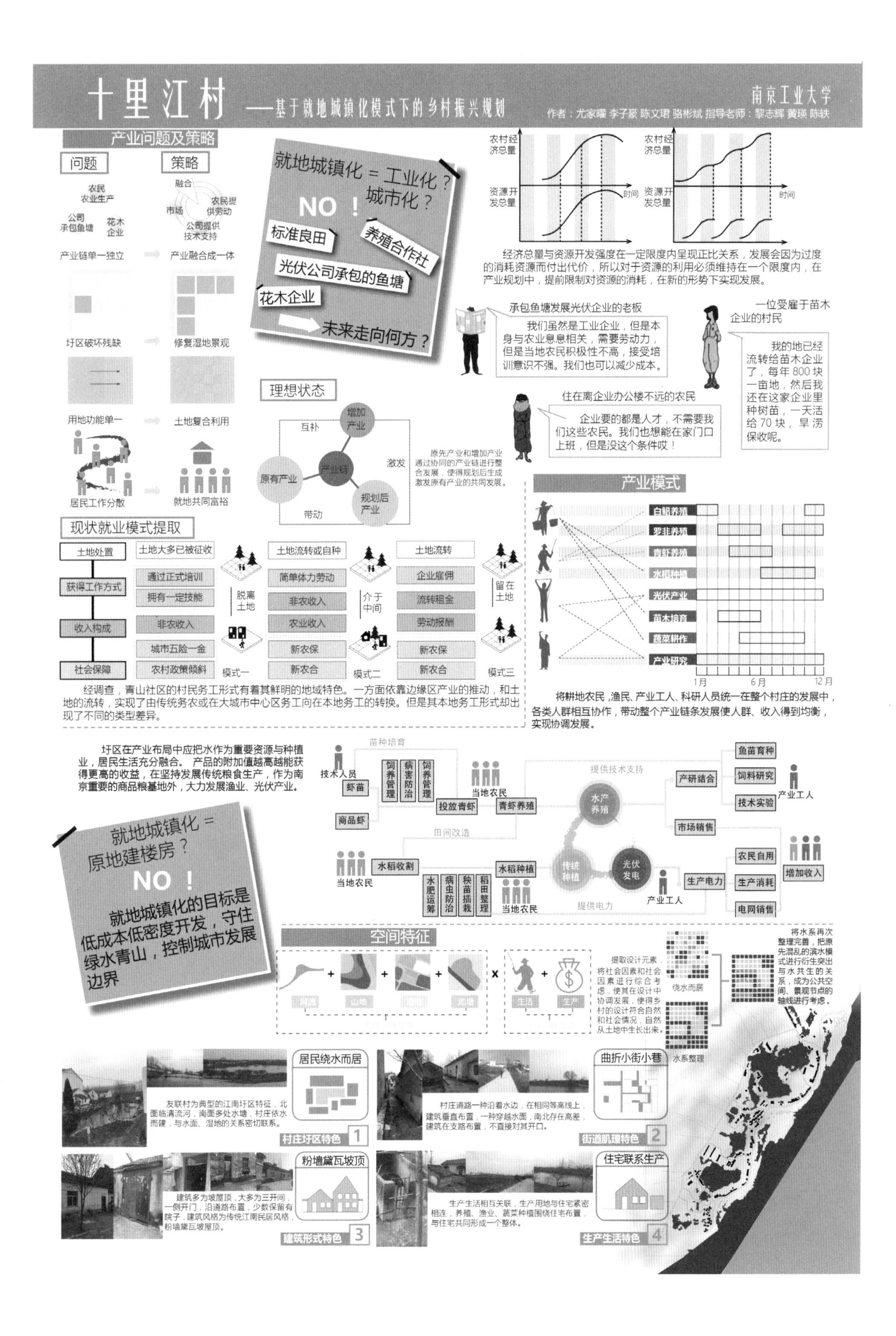

十里江村
——基于就地城镇化模式下的乡村振兴规划
南京工业大学
作者：尤家曜 李子蒙 陈文珺 骆彬斌 指导老师：黎志辉 黄瑛 陈铁
产业问题及策略
问题
策略
产业链单一独立
产业融合成一体
圩区破坏残缺
修复湿地景观
用地功能单一
土地复合利用
居民工作分散
就地共同富裕
就地城镇化 = 工业化？城市化？
NO！
标准良田
养殖合作社
光伏公司承包的鱼塘
花木企业
未来走向何方？
经济总量与资源开发强度在一定限度内呈现正比关系，发展会因为过度的消耗资源而付出代价，所以对于资源的利用必须维持在一个限度内，在产业规划中，提前限制对资源的消耗，在新的形势下实现发展。
承包鱼塘发展光伏企业的老板
我们虽然是工业企业，但是本身与农业息息相关，需要劳动力，但是当地农民积极性不高，接受培训意识不强。我们也可以减少成本。
一位受雇于苗木企业的村民
我的地已经流转给苗木企业了，每年800块一亩地，然后我还在这家企业里种树苗，一天活给70块，旱涝保收呢。
住在离企业办公楼不远的农民
企业要的都是人才，不需要我们这些农民。我们也想能在家门口上班，但是没这个条件哎！
理想状态
原先产业和增加产业通过协同的产业链进行整合发展，使得规划后生成激发原有产业的共同发展。
现状就业模式提取
土地处置
获得工作方式
收入构成
社会保障
模式一
模式二
模式三
经调查，青山社区的村民务工形式有着其鲜明的地域特色。一方面依靠边缘区产业的推动，和土地的流转，实现了由传统务农或在大城市中心区务工向在本地务工的转换。但是其本地务工形式却出现了不同的类型差异。
产业模式
将耕地农民，渔民、产业工人、科研人员统一在整个村庄的发展中，各类人群相互协作，带动整个产业链条发展使人群、收入得到均衡，实现协调发展。
圩区在产业布局中应把水作为重要资源与种植业，居民生活充分融合。产品的附加值越高越能获得更高的收益，在坚持发展传统粮食生产，作为南京重要的商品粮基地外，大力发展渔业、光伏产业。
就地城镇化 = 原地建楼房？
NO！
就地城镇化的目标是低成本低密度开发，守住绿水青山，控制城市发展边界
空间特征
提取设计元素，将社会因素和社会因素进行综合考虑，使其在设计中协调发展，使得乡村的设计符合自然和社会情况，自然从土地中生长出来。
将水系再次整理完善，把原先混乱的滨水模式进行衍生突出与水共生的关系，成为公共空间、景观节点的轴线进行考虑。
居民绕水而居
友联村为典型的江南圩区特征，北面临清流河，南面多处水塘，村庄依水而建，与水面、湿地的关系密切联系。
村庄圩区特色 1
曲折小街小巷
村庄道路一种沿着水边，在相同等高线上，建筑垂直布置，一种穿越水面，南北存在高差，建筑在支路布置，不直接对其开口。
街道肌理特色 2
粉墙黛瓦坡屋顶
建筑多为坡屋顶，大多为三开间，一侧开门，沿道路布置，少数保留有院子，建筑风格为传统江南民居风格，粉墙黛瓦坡屋顶。
建筑形式特色 3
住宅联系生产
生产生活相互关联，生产用地与住宅紧密相连，养殖、渔业、蔬菜种植围绕住宅布置，与住宅共同形成一个整体。
生产生活特色 4

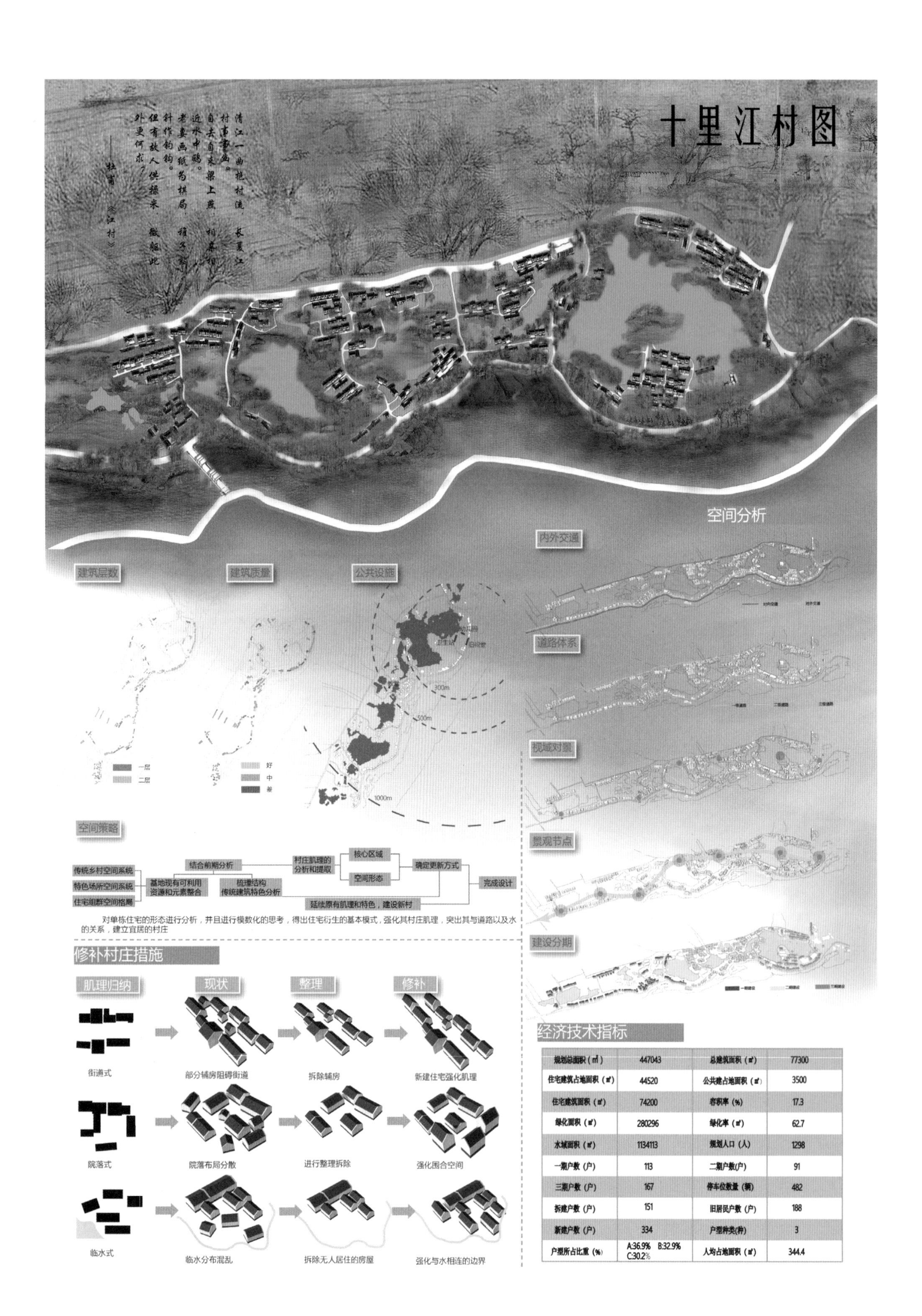

规划总面积（m²）	447043	总建筑面积（m²）	77300
住宅建筑占地面积（m²）	44520	公共建占地面积（m²）	3500
住宅建筑面积（m²）	74200	容积率（%）	17.3
绿化面积（m²）	280296	绿化率（m²）	62.7
水域面积（m²）	1134113	规划人口（人）	1298
一期户数（户）	113	二期户数(户)	91
三期户数（户）	167	停车位数量（辆）	482
拆建户数（户）	151	旧居民户数（户）	188
新建户数（户）	334	户型种类(种)	3
户型所占比重（%）	A:36.9% B:32.9% C:30.2%	人均占地面积（m²）	344.4

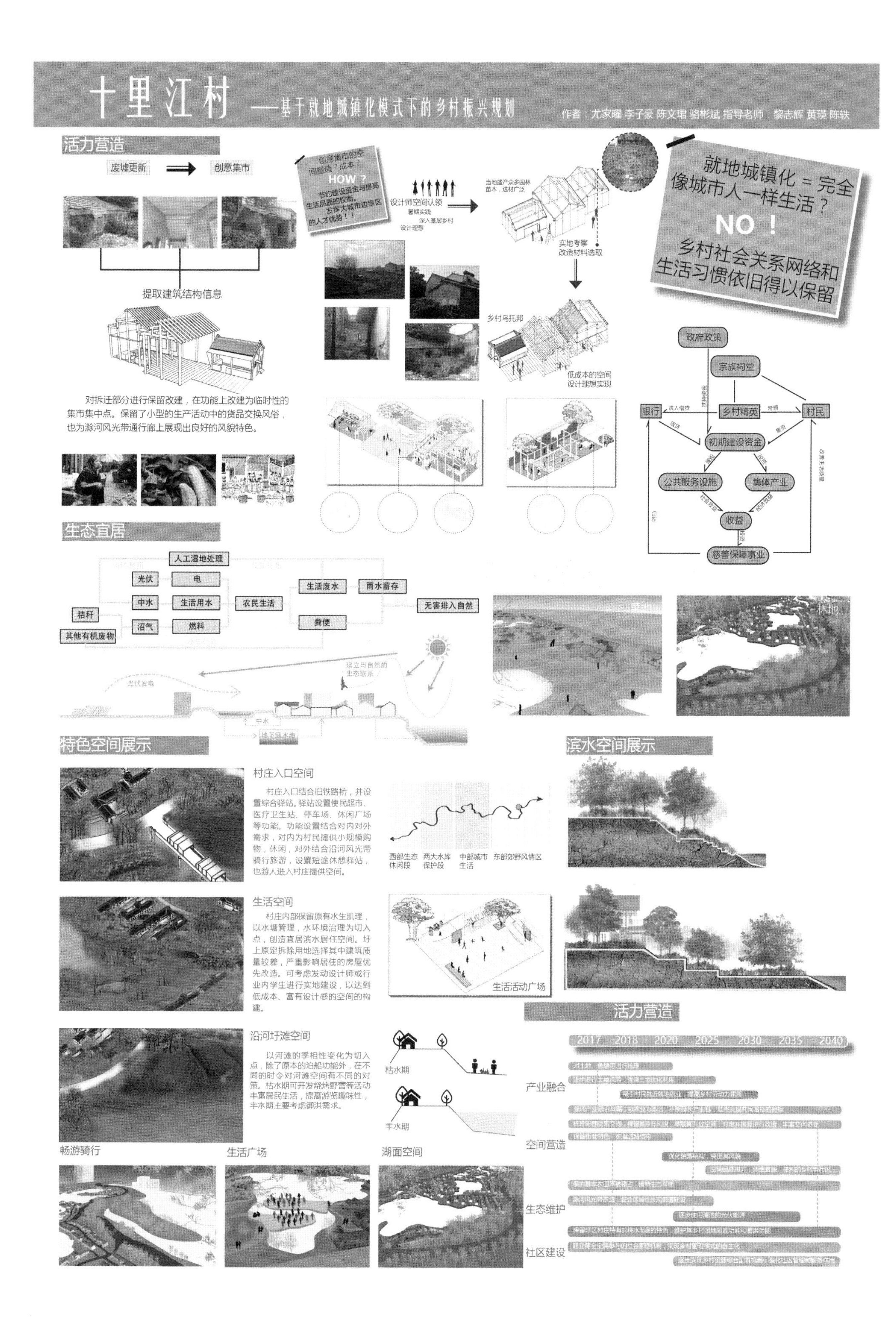
十里江村
——基于就地城镇化模式下的乡村振兴规划
作者：尤家曜 李子豪 陈文珺 骆彬斌 指导老师：黎志辉 黄瑛 陈轶
活力营造
废墟更新
创意集市
提取建筑结构信息
对拆迁部分进行保留改建，在功能上改建为临时性的集市集中点。保留了小型的生产活动中的货品交换风俗，也为滁河风光带通行廊上展现出良好的风貌特色。
创意集市的空间塑造？成本？
HOW？
节约建设资金与提高生活品质的权衡。发挥大城市边缘区的人才优势！！
设计师空间认领
暑期实践
深入基层乡村
设计理想
当地盛产众多园林苗木，选材广泛
实地考察
改造材料选取
乡村乌托邦
低成本的空间
设计理想实现
就地城镇化＝完全像城市人一样生活？
NO！
乡村社会关系网络和生活习惯依旧得以保留
政府政策
宗族祠堂
银行
乡村精英
村民
初期建设资金
公共服务设施
集体产业
收益
慈善保障事业
生态宜居
人工湿地处理
光伏
电
中水
生活用水
农民生活
生活废水
雨水蓄存
无害排入自然
秸秆
沼气
燃料
粪便
其他有机废物
建立与自然的生态联系
光伏发电
中水
地下储水池
草地
林地
特色空间展示
村庄入口空间
村庄入口结合旧铁路桥，并设置综合驿站。驿站设置便民超市、医疗卫生站、停车场、休闲广场等功能。功能设置结合对内对外需求，对内为村民提供小规模购物，休闲，对外结合沿河风光带骑行旅游，设置短途休憩驿站，也游人进入村庄提供空间。
西部生态休闲段
两大水库保护段
中部城市生活
东部郊野风情区
生活空间
村庄内部保留原有水生肌理，以水塘管理，水环境治理为切入点，创造宜居滨水居住空间。圩上原定拆除用地选择其中建筑质量较差，严重影响居住的房屋优先改造。可考虑发动设计师或行业内学生进行实地建设，以达到低成本、富有设计感的空间的构建。
生活活动广场
沿河圩滩空间
以河滩的季相性变化为切入点，除了原本的泊船功能外，在不同的时令对河滩空间有不同的对策。枯水期可开发烧烤野营等活动丰富居民生活，提高游览趣味性，丰水期主要考虑御洪需求。
枯水期
丰水期
滨水空间展示
畅游骑行
生活广场
湖面空间
活力营造
2017 2018 2020 2025 2030 2035 2040
产业融合
吸引村民就近就地就业，提高乡村劳动力素质
空间营造
优化院落结构，突出其风貌
生态维护
保护基本农田不被侵占，维持生态平衡
逐步使用清洁的光伏能源
社区建设

陶公渔火 钱湖人家

【参赛院校】 华中科技大学

【参赛学生】 毕雅豪 杨若楠 黄 劲 王抚景 刘炎铷 高健敏

【指导教师】 何 依

选择宁波东钱湖陶公村作为此次乡村规划设计竞赛的基地纯属一次偶然。在最初打算参加此次竞赛的时候我们小组就决定选择参加自选部分，因为觉得自选基地会给我们更多的发挥空间。一开始我们像常规的乡村规划方案一样，想从产业入手做一个有关乡村产业复兴的设计方案，因此也考虑了许多农村青壮年劳动力流失严重的村庄，但是被我们一一否决。一来是觉得最初考虑的那些村庄已经经过了一定的规划，村庄建设已有一定规模，留给我们发挥的余地很少;二来是觉得那些村子太过普通，没有办法体现当地特色，参加竞赛很难以做出亮点。突然想到我们的指导老师何依的主要研究方向是历史文化保护，我们就决定选择一个历史文化名村，以历史文化保护为线索来进行乡村规划产业的复兴。于是我们就选择了宁波东钱湖陶公村作为我们的设计基地。

宁波东钱湖陶公村最主要的特点是它所有的历史文化脉络是以宗族为线索的。陶公岛上星罗棋布地分布着不同姓氏宗族，所有宗族的居民都是以同姓宗祠为中心而聚集，在空间分布上呈点状分布的特征。而整个村子的肌理又是由巷道串联起来的，这就让整个村子不同姓氏的居民之间在空间上有了联系，虽然各个姓氏的居民围绕独立的宗祠而居，但是有了巷道的存在，使得各个姓氏之间的关联都有迹可循，他们共同构成了陶公村的文化符号。

自然环境上，陶公村位于四面环水的岛上，是一块相对独立的地域。这就使得陶公村形成了独具特色的渔业文化。于是在对于乡村产业的发展的思考上我们也是重点围绕陶公村的自然环境发展与渔业相关的。陶公村现有村民主要以四十岁以上的居民为主，大部分的年轻劳动力都外出务工，不光是陶公村，绝大多数的村庄都面临着劳动力流失的问题。乡村未来如何发展，很大一部分需要留住青年，只有青年才是能够使乡村生生不息的动力。我们的方案规划落脚点就是在“让村二代回村”这一关键问题上。在发展产业的同时，还要保持其特有的文化特色，只有保持了自身村庄的文化底蕴，才能在今后的产业发展中创造出独特亮点，避免流于大俗。

对沿海地区的历史村落保护的思考是我们主要呈现的东西，文化为根、产业为基、宗族为枝、村民为叶是我们想体现的思路，在乡村振兴战略提出的背景下，这也是一条共同的道路。

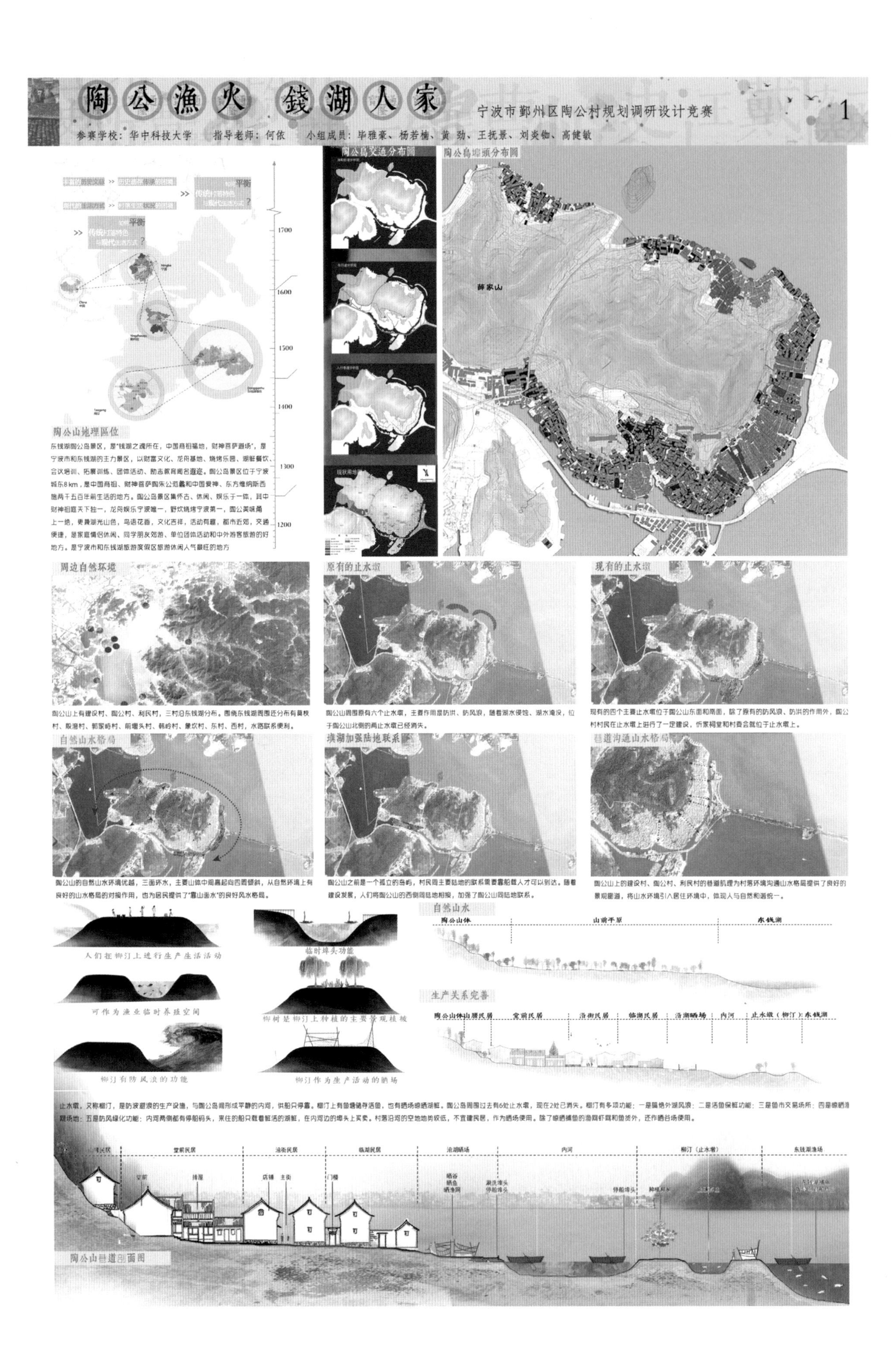
陶公渔火 錢湖人家
宁波市鄞州区陶公村规划调研设计竞赛
1
参赛学校：华中科技大学　指导老师：何依　小组成员：毕雅豪、杨若楠、黄劲、王抚景、刘炎铷、高健敏
陶公島交通分布圖
陶公島埠頭分布圖
薛家山
1700
1600
1500
1400
1300
1200
陶公山地理區位
东钱湖陶公岛景区，是"钱湖之魂所在，中国商祖福地，财神菩萨道场"，是宁波市和东钱湖的主力景区，以财富文化、龙舟基地、烧烤乐园、湖鲜餐饮、会议培训、拓展训练、团体活动、励志教育闻名遐迩。陶公岛景区位于宁波城东8 km，是中国商祖、财神菩萨陶朱公范蠡和中国爱神、东方维纳斯西施两千五百年前生活的地方。陶公岛景区集怀古、休闲、娱乐于一体，其中财神祖庭天下独一，龙舟娱乐宁波唯一，野炊烧烤宁波第一，陶公美味甬上一绝，更兼湖光山色，鸟语花香，文化吉祥，活动有趣，都市近郊，交通便捷，是家庭情侣休闲、同学朋友郊游、单位团体活动和中外游客旅游的好地方。是宁波市和东钱湖旅游度假区旅游休闲人气最旺的地方
周边自然环境
陶公山上有建设村、陶公村、利民村，三村沿东钱湖分布。围绕东钱湖周围还分布有莫枝村、殷湾村、郭家峙村、前堰头村、韩岭村、象坎村、东村、西村，水路联系便利。
原有的止水墩
陶公山周围原有六个止水墩，主要作用是防洪、防风浪，随着湖水侵蚀、湖水淹没，位于陶公山北侧的两止水墩已经消失。
现有的止水墩
现有的四个主要止水墩位于陶公山东面和南面，除了原有的防风浪、防洪的作用外，陶公村村民在止水墩上进行了一定建设，忻家祠堂和村委会就位于止水墩上。
自然山水格局
陶公山的自然山水环境优越，三面环水，主要山体中间高起向四周倾斜，从自然环境上有良好的山水格局的对接作用，也为居民提供了"靠山面水"的良好风水格局。
填湖加强陆地联系
陶公山之前是一个孤立的岛屿，村民同主要陆地的联系需要靠船载人才可以到达。随着建设发展，人们将陶公山的西侧同陆地相接，加强了陶公山同陆地联系。
巷道沟通山水格局
陶公山上的建设村、陶公村、利民村的巷道肌理为村落环境沟通山水格局提供了良好的景观廊道，将山水环境引入居住环境中，体现人与自然和谐统一。
人们在柳汀上进行生产生活活动
临时埠头功能
可作为渔业临时养殖空间
柳树是柳汀上种植的主要景观植被
柳汀有防风浪的功能
柳汀作为生产活动的晒场
自然山水
陶公山体
山前平原
东钱湖
生产关系完善
陶公山体山房民居
堂前民居
沿街民居
临湖民居
沿湖晒场
内河
止水墩（柳汀）
东钱湖
止水墩，又称柳汀，是防波避浪的生产设施，与陶公岛间形成平静的内河，供船只停靠。柳汀上有鱼塘储存活鱼，也有晒场晾晒湖鲜。陶公岛周围过去有6处止水墩，现在2处已消失。柳汀有多项功能：一是隔绝外湖风浪；二是活鱼保鲜功能；三是鱼市交易场所；四是晾晒渔网场地；五是防风绿化功能：内河两侧都有停船码头，来往的船只载着鲜活的湖鲜，在内河边的埠头上买卖。村落沿河的空地地势较低，不宜建民居，作为晒场使用。除了晾晒捕鱼的渔网虾网和鱼货外，还作晒谷场使用。
山房民居
堂前民居
沿街民居
临湖民居
沿湖晒场
内河
柳汀（止水墩）
东钱湖渔场
堂前
排屋
店铺
主街
门楼
晒谷
晒鱼
晒渔网
洗洗埠头
停船埠头
停船埠头
陶公山巷道剖面图

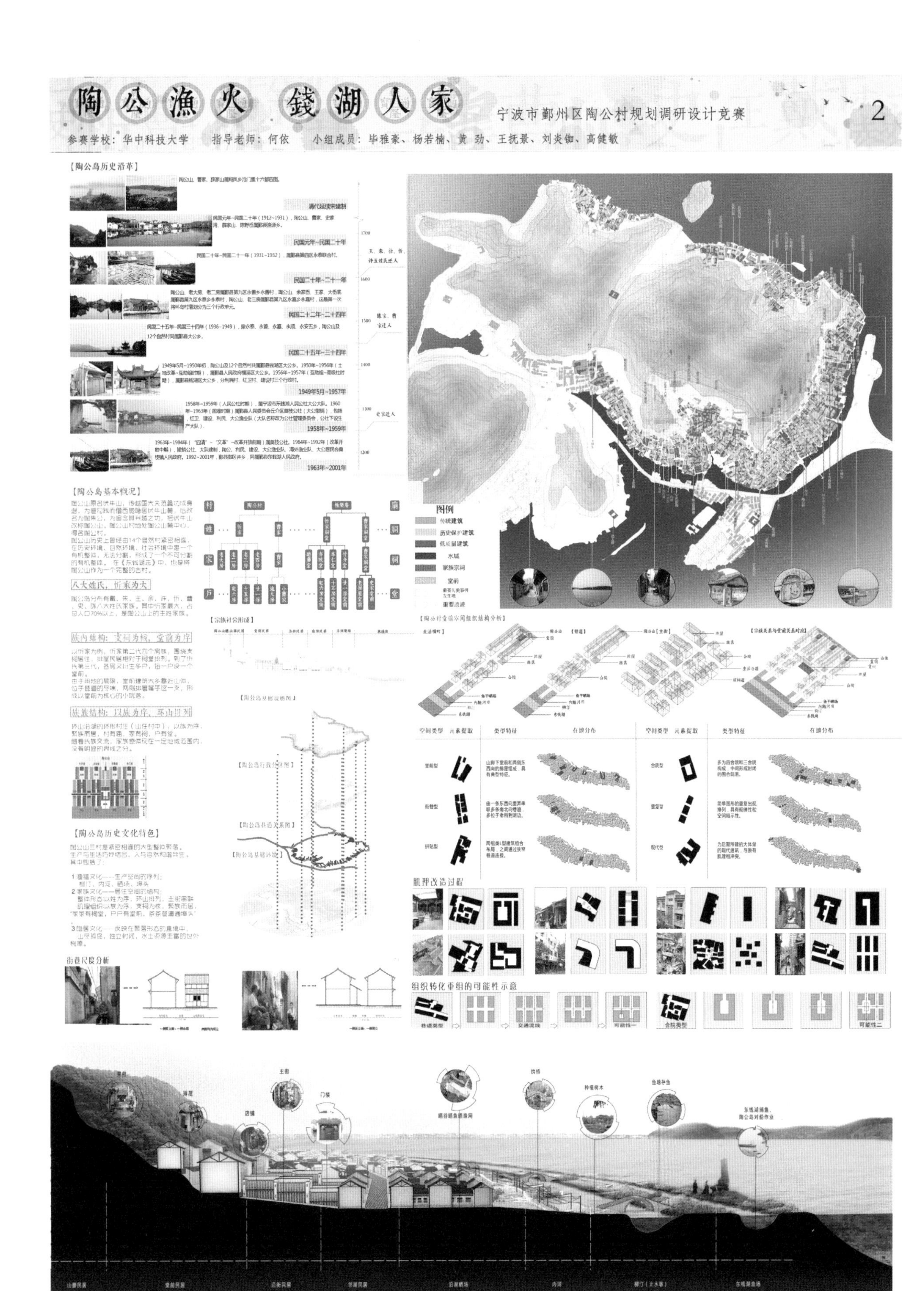
陶公渔火 钱湖人家
宁波市鄞州区陶公村规划调研设计竞赛
2
参赛学校：华中科技大学　指导老师：何依　小组成员：毕雅豪、杨若楠、黄劲、王抚景、刘炎铷、高健敏
【陶公岛历史沿革】
【陶公岛基本概况】
八大姓氏，忻家为大
族内结构：支祠为核，堂前为序
族族结构：以族为序，环山排列
【陶公岛历史文化特色】
街巷尺度分析
图例
传统建筑
历史保护建筑
低质量建筑
水域
家族宗祠
堂前
重要通道
肌理改造过程
组织转化重组的可能性示意
山脚民居
堂前民居
沿街民居
滨湖民居
沿湖栈场
东钱湖渔场

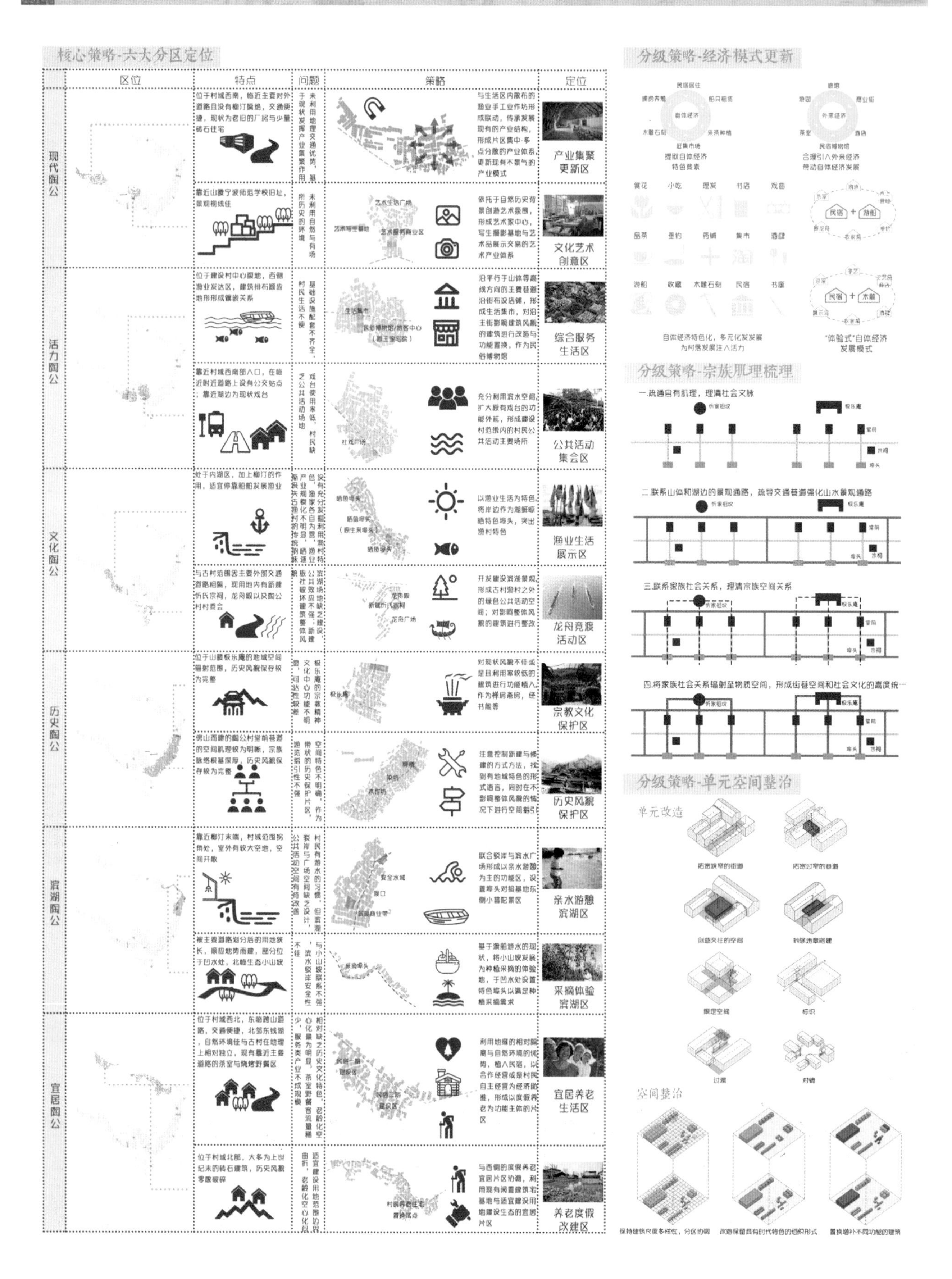

陶公渔火 钱湖人家
宁波市鄞州区陶公村规划调研设计竞赛
3
参赛学校：华中科技大学 指导老师：何依 小组成员：毕雅豪、杨若楠、黄劲、王抚景、刘炎物、高健敏
核心策略-六大分区定位
区位 特点 问题 策略 定位
现代陶公
活力陶公
文化陶公
历史陶公
滨湖陶公
宜居陶公
产业集聚更新区
文化艺术创意区
综合服务生活区
公共活动集会区
渔业生活展示区
龙舟竞渡活动区
宗教文化保护区
历史风貌保护区
亲水游憩滨湖区
采摘体验滨湖区
宜居养老生活区
养老度假改建区
分级策略-经济模式更新
分级策略-宗族肌理梳理
一.疏通自有肌理，理清社会文脉
二.联系山体和湖边的景观通廊，疏导交通巷道强化山水景观通廊
三.联系家族社会关系，理清宗族空间关系
四.将家族社会关系辐射至物质空间，形成街巷空间和社会文化的高度统一
分级策略-单元空间整治
单元改造
空间整治

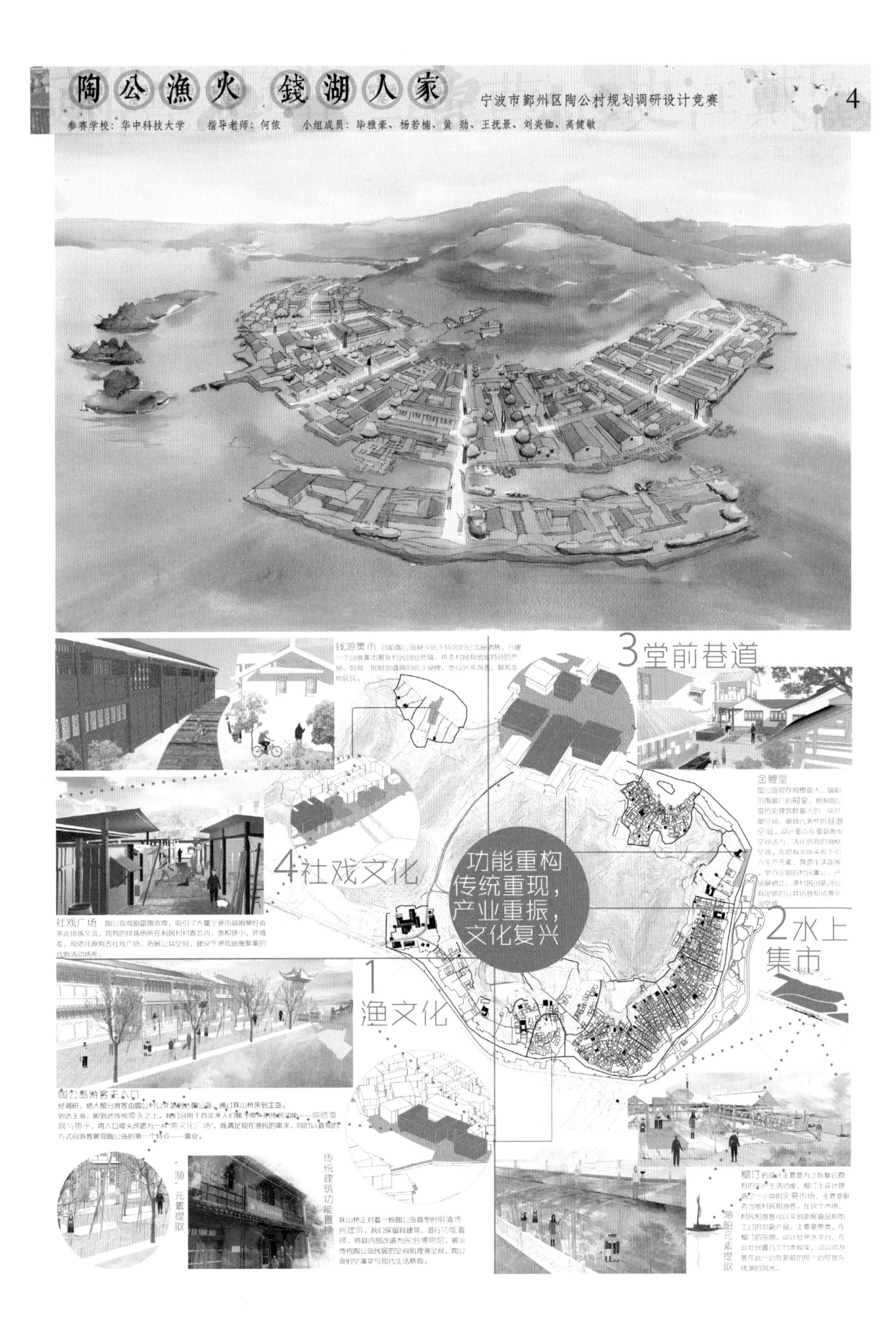
陶公渔火 钱湖人家
宁波市鄞州区陶公村规划调研设计竞赛
4
参赛学校：华中科技大学 指导老师：何依 小组成员：毕雅豪、杨若楠、黄劲、王抚景、刘炎枷、高健敏
钱源集市
3堂前巷道
金鲤堂
4社戏文化
功能重构
传统重现，
产业重振，
文化复兴
社戏广场
2水上集市
1渔文化
陶公岛游客主入口
"渔"元素提取
传统建筑功能置换
渔船元素提取

面向实施的井冈山古城镇长望村美丽乡村规划设计 1

参赛学校名称：天津大学 指导老师：曾鹏 小组成员：朱柳慧 汪梦琪 李晋轩 陈雨祺 靳子琦 奚雪晴

规划背景

全国美丽乡村试点分布

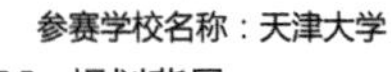

上位规划解读

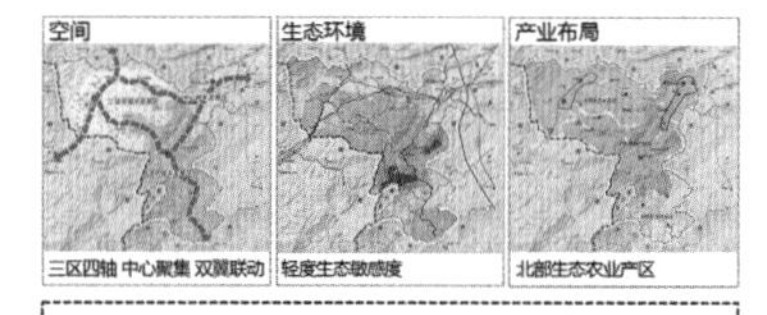

长望村处于井冈山空间发展轴线，位于井冈山北部生态农业产区，处于轻度生态敏感度地区。

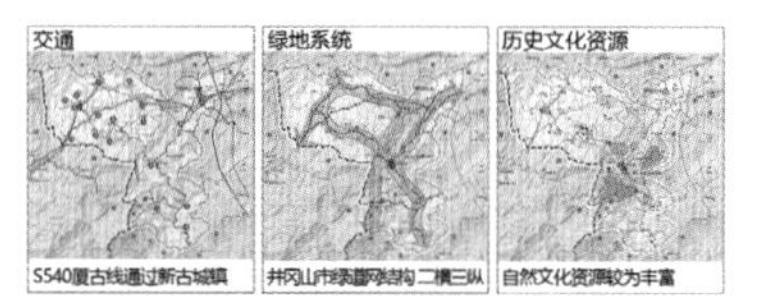

长望村紧邻井冈山重要县道厦古线，包含在北部横向绿道网络之中，未来旅游发展以乡村休闲旅游为主。

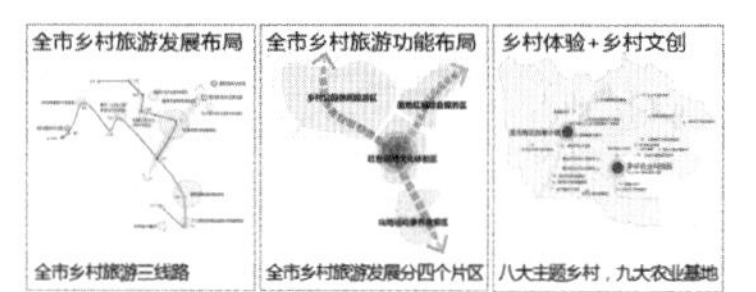

长望村自然文化资源较为丰富，位于全市乡村旅游三线路之一，属于乡村公园休闲旅游区。

概况介绍

江西井冈山

城市性质：中国革命摇篮，全国红色旅游和革命传统教育首选地，生态宜居城市。

城市目标：建设国内外著名的红色旅游城市和全国红绿深度融合发展的示范地。

城市职能：江西省西南部门户，赣中南旅游圈核心城市，省域二级旅游集散中心。

长望村位于江西省井冈山市古城镇，共有51户200人。

长望村属于依山傍水型的村庄，全村土地面积70%以上为平地，土地情况复杂，主要有坑塘、田地、林地等，土地肥沃，以水稻种植和家禽养殖为主。村内现有溪流自西向东贯穿而过，与郑溪相汇于村外。

现状分析

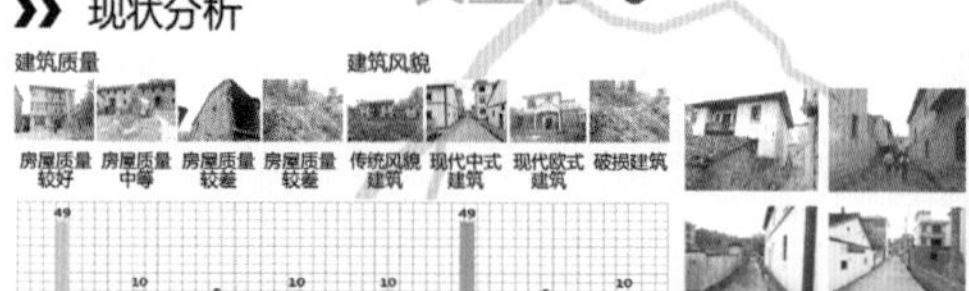

现状建筑质量 现状建筑风貌 现状街巷肌理 现状公共服务设施

现状建筑年代

传统民居	20世纪60–70年代	20世纪末	21世纪
层数：二层	层数：多为二层，个别一层	层数：多为二层，个别一层	层数：多为三层、个别二层
屋顶形式：灰、红瓦	屋顶形式：灰、红瓦	屋顶形式：灰、红瓦	屋顶形式：水泥平顶、坡顶沥青瓦
墙面：砖墙	墙面：砖墙	墙面：瓷砖贴面、神山风格	墙面：瓷砖贴面、神山风格
材料：砖、土坯、木	材料：石头、土坯、木	材料：石头、水泥、木	材料：砖混

问题总结

村庄产业需调整

传统农业不足以发展村庄经济导致村庄经济活力缺失，人口流失。

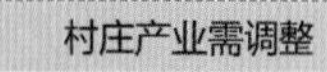

如何解决传统农业种植无法实现高效经济发展现状？

村庄建设需引导

村庄建设良莠不齐，地域特色逐渐消失，缺乏良性交往空间，空心村现象逐步加剧，传统村落活力渐逝。

如何对待传统建筑符号逐渐消失，弃置建筑处置，村庄丧失活力等问题？

基础设施需完善

村庄基础设施严重滞后，文化服务设施匮乏，卫生设施条件差，村民物质文化需求不能得到满足。

如何完善各项基础服务设施、公共服务设施，改善村民生活条件？

专题研究

庐陵文化

庐陵文化是赣文化的重要支柱，是涵盖现今吉安市十余县（区）及周边市区的区域性文化，以"三千进士冠华夏，文章节义堆花香"而著称于世。庐陵文化以耕读为本，崇文重教，具体内容包括农耕文化、手工业文化、商家文化、禅修文化、书院文化、民俗风情等，特色鲜明，历久弥新。

产业分析——重农——现代农业

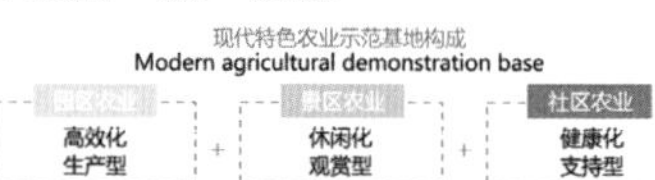

近期将打造现代特色农业示范基地，形成现代农业生产型产业园、休闲农业、CSA（社区支持农业）三种模式。生产性产业园注重经济效益，休闲农业注重观赏性，社区支持农业则注重健康性。

产业分析——民风——民俗文化

赣江中游的沃土孕育的民俗文化，世世代代在城乡家园之中间传播，可将特色民俗节庆活动打造为乡村旅游的品牌。

产业分析——崇文——书院文化

书院是我国传统的文化教育组织和学术研究机构。庐陵地方历来重视教育的兴盛，历代状元有21名，占全省的近三分之一，至今有为佳话，可利用传统建筑群发展书院文化，延续书院精神。

产业分析——禅道——禅修文化

发展模式——田园综合体

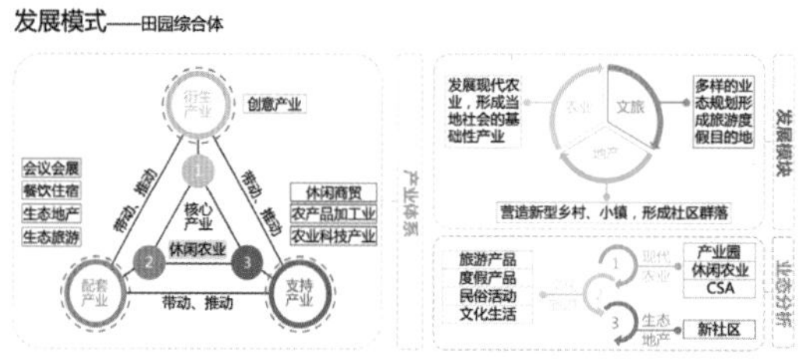

发展模式——田园综合体

田园综合体

田园综合体，即农业+文旅+地产的综合发展模式。

农业：现代农业生产型产业园+休闲农业+CSA（社区支持农业）；

文旅：要打造符合自然生态型的旅游产品+度假产品的组合，此外还要加上丰富的文化生活内容，以多样的业态规划形成旅游度假目的地；

地产：无论改建还是新建，都需要按照村落肌理打造，并且更重要的是要附着管理和服务，营造新社区。

田园综合体

景观吸引核	休闲聚集区	农业生产区	居住发展带	社区配套网
吸引人流、提升土地价值的关键	休闲化主要功能部分	生产化主要功能部分	城镇化主要功能部分	城镇化支撑功能

运营模式

运营模式	股份合作	政府管理	企业承包
经营主体	政府+公司+旅行社+合作社+农户"，村民为主，实行股份制	政府部门	企业参与、带动农户
投融资模式	股权融资、贴息贷款	政府拨款	企业投资
分配体制	按股分红	利益主体是政府	利益主体是企业
市场营销模式	口碑营销、网络营销、品牌营销	政府公关为主，口碑宣传、网络营销、节事营销	口碑宣传、网络营销、节事营销
人力资源管理	有完善的招聘、培训、薪酬、考核制度，以人为本	从业人员缺乏培训，定期培训	有招聘、培训、薪酬、考核制度

形态生成

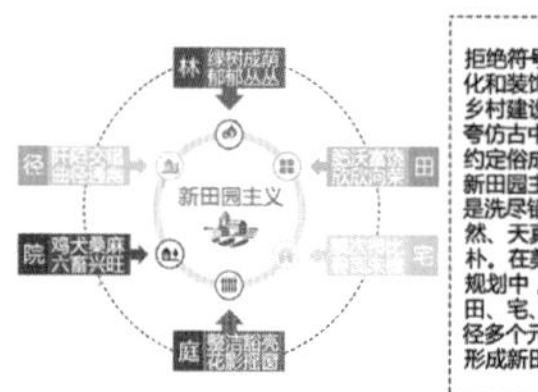

拒绝符号化、标签化和装饰主义，在乡村建设中反对浮夸仿古中式风格等约定俗成的东西，新田园主义美学观是洗尽铅华后的自然、天真，见素抱朴，在美丽乡村中规划中，需将林、田、宅、院、庭、径多个元素整合，形成新田园风貌。

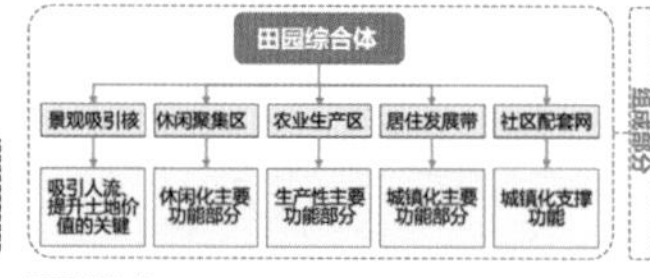

面向实施的井冈山古城镇长望村美丽乡村规划设计 2

参赛学校名称：天津大学 指导老师：曾鹏 小组成员：朱柳慧 汪梦琪 李晋轩 陈雨祺 靳子琦 奚雪晴

规划设计框架

规划定位

红色引领 · 绿色崛起

规划以村庄实际为出发点
秉承可持续发展原则
通过关键要素整合
旨在打造自然与人文和谐
现代化农业与城郊乡村旅游业联动发展的美丽乡村
尽显农村自然之美
文化之美、生产生活之美

规划策略

规划目标

规划方案

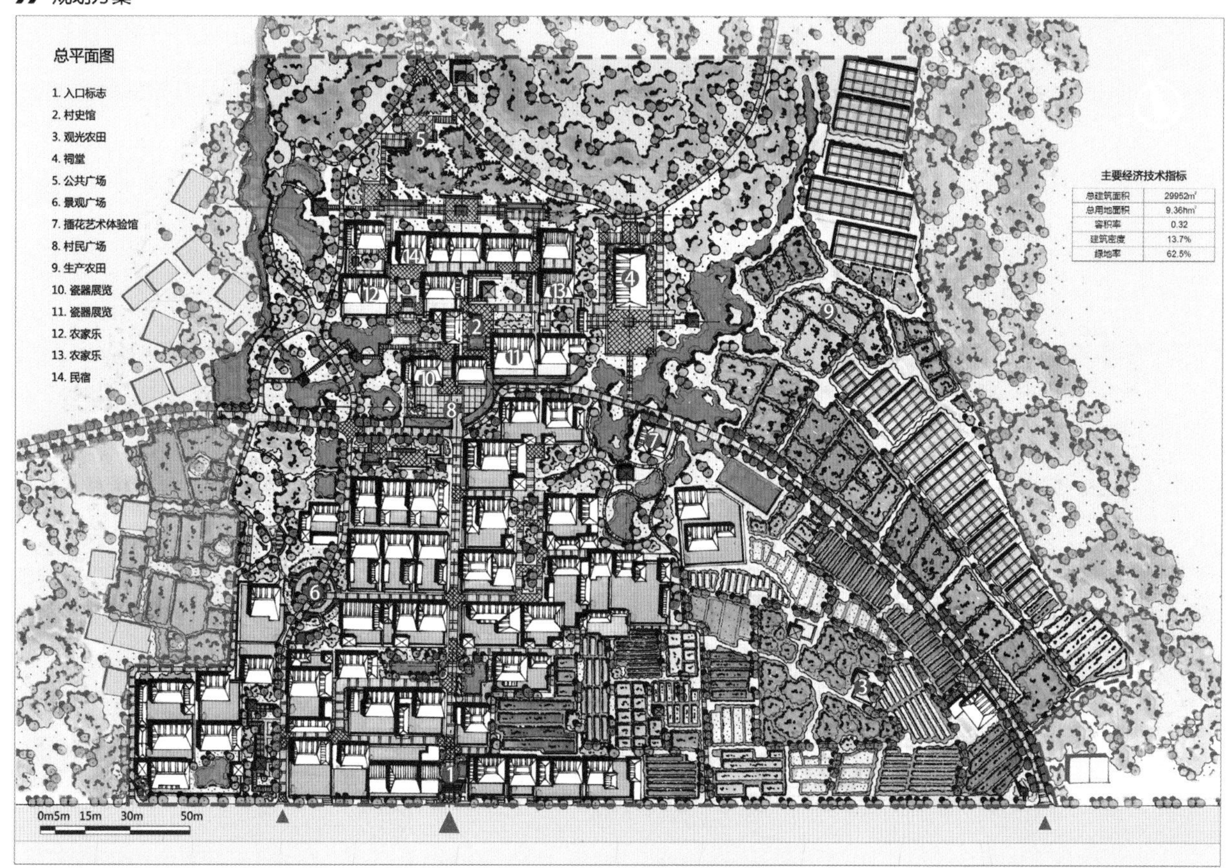

主要经济技术指标

总建筑面积	29952m²
总用地面积	9.36hm²
容积率	0.32
建筑密度	13.7%
绿地率	62.5%

方案分析

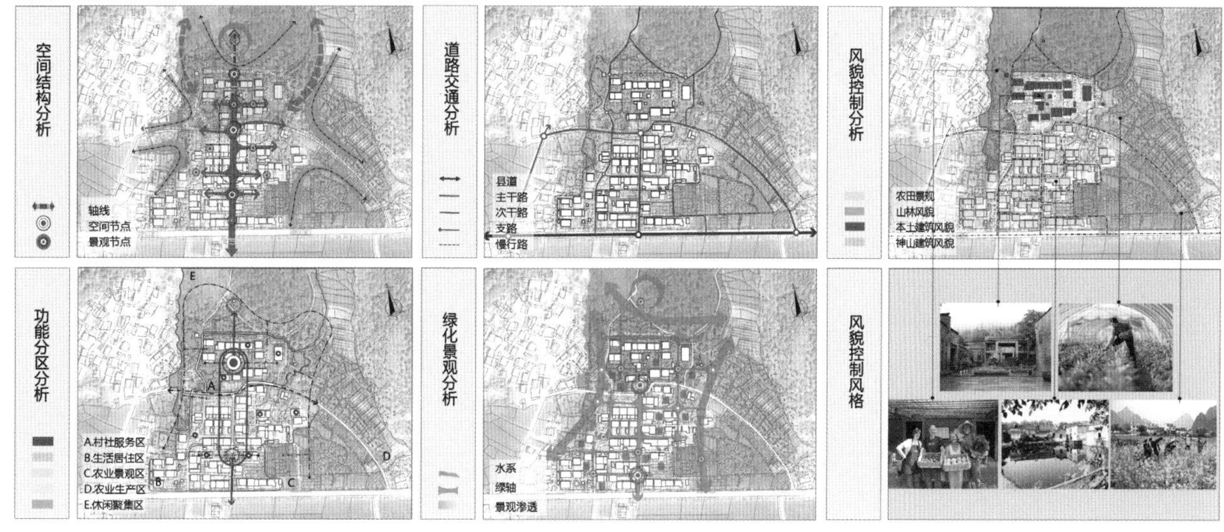

面向实施的井冈山古城镇长望村美丽乡村规划设计 3

参赛学校名称：天津大学 指导老师：曾鹏 小组成员：朱柳慧 汪梦琪 李晋轩 陈雨祺 靳子琦 奚雪晴

›› 分区设计

A.村舍服务区

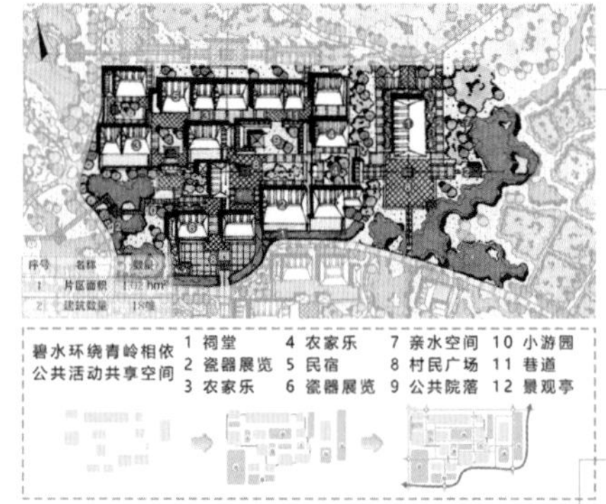

序号	名称	数量
1	片区面积	[illegible] hm²
2	建筑数量	18栋

碧水环绕青岭相依
公共活动共享空间

1 祠堂　4 农家乐　7 亲水空间　10 小游园
2 瓷器展览　5 民宿　8 村民广场　11 巷道
3 农家乐　6 瓷器展览　9 公共院落　12 景观亭

E.休闲集聚区

序号	名称	数量
1	片区面积	2.48 hm²
2	建筑数量	13

1 健身器材　6 景观凉亭　11特色景观桥
2 瑜伽场地　7 景观步道　12 水景改造
3 公共广场　8 特色水景
4 竹下林荫　9 景观节点
5 环山步道　10 林荫活动场地

花芳林翠身心颐养
休闲养生乐活佳境

导入亲民乡村运动项目
片状延展大众休闲活动空间
亲山亲水形成动静相宜休闲活动场地

B.生活居住区

1 入口标志
2 景观广场
3 景观节点
4 景观游园
5 居民住宅
6 私家院落
7 景观池塘
8 民宿改造
9 插花艺术体验馆

序号	名称	数量
1	片区面积	2.56hm²
2	建筑数量	45户

生态宜居魅力生活
美丽乡村家乡记忆

C.农业景观区

1 田原景观
2 花卉种植基地
3 果树认领基地
4 艺术作品展示基地
5 插花体验馆
6 农家餐饮
7 林间树屋
8 有机蔬菜种植园
9 农产品纪念品超市
10 儿童乐园
11 素质教育区
12 从业人员培训基地
13 写生基地

名称	数量
片区面积	1.43 hm²

现代农业示范
生态绿色产品

农业基础：水稻种植、油茶种植、花卉种植
景观基础：自然景观、人文景观
文化植入
农业产品及周边产品：农业观光、农业休闲、农业旅游
从业人员培训

D.农业生产区

现代农业示范
生态绿色产品

禀赋基础：自然生态、农业基础、庐陵文化
两大要素：传统农业、设施农业
农业体系：种植农业

序号	名称	数量
1	片区面积	1.82公顷

›› 鸟瞰图

面向实施的井冈山古城镇长望村美丽乡村规划设计 4

参赛学校名称：天津大学 指导老师：曾鹏 小组成员：朱柳慧 汪梦琪 李晋轩 陈雨祺 靳子琦 奚雪晴

建筑改造

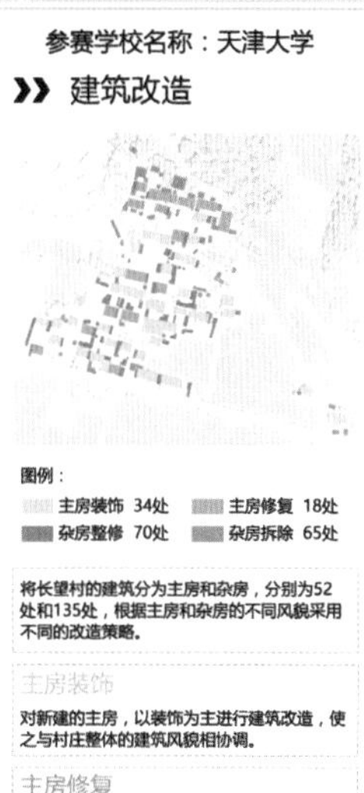

图例：
主房装饰 34处 主房修复 18处
杂房整修 70处 杂房拆除 65处

将长望村的建筑分为主房和杂房，分别为52处和135处，根据主房和杂房的不同风貌采用不同的改造策略。

主房装饰

对新建的主房，以装饰为主进行建筑改造，使之与村庄整体的建筑风貌相协调。

主房修复

对保留传统风貌的主房，因建筑年代久远，以修复为主进行建筑改造，使之在保留传统风貌的基础上，修缮主房的屋顶、门窗、墙面等。

杂房整修

对影响整体村庄风貌的杂房，采用保留、装饰、整修的方式进行改造。

杂房拆除

对老旧破败、影响风貌的杂房，采用直接拆除的方式进行改造。

主房装饰

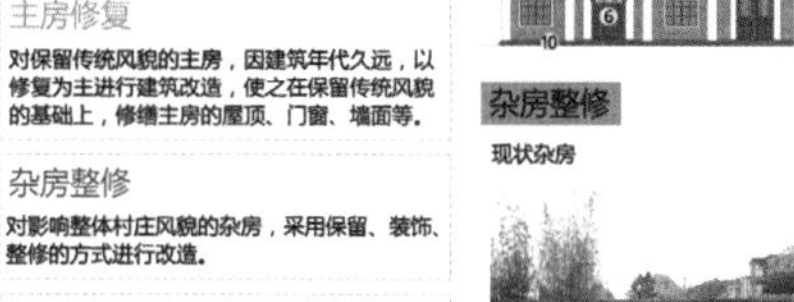
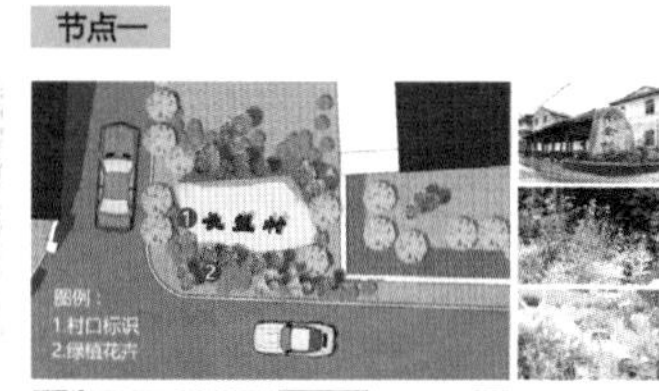

主房修复

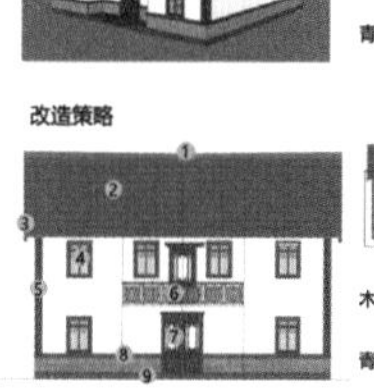

杂房整修

杂房拆除

景观改造

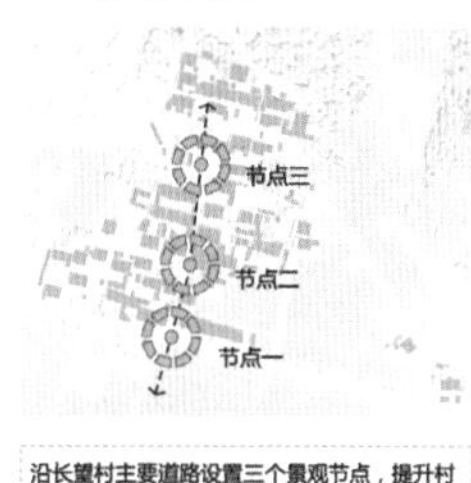

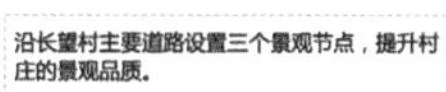

沿长望村主要道路设置三个景观节点，提升村庄的景观品质。

节点一

在村庄入口设置景观节点，增加村名标识和植物花卉，提升村庄形象。

节点二

改造村庄现有的水池景观，增加景亭、廊架等构筑物，提高景观品质。

节点三

改造村庄原有的开放空间，进行村民活动广场建设，丰富村民的生活。

节点一

节点二

节点三

道路改造

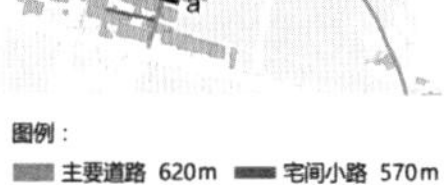

图例：
主要道路 620m 宅间小路 570m

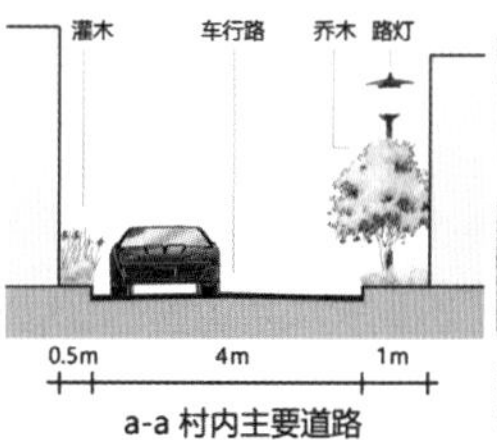

a-a 村内主要道路

改造基础与路面状况较好，但缺乏统一规划与特色营造。本项目对龟裂和坑洼路段进行修补，修整沿路绿化，注重植物地域特色，人尺度的景观感受，打造村内主干路。

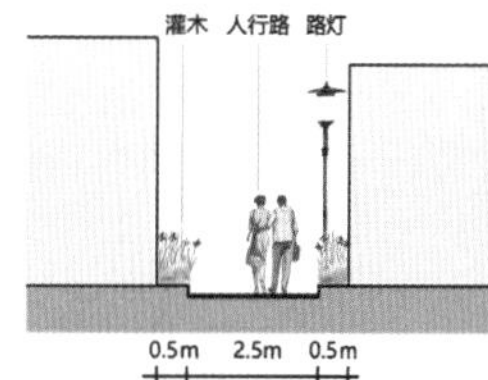
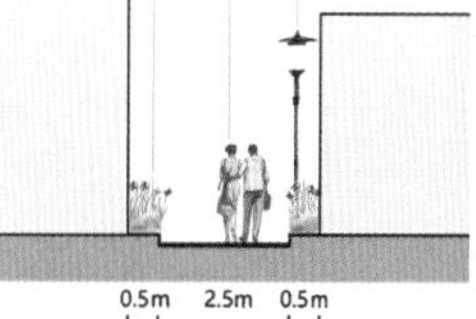

b-b 村内宅间小路

现状村内宅间小路的路面状况较差，且缺少景观营造。建议将路面材质更换为透水砖或沥青，注重沿街围墙与建筑墙面的立面绿化，组团院落内部道路，人行为主。

实施对接

施工现场

现代农业视角下的集约型村庄规划

【参赛院校】　天津大学

【参赛学生】

董瑞曦

杨一苇

胡从文

刘瑾瑶

【指导教师】

闫凤英

袁大昌

为完成该项目，天津大学团队前往浙江省长兴县林城镇的新华村与畎桥村，进行了为期 8 个月的现场踏勘，同时与当地村政府进行了积极的合作，使得最终的成果能够完善地体现当前村庄发展的问题与解决的出路，也为当地村庄的规划方法提供了新的思考方向与发展模式。

随着经济与社会的发展，村庄的规模不断地扩大，同时也面临着更为复杂与多元化的问题与挑战。如何紧跟时代，充分发挥自身的优势与资源，不断提高自身的发展水平，成了东部沿海省份各村庄需要解决的首要问题。

湖州市长兴县位于浙江省的西北边界，与安徽省和江苏省接壤。林城镇则地处长兴县西南，距离县城 12km，交通资源良好。随着下辖新华村与畎桥村的不断发展，当地政府决定实行三产融合，大胆迈开步伐，将现代农业集约发展作为未来农村产业发展的主导方向。同时为了进一步改善当地村民的生活条件，引导农村人口集聚，加强优化农村要素配置。如何在实现村庄产业优化升级的同时，改善村庄整体环境，并完整保留当地特色风貌，成了团队需要解决的最大难题。

天津大学团队在深入研究了两个村庄的当前产业发展现状后，对于升级与优化提出了新的建议。针对第一产业，建议实行果、菜、花、禽、沼、渔的循环模式，实现资源的循环利用，而在第二产业，则致力于发展循环农业中的农产品深加工，进一步实现当地农产品的增值，提高经济效益。

此外，团队对于村庄区域的交通结构、产业布局也做出了指导方案，通过对当地的水系资源探测、建筑质量判定以及人文资源品评，整合出了一整套的区域优化实施建议，并通过旅游线路策划的形式，合理地将各项资源进行连接，实现合理利用。

在方案中，团队对于中心村也进行了空间梳理与功能整合，使得村庄布局更为优化，并针对中心村的街巷与公共空间进行了修缮与改造。对于个别单体建筑与重要空间节点，也给出了具体的设计意向与指导方案，使得村庄的整体意向建设有了一个明确的实施准则与指导方法。

现代农业视角下的集约型村庄规划—湖州市长兴县林城镇新华村与畎桥村

01

参赛学校名称：天津大学　指导老师：闫凤英　袁大昌　小组成员：董瑞曦　杨一苇　胡从文　刘瑾瑶

镇区概况

湖州市长兴县位于浙江省的西北边界，与安徽和江苏接壤，西南与湖州市安吉县相邻，东南与湖州市区接壤，东侧紧邻太湖。长兴处于上海经济区的交通枢纽位置，雄踞江苏、浙江、安徽三省结合部，水陆交通便利。

林城镇地处长兴县西南，距离县城12 km 。东临雉城，西倚泗安，南接安吉，北连小浦。林城交通发达，318国道、宣杭铁路穿境而过，申苏浙皖高速公路在林城设有互通口。

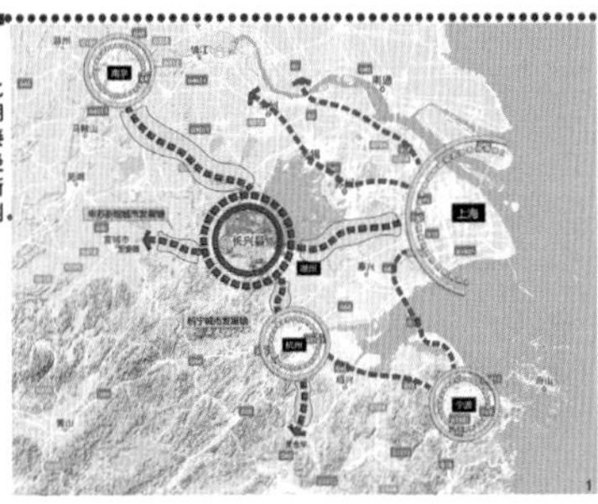

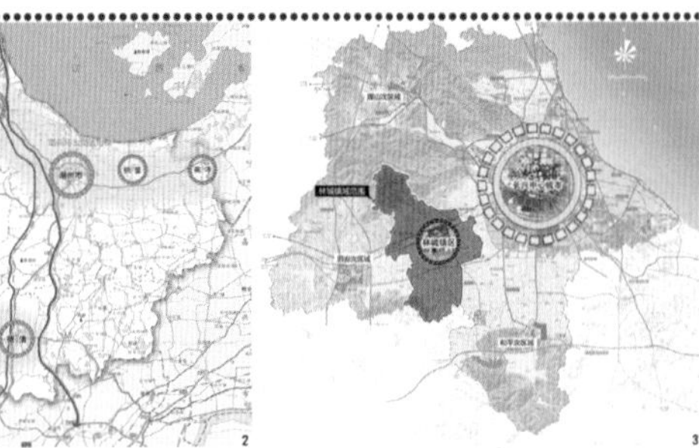

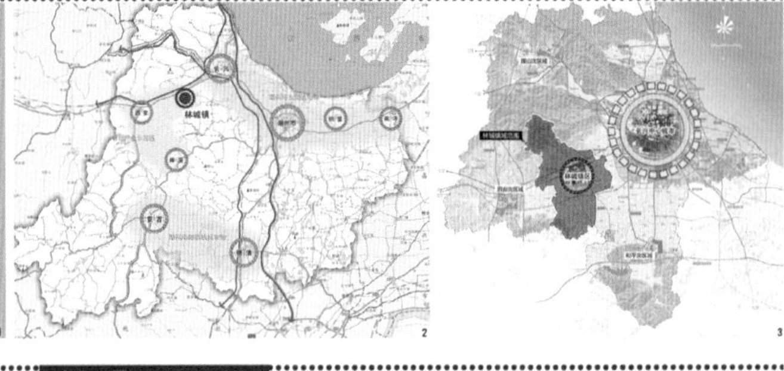

1. 长兴县在长三角的位置
2. 林城镇在湖州市的位置
3. 林城镇在长兴县的位置

政策背景

一、三产融合、现代农业集约发展是未来农村产业发展的主导方向：

1.《中共中央、国务院关于深入推进农业供给侧结构性改革加快培育农业农村发展新动能的若干意见（讨论稿）》提出“优化产品产业结构，着力推进农业提质增效”“推行绿色生产方式，增强农业可持续发展能力”
2. 浙江省人民政府办公厅《关于加快推进农村一二三产业融合发展的实施意见》提出到2020年，全省基本建成产业链条完整、功能多样、业态丰富、利益联结紧密、产城融合更加协调的农村产业融合发展新格局。
3.《湖州市现代农业发展“十三五”规划》《长兴县现代农业发展“十三五”规划》提出力争到2020年，现代农业建设实现集约发展、可持续发展，把长兴建设成为浙江省绿色生态、特色精品、安全高效的农业强县。

二、引导农村人口集聚，优化农村要素配置是未来村庄建设的主题：

1.《浙江省深化美丽乡村建设行动计划（2016-2020）》提出由“一处美”迈向“一片美”，兼顾“物的美”“人的美”，打造“人的新农村”的发展目标。
2.《长兴县人民政府关于进一步做好农村土地综合整治、中心村培育建设和农房改造建设工作的实施意见》提出全面优化城乡空间布局和资源要素配置，切实做好农村基础设施、公共服务设施和农房改造建设等工作，促进农村人口集中、产业集聚、要素集约和功能集成，大力推进中心村培育建设，提高中心村对农村人口集聚的吸引力、农村公共服务的辐射力和农村经济发展的带动力，努力把中心村建设成为城镇化的重要节点。

产业发展

第三产业快速发展，2016年的三产比为6.7：49.9：43.4。

长兴县现代农业发展已具雏形，2016年农作物播种面积103.6万亩，提升七大特色产业3.3万亩。

长兴县旅游业发展潜力巨大，已创建国家4A级旅游景区6个，国家3A级旅游景区两个，被评为“中国最美休闲胜地”

	2012年	2013年	2014年	2015年	2016年
一产增加值（亿元）	30.8	31.2	31.1	32.1	33.4
二产增加值（亿元）	200.63	217.0	231.37	235.5	249.0
三产增加值（亿元）	139.59	159.17	176.27	195.6	216.7
生产总值（GDP）	371.02	407.37	438.72	463.15	499.14

	2012年	2013年	2014年	2015年	2016年
全年接待旅游人数（万人）	948.12	1045.4	1156.31	1290.56	1598.7
旅游景区（点）门票收入（万元）	2565	3002.6	4011.3	8749.85	-
三星级以上酒店	5	7	7	8	7
四星级酒店	1	2	2	2	2
旅行社	-	13	16	18	18
旅行社分社	-	4	2	3	5

	2012年	2013年	2014年	2015年	2016年
合计（万元）	548696	559869	567216	586528	613778
农业（万元）	377331	389271	399247	407484	417880
林业（万元）	51667	51897	54232	50323	52289
牧业（万元）	60090	56374	47490	52723	58166
渔业（万元）	49012	50980	54069	63136	71729
农林牧渔服务业（万元）	10596	11347	12178	12862	13714

村庄现状

新华村位于林城镇东南8 km，村域面积3.5km²，辖13个自然村，28个承包组，农户846户，2631人，农田4575亩，水塘800亩，旱地200亩。畎桥村位于林城镇镇区南侧，村域面积7.43km²，辖21个承包组，农户957户，人口3227人。

以新华村为例，人口大都集中于杨家村、陈家村及贺家村中，形成了新华村中心村。散布于村内的其他自然村大都人口稀少且占地面积较少。

历史古迹畎桥位于两村交界处，建于乾隆六十年，历经百年沧桑仍在用。“少林南拳”和“练武厅”已有百年历史，被浙江省体育协会评为“武术之乡”。

新华村和畎桥村在林城镇的位置

新华村和畎桥村土地利用现状图

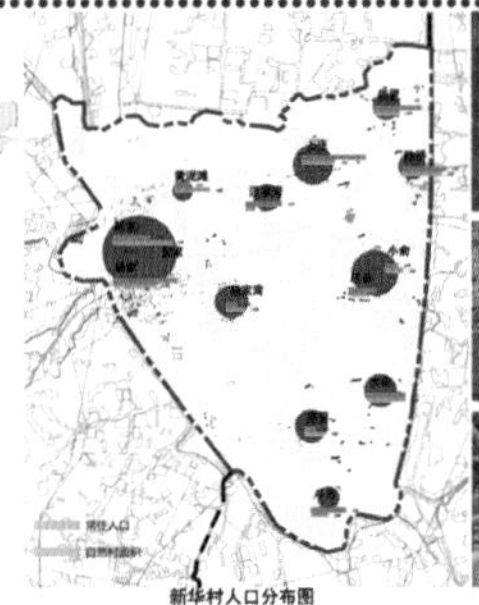

新华村人口分布图

新华村和畎桥村人文资源图

内部交通

自然资源

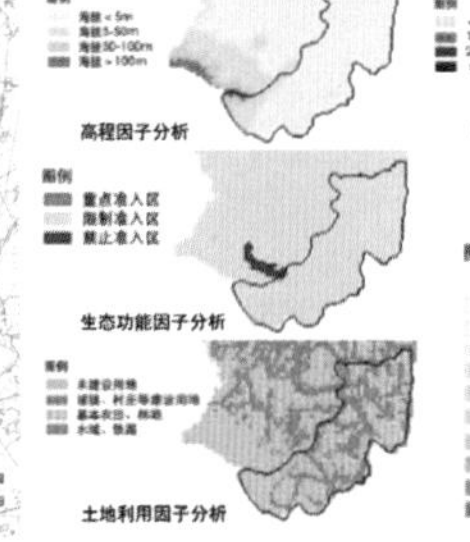

高程因子分析

生态功能因子分析

土地利用因子分析

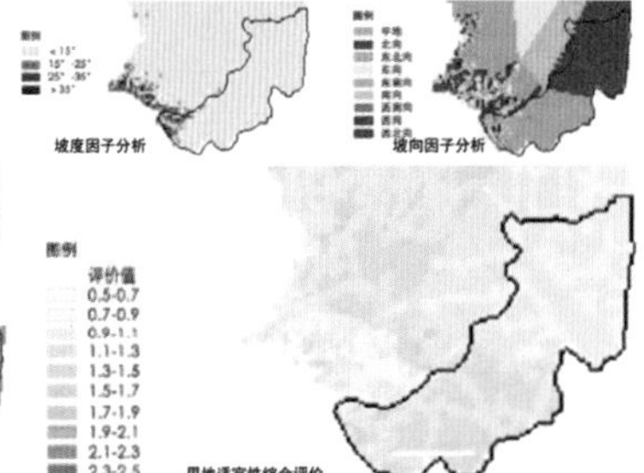

坡度因子分析

坡向因子分析

用地适宜性综合评价

建筑质量

村内建筑功能单一，商业建筑及公共建筑数量较少。
部分建筑老化严重，村内建筑质量参差不齐，影响居住安全。

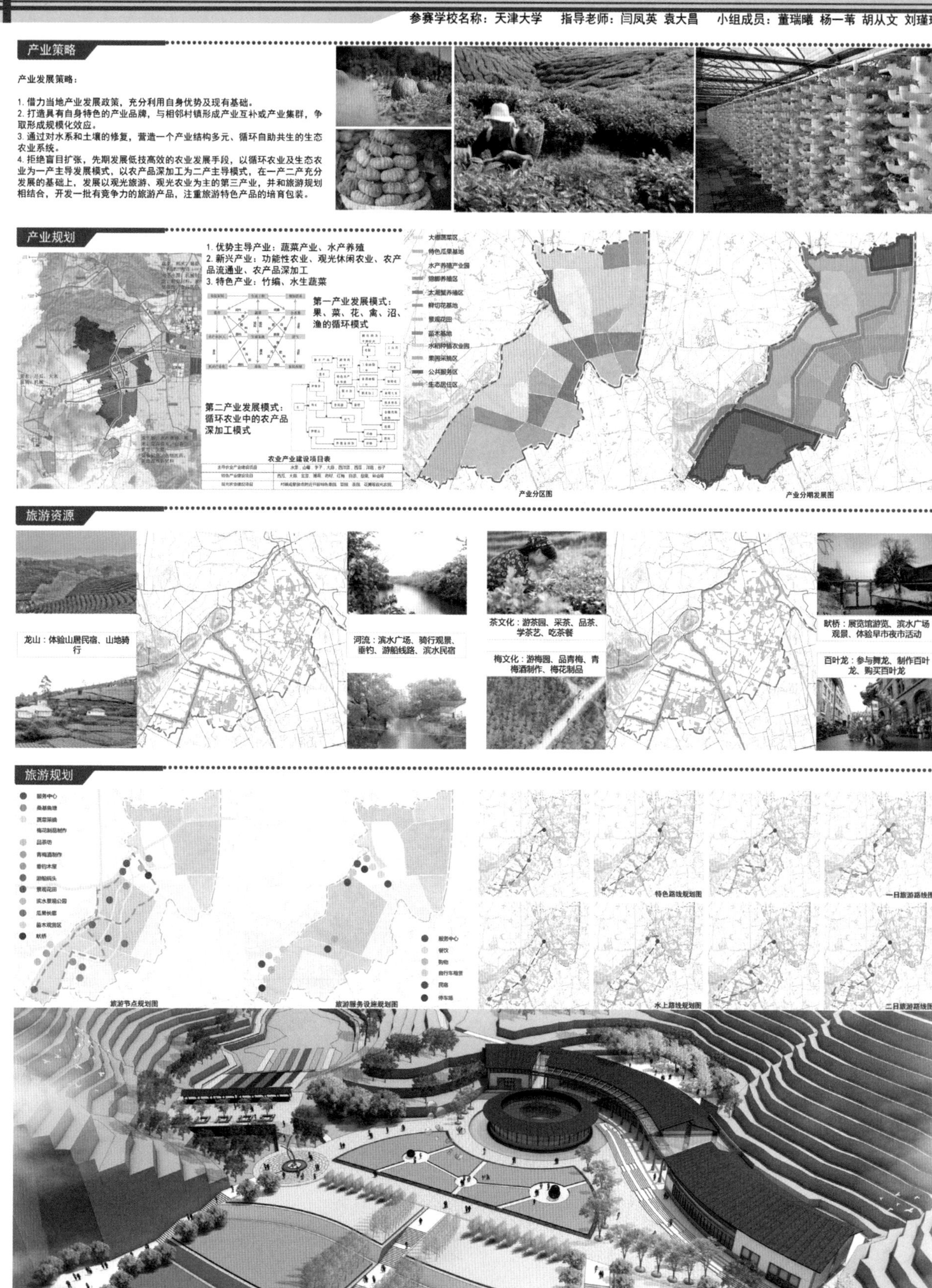

现代农业视角下的集约型村庄规划—湖州市长兴县林城镇新华村与畎桥村
02
参赛学校名称：天津大学 指导老师：闫凤英 袁大昌 小组成员：董瑞曦 杨一苇 胡从文 刘瑾瑶
产业策略
产业发展策略：
1. 借力当地产业发展政策，充分利用自身优势及现有基础。
2. 打造具有自身特色的产业品牌，与相邻村镇形成产业互补或产业集群，争取形成规模化效应。
3. 通过对水系和土壤的修复，营造一个产业结构多元、循环自助共生的生态农业系统。
4. 拒绝盲目扩张，先期发展低技高效的农业发展手段，以循环农业及生态农业为一产主导发展模式，以农产品深加工为二产主导模式，在一产二产充分发展的基础上，发展以观光旅游、观光农业为主的第三产业，并和旅游规划相结合，开发一批有竞争力的旅游产品，注重旅游特色产品的培育包装。
产业规划
1. 优势主导产业：蔬菜产业、水产养殖
2. 新兴产业：功能性农业、观光休闲农业、农产品流通业、农产品深加工
3. 特色产业：竹编、水生蔬菜
第一产业发展模式：果、菜、花、禽、沼、渔的循环模式
第二产业发展模式：循环农业中的农产品深加工模式
农业产业建设项目表
产业分区图
产业分期发展图
旅游资源
龙山：体验山居民宿、山地骑行
河流：滨水广场、骑行观景、垂钓、游船线路、滨水民宿
茶文化：游茶园、采茶、品茶、学茶艺、吃茶餐
梅文化：游梅园、品青梅、青梅酒制作、梅花制品
畎桥：展览馆游览、滨水广场观景、体验早市夜市活动
百叶龙：参与舞龙、制作百叶龙、购买百叶龙
旅游规划
旅游节点规划图
旅游服务设施规划图
特色路线规划图
一日旅游路线图
水上路线规划图
二日旅游路线图
旅游服务中心鸟瞰图

现代农业视角下的集约型村庄规划—湖州市长兴县林城镇新华村与畎桥村 03

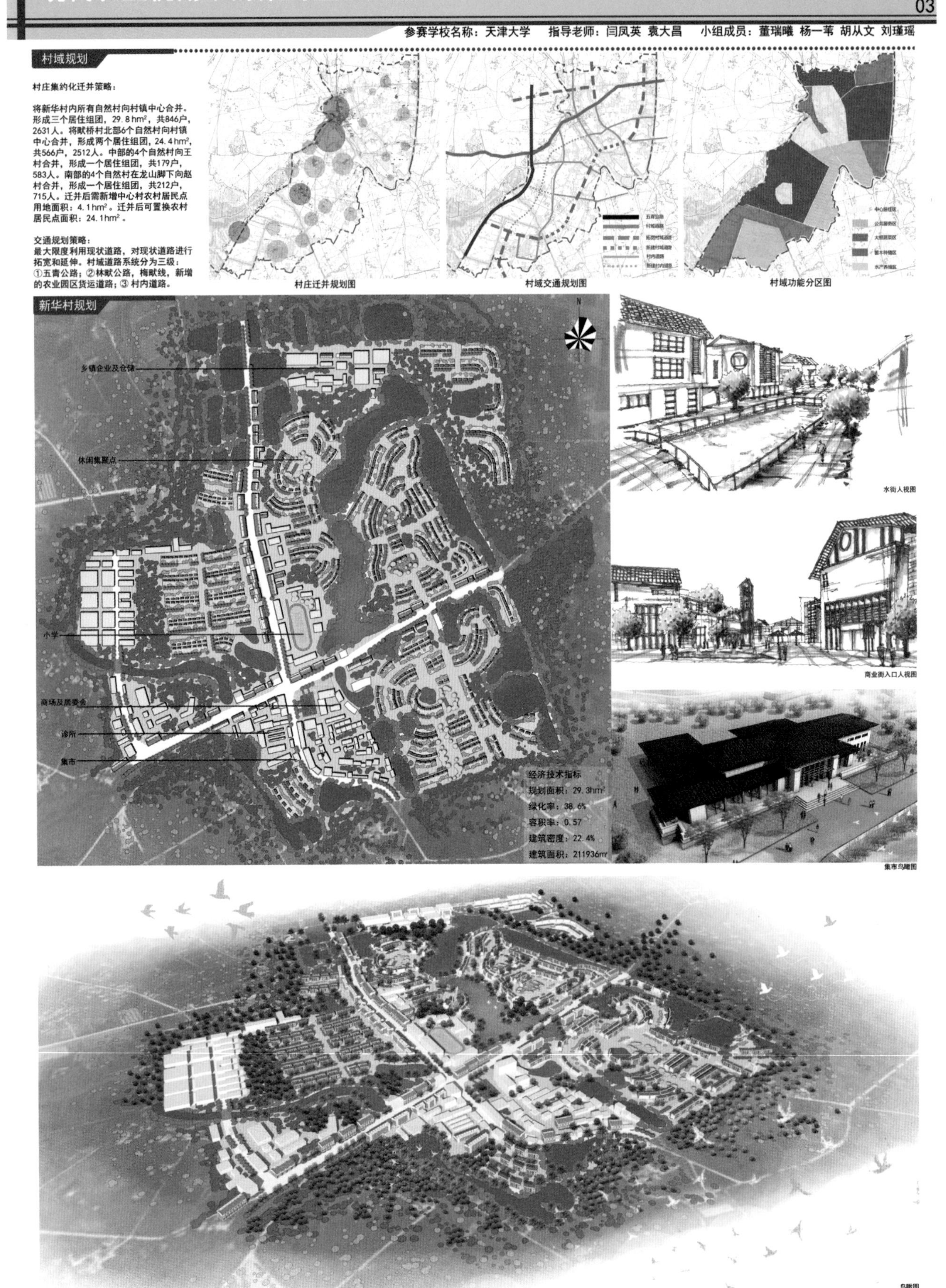

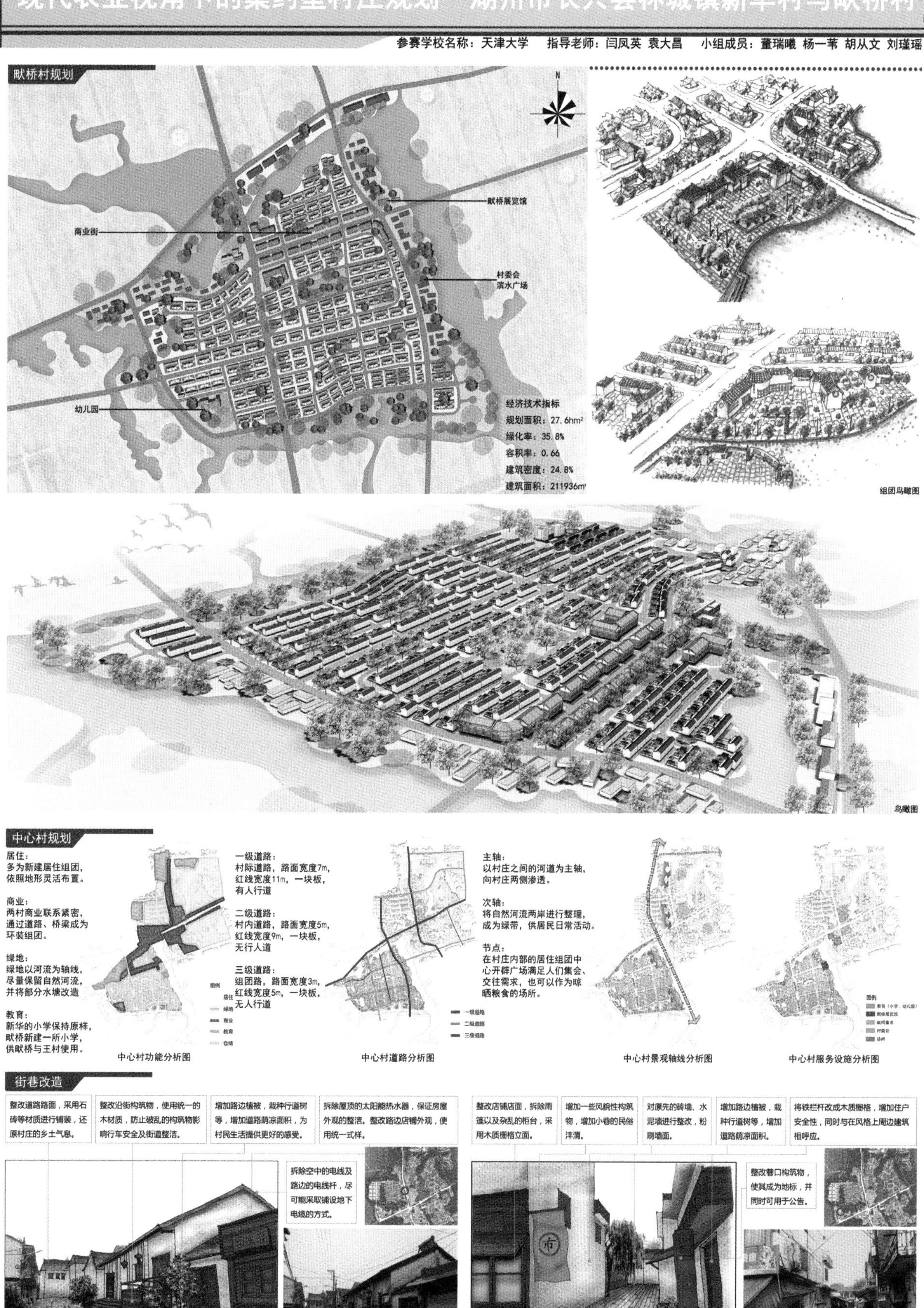
现代农业视角下的集约型村庄规划—湖州市长兴县林城镇新华村与畎桥村
04
参赛学校名称：天津大学 指导老师：闫凤英 袁大昌 小组成员：董瑞曦 杨一苇 胡从文 刘瑾瑶
畎桥村规划
N
畎桥展览馆
商业街
村委会
滨水广场
幼儿园
经济技术指标
规划面积：27.6hm²
绿化率：35.8%
容积率：0.66
建筑密度：24.8%
建筑面积：211936m²
组团鸟瞰图
鸟瞰图
中心村规划
居住：
多为新建居住组团，
依照地形灵活布置。
商业：
两村商业联系紧密，
通过道路、桥梁成为
环装组团。
绿地：
绿地以河流为轴线，
尽量保留自然河流，
并将部分水塘改造
教育：
新华的小学保持原样，
畎桥新建一所小学，
供畎桥与王村使用。
图例
居住
绿地
商业
教育
仓储
中心村功能分析图
一级道路：
村际道路，路面宽度7m，
红线宽度11m，一块板，
有人行道
二级道路：
村内道路，路面宽度5m，
红线宽度9m，一块板，
无行人道
三级道路：
组团路，路面宽度3m，
红线宽度5m，一块板，
无人行道
一级道路
二级道路
三级道路
中心村道路分析图
主轴：
以村庄之间的河道为主轴，
向村庄两侧渗透。
次轴：
将自然河流两岸进行整理，
成为绿带，供居民日常活动。
节点：
在村庄内部的居住组团中
心开辟广场满足人们集会、
交往需求，也可以作为晾
晒粮食的场所。
中心村景观轴线分析图
图例
中心村服务设施分析图
街巷改造
整改道路路面，采用石砖等材质进行铺装，还原村庄的乡土气息。
整改沿街构筑物，使用统一的木材质，防止破乱的构筑物影响行车安全及街道整洁。
增加路边植被，栽种行道树等，增加道路荫凉面积，为村民生活提供更好的感受。
拆除屋顶的太阳能热水器，保证房屋外观的整洁。整改路边店铺外观，使用统一式样。
拆除空中的电线及路边的电线杆，尽可能采取铺设地下电缆的方式。
整改店铺店面，拆除雨篷以及杂乱的柜台，采用木质栅格立面。
增加一些风貌性构筑物，增加小巷的民俗洋溜。
对原先的砖墙、水泥墙进行整改，粉刷墙面。
增加路边植被，栽种行道树等，增加道路荫凉面积。
将铁栏杆改成木质栅格，增加住户安全性，同时与在风格上周边建筑相呼应。
整改巷口构筑物，使其成为地标，并同时可用于公告。
市

井峪乡曲情 蓟州桃源境

【参赛院校】 天津大学

【参赛学生】 刘 冲 许北辰 张 璐 林 澳

【指导教师】 李 泽 张天洁

西井峪是中国历史文化名村，位于天津蓟县城北部，距城区仅 2.5km，坐落在府君山背后，属中上元古界国家地质公园范畴。明代成村，因四面环山，形似浅井而得名。村落中古老的石头院儿、石头屋保存完好，石头胡同、石头甬路随处可见，石头台阶、石头用具数不胜数。

西井峪主要面临村内无产业、村民感情淡漠、人口外流、缺乏活力等问题。老年人口比重大，且为务农主要劳动力。年轻人多外出务工，村内现存一批农家乐。目前，西井峪已有专业乡村建设团队入驻，采取陪伴式乡建的方法予以改造。乡建团队实施策略一定程度促进了西井峪的发展，但仍有不足：大力发展民宿的方式较为传统，多采取介入式手段，村民内聚力仍显不足。因此如何培育文化内生力，带动经济可持续发展，找回乡情记忆，实现乡村振兴，是我们关注的核心问题。

基于“培育文化内生力”这一核心规划目标，我们希望通过低影响的开发策略，利用“情景”推动规划，引导村民对场地、环境的自主建设改造。作为规划师，我们为西井峪未来发展进行了 4 个阶段的构想：①“松土”——以低影响的手段，修复村庄基础设施，改善村庄整体卫生以及景观环境，为文化内生力的形成提供物质空间基础的同时，在改造修复过程中对村民起到示范作用，教授村民基础的改造技能；②“栽种”——通过村志族谱研究、文化活动举办，辅助村民梳理本村历史、习俗，挖掘传统产业的发展价值，重塑村民对自身特色的认同，培育村民的归属感与主体意识；③“灌溉”——由规划师对村庄进行区域、公共空间划分，在为村庄级公共空间设计改造的同时，引导村民对各区域内“生活一工作”场景进行自主选点改造，以此促进村民间的合作交往，增强村民间的情感维系，进而实现村民的自主营建和村庄的自发生长；④“生长”——初步形成的村民集体凝聚力，逐渐成为村庄的文化内生力，自主性和认同感为西井峪带来新的活力，这种由村民根据自身意愿不断改善生活环境、寻找有趣活动方式的行为成为西井峪延续自身特色的动力，在未来会吸引更多的人，也给可持续的经济收益带来了更大的可能。

本方案通过细致深入的调研对现状问题进行了全面汇总分析，并对当下乡村建设模式进行了客观的反思，以此为出发点确立了培育乡村文化内生力的初步策略。通过低影响开发策略与情景式规划手段，对乡村的自营建进行引导和框架建构，深入发掘并培养西井峪自身文化内生力，杜绝千篇一律、缺乏可持续性的野蛮式增长模式，通过乡村文化自营建的方式带动经济可持续发展，最终达到“让乡村更像乡村”的规划目标。

井峪乡曲情 蓟州桃源境

——天津蓟州西井峪历史文化名村规划改造

参赛单位：天津大学建筑学院
指导教师：李泽 张天洁
学生姓名：刘冲 许北辰 张璐 林澳

概况及问题 1

西井峪概况介绍

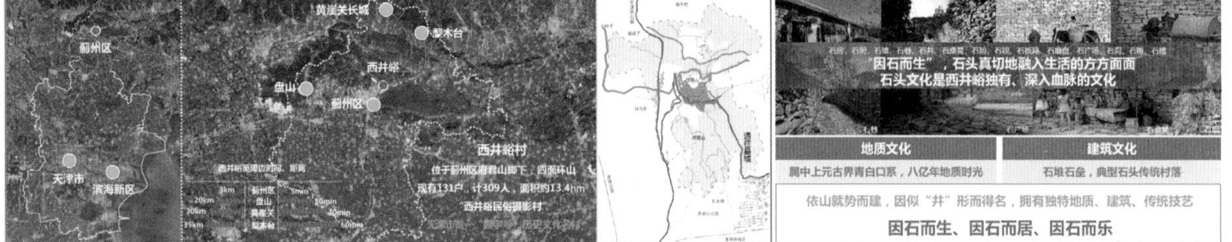

现状村庄平面 & 建筑类型 & 特色空间

现状问题汇总

当下乡村建设模式及反思

2016年--乡村旅游野蛮增长

参差不齐	150万家 农家乐	1200亿 旅游收入
投资大	3000亿 旅游投资	200万家 旅游机构

加 植入产业

> 野奢生态度假酒店全国布局

野奢酒店
农家体验
强加产业
……

减 消耗文化

> 仿古街道
> 采摘园体验

采摘体验
仿古建筑
景区购物
……

野蛮式增长的三大问题

无鲜明特色，千篇一律

缺乏可持续性开发策略

任意消耗其文化生命力

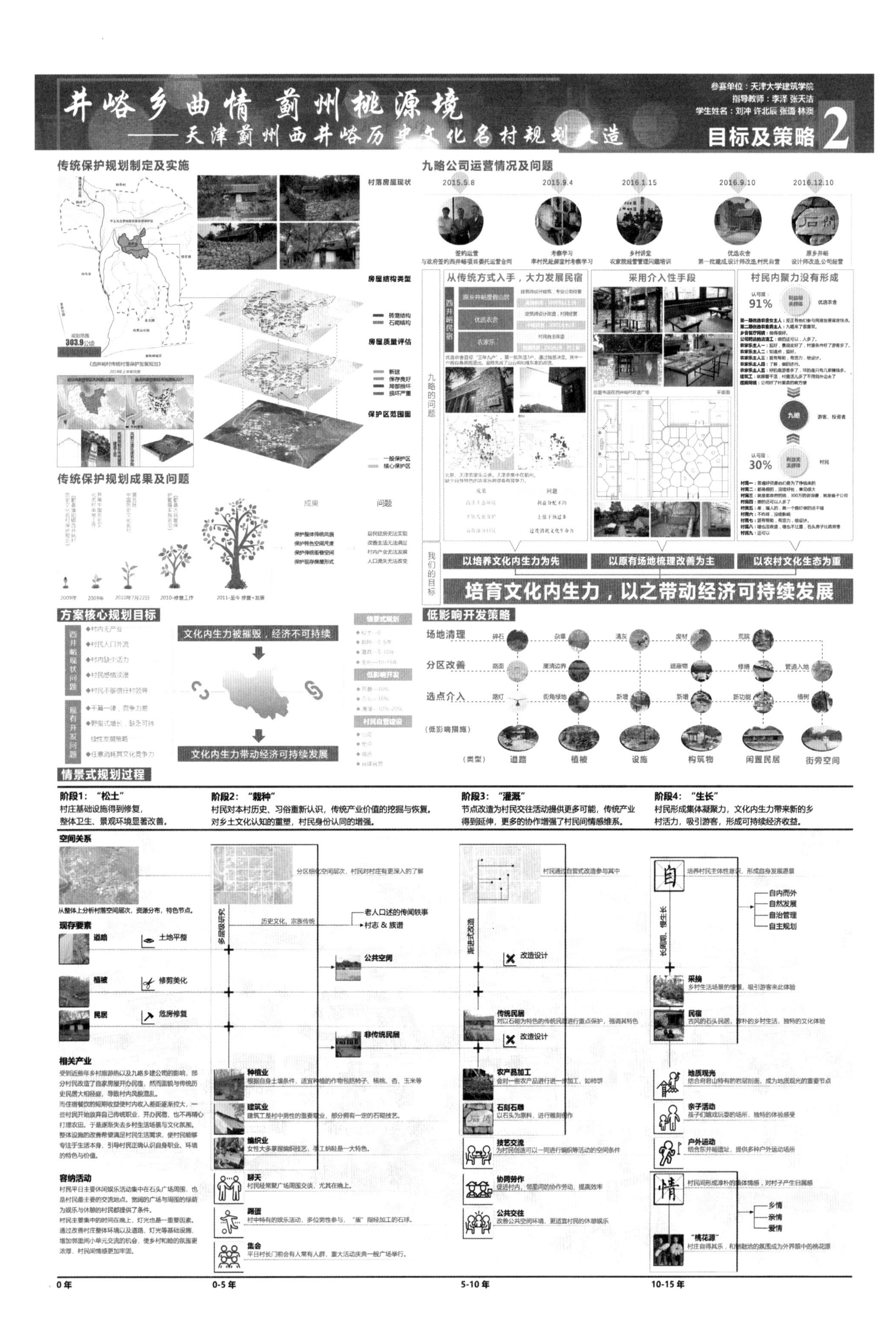
井峪乡曲情 蓟州桃源境
——天津蓟州西井峪历史文化名村规划改造
参赛单位：天津大学建筑学院
指导教师：李泽 张天洁
学生姓名：刘冲 许北辰 张璐 林浈
目标及策略 2
传统保护规划制定及实施
村落房屋现状
房屋结构类型
砖混结构
石砌结构
房屋质量评估
新建
保存良好
局部损坏
损坏严重
保护区范围图
一般保护区
核心保护区
传统保护规划成果及问题
成果
问题
2009年
2010年7月22日
2010-修复工作
2011-至今 修复+发展
方案核心规划目标
西井峪现状问题
村内无产业
村民人口外流
村内缺少活力
村民感情淡漠
村民不够信任村领导
现有开发问题
千篇一律，竞争力差
野蛮式增长，缺乏可持续性发展策略
任意消耗其文化竞争力
文化内生力被摧毁，经济不可持续
文化内生力带动经济可持续发展
情景式规划
低影响开发
村民自营建设
九略公司运营情况及问题
2015.5.8
2015.9.4
2016.1.15
2016.9.10
2016.12.10
签约运营
考察学习
乡村讲堂
优选农舍
原乡井峪
从传统方式入手，大力发展民宿
采用介入性手段
村民内聚力没有形成
认可度 91%
优选农舍
九略
游客、投资者
认可度 30%
村民
九略的问题
我们的目标
以培养文化内生力为先
以原有场地梳理改善为主
以农村文化生态为重
培育文化内生力，以之带动经济可持续发展
低影响开发策略
场地清理
碎石
杂草
清灰
废材
荒院
分区改善
路面
屋清边界
缝隙物
修缮
管道入地
选点介入
路灯
街角绿地
新增
新增
新功能
植树
（低影响措施）
（类型）
道路
植被
设施
构筑物
闲置民居
街旁空间
情景式规划过程
阶段1："松土"
村庄基础设施得到修复，整体卫生、景观环境显著改善。
阶段2："栽种"
村民对本村历史、习俗重新认识，传统产业价值的挖掘与恢复。对乡土文化认知的重塑，村民身份认同的增强。
阶段3："灌溉"
节点改造为村民交往活动提供更多可能，传统产业得到延伸，更多的协作增强了村民间情感维系。
阶段4："生长"
村民形成集体凝聚力，文化内生力带来新的乡村活力，吸引游客，形成可持续经济收益。
空间关系
从整体上分析村落空间层次，资源分布，特色节点。
现存要素
道路
土地平整
植被
修剪美化
民居
危房修复
相关产业
容纳活动
分区细化空间层次，村民对村庄有更深入的了解
多层级研究
历史文化、宗族传统
老人口述的传闻轶事
村志 & 族谱
公共空间
非传统民居
种植业
建筑业
编织业
聊天
踢毽
集会
村民通过自营式改造参与其中
渐进式改造
改造设计
传统民居
农产品加工
石刻石雕
技艺交流
协同劳作
公共交往
自
培养村民主体性意识，形成自身发展愿景
自内而外
自然发展
自治管理
自主规划
长周期、慢生长
采摘
民宿
地质观光
亲子活动
户外运动
情
乡情
亲情
爱情
"桃花源"
0年
0-5年
5-10年
10-15年

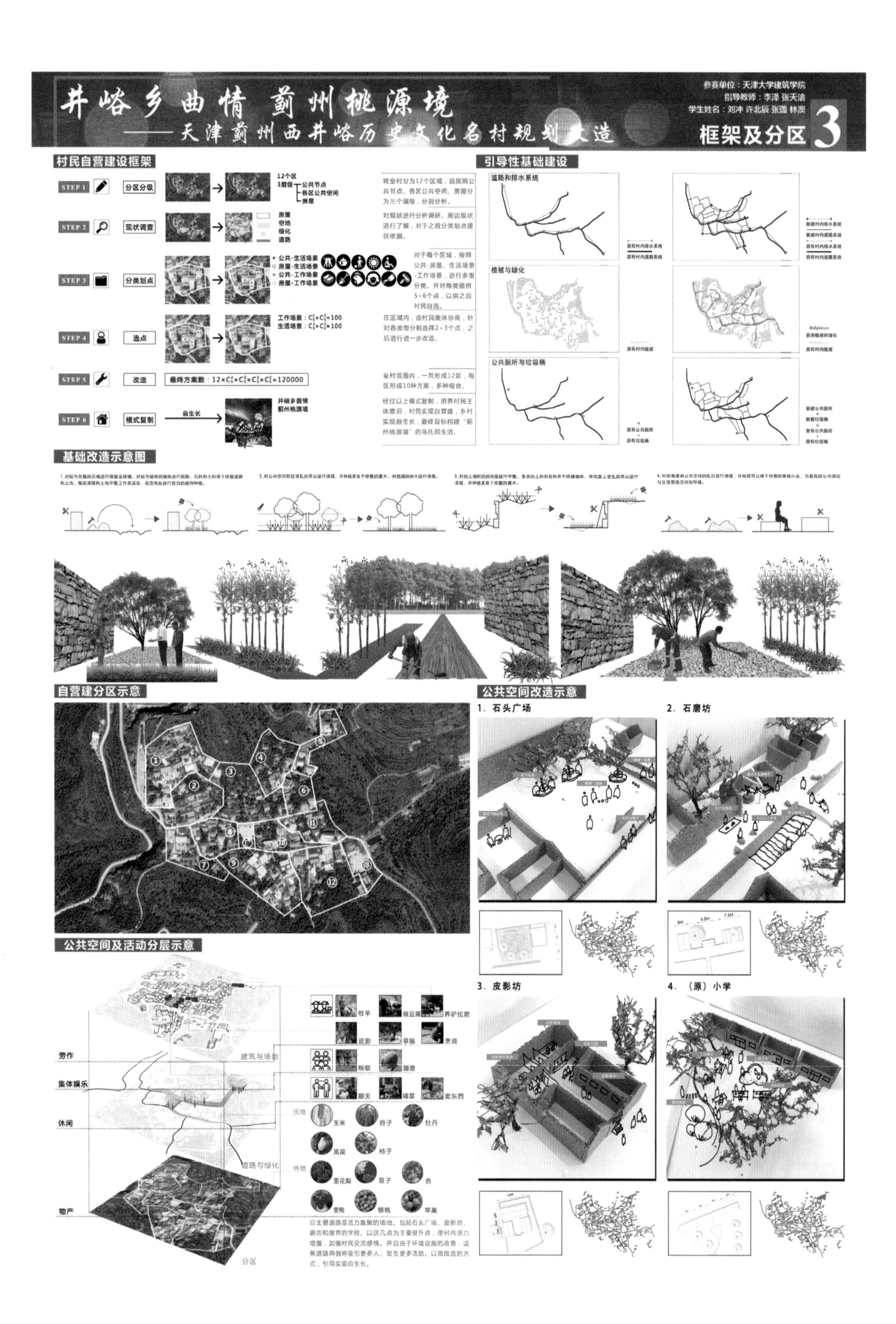
井峪乡曲情 蓟州桃源境
——天津蓟州西井峪历史文化名村规划改造
参赛单位：天津大学建筑学院
指导教师：李泽 张天洁
学生姓名：刘冲 许北辰 张璐 林澳
框架及分区 3
村民自营建设框架
STEP 1 分区分级
STEP 2 现状调查
STEP 3 分类划点
STEP 4 选点
STEP 5 改造
STEP 6 模式复制
12个区
3层级 公共节点 各区公共空间 房屋
房屋 空地 绿化 道路
公共-生活场景 房屋-生活场景 公共-工作场景 房屋-工作场景
最终方案数：12×C×C×C×C=120000
自生长
井峪乡曲情 蓟州桃源境
将全村分为12个区域，且按照公共节点、各区公共空间、房屋分为三个层级，分别分析。
对现状进行分析调研，周边现状进行了解，对于之后分类划点提供依据。
对于每个区域，按照公共-房屋、生活场景-工作场景，进行多重分类，并对每类提供5~6个点，以供之后村民自选。
在区域内，由村民集体协商，针对各类型分别选择2~3个点，之后进行进一步改造。
全村范围内，一共形成12区，每区形成10种方案，多种组合。
经过以上模式复制，培养村民主体意识，村民实现自营建，乡村实现自生长，最终目标构建"蓟州桃源境"的乌托邦生活。
引导性基础建设
道路和排水系统
植被与绿化
公共厕所与垃圾桶
基础改造示意图
自营建分区示意
公共空间改造示意
1. 石头广场
2. 石磨坊
3. 皮影坊
4. （原）小学
公共空间及活动分层示意
劳作
集体娱乐
休闲
物产
建筑与场地
道路与绿化
分区
牧羊 做豆腐 养驴拉磨
皮影 草编 烹调
秧歌 踢毽
聊天 择菜 卖东西
田地 玉米 谷子 牡丹
高粱 柿子
林地 雪花梨 豆子 杏
樱桃 核桃 苹果
沿主要道路是活力集聚的场地，包括石头广场、皮影坊、磨坊和废弃的学校。以这几点为主要提升点，使村内活力增强，加强村民交流感情。并且由于环境设施的改善，这条道路两侧将吸引更多人，发生更多活动，以微改造的方式，引导实现自生长。

井峪乡曲情 蓟州桃源境
——天津蓟州西井峪历史文化名村规划改造
参赛单位：天津大学建筑学院
指导教师：李泽 张天洁
学生姓名：刘冲 许北辰 张璐 林澳
改造及愿景 4
自营造分区选点示意
每个区域分为"公共-生活"、"房屋-生活"、"公共-工作"、"房屋-工作"四个类型，区域内村民可每类自由选择两个点建设。
图例
公共-生活场景
公共-工作场景
院墙
植被
房屋-生活场景
房屋-工作场景
房屋
道路
N
分区① 共13户 x5 x6 x5 x5 面积约1.60hm²
分区② 共12户 x6 x7 x3 x6 面积约1.12hm²
分区③ 共15户 x5 x9 x6 x6 面积约1.60hm²
分区④ 共10户 x4 x6 x4 x5 面积约0.93hm²
分区⑤ 共5户 x3 x5 x5 x4 面积约0.76hm²
分区⑥ 共10户 x4 x5 x4 x5 面积约0.56hm²
分区⑦ 共6户 x6 x5 x4 x5 面积约0.75hm²
分区⑧ 共11户 x4 x8 x2 x6 面积约0.76hm²
分区⑨ 共15户 x8 x7 x5 x6 面积约1.66hm²
分区⑩ 共7户 x5 x4 x3 x6 面积约0.66hm²
分区⑪ 共10户 x4 x4 x5 x5 面积约0.72hm²
分区⑫ 共7户 x3 x6 x4 x6 面积约0.66hm²
共得到 $(C_5^2*C_6^2*C_6^2*C_6^2)*(C_6^2*C_7^2*C_3^2*C_6^2)*(C_5^2*C_9^2*C_6^2*C_6^2)*(C_4^2*C_6^2*C_4^2*C_5^2)*(C_3^2*C_5^2*C_5^2*C_4^2)*(C_4^2*C_5^2*C_4^2*C_5^2)*(C_6^2*C_5^2*C_4^2*C_5^2)*(C_4^2*C_8^2*C_2^2*C_6^2)*(C_8^2*C_7^2*C_5^2*C_6^2)*(C_5^2*C_4^2*C_3^2*C_6^2)*(C_4^2*C_4^2*C_5^2*C_5^2)*(C_3^2*C_6^2*C_4^2*C_6^2)=$ ！可能性
分区选点改造示意
1.房屋-工作场景
2.房屋-工作场景
3.院落-工作场景
4.房屋-生活场景
5.房屋-工作场景
6.房屋-工作场景
预拂青山一片石，
与君连日醉壶殇。
20 years later ...

行动规划 · 协同设计

【参赛院校】 华南理工大学

【参赛学生】 贾 姗 苏章娜 张晓茵 赵浩嘉 陈雄飞 阮宇超 朱 蕾 李淑桃

【指导教师】 叶 红 陈 可 李 腾

一、缘起青云

青云村就像广东乡村的一个缩影，相比城市建设的欣欣向荣，农村环境却显得日益凋敝，亟待通过整治和创建行动，变后队为前队，实现村居环境品质、乡村治理水平、乡村文明程度的全面提升。

位处韶关市翁源县，青云村作为广东 2277 个省定贫困村整治创建行动的其中一员，其规划既在面向行动的政策指引和资金支持中展开，又直接面向家家户户的村民。“我们不仅要到村子里做规划，更要争取成为荣誉村民，成为村里的一分子。”这是带队老师叶红常常跟同学和团队说的。

自 2017 年七月盛夏的一场“三下乡”开始，融汇规划、建筑、景观多个专业的同学们共同工作，白天踏遍了青云山村的每一个角落，晚上在挂着大红喜字的文化室里讨论、设计，深夜里，枕着虫鸣入睡……

二、青云资源

2017 年七月，建筑学院师生一行在青云开展了为期一周的田野调研，走家串户，对村里的资源进行细致摸查；还找来了本村多位年逾 70 的老人，寻根问祖。青云村是翁源最早有人居活动的村落之一，文化底蕴深厚，传统围屋就有近二十座，青云山歌、舞狮、舞春牛等非物质文化遗产如数家珍；终年云雾缭绕的青云山、前花后果的红边扁豆和鹰嘴蜜桃又形成了形态多样的立体大地景观；同时，青云村还位于广东最美旅游公路 S244 省道沿线。

华南理工大学师生志愿者团队和村委合影

“山 – 水 – 田 – 村”大地景观

三、行动规划 · 协同设计

青云的资源既让大家惊叹，又为师生们增添了一份责任。为保障以规划为统筹的整治资金精准落地、保障青云资源的科学提升，本次规划成果乃至各阶段的方案成果应当面向行动、形象直观，便于各方理解、落地实施，其规划过程还要注重多方协同（村民、政府、企业、设计、建设等多方）。“行动规划 · 协同设计”成为青云乡建的重要模式。

青云村行动规划 · 协同设计的工作历程

“三下”乡过后，规划、设计团队和概预算团队一起，住在青云村的民房里、工作在村民自愿提供的文化室里，行走在山水田村之间，充分对接各村小组问题需求和发展需求，制订了覆盖行政村域的近期和远期一篮子行动计划，将项目落实到每个具体的四至范围、具体的资金来源。针对 2017—2018 年重点项目，规划聚焦部分自然村，通过展示路径策划的形式，串联近期重点项目，使村民、政府、社会力量各方投入整治创建的目标更清晰，便于引导后续设计和建设，集中形成示范效果。

规划 – 设计 – 建设多专业团队在村民自愿提供的文化室内协同工作

本次规划是以村民为主导的规划。为了让村民看得懂方案，通过驻村规划师 + 设计师的定点服务形式、美丽乡村工作坊的沟通交流方式，大家充分调动起无人机航拍、微信、Sketchup 等手段，拉近了和村民沟通的距离，而直接在无人机航拍图上制作的设计前后对比图，更是便于让村民参与到设计中，一眼看到了自家房子在哪里，避免了村民原本看不懂工程图的情况。

①放置乡村石碾，以村民参与推动形成的圆形轨迹作为圆形设计元素的依据，既满足村民互动观赏的需求又能宣传乡村农事文化
②放置孩童滚铁环场景雕塑，营造乡村童年回忆氛围，增添观赏性和趣味性
③利用矮墙划分空间，通过村民在矮墙上留下自己的手印、树叶印等，增加乡村建设的参与性
④以红砖、木材等乡土材料打造圆形休息座椅，栽植乡土植物供村民遮阴乘凉
⑤用涵洞连接两个圆形活动区，增加小孩游玩的乐趣
⑥以圆与圆结合打造一个供村民跳广场舞的空间及小孩子才艺展示的活动空间

结合无人机航拍进行设计表达，便于村民和各方理解

青云乡建已逾半年，而今，村民每天傍晚在新建的百姓文体广场上唱起青云山歌、跳起广场舞，孩子们在一旁玩耍，细心砌筑的景墙上摁有一位位参与乡建的村民手印，静静地记载这村里鲜活的变化……一旁坐落的老客家围屋，又重新有了忠实的陪伴。

四、从青云乡建到青云乡治

在硬建设的同时，还要有软提升，合理地引导村民和各方意识，从乡村人居建设走向新型的乡村治理。为此，在将村庄规划转化为村规民约的同时，建筑学院师生和县、镇、村共同合作，致力对青云村已基本空置的“叙伦堂－蓝李小学片区”进行连片整治改造，活化利用基本空置的小学现址、老祠堂及周边民居，试点筹办乡村振兴讲习所。2018年4月，讲习所也准备开讲了，未来，将持续对落实基层各项治理工作的村干部、乡村工匠组织培训，也对家家户户的村民进行培训，作为青云乃至翁源县推进新农村建设的文化宣传阵地。

活化利用叙伦堂－蓝李小学，营造乡村振兴讲习所

1 行动规划·协同设计——翁源县青云村乡村规划设计

参赛学校：华南理工大学 指导老师：叶红，陈可，李腾 小组成员：贾姗，苏章娜，张晓茵，赵洁嘉，陈雄飞，阮宇超，朱蕾，李淑桃

新时代背景下的乡村振兴战略

十九大乡村振兴战略解读

01 **坚持农业农村优先发展**，遵循产业兴旺、生态宜居、乡风文明、治理有效、生活富裕的总体要求。

02 **促进农村一二三产业融合发展**，支持鼓励农民就业创业。培养造就一支懂农业、爱农村、爱农民的"三农"工作队伍。

03 **建立健全城乡融合发展体制机制和政策体系**，鼓励更多资金、人才、技术等向农村流动，加快推进农业农村现代化

广东省《关于2277个省定贫困村创建社会主义新农村示范村的实施方案》

两大创建阶段：基础整治期；巩固提升期

八大创建内容：整治提升村容村貌；推进村道硬化；推进集中供水全覆盖；提升基本公共服务水平；推进生活污水处理全覆盖；提升农民住房水平；提升生活垃圾处理全覆盖；提升乡风文明水平

青云村，代表着翁源最广泛的农村建设状态，代表着岭南最广泛的农村发展前景

岭南乡村规划与建设实践模式

工作需求

1. 本次村庄整治规划应当是以实际落地为导向的**行动规划**，包括空间统筹、时间统筹、资金统筹。
2. 需要在规划师主导下，设计师和工程概预算工作人员共同参与，并充分征求村委村民的意见，制定出真正可以**落地实施的方案**。
3. 协同村委和村民理事会一起，为各村制定新的**村规民约**，通过新型的**乡村治理**，确保整治工作的顺利推进和长效保持。

技术难点

1. **基础资料缺失**：村庄地形图、影像图、现状建筑的测绘评估等资料较为缺失，完成全面测绘在经费上和时间上都有很大的难度。
2. **村民整治需求多样**：整治项目普遍散且小，村民诉求普遍多且杂。

空间统筹：明确整治项目库、项目分布、项目范围、土地性质

资金统筹：根据市、县、镇、村、社会力量等资金来源，明确建设项目的资金分配和资金概算

时间统筹：通过一条展示路径的策划明确近期项目构成；提升村民积极性和归属感。

行动规划 + 协同设计

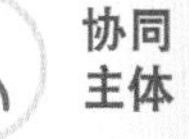

协同主体：政府；社会力量；村民；规划设计团队内部

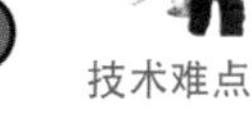

协同内容

协同方法：驻村规划/设计师；美丽乡村工作坊；政府工作例会；无人机航拍；微信

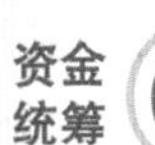

青云村行动规划·协同设计的工作历程

经历5次工作会议、6次现场踏勘；形成以规划设计团队为纽带，以驻村规划师+设计师为绑定，以美丽乡村工作坊为平台的工作模式，汇聚政府、村、社会力量，共同决策，协同行动。

2 行动规划·协同设计——翁源县青云村乡村规划设计

参赛学校：华南理工大学　指导老师：叶红，陈可，李腾　小组成员：贾姗，苏章娜，张晓茵，赵浩嘉，陈雄飞，阮宇超，朱蕾，李淑锐

青云价值

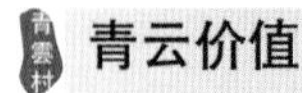

外部资源——区位

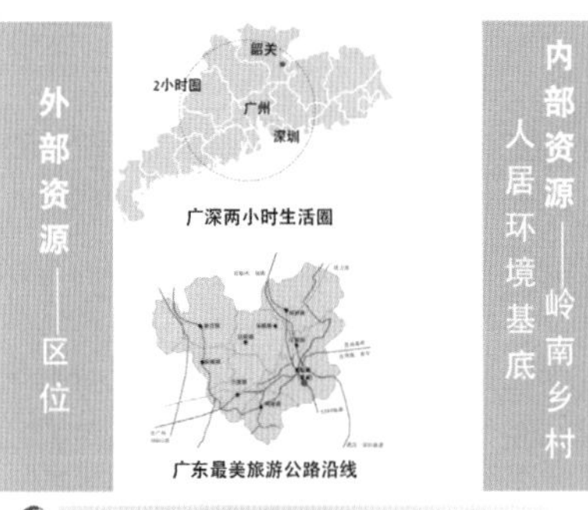

内部资源——岭南乡村人居环境基底

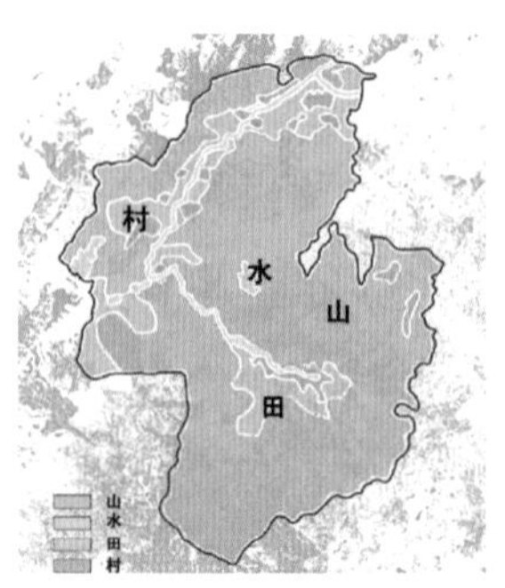

从青云需求到青云行动

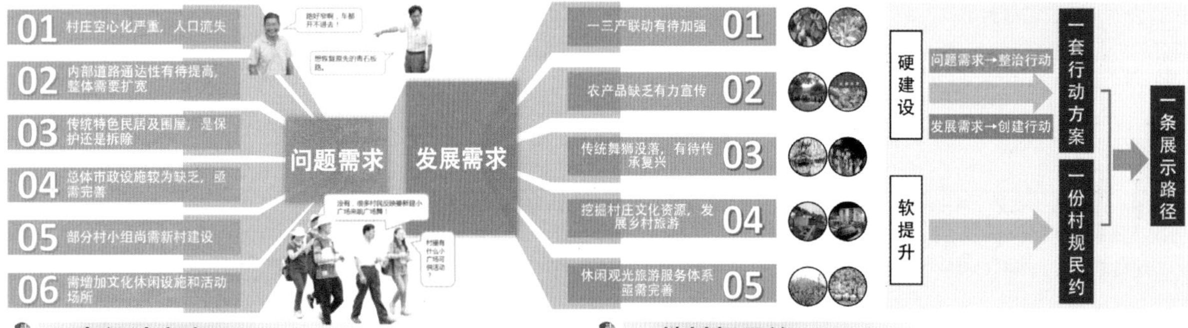

一套行动方案

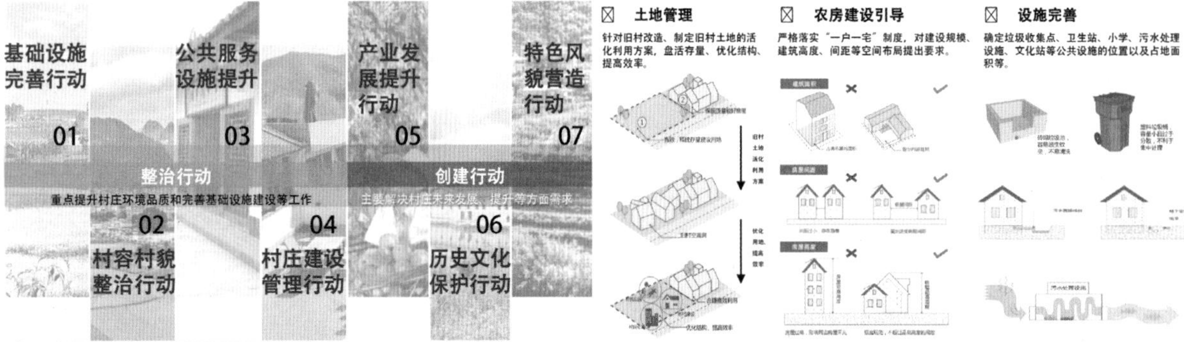

一份村规民约

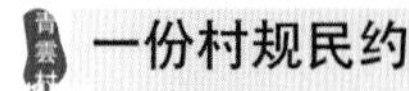

☒ 土地管理

针对旧村改造、制定旧村土地的活化利用方案，盘活存量、优化结构、提高效率。

☒ 农房建设引导

严格落实"一户一宅"制度，对建设规模、建筑高度、间距等空间布局提出要求。

☒ 设施完善

确定垃圾收集点、卫生站、小学、污水处理设施、文化站等公共设施的位置以及占地面积等。

一条展示路径

通过一条展示路径的策划明确近期项目构成，通过展示路径的示范效应，提升村民积极性和归属感。

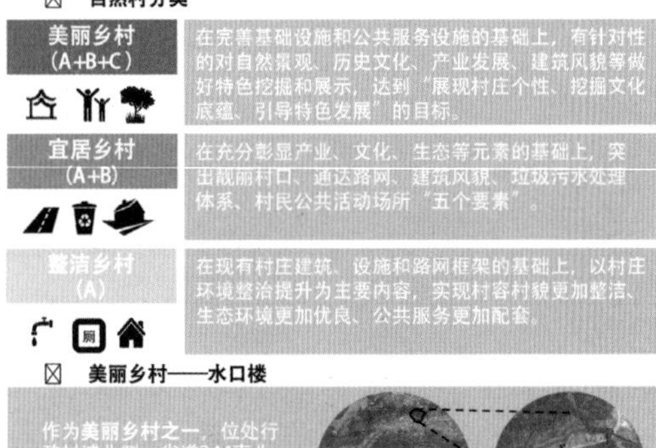

3 行动规划 · 协同设计——翁源县青云村乡村规划设计

青云规划

参赛学校：华南理工大学　指导老师：叶红，陈可，李腾　小组成员：贾姗，苏章娜，张晓茵，赵浩嘉，陈雄飞，阮宇超，朱蕾，李淑桃

整治行动：01基础设施完善行动

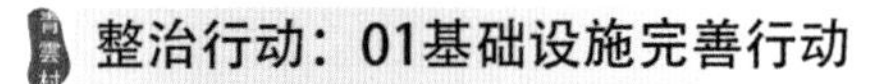

垃圾收集点多为露天形式，垃圾乱堆现象普遍，垃圾收集运营"空白"（环境设施）

雨污合流，黑灰共管道，黑水仅为初级处理，无污水处理设施（污水设施）

山泉水为饮用水源，水质无保障（给水设施）

道路通达性有待提高，道路需整体拓宽，并完善道路安全标识（交通设施）

问题需求

构建"源头分类+党建"的捆绑模式，推进生活垃圾处理全覆盖。（垃圾处理）

推进生活污水处理全覆盖，雨污、黑灰分流+暗渠与管道相结合设置。（污水）

基础设施完善

近期组织集中建设高位集水池，远期全面进行自来水管网敷设，推进集中供水全覆盖。（集中供水）

完善道路系统，形成环线交通，同时进行道路设施完善和古驿道的活化利用。（道路交通）

整治行动：02村容村貌整治行动

重点针对"三清三拆三整治"，形成一个专题整治项目，同时完善主要节点、街巷空间设计，提升村庄整体村容村貌。

清拆整治

三清理——清理乱堆乱放、存量垃圾、沟渠池塘

三拆除——拆除危旧房屋建筑、乱搭乱建、违规广告牌

三整治——整治生活垃圾、生活污水、水体污染

重点行动项目

1 房屋立面整治
2 清理沟渠
3 房前屋后绿化美化
4 保留部分旧元素
5 砖石铺设道路

李屋巷道整治效果

李屋农耕小公园整治效果

1 拆除旧房，栽种乡土果树
2 整理土地，用于耕种
3 保留修缮墙基，增设座椅
4 保留棚条，搭建遮阳架
5 增设平台步道

整治行动：03公共服务提升行动

整治行动：04村庄建设管理行动

以农房整治为近期重点，形成一个专题整治项目。遵循"风貌延续、修旧如旧、新建协调"的原则，根据现状建筑的使用功能、风貌等相关因素确定整治模式。

创建行动：05产业发展提升行动

创建行动：06历史文化保护行动

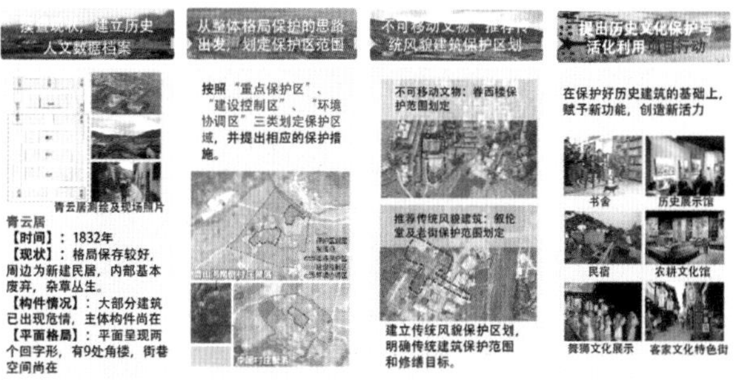

创建行动：07特色风貌营造行动

创新植入乡村风景化概念，从"山、水、田、村、路"五大空间要素入手，提出具体营造策略，以实现村庄特色风貌的提升。

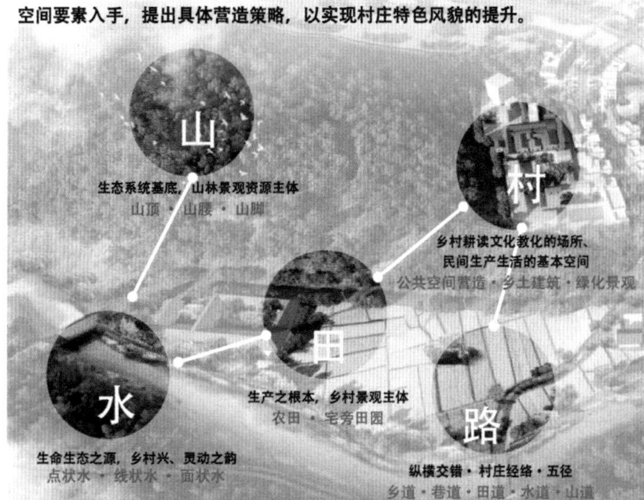

构建项目库

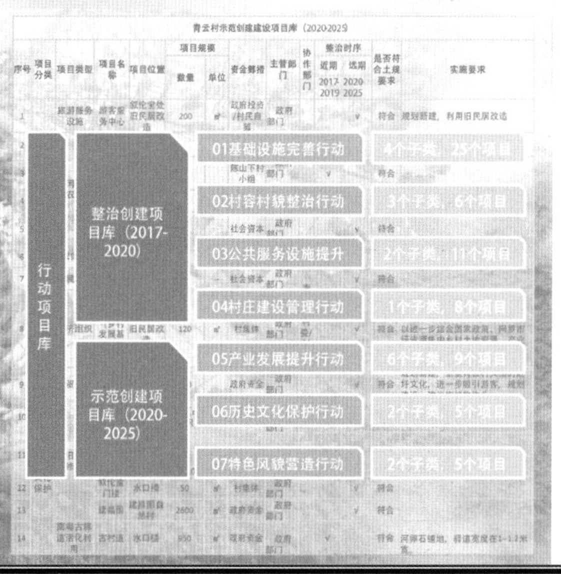

4 行动规划·协同设计——翁源县青云村乡村规划设计

参赛学校：华南理工大学　指导老师：叶红，陈可，李腾　小组成员：贾姗，苏章娜，张晓茵，赵浩嘉，陈雄飞，阮宇超，朱蕾，李淑桃

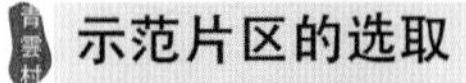

示范片区的选取

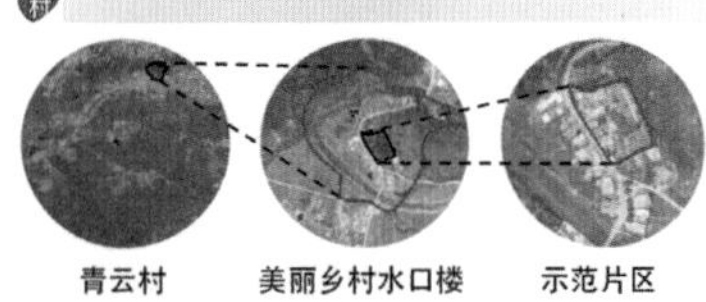

靠近省道展示性好 + 要素丰富，示范全面 → 水口楼展示路径上的核心示范

片区功能策划

近期 / 远期 / 平时 / 假期　不同时间　不同人群　专业人士 / 政府官员 / 村民学生 / 游客

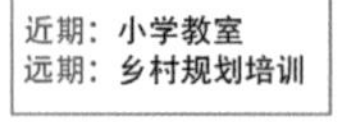

片区功能分区与开发时序

1驻村工作室　2美丽乡村培训学院　3传统文化　4旅游服务

了解引导需求

落实需求

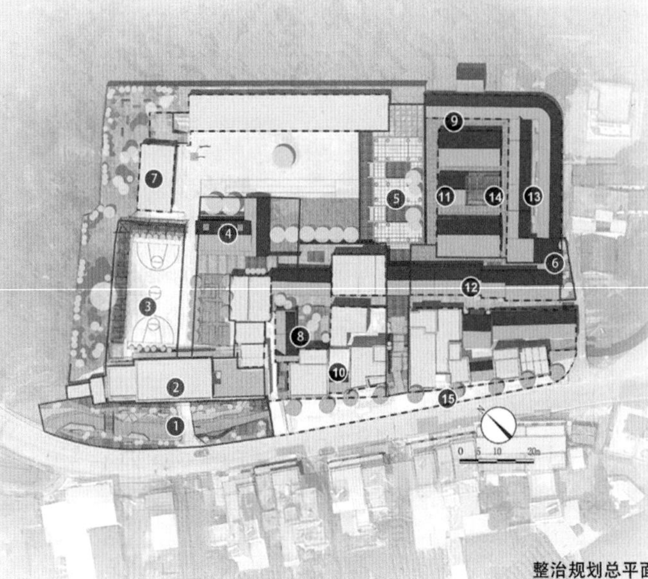

整治规划总平面

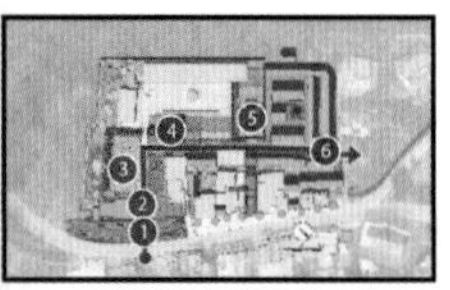

近期项目展示路径

图例

- 展示路径
- 近期项目编号及红线
- 远期项目编号及红线
- 公共服务设施完善行动
- 村容村貌整治行动
- 基础设施完善行动
- 村庄建设管理行动

近期（2017-2019）项目：
1. 乡村工作坊景观改造
2. 驻村工作室
3. 实践园
4. 乡村学堂
5. 叙伦堂文化休闲广场
6. 老街行门

远期（2020-2025）项目：
7. 美丽乡村培训学院
8. 居民区巷院美化
9. 巷道绿化美化
10. 沿街民房现代精品民宿改造
11. 围屋中央文化体验区改造
12. 叙伦堂特色商业街改造
13. 旧民居精品民宿改造
14. 旧民居建筑立面改造及美化
15. 省道沿线建筑宅前景观美化

逐水 · 筑塬 · 归田

【参赛院校】 西安建筑科技大学

【参赛学生】 陈丛笑 杜 康 张 环 赵 浩 倪楠楠 赵晓倩

【指导教师】 沈 婕 段德罡 谢留莎

大都市与田园间的车程还有多远？紧张工作至闲适生活的路程还有多长？孙家堡村，一个毗邻西安、紧邻机场的都市近郊村，抬头有塬可观、踱步有河可览，俯身有田可耕。因此，规划设计在延续原有生态格局的基础上打造塬 - 田 - 水自然生态景观，同时优化产业链、促进第六产业发展，并将建筑废料资源化，打造一个贴近自然、品鉴自然、身心怡然的现代田园乡村。我们设计了那片土地，但是在某种程度上，我们更想耕耘人们的心田。

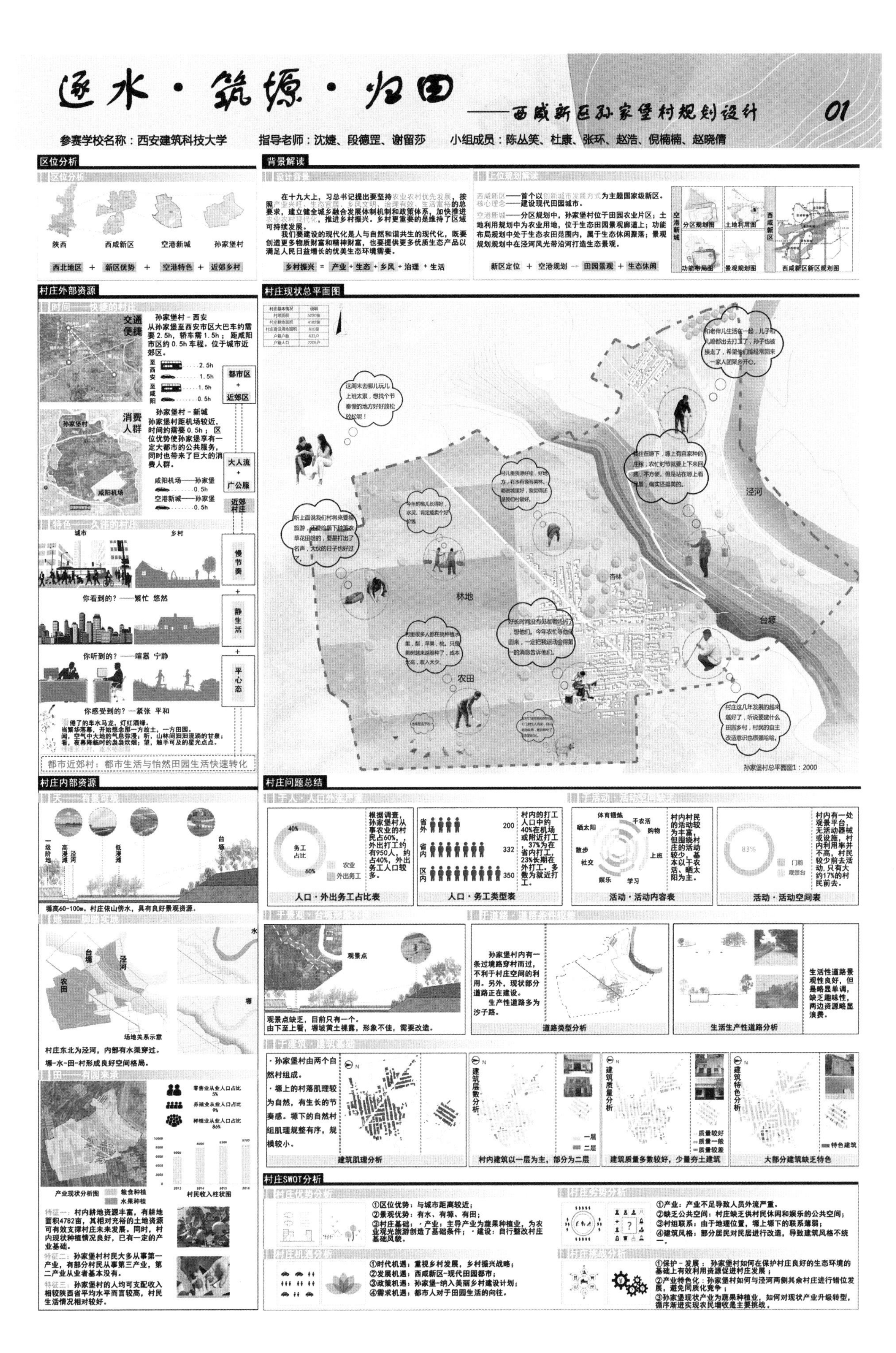
逐水·筑塬·归田
——西咸新区孙家堡村规划设计
01
参赛学校名称：西安建筑科技大学 指导老师：沈婕、段德罡、谢留莎 小组成员：陈丛笑、杜康、张环、赵浩、倪楠楠、赵晓倩
区位分析
陕西
西咸新区
空港新城
孙家堡村
西北地区 + 新区优势 + 空港特色 + 近郊乡村
背景解读
设计背景
在十九大上，习总书记提出要坚持农业农村优先发展，按照产业兴旺、生态宜居、乡风文明、治理有效、生活富裕的总要求，建立健全城乡融合发展体制机制和政策体系，加快推进农业农村现代化，推进乡村振兴。乡村更重要的是维持了区域可持续发展。
我们要建设的现代化是人与自然和谐共生的现代化，既要创造更多物质财富和精神财富，也要提供更多优质生态产品以满足人民日益增长的优美生态环境需要。
乡村振兴 = 产业 + 生态 + 乡风 + 治理 + 生活
上位规划解读
西咸新区——首个以创新城市发展方式为主题国家级新区。
核心理念——建设现代田园城市。
空港新城——分区规划中，孙家堡村位于田园农业片区；土地利用规划中为农业用地，位于生态田园景观廊道上；功能布局规划中处于生态农田范围内，属于生态休闲聚落；景观规划规划中在泾河风光带沿河打造生态景观。
新区定位 + 空港规划 → 田园景观 + 生态休闲
分区规划图
土地利用图
功能布局图
景观规划图
西咸新区新区规划图
村庄外部资源
时间——快捷的村庄
交通便捷
孙家堡村 - 西安
从孙家堡至西安市区大巴车约需要2.5h，轿车需1.5h；距咸阳市区约0.5h车程。位于城市近郊区。
都市区 + 近郊区
消费人群
孙家堡村 - 新城
孙家堡村距机场较近，时间约需要0.5h；区位优势使孙家堡享有一定大都市的公共服务，同时也带来了巨大的消费人群。
大人流 + 广公服
近郊村庄
咸阳机场——孙家堡 0.5h
空港新城——孙家堡 0.5h
特色——久违的村庄
城市
乡村
你看到的？——繁忙 悠然
慢节奏
静生活
你听到的？——喧嚣 宁静
平心态
你感受到的？一紧张 平和
都市近郊村：都市生活与怡然田园生活快速转化
村庄现状总平面图
这周末去哪儿玩儿，上班太累，想找个节奏慢的地方好好放松放松呢！
和老伴儿生活在一起，儿子和儿媳都出去打工了，孙子也被接走了，希望他们能经常回来一家人团聚多开心。
听上面说我们村将来要搞旅游，还要搞那个啥薰衣草花田咧的，要是打出了名声，大伙的日子也好过了。
村庄现状总平面图
林地
农田
泾河
台塬
孙家堡村总平面图1：2000
村庄内部资源
天——有景可观
塬高60~100m。村庄依山傍水，具有良好景观资源。
地——脚踏实地
台塬
泾河
农田
场地关系示意
村庄东北为泾河，内部有水渠穿过。
塬-水-田-村形成良好空间格局。
田——有园来承
零售业从业人口占比 5%
养殖业从业人口占比 9%
种植业从业人口占比 86%
产业现状分析图
粮食种植
水果种植
村民收入柱状图
特征一：村内耕地资源丰富，有耕地面积4782亩，其相对充裕的土地资源可有效支撑村庄未来发展。同时，村内现状种植情况良好，已有一定的产业基础。
特征二：孙家堡村村民大多从事第一产业，有部分村民从事第三产业，第二产业从业者基本没有。
特征三：孙家堡村的人均可支配收入相较陕西省平均水平而言较高，村民生活情况相对较好。
村庄问题总结
于人·人口外流严重
根据调查，孙家堡村从事农业的村民占60%，外出打工约有950人，约占40%，外出务工人口较多。
务工占比
农业
外出务工
人口·外出务工占比表
省外 200
省内 332
区内 350
村内的打工人口中约40%在机场或附近打工，37%为在省内打工，23%长期在外打工，多数为就近打工。
人口·务工类型表
于活动·活动空间缺乏
体育锻炼
晒太阳
干农活
购物
散步
社交
上班
娱乐
学习
村内村民的活动较为丰富，但围绕村庄的活动较少，基本以干农活、晒太阳为主。
活动·活动内容表
83%
门前
观景台
村内有一处观景平台，无活动器械或设施，村内利用率并不高，村民较少前去活动，只有大约约17%的村民前去。
活动·活动空间表
于景观·台塬景观不佳
观景点
观景点缺乏，目前只有一个。
由下至上看，塬坡黄土裸露，形象不佳，需要改造。
于道路·道路条件较差
孙家堡村内有一条过境路穿村而过，不利于村庄空间的利用。另外，现状部分道路正在建设。
生产性道路多为沙子路。
道路类型分析
生活性道路景观性良好，但是略显单调，缺乏趣味性，两边资源略显浪费。
生活生产性道路分析
于建筑·建筑基础
·孙家堡村由两个自然村组成。
·塬上的村落肌理较为自然，有生长的节奏感。塬下的自然村组肌理规整有序，规模较小。
建筑肌理分析
建筑层数分析
一层
二层
村内建筑以一层为主，部分为二层
建筑质量分析
质量较好
质量一般
质量较差
建筑质量多数较好，少量夯土建筑
建筑特色分析
特色建筑
大部分建筑缺乏特色
村庄SWOT分析
村庄优势分析
①区位优势：与城市距离较近；
②景观优势：有水、有塬、有田；
③村庄基础：·产业：主导产业为蔬果种植业，为农业观光旅游创造了基础条件；·建设：自行整改村庄基础风貌。
村庄劣势分析
①产业：产业不足导致人员外流严重。
②缺乏公共空间：村庄缺乏供村民休闲和娱乐的公共空间；
③村组联系：由于地理位置，塬上塬下的联系薄弱；
④建筑风格：部分居民对民居进行改造，导致建筑风格不统一。
村庄机遇分析
①时代机遇：重视乡村发展，乡村振兴战略；
②发展机遇：西咸新区-现代田园都市；
③政策机遇：孙家堡-纳入美丽乡村建设计划；
④需求机遇：都市人对于田园生活的向往。
村庄挑战分析
①保护+发展：孙家堡村如何在保护村庄良好的生态环境的基础上有效利用资源促进村庄发展；
②产业特色化：孙家堡村如何与泾河两侧其余村庄进行错位发展，避免同质化竞争；
③孙家堡现状产业为蔬果种植业，如何对现状产业升级转型，循序渐进实现农民增收是主要挑战。

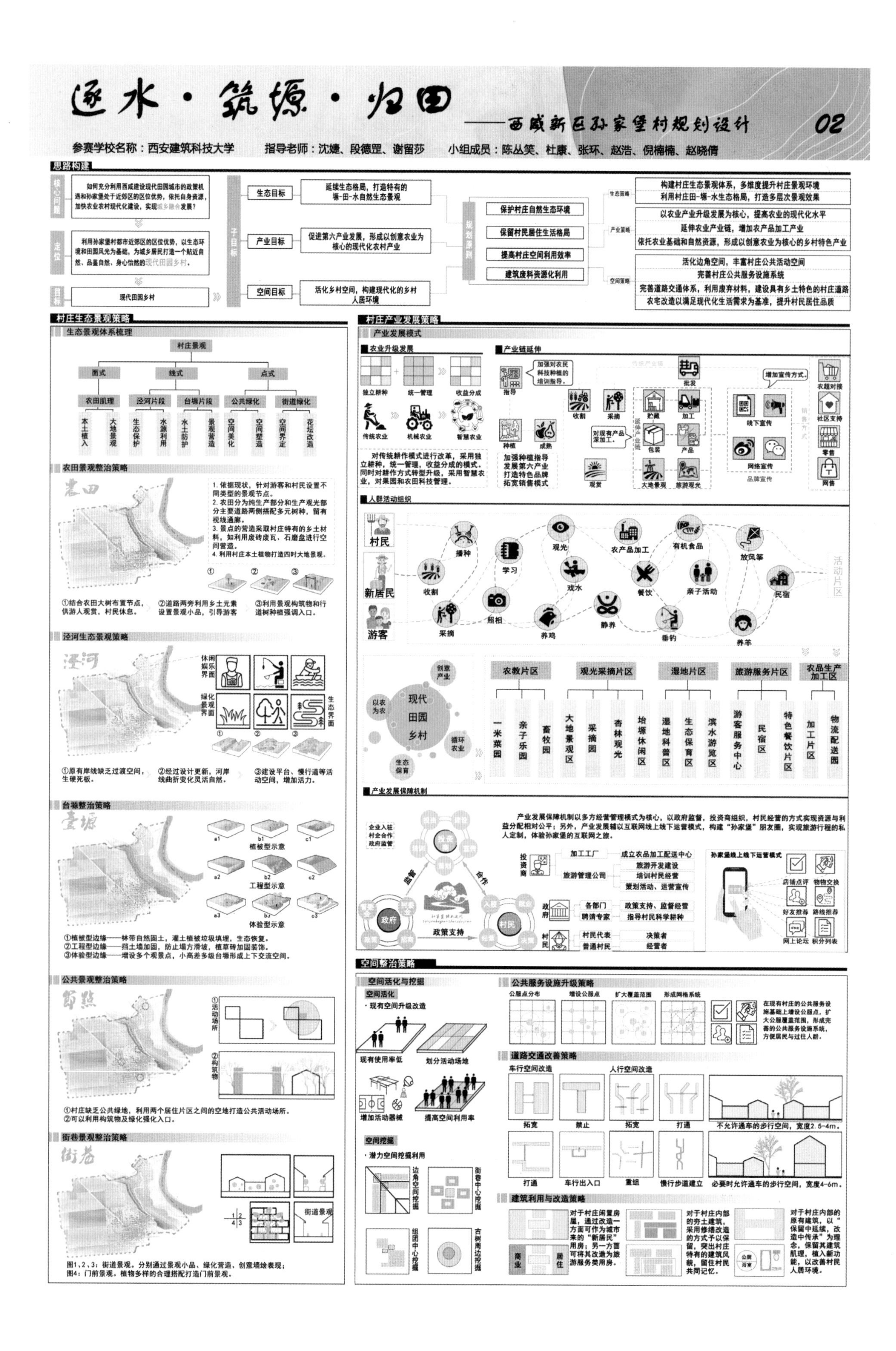

逐水·筑塬·归田
——西咸新区孙家堡村规划设计
02
参赛学校名称：西安建筑科技大学
指导老师：沈婕、段德罡、谢留莎
小组成员：陈丛笑、杜康、张环、赵浩、倪楠楠、赵晓倩
思路构建
村庄生态景观策略
生态景观体系梳理
农田景观整治策略
泾河生态景观策略
台塬整治策略
公共景观整治策略
街巷景观整治策略
村庄产业发展策略
产业发展模式
农业升级发展
产业链延伸
人群活动组织
产业发展保障机制
空间整治策略
空间活化与挖掘
公共服务设施升级策略
道路交通改善策略
建筑利用与改造策略

逐水·筑塬·归田

——西咸新区孙家堡村规划设计 03

参赛学校名称：西安建筑科技大学　指导老师：沈婕、段德罡、谢留莎　小组成员：陈从笑、杜康、张环、赵浩、倪楠楠、赵晓倩

规划总平面图

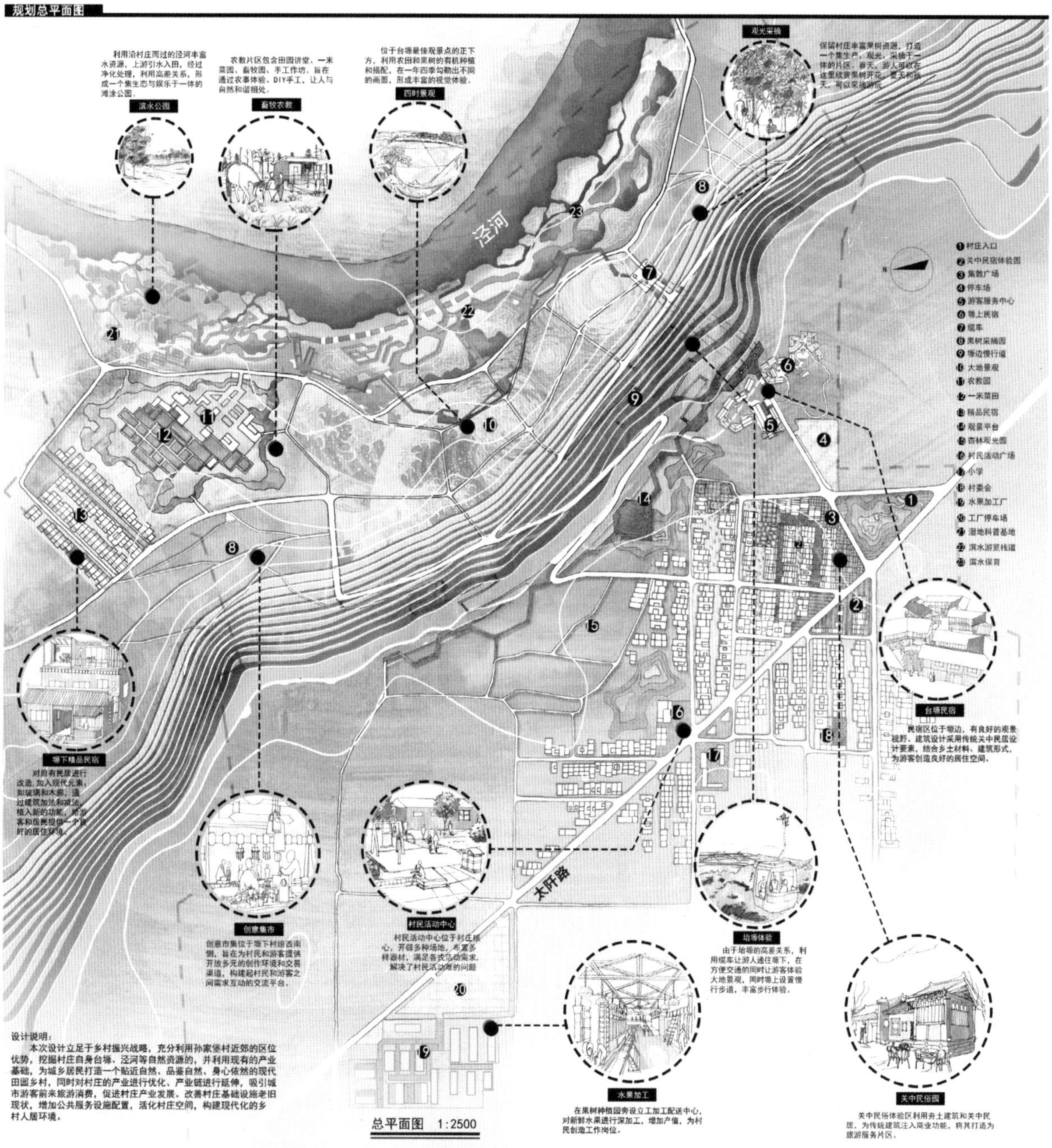

设计说明：

本次设计立足于乡村振兴战略，充分利用孙家堡村近郊的区位优势，挖掘村庄自身台塬、泾河等自然资源的，并利用现有的产业基础，为城乡居民打造一个贴近自然、品鉴自然、身心依然的现代田园乡村，同时对村庄的产业进行优化、产业链进行延伸，吸引城市游客前来旅游消费，促进村庄产业发展。改善村庄基础设施老旧现状，增加公共服务设施配置，活化村庄空间，构建现代化的乡村人居环境。

总平面图 1:2500

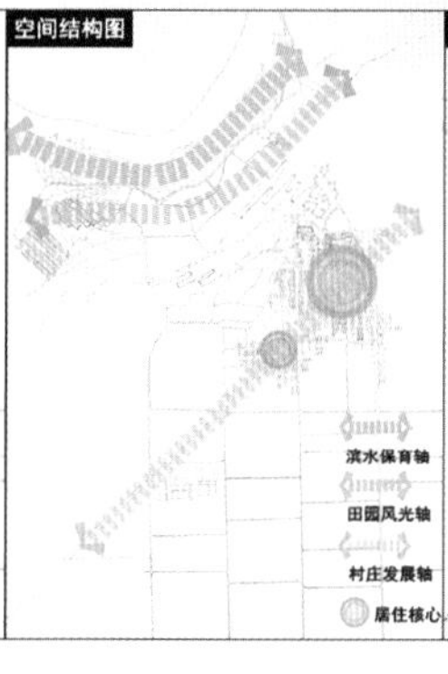

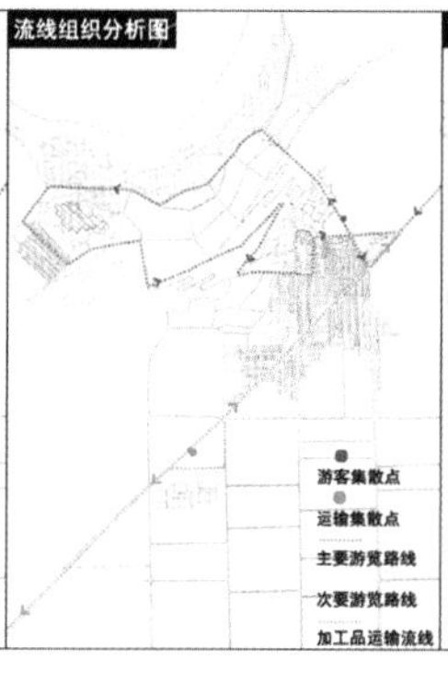

功能分区图

空间结构图

道路交通系统规划图

流线组织分析图

节点布局图

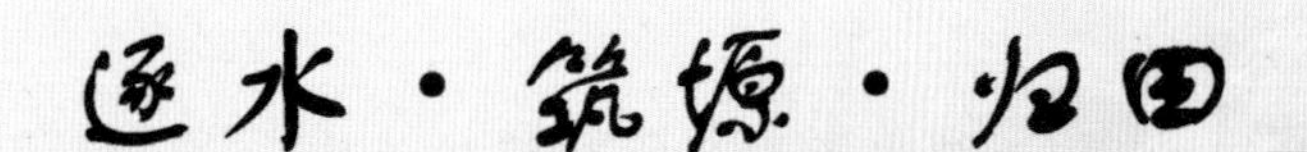

04

参赛学校名称：西安建筑科技大学　指导老师：沈婕、段德罡、谢留莎　小组成员：陈丛笑、杜康、张环、赵浩、倪楠楠、赵晓倩

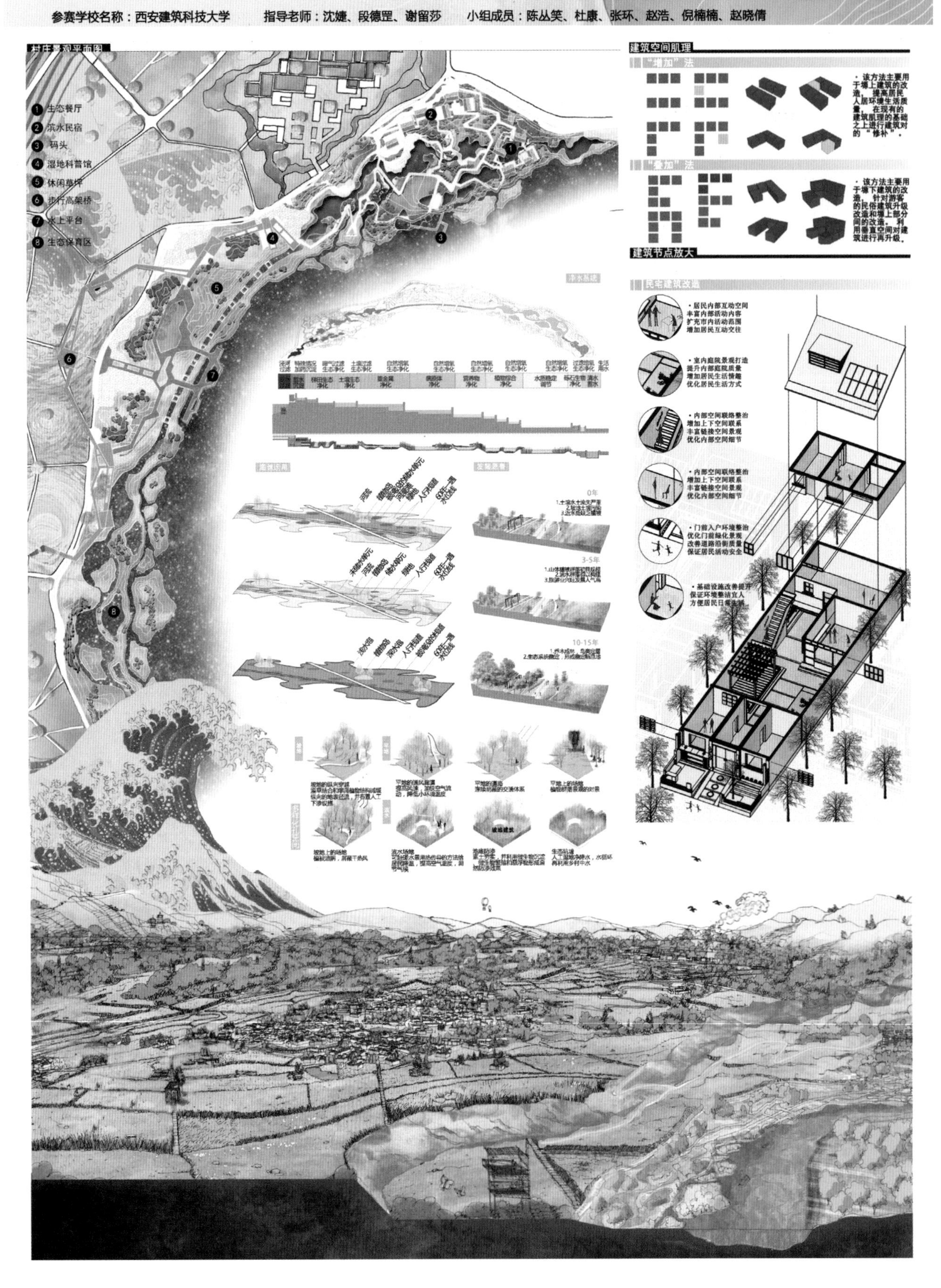

药谷青瓦·存漪传情
Blue tiles in the drug valley·Protect the remaining streams and reposing nostalgia
——基于共享经济及文化传承策略下的传统村落更新设计
Traditional village renewal design based on shared economy and cultural heritage strategy
参赛学校：西安建筑科技大学 指导老师：邓向明 小组成员：张茹茹 张冬璞 齐岩卫 刘亚茹 阎希

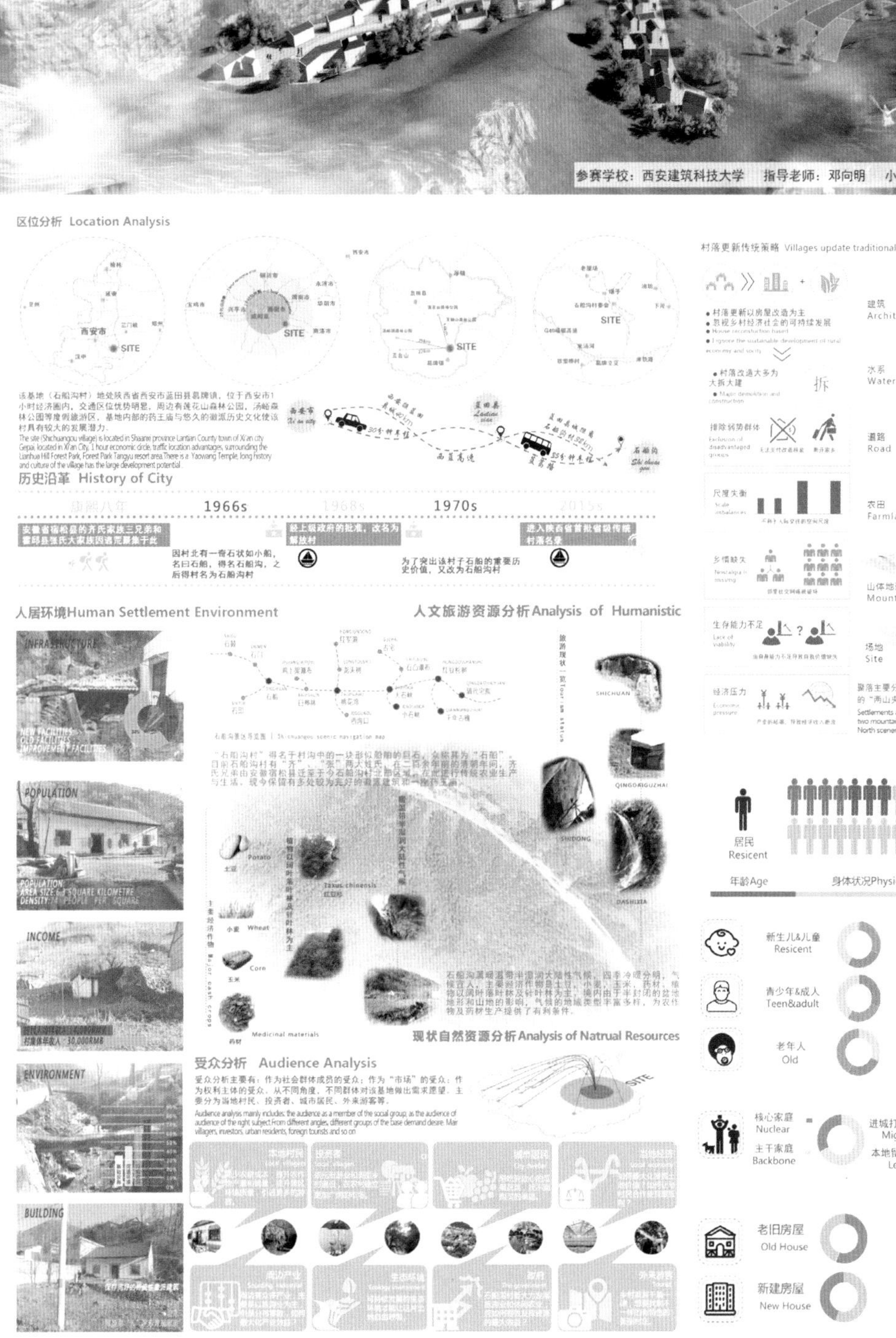

区位分析 Location Analysis
历史沿革 History of City
1966s
1970s
人居环境Human Settlement Environment
人文旅游资源分析Analysis of Humanistic
现状自然资源分析Analysis of Natrual Resources
受众分析 Audience Analysis

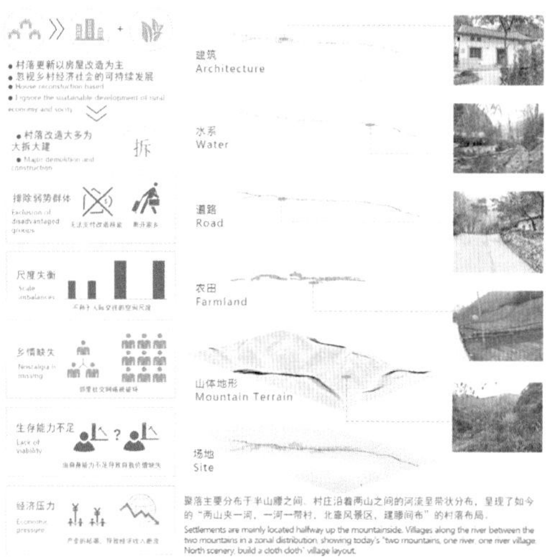

场地概况 Site Overview
村落更新传统策略 Villages update traditional
建筑 Architecture
水系 Water
道路 Road
农田 Farmland
山体地形 Mountain Terrain
场地 Site

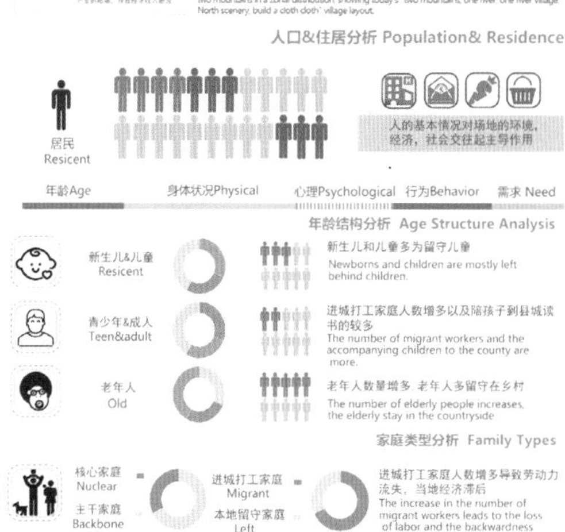

人口&住居分析 Population& Residence
居民 Resicent
年龄Age
身体状况Physical
心理Psychological
行为Behavior
需求 Need
年龄结构分析 Age Structure Analysis
新生儿&儿童 Resicent
新生儿和儿童多为留守儿童
Newborns and children are mostly left behind children.
青少年&成人 Teen&adult
老年人 Old
老年人数量增多，老年人多留守在乡村
The number of elderly people increases, the elderly stay in the countryside
家庭类型分析 Family Types
核心家庭 Nuclear
主干家庭 Backbone
进城打工家庭 Migrant
本地留守家庭 Left
居住条件分析 Residence Conditions
老旧房屋 Old House
新建房屋 New House
Most of the villagers live in old houses with poor infrastructure and poor living conditions.

药谷青瓦·存漪传情——基于共享经济及文化传承策略下的传统村落更新设计

药谷青瓦·存漪传情 02

Blue tiles in the drug valley·Protect the remaining streams and reposing nostalgia

参赛学校：西安建筑科技大学 指导老师：邓向明 小组成员：张茹茹 张冬瑛 齐岩卫 刘亚茹 阎希

SWOT分析 SWOT Analysis

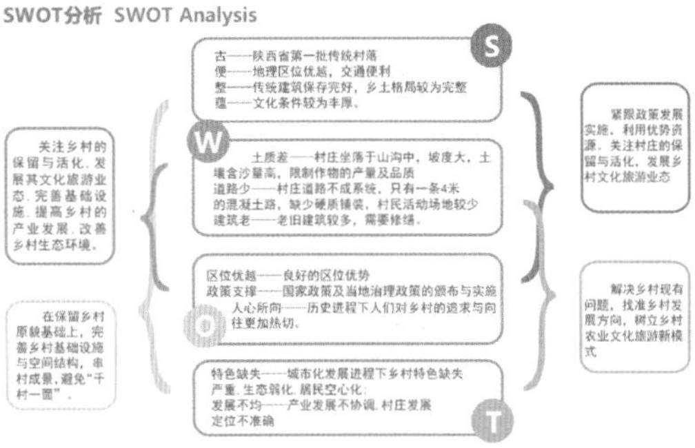

S
古——陕西省第一批传统村落
便——地理区位优越，交通便利
整——传统建筑保存完好，乡土格局较为完整
磁——文化条件较为丰厚。

W
土质差——村庄坐落于山沟中，坡度大，土壤含沙量高，限制作物的产量及品质
道路少——村庄道路不成系统，只有一条4米的混凝土路，缺少硬质铺装，村民活动场地较少
建筑老——老旧建筑较多，需要修缮。

O
区位优越——良好的区位优势
政策支撑——国家政策及当地治理政策的颁布与实施
人心所向——历史进程下人们对乡村的追求与向往更加热切。

T
特色缺失——城市化发展进程下乡村特色缺失
产量、生态弱化，居民空心化
发展不均——产业发展不协调，村庄发展定位不准确

关注乡村的保留与活化，发展其文化旅游业态，完善基础设施，提高乡村的产业发展，改善乡村生态环境。

在保留乡村原貌基础上，完善乡村基础设施与空间结构，串村成景，避免"千村一面"。

紧跟政策发展实施，利用优势资源，关注村庄的保留与活化，发展乡村文化旅游业态

解决乡村现有问题，找准乡村发展方向，树立乡村农业文化旅游新模式

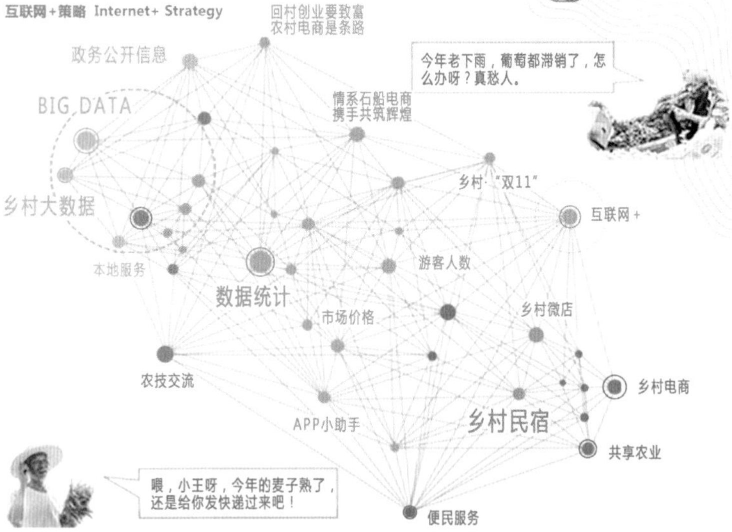

现状问题 Situation Questions

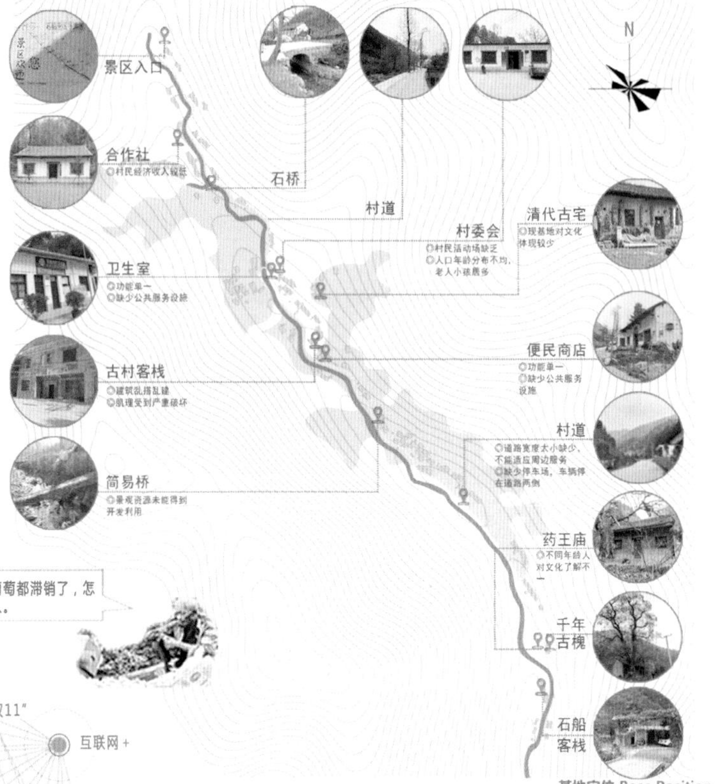

景区入口
合作社 ◎村民经济收入较低
石桥
村道
卫生室 ◎功能单一 ◎缺少公共服务设施
村委会 ◎村民活动场缺乏 ◎人口年龄分布不均，老人小孩居多
清代古宅 ◎现基地对文化体现较少
古村客栈 ◎建筑风格乱建 ◎肌理受到严重破坏
便民商店 ◎功能单一 ◎缺少公共服务设施
简易桥 ◎景观资源未被得到开发利用
村道 ◎道路宽度太小缺少，不能适应周边服务 ◎缺少停车场，车辆停在道路两侧
药王庙 ◎不同年龄人对文化了解不一
千年古槐
石船客栈

农业策略 Agricultural Strategy

共享农业策略 》 闲置资源 Idle resources / 整合需求 Integration demand / 信息传播 Information dissemination / 搭建平台 Build platform / 线上线下 O2O 》 整合分类：调查现状闲置资源，进行整合分类 / 自整合分析：各类人群需求，以便提供信息传播并整合平台 / 搭建线上线下平台，获取信息并使用，方便民众 》 传统村落活力再现 Traditional modern

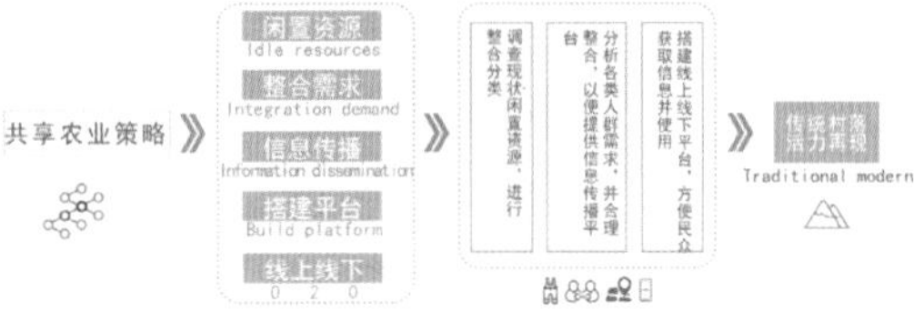

互联网+策略 Internet+ Strategy

政务公开信息
BIG DATA
乡村大数据
本地服务
数据统计
农技交流
回村创业要致富 农村电商是条路
情系石船电商 携手共筑辉煌
乡村"双11"
互联网+
游客人数
市场价格
乡村微店
APP小助手
乡村民宿
乡村电商
共享农业
便民服务

今年老下雨，葡萄都滞销了，怎么办呀？真愁人。

喂，小王呀，今年的麦子熟了，还是给你发快递过来吧！

基地定位 Base Position

宏观背景 → 外部需求；微观条件 → 内部分析；规划方案 → 目标定位

经济 产业升级 文脉当先；社会 公共空间 山体保护；文化 文脉传承 文化复兴
更新 物质载体 历史文脉传承；保留 历史痕迹 山体活力注入；创新 活力新生 历史建筑复兴

定位：历史村落智慧更新试点；中医药文化特色展示带；共享农业生态旅游聚集地

策略：以中医"望闻问切"的传统理疗手法，对村落整体发展模式及空间格局提出更新策略

山地、历史、教育、人文、艺术、民居、饮食、人群、植物、花卉 → 多元

总体策略 Overall Strategy

设计 Design："保护"为主的设计策略 update strategy amming at design；景观风貌提升 landscapes ascension

土地 Land：生态敏感保护 Ecologically Sensitive Protection；林地开发 Woodland Development；共享田地 Shared Fields；自留园地 Private Garden

农业 Agriculture：产业结构调整 Industrial Restructuring；优化供给关系 Optimize the supply relationship

旅游 Tourism：产业结合文化、合作开发 Industry combination culture；Cooperative development；特色民宿、自然风光游线 Featured B&B;Natural scenery tour line

生态 Ecology：雨水收集、废水处理 Rainwater collection；waste water treatment；海绵乡镇 Sponge town

规划 Planning：建筑优化改造 optimize and reconstruct buildings；主-客关系调整 Adjustment of host guest relationship；改善交通 Improve traffic

营销策略 Planning：建筑优化改造 optimize and reconstruct buildings；主-客关系调整 Adjustment of host guest relationship

土地策略 Land Strategy

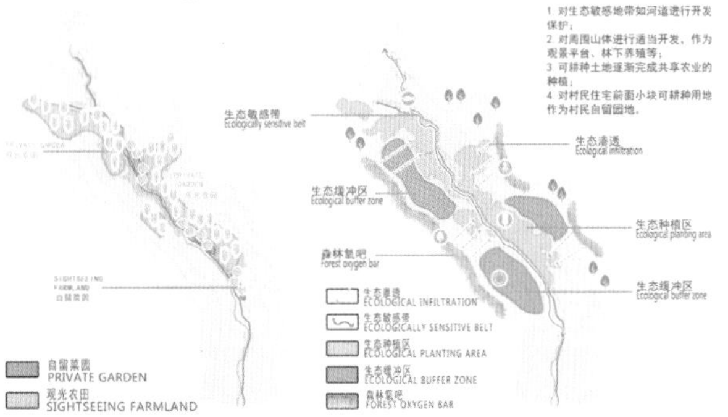

1 对生态敏感地带如河道进行开发保护；
2 对周围山体进行适当开发，作为观景平台、林下养殖等；
3 可耕种土地逐渐完成共享农业的种植；
4 对村民住宅前面小块可耕种用地作为村民自留园地。

生态敏感带 Ecologically sensitive belt
生态渗透 Ecological infiltration
生态缓冲区 Ecological buffer zone
生态种植区 Ecological planting area
森林氧吧 Forest oxygen bar

自留菜园 PRIVATE GARDEN
观光农田 SIGHTSEEING FARMLAND
生态渗透 ECOLOGICAL INFILTRATION
生态敏感带 ECOLOGICALLY SENSITIVE BELT
生态种植区 ECOLOGICAL PLANTING AREA
生态缓冲区 ECOLOGICAL BUFFER ZONE
森林氧吧 FOREST OXYGEN BAR

生态策略 Ecological Strategy

雨水管理 Rain Water Management
水体蒸发 Evaporation of Water body
来自人行道及道路的雨水流失 Rain Water Runoff from Side Walks&Roads
自然河流 Natural River
地表径流 Surface Runoff
含水层补给 Aquifer Recharge
土壤渗透 Soil Infilteration

给水管理 Supply Water Management
山泉水 Spring Water
建筑屋顶雨水 Rain Water from Building Roofs
供水 Water Supply
饮用水 Potable
废水处理 Waste Water Management
人工湿地生态处理 Constructed Wetland Ecological Treatment
灌溉用水 Water Irrigation

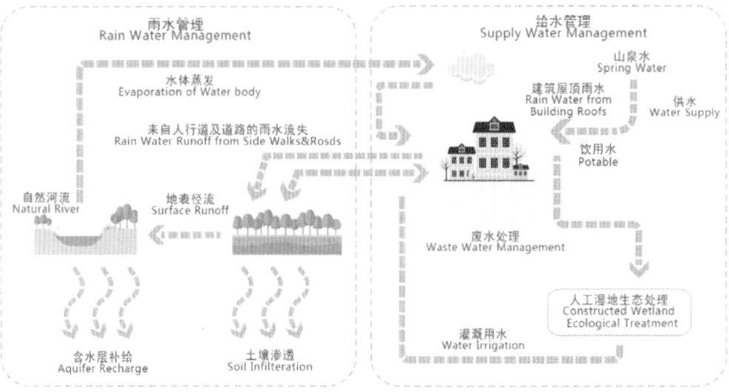

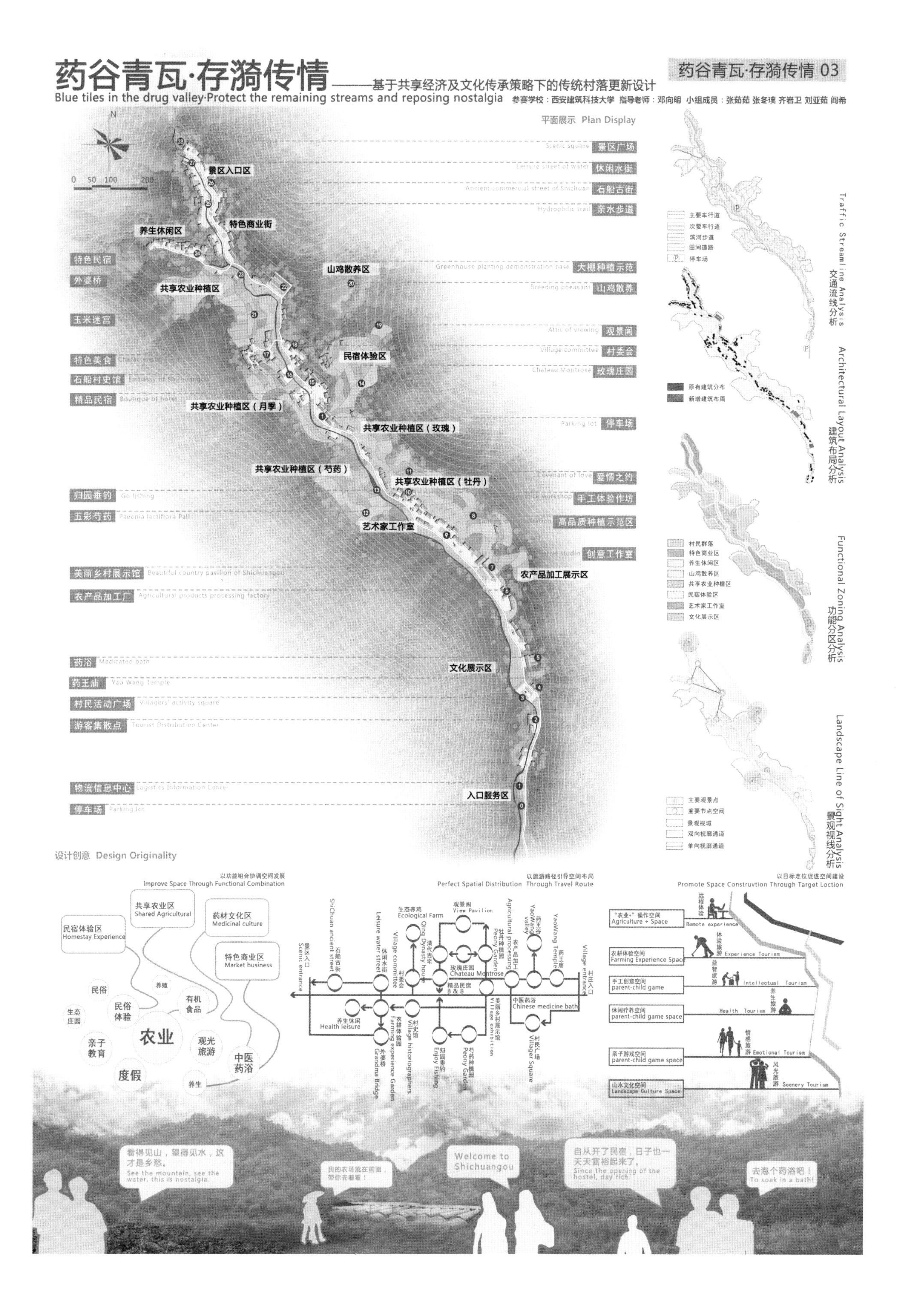
药谷青瓦·存漪传情——基于共享经济及文化传承策略下的传统村落更新设计
药谷青瓦·存漪传情 03
Blue tiles in the drug valley·Protect the remaining streams and reposing nostalgia
参赛学校：西安建筑科技大学 指导老师：邓向明 小组成员：张茹茹 张冬瑛 齐岩卫 刘亚茹 阎希
平面展示 Plan Display
景区广场
休闲水街
石船古街
亲水步道
大棚种植示范
山鸡散养
观景阁
村委会
玫瑰庄园
停车场
爱情之约
手工体验作坊
高品质种植示范区
创意工作室
景区入口区
特色商业街
养生休闲区
共享农业种植区
山鸡散养区
民宿体验区
共享农业种植区（月季）
共享农业种植区（玫瑰）
共享农业种植区（芍药）
共享农业种植区（牡丹）
艺术家工作室
农产品加工展示区
文化展示区
入口服务区
特色民宿
外婆桥
玉米迷宫
特色美食
石船村史馆
精品民宿
归园垂钓
五彩芍药
美丽乡村展示馆
农产品加工厂
药浴
药王庙
村民活动广场
游客集散点
物流信息中心
停车场
Traffic Streamline Analysis 交通流线分析
Architectural Layout Analysis 建筑布局分析
Functional Zoning Analysis 功能分区分析
Landscape Line of Sight Analysis 景观视线分析
设计创意 Design Originality
以功能组合协调空间发展 Improve Space Through Functional Combination
以旅游路径引导空间布局 Perfect Spatial Distribution Through Travel Route
以目标定位促进空间建设 Promote Space Construvtion Through Target Loction
农业
中医药浴
观光旅游
亲子教育
度假
看得见山，望得见水，这才是乡愁。
See the mountain, see the water, this is nostalgia.
Welcome to Shichuangou
自从开了民宿，日子也一天天富裕起来了。
去泡个药浴吧！
To soak in a bath!

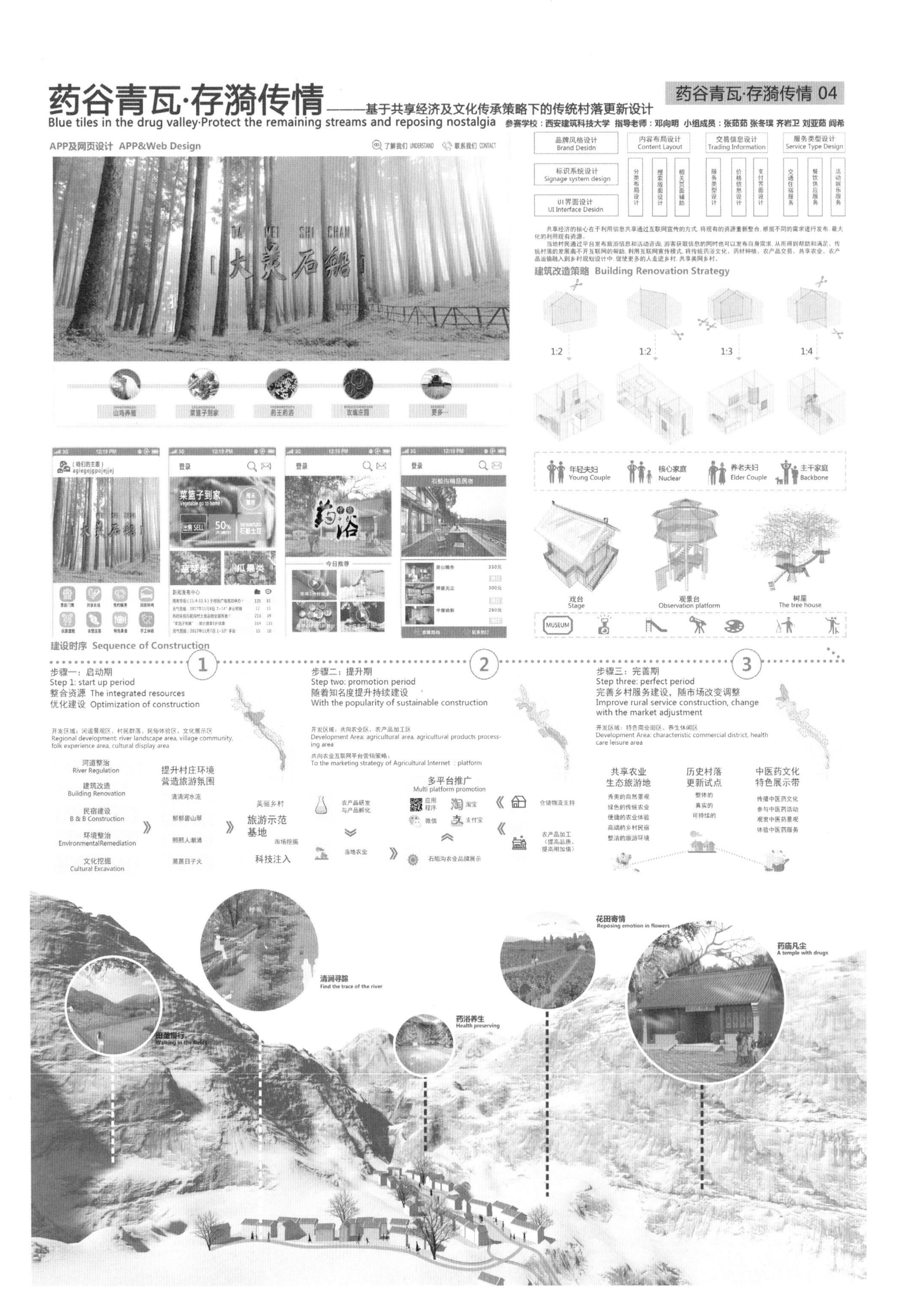

药谷青瓦·存漪传情——基于共享经济及文化传承策略下的传统村落更新设计
Blue tiles in the drug valley·Protect the remaining streams and reposing nostalgia
药谷青瓦·存漪传情 04
参赛学校：西安建筑科技大学 指导老师：邓向明 小组成员：张茹茹 张冬璞 齐岩卫 刘亚茹 阎希
APP及网页设计 APP&Web Design
品牌风格设计 Brand Desidn
内容布局设计 Content Layout
交易信息设计 Trading Information
服务类型设计 Service Type Design
标识系统设计 Signage system design
UI界面设计 UI Interface Desidn
建筑改造策略 Building Renovation Strategy
1:2
1:2
1:3
1:4
年轻夫妇 Young Couple
核心家庭 Nuclear
养老夫妇 Elder Couple
主干家庭 Backbone
戏台 Stage
观景台 Observation platform
树屋 The tree house
MUSEUM
建设时序 Sequence of Construction
步骤一：启动期
Step 1: start up period
整合资源 The integrated resources
优化建设 Optimization of construction
步骤二：提升期
Step two: promotion period
随着知名度提升持续建设
With the popularity of sustainable construction
步骤三：完善期
Step three: perfect period
完善乡村服务建设，随市场改变调整
Improve rural service construction, change with the market adjustment
河道整治 River Regulation
建筑改造 Building Renovation
民宿建设 B & B Construction
环境整治 EnvironmentalRemediation
文化挖掘 Cultural Excavation
提升村庄环境 营造旅游氛围
旅游示范基地
科技注入
多平台推广 Multi platform promotion
共享农业 生态旅游地
历史村落 更新试点
中医药文化 特色展示带
清涧寻踪 Find the trace of the river
田垄慢行 Walking in the fields
药浴养生 Health preserving
花田寄情 Reposing emotion in flowers
药庙凡尘 A temple with drugs

拯救上川口

【参赛院校】　西安建筑科技大学

【参赛学生】　杨　茹　郑自程　韩　汛　刘晓明　金　戈　徐原野　雷连芳

【指导教师】　段德罡　王　瑾　蔡忠原

一、印象上川口

1. 面临拆迁的城边村

上川口村紧邻城市建设用地，是一个城边村。在城镇化进程中，上川口同其他众多面临城镇化的村庄一样，面临着拆迁。村庄农用地全部被城市建设征用，失地村民就业主要以务工为主。部分村民无业在家，家庭经济来源有限。由于被列为计划拆迁村，上川口村一直处于保洁村的行列，村庄建设滞后，村民建设家园积极性不高，家园归属感不强。

杨陵上川口村

2. 闻名全国的锣鼓名村

上川口村是全国铜鼓乐器加工四大名家之一，是全国知名的手工艺锣鼓生产村。锣鼓生产历史悠久，其锣鼓生产加工距今已有 300 余年历史。锣鼓制作技艺精湛，从选料到抛光上漆均为资深匠人

上川口的锣鼓文化

选材制作，整个过程无一不体现当地独有的锣鼓文化价值，该村的新声公司传统锣鼓加工技艺被列入“陕西省第三批非物质文化遗产名录”。锣鼓市场规模较大，全村现有年产千件以上铜鼓乐器加工小企业 13 家，锣鼓乐器品种达到 230 余种，年产量达 20 余万件，产品畅销全国和东南亚地区。

二、面临挑战

1. 产业就业挑战

上川口锣鼓产业已经饱和，现在的锣鼓产业只能解决 30% 左右的村民就业。大部分村民失去农用地，就业没有保障。村民的就业增收问题成为村庄产业发展的一大挑战。在城镇化过程当中，应该为村民从产业建构到生计获取等方面寻求一条路径。

2. 文化传承挑战

上川口是锣鼓文化活着的博物馆，具有悠久的锣鼓文化和乡土文化。上川口村作为空间载体承载了锣鼓文化和乡土文化，拆除意味着这样独具价值的空间载体将要消失。面临城镇化的上川口如何传承好锣鼓文化和乡土文化成为一大挑战。

3. 空间建设挑战

上川口村庄空间建设质量较低，与城市的空间品质差距较大，与周边的城市肌理难以融合。上川口未来将以什么样的姿态融入城市？如何提高空间建设品质，与周边城市空间相互协调统一成为空间建设面临的挑战。

三、方案介绍

我们对于城镇化路径提出新的思考，城镇化不等于拆旧建新，乡村的空间肌理和城市肌理也是可以有机融合的。在规划方案中并没有采取简单粗暴的拆除，而是积极引导村庄主动融入城市。通过分析现状村庄的资源与问题，对村庄拆留进行思辨，得到村庄产业、文化、空间三大挑战。通过内引外联，从产业、文化、空间三方面提出解决策略，实现村庄就业增收、文化传承、空间提升三大目标。通过村庄系统的梳理和空间的详细改造设计，植入城市功能，提高村庄空间品质，丰富空间景观多样性，空间建设达到城市建设标准。从而与周边城市相适应，实现城乡相互融合。在不拆除村庄的情况下，上川口实现了蜕变，既保留了传统的锣鼓文化和乡土文化，又积极对接城镇化，解决好村民就业问题，有机地融入了城市空间。

拯救上川口

杨陵上川口锣鼓产业文化村规划设计

指导老师：段德罡 王瑾 蔡忠原　学校：西安建筑科技大学
小组成员：杨茹 郑自程 韩汛 刘晓明 金戈 徐原野 雷连芳

规划背景 Planning background

乡村与城市，乡村振兴的内涵

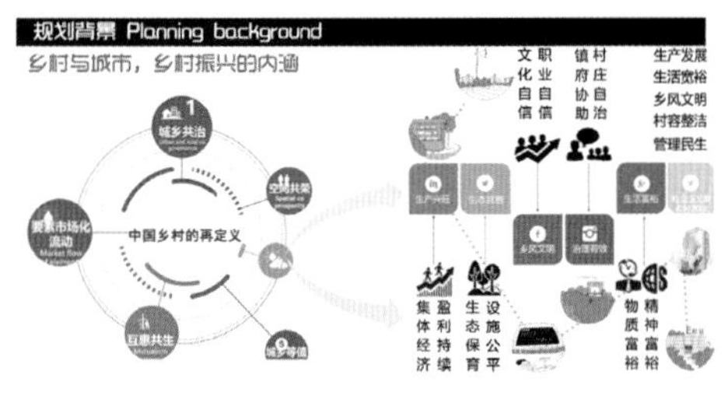

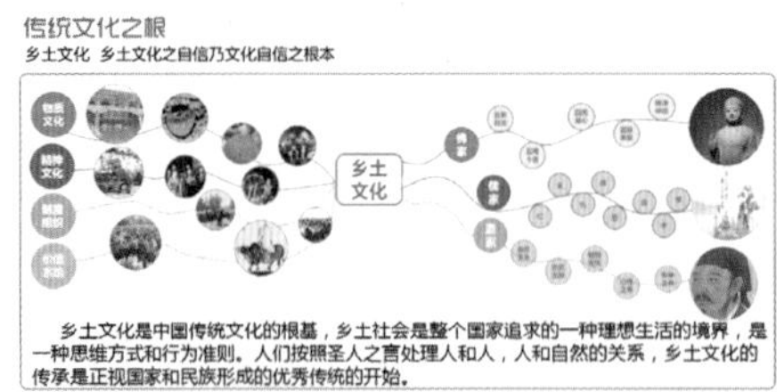

乡土文化是中国传统文化的根基，乡土社会是整个国家追求的一种理想生活的境界，是一种思维方式和行为准则。人们按照圣人之言处理人和人，人和自然的关系，乡土文化的传承是正视国家和民族形成的优秀传统的开始。

上位解读 Planning interpretation

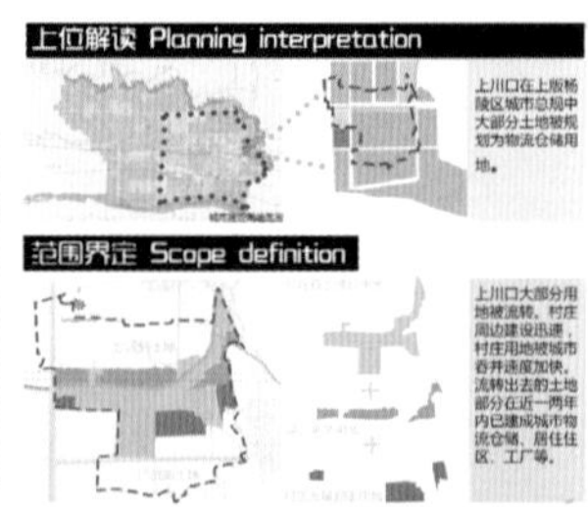

上川口在上层杨陵区城市总规中大部分土地被规划为物流仓储用地。

范围界定 Scope definition

上川口大部分用地被流转。村庄周边建设迅速，村庄用地被城市吞并速度加快。流转出去的土地部分在近一两年内已建成城市物流仓储、居住住区、工厂等。

基地区位条件 Base location conditions

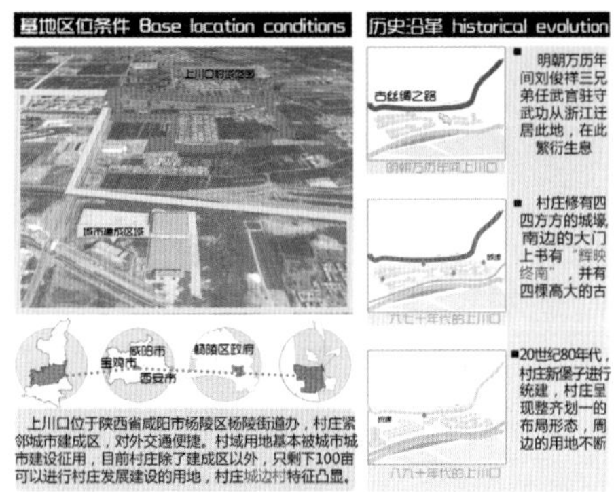

上川口位于陕西省咸阳市杨陵区杨陵街道办，村庄紧邻城市建成区，对外交通便捷。村域用地基本被城市城市建设征用，目前村庄除了建成区以外，只剩下100亩可以进行村庄发展建设的用地，村庄城边村特征凸显。

历史沿革 historical evolution

古丝绸之路

明朝万历年间的上川口

■ 明朝万历年间刘俊祥三兄弟任武官驻守武功从浙江迁居此地，在此繁衍生息

六七十年代的上川口

■ 村庄修有四四方方的城壕，南边的大门上书有“辉映终南”，并有四棵高大的古

八九十年代的上川口

■20世纪80年代，村庄新堡子进行统建，村庄呈现整齐划一的布局形态，周边的用地不断

锣鼓文化 Cultural influence

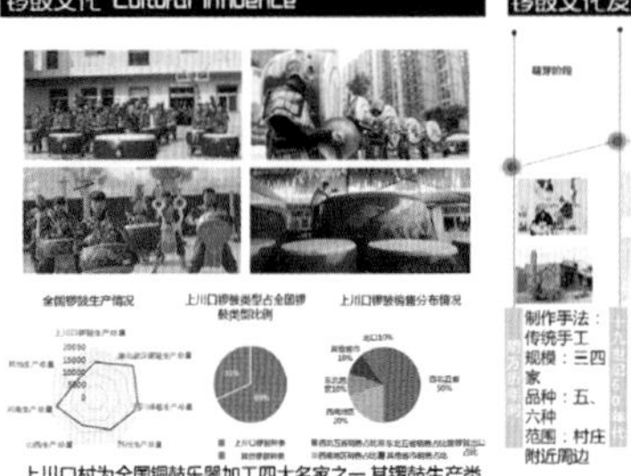

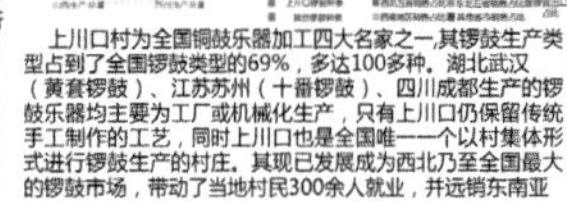

上川口村为全国铜鼓乐器加工四大名家之一，其锣鼓生产类型占到了全国锣鼓类型的69%，多达100多种。湖北武汉（黄套锣鼓）、江苏苏州（十番锣鼓）、四川成都生产的锣鼓乐器均主要为工厂或机械化生产，只有上川口仍保留传统手工制作的工艺，同时上川口也是全国唯一一个以村集体形式进行锣鼓生产的村庄。其现已发展成为西北乃至全国最大的锣鼓市场，带动了当地村民300余人就业，并远销东南亚

锣鼓文化发展脉络梳理 Cultural context

上川口村的锣鼓制做延续至今一直保留着传统手工艺制作的传统，其记忆和国匠精神具有良好的传承意义。

人口与产业 Population and industry

村内外出务工人数较多，且多为区外务工，劳动力状况良好，但村民教育程度普遍偏低，接受新事物能力较差，锣鼓产业已成为村内主导产业。

上川口村总共有343户，村庄总人口数为1460人，其中常驻村庄人口为850人，外出务工人口为610人。外出人口中区内务工人数460人、区外务工人数为150人。

上川口村劳动力总数950人，第一产从业人数400人（已流转完未开发土地仍由原农户进行农业经营活动），第二产从业人数260人，第三产从业人数290人。

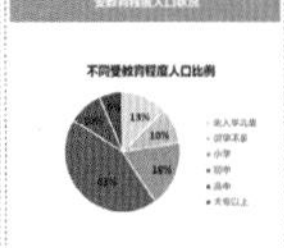

当前村内村民以初中文化教育水平为主，占全村人口的43%。其次便是小学文化教育水平，占全村人口的18%。大专以上文化教育水平人口最少。

从全村二三产人数的行业分布来看，除从事锣鼓产业人数外，主要从事建筑、家政、零售与管理服务，从事教师及信息技工的人数相对较少。

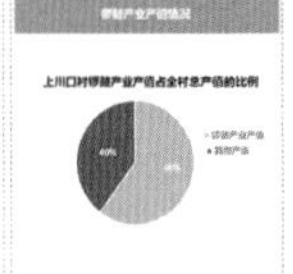

锣鼓产业是村内村民主要就业方向，锣鼓产业产值占到全村总产值的60%，锣鼓产业已成为村内主导产业。

机遇及挑战 Opportunity and challenge

上川口村是锣鼓手工技艺活着的博物馆，具有悠久的锣鼓文化和乡土文化。这些文化资源是上川口记忆的触发点，上川口村作为空间载体承载了这些记忆。在城镇化进程中，同其他众多面临城镇化的村庄一样面临着拆迁问题。拆迁意味着这样独居价值的空间载体将要消失，对于文化是巨大的损失。上川口村具有重要的保留价值，但是作为一个城边村将以什么样的姿态融入城市？上川口村面临着产业就业、文化传承、空间建设的三大基本挑战。

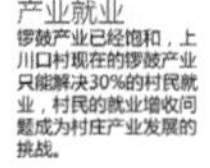

产业就业
锣鼓产业已经饱和，上川口村现在的锣鼓产业只能解决30%的村民就业，村民的就业增收问题成为村庄产业发展的挑战。

文化传承
上川口原有的肌理格局是乡土社会结构和锣鼓技艺文化的空间载体，面临城市化的上川口如何传承乡土文化和锣鼓技艺成为文化传承的挑战。

空间建设
上川口村庄空间建设标准较低，没有达到城市标准，与周边城市肌理不融。上川口未来如何融入城市，达到城市空间建设标准成为空间建设的挑战。

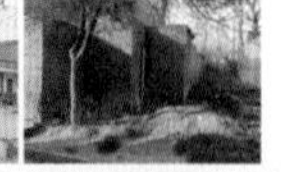

空间建设现状 Space construction

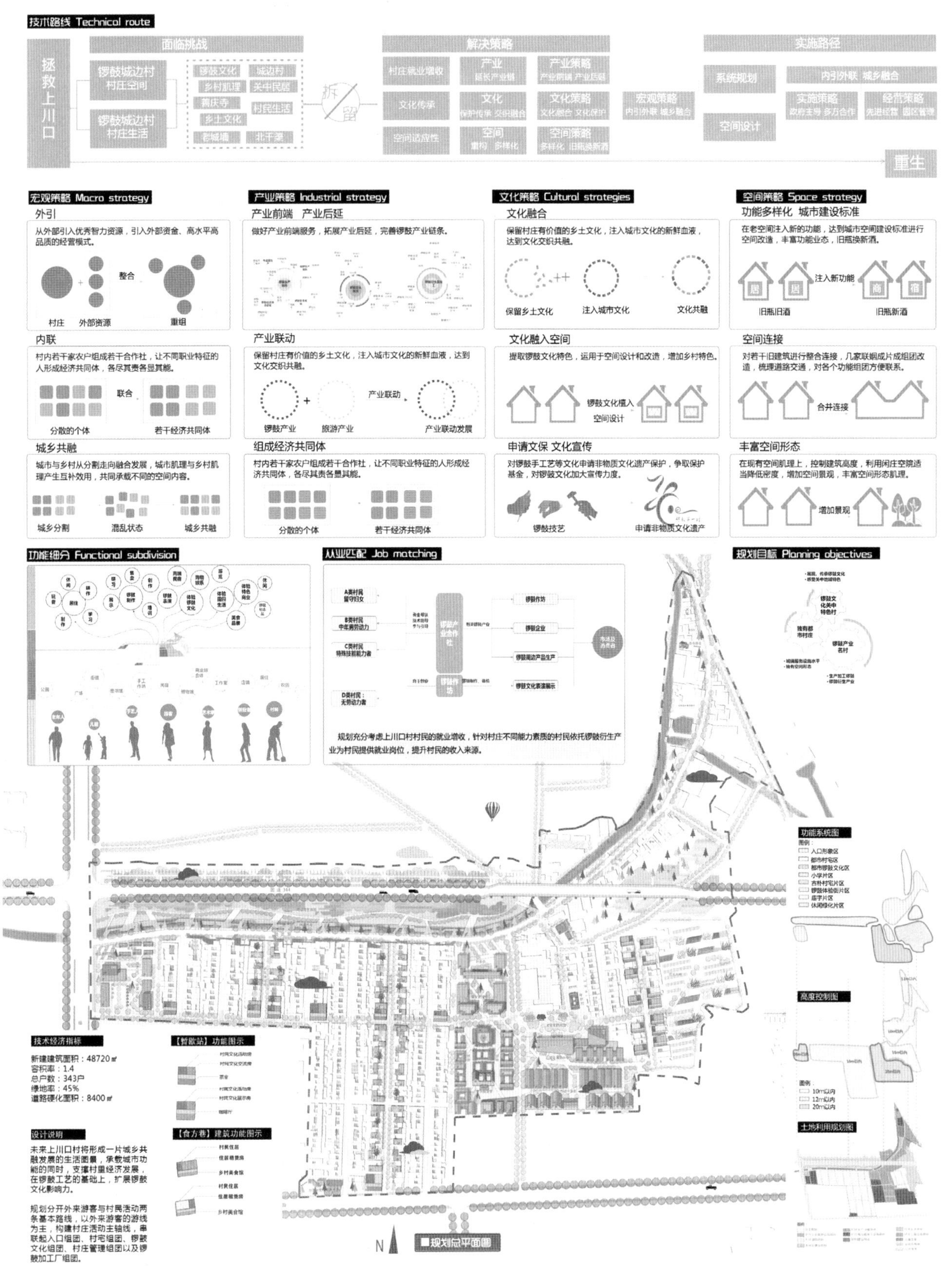

拯救上川口
杨陵上川口锣鼓产业文化村规划设计
指导老师：段德罡 王瑾 蔡忠原 学校：西安建筑科技大学
小组成员：杨茹 郑自程 韩汛 刘晓明 金戈 徐原野 雷连芳
技术路线 Technical route
拯救上川口
面临挑战
锣鼓城边村 村庄空间
锣鼓城边村 村庄生活
锣鼓文化
城边村
乡村肌理
关中民居
黄庆寺
乡土文化
村民生活
老城墙
北干渠
拆 留
解决策略
村庄就业增收
文化传承
空间适应性
产业 延长产业链
产业策略 产业前端 产业后延
文化 保护传承 交织融合
文化策略 文化融合 文化保护
空间 重构 多样化
空间策略 多样化 旧瓶换新酒
宏观策略 内引外联 城乡融合
实施路径
系统规划
空间设计
内引外联 城乡融合
实施策略 政府主导 多方合作
经营策略 先进经营 园区管理
重生
宏观策略 Macro strategy
外引
从外部引入优秀智力资源，引入外部资金、高水平高品质的经营模式。
整合
村庄 外部资源 重组
内联
村内若干家农户组成若干合作社，让不同职业特征的人形成经济共同体，各尽其责各显其能。
联合
分散的个体 若干经济共同体
城乡共融
城市与乡村从分割走向融合发展，城市肌理与乡村肌理产生互补效用，共同承载不同的空间内容。
城乡分割 混乱状态 城乡共融
产业策略 Industrial strategy
产业前端 产业后延
做好产业前端服务，拓展产业后延，完善锣鼓产业链条。
产业联动
保留村庄有价值的乡土文化，注入城市文化的新鲜血液，达到文化交织共融。
锣鼓产业 旅游产业 产业联动 产业联动发展
组成经济共同体
村内若干家农户组成若干合作社，让不同职业特征的人形成经济共同体，各尽其责各显其能。
分散的个体 若干经济共同体
文化策略 Cultural strategies
文化融合
保留村庄有价值的乡土文化，注入城市文化的新鲜血液，达到文化交织共融。
保留乡土文化 注入城市文化 文化共融
文化融入空间
提取锣鼓文化特色，运用于空间设计和改造，增加乡村特色。
锣鼓文化植入 空间设计
申请文保 文化宣传
对锣鼓手工艺等文化申请非物质文化遗产保护，争取保护基金，对锣鼓文化加大宣传力度。
锣鼓技艺 申请非物质文化遗产
空间策略 Space strategy
功能多样化 城市建设标准
在老空间注入新的功能，达到城市空间建设标准进行空间改造，丰富功能业态，旧瓶换新酒。
居 居 注入新功能 商 宿
旧瓶旧酒 旧瓶新酒
空间连接
对若干旧建筑进行整合连接，几家联姻成片成组团改造，梳理道路交通，对各个功能组团方便联系。
合并连接
丰富空间形态
在现有空间肌理上，控制建筑高度，利用闲庄空院适当降低密度，增加空间景观，丰富空间形态肌理。
增加景观
功能细分 Functional subdivision
从业匹配 Job matching
A类村民 留守妇女
B类村民 中年青劳动力
C类村民 特殊技能能力者
D类村民：无劳动力者
锣鼓产业合作社
锣鼓作坊
锣鼓企业
锣鼓周边产品生产
锣鼓文化表演展示
规划充分考虑上川口村村民的就业增收，针对村庄不同能力素质的村民依托锣鼓衍生产业为村民提供就业岗位，提升村民的收入来源。
规划目标 Planning objectives
锣鼓文化高中特色村
独有都市村庄
锣鼓产业名村
功能系统图
高度控制图
10m以内
12m以内
20m以内
土地利用规划图
技术经济指标
新建建筑面积：48720㎡
容积率：1.4
总户数：343户
绿地率：45%
道路硬化面积：8400㎡
【锣鼓站】功能图示
【食方巷】建筑功能图示
设计说明
未来上川口村将形成一片城乡共融发展的生活图景，承载城市功能的同时，支撑村里经济发展，在锣鼓工艺的基础上，扩展锣鼓文化影响力。
规划分开外来游客与村民活动两条基本路线，以外来游客的游线为主，构建村庄活动主轴线，串联起入口组团、村宅组团、锣鼓文化组团、村庄管理组团以及锣鼓加工厂组团。
N
规划总平面图

散发
论事

拯救上川口

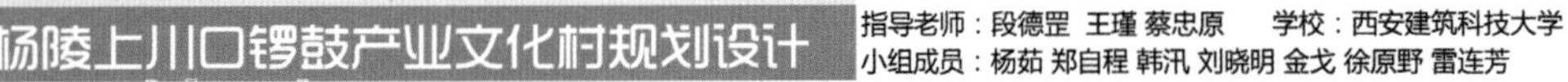

杨陵上川口锣鼓产业文化村规划设计

指导老师：段德罡 王瑾 蔡忠原 学校：西安建筑科技大学
小组成员：杨茹 郑自程 韩汛 刘晓明 金戈 徐原野 雷连芳

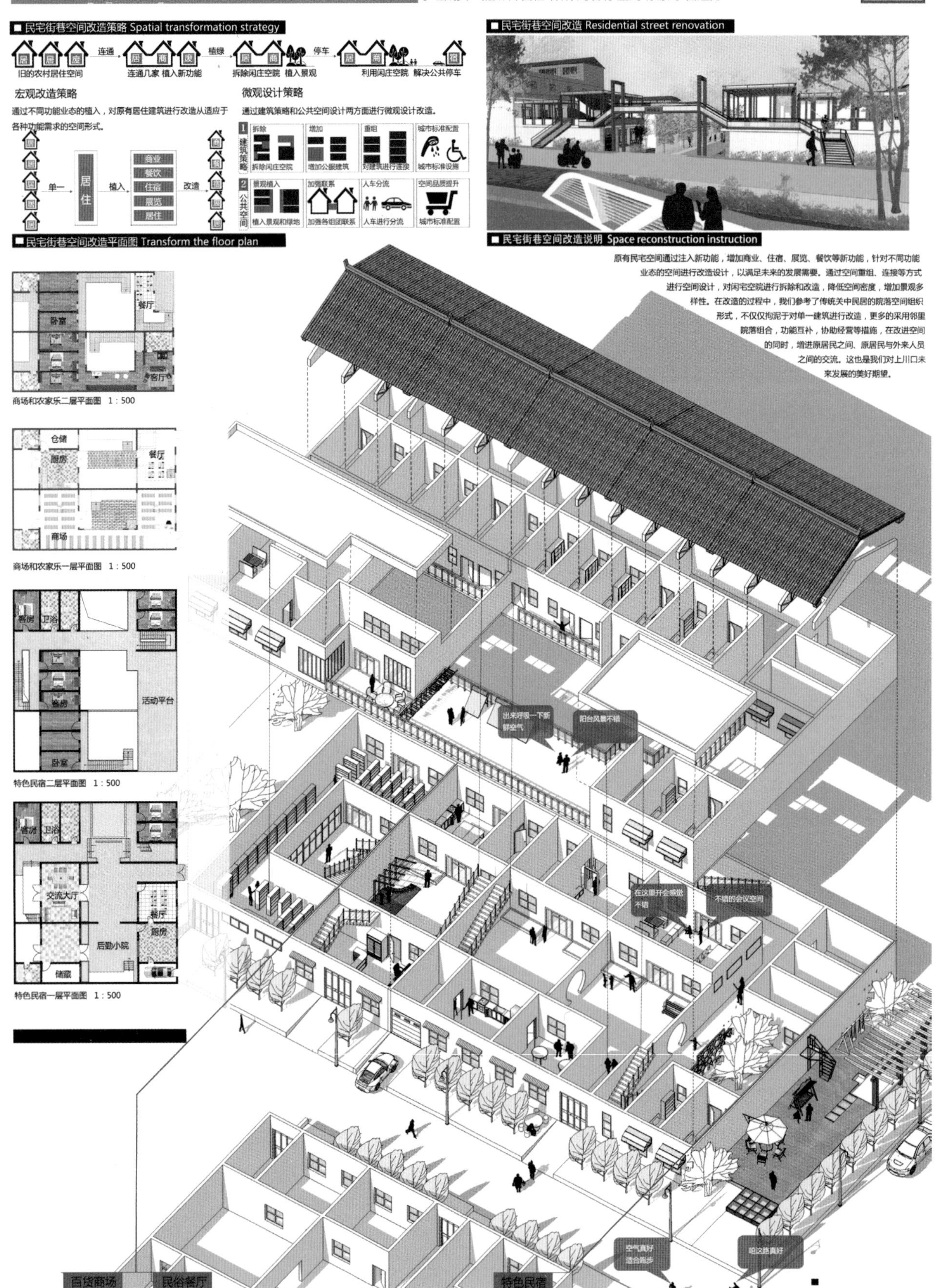

拯救上川口

杨陵上川口锣鼓产业文化村规划设计

指导老师：段德罡 王瑾 蔡忠原　　学校：西安建筑科技大学
小组成员：杨茹 郑自程 韩汛 刘晓明 金戈 徐原野 雷连芳

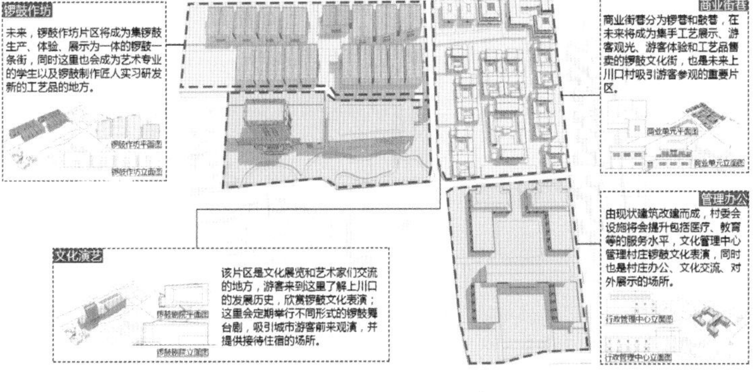

城镇化路径建议 Urbanization path proposal　规划实施方式 Implementation

1 用地转化

对现有宅基地进行确权，对于有意愿纳入产权年限的农户进行产权补偿。其他集体用地可根据现状用途分别确定其进行产权补偿或给以指标优惠而直接转化其产权。

2 产业转化

通过招商或集体出资发展锣鼓衍生产业，鼓励村内村民回乡发展。借助区位优势，发展旅游休闲业。对村民进行技能培训。

锣鼓产业 → 锣鼓产业 旅游休闲

3 人口转化

配置与城市相同的公共服务设施。对村民进行教育，实现思想的城镇化，实现人的城镇化。

1 政府主导

政府相关领导在村庄发展方向上有较强的把控力。同时政府在规划编制组织力更强。为了控制建设整体性的片区风貌，由政府根据规划进行总体调控。

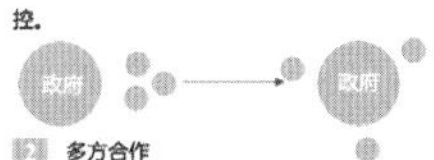

2 多方合作

锣鼓商，村集体和村民在平等条件下进行合作开发，按投资多少入股分成。

3 互利共赢

以锣鼓村形象提升和上川口村的就地城镇化为最终目标，实现不同需求方的互利共赢。

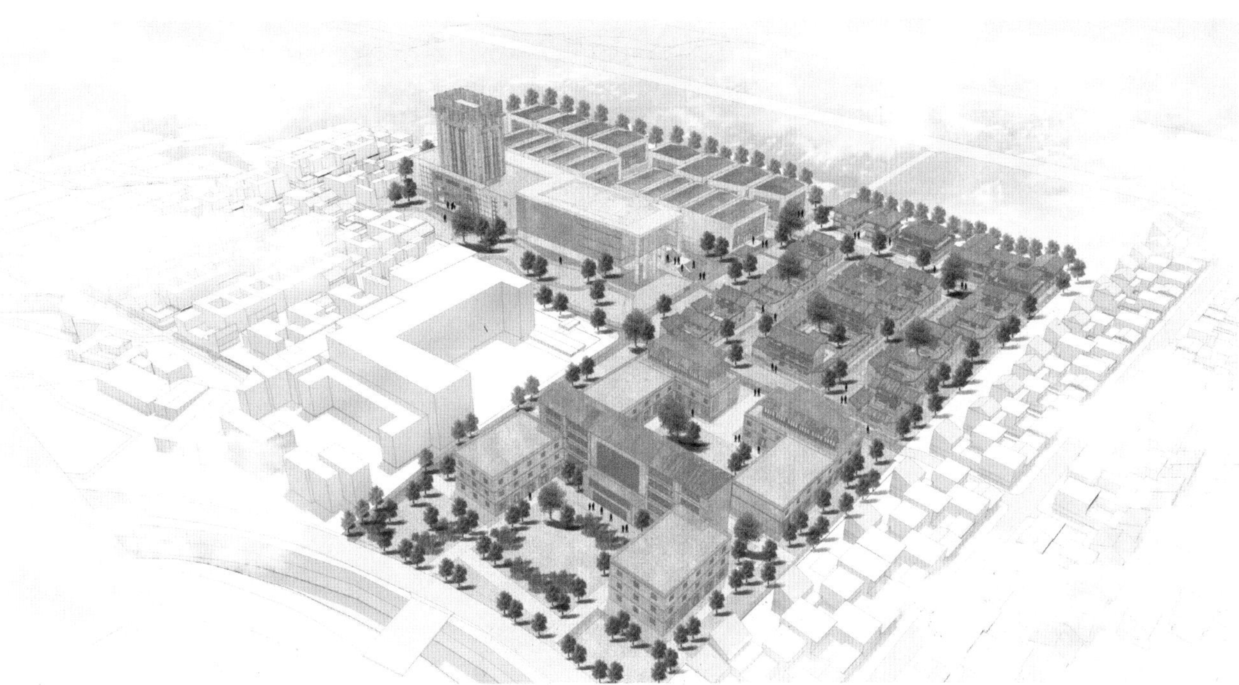

珊瑚藏海岛 初日照涠洲

北海市涠洲镇北港仔村村庄规划

参赛学校名称 广西大学　指导老师 卢一沙、周游、陈楠　小组成员 邓若璇、汪栗、黄达光、霍韦婧、关粤、朱雅琴

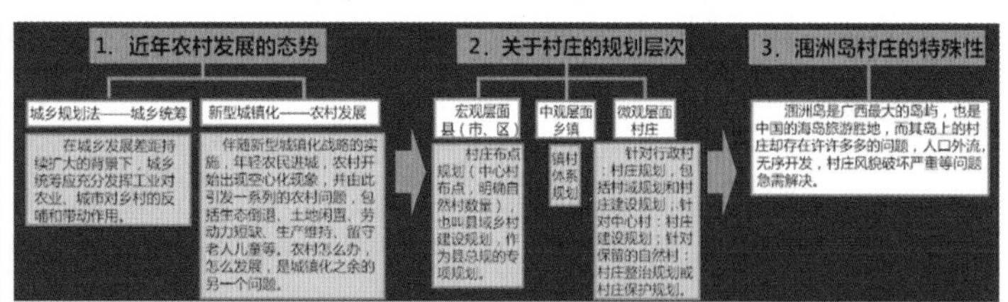

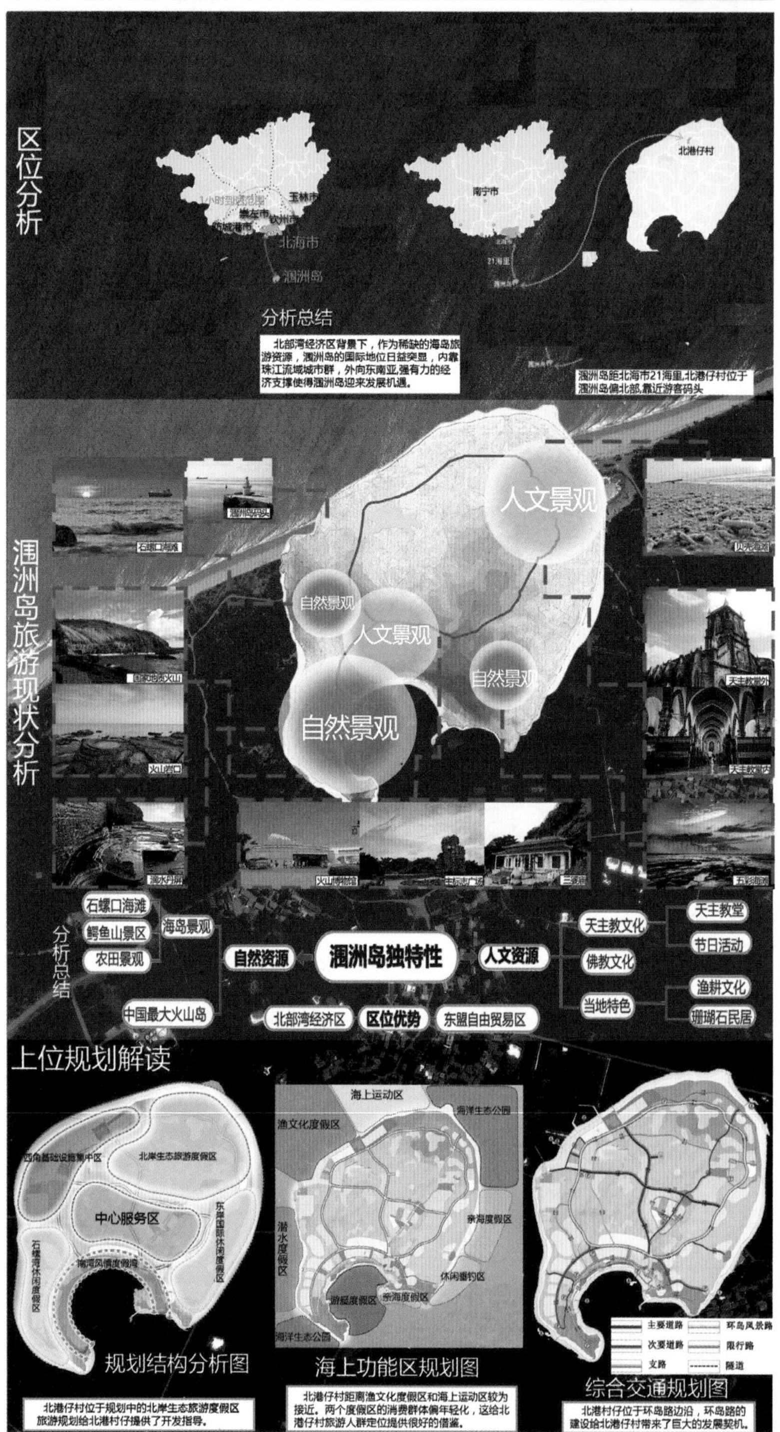

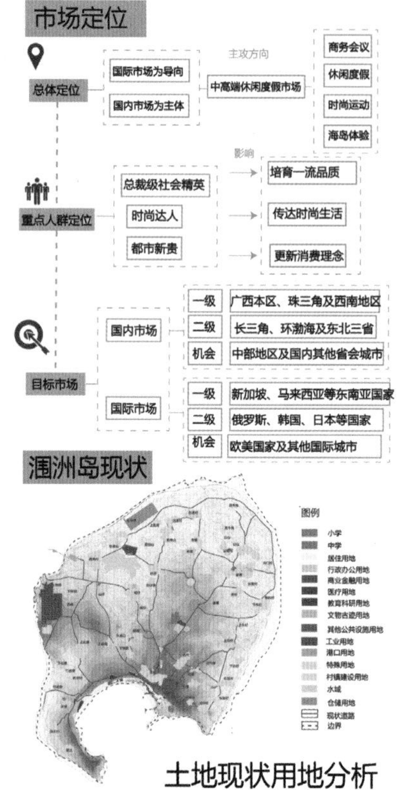

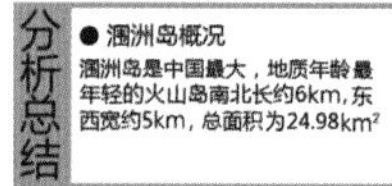

分析总结

● 涠洲岛概况

涠洲岛是中国最大，地质年龄最年轻的火山岛南北长约6km，东西宽约5km，总面积为24.98km²

● 用地情况

岛上人口约1.5万人，镇域居住、商业用地主要分布在南部沿岸地带村镇建设用地较为分散少量工业用地分布在西北部，仅有一块仓储用地位于涠洲岛北部

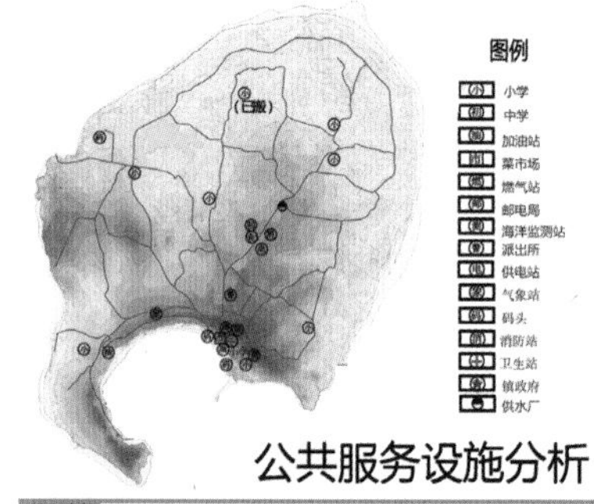

分析总结

涠洲岛基础服务设施主要集中在南湾地带，岛上医疗卫生、供水供电设施匮乏且落后，小学分布较为均衡，但是随着人口的流失，学生人数大幅度减少，办学面临着严峻的考验

村域现状分析图

村域在整个规划体系中属于规划研究范围，北港仔村属于整个整个体系中的设计范围。

村域的内部道路较为分散而且联系不密切，道路布局混乱基础服务设施有待完善。

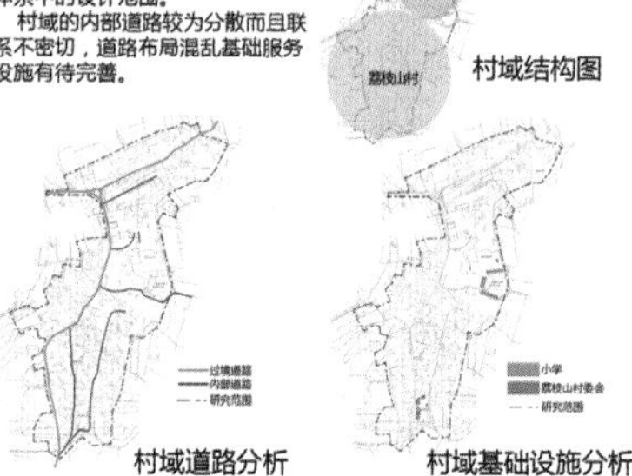

珊瑚藏海岛 初日照涠洲

北海市涠洲镇北港仔村村庄规划

参赛学校名称 广西大学 指导老师 卢一沙、周游、陈楠 小组成员 邓若璇、汪栗、黄达光、霍韦婧、关粤、朱雅琴

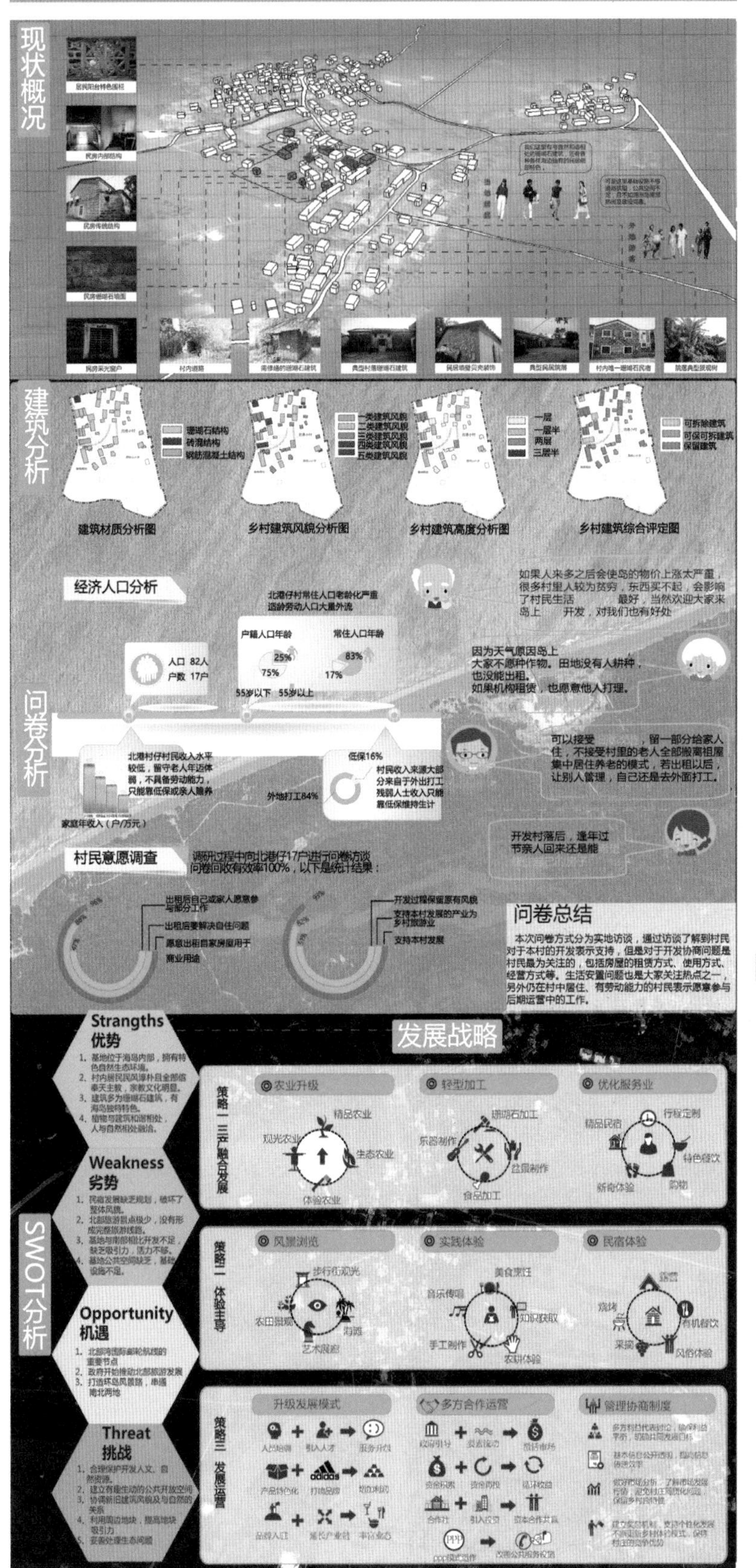

北港村现状问题 规划构思

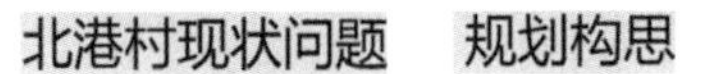

1.政府、开发商、村民矛盾

规划自上而下 协调三方利益

2.产业缺乏+资源闲置

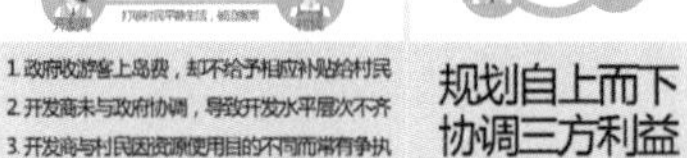

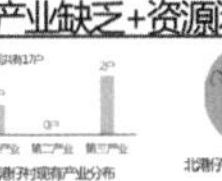

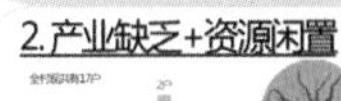

区域产业联动 村域旅游开发

3.人口流失+外来人口入侵

增加就业保障 规范投资市场

4.外来文化冲击原生文化

激活家乡认同感 挖掘本地文化

5. 配套基础设施匮乏

整合有利资源 完善配套设施

技术路线

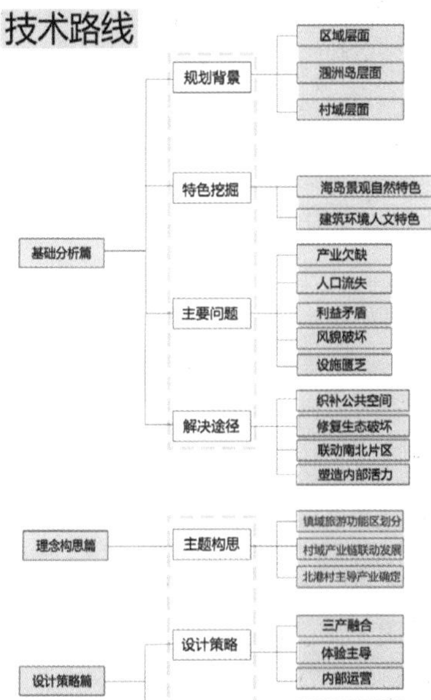

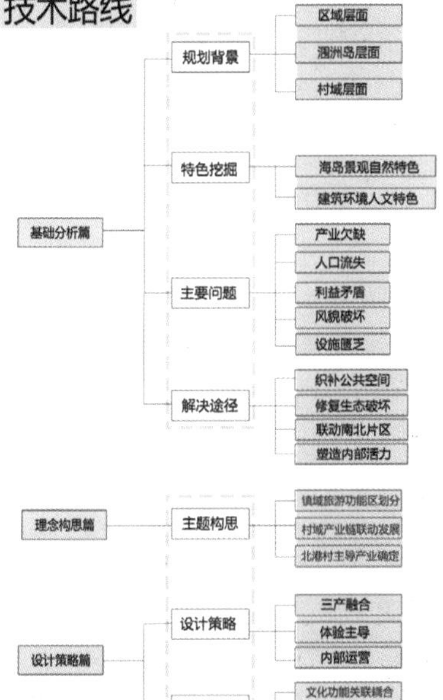

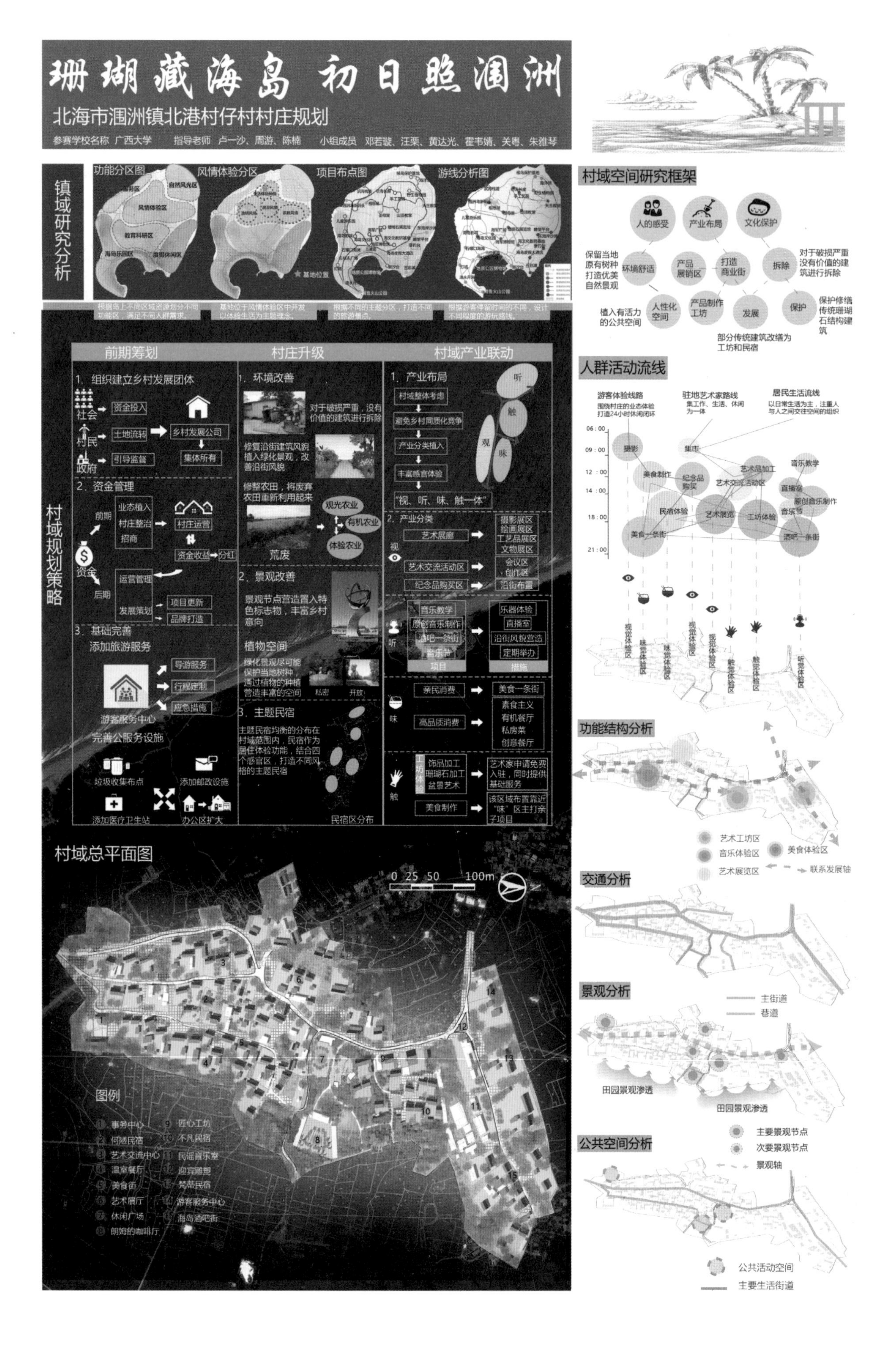

珊瑚藏海岛 初日照涠洲
北海市涠洲镇北港村仔村村庄规划
参赛学校名称 广西大学 指导老师 卢一沙、周游、陈楠 小组成员 邓若璇、汪栗、黄达光、霍韦婧、关粤、朱雅琴
镇域研究分析
功能分区图
风情体验分区
项目布点图
游线分析图
村域规划策略
前期筹划
村庄升级
村域产业联动
1. 组织建立乡村发展团体
资金投入
土地流转
引导监督
乡村发展公司
集体所有
2. 资金管理
3. 基础完善 添加旅游服务
游客服务中心
完善公服务设施
1. 环境改善
2. 景观改善
3. 主题民宿
1. 产业布局
2. 产业分类
村域总平面图
0 25 50 100m
图例
村域空间研究框架
人的感受
产业布局
文化保护
人群活动流线
功能结构分析
交通分析
景观分析
公共空间分析

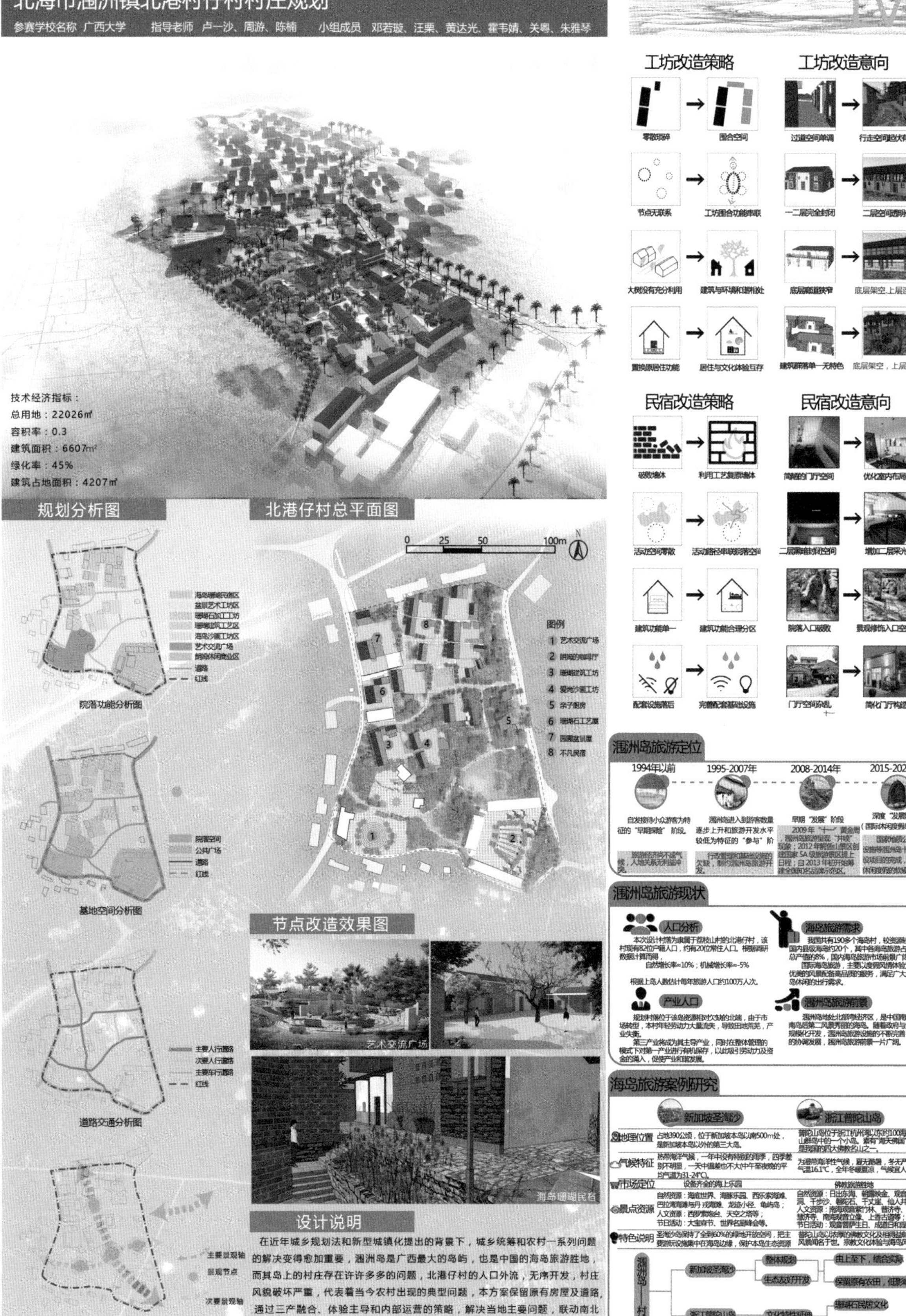
珊瑚藏海岛 初日照涠洲
北海市涠洲镇北港村仔村村庄规划
参赛学校名称 广西大学 指导老师 卢一沙、周游、陈楠 小组成员 邓若璇、汪栗、黄达光、霍韦婧、关粤、朱雅琴
技术经济指标：
总用地：22026㎡
容积率：0.3
建筑面积：6607m²
绿化率：45%
建筑占地面积：4207㎡
规划分析图
院落功能分析图
基地空间分析图
道路交通分析图
景观结构分析图
北港仔村总平面图
0 25 50 100m
图例
1 艺术交流广场
2 鹅卵石铺地
3 珊瑚建筑工坊
4 爱岗沙画工坊
5 亲子厨房
6 珊瑚石工艺屋
7 海岛珊瑚民宿
8 不凡民宿
节点改造效果图
艺术交流广场
海岛珊瑚民宿
设计说明
在近年城乡规划法和新型城镇化提出的背景下，城乡统筹和农村一系列问题的解决变得愈加重要，涠洲岛是广西最大的岛屿，也是中国的海岛旅游胜地，而其岛上的村庄存在许许多多的问题，北港仔村的人口外流，无序开发，村庄风貌破坏严重，代表着当今农村出现的典型问题，本方案保留原有房屋及道路，通过三产融合、体验主导和内部运营的策略，解决当地主要问题，联动南北片区，增强内部活力，传承海岛景观自然特色和建筑环境人文特色。
工坊改造策略
工坊改造意向
民宿改造策略
民宿改造意向
涠洲岛旅游定位
1994年以前
1995-2007年
2008-2014年
2015-2020年
涠洲岛旅游现状
人口分析
海岛旅游需求
产业人口
涠洲岛旅游前景
海岛旅游案例研究
新加坡圣淘沙
浙江普陀山岛
地理位置
气候特征
市场定位
景点资源
特色说明

东乡引擎

——始于羊，益于众

【参赛院校】 兰州理工大学

【参赛学生】 陈越依 杜咸月 徐茂荣 仲思文 宋思琪 耿满国

【指导教师】 张新红 王雅梅 闫海龙

散落于全国各地的传统特色村落，是我国珍贵的“文化活化石”。然而快速发展的工业化、城镇化和全球化，使得以农耕文化为主体的特色村落正在逐渐衰退，传统文化日渐衰落。为焕发传统特色村落的生机活力和文化基因，继承和发扬历史优秀传统，规划团队选择临夏回族自治州东乡族自治县五家乡下庄村进行现状调研和更新改造设计。下庄村位于东乡县南部，在巴谢河转弯处形成两个自然村落，村民均为东乡族。东乡族是甘肃省独有的三个少数民族之一，全民信仰伊斯兰教，特色建筑为清真寺。

工作初始，规划团队确定了避免以往以城代乡、重在拆建的村庄整治策略，希望通过合理植入增长“引擎”，激活当地潜藏的发展动力，进而进行村庄有机更新与整治建设。

针对下庄村及其周边村落以玉米种植和肉羊养殖为主的产业特征，以及东乡族人擅于制作羊肉饮食和贩卖羊皮羊毛的经商特质，规划团队决定以“羊”为基点，构建“玉米种植（饲料）——肉羊绿色养殖——肉羊制品加工——肉羊制品销售”的产业链条，为村庄经济增长和居民增收植入新“引擎”。

同时，为优化解决下庄村公共设施缺乏、休闲绿地与场所不足和环卫压力将愈加突出等问题，规划团队主要进行了公共服务设施的完善、休闲场所的营造、村庄道路的整治、环境卫生的治理和居民房屋的改造等工作，以期形成符合村民意愿、民族文化鲜明、产业融合发展、居住环境适宜的“自治”村庄。

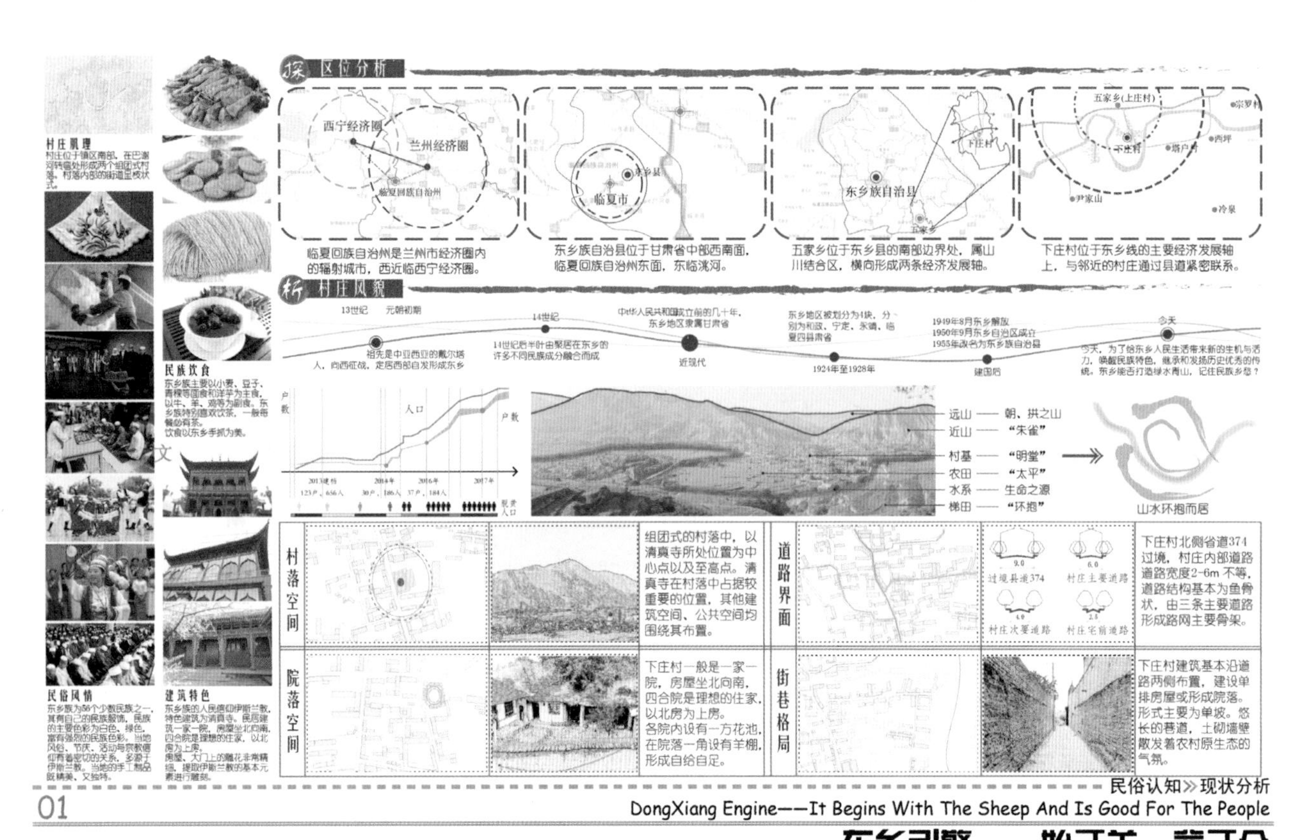

01

DongXiang Engine——It Begins With The Sheep And Is Good For The People

完全规划下的不完全规划 村民自治下的"村庄"

东乡引擎——始于羊，益于众

临夏回族自治州东乡县下庄村村庄更新改造

参赛学校：兰州理工大学 指导老师：张新红 王雅梅 闫海龙 小组成员：陈越依 杜咸月 徐茂荣 仲思文 宋思琪 耿满国

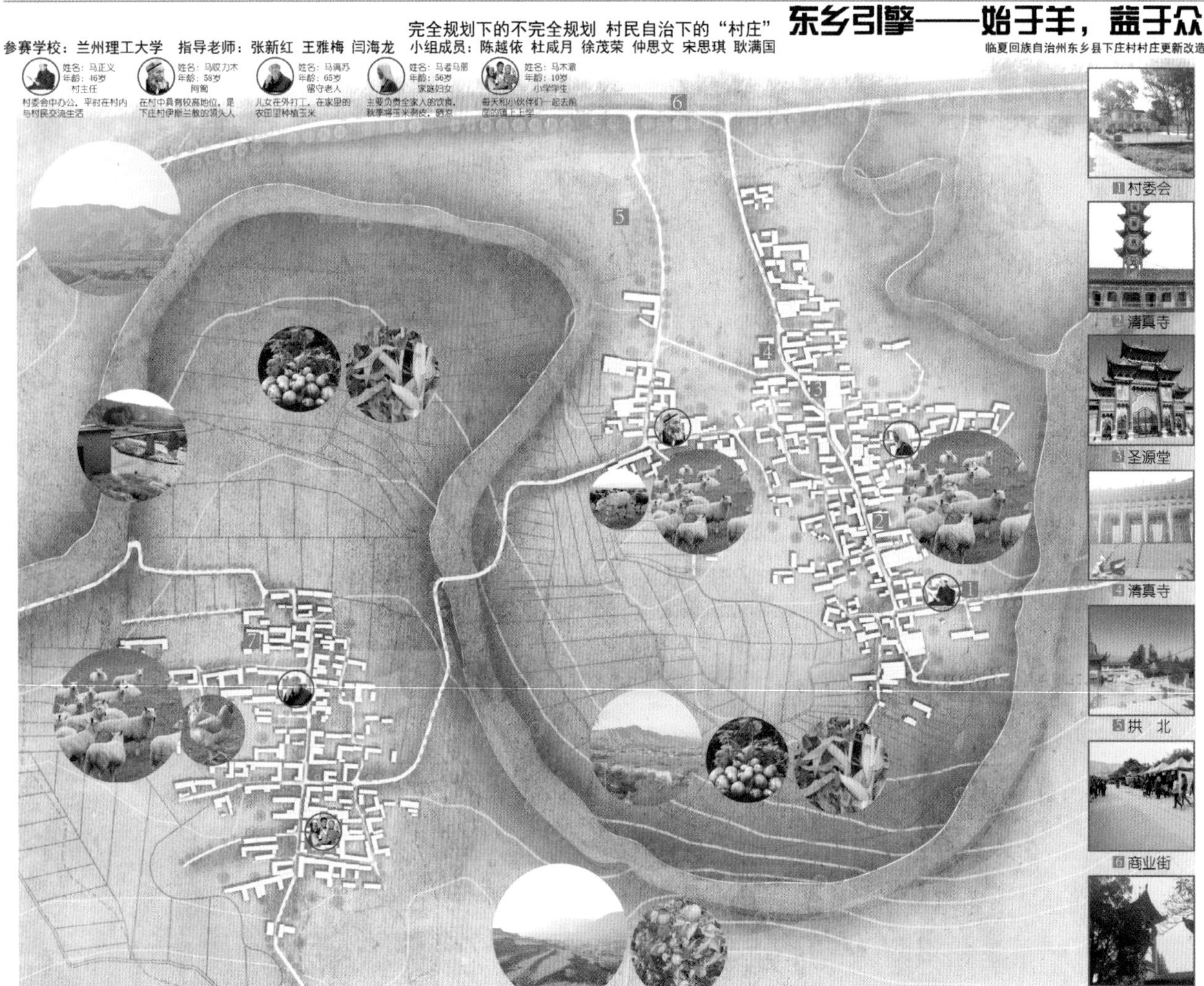

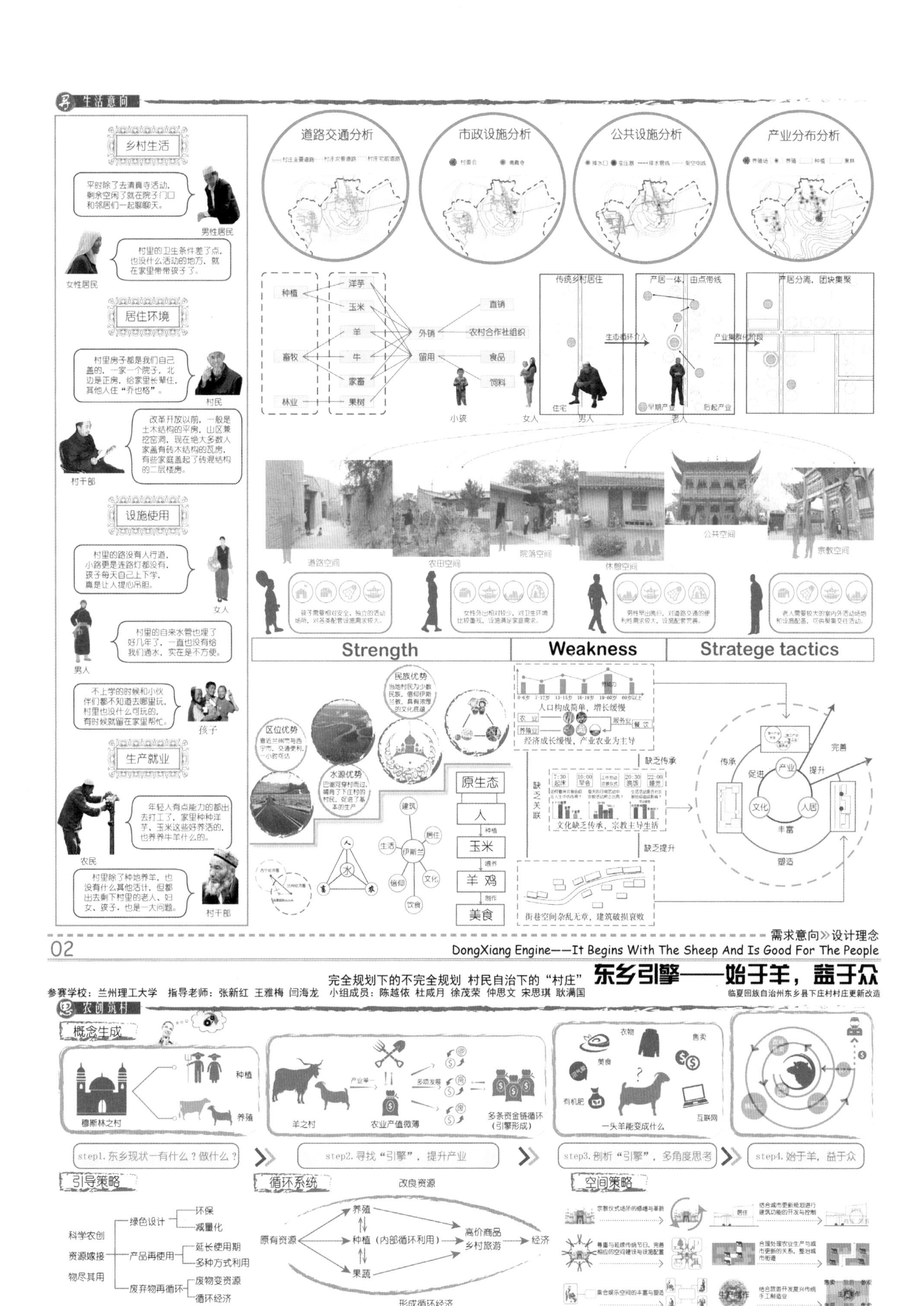

生活意向
乡村生活
平时除了去清真寺活动，剩余空闲了就在院子门口和邻居们一起聊聊天。
男性居民
村里的卫生条件差了点，也没什么活动的地方，就在家里带带孩子了。
女性居民
居住环境
村里房子都是我们自己盖的，一家一个院子，北边是正房，给家里长辈住，其他人住“乔也格”。
村民
改革开放以前，一般是土木结构的平房，山区兼挖窑洞，现在绝大多数人家盖有砖木结构的瓦房，有些家庭盖起了砖混结构的二层楼房。
村干部
设施使用
村里的路没有人行道，小路更是连路灯都没有，孩子每天自己上下学，真是让人提心吊胆。
女人
村里的自来水管也埋了好几年了，一直也没有给我们通水，实在是不方便。
男人
不上学的时候和小伙伴们都不知道去哪里玩，村里也没什么可玩的，有时候就留在家里帮忙。
孩子
生产就业
年轻人有点能力的都出去打工了，家里种种洋芋、玉米这些好养活的，也养养牛羊什么的。
农民
村里除了种地养羊，也没有什么其他活计，但都出去剩下村里的老人、妇女、孩子，也是一大问题。
村干部
道路交通分析
市政设施分析
公共设施分析
产业分布分析
种植
畜牧
林业
洋芋
玉米
羊
牛
家畜
果树
外销
留用
直销
农村合作社组织
食品
饲料
小孩
女人
男人
老人
传统乡村居住
产居一体，由点带线
产居分离，团块集聚
生态循环介入
产业集群化阶段
住宅
早期产业
后起产业
道路空间
农田空间
院落空间
休憩空间
公共空间
宗教空间
Strength
Weakness
Strategе tactics
民族优势
区位优势
水源优势
原生态
人
玉米
羊 鸡
美食
人口构成简单，增长缓慢
经济成长缓慢，产业农业为主导
缺乏传承
缺乏关联
文化缺乏传承，宗教主导生活
缺乏提升
街巷空间杂乱无章，建筑破损衰败
传承
促进
产业
文化
人居
丰富
塑造
完善
提升
02
需求意向 》设计理念
DongXiang Engine——It Begins With The Sheep And Is Good For The People
完全规划下的不完全规划 村民自治下的“村庄”
东乡引擎——始于羊，益于众
参赛学校：兰州理工大学 指导老师：张新红 王雅梅 闫海龙 小组成员：陈越依 杜咸月 徐茂荣 仲思文 宋思琪 耿满国
临夏回族自治州东乡县下庄村村庄更新改造
农创筑村
概念生成
穆斯林之村
种植
养殖
羊之村
农业产值微薄
多条资金链循环（引擎形成）
衣物
售卖
美食
有机肥
一头羊能变成什么
互联网
step1. 东乡现状一有什么？做什么？
step2. 寻找“引擎”，提升产业
step3. 剖析“引擎”，多角度思考
step4. 始于羊，益于众
引导策略
科学农创
资源嫁接
物尽其用
绿色设计
环保
减量化
产品再使用
延长使用期
多方式利用
废弃物再循环
废物变资源
循环经济
循环系统
改良资源
原有资源
养殖
种植（内部循环利用）
果蔬
高价商品
乡村旅游
经济
形成循环经济
空间策略

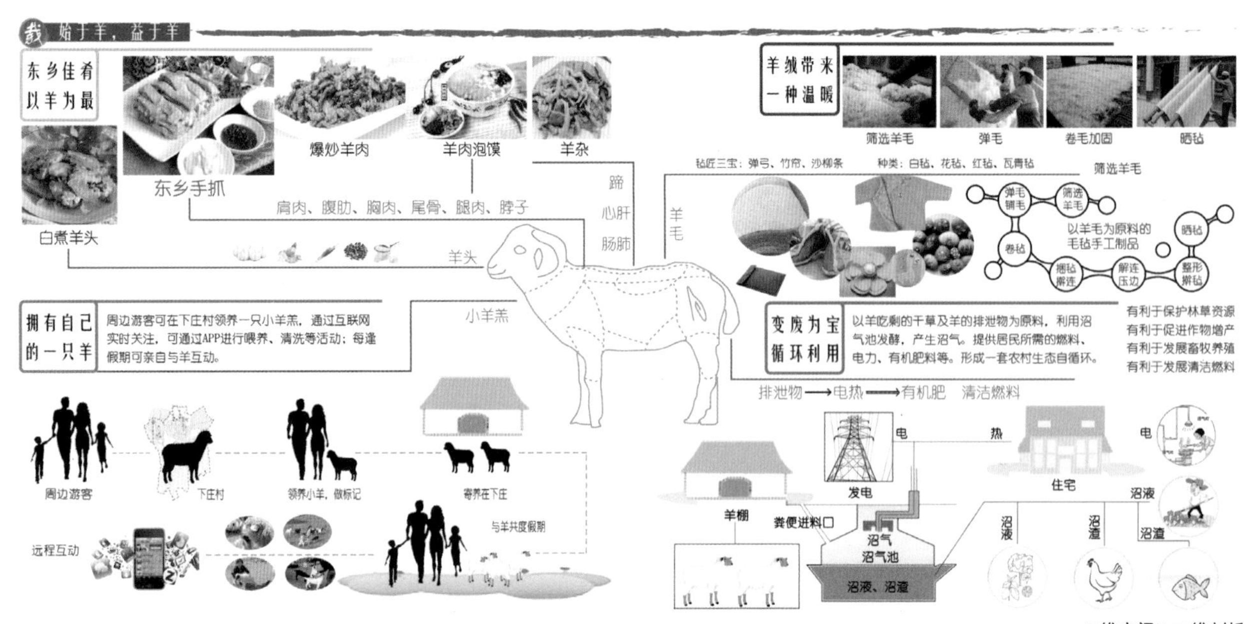

二维空间》二维剖析

03 DongXiang Engine——It Begins With The Sheep And Is Good For The People

完全规划下的不完全规划 村民自治下的“村庄”

东乡引擎——始于羊，益于众

参赛学校：兰州理工大学 指导老师：张新红 王雅梅 闫海龙 小组成员：陈越依 杜咸月 徐茂荣 仲思文 宋思琪 耿满国

临夏回族自治州东乡县下庄村村庄更新改造

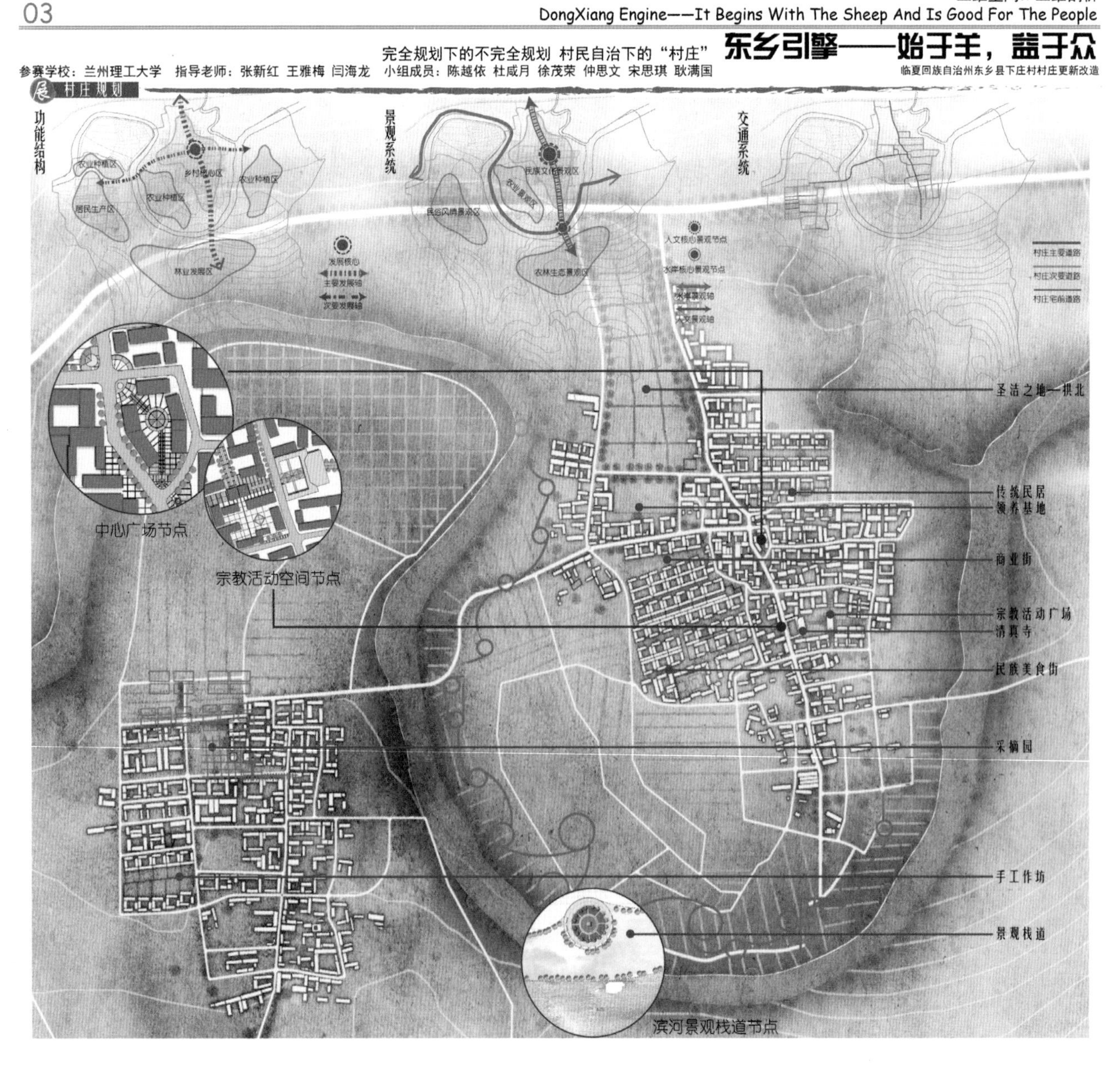

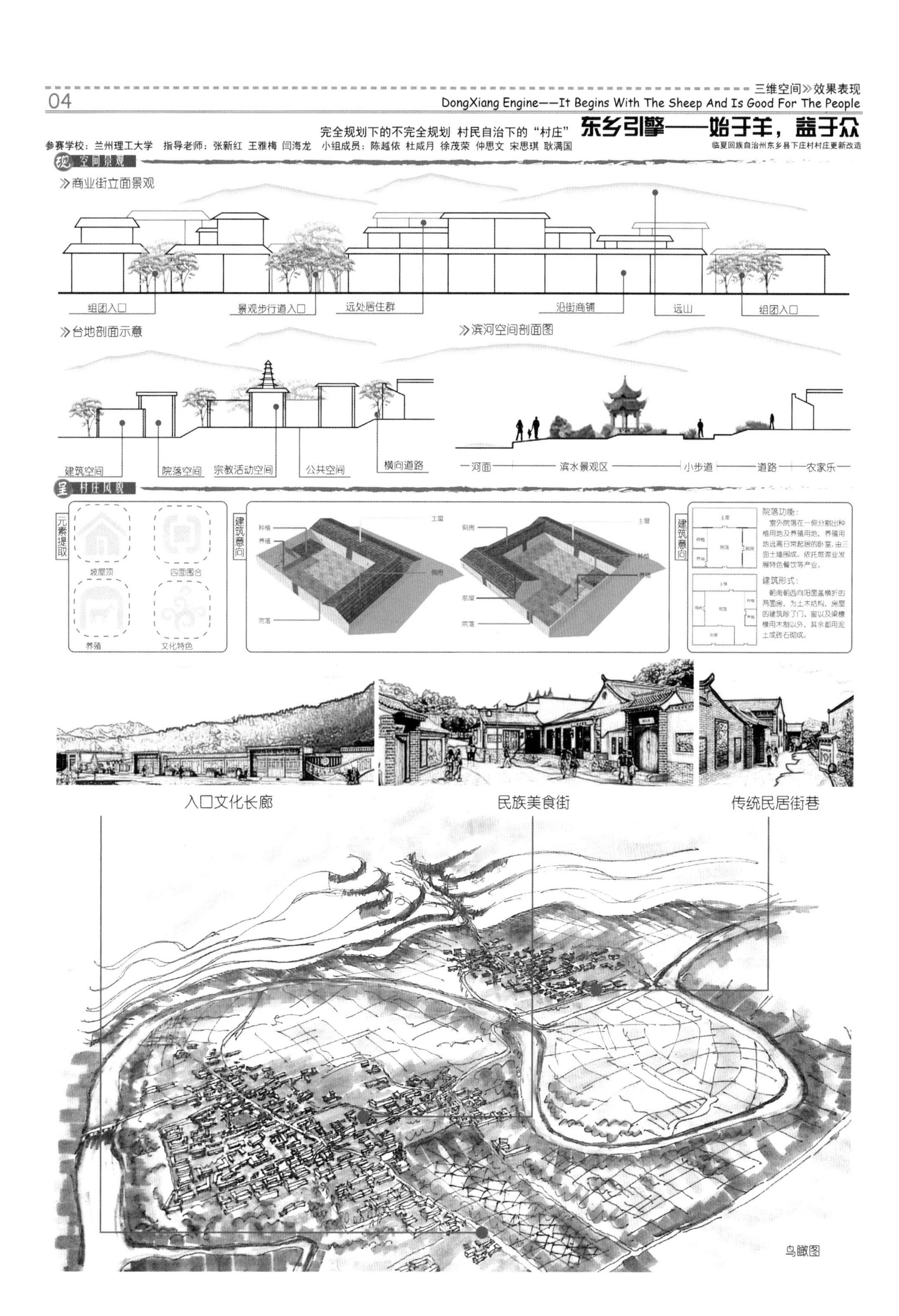
三维空间》效果表现
04
DongXiang Engine——It Begins With The Sheep And Is Good For The People
完全规划下的不完全规划 村民自治下的"村庄"
东乡引擎——始于羊，益于众
参赛学校：兰州理工大学 指导老师：张新红 王雅梅 闫海龙 小组成员：陈越依 杜咸月 徐茂荣 仲思文 宋思琪 耿满国
临夏回族自治州东乡县下庄村村庄更新改造
空间景观
》商业街立面景观
组团入口
景观步行道入口
远处居住群
沿街商铺
远山
组团入口
》台地剖面示意
建筑空间
院落空间
宗教活动空间
公共空间
横向道路
》滨河空间剖面图
河面
滨水景观区
小步道
道路
农家乐
村庄风貌
元素提取
坡屋顶
四面围合
养殖
文化特色
建筑意向
主屋
种植
养殖
厢房
院落
侧房
前屋
院落功能：
室外院落在一侧分割出种植用地及养殖用地，养殖用地远离日常起居的卧室，由三面土墙围成。依托旅游业发展特色餐饮等产业。
建筑形式：
朝南朝西向阳面盖横折的两面房，为土木结构，房屋的建筑除了门、窗以及梁檩椽用木制以外，其余都用泥土或砖石砌成。
入口文化长廊
民族美食街
传统民居街巷
鸟瞰图

“锻”续

——大墩村乡村概念规划设计

【参赛院校】 兰州理工大学

【参赛学生】 韩双睿　刘文瀚　杨振亮　王　雪　邹　玉　张学鹏

【指导教师】 张新红　夏润乔　闫海龙

本次规划基地位于甘肃省临夏州积石山县大河家镇大墩村，被称为“中国保安族第一村”。村庄建成区整体地势南低北高，因河道分割，村庄分布在三个台地上，以清真寺和村委会为中心，村民住宅围绕中心呈周边式布局。村民所从事的生产行业较为多样，如以玉米种植和牛羊养殖为主的农业，以保安腰刀制作为主的手工业，以及以牛羊肉和保安腰刀销售为主的商业。目前，大墩村依靠大墩峡保安族民俗文化生态旅游园得到了初步发展。如何做锦上添花的规划设计，并对村庄发展提供宏观把控与细节指导，是团队遇到的最大难题。

本次设计从保安族民族特色出发，通过产业重塑，深入挖掘、弘扬、传承最真实、最原始的保安族民俗风情，着力打造优美、和谐、生态、独特的中国保安族特色村落。

概念设计：针对中国保安族第一村，取其非物质文化遗产“保安腰刀”的铸造工艺为喻，“锻”续为题，锻保安民族之精粹，续保安民族文化之魂。

本方案重新“锻造”村落空间格局，以延续保安族民族特色文化为目标，打造集古迹观光、文化博览、民俗体验、休闲旅游、文化创意等多功能于一体的文化旅游村落。在方案中，疏通东西交通轴线，以村落街巷格局为设计架构，以腰刀铸造体验为主题，融入产业元素，增加开放空间，形成大墩峡景区的服务中心，以提升村落活力，实现村落空间格局的锻造和民族文化的延续。

大墩村是一座蕴含深厚民族传统文化的村落，是活着的文化遗产，体现了一种人与自然和谐相处的文化精髓和空间记忆，是民族的宝贵遗产，也是不可再生的、潜在的优质文化旅游资源，本方案以“锻”续的思维去延续它的传承。

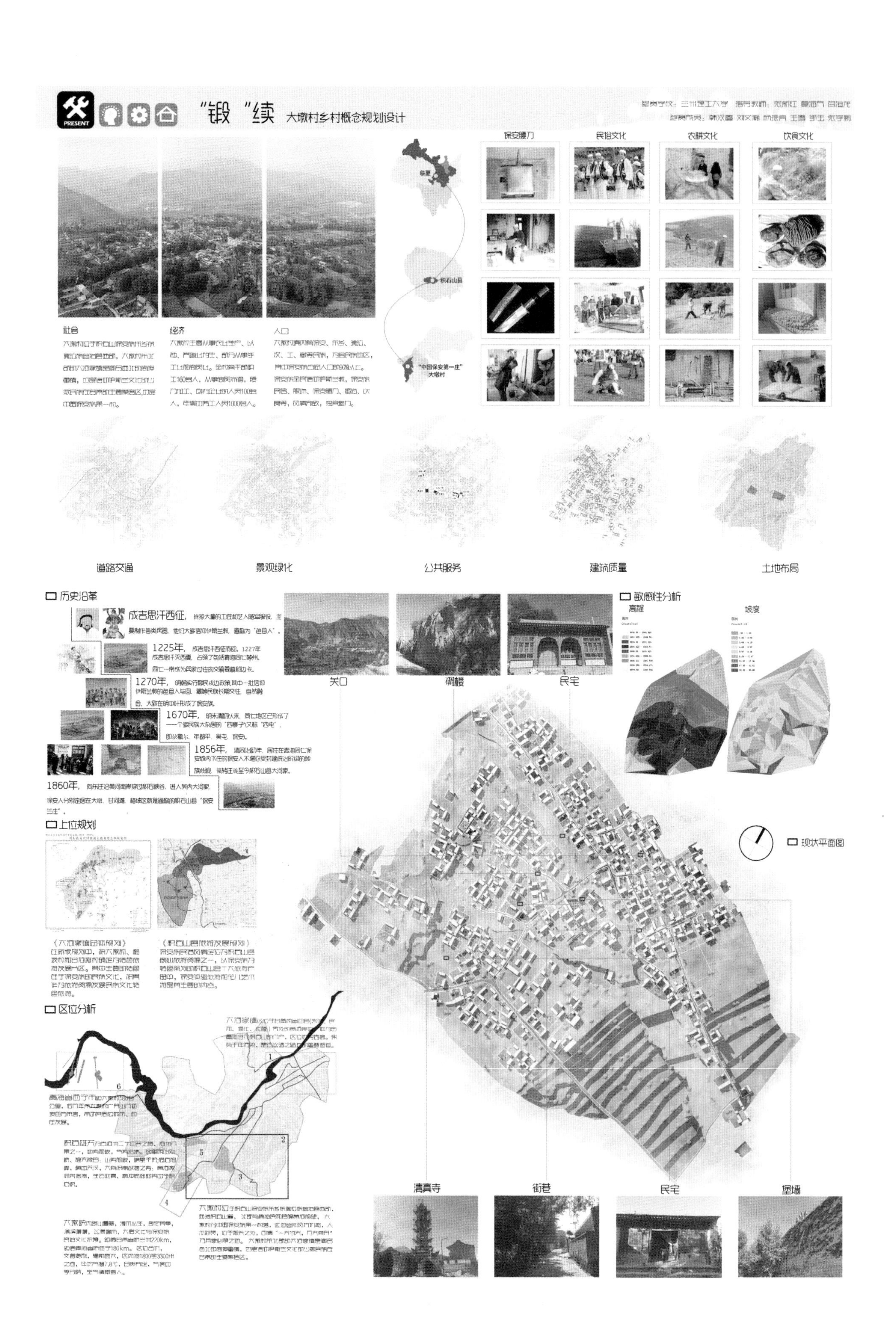
PRESENT
"锻"续 大墩村乡村概念规划设计
保安腰刀
民俗文化
农耕文化
饮食文化
临夏
积石山县
"中国保安第一庄"
大墩村
社会
经济
人口
道路交通
景观绿化
公共服务
建筑质量
土地布局
历史沿革
成吉思汗西征
1225年
1270年
1670年
1856年
1860年
关口
碉楼
民宅
敏感性分析
高程
坡度
现状平面图
上位规划
区位分析
清真寺
街巷
民宅
堡墙

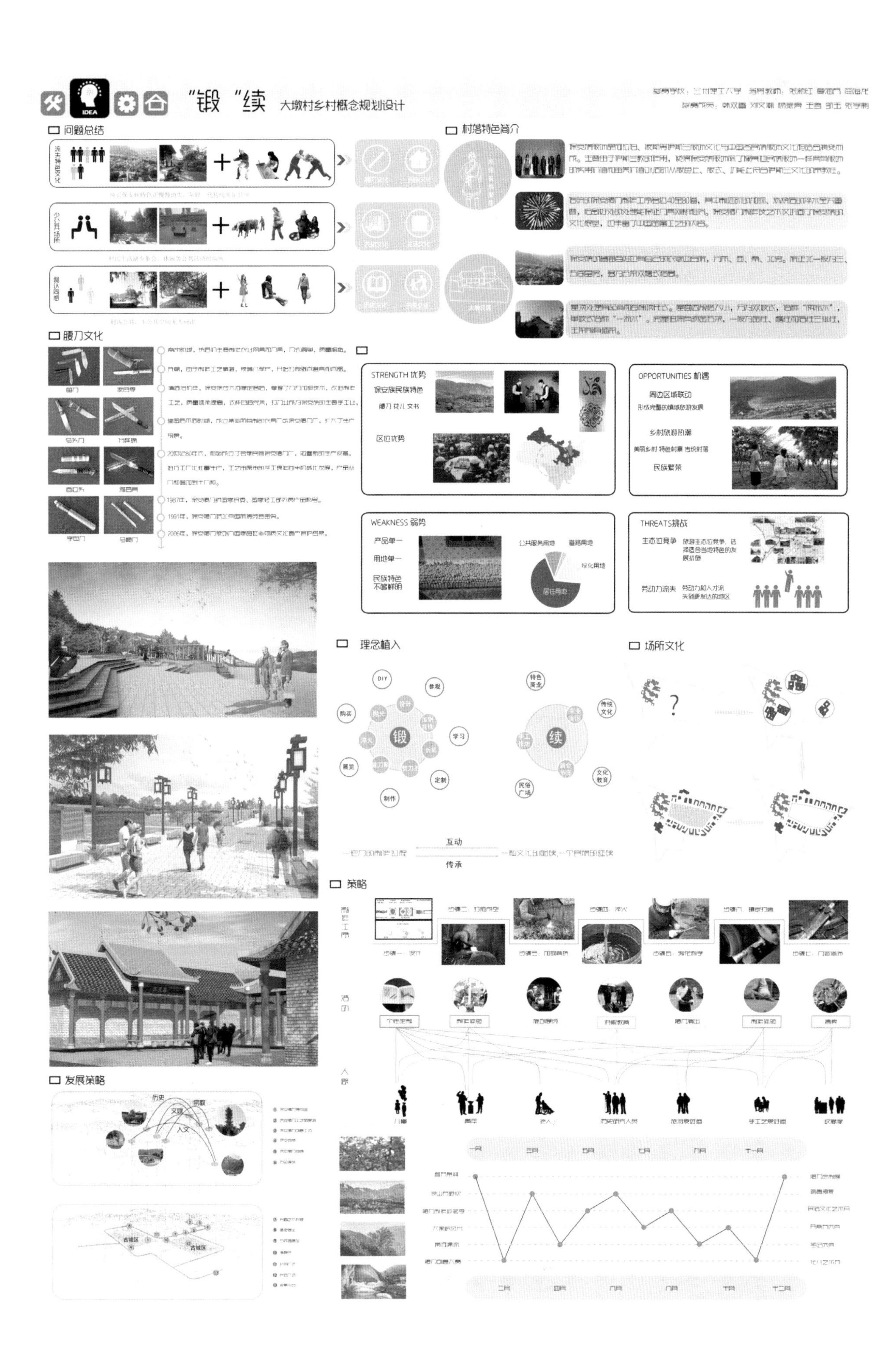
"锻"续 大墩村乡村概念规划设计
问题总结
村落特色简介
腰刀文化
STRENGTH 优势
保安族民族特色
OPPORTUNITIES 机遇
WEAKNESS 弱势
THREATS挑战
理念植入
场所文化
策略
发展策略
锻
续
互动
传承

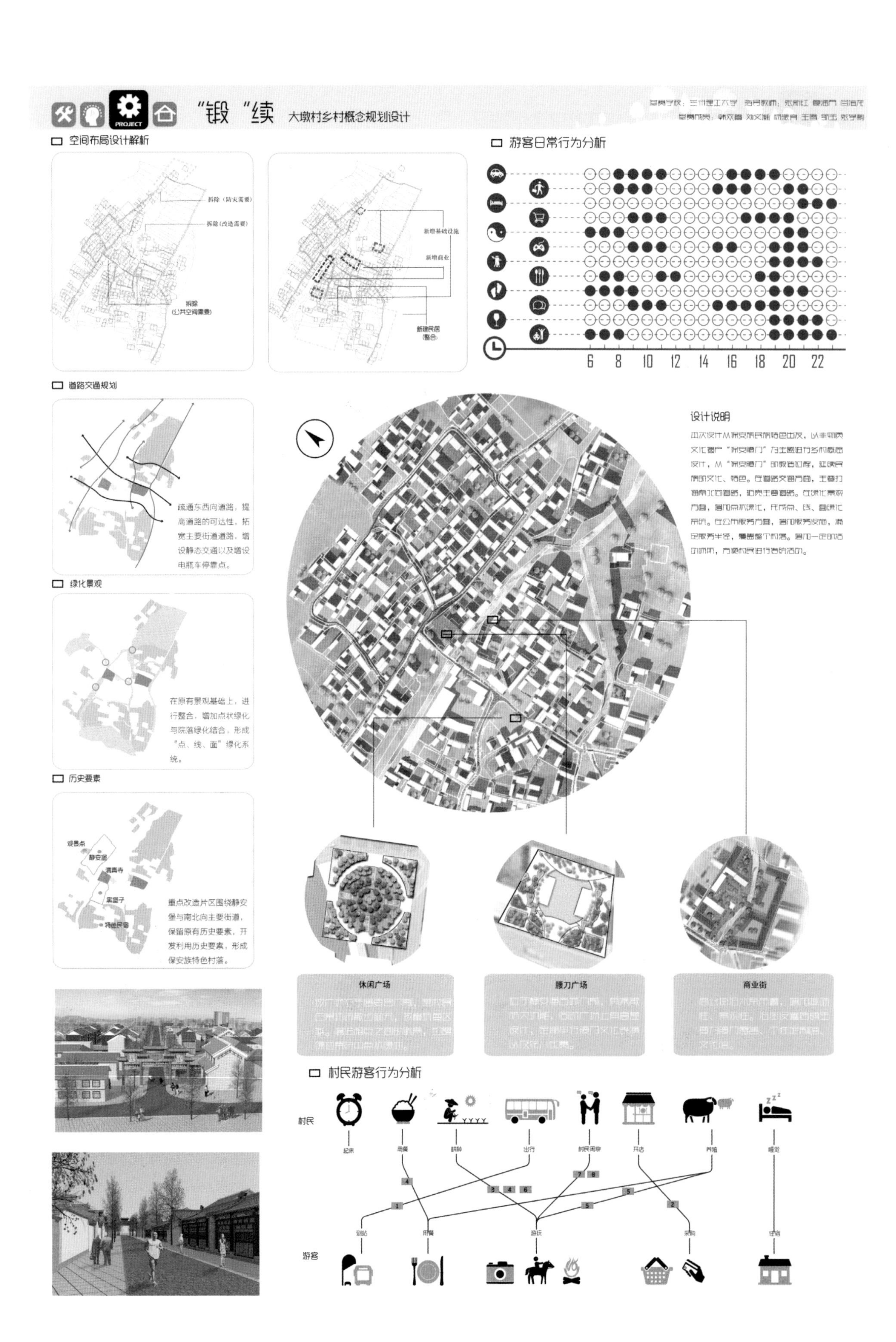

PROJECT
"锻"续 大墩村乡村概念规划设计
空间布局设计解析
拆除（防灾需要）
拆除（改造需要）
拆除（公共空间需要）
新增基础设施
新增商业
新建民居（整合）
游客日常行为分析
6 8 10 12 14 16 18 20 22
道路交通规划
疏通东西向道路，提高道路的可达性，拓宽主要街道道路，增设静态交通以及增设电瓶车停靠点。
绿化景观
在原有景观基础上，进行整合，增加点状绿化与院落绿化结合，形成"点、线、面"绿化系统。
历史要素
观景点
静安堡
清真寺
重点改造片区围绕静安堡与南北向主要街道，保留原有历史要素，开发利用历史要素，形成保安族特色村落。
设计说明
本次设计从保安族民族特色出发，以非物质文化遗产"保安腰刀"为主题进行乡村概念设计，从"保安腰刀"的锻造过程，延续民族的文化、特色。在道路交通方面，主要打通南北向道路，拓宽主要道路。在绿化景观方面，增加点状绿化，形成点、线、面绿化系统。在公共服务方面，增加服务设施，满足服务半径，覆盖整个村落。增加一定的活动场所，方便村民进行各项活动。
休闲广场
腰刀广场
商业街
村民游客行为分析
村民
起床
用餐
耕种
出行
村民闲聊
开店
养殖
睡觉
游客
到站
用餐
游玩
采购
住宿

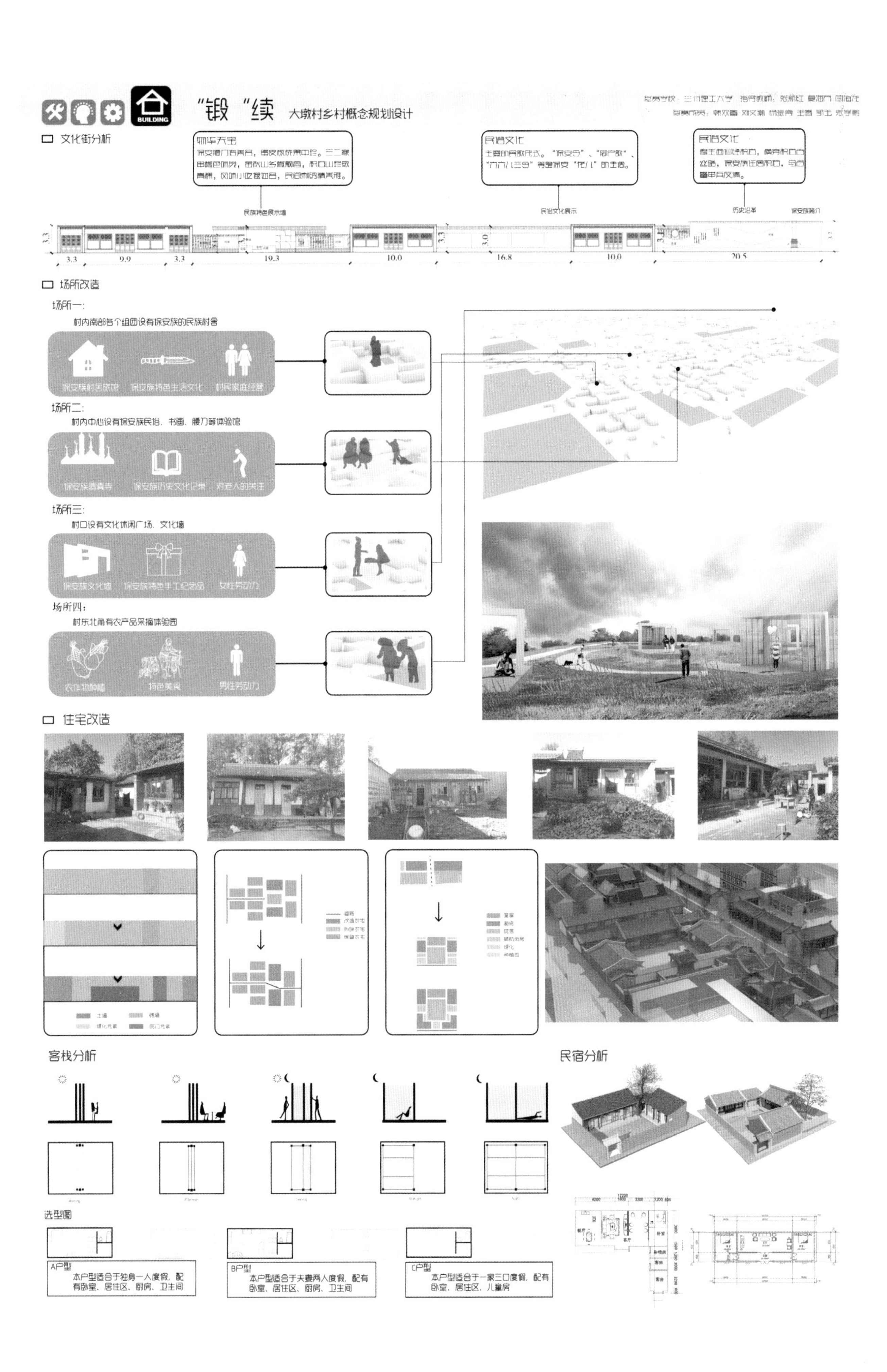
BUILDING
“锻”续 大墩村乡村概念规划设计
参赛学校：兰州理工大学
文化街分析
物华天宝
民俗文化
主要的民歌形式。“保安令”、“脚户歌”、“六六/三令”等是保安“花儿”的主调。
民俗文化
民族特色展示墙
民俗文化展示
历史沿革
保安族简介
3.3
9.9
3.3
19.3
10.0
16.8
10.0
20.5
场所改造
场所一：
村内南部各个组团设有保安族的民族村舍
保安族村居旅馆
保安族特色生活文化
村民家庭经营
场所二：
村内中心设有保安族民俗、书画、腰刀等体验馆
保安族清真寺
保安族历史文化记录
对老人的关注
场所三：
村口设有文化休闲广场、文化墙
保安族文化墙
保安族特色手工纪念品
女性劳动力
场所四：
村东北角有农产品采摘体验园
农作物种植
特色美食
男性劳动力
住宅改造
客栈分析
民宿分析
选型图
A户型
本户型适合于独身一人度假，配有卧室、居住区、厨房、卫生间
B户型
本户型适合于夫妻两人度假，配有卧室、居住区、厨房、卫生间
C户型
本户型适合于一家三口度假，配有卧室、居住区、儿童房

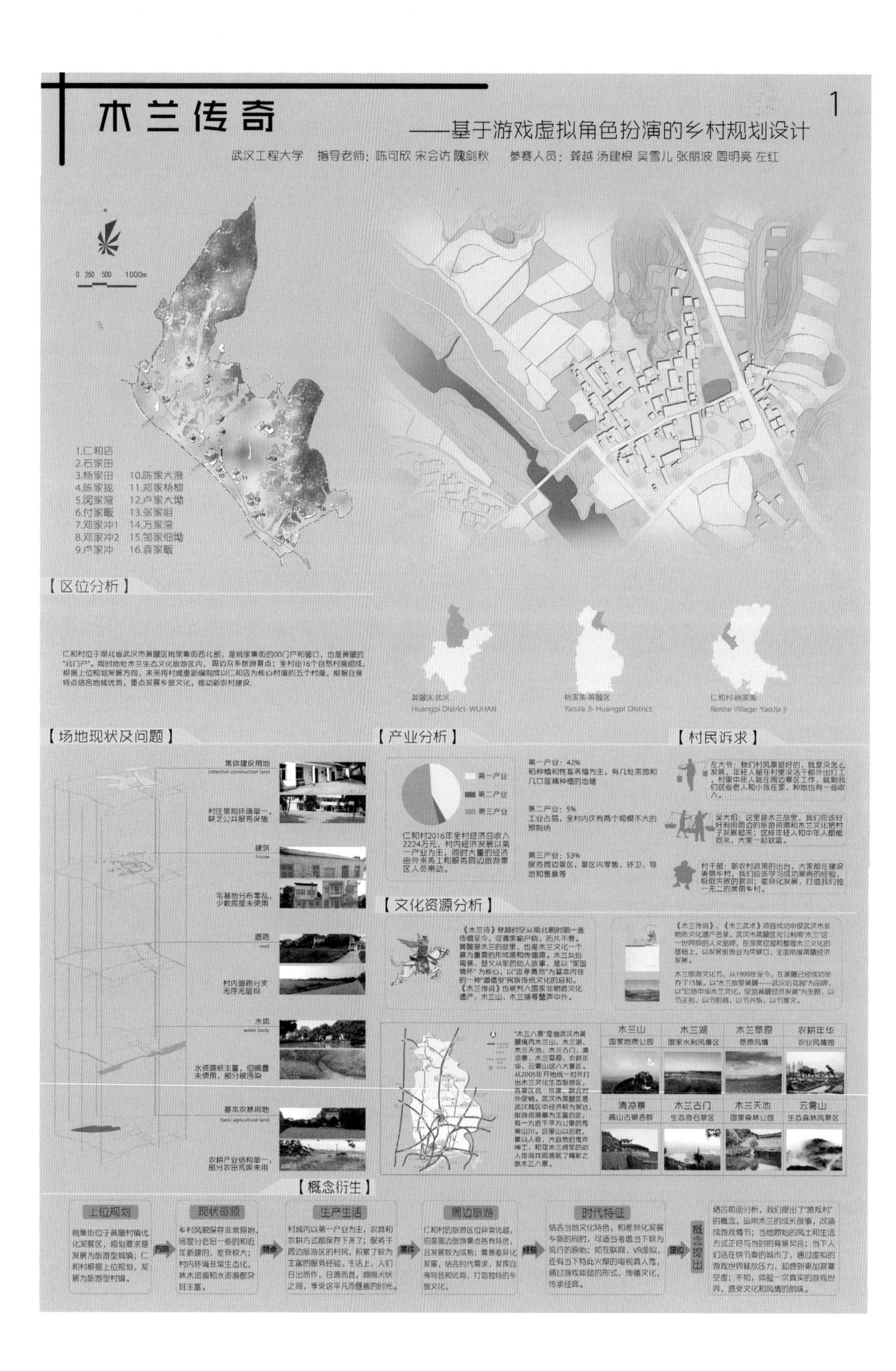
木兰传奇
——基于游戏虚拟角色扮演的乡村规划设计
1
武汉工程大学 指导老师：陈可欣 宋会访 隗剑秋 参赛人员：龚越 汤建根 吴雪儿 张丽波 周明亮 左红
0 250 500 1000m
1.仁和店
2.石家田
3.杨家田
4.陈家垅
5.闵家湾
6.付家畈
7.郑家冲1
8.郑家冲2
9.卢家冲
10.陈家大湾
11.郑家杨柳
12.卢家大坳
13.张家咀
14.万家湾
15.邹家细坳
16.袁家畈
【区位分析】
仁和村位于湖北省武汉市黄陂区姚家集街西北部，是姚家集街的00门户和窗口，也是黄陂的"北门户"。同时地处木兰生态文化旅游区内，周边众多旅游景点；全村由16个自然村湾组成，根据上位规划发展方向，未来将村域重新编制成以仁和店为核心村湾的五个村湾，根据自身特点结合地域优势，重点发展乡旅文化，推动新农村建设。
黄陂区·武汉
Huangpi District· WUHAN
姚家集·黄陂区
YaoJia Ji· Huangpi District
仁和村·姚家集
Renhe Village· YaoJia ji
【场地现状及问题】
集体建设用地
collective construction land
村庄景观环境单一，缺乏公共服务设施
建筑
house
宅基地分布零乱，少数房屋未使用
道路
road
村内道路分支无序无层级
水体
water body
水资源较丰富，但闲置未使用，部分被污染
基本农林用地
basic agricultural land
农耕产业结构单一，部分农田荒废未用
【产业分析】
第一产业
第二产业
第三产业
仁和村2016年全村经济总收入2224万元，村内经济发展以第一产业为主，同时大量的经济由外来务工和服务周边旅游景区人员带动。
第一产业：42%
稻种植和牲畜养殖为主，有几处茶园和几口莲藕种植的池塘
第二产业：5%
工业占弱，全村内仅有两个规模不大的预制场
第三产业：53%
服务周边景区，景区内零售、环卫、导游和售票等
【村民诉求】
左大爷：我们村风景挺好的，就是没怎么发展，年轻人留在村里没活干都外出打工，村里中年人就在周边景区工作，就剩我们这些老人和小孩在家，种地也有一些收入。
吴大姐：这里是木兰故里，我们应该好好利用周边的旅游资源和木兰文化把村子发展起来；这样年轻人和中年人都能回来，大家一起致富。
村干部：新农村政策的出台，大家都在建设美丽乡村，我们应该学习成功案例的经验，吸取失败的教训；差异化发展，打造我们独一无二的美丽乡村。
【文化资源分析】
《木兰诗》穿越时空从南北朝时期一直传唱至今，可谓家喻户晓，历久不衰。黄陂是木兰的故里，也是木兰文化一个最为重要的形成源和传播源。木兰女扮男装、替父从军的动人故事，是以"家国情怀"为核心，以"忠孝勇烈"为基本内容的一种"道德型"民族传统文化的总和。《木兰传说》也被列入国家非物质文化遗产，木兰山、木兰湖等誉声中外。
《木兰传说》、《木兰武术》项目成功申报武汉市非物质文化遗产名录。武汉市黄陂区充分利用"木兰"这一世界级的人文品牌，在深度挖掘和整理木兰文化的基础上，以发展旅游业为突破口，全面助推黄陂经济发展。
木兰旅游文化节，从1999年至今，在黄陂已经成功举办了15届。以"木兰故里黄陂——武汉后花园"为品牌，以"宏扬中华木兰文化，促进黄陂经济发展"为主题，以节正名、以节招商、以节兴旅、以节推文。
"木兰八景"是指武汉市黄陂境内木兰山、木兰湖、木兰天池、木兰古门、清凉寨、木兰草原、农耕年华、云雾山这八大景区。从2005年开始统一对外打出木兰文化生态旅游区，各景区统一形象，联合对外促销。武汉市黄陂区是武汉城区中经济较为发达、旅游资源最为丰富的区，有一方近千平方公里的秀美山川。这里山以名胜，景以人奇，大自然的鬼斧神工，和花木兰将军的动人传说共同造就了精彩之旅木兰八景。
木兰山
国家地质公园
木兰湖
国家水利风景区
木兰草原
草原风情
农耕年华
农业风情园
清凉寨
高山古银杏群
木兰古门
生态奇石景区
木兰天池
国家森林公园
云雾山
生态森林风景区
【概念衍生】
上位规划
姚集街位于黄陂村镇优化发展区，规划要求是发展为旅游型城镇；仁和村根据上位规划，发展为旅游型村镇。
方向
现状资源
乡村风貌保存非常原始，房屋分老旧一些的和近年新建的，差异较大；村内环境非常生态化，林木资源和水资源都及其丰富。
特点
生产生活
村域内以第一产业为主，农具和农耕方式都保存下来了；服务于周边旅游区的村民，积累了较为丰富的服务经验。生活上，人们日出而作，日落而息，鸡鸣犬吠之间，享受这平凡而惬意的时光。
条件
周边旅游
仁和村的旅游区位异常优越，但是周边旅游景点各有特色，且发展较为成熟；需要差异化发展，结合时代需求，发挥自身特色和优势，打造独特的乡旅文化。
经验
时代特征
结合当地文化特色，和差异化发展乡旅的同时，可适当考虑当下较为流行的原始；如互联网，VR虚拟、还有当下特此火爆的电视真人秀，通过游戏体验的形式，传播文化，传承经典。
定位
概念提出
结合前面分析，我们提出了"游戏村"的概念，运用木兰的成长故事，改造成游戏情节；当地原始的风土和生活方式正好与当时的背景契合；当下人们活在快节奏的城市了，通过虚拟的游戏世界释放压力，却感到更加寂寞空虚；不如，体验一次真实的游戏世界，感受文化和风情的韵味。

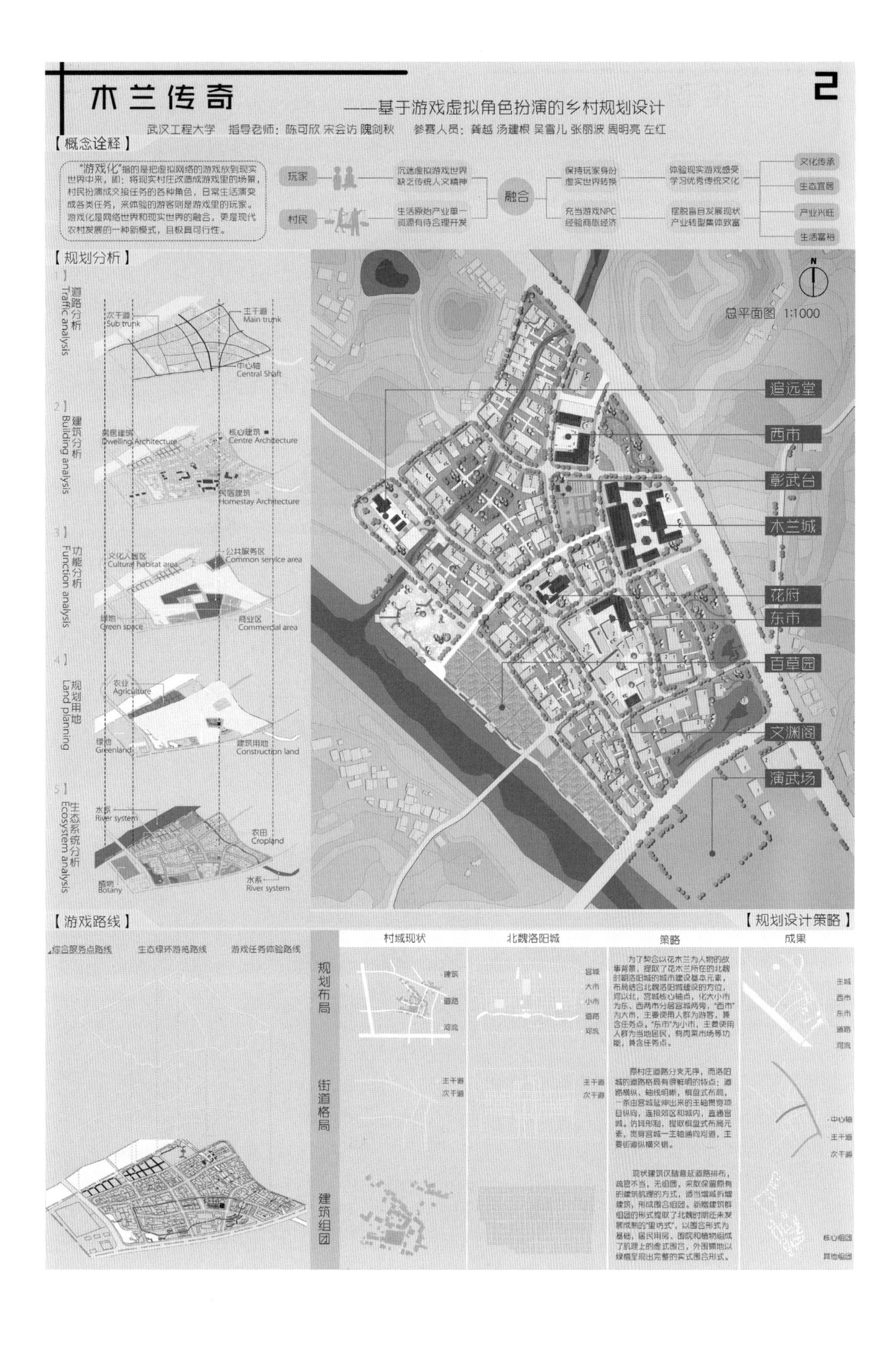

木兰传奇
——基于游戏虚拟角色扮演的乡村规划设计
2
武汉工程大学　指导老师：陈可欣 宋会访 隗剑秋　参赛人员：龚越 汤建根 吴雪儿 张丽波 周明亮 左红
【概念诠释】
"游戏化"指的是把虚拟网络的游戏放到现实世界中来，即：将现实村庄改造成游戏里的场景，村民扮演成交接任务的各种角色，日常生活演变成各类任务，来体验的游客则是游戏里的玩家。游戏化是网络世界和现实世界的融合，更是现代农村发展的一种新模式，且极具可行性。
玩家
村民
沉迷虚拟游戏世界 缺乏传统人文精神
生活原始产业单一 资源有待合理开发
融合
保持玩家身份 虚实世界转换
充当游戏NPC 经验商旅经济
体验现实游戏感受 学习优秀传统文化
摆脱盲目发展现状 产业转型集体致富
文化传承
生态宜居
产业兴旺
生活富裕
【规划分析】
1】道路分析 Traffic analysis
次干道 Sub trunk
主干道 Main trunk
中心轴 Central Shaft
2】建筑分析 Building analysis
民居建筑 Dwelling Architecture
核心建筑 Centre Architecture
民宿建筑 Homestay Architecture
3】功能分析 Function analysis
文化人居区 Cultural habitat area
公共服务区 Common service area
绿地 Green space
商业区 Commercial area
4】规划用地 Land planning
农业 Agriculture
绿地 Greenland
建筑用地 Construction land
5】生态系统分析 Ecosystem analysis
水系 River system
农田 Cropland
植物 Botany
水系 River system
N
总平面图 1:1000
追远堂
西市
彰武台
木兰城
花府
东市
百草园
文渊阁
演武场
【游戏路线】
综合服务点路线
生态绿环游览路线
游戏任务体验路线
【规划设计策略】
村域现状
北魏洛阳城
策略
成果
规划布局
建筑
道路
河流
宫城
大市
小市
道路
河流
为了契合以花木兰为人物的故事背景，提取了花木兰所在的北魏时期洛阳城的城市建设基本元素，布局结合北魏洛阳城建设的方位，河以北，宫城核心轴点，化大小市为东、西两市分居宫城两旁，"西市"为大市，主要使用人群为游客，兼含任务点。"东市"为小市，主要使用人群为当地居民，有周菜市场等功能，兼含任务点。
王城
西市
东市
道路
河流
街道格局
主干道
次干道
主干道
次干道
原村庄道路分支无序，而洛阳城的道路格局有很鲜明的特点：道路横纵、轴线明晰，棋盘式布局，一条由宫城延伸出来的主轴贯穿项目纵向，连接郊区和城内，直通宫城。仿其形制，提取棋盘式布局元素，贯穿宫城一主轴通向河道，主要街道纵横交错。
中心轴
主干道
次干道
建筑组团
现状建筑仅随意延道路排布，疏密不当，无组团，采取保留原有的建筑肌理的方式，适当增减折算建筑，形成围合组团。新建建筑群组团的形式提取了北魏时期还未发展成熟的"里坊式"，以围合形式为基础，居民用房、庭院和植物组成了肌理上的虚式围合，外围辅地以绿植呈现出完整的实式围合形式。
核心组团
其他组团

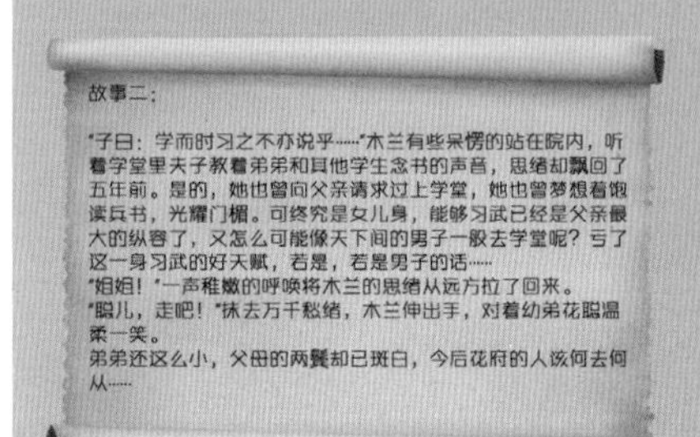

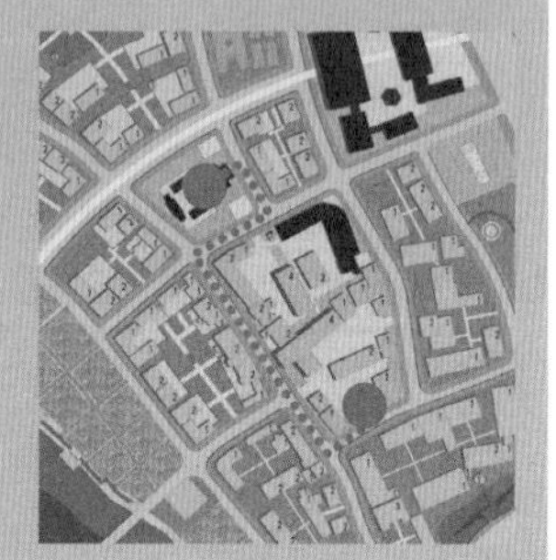

故事三：

“爹爹、娘亲，我们回来了。”木兰看了看双亲的脸色。
果然，征兵令已经下达到家里来了么。木兰松了松紧握的拳，对双亲一笑，“聪儿今天在学堂得到了夫子的表扬呢！”
却只见双亲更加忧愁的表情，是啊，能不担心么？父亲一去，幼弟还小，家里……
木兰勉强的回到房间，身体便像失去支撑了一样，摔落在地。父亲去，家里便没了支柱，我去，便是欺君，全家的命随时可能不保，我该怎么办呢？
木兰似是在地上只坐了一会儿，短到泪痕犹在，连姿势也不曾换过，又似是坐了很久，久到门外的光亮消失不见。
终于在天微亮的时候，仿佛下定了什么决心一般，冲出了家门。

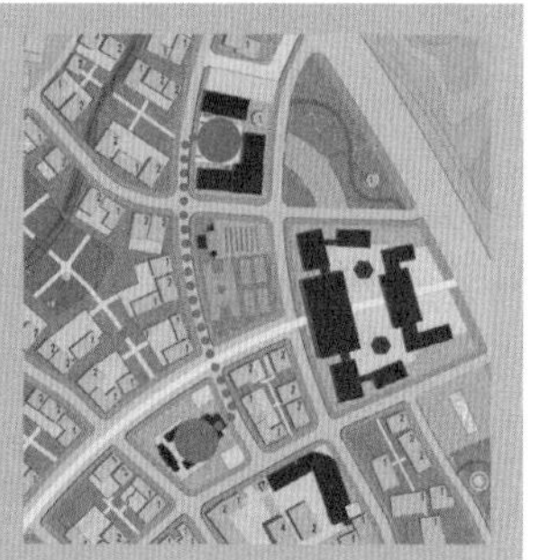

故事四：
木兰来得早，刚刚开市便进去了。
裁缝铺的葛掌柜正好看到了木兰，便叫住了她“木兰，上次那件鹅黄色的布料我已经跟你做了时新的样式，进来试试吧？”
木兰的眼中好似闪过一丝挣扎，也不知是不忍拒绝掌柜的好意，还是别的什么。
看着铜镜中那身着鹅黄色长裙的女子，木兰仿佛有一丝怔愣，心下意味不明。
“果然很好看啊，木兰！”葛掌柜笑得越发慈祥，但木兰却再也忍不住情绪，夺门而出。
在还没有意识到的时候，木兰已经走到了卖鞍鞯的铺子，“姑娘，你要买什么吗？”小二热情的招呼着。
木兰这才回过神来，低头看了看身上的长裙，长舒了一口气，“我要……”

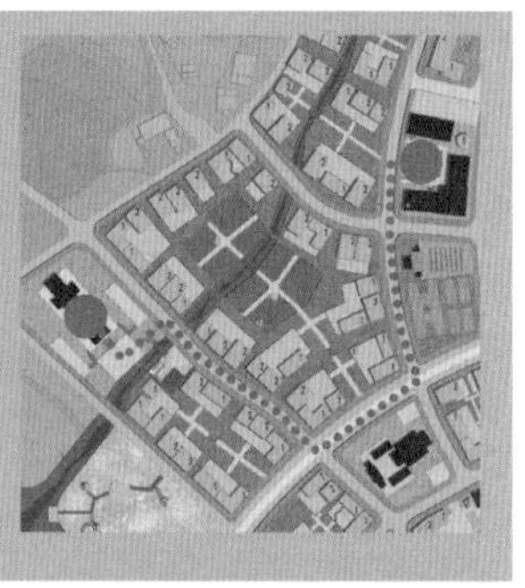

故事五：

“花家列祖列宗在上，不孝子孙花木兰特来此请罪！今日木兰一去，会令花家蒙羞，但木兰却不能看着老父亲赴战场送死，何况家里还有一幼弟、母亲需要照顾，望各位祖先原谅不孝子孙，保佑我花家平安无事！”只因为是女儿身，这祠堂正殿她也从未进过，事到如今，却也不得不来向各位祖先请罪，希望祖先看在幼弟和父亲的份上能够原谅自己。
虽然带着对家人的无限缱绻，但她却也无可奈何。木兰牵着刚从东市买来的马，头也不回的离开了城里。
爹爹、娘亲，请原谅女儿的不辞而别，女儿不孝，未能给家里分担什么，就让女儿任性这一次，不要担心，照顾好聪儿。
不孝女木兰留字。

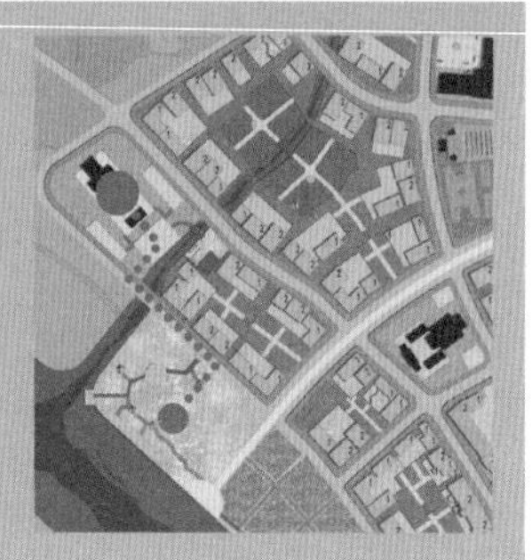

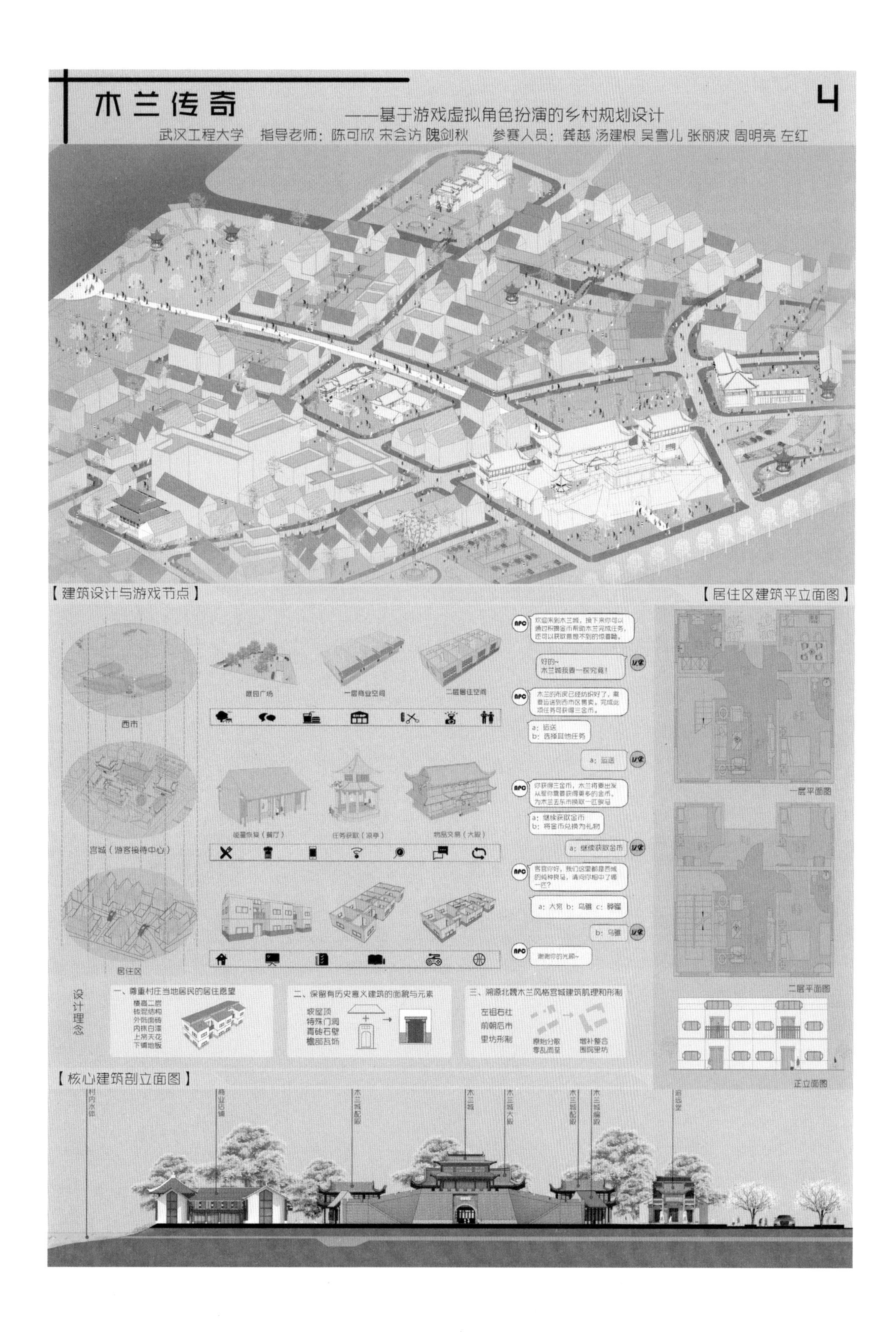
木兰传奇
——基于游戏虚拟角色扮演的乡村规划设计
4
武汉工程大学　指导老师：陈可欣 宋会访 隗剑秋　参赛人员：龚越 汤建根 吴雪儿 张丽波 周明亮 左红
【建筑设计与游戏节点】
西市
宫城（游客接待中心）
居住区
庭园广场
一层商业空间
二层居住空间
能量恢复（餐厅）
任务获取（凉亭）
物品交易（大殿）
欢迎来到木兰城，接下来你可以通过积攒金币帮助木兰完成任务，还可以获取意想不到的惊喜呦。
好的~ 木兰城我要一探究竟！
木兰的布皮已经纺织好了，需要运送到西市区售卖。完成此项任务可获得三金币。
a：运送
b：选择其他任务
a：运送
你获得三金币，木兰将要出发从军你需要获得更多的金币。为木兰去东市换取一匹骏马
a：继续获取金币
b：将金币兑换为礼物
a：继续获取金币
客官你好，我们这里都是西域的纯种良马，请问你相中了哪一匹？
a：大宛 b：乌骓 c：骅骝
b：乌骓
谢谢你的光顾~
设计理念
一、尊重村庄当地居民的居住愿望
楼高二层
砖混结构
外饰面砖
内抹白漆
上吊天花
下铺地板
二、保留有历史意义建筑的面貌与元素
坡屋顶
特殊门洞
青砖石壁
檐部瓦饰
三、溯源北魏木兰风格宫城建筑肌理和形制
左祖右社
前朝后市
里坊形制
原始分散
零乱而至
增补整合
围院里坊
【居住区建筑平立面图】
一层平面图
二层平面图
正立面图
【核心建筑剖立面图】
村内水体
商业店铺
木兰城配殿
木兰城
木兰城大殿
木兰城配殿
木兰城偏殿

曲水安生 共话桑麻

【参赛院校】 浙江工商大学

【参赛学生】 王奕苏 陈 希 陈 伊 叶诗宇 金 园

【指导教师】 徐 清 童 磊 陈 怡

整个设计以“共享理念”为主基调，将“共享空间”与“老村振兴”相结合，通过自治、租售、共建的手段解构、重塑老村共享空间，依托村民的集体记忆提取“良渚文化，桑蚕非遗”特质元素，力求由本我文化内生核心共性文化，升华自我价值，从而由己及人，内外互动，达成老村振兴的目标。在此基础上，我们提出“共享 +”、“养老 +”、“生态 +”三大规划策略，“破冰”东舍墩空心村，重拾“开轩面场圃，把酒话桑麻”的情怀，共享集体记忆，感受相同温度，以此增加村庄活力，提升文化自信，传承活态非遗。东舍墩村未来将以江南水乡养老度假社区为总目标，打造集养老度假、康疗养生、休闲娱乐、保健服务、文化体验等为一体的健康乐活度假村。

曲水安生 共话桑麻

基于共享理念的乡村振兴计划——德清县东舍墩村健康颐养村设计

参赛学校名称：浙江工商大学　指导老师：徐清 童磊 陈怡　小组成员：王奕苏 陈希 陈伊 叶诗宇 金园

现状分析 Current Situation Analysis 01

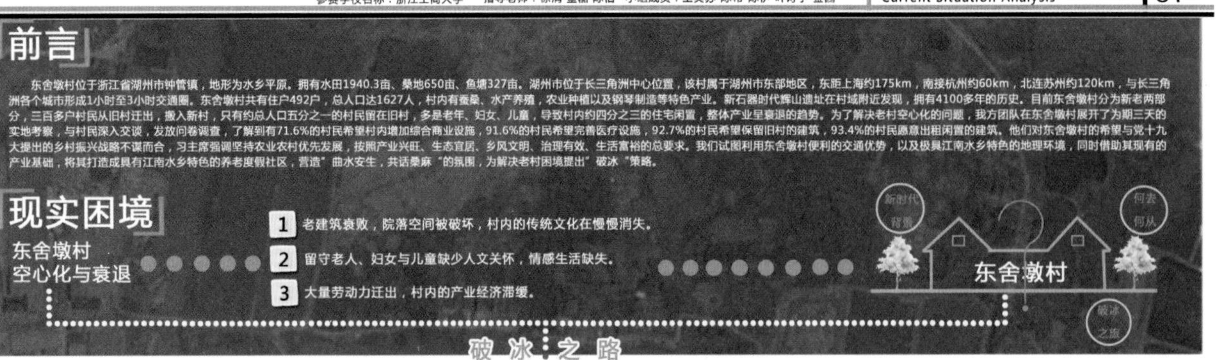

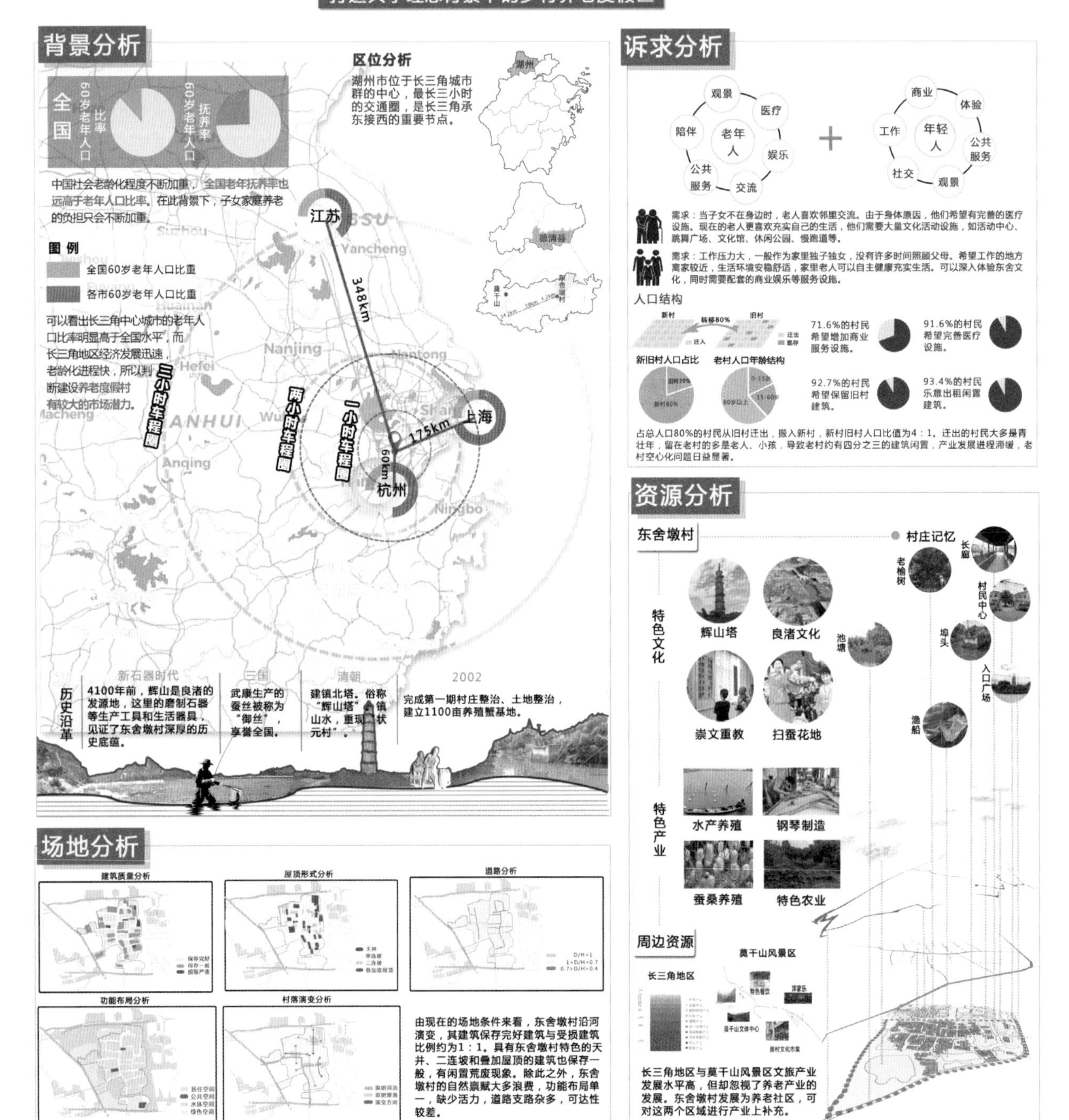

曲水安生 共话桑麻

基于共享理念的乡村振兴计划——德清县东舍墩村健康颐养村设计

参赛学校名称：浙江工商大学 指导老师：徐清 童磊 陈怡 小组成员：王奕苏 陈希 陈伊 叶诗宇 金园

方案推演 Program Deduction 02

设计理念

我们试图将"共享空间"与"老村振兴"相结合。东舍墩老村面临着人口结构失调，邻里关系弱化，公共空间衰退，村庄活力下降等问题。我们希望通过对老村的闲置空间进行一系列的自治、租售、共建手段重构东舍墩的空间、文化、产业共享以及人与人之间的邻里和谐关系。

方案推演

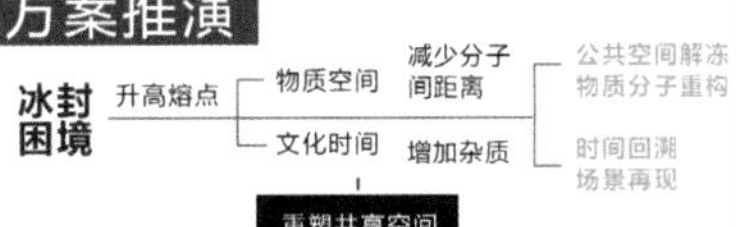

共享理念——在同一空间享有统一记忆感受同一温度

概念解析

冰封——东舍墩村"空心村"和产业衰落的现状。

破冰——升高"熔点"

1.借助外部条件，减少分子间的距离。

2.增加"杂质"，降低分子间能量。

特征类比

熔点——东舍墩村现状的核心问题。

分子——村庄本有的物质空间肌理和文化脉络元素单元。

杂质——创新产业和本我文化复兴

破冰——村庄活化途径。"分子"和"杂质"之间产生的物理化学反应。

所产生的新产物为村庄活化的**新形态**。

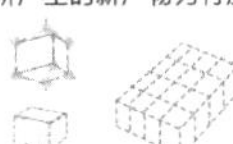

物质分子构成的空间单元因自然禀赋资源的浪费和人口流动迁出的"人去楼空"现状，导致的分子能量弱化而凝固成冰。

破冰路径

空间流动性、生活性、能量感的复苏活化。

破冰路径

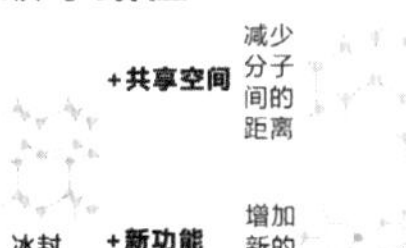

冰封 +共享空间 减少分子间的距离

依据东舍墩村现有的建筑肌理改造院落围合方式塑造院落邻里共享空间。在享受东舍墩村特质氛围的同时缩短人们空间和心理上的距离感

+新功能 增加新的活力分子

单一空复合集约化。以自治、出租、共建的方式建立公共享有，公共参与，众乐而乐的复合空间。

本身元素依然存在，改变的只是表现形式。由本我文化内生出的核心共性文化组织其他元素得到新生。

空间解冻

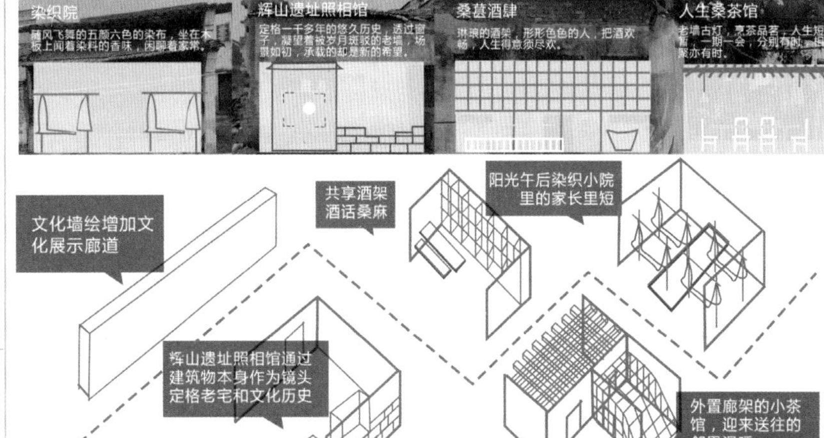

物质空间复合改造

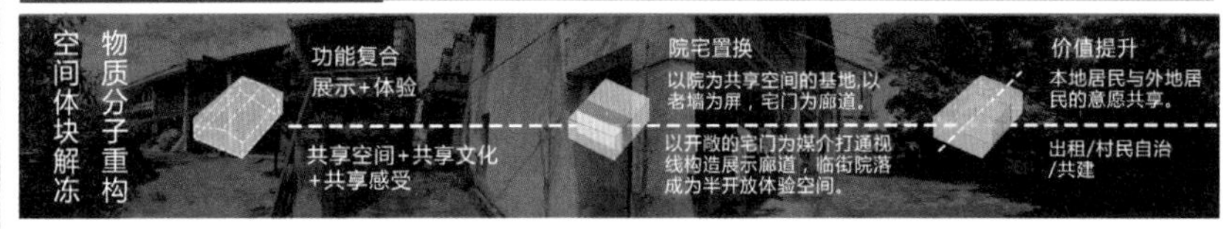

院落分子改造

中国有着"大杂居小聚居"的空间特性，又有宗族文化和血缘脉络的共性文化。而东舍墩村本就融合有多种江南建筑的特色元素，在此基础上，添加长江三角洲的院落围合特征，激活原有的空间院落。主要营造三个地域主题院落群，来减少不同人群的空间距离感。

徽式院落

东舍墩村的现状可看出其徽式建筑的肌理，随着世代发展院落相套。从现状中可提取到徽式建筑的基本布局——"凹"，"回"，"H"形。总的来说，是以"天井"和"园"串联建筑。但其纵横发展使其破坏了原有的文化元素，我们对其做了修复改造。结合徽式建筑"枕山环水"和东舍墩"水乡泽国"的文化，将不同布局形式相互组合，以水为媒完成新型的院落相套。

上海里弄院落

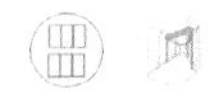

上海里弄式民居的关键特征为街巷式行列组合。东舍墩村现状有许多H/D在0.6~0.8之间的街巷，幽深静谧的氛围，适当增加仪门，可以改造成上海里弄式主题院落。

江浙民居院落

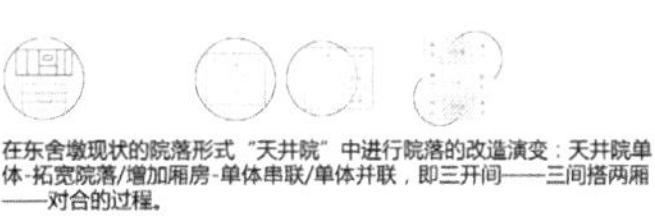

在东舍墩现状的院落形式"天井院"中进行院落的改造演变：天井院单体-拓宽院落/增加厢房-单体串联/单体并联，即三开间——三间搭两厢——对合的过程。

街巷分子改造

东舍墩村的街巷大多狭窄，D/H集中在0.6~0.8，公共空间缺乏，仅剩村委和老榆树空间。我们适当选取了主要道路进行扩宽，增设长廊等过渡廊道空间，达到休憩交流、展示文化的作用。

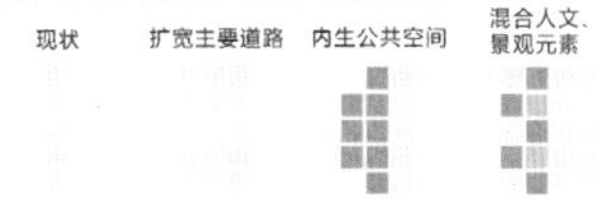

街巷情怀

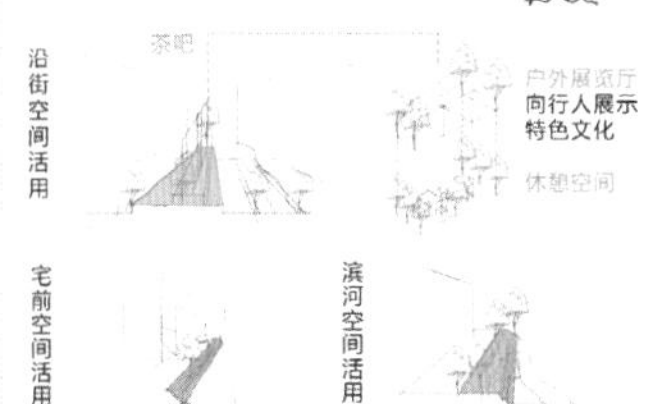

文化回温 场景再现

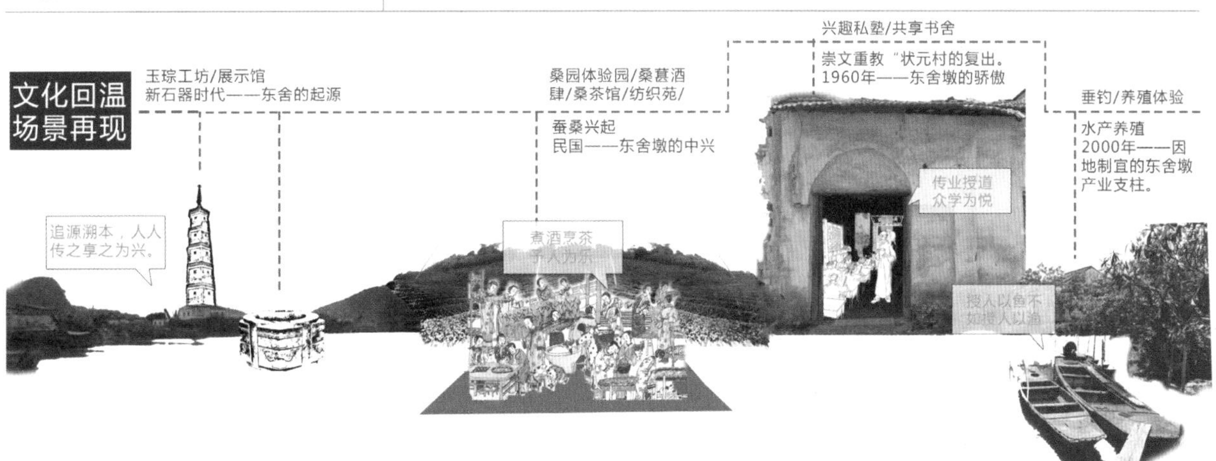

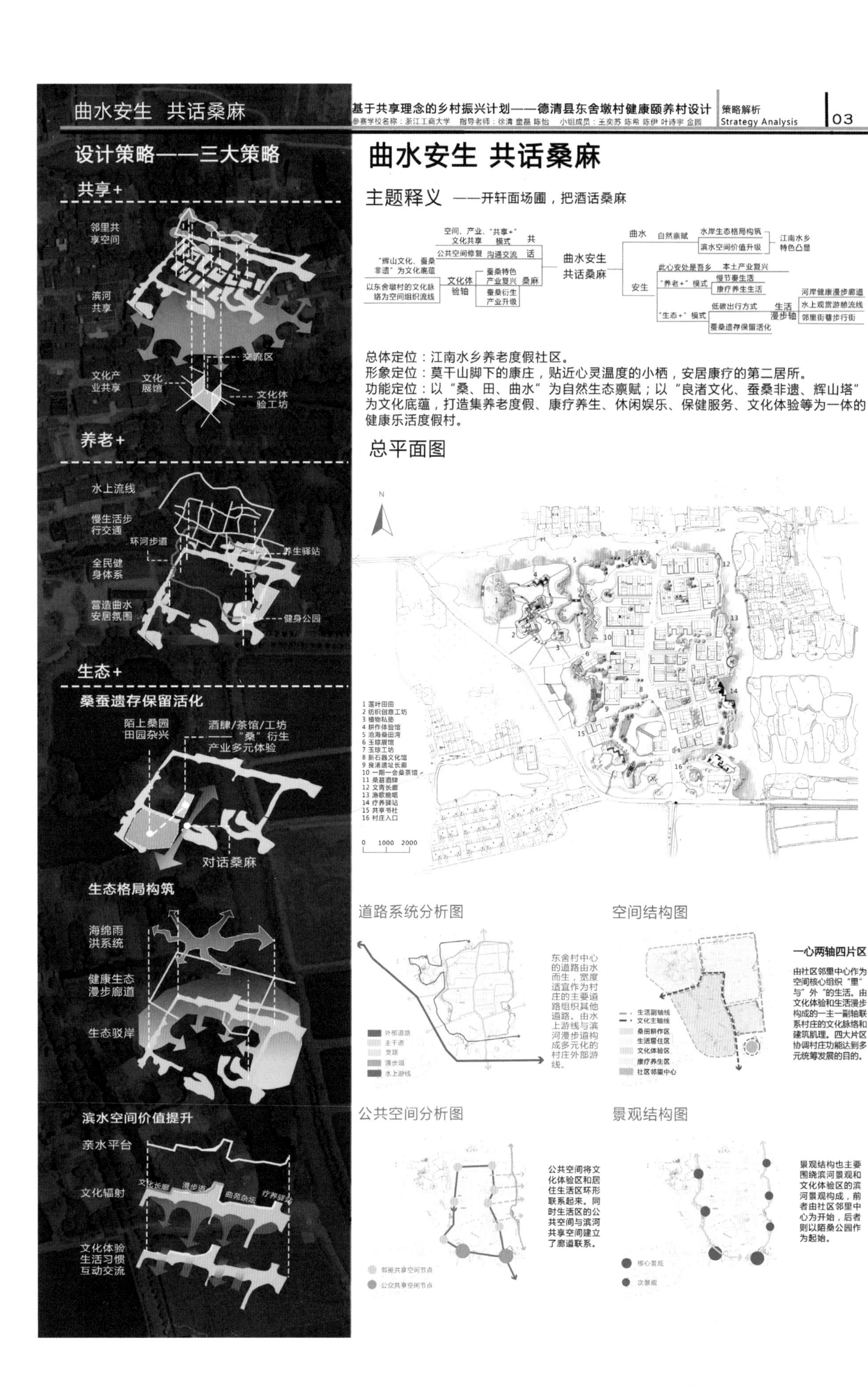

曲水安生 共话桑麻
设计策略——三大策略
共享+
邻里共享空间
滨河共享
交流区
文化产业共享
文化展馆
文化体验工坊
养老+
水上流线
慢生活步行交通
环河步道
养生驿站
全民健身体系
营造曲水安居氛围
健身公园
生态+
桑蚕遗存保留活化
陌上桑园 田园杂兴
酒肆/茶馆/工坊——“桑”衍生产业多元体验
对话桑麻
生态格局构筑
海绵雨洪系统
健康生态漫步廊道
生态驳岸
滨水空间价值提升
亲水平台
文化辐射
文化长廊
漫步道
曲苑杂坛
疗养驿站
文化体验 生活习惯 互动交流
基于共享理念的乡村振兴计划——德清县东舍墩村健康颐养村设计
参赛学校名称：浙江工商大学 指导老师：徐清 童磊 陈怡 小组成员：王奕苏 陈希 陈伊 叶诗宇 金园
策略解析
Strategy Analysis
03
曲水安生 共话桑麻
主题释义 ——开轩面场圃，把酒话桑麻
空间、产业、“共享+”文化共享
模式
共
公共空间修复
沟通交流
活
“辉山文化、蚕桑非遗”为文化底蕴
文化体验轴
蚕桑特色产业复兴
桑麻
以东舍墩村的文化脉络为空间组织流线
蚕桑衍生产业升级
曲水安生 共话桑麻
曲水
自然禀赋
水岸生态格局构筑
滨水空间价值升级
江南水乡特色凸显
安生
此心安处是吾乡
本土产业复兴
“养老+”模式
慢节奏生活
康疗养生生活
“生态+”模式
低碳出行方式
生活漫步轴
河岸健康漫步廊道
水上观赏游憩流线
邻里街巷步行街
蚕桑遗存保留活化
总体定位：江南水乡养老度假社区。
形象定位：莫干山脚下的康庄，贴近心灵温度的小栖，安居康疗的第二居所。
功能定位：以“桑、田、曲水”为自然生态禀赋；以“良渚文化、蚕桑非遗、辉山塔”为文化底蕴，打造集养老度假、康疗养生、休闲娱乐、保健服务、文化体验等为一体的健康乐活度假村。
总平面图
N
1 蚕叶田田
2 纺织创意工坊
3 植物私塾
4 耕作体验馆
5 沧海桑田湾
6 玉琮展馆
7 玉琮工坊
8 新石器文化馆
9 良渚遗址长廊
10 一期一会桑茶馆
11 桑甚酒肆
12 文青长廊
13 渔歌晚唱
14 疗养驿站
15 共享书社
16 村庄入口
0 1000 2000
道路系统分析图
东舍村中心的道路由水而生，宽度适宜作为村庄的主要道路组织其他道路。由水上游线与滨河漫步道构成多元化的村庄外部游线。
外部道路
主干道
支路
漫步道
水上游线
空间结构图
一心两轴四片区
由社区邻里中心作为空间核心组织“里”与“外”的生活。由文化体验和生活漫步构成的一主一副轴联系村庄的文化脉络和建筑肌理。四大片区协调村庄功能达到多元统筹发展的目的。
生活副轴线
文化主轴线
桑田耕作区
生活居住区
文化体验区
康疗养生区
社区邻里中心
公共空间分析图
公共空间将文化体验区和居住生活区环形联系起来。同时生活区的公共空间与滨河共享空间建立了廊道联系。
邻里共享空间节点
公众共享空间节点
景观结构图
景观结构也主要围绕滨河景观和文化体验区的滨河景观构成，前者由社区邻里中心为开始，后者则以陌桑公园作为起始。
核心景观
次景观

曲水安生 共话桑麻

基于共享理念的乡村振兴计划——德清县东舍墩村健康颐养村设计

参赛学校名称：浙江工商大学 指导老师：徐清 童磊 陈怡 小组成员：王奕苏 陈希 陈伊 叶诗宇 金园

成果展示 Achievement Display 04

鸟瞰图

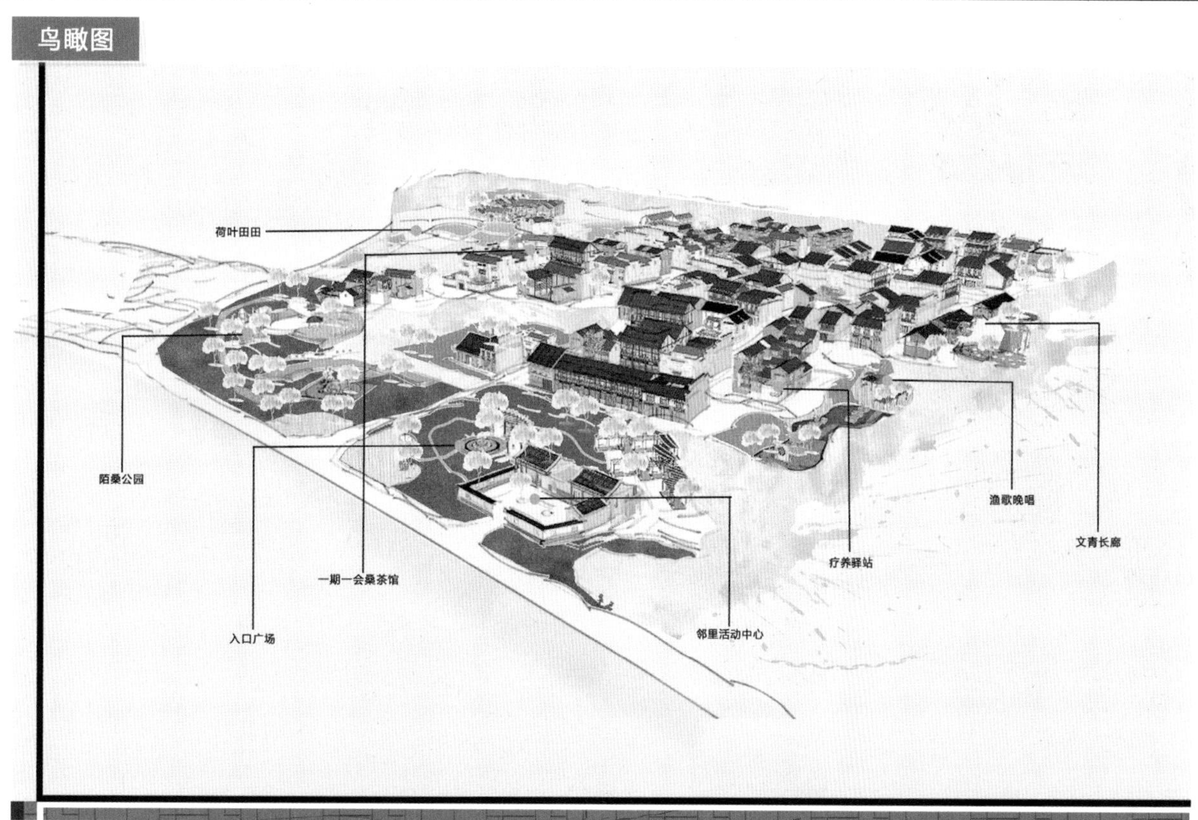

节点效果图

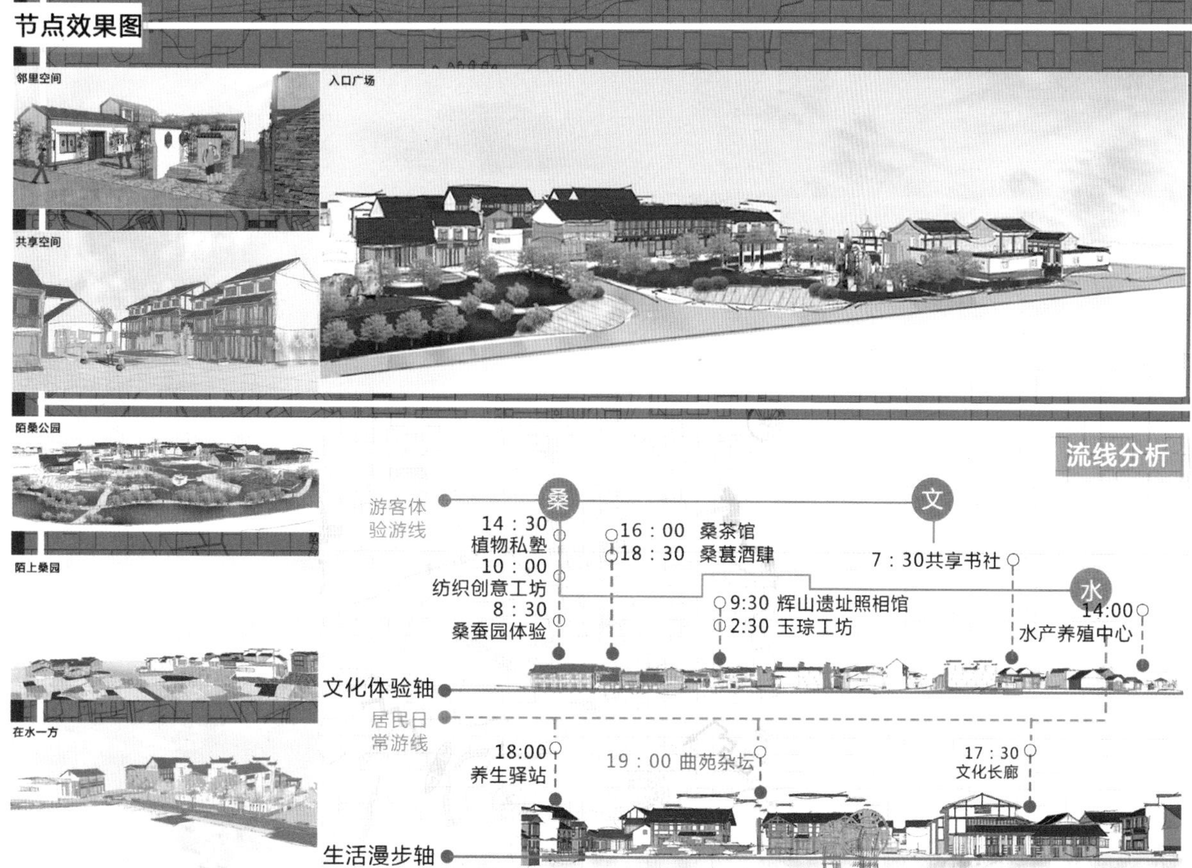

基于禅农共生的湘北村落规划设计
茗香禅意 水街人家
基地历史概况分析
基地现状综合分析
目标·共生
共生·起点
理念背景分析
湖南理工学院

基于禅农共生的湘北村落规划设计
茗香禅意
水街人家
贰
理念推导
文化起源
共生互利
方案生成
生活方式
交流空间
手工产业
休闲养生
文化意象
意象是中国文化特有的范畴，很早就出现于中国古典哲学、美学与文论中。“意”概指审美主体的意识、心志、情义、旨趣等心理内涵。“象”来自于物，它是形象与想象的共名，是具象思维的中国文化的丰富内涵。物象情化即为意，意象浑然一体，展示的正是意与象的辩证统一。
文化意象从属于意象，是相对于自然意象而言的，是古诗词中一种突出的文化现象。文化意象大多凝聚着各个民族的智慧和历史文化。它们不断出现在人们的寓言、文艺作品中，慢慢地它们形成为一种文化符号，具有了相对固定的、独特的文化含义，有的还带有意义深远的联想。
禅农文化山水画
宏观背景
微观条件
规划方案
外部需求
内部分析
目标定位
定位
概念
文化复兴
开发前
禅农产业
文禅板块
古今共生元素提取
古佛寺
古道
古桥
古民居
农业
民俗
经济
自然推动元素
动态发展
社会推动元素
古今共生空间
古今共生民俗
禅农并重
皮影表演
味一禅茶
平江十大碗
编竹
空间意象
空间意象最早由凯文·林奇在《城市意象》中提出，认为一座城市应具有“可识别性”和“可印象性”。
城市意象主要来源于城市空间的五个物质要素：道路、边界、区域、节点和标志物。
道路
边界
区域
节点
标志物
村落意象的空间意象要素可概括为山水、标志物、节点、街巷、边界和区域等六个要素。
山水
标志物
节点
街巷
边界
区域
空间组织
空间分析方法
空间定性：区域
空间定形：
山水+街巷+标志物
空间支撑：
街巷+边界+节点
以民为核心，延续文化
依水人家，可持续发展
湖南理工学院 作品名称：茗香禅意●水街人家-基于禅农共生的湘北村落规划设计 专业：城乡规划 作者：刘李真 武亚杰 李婷婷 郭聪 唐娜 指导教师：刘文娟 贾岚 王晓涓

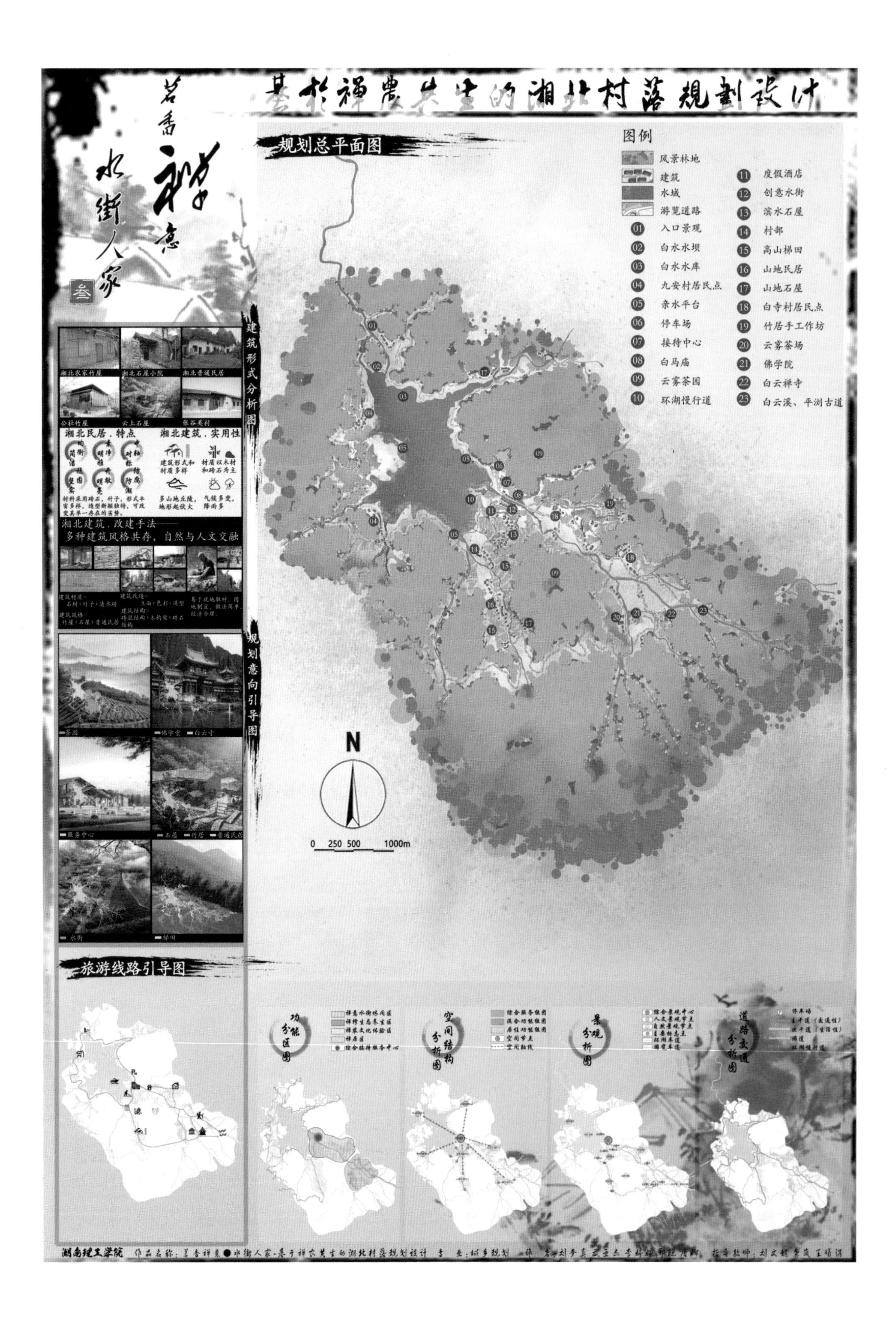

基于禅农共生的湘北村落规划设计
茗香禅意 水街人家
规划总平面图
图例
风景林地
建筑
水域
游览道路
01 入口景观
02 白水水坝
03 白水水库
04 九安村居民点
05 亲水平台
06 停车场
07 接待中心
08 白马庙
09 云雾茶园
10 环湖慢行道
11 度假酒店
12 创意水街
13 滨水石屋
14 村部
15 高山梯田
16 山地民居
17 山地石屋
18 白寺村居民点
19 竹居手工作坊
20 云雾茶场
21 佛学院
22 白云禅寺
23 白云溪、平浏古道
N
0 250 500 1000m
建筑形式分析图
湘北农家竹屋
湘北石屋小院
湘北普通民居
公社竹屋
云上石屋
张谷英村
湘北民居·特点
湘北建筑·实用性
湘北建筑·改建手法——
多种建筑风格共存，自然与人文交融
规划意向引导图
茶园
佛学堂
白云寺
服务中心
石居
竹居
普通民居
水街
梯田
旅游线路引导图
功能分区图
空间结构分析图
景观分析图
道路交通分析图
湖南理工学院

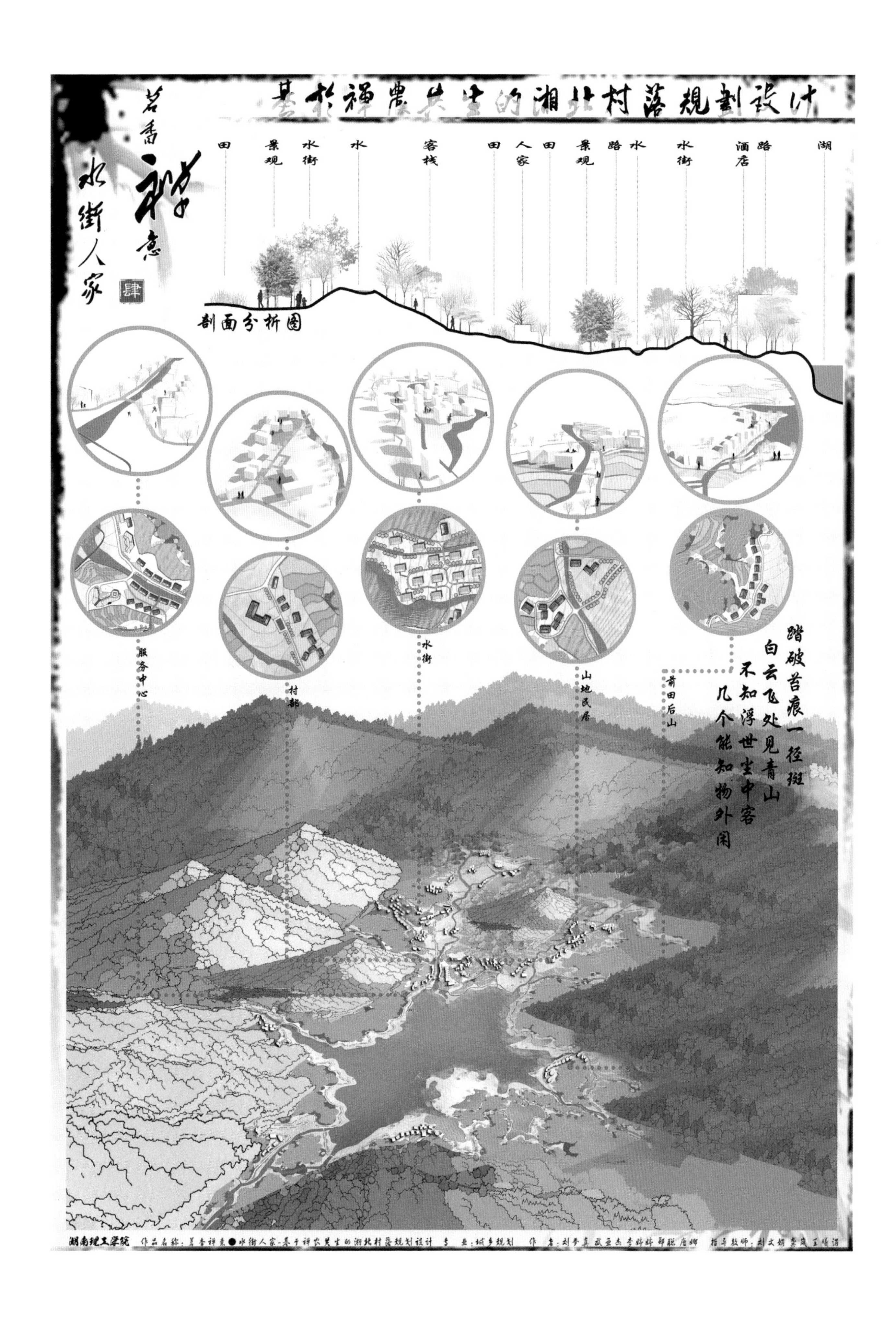

基于禅农共生的湘北村落规划设计
茗香禅意
水街人家
肆
田
景观
水街
水
客栈
田
人家
田
景观
路
水
水街
酒店
路
湖
剖面分析图
服务中心
村部
水街
山地民居
前田后山
踏破苔痕一径斑
白云飞处见青山
不知浮世尘中客
几个能知物外闲
湖南理工学院 作品名称：茗香禅意●水街人家-基于禅农共生的湘北村落规划设计 专业：城乡规划

平湖市新埭镇鱼圻塘村
村庄规划·文化新生

【参赛院校】 同济大学

【参赛学生】 姜雨姗 马若雨 来佳莹 汪 滢

【指导教师】 钮心毅 朱 玮

“庙指鱼圻六里遥，秋来报塞集尘嚣。田中插满莲花炬，十丈光芒火树摇。”鱼圻塘村地处浙北，北通金山，拥有自身独特的 3A 级旅游文化景区刘公祠，又有大蜡烛传统文化优势和江南水乡文化优势，农产品丰富，有初级的旅游业。

但深入调查，可以发现鱼圻塘村的发展存在农业资源丰富但农业配套欠缺，不能全年创收的矛盾；原工业创收大，但工业部分腾退之后没有新的创收点且三产联动发展不足的矛盾；旅游资源丰富但日常文化活动缺失、旅游配套设施不足的矛盾。

我们提出了“4321”战略，以野、趣、绿、动四个手段，宜居、产业、文化三种策略，水乡文化、历史文化两大文化，刘公祠旅游品牌一个中心，共同打造文化新生的鱼圻塘村。

村庄由三条脉络串起：文化风情旅游带——发挥水乡文化和历史文化优势，以刘公祠文化区为核心，千亩荷塘和采摘农庄为两翼，连接上海廊下度假区和村庄内部；产业展示带——依托广新公路，连接中心社区和粮果生产区，是鱼圻塘村的产业展示展销中心。傍水生活带——依托大寨河河道，打造刘琦文化长廊和滨水慢行带，为居民营造宜居村落。两个详细规划的节点则分别是布置有文化长廊、蜡烛博物馆、鱼乡戏苑、文体中心、皮划艇会所的中心社区以及有滨水餐厅、田头集市、智能温室的自然村落保留点。

通过此次设计，引发了我们的思考：鱼圻塘村隶属浙江省新埭镇，该镇东邻上海金山区廊下镇，北接金山区枫泾，实际是浙江省对接上海市的门户位置，位于新埭镇东南部的鱼圻塘村与廊下镇有更为紧密的联系。在本次规划中我们也主要考虑将上海的城市居民引入本村，与拥有郊野公园的廊下以及村南部的临海小镇乍浦联动发展，构成旅游发展带。然而在实际的操作过程中，我们对上海与浙江在该交界地块的联动规划存疑，尤其是在新埭镇实际在镇北部已经与上海联合建立的产业园分区而治的现实背景条件下。以鱼圻塘村以及新埭镇为代表的省市交界区域，其实际受上海的吸引力更强，但不受上海管理，并因其边界位置与浙江省嘉兴市的规划重心存在一定的距离，弱化了发展。随着上海部分功能的外溢，未来对于这些边界邻市区域的影响也会越来越大，跨省市的管理与发展将成为带动该类区域发展的核心问题。

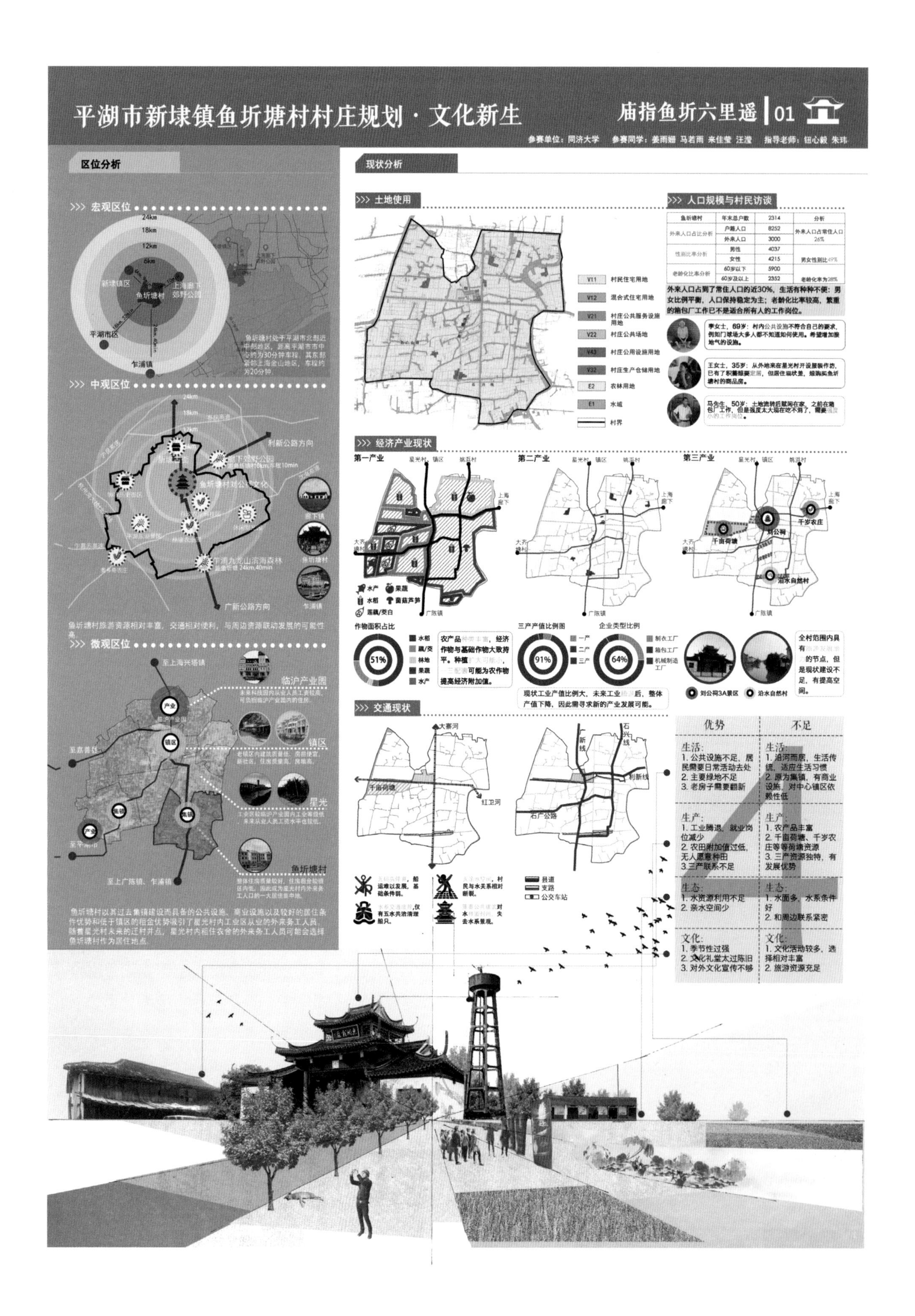

平湖市新埭镇鱼圻塘村村庄规划·文化新生
庙指鱼圻六里遥 01
参赛单位：同济大学 参赛同学：姜雨姗 马若雨 来佳莹 汪滢 指导老师：钮心毅 朱玮
区位分析
宏观区位
中观区位
微观区位
现状分析
土地使用
人口规模与村民访谈
经济产业现状
第一产业
第二产业
第三产业
交通现状
优势
不足

平湖市新埭镇鱼圻塘村村庄规划·文化新生

秋来报赛集尘嚣 | 02

参赛单位：同济大学　参赛同学：姜雨姗 马若雨 来佳莹 汪滢　指导老师：钮心毅 朱玮

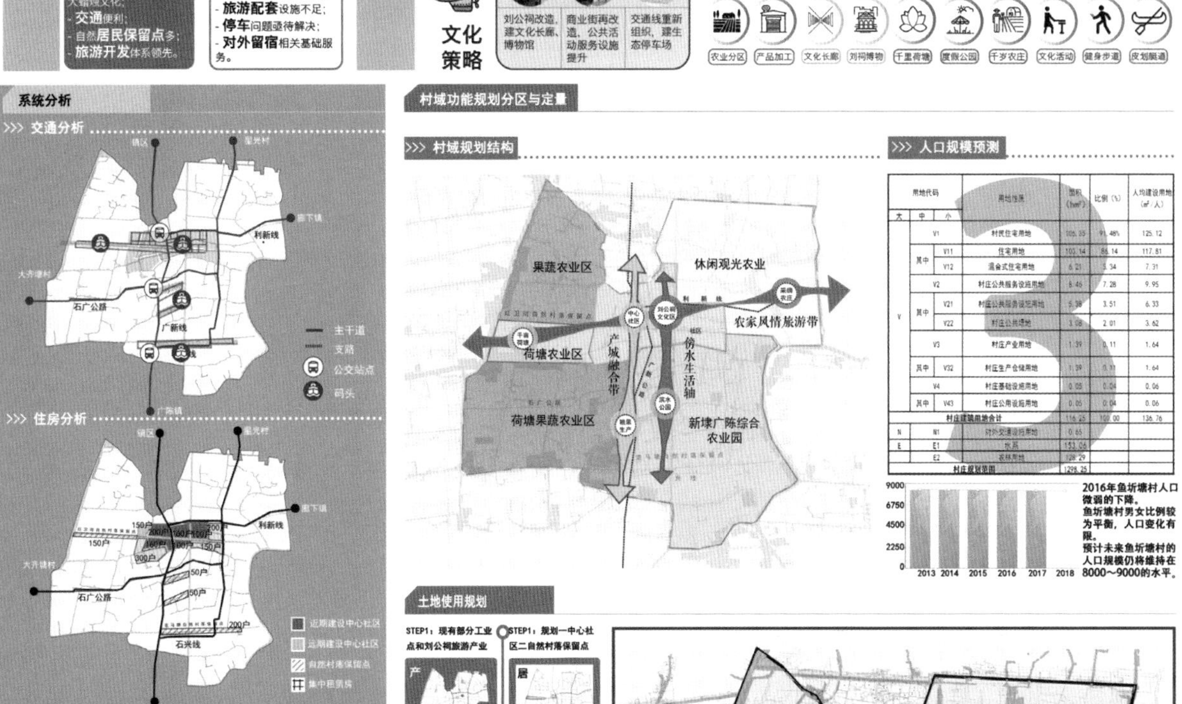

用地代码（大）	用地代码（中）	用地代码（小）	用地性质	面积（hm²）	比例（%）	人均建设用地（m²/人）
V	V1		村民住宅用地	105.35	91.48%	125.12
	其中	V11	住宅用地	100.14	86.14	117.81
		V12	混合式住宅用地	6.21	5.34	7.31
	V2		村庄公共服务设施用地	8.46	7.28	9.95
	其中	V21	村庄公共服务设施用地	5.38	3.51	6.33
		V22	村庄公共场地	3.08	2.01	3.62
	V3		村庄产业用地	1.39	0.11	1.64
	其中	V32	村庄生产仓储用地	1.39	0.11	1.64
	V4		村庄基础设施用地	0.05	0.04	0.06
	其中	V43	村庄公用设施用地	0.05	0.04	0.06
村庄建设用地合计				116.25	100.00	136.76
N	N1		对外交通设施用地	0.65		
E	E1		水系	153.06		
	E2		农林用地	128.29		
村庄规划范围				1298.25		

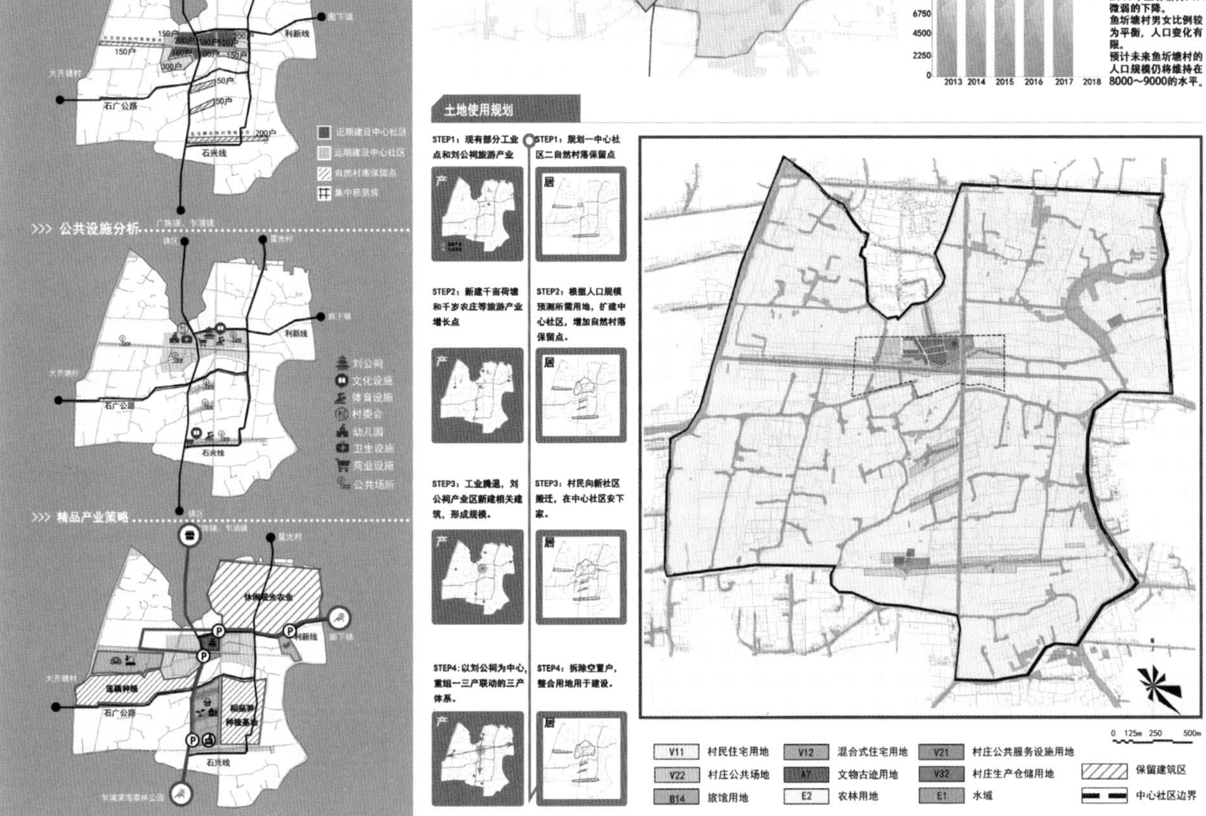

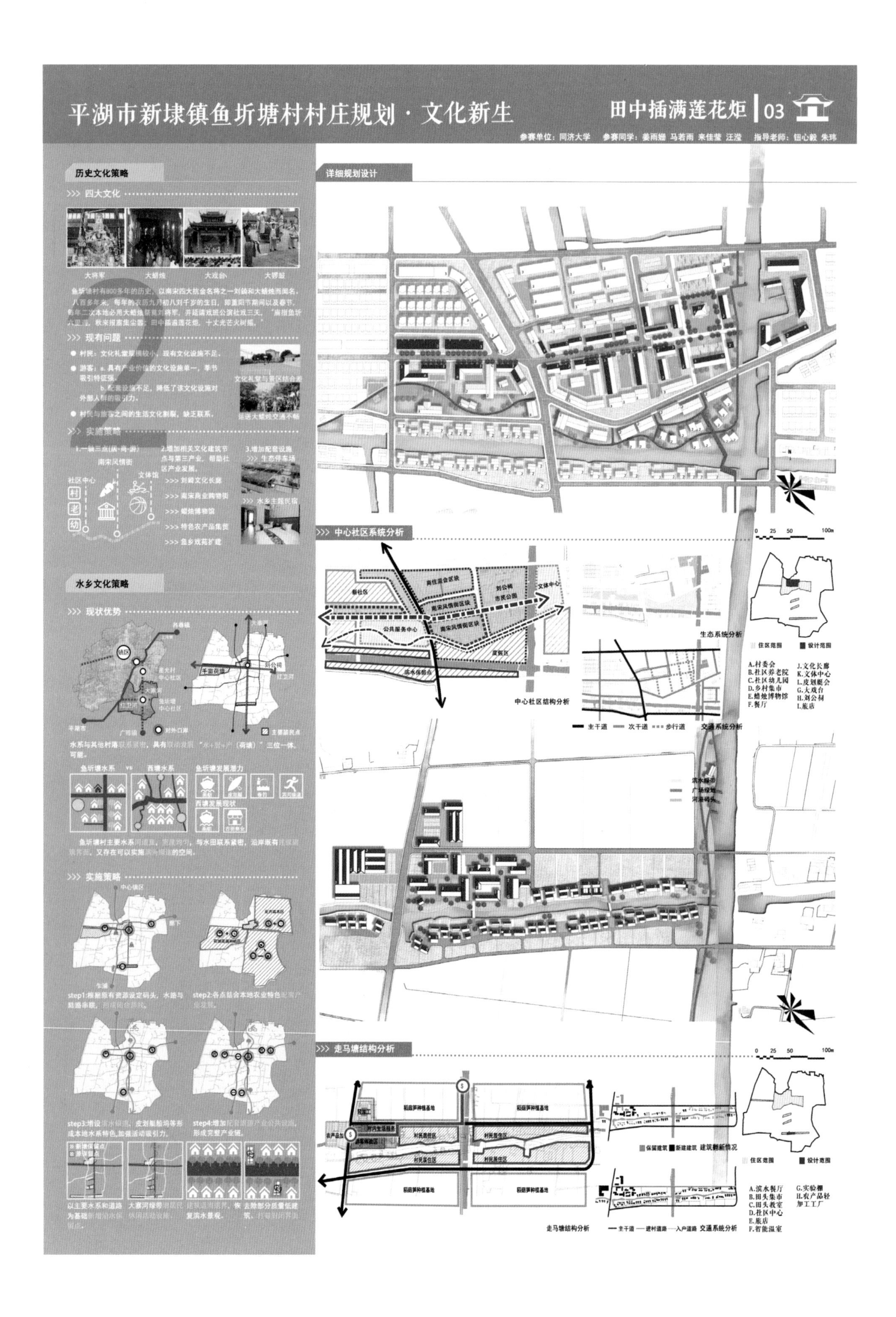

平湖市新埭镇鱼圻塘村村庄规划·文化新生
田中插满莲花炬 03
参赛单位：同济大学 参赛同学：姜雨姗 马若雨 来佳莹 汪滢 指导老师：钮心毅 朱玮
历史文化策略
四大文化
大将军
大蜡烛
大戏台
大锣鼓
现有问题
实施策略
水乡文化策略
现状优势
实施策略
详细规划设计
中心社区系统分析
中心社区结构分析
生态系统分析
交通系统分析
走马塘结构分析
建筑翻新情况

平湖市新埭镇鱼圻塘村村庄规划·文化新生

十丈光芒火树摇 | 04

参赛单位：同济大学 参赛同学：姜雨姗 马若雨 来佳莹 汪滢 指导老师：钮心毅 朱玮

一日游策划

16:00 游船码头
14:00 南宋风情街
12:30 集贸市场
11:30 博物馆
11:00 文化长廊
10:00 蜡烛体验馆
09:00 鱼乡戏院
08:30 刘公祠
08:00 度假村

节点渲染

两日游策划

周五 18:00 上海出发
20:00 乍浦森林公园
海鲜 温泉
周六 8:00 乍浦
踏青
13:00 鱼圻塘村中心社区
刘公祠
博物馆
风情街
16:00 千亩荷塘
龙虾 芦笋
花灯 泛舟
20:00 度假村
居住 社戏
周日8:00 码头
皮划艇
11:00 千岁农庄
采摘园
14:00 上海廊下郊野公园
郊游
16:00 回家

问题1：项目周期短，不成系统
手段1：拓宽旅游项目的时间跨度
问题2：村民生活与旅客游览的割裂
手段2：增强旅游项目与居民互动
刘公祠为中心 全年性多维度 旅游项目开发

全年游策划

1 刘公祠
2 千亩荷塘
3 船坞
4 度假村
5 皮划艇停靠点
6 千岁农庄
7 文化长廊
8 田头超市
9 南宋风情街

01 02 03 04 05 06 07 08 09 10 11 12

节庆活动：重阳大蜡烛节庆、小龙虾垂钓节、端午赛艇节、水乡莲花节、鱼乡大锣鼓戏曲节、元宵莲花灯节

日常活动：刘公祠祭拜、蜡烛博物馆DIY、文化长廊参观、南宋风情街购物、千亩荷塘泛舟、莲花河灯、田头超市、皮划艇、荷塘垂钓、周末农庄

作物采摘：黄桃采摘、香菇采摘、西瓜采摘

千亩荷塘
千岁农庄

张家港市凤凰镇支山村乡村规划

【参赛院校】 苏州大学

【参赛学生】 洪柳依　石遵堃　杨媛媛　吴佳静　李　娜　杨源源

【指导教师】 王　雷

一、设计思路

1. 问题提出

一边是作为大型田园综合体开发项目的“弃子”乡村、外围边角用地，一边是面对凤凰镇镇区建设项目的挤压,一个发展空间窘迫的乡村该如何振兴？支山村的未来发展规划必须化上述“危机”为“转机”。

2. 规划立足点

重视与周边地区的各类城乡开发项目相衔接，在区域整体发展的层面确定自身的乡村规划目标和乡村振兴发展方向。

3. 总体思路

（1）尊重乡村特有的田园景观，注重乡村综合实力的提升。

（2）充分整合现代农业资源和乡村文化资源，打造生态优、村庄美、产业特、农民富、集体强、乡风好、养生养老、宜居度假、休闲慢生活融为一体的特色乡村。

（3）实现土而不脏、乡而不乱、朴而不差、富而不俗的桃源乡村。

二、方案介绍

1. 方案形成过程

支山村发展滞后的内外因分析→乡村规划视角下的问题解决路径→特色田园乡村规划方案。

2. 原有乡村空间肌理的继承

尊重支山村自然形成的乡村空间肌理，规划仅通过对局部空间进行微调整、轻干预来实现各节点之间更加通畅可达。

3. 总体空间布局

乡村生活空间以千年红豆树为中心向四周展开，进而完成村、水、林、园、人的和谐共生的场景组织。

4. 乡村产业融合

水蜜桃栽培、红豆树主题公园、亲水游船项目等乡村多种资源开发，致力于实现一二三产业之间的融合渗透和交叉重组，进而完成乡村产业链延伸和产业功能转型。

5. 村民参与

通过入户访谈和问卷调查，围绕村民特征、村民对乡村空间现状的认知、村民对乡村规划的认知、村民参与乡村规划的意愿表达等要素进行了分析，夯实乡村规划编制的民意基础。

三、延伸内容

桃，在中国的传统文化中寓意着幸福、美满、长寿，是最能够象征笑脸的水果。2017 年暑期的炎炎夏日里，在我们最初的镜头下，水蜜桃之乡——张家港市凤凰镇支山村的村民总是展现着一张张笑脸。然而，在之后的两个月中间，随着下乡调研次数的增加，我们开始慢慢地认识到了在客气的笑容后面隐藏着的些许无奈，这个小村的发展正面临着复杂的困境。接下来，如何能在乡村规划设计中为这些村民贡献微力，成了我们所有团队成员的共同心愿。

张家港市凤凰镇支山村乡村规划

参赛学校名称：苏州大学 指导老师：王雷 小组成员：洪柳依 石遵堃 杨媛媛 吴佳静 李娜 杨源源

相思红豆 花木桃源 1

区位分析

研究范围

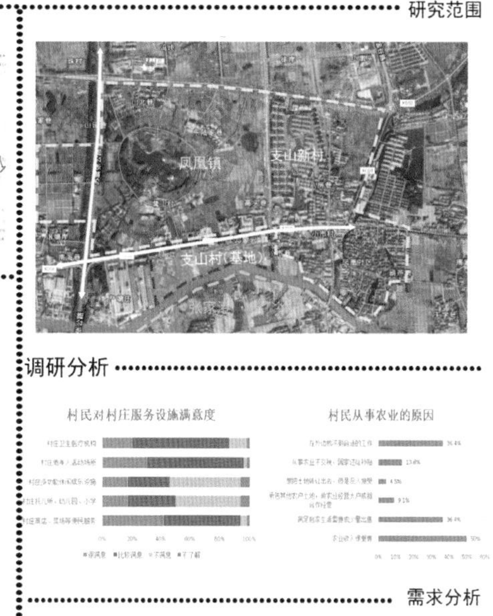

村庄概况

支山村（原名鹫山村）位于江苏省张家港凤凰镇西南端。地理位置优越，交通便捷。该区域由邓家宕、大竹稍院、廿亩丘组成。邓家宕，邓姓祖居于此而得名。大竹稍院，清康熙年间，植竹二十余亩，竹青而大，故名。廿亩丘，村内有一块二十亩大的田地而得名。1950年三个自然村归属于支山乡红豆树村，现在的支山村2004年由支山村和珠村合并而成。

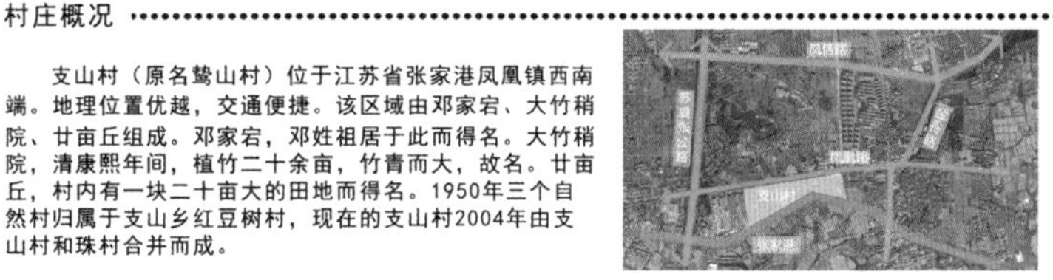

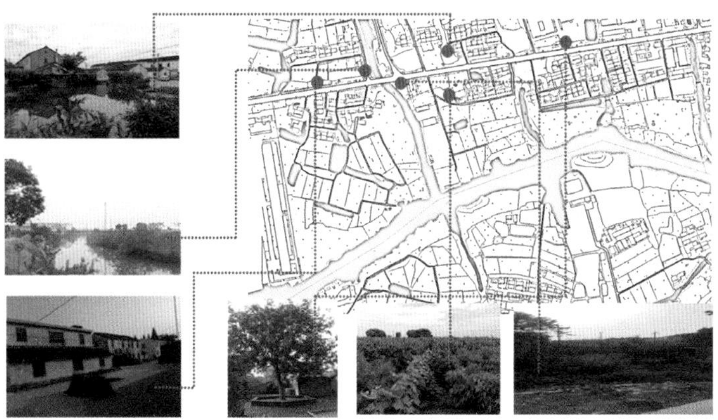

调研分析

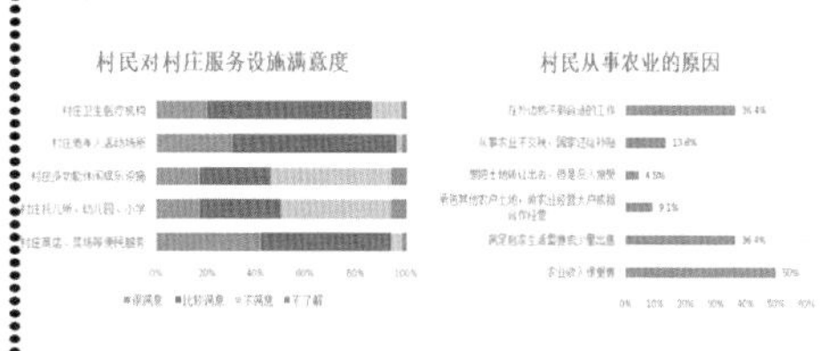

需求分析

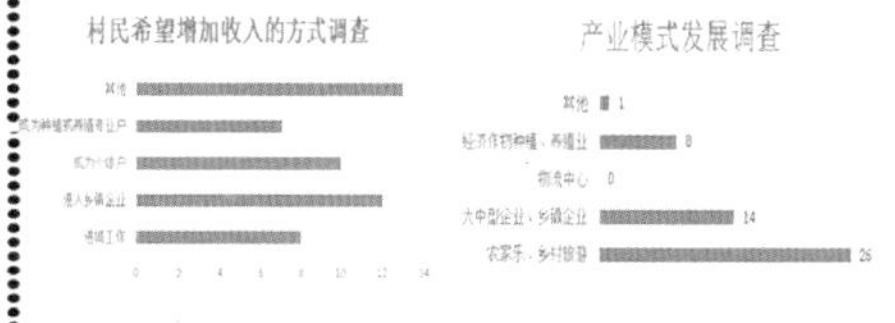

SWOT分析

Strength
- 区域交通便利，地理条件优越；
- 地形地势平坦，便于开发利用；
- 历史文化底蕴深厚，村庄历史悠久，有一棵千年红豆树作为代表，为市级文物保护单位。
- 自然条件优越，河网密布，土地肥沃；
- 距离凤凰镇区很近，通行较为便利；
- 民风善良淳朴，安静的村子使人心旷神怡，比较适合旅游开发。

Weakness
- 整体规划相对落后，目前的开发建设没有章法可循，缺乏统一的规划和管理；
- 村庄内部基础设施较差，建设相对滞后；
- 村庄内青壮年多在镇上居住，留守村内多为老人，村庄活力不足；
- 产业结构单一、水蜜桃产业处于粗放型阶段，缺乏一三产联动发展，现有产业结构无法提升村民整体收入水平的提升；
- 建筑形象杂乱、缺乏特色、整体风貌不统一，景观效果不佳。

Opportunity
- 作为凤凰镇新型城镇化项目建设为村落发展带来巨大机遇；
- 特色产业的开发利用，比如红豆这一文化产业的开发，可以很大地带动村庄的旅游业发展；
- 对水蜜桃可重点开发种植采摘，开发季节性的农家乐；
- 凤凰路北地块的开发，能够给村庄吸引更多的旅游人口；
- 村民对于村庄人居环境改善，配套设施完善、农业转型升级和发展乡村旅游也有较高意愿。

Threat
- 周边江阴红豆村相似产业发展的较为完善，与支山村发展有交叉重叠；
- 农村公共服务设施资金不足，长效投资机制有待建立；
- 无锡阳山水蜜桃产业上发展优于本村庄，在产品的输出方面形成了一定的竞争关系；
- 凤凰路北地块未来的开发方向会直接影响到支山村的旅游发展。

调研总结

本团队对支山村的村民入户访谈，分别对村民特征、村民对乡村空间现状的认知、村民对乡村规划的认知,村民参与乡村规划的意愿表达等问题进行了分析。共发放50份问卷，有效回收49份。

问卷分析结果显示：

（1）乡村宜居环境的认知。村庄基础设施建设方面得到村民一致好评。但是宜居环境建设方面评价较低，村民对上级政府和乡村组织提出了更高的要求和期待。

（2）村民特征和参与乡村规划的意愿。村民拥有主人翁意识，参与乡村规划建设的意愿强烈，在乡村管理的透明度方面更为敏感，在政府主导下实施以村民为主体的乡村规划模式的时机业已成熟。

案例影射

夹缝中的生存—Time's Ⅰ & Ⅱ

TIME'S是安藤忠雄的作品之一，位于日本京都木屋町通与三条通交叉口，旁边是高濑川。小小的三层商铺400年来安然坐落于闹市河边上，做夹缝中最闪光的存在。

支山村和Time's类似，村落位于凤凰镇西侧，区域交通便利，地理环境优越。由于北边的田园综合开发园区和南侧的张家港河，被压缩为狭长的空间。与周边的繁华不同，发展十分滞后。如何化"危机"为"转机"，是本村的规划目标。

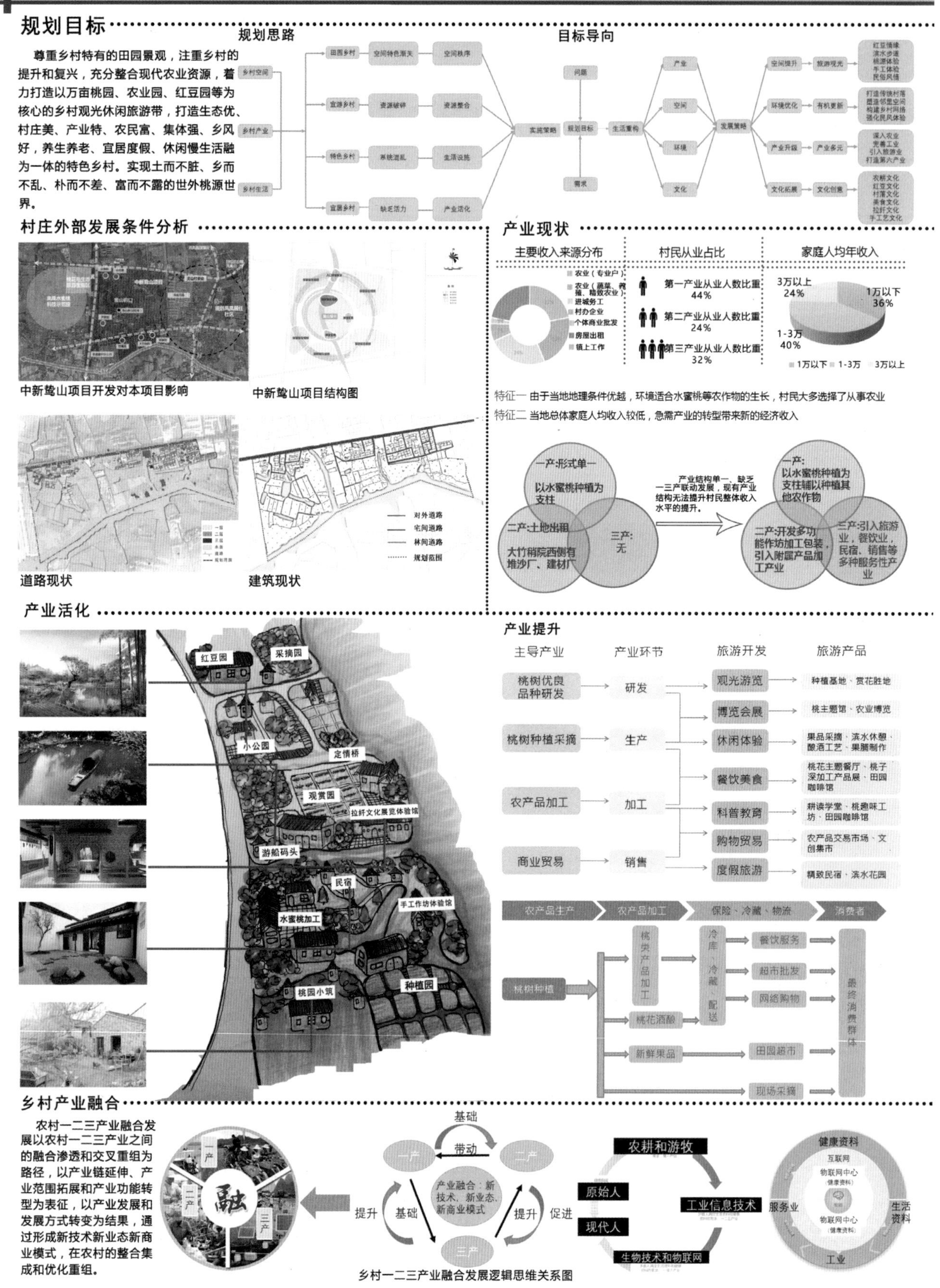

张家港市凤凰镇支山村乡村规划
相思红豆 花木桃源 2
参赛学校名称：苏州大学 指导老师：王雷 小组成员：洪柳依 石遵堃 杨媛媛 吴佳静 李娜 杨源源
规划目标
尊重乡村特有的田园景观，注重乡村的提升和复兴，充分整合现代农业资源，着力打造以万亩桃园、农业园、红豆园等为核心的乡村观光休闲旅游带，打造生态优、村庄美、产业特、农民富、集体强、乡风好，养生养老、宜居度假、休闲慢生活融为一体的特色乡村。实现土而不脏、乡而不乱、朴而不差、富而不露的世外桃源世界。
规划思路
目标导向
村庄外部发展条件分析
中新鹭山项目开发对本项目影响
中新鹭山项目结构图
道路现状
建筑现状
对外道路
宅间道路
林间道路
规划范围
产业现状
主要收入来源分布
村民从业占比
家庭人均年收入
第一产业从业人数比重 44%
第二产业从业人数比重 24%
第三产业从业人数比重 32%
3万以上 24%
1万以下 36%
1-3万 40%
特征一 由于当地地理条件优越，环境适合水蜜桃等农作物的生长，村民大多选择了从事农业
特征二 当地总体家庭人均收入较低，急需产业的转型带来新的经济收入
一产：形式单一 以水蜜桃种植为支柱
二产：土地出租 大竹稍院西侧有堆沙厂、建材厂
三产：无
产业结构单一、缺乏一三产联动发展，现有产业结构无法提升村民整体收入水平的提升。
一产：以水蜜桃种植为支柱辅以种植其他农作物
二产：开发多功能作坊加工包装，引入附属产品加工产业
三产：引入旅游业，餐饮业，民宿、销售等多种服务性产业
产业活化
红豆园
采摘园
小公园
定情桥
观赏园
拉纤文化展览体验馆
游船码头
民宿
手工作坊体验馆
水蜜桃加工
种植园
桃园小筑
产业提升
主导产业
产业环节
旅游开发
旅游产品
桃树优良品种研发
桃树种植采摘
农产品加工
商业贸易
研发
生产
加工
销售
观光游览
博览会展
休闲体验
餐饮美食
科普教育
购物贸易
度假旅游
种植基地、赏花胜地
桃主题馆、农业博览
果品采摘、滨水休憩、酿酒工艺、果脯制作
桃花主题餐厅、桃子深加工产品展、田园咖啡馆
耕读学堂、桃趣味工坊、田园咖啡馆
农产品交易市场、文创集市
精致民宿、滨水花园
农产品生产
农产品加工
保险、冷藏、物流
消费者
桃树种植
桃类产品加工
冷库 冷藏 配送
桃花酒酿
新鲜果品
餐饮服务
超市批发
网络购物
田园超市
现场采摘
最终消费群体
乡村产业融合
农村一二三产业融合发展以农村一二三产业之间的融合渗透和交叉重组为路径，以产业链延伸、产业范围拓展和产业功能转型为表征，以产业发展和发展方式转变为结果，通过形成新技术新业态新商业模式，在农村的整合集成和优化重组。
融
基础
带动
一产
二产
三产
产业融合：新技术、新业态、新商业模式
提升
基础
提升
促进
乡村一二三产业融合发展逻辑思维关系图
农耕和游牧
原始人
现代人
工业信息技术
生物技术和物联网
健康资料
互联网
物联网中心
服务业
生活资料
工业

张家港市凤凰镇支山村乡村规划

参赛学校名称：苏州大学 指导老师：王雷 小组成员：洪柳依 石遵堃 杨媛媛 吴佳静 李娜 杨源源

相思红豆 花木桃源 3

道路交通分析

公共服务设施分析

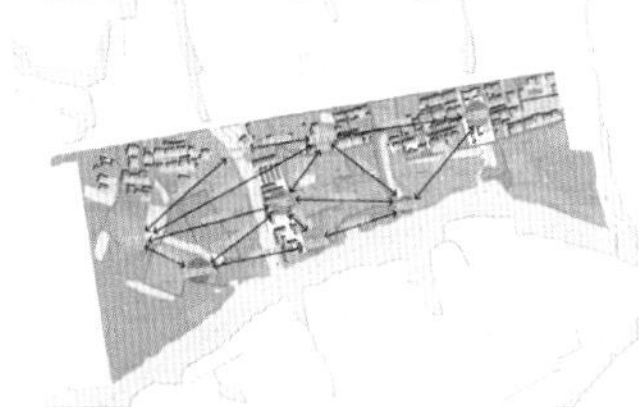

景观时距分析

用地功能分区

停车场设施分析

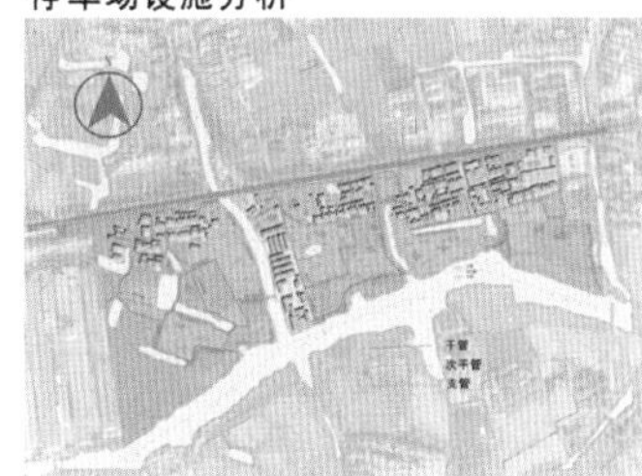

污水排放设施分析

该村采用接管模式，将污水纳入城镇污水处理系统；农村排水采用雨污分流制，雨水通过雨水管道或利用自然地形直接或间接排入周边水体。已建成合流制收集系统。

驳岸改造形式

自然式

亲水式

硬化式

节点展示

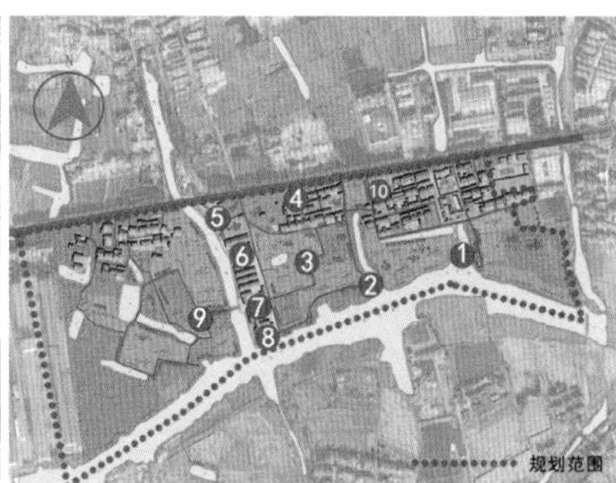

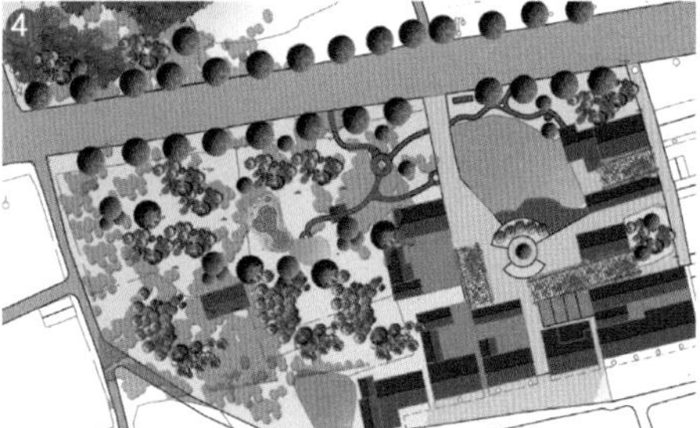

1. 听风阁
2. 缘定红桥
3. 赏花桃园
4. 水榭酒馆
5. 水游码头
6. 水蜜桃加工
7. 手工艺体验
8. 拉纤文化体验
9. 桃园小筑
10. 健身广场

规划愿景

打造集生活、生产、生态以及产业融合既具有乡村特色有具有城市便利的新村庄，实现生态优、村庄美、产业特、农民富、集体强、乡风好的支山梦。

规划特色

尊重乡村特有的田园景观、传统建筑，注重乡村的提升和复兴，慎砍树、不填水、少拆房尽可能的在原有村庄形态上改善居民生活条件和乡村环境。

在保证原生态村庄的基础上跟原有产业的结合、与周边田园综合产业相融合、与镇区的融合，充分展示支山村桃园人家，红豆定情的特色生活，最终实现美丽田园特色乡村宜居、宜业、宜游、宜文的目标。

张家港市凤凰镇支山村乡村规划

参赛学校名称：苏州大学　指导老师：王雷　小组成员：洪柳依 石遵堃 杨嫚嫚 吴佳静 李娜 杨源源

相思红豆 花木桃源　4

产业价值

历史文化	科学	生态	政治经济	旅游观赏
见证历史 活文物 厚重感 人文精神 时代印迹 情感寄托	优良基因 探索自然 抗逆性 参考价值 记录变化	绿色屏障 挡风固土 美化环境 消夏避暑 鸟类栖息 消音吸尘	精神文明 生态文明 古树入志	名胜古迹 提升品味 特有景观

观赏　文化　祈福　产品周边

观赏：古树具有极高的观赏价值

祈福：为爱情或平安祈福，写下自己对未来生活的愿景

文化：红豆树起于南北朝时期，具有很高的文化价值。可在红豆园建设文化展馆或历史长廊

旅游产品：红豆主题的装饰品，食品等

文化展示

舞台表演

文化展卖

红豆祈福

文化研讨

产业现状

现状
- 古树现生长情况良好
- 有部分村民会来避暑纳凉
- 有游客前来参观

问题
- 周边景观未得到重视
- 无休憩场所
- 无游客服务
- 周围建筑老旧失修
- 门口标识较为隐蔽
- 现有基地面积较小

解决方式
- 保护开发

稀有性：红豆树大多生长在两广、滇缅等地，江浙一带极为少见。
民国时期，澄、虞两县同纬度上有两棵半红豆树，一棵在常熟白卯，一棵在常熟西徐市，半棵则在江阴顾山。
树龄约有200年以上，树高约9m，胸围1.41m，冠幅8m。为市级文物保护单位。

文化性：相传为南北朝梁武帝长子昭明太子萧统（501-531）在河阳山读书期间，手植两棵红豆树于鸷山南坡。
明弘治年间工部侍郎徐恪在邓家宕造私宅时，将两棵红豆树移栽于邓家宕西香花浜畔。
与红豆相关的众多诗词。

传奇性：南朝昭明太子手植红豆的传奇故事。
红豆树传奇一生：明重发新芽徐恪迁植至邓家宕，后植株又枯死后发5株新芽，存活3株，1953年、20世纪60年代枯死2株，仅剩一株在1985年列为市级文保单位，繁盛至今。
开花不定期，解放后共开花6次：1949年，1956年，1963年，2000年、2012年、2015年。

重要性：鸷山文化亮点，鸷山文化之魂。

红豆园改造

现状图

红豆园现状：

红豆树已有了千年的历史，也见证了支山村历史的变化，但如今的红豆园早已破败，只留下了这棵古树，园子的占地十分小，在支山村十分地不起眼，作为支山村历史文化的见证，红豆园应成为支山村的文化特色重点。

改造设计说明：

红豆园作为支山村的文化重点主题，改造后成为游客文化体验、休闲以及村民的综合场所。游客在红豆园可以参观古树亦可体验历史文化，村民在此进行一些村内的交流活动。拆除了园子周围的一些建筑，扩大园子的建筑面积，将红豆园打造成支山村的一个新地标。

红豆园改造后总平图

入口效果

庭院意向

茶室效果

茶室意向

桃

红豆

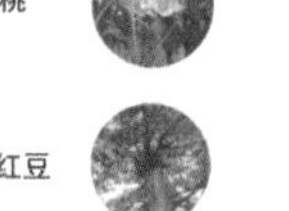

草垛

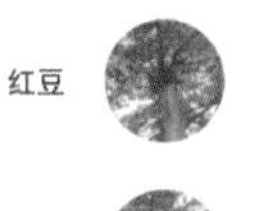

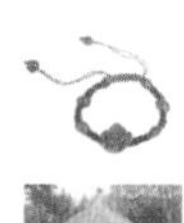

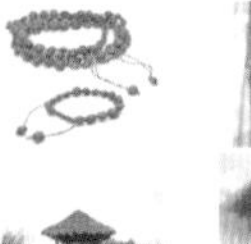

空间改造

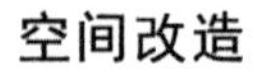

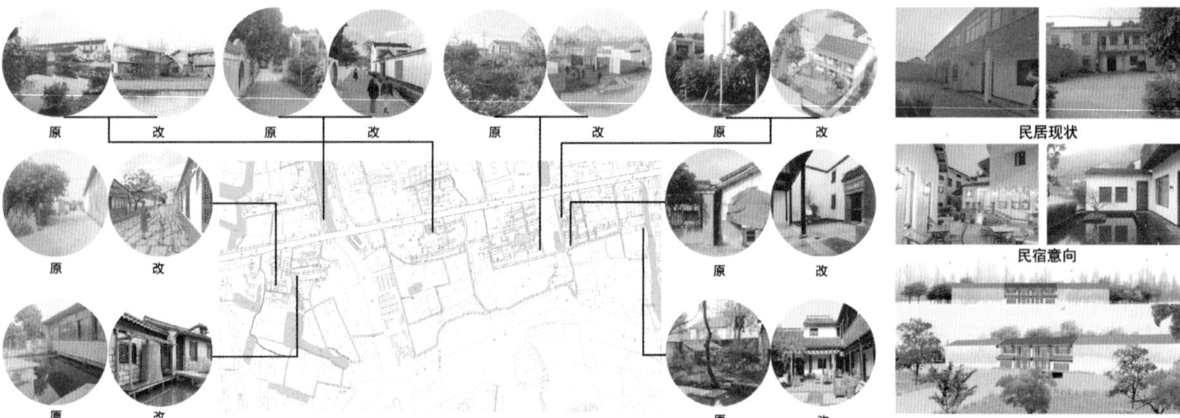

民居现状

民宿意向

新农 · 兴市 · 欣居村

【参赛院校】　同济大学

【参赛学生】　曾　迪　刘子健　刘晓韵　张贻豪

【指导教师】　彭震伟　耿慧志

一、定位与主题

1. 定位

大城市远郊地区多产融合的内生发展型农村社区。

2. 主题

结合本地资源与外部条件，将主题定为“新农·兴市·欣居村”。打造产业优化、农业升级、人居改善的富有村庄活力的农村社区。

二、设计策略

针对东新市村现状问题及村民意愿，为达到发展目标，从三个角度制定了发展策略。

1. 农业设计策略

（1）规划结构

“种植为主，养殖为辅，集粮食加工、储运和农耕文化展示、运动休闲、田园观光一体”的总体规划结构。项目区以种植水稻为主，辅以特色水产养殖，规范布局高水平粮田、标准化水产养殖场和农业生产附属设施用地，依托现有的市场资源和特色乡村风貌等合理布局农产品展示区、运动休闲观光区。

（2）提升科学技术策略

拓宽渠道，持续促进农民增收：加大新型职业农民培训力度，加强政策对接，通过职业农民培育带动农民增收。与网络结合：农村土地集体所有制不变，大胆实践农村土地所有权与经营权分离，允许更多的生产经营主体拥有土地经营权。高科技农业：与农业科研院所交流合作，打造奉贤农业科技品牌。积极引进使用农机新技术和装备，推广省工高效植保新机型。

（3）完善制度政策策略

积极实践“三权分置”：坚持农村土地集体所有制不变，大胆实践农村土地所有权与经营权分离，允许更多的生产经营主体拥有土地经营权。“合作社＋家庭农场”：强化合作社服务功能，让家庭农场发展粮食规模化生产，合作社向家庭农场开展代耕代种代收、病虫害统防统治等经营性社会化服务。

2. 产业发展策略

（1）市场发展策略

转变市场定位——市场原有定位中，企业厂装客户占有较大比重（约70%），主要需求产品为半成品板材，附加值相对较低，需求相对单一。实施减量化政策后，大量原有企业厂装客户流失。随着南桥新城、浦东新区等地区的发展，郊区人口增加，房地产建设发展，对家装的需求量增加。因此市场规划调整客户定位，转变为主要面向个体家装客户。

调整经营业务——随着客户定位的转变，市场的经营业务规划调整升级为家装展示体验馆与“一站式”家装服务卖场，招商对象包括基础装修、装饰主材、集成家居系统、软装、家电等，以优质的服务和相较于市中心的价格优势吸引顾客。

（2）第二产业发展策略

利用交通优势，保留并发展物流产业，形成物流产业园；延续现状形成的产业集群，发展特种机电产业；引进一定新兴产业，包括生物医药、新能源等。

3. 人居改善策略

以集中居住为主体，保留部分传统民居；集中建设租赁房，村民入股；传统民居以住租一体的复合功能进行修缮保留；集中居住小区结合原有回迁小区，集约化布置。采取以人群类型导向的人居环境提升措施。

三、设计特色阐述

设计的核心从农业、产业、人居三个方面展开，主题节点多依托现状就有资源，进行低强度开发建设。

1. 农业升级

（1）农业功能分区

规划东新市村农业区主要分为两大功能分区，即观光农业区和科技农业区。

科技农业区中有高水平粮田种植基地：在整合现状农业种植用地、拆旧区复垦和未利用地复垦的基础之上，形成配套完善、设施完备的现代农业，引进最新农业耕作技术。标准化水产养殖基地：该区域依托农业生产，利用当地丰富的水资源、良好的水质，发展特色水产养殖，以鱼、虾为主丰富农产品的品种。蔬菜基地：在大规模水稻种植、水产养殖的前提下，辅以蔬菜种植以满足村民及农家乐的生活需求。同时丰富村庄农产品种类。农产品加工储藏销售：主要指仓库、烘干、加工场和必要的管理用房。依托种植、养殖业，提高农业产品的档次，优化农业产业结构，提高生态效益。

观光农业区主要有四大功能，分别是观赏、垂钓、餐饮与体验，是沿路网、河网以农田体验为主的生态休闲，并且承接家具市场配套功能，带动农业第三产业发展。将自然水系形成的空间进行垂钓经济开发，吸引消费者观光、体验、餐饮，促进联动发展。同时，利用成规模种植的大地景观，增添观赏步行路线。

（2）稻鸭共作技术

实行稻鸭共作技术，不仅能有效提高土地利用效率，发挥优势，且避免目前东新市村的重要问题，更能带来额外的社会与生态效益。社会方面：一是探索稻田综合种养新模式的生产技术；二是丰富和提高农产品质量；三是强化规模经营户生产和销售优质农产品的意识；四是加快农产品加工及农业产业化发展，解决农村剩余劳动力。生态方面：每亩放养 15 只鸭子，排泄的粪便所含的养分相当于尿素 5~6kg、过磷酸钙 25~30kg、氯化钾 2~3kg。鸭子产生的肥料利用率高，同时减少了鸭子集中圈养后对环境的影响。

2. 产业优化

产业延续原有的发展基础，在原有空间上进行尽可能的优化与更新。首先是对周边环境的重新梳理，原本东新市村家具市场的周围环境较为恶劣，工厂污染、交通运输噪声均较为严重地影响着市场周边的体验。设计引入了农业产学研体验基地，一方面是和大规模机械化生产农业的结合，另外一方面也是对环境的优化改善。引入体验基地，能够在一定程度上吸引人流，也能给到家具市场的人流以一定的环境吸引力。

对产业的梳理亦是更新的关键。主要引入和保留的产业有物流园区、新能源产业、机械、生物医药等；除此之外，还增加了一系列体验类基地，包括家装体验馆、产学研基地和学农基地等。

3. 人居改善

在原本居住的基础上增加了一定的住房，其中包括集中居住小区、农村居民点以及新型农村社区。并根据人群类型导向形成了一定的人居环境提升措施。对于外来较低收入者，设计针对不同人群特征提供单身公寓、集体租赁房、职工集中生活区。对于本地居民而言，其老龄化程度较高，设计提供一门式村级服务中心、社区蔬菜售卖广场、无障碍出行、单元老年之家、社区关怀站等等设施。针对学前儿童，设计提供托幼合建的幼儿园以及社区儿童娱乐设施。对于外来非常住人群，住宿提供商务宾馆和特色民宿；停车设计社区公用停车场。

4. 特色节点重点打造——农村居民点新区

东新市村作为现状以产业为基础的农村，人群类型在一定程度上区别于普通农村。设计农村居民点新区针对多元化的社区住户，包括多代大家庭、主干家庭、核心家庭、老年夫妇、年轻夫妇、个体等，提供了多种住宅类型，包括一层住宅、多层住宅、底商住宅、单元组合住宅等；其中还有部分住宅以底层退进或架空形成活动空间。院落形式包括独栋宅前院落、一进式院落、半围合式院落等，住宅围合形成小绿地和公共活动空间。

上海市奉贤区奉城镇东新市村村庄规划

同济大学城乡规划系 指导老师：彭震伟 耿慧志 小组成员：曾迪 刘子健 刘晓韵 张贻豪

新农·兴市·欣居村 1

策略一：农业升级

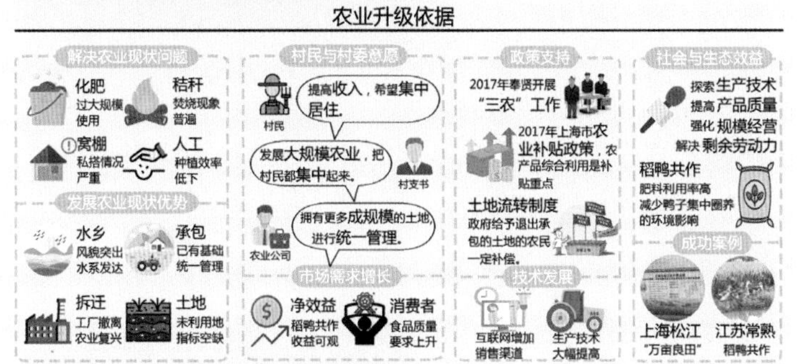

策略二：产业优化

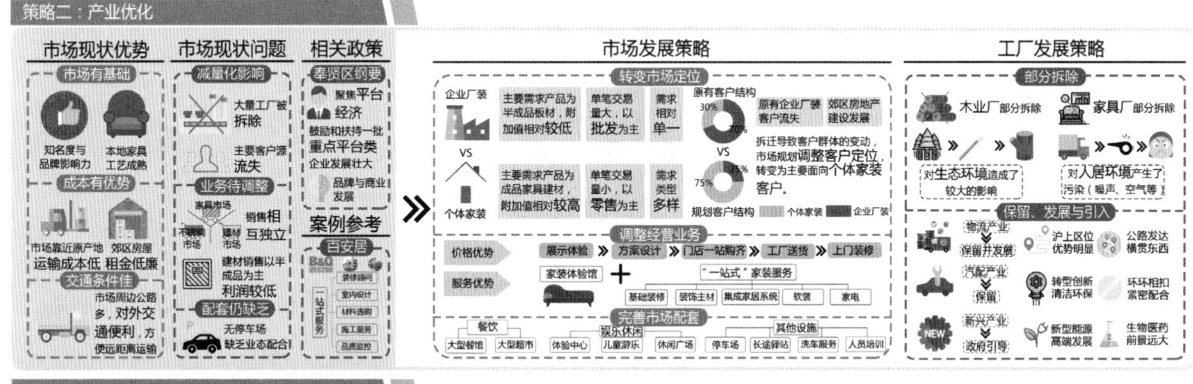

策略三：人居改善

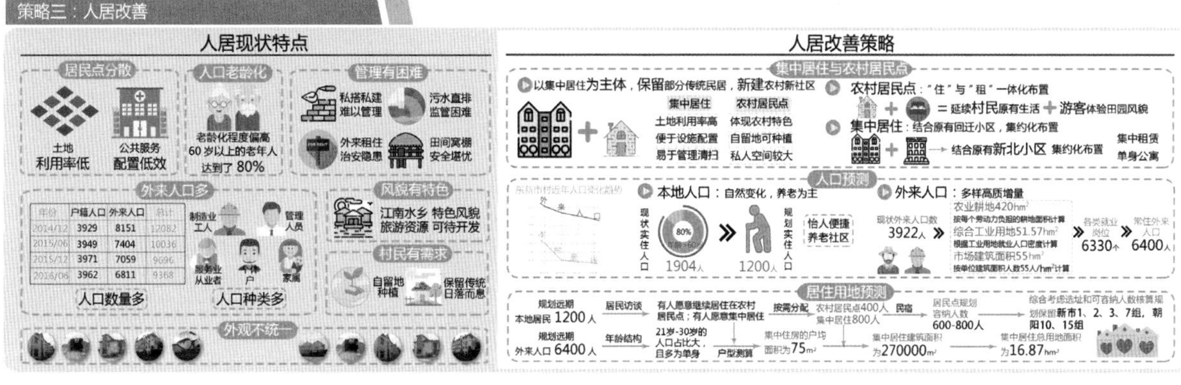

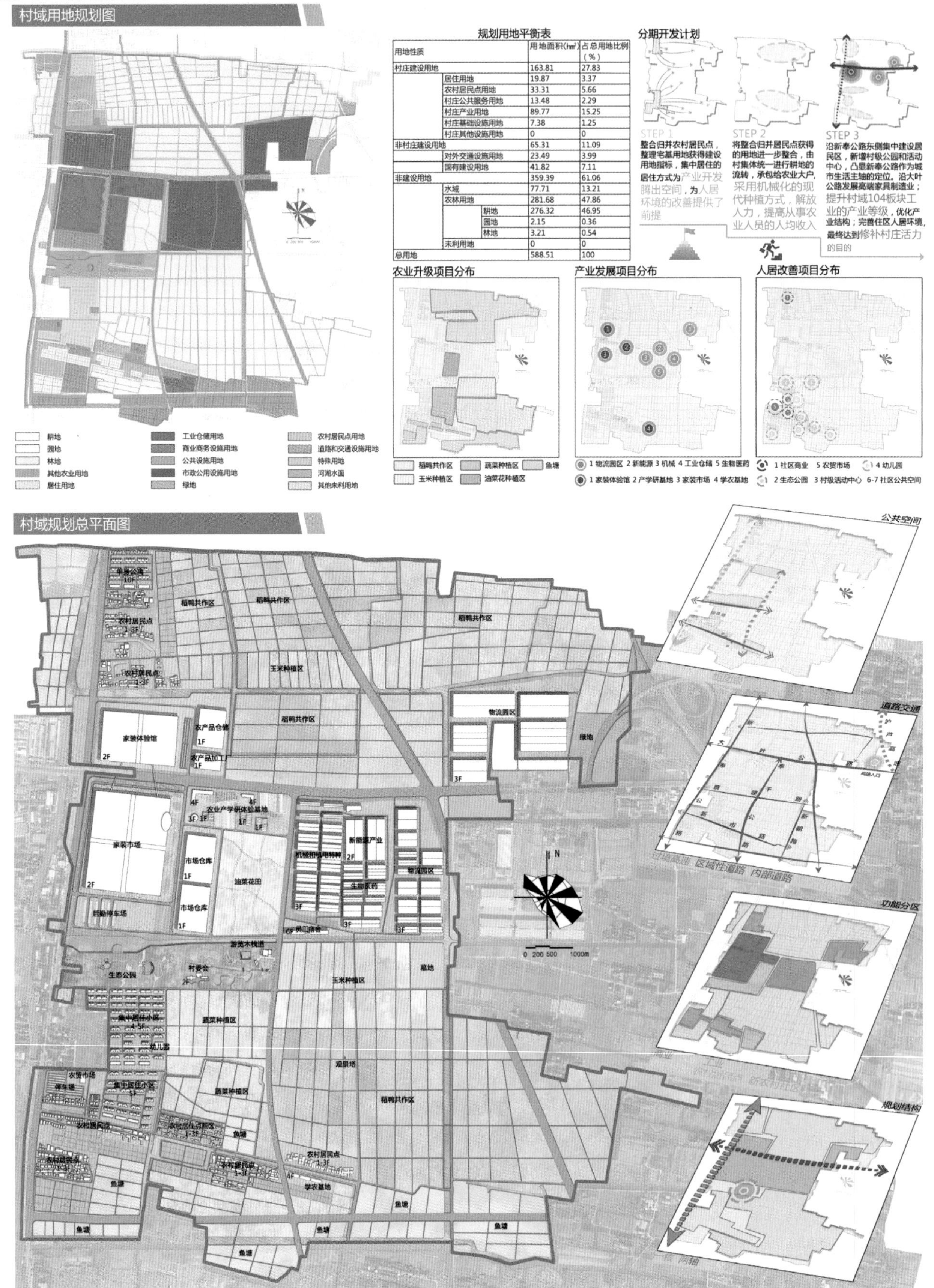

规划用地平衡表

用地性质			用地面积(hm^2)	占总用地比例(%)
村庄建设用地			163.81	27.83
	居住用地		19.87	3.37
	农村居民点用地		33.31	5.66
	村庄公共服务用地		13.48	2.29
	村庄产业用地		89.77	15.25
	村庄基础设施用地		7.38	1.25
	村庄其他设施用地		0	0
非村庄建设用地			65.31	11.09
	对外交通设施用地		23.49	3.99
	国有建设用地		41.82	7.11
非建设用地			359.39	61.06
	水域		77.71	13.21
	农林用地		281.68	47.86
		耕地	276.32	46.95
		园地	2.15	0.36
		林地	3.21	0.54
	未利用地		0	0
总用地			588.51	100

上海市奉贤区奉城镇东新市村村庄规划

同济大学城乡规划系 指导老师：彭震伟 耿慧志 小组成员：曾迪 刘子健 刘晓韵 张贻豪

新农·兴市·欣居村 3

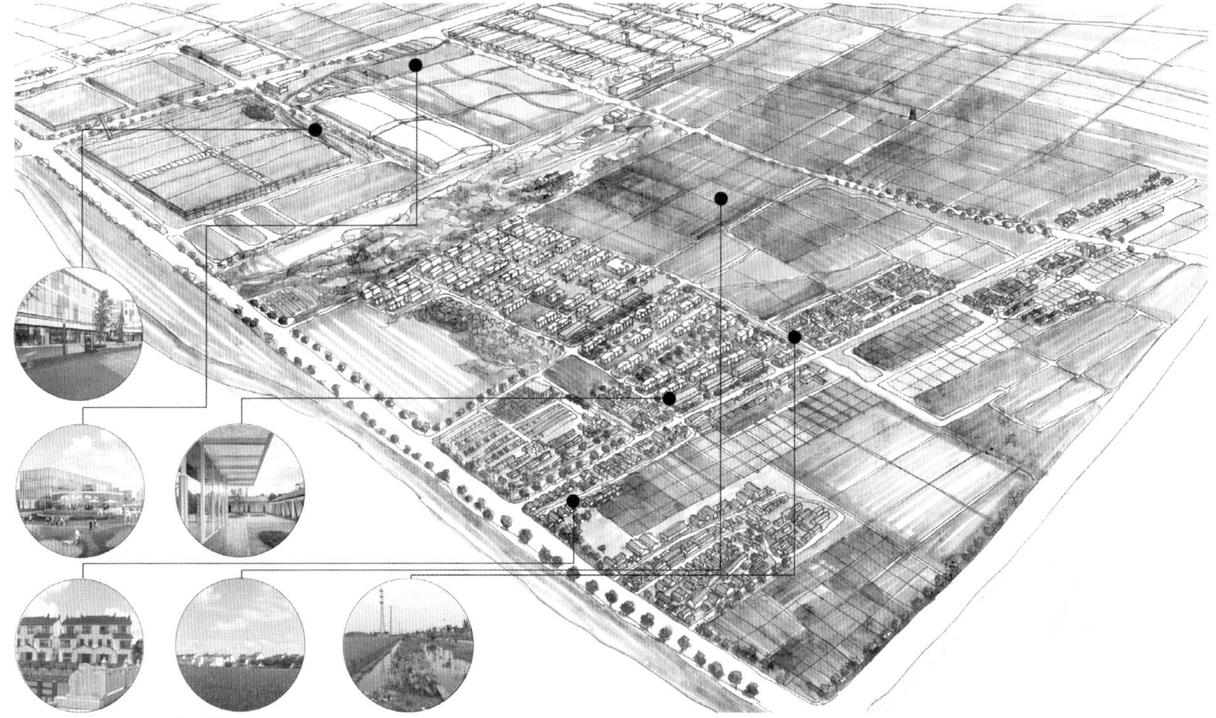

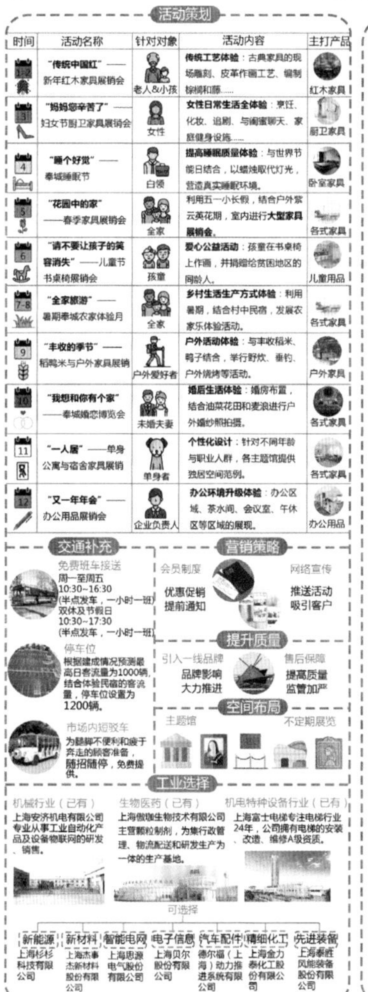

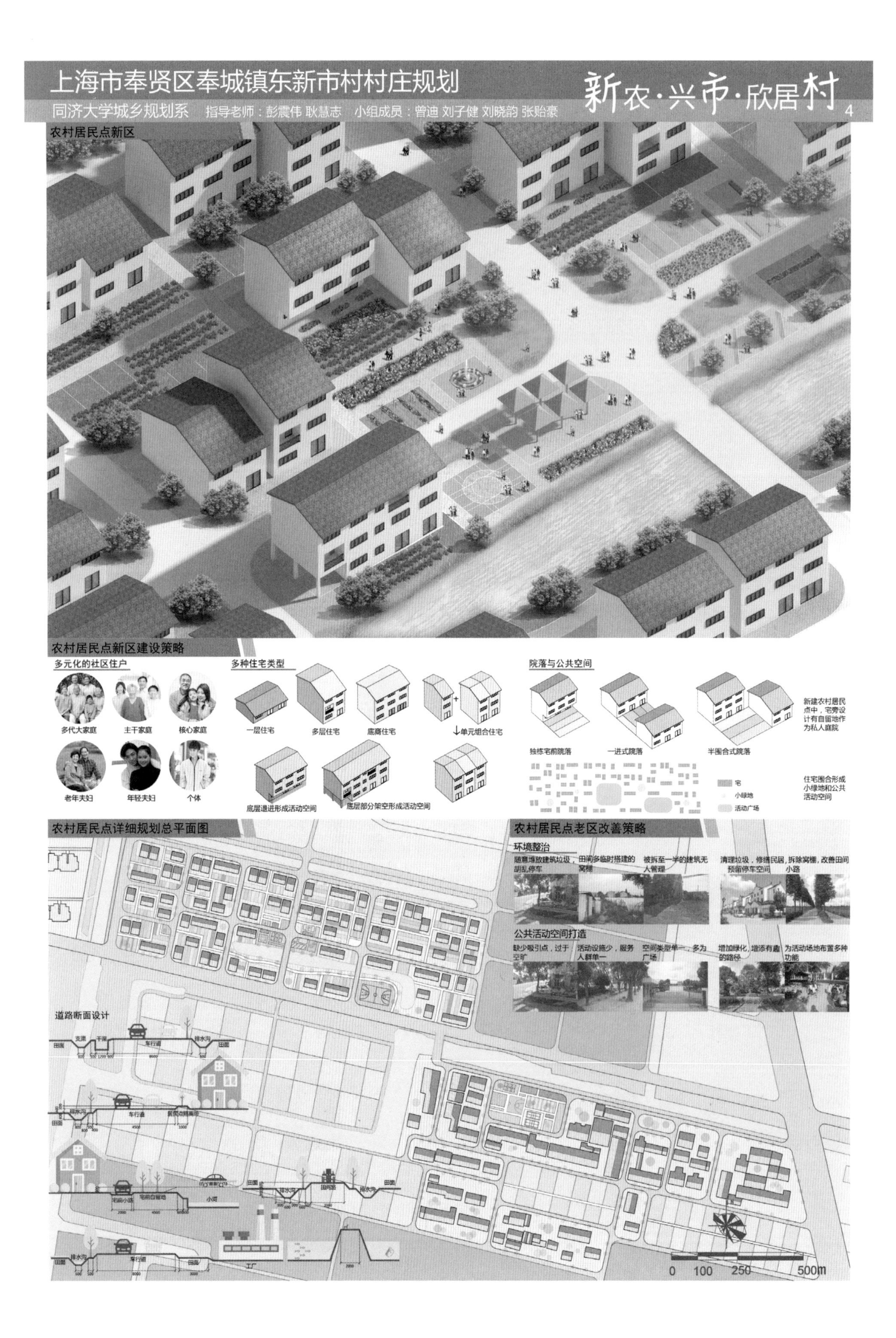
上海市奉贤区奉城镇东新市村村庄规划
同济大学城乡规划系 指导老师：彭震伟 耿慧志 小组成员：曾迪 刘子健 刘晓韵 张贻豪
新农·兴市·欣居村 4
农村居民点新区
农村居民点新区建设策略
多元化的社区住户
多代大家庭
主干家庭
核心家庭
老年夫妇
年轻夫妇
个体
多种住宅类型
一层住宅
多层住宅
底商住宅
单元组合住宅
底层退进形成活动空间
底层部分架空形成活动空间
院落与公共空间
独栋宅前院落
一进式院落
半围合式院落
新建农村居民点中，宅旁设计有自留地作为私人庭院
宅
小绿地
活动广场
住宅围合形成小绿地和公共活动空间
农村居民点详细规划总平面图
农村居民点老区改善策略
环境整治
随意堆放建筑垃圾，胡乱停车
田间多临时搭建的窝棚
被拆至一半的建筑无人管理
清理垃圾，修缮民居，预留停车空间
拆除窝棚，改善田间小路
公共活动空间打造
缺少吸引点，过于空旷
活动设施少，服务人群单一
空间类型单一，多为广场
增加绿化，增添有趣的路径
为活动场地布置多种功能
道路断面设计
支渠
干渠
车行道
排水沟
田園
宅前小路
宅前自留地
小河
田间路
工厂
0 100 250 500m

评委点评

设计院代表：余建忠

余建忠

浙江省城乡规划设计研究院副院长

非常荣幸能参与首届全国高等院校城乡规划专业大学生乡村规划方案竞赛，我参加的两个，一个是黄岩，一个是上周在同济的评审。我重点针对全国基地的方案讲一下，应该说总体上，特别是全国基地方案竞赛成果给我印象非常深。就像石楠秘书长讲的，乡村振兴作为一个大战略，特别是我们中国城市规划学会乡村规划与建设学术委员会赶上这样一个政策，通过竞赛，一方面城乡规划专业大学生展现了很好的专业功底、精神风貌，另一方面更多地展现了一种对乡村的理想和情怀，这是非常难能可贵的。总的来看有这么几点感受：

一、这次呈现的覆盖面非常广，就像刚才介绍的，将近 60 所院校，特别是全国基地 74 支队伍，参与的学校多，因为自选，带来乡村的基地覆盖面非常广，西北的、华北的、华东的、华南的都有，覆盖类型非常多，有传统村落、自然村，视野非常开阔，面非常广。

二、从方案可以看出来研究的基础非常扎实，大部分竞赛方案都是深入的，做了深入调查，对乡村热点问题抓住乡村振兴的关键环节。

三、这些方案亮点纷呈，当然不是说所有方案都要获奖，至少从获奖的方案可以看到这几个亮点：①乡村文化复兴方面，这次方案当中有很多选择的是传统村落和历史文化名村，对乡村的文化、文化振兴、复兴有很几个方案我印象特别深。包括推荐获一等奖的方案。②关注到生态修复方面，现在我们讲城市双修，乡村也面临着生态的问题，包括最佳研究奖授予的一个方案，大家觉得像这种水乡生态修复研究得非常扎实。③关注人居环境、社区营造等，精彩纷呈，我们也授予了最佳表现奖。农村的人居环境跟城市不一样，通过一些手段怎么提升，包括营造乡村社区。④关注乡村深层次社会问题，特别是老龄化、空心化，当中有几个方案做的养老方面研究，这是非常难能可贵的，在评选中大家一致提出来，有个方案给最佳创新奖。当然还有很多。

当然不能每个方案都尽善尽美，这次方案总体水平非常好，平心而论，我们作为规划设计单位如果我带一个团队，可能要花一年、半年，不知道能不能做出这样的水平。总的来说，竞赛方案都是关注乡村核心问题。

我有几点建议，不能说不足，有的还是在把握中有些偏差。现在教学，大部分是城市规划偏重，乡村这块虽然很热，但是在这块把握上还是有偏差的。有几点建议：

一、要树立乡村理念，这很重要，不能把城市设计的手法应用到乡村，这当中有些方案，我们这次先上来是先淘汰制，有的方案本来肌理很丰富，但是一梳理就感觉不行。包括对村民生产生活的关注，还是要树立一个乡村的理念，包括有些广场、草坪等，甚至用的表现手法是城市景观表现，大红飘带等。

二、要有一个思维，底线思维，有些东西不能碰，特别是乡村。比如有些选择遗址，在这里大兴土木，这就碰到红线了，历史保护、文化保护这是红线。再者是生态敏感，在生态比较敏感的区域不能大兴土木，这是红线。

三、要实现回归，营造乡村风貌特色方面要进一步把握。比如文化挖掘方面，不仅仅是为了挖掘一些故事，而是这种故事背后乡村文化的特质，我们讲的回归，是回归什么？是回归乡村的特质、乡村的文化。目的不是为了讲一个故事，我们更多关注故事背后的文化，特别是乡土文化的背后特色、特征怎么挖掘。空间场所营造，有些方案比较弱一点，特别是乡村的空间，我们更多讲究的是山水空间形态，乡村、空间的肌理方面，这些把握层次跟城市不一样。业态方面的营造，我们做乡村，落脚点是在产业，对乡村怎么发展、怎么保护。

总的来说，一个理念、一个思维、一个回归，总的来看这次竞赛达到预期效果，影响非常大，水平非常高，也祝贺大家！

设计院代表：陈　荣

陈　荣

中国城市规划学会乡村规划与建设学术委员会委员、上海麦塔城市规划设计有限公司总经理

尊敬的石楠副理事长、伍江副校长以及在座各位老师、同学，非常荣幸代表评审专家和大家一起分享一下，我参加了合肥基地和自选基地的评选，针对这次竞赛取得的成功，我觉得非常吃惊也非常祝贺。

刚才院长讲了很多优点，我归结一下，我非常同意他的观点。第一，从竞赛里可以反映学生非常注重调查和研究，不是为了调研而调研，乡村规划很多方案会涉及地质、土壤、种植结构、污染类型和数量，这些调研对于以农业为主导产业的乡村是非常务实的，而且真的落实到后面的建设中来。一个好的规划方案，都用了至少一半篇幅在调研，这跟做规划设计不同，这是非常好的趋势。

第二，大部分方案非常注重生态和文化保护，自选基地来自于全国各地，大家很重视对文化生态的保护，说明我们认识到生存是乡村的基础，文化是乡村有异于城市的特质，我们抓住了文化就抓住了乡村的本质，这个希望我们在将来做乡村规划实践中能继续坚持。

第三，注重创新，一是概念创新，二是技术创新，我们看到很多新的技术，互联网、云计算等应用到乡村规划中，这是非常好的。我们看到当地有些领导说，这个方案可以用，这是作为教学非常成功的一部分。

接下来我想结合实际提三个期望：第一，我们非常注重产业研究，但是我告诉大家，在实际的乡村规划里业态比产业更重要。为什么？因为所有乡村真正有效的产业就两个，都是涉农的，一是农业种植相关的，比如绿色、有机；二是乡村的休闲和旅游。所以你再说产业没什么重要的了，但是它如何去实现？比如我们这里很多提到文创产业在城市周边的乡村，很多提到大健康、养老产业，都是很好的产业，但是它是以什么样的业态植入到乡村里。由于时间和学生经验的局限，使得我们对业态的植入不能够深入，这样使得一些很有希望的方案，不能得到非常落实的结果。未来我们对于业态的研究，可能要更加注重。

第二，务实比情怀更重要。对于乡村，我们参与，我们怀着很好的情怀，我们期待在这里营造诗和远方和田野，但是我们不要忘了我们出发的地方是现实的苟且，每个村有非常客观的问题需要解决，所以我们做规划更多要立足于这些，至于说情怀这些事情，是我们要放在心底的，要给别人做的。我们自己不要为了情怀而情怀，甚至对于一个乡村只剩下情怀，这是不对的。这里面有两个趋势我们要去克服，第一是学究式的情怀，第二是乡怨式的情怀。比如原住民的利益，你们的调研是不是真正代表了原住民利益，如果是你认为的原住民利益，很肯定跟他想的不一样。乡贤，乡贤基本是“剥削者”，在我们实践中更多的是依靠政府，依靠真正的资本进入。比如公众参与等，我希望我们真正做的时候要务实一些。

第三，乡村规划与城市规划的关系，我们绝大部分方案都没有讲到建造，而在乡村和城市不同，城市只管规划，后面有做施工、设计的人员，但是在乡村这里，你接到这个活要实施到底，这里面工艺、制造都会非常重要。我希望有志于参加乡村规划的人，能把你从别的学科学到的东西，比如建筑学等，都加入这个乡村规划里。

谢谢大家！

高校代表：王 竹

王 竹

中国城市规划学会乡村规划与建设学术委员会委员、浙江大学建筑工程学院教授、浙江大学乡村人居环境研究中心主任

非常抱歉，上午有个平行会在隔壁，上午在城里开会，下午到村里开会，受村主任的摊派任务来给大家有个交流。

很抱歉，三次竞赛活动都应该去亲临现场评，正好和事前安排好的活动重了，后来上海自选的竞赛做了一个文本，文本我仔细看过了，我今天带来三个话题，或者三个关键词：

第一，意义非常重大，特别是紧接着十九大会议之后关于乡村振兴战略这个习近平总书记提出的命题，从我们这个领域怎么回答。我们二十多年来新农村建设，我一个总的感觉，真正的主体失去了话语权，话语权在权贵、资本、规划设计师这里，真正的主体依托的使用者完全失去了话语权，这次在十九大之后，我们不要再轮回，我们要“修解脱道”，怎么解脱？石老师提出来是“人”，我们要回答：我是谁，我们做这个工作，我是谁，可能我们学者要互换。中国城市规划学会高度重视，在以往竞赛基础上，现在是全国首届，引起各个学校高度关注，积极参与，也是以往基础上的持续发力。

我看了以后感觉各个学校在这个领域热情非常高涨，既有自选基地，也有命题作业，而且大家从多维角度来关注乡建设，参加的学校团队越来越多，形成这么一个态势——关注乡村。有些方案非常精彩，取得了丰硕成果，这是我第一个感想。

第二，热闹之后，冷思考。从方案来看，确实很热闹。我们做这个工作，我是谁，这个角色能不能由局外人转换为局内人，以往我们把自己当成救世主，我来拯救，政府的政策、资本掌握话语权，甚至指手画脚。乡愁既是物质，又是精神，对于乡民来说是物质，它要看到实实在在的利益，作为城里人往往谈乡愁是精神的，闲下来没事情，需要找一个破房子去“无病呻吟”，如果把这个乡愁价值观放到真正的乡建主战场可能会走偏。物质和精神在混沌当中我们要有一个清晰的思考。

我看到很多方案是教科书式的、程序化的，包括背景、文化、策略、产业、空间，除了地理位置是这个村以外，甚至可以安到任何的村庄。给出的乡村规划概念，有点程式化，变成套路。比如背景、区位、交通图、地理图几乎都一样的，问题是列图标，概念是画卡通画，给出来的方案是入画的方案，看得很方案，你去看病望闻问切以后，开了药方、对症下药没有，这个需要思考。

还有一种是自娱自乐，把乡村当作表演舞台，更多方案体现的是我可以怎么样，有主题公园型的，有乡村一日游型的，甚至乡村一日夜游；早上五点陈大爷起床，走到哪里，抽着大旱烟，中午几点游客来了，这是故事，场景式的，有些方案是表演性的，侗族小伙对面唱歌，有传声器。像这些是不是应该贯穿到教学和乡村规划建设当中去，这值得我们思考。把能想到十八般武艺全部放进去了。把这些东西放进去，反而使我们失去了目标、靶点，找不到狙击的对象。比如这些，我念一下“远程办公、多维社交、创造力孵化器、生活的乌托邦、双轮驱动、+S大数据”，大数据一定要新的创新、新的发展、新的价值理念和策略，而不是直观可以判断出来的结果，然后用一个吓人的“大数据”。这里面的问题值得我们下一次去深入思考。

第三，对村委会的建议。针对刚才的问题，如果下回再组织，要精准化、以问题为导向，能不能侧重考虑一下，不一定是“大规模”的，要“精准化、以问题为导向”。有的时候说乡村是复杂的，有时候也可以比较简单。我归纳为三句话，“一顿酒，走两圈，三句话”，可能就对症下药把这个村的命脉抓住了，它的规划主旨、思想已经落定了，操作的途径和路线，有的时候不一定走套路化、面面俱到，要精准，以问题为导向。

另外，村委会在这个基础上有没有可能打造成乡建的品牌，有一定的权威性，甚至引领，强调精准、可行，不抢眼球，不去炫耀。所以出题要有引导性、倾向性，或者是提供四分之一的成果，前面成果比较准确的、带有权威性的背景问题，然后大家针对这个问题对症下药。我们本身时间有限，然后做一些研究不深入，看似发了很多问卷，老爷爷、老奶奶回答不了这些问题，你可以做一些调研，在这个基础上再发挥团队的智慧，可能解决问题会有的放矢。甚至规划不一定走套路，一上来就按照课程训练这一套，所有图要面面俱到，我们把这个图提供一个半成品，大家在这个基础上再进行规划设计。我们选的村是明星村，它占据了所有资源，不管是历史文化还是景观、政策，这样做不具有普适性和代表性，我们应该把目光放到量大面广、最普通的乡村思考怎么做，来回答总书记的命题。

将来变成一个权威性的竞赛，对学生来说非常重要。包括他所获得的荣誉，如果某些学生就业或者毕业过程中能起到作用，这是一点很重要的。第二，可能会培养出真正的、潜在的将来的乡建精英。有些东西是在学校课堂上要解决的，基本的语言、基本的模式。

谢谢大家！

调研花絮

深圳大学：梧桐山社区

一、城市生活的探究

随着城市发展模式日渐成熟和理性，城市对资源的利用也日益变得计较和紧张，大家都在追求最大的经济利益、最高的性价比。尽管城市给予居民物质和精神上极大的满足，但是城市渐渐地被改造成为高效产出的机器，而一些“浪漫”、“率性”的生活方式变得在城市空间难以立足。这些在今天经济飞速发展的深圳显得尤为明显。

梧桐山村作为深圳市二线关内生态保护线的一块土地，逃离了盲目追求经济效益而“种房子”的命运，容纳了城市无处安放的理想。这里有随意经营的店铺，有怡然自得的流浪者，还有平静生活的居民，这片土地给予他们在城市自由生长的容身之所。最初到达梧桐山的人，他们追求的是自然宁静的生活。10年前，他们通过建起私塾和书斋画室来描绘他们的乌托邦，10年之后这个乌托邦因为各种原因开始衰落，那么新的城市、社会、科技条件，能否再次建设起一个可以持续10年、20年，甚至更长时间的乌托邦呢？怎样去平衡城市效率和生活品质呢？城市是否能有一片空间让每个人都有希望找到自己的生活方式呢？希望这个项目能够有一定的回答。

梧桐山村远处的对景

梧桐山村一角

梧桐山河流过梧桐山村汇入深圳水库

梧桐山村与梧桐山景区北大门入口关系紧密

二、走街串巷

梧桐山社区的日常生活沿着街道展开，走在经过改造的主街上，我们看到许多富有情趣的商店，古色古香的茶铺、专于麻布的衫庄、装潢雅致的咖啡店、现代风的艺廊、偶尔抖机灵“招男性老板娘”的餐厅，最普通的士多店也会有专属产品，比如“妈妈做的柚子糖”。这里工作和生活是混在一起的，像是时间都慢下来了。

转入小巷中，常常有另一番惊喜，围墙上的涂鸦、转角的雕塑、不时出现的养生馆和素食馆……若非亲身探访，你不会知道哪一栋普通的民居里又住了一位“高人”。

三、寻花问柳

三番四次的造访让我们能够遇上这里各种各样的居民，从流浪汉到教书先生、从刚搬这里三五个月到长居十年的居民，和他们的交谈也让我们快速了解到梧桐山社区的“风俗人情”。住在这里的人们喜欢管自己叫“山民”，山民们组织互助团体，发起各种活动，共同维护这个社区，有全职兼职招聘、每月一两次的创意集市、让闲置物品发光的“断舍离”群和集市、妇女组织、老年艺术家协会、河道居民自发环保义工组织等。

与当地居民交谈：①有故事的老教师 ②不羁的艺术家 ③住在梧桐山村多年的爷爷

这里有很多悠闲的狗狗：①女孩与狗 ②组员花花在和狗狗神交 ③一只睥睨众生的狗

四、我想我们需要……

调研中，我们看到了一个鲜活有爱的社区，但现实问题也不容忽视。和深圳许多城中村一样，这里 90% 以上是外来人口，还有大量运作中的工厂。出于生态保护的考虑，工厂迁出是迟早的事，然而厂房租金是社区重要经济来源。失去这一来源，社区该如何发展？另一方面，受到经济冲击，房租上涨，已经逼走了一批又一批原本驻扎的艺术家。该如何协调房东和租客的利益？要知道，眼前社区的活力正是得益于这些可爱的租客。

为了延续这样的氛围，我想，我们需要开一下“脑洞”，来畅想这里可能的生活方式。

长沙理工大学：湖南省浏阳市七宝山乡永和镇升平村

一、基地概述

升平村坐落于浏阳市东郊地段，归属于浏阳市永和镇直辖，距离长沙市区八十余千米，距离浏阳城区三十余千米，村庄地理独特，地貌风光秀丽，气候适宜。青山绿水之间，坐落着十几个村组，整个村内有小河流穿，平畴沃野。村内大多为迁徙而来的客家人，因此依旧保留着传统客家建筑以及一些民间风俗习惯。其经济发展来源主要为第一产业，包括水稻、蓝莓、苗木等植被的种植，以及珍禽、田螺、蜜蜂、黑山羊等的养殖；其次发展以花炮厂、筷子厂、木材厂为中心的第二产业，整个村庄产业丰富，地方产业特色浓郁。本次竞赛中我们小组选择的基地是位于湖南省浏阳市永和镇的升平村。

二、选择理由

一方面，升平村拥有良好的自然生态环境，有良田美池桑竹之属。山泉汩汩，清溪环绕，良田百亩，且周围多山地，村内主要建筑沿县道分布，呈带状，是典型的沿道路发展的居民点形态。村庄具有良好的资源，但由于许多政府扶持项目没有得到应有的技术指导，产业升级困难。村中年轻劳动力大多选择离开家乡到外地闯荡，升平村有形成空心村的趋势。发展势头缓慢。村中的花炮厂生产陷入停滞，但已对村庄的自然环境造成了一定的污染。另一方面，升平村是一个典型的客家人聚居村落，客家文化得到了很好的传承，客家民居多数保存良好，值得我们深度挖掘。这些现象都引起了我们的关注。一方面我们想保护村庄里的青山绿水，另一方面也想重塑升平村的活力，为村民打造一个美好的生产生活环境。

三、思

“善于思而慎思”，对于广博知识而言，不思不能释疑解惑，不慎思不能由表及里。思考在路上，学而后思，学而后知。

《福利院中的爷爷》建筑学院　樊晨溪

升平村中的福利院依傍青山绿水，环境优美，但是福利院的空间却没有得到很好地保持，许多房屋在老人去世后就被废弃，本应用作老人活动中心的房屋被个别村民用来堆放自家杂物。福利院中只有两位老人坐在洒满阳光的院落里聊天，显得很是清冷。这次的美丽乡村调研活动不仅要考虑到村庄设计的美观，更要关注像福利院设施与老人的安置这样的民生问题，让他们老有所乐、老有所安。

平静如水的天际，平静如水的山，平静如水的稻田，平静如水的小红房。

村子里住着安居乐业的村民，一切静止在远眺的这一刻，一切都很美好。

《山顶的远眺》建筑学院　孙鑫

《客家建筑》建筑学院　赵雯

深入至西岭村，在调研中领略客家建筑之韵味，在未来规划中做到传承历史文脉。客家民居与其他地区的传统民居建筑一样有共同特点都是坐北朝南，注重内采光；以木梁承重，以砖、石、土砌护墙；以堂屋为中心，以雕梁画栋和装饰屋顶、檐口见长。我们所能做的是保留客家文化，做规划中的有心人！

刚刚结束对一位种田老伯的调研，我们队伍的一个小伙伴因老伯的“生存难”陷入了沉思。收入低，福利制度不完善，农民的生活没有保障。产业单一，农闲的时候无所事事，一天天就像是在混日子，无事可做，无田可耕。这位老伯只是中国农村普遍现象的一个缩影，因此我们这些新时代的“子弟兵”更要以人为本，将“两型社会”的政策方针进行的同时，多为社会较底层的人们考虑，要让中国人都富起来。加油！和谐小分队！

《思》建筑学院　罗淦元

《拾辣椒》建筑学院　代宇涵

走在调研回去的路上，看到有村民在收拾晒在外面的辣椒，小孙女也跑过来帮爷爷。随着调研的深入越来越体会到精准扶贫的重要性，村民只靠微薄的收入很难维持好家庭的生活，导致越来越多的青壮年外出打工，留下小孩子和爷爷奶奶在家，这种留守儿童的现象其实并不少见，要做的还有很多很多。

站在升平村最高的地方鸟瞰这个村子，想起陶渊明的《归园田居》，“暧暧远人村，依依墟里烟”，眼前就像里面写的那样，一片恬淡自然，清静安谧的乡村风光。从喧闹的城市来到这个宁静悠闲的小山村，也确实有了点“久在樊笼里，复得返自然”的感觉。

《美丽乡村》建筑学院　代宇涵

《光》建筑学院　代宇涵

神说要有光，于是便有了光。这阳光下的绿油油的稻田像是指引这个村子发展的方向，发展要立于乡情，二、三产业固然重要，第一产业也不可松懈，结合大环境及时的调整农产品种类占比，优化生产流程，改变原有的农耕方式也是很重要的。

四、行

“敏于行而笃行”，对于思而后行而言，不行不能检验真理，不笃行不能落实目标。行走在路上，实践在路上，成长在路上。

所到之处呈现出来的都是一幅幅美景，大自然的造化与人为的创造，使得这片村庄相互融合，美丽至极。身临其境，通透的视野，所见之景便是路上行走的完美体验——原来绿的调子可以这么美。

夏日，城市的燥热被大山里的舒爽代替，满眼绿色的水稻，不知名的花草，远处点缀着星点的建筑，这便是能置身事外的世外桃源吧。希望你也能放下一些东西，走向乡村，感受城市所不存在的美好。

一起走过的日子，如此短暂、辛苦，却充满了欢乐，那是因为有这样的一群人陪你“哭”陪你笑。我们相互诉苦、相互帮助、相互走过这样的一条路，相信我们将彼此永远记住大学里的这段时光，未来我们还能笑着谈论着。

坐落在山中的几户人家被浓密的绿色所围绕，显出一片宁静清幽。远处的山峦层层叠叠，描摹着天际的轮廓，阳光肆意挥洒，浮云自在漂流。好一幅乡村美景图，让人对田园生活泛起无限向往。

《乡村风景 1》建筑学院　赵雯

《乡村风景 2》建筑学院　赵雯

《同甘共苦》建筑学院 赵雯

《静谧》建筑学院 樊晨溪

《眺望》建筑学院 樊晨溪

开始调研工作的第一天，骄阳烈烈。带上宽檐的草帽我们就出发吧。小桥承载村民们的脚步，写满了时间的韵味，溪流潺潺滋润着田野，仿佛在为我们唱歌。不知道接下来几天的调研会发生什么有趣的事情，眺望远方，那壮丽的山色好像在说加油。

经历了一天的暴走与暴晒，队员们筋疲力尽，路上遇到了卖西瓜的大叔，本想买一个大西瓜再顺便搭车回村部，结果大叔的家与村部反方向，我们最终只能在路边狂吃西瓜来减轻重量。

“三下乡的小姑娘，背着一个大竹筐。”走在夏日清晨的暖风中，心都随着风而律动了起来，夏天清晨温暖又明亮的光，映在你脸上。坚定的脚步踏在调研路上，永远都不要怕不要急躁，因为你的背后，是我们。

跟着农民伯伯去调研，了解水渠，了解农田，了解他们的日常生活、饮食起居。跟他们在一起谈天说地。山间生活并没有因为交通不便而无聊，反而因为可爱的人们存在于这里而多了一份恬静与舒适。

《辛苦了一天的队员们》建筑学院 孙鑫

《晨风中的你》建筑学院 孙鑫

《走在乡间的小路上》建筑学院　孙鑫

《可爱的房屋与人》建筑学院　孙鑫

走了一天，疲惫不堪的队友们都在深山里挪不动脚步了，爱搞怪的罗同学在房屋前摆起了造型，大家嘻嘻哈哈的，压力仿佛重新打了气的气球，一下子飞到了九霄云外，收拾行囊！继续向前吧！

读万卷书，行万里路，有耀自他，我得其助。纵使蜿蜒崎岖，我亦奋身不顾。只为那高山的磅礴和清泉的静幽。或蚊虫叮咬，或酷暑严冬，或千丈悬崖万丈深渊，我眼中看到的不是眼前的阴霾，而是其后的金光。而此刻，我正头顶草帽，脚踏黄土，一往无前……

每天早上六点起床真的超级困，不过我们还是打起精神认真调研，落实道路状况、基础设施、建筑现状、产业现状、风貌遗产，任何的规划都要立足于实际与需求，能为美丽乡村建设作贡献，队员们也感到很开心。

《行》建筑学院　罗淦元

《走在乡间的小路上》建筑学院　代宇涵

五、学

“勤于学而博学”，对于求知学子而言，不学不能格物致知，不博学不能兼容并蓄。学习在路上，博采众长，博取众知。

调研小队到达村里的消息一夜之间在村民中传开了。清晨走在乡间小路上的队员们被热情的村民招呼进家中小坐，大家愉快地聊天，气氛和乐融融。叔叔

《和村民们唠家常》建筑学院　樊晨溪

《交流中学习》建筑学院　赵雯

阿姨自豪地介绍着家中的苗木种植业，但有时也会向我们倾诉目前行业不景气带来的不顺利。作为城乡规划专业的一分子，未来，我们希望用专业知识的力量为他们提供一些帮助，谋福祉。

烈日之下，村委负责人悉心与我们小分队进行该地块的分析与交流，组员在交流中思索，并及时有效地提出疑问，以完善我们的调研工作，认真记录下交流中的点点滴滴，我们将继续以一种虚心学习的态度认真完成本次的暑期活动。

下乡间农里之地，知犁耕务田之苦。在炎日下调研乡村情况，在酷暑中体察农民民情。这几天的乡村入户调研工作让我们所有的小伙伴了解了基层农人的生活情况，知晓了他们生活上的困难。归田方知务农苦。这让我们都下定决心要努力学好专业知识，将城乡统筹规划好，让我们伟大的农民生活得更好。和谐小分队！加油！

在村委那里获取村中的基本资料的时候就感受到了村民的热情，他们表示十分欢迎我们的到来。接着小伙伴们顶着烈日进入村民家中做入户调研，村民还贴心地给我们拿来冰西瓜，让我们更加觉得有责任有义务去了解和记录他们的现状与需求。

《学》建筑学院　罗淦元

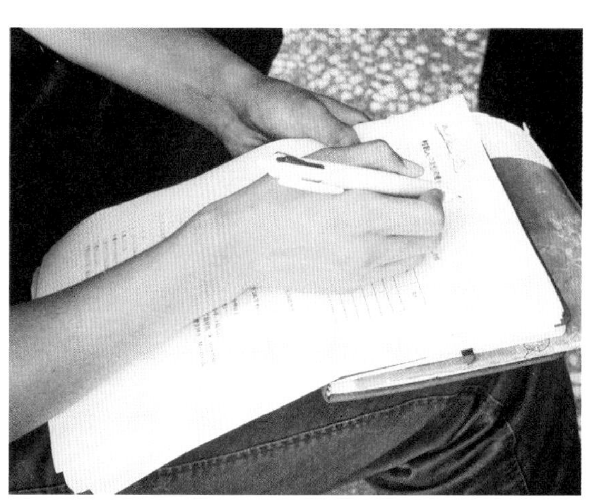

《入户调查》建筑学院　代宇涵

长沙理工大学城乡规划专业：樊晨溪　代宇涵　赵　雯　罗淦元　孙　鑫
指导教师：徐海燕

长沙理工大学：湖南省浏阳市沿溪镇花园村

“浏阳河，弯过了几个弯，几十里水路到湘江……”一曲，《浏阳河》从河畔传来，带我们来寻那东方秘境水韵花园。花园村坐落在湖南浏阳沿溪镇西南角的平坦地带，西北有连绵丘陵起伏环绕，东南被弯弯浏阳静谧环抱，河头的它静静地守护着沿溪与永和两镇往来的要塞——永和大桥。它驻守着两镇建设间的缓冲地带，一望无际的大草原，一汪静静流淌的浏阳河，一座随水西去的白马洲，一带淳朴又善良的人民，一派舒朗又畅快的自然风光吸引了浏阳各镇的人前来观光。多年来，它以特色农业与花果苗木闻名，苗木远销东南沿海地区，由于大面积开展的合作承包制，减轻了劳务负担，许多年轻人选择了外出打工，在村子里留下了许多儿童和老人们，空心化加剧，产业转型缺乏内部动力，公共活动的交往与交流渐渐淡出乡村生活，如何让现有的村民生活得更加美满、幸福变成了我们设计的着眼点。

高云低草远山近屋，一缕青烟缭绕在夕阳里，一派闲适乡景。

镇因溪得名，花为村而开

乡景

一、初见花园

七月的花园村宛若一位少女，生机盎然，多姿多彩。

调研的那几天，正值长沙的盛夏，而这个村子特殊的地形却让我们领略到“溪云初起日沉阁，山雨欲来风满楼”的多变。

太阳早早地从浏阳河上跃起，阳光缓缓铺满整个田野，上午的太阳是温暖的、明媚的。而正午过后，云便“很懂事”地从四周的群山聚拢而来，遮住了天，也遮住了毒辣辣的太阳。远处的山脉时而墨绿，时而青蓝，与片状、朵状的云，翠绿、金黄的麦田交织融合，每个视野都有着不同的模样。

调研时在河边走一走，舒适又自在，真想把这么美的地方告诉所有人。我向你伸手，你愿意跟我去花园吗？

二、风

深入花园

与平日所见的南方乡村不同，花园村的布局并不受山地地形的限制成带状发展，而是形成了许多个组团，每个组团都有着自己独特的面貌。建筑围合成大大小小的空间、小巷，对村民来说，这是他们每天活动最多的场所。和隔壁家老人唠唠嗑，看着小孩子们嬉戏追逐，或是用着压上来的井水挥着木棍来拍打衣服，或者挑着水桶慢悠悠地从此处经过。我们似乎亲眼看到了只存在于教科书中的“乡村意象”。在城市里生活的我们，心里竟是无比想停留在此，这座小乡村真是有着迷人的魅力。

入户调查的感觉像什么呢？就像是我们每一个外地人都是从小在这个村子里长大一样，几乎所有的人对我们都带着友好和善良。我们从太阳里走近，还没来得及表达调查意图，他们便急忙将我们迎回家中堂屋小坐。一杯冰凉的水、一块家里卖的西瓜、一个亲戚从外地带回来的桃子、一串上周末小儿子回来给买的龙眼和葡萄……感谢善意与接纳，愿城乡拥抱并期待一场城市与乡村的联姻，愿这种接纳与善意的特质为城市带来更加闪亮的光彩。

美丽乡村入户调查进行到儿童友好与老年人关爱阶段时遇到了俩小姐弟，由于村子里没有小学，爸爸每天都要骑摩托车接送姐弟俩去隔壁镇上上学，谈到学校里有趣的生活时他们俩都特别开心，觉得现在的生活很幸福。愿笑容常与你为伴！

好的资源还无需打造就早已被人寻觅到，来尝鲜。道路临河，大树遮阴，在炎炎烈日下还能吹到来自河

接纳

姐弟俩

骑行者

独守

最最常见的劳作

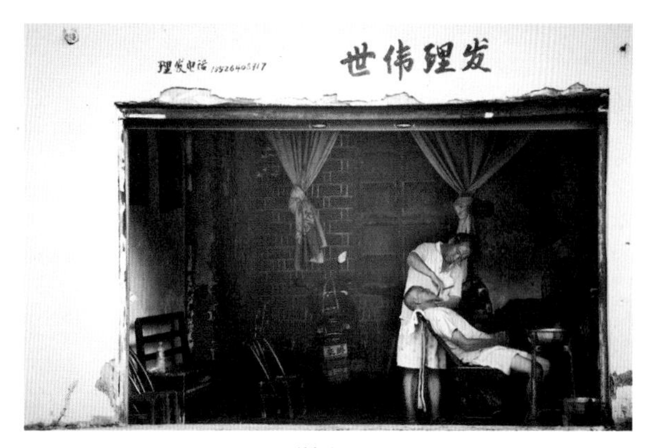

剃头匠

竹林深处有人家

李氏宗祠

面湿润、清凉的风，甚是惬意。同学们都说，有机会我们也想体验一番。

七月长沙的大水给渠道带来了很多水草，两位老者共同疏通完横渠，在路口交谈后各自归家。

剃头匠一把锋利的刀，一位老人，一张老旧的椅子，一个发光的面盆，就几乎是他全部的家当，伴随着嗞嗞拉拉的声音，胡须落地，热毛巾从脸上撤下，老人长舒一口气，对视镜子自语道：“舒服啊……。”

三、貌

习惯了城市的工业大生产和机械式生活，再次回到农村，眼望这儿一望无尽的田野之绿，心境随之澄净。花园村独特的一马平川地形，仿佛视线变得极为宽广，远处的山体借此渗透，完美地诠释了何谓空气透视。

调研时候，有几处居民处比较偏僻，我们需走过一段泥路，经过一处竹林，一人家在内，红色的窗体对比深灰色墙体，门口贴着倒字福，颇感幸福弥漫。

当我们走到花园村李湾组时发现的可以说是当代乡村独特的祭祀文化。装饰风格极具拼贴感，木、砖、石肆意堆砌。李湾组本身是处于并入集镇的边缘。这座祠堂坚毅地屹立于此似乎诉说着这片土地对乡土文化的不舍；门前的告示依稀记载着当年同族亲友前来一同祭祀的热闹画面，不知这淳朴的乡土风情在城市化的浪潮中该何去何从。

民间信仰往往有自己独特的寄托信念的形式，当我调研到这个地方的时候，庙内正有两位老妪用龟甲卜卦；庙外左侧为天帝神位，右侧为土地神位。想来民间信仰也是按需索取的，仰仗土地吃饭，自然要供土地的神明；仰仗老天吃饭，自然要供天上的神明；这人世间的各类琐事，交由慈悲的神仙来管，让人觉得放心。可见民间的信仰中，信仰本身只是一种媒介，

观音庙，民间信仰

在建的乡村住宅

“半亩方塘一鉴开，天光云影共徘徊”

它反映的是地方民众精神生活普遍的需求。

其实中国的乡村是现代主义建筑意志贯彻得最彻底的地方。可以非常容易地满足村民日常生活需求，生产模式化，建造迅速，是一种流水线式的住宅生产模式，并且有多种预设款式可供居民选择。曾经不止一次和朋友们聊过中国乡建的现状，大多数人对中国乡建现状或痛心疾首，或义愤填膺，大谈情怀。其实我觉得，我们不妨想开点，谁每天像生活在充满情怀的山水画中呢，怎么玩手机，怎么看小说，空调、热水那都是要走管线的。其实我看居民的需求很简单，“诗和远方”太累了，想想还是不错的，可是和“眼前的苟且”比起来，实在不值一提。

看了浏阳的景色，对这句诗的理解更多了一些，这样来看朱圣人这句诗应该是在用通感的手法描写读书带来的快乐，是一种清新而又豁然开朗的感觉，虽然没有想象中的“清如许”，但这田垄之间，确实是“为有源头活水来”呀。

站在连接花园村与永和镇的大桥上，东西两面有着截然不同的景，一面似凤凰，一面如桂林。

四、我们

来到花园村第一个傍晚，夕阳西下，夏日的晚风袭来，我们走在乡间的小路上，聆听着田间的虫鸣鸟叫，远离城市的喧嚣，感受着最朴实的感动。

“横看成岭侧成峰，远近高低各不同”

“鸡鸣桑树颠，鹅息朝露间”

我们在技术人员的帮助下调试着无人机

我们的小伙伴陶醉热衷研究老建筑，下午烈日炎炎，他对花园村老宅子进行了建筑测绘。汗水侵入了他的双眼，可他浑然不知，依然坚持在画图一线，实在令人佩服。

总算可以亲自体验一把乡村生活了，草帽、毛巾一样也不能少。原来，茄子会开花，竹子不是树，香蕉和月季是“亲戚”，霜降后的青菜会很甜。乡村带给我们的不仅是花草树木，更是我们长期以来内心缺乏的一种趣，对生活的乐趣。

不得不说乡下的美食着实让人流连忘返。如果说

一座被我们戏称配置“私人泳池”的豪宅，鸭子肆无忌惮地在塘中嬉戏

就算是迷路，也有热情的村民带路

初为人妇的小姐姐，热情地招待我们，询问我们的工作状况，与我们交流自己的想法。她希望将来自己的孩子能在安全健康的环境中成长

拥抱乡村

与村民、组长们的讨论与访谈

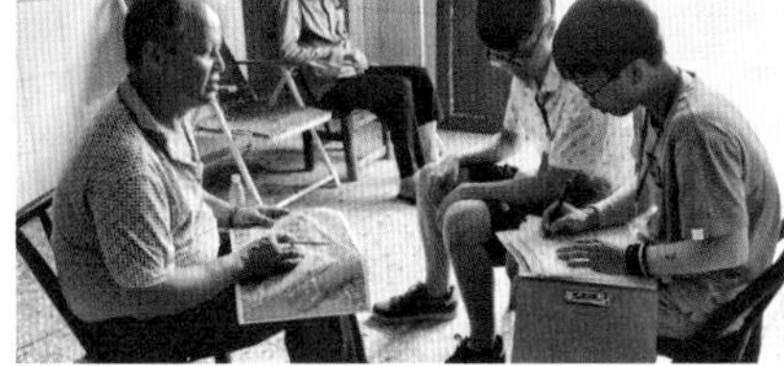

认真的组长

眼中的希望

与村民的合照

公厕

害羞的陶醉同学

测绘

“久在樊笼里，复得返自然”

美味的鱼汤

辣辣辣

一定要用什么词来形容这条鱼的话，我能想到的就是宋濂的“鲜肥滋味”吧。说来可笑，这世界上最美最引人入胜的味道竟然是“看着别人吃”。我觉得宋濂当了官之后应酬多了，觥筹交错之间，品尝到当年看别人享用的“鲜肥滋味”，可能怎么样都会觉得火候差一点吧。

长沙理工大学城乡规划专业：王伟宇　陶　醉　宋佳倪　肖梦琼　高　挺

指导教师：徐海燕

武汉工程大学：武汉黄陂仁和村

随着美丽乡村、特色小镇模式的发展与建设，我们带着心中的疑问，带着对农村发展的新模式的探索，赶在暑假的尾巴上，来到了期待已久的仁和村进行调研。金黄色的稻田，宽阔的柏油路，生意盎然的树木还有一旁炊烟袅袅升起的房屋，是我们眼中仁和村的第一印象，恰似陶渊明描写的“暖暖远人村，依依墟里烟”。

在这个总面积 8.28km^2 的小村落，风景秀美，交通便利，姚姚线穿村而过，连接起武汉木兰生态文化旅游区和姚家集街丰富的旅游资源。

仁和村西北部群山绵延，山上植被覆盖，林木资源丰富。村内总体呈现群山环绕，东北部高，西南部略低的势态，村内的村湾分布较为分散，在各处山脚依山顺势而建，村内水资源丰富，水库有小水崖水库和杨家田水库，村内土地资源丰富，土层深厚，土壤有机质丰富，具有较大面积的带状农田。由于位于木兰生态文化旅游区，并有木兰古门风景区在其东北方。在这里，木兰文化广为流传。

姚姚线柏油路和路旁的稻田

整个村湾是沿姚姚路分布的，沿着柏油路走，刚开始映入眼帘的是整个村湾的第一个村子——张家咀。在这里我们看到了现代风格的楼房，也有颇具特色的青石砖房，还有泥土与红砖搭建的红砖房。在这里，村民们日出而作，日落而息，远离了城市的喧嚣，稻田、绿树、红墙黑瓦、小桥流水，构成了一幅美好的田园风光图。

随着调研的进行，我们逐渐地了解了这个村子，村湾众多（包含 17 个村湾）；各个村湾景色各异：养了鱼鸭的池塘，关着小猪的农舍，种满了当季蔬菜的菜地；还有许多热心帮助我们调研的村民……各种包含了农村气息的景物让我们又一次感受到村子里的自然美。

木兰古门入口

张家咀入口处（左）
青石砖房（右）

青石砖房局部（左）
红砖房局部（中）
现代楼房（右）

蓝天、白云、楼房（左）
中心村湾入口一览（右）

中心村湾小卖部（左）
池塘及一旁的农舍（右）

除了上面介绍的，村里的绿植也很是丰富。

通过这次调研，我们看到了一个具有田园风格的村子，但同时，我们发现当今村子的发展还是依靠着最原始的生活生产方式，如何改善人们的生活，带动村子的发展，成了我们当前的主要任务。再加上村湾太过分散，我们也需要提出一种模式来适应村子的发展。我想，我们需要做的，不止眼前，还有未来。

路边的白杨树（左）
村里的银杏树（右）

几乎家家户户都有种的柿子树（左）
硕果累累（右）

植物剪影（左）
竹子（右）

大合照

武汉工程大学：汤建根　周明亮　吴雪儿　龚　越　张丽波　左　红
指导教师：隗剑秋　陈可欣　宋会访

天津大学：广西巴马坡月村

我们来了

中心街

一、初到·坡月村

飞机、小巴、大巴、公交——经过一天的跋涉，我们终于到达了本次调研的第一个目的地——巴马盘阳河畔的长寿之乡坡月村。

1. 街道

走下大巴车，只见两旁高楼林立，一直延伸到街道尽头。餐馆、旅店、店铺数量众多，打出的大多是长寿的招牌，路边还能看到“孩子太多，车辆慢行”的提示语，不难想象旅游旺季时这里怎样地车水马龙。只有远处被高楼挡住只露出一小部分的秀丽小山和极少数低矮狭窄的老式民居提醒着我们现在其实是身处于一个偏僻的小山村之中。

2. 远眺

站在七层高的宾馆阳台上往下看，可以看到远处具有当地特色的喀斯特地貌小山，山很低，云雾更低。山下几十米宽的盘阳河只露出一小角，被河畔参差不齐、形态颜色各异的小洋楼遮去大半。

夜幕降临，坡月村渐渐安静了下来，静卧山水中，依然美得像一幅水墨画。只是好似城中村的坡月，与四周原生态的自然环境放在一起，显得有些奇异。

3. 美食

据说巴马的土壤含有双歧杆菌、乳酸杆菌和大量维持机体正常代谢所必须的微量元素，在这样的土壤上生长出来的食材自然健康、营养丰富，还具有抗癌、抗衰老的功效。晚餐，我们品尝了巴马香猪、火麻、野菜、油鱼等当地很有名气的长寿食品。听当地人说，这种

小香猪每家每户都有饲养，而油鱼则是直接从盘阳河中打捞的。

4. 夜游

晚上，河边广场热闹起来，老人们在这里跳广场舞、闲聊，小孩儿们在这里玩球、做游戏。广场上运动的有不少是外地来的候鸟人。

坡月是长寿之乡最先发展起来的村屯，这里聚集了大量外地人，当地的经济也得到了明显的发展。但是当我们来到此地，看着这里“一半乡村一半城”的景象，不禁要问，这种发展模式真的是对的吗?

二、探寻·百魔洞

百魔洞是盘阳河的起点，是候鸟人吸氧、健身、修身的第一选择地。

1. 河边

清晨，从坡月出发，沿盘阳河步行而上，经过大树下卖豆腐脑的小摊子，经过晨练打太极的老人，经过一条长长的石板小路，经过一片小小的竹林，登上阶梯，百魔洞悠然出现眼前。

河边

河边打太极的外地人

河上野庙

2. 进洞

这是一个很大的溶洞，怪石林立，有的像孔雀，有的像狮子，形态各异，气势恢宏。当地人把洞中怪石赋予了鲜活的传说，一尊尊自然形成的石雕让人称奇。很多候鸟人在这里吸氧，一待就是一天。

百魔洞取水的候鸟人

溶洞奇景

吸氧的候鸟人

溶洞出口

3. 天坑

围绕着洞口的是绿意盎然的植被，这是一个长满热带植物的天坑，四面青山环绕，植物繁茂蔓生草木葱茏，层层叠叠。一条蜿蜒小路通向天坑顶上，我们在这用两排竹栅栏围出的小径下半段驻足休憩，而小径通往的天坑另一端，住着勤劳善良的瑶族人家。

4. 老人

天坑中有很多本地人在卖山货，有的还穿着民族服装，有蘑菇、野果、药材、野菜等，价格实惠。我们遇见一位年过古稀的婆婆，她正背着当地山货售卖，只见她面色白净红润，衣着干净大方，头戴白色的绣花头巾，腰间挎着漂亮的少数民族手工小包。看见我们看她，朝我们露出满是皱纹的笑脸。老奶奶非常实在，我们问她山货价格的时候，她还有些腼腆地说“有一点贵”。

天坑四面环山

天坑小径（左）
瑶族老人（右）

三、深入·百鸟岩

1. 怪石

就在烈屯前面，是百鸟岩景区，这是一个全程坐船游览的景点，当地导游为我们讲解着奇形怪状的钟乳石和各种动人的故事，让我们感受到村民的淳朴和想象力。溶洞内没有灯光，清凉潮湿，怪石环绕，显得神秘自然。小船向内行驶，好多地方狭小逼仄，所到之处惊呼声一片。

2. 河水

乘船式的游览让我们能近距离地亲近盘阳河水。我们都把手伸进清澈的河水里，凉凉的水波荡漾，让人十分舒服。导游说这里的水不一样，水分子团更细，富含多种对人体有益的矿物质，经常用这里的水沐浴会让皮肤更光滑白皙。这里的水能否让人健康长寿我不知道，但是我知道水中富含的矿物质让清澈的河水呈现出非常漂亮的绿色。

3. 出洞

从洞内看洞外，就是一幅绝美的水墨画。百鸟岩远没有百魔洞有名气，却如百魔洞一样让我们得到了视觉和感受上的盛宴。这里就像一处世外桃源，山水奇秀瑰丽，鲜有人知。

百鸟岩外

百鸟岩渡船

进洞

出洞

四、走访 · 自然屯

1. 烈屯

从坡月出发，沿着唯一的 204 省道往巴马镇方向走，乘车不出半个小时便能到达这个临近百鸟岩、山水风光优美的小村。

全村路面已经全部硬化完成，村前是一片整齐的田野，但是似乎是因为管理的问题，烈屯部分水田都呈现出“自然生长”的状态。烈屯依山而建，群山环抱着烈屯整齐排布的屋舍，清澈见底的河水流淌在大片的农田之前，流入不远处百鸟岩溶洞之中。

我们去得早，山间云雾缭绕，叫人心驰神往。“烈屯山水似桂林”，一见果然名不虚传。站在村口，最先迎接我们的是一群小鸭子，在村口那块三角水田里玩得不亦乐乎。水田前立着的指示牌告诉我们，左边进村，右边出村。

从左边的路走进烈屯，一边走一遍好奇打量。白天村中人很少，很安静，偶尔能见到一些在家门口闲坐的老人和精力旺盛的小孩。

从盘阳河上看烈屯

进入烈屯的小路

走在小路上

村中建筑排列得十分整齐，离村口较近的建筑多半是新建的四、五层的小洋楼，并不是我们想象中那种“山野古村、低矮瓦房”。顺着环村路往里走，二、三层的建筑开始变多。从建筑的背面往前看，蓝天、青山、灰墙、彩瓦、石篱、菜畦，朴实的风景，让人不觉驻足。想到这些房子未来也可能被替换成与这自然风光格格不入的小洋楼，不免觉得遗憾。

烈屯村社

篱墙别有一番

有风味

鸭子・人家・石板路（一）

鸭子・人家・石板路（二）

鸭子・人家・石板路（三）

村头石雕

那同水渠

泳池

烧烤

2. 那同

那同和坡开离得很近，穿过几条田埂就到了。一条清澈的水渠绕村而流，是村民生活不可缺少的一部分。我们去的时候正看见一群在家门前玩水的小孩，这是他们美好的童年。

3. 坡开

坡开是盘阳河中游几个自然屯中旅游收入得最高的屯，因为这里有两个矿泉水泳池和一眼灵泉。进村路很长，要穿过成片的田野，要过桥才能到达，弯弯的盘阳河在村外安静地流淌，沿河是还未修建完成的步道。

坡开村从外面看起来并没有不同，离村口没有多远就是有名的山泉泳池了，让我们有些失望的是，泳池有些简陋，贴着蓝色瓷砖，盖着黑色的塑料遮光布。这个时候正是下午两三点一天中最热的时候，泳池里很多人，泳池旁的烧烤摊十分热闹，很多外地游客在这里游泳纳凉，玩累了就在泳池边吃烧烤、玩牌。

和烈屯一样，坡开也正在修建新的房子，整个村子看起来灰扑扑的。在一块不大的空地上，工人正在施工，可以想见这个房子建起来之后村里的建筑将会更加拥挤。

村的另一头流淌着坡开灵泉，非常清澈，灵泉旁边是村里难。

五、离别·盘阳河

停留数日，我们乘坐小巴车回巴马镇，到了离别的时候。道路越来越平整宽阔，丘陵的曲线依然在起伏，山村被抛在了身后，静静流淌的盘阳河渐渐不见了踪影。

有人说，巴马是一块天赐的奇迹之地，每年都有大量的人慕名而来，想要探寻长寿的秘诀。什么是长寿的秘诀？清新的空气、神奇的地磁、细小的水分子，还是健康的食品？如果仅仅只是这样，为什么不把城市建在这里？什么才是长寿真正的秘诀？

此外，作为年轻人，“长寿”并不是真正吸引我们的主题，在城市待久了，对于自然质朴的田园，总是难免心生向往。我想，对于大多数外来者，长寿确乎是他们的期盼，然而那种桑榆晚景的生活、归寄田园的心境，又何尝不是每一个人内心深处的呼唤？

通过这几天的调研，我们看到了风景秀丽的美丽丘陵，看到了清澈宁静的盘阳河，看到了正在开发建设的坡开和烈屯，看到了外来人口汇集的坡月村。这个不为人知的世外桃源正在一步步走进人们的视野，飞速地生长发展着。

作为世界第五大长寿之地的巴马，发展是一个不可避免的话题。正在建设中的巴马长寿之乡，在经济

青山·绿水·夕阳

发展上确实取得了明显的进步，但在生活环境和精神文化上却没有取得很好的效果，甚至遭到了破坏。乡村规划到底应该走什么样的发展道路？世界第五大长寿之地到底如何才能实至名归？如何才能做到经济发展与精神文化的协调……我们将，尝试一种新的发展模式。

天津大学：徐秋寅　王雯秀　邓天怡　冯来萌　赵　阳　龙治至
指导教师：张　赫　米晓燕

福州大学：福州平潭北港村

一、心有所依

党的十八大报告提出建设美丽中国的宏伟目标，美丽乡村的建设将会有效地推进建设美丽中国的进程，实现美丽中国的伟大目标。

美丽乡村建设是一项全面的综合的系统的社会工程，按照十八届五中全会提倡的“五位一体”的标准来看，美丽政治，美丽经济，美丽社会，美丽生态和美丽文化等方面将成为我们为之努力的方向和目标！

二、北港情怀

听石头在海风里唱歌，“平潭岛，光长石头不长草，风沙满地跑，房子像碉堡”。流传在平潭的这首古老民谣，见证了平潭岛过去的荒凉，同时也道出平潭岛另一特色“石头厝”的由来。

走进位于平潭岛东北角的北港村，像是走进一幅古朴乡村的画里：青灰色的房、砖红色的瓦、彩色的窗、白色的路，花田交错、村民闲适。随便在路边找家茶舍或者咖啡店，就可以面对大海发呆一下午。

平潭，简称“岚”，俗称海坛，位于福建省东部，与台湾隔台湾海峡相望，是中国大陆距离台湾岛最近的地方，由以海坛岛为主的126个岛屿组成，主岛海坛岛也是著名的渔业基地。

平潭素有“千礁岛县”之称，平潭县境内有名称的岛屿126个，岩礁702个。宽阔的海域与外海大洋相连，众多的岛礁点缀其间，使海岛自然拥有秀丽迷人的海域风光。由于地质构造和海水侵蚀的影响，发育众多奇特壮观的海蚀地貌形态，既有平坦宽阔的海滨沙滩，又有数不胜数的象形奇异岩石。湖、海、沙、石相映成趣，奇、幽、险、俏引人入胜，构成独具特色的海岛风景线，博得文人墨客的吟咏赞叹。

三、匠心守望

第一北港拥有丰富的海景资源，传统的鱼米之乡，记忆中的梯田，多了一份乡愁。村内建筑主要排布沿滨海大道，依靠山体进行依次组织，是典型的海边乡村与山地乡村的典范，第二传统产业的特点鲜明，加之现代城市化的快速进程对平潭的影响，发展机遇与挑战并存，铸就了如今北港的村容村貌，进行相关有价值的研究与规划势在必行。在北港村，寻一间老屋，打造成温馨民宿，再养上一条狗，天天傍晚带出去散步。遇上渔民出海归来，买上新鲜海鱼几许，邀三五好友聊天叙旧，生活如此甚好。

山岚厝，海归南！创造一个更美好的北港乡村活力，打造更好的人居环境，我们努力着！

为了追寻北港的第一缕阳光，团队的成员们很默契地不睡懒觉，早早地发现北港清晨的倾国倾城。渔民们早就已经出发，去寻找潮起潮落间的一缕缕循环，虾米，大鱼，海棠花等你等一切美的事物。北港的清晨，携手走在乡间的小路上，享受都市生活缺少的一份宁静。

为期三天的调研，每一天都是不一样的体验，每天都是不一样的美景和陶醉，好像这里的美景将记录下你我奋斗的点点滴滴。

四、渔歌唱晚

竹风过雨新香，锦瑟朱弦，乱错宫商。樵管惊秋，渔歌唱晚，淡月疏篁。

村里现有两个渔港，分别是圣门前渔港和北港渔

北港优美的海景

可爱的老师与组长

日出而作

痴迷于日出的组长

专注于拍照的女生

港，随着村落的不断扩大和村里渔业生产的发展，两个渔港也随之不断修葺、扩建。港湾已经哺育了一代又一代北港村人，村民搏风击浪，在艰难的“讨海”生活中，目睹着村落的兴衰变化，也平静地走过了五百多年的历史。

五、恋驿石厝

在平潭，只要有村落的地方，就有石头厝，这些石头厝犹如画中景物，分布在海岛的各个角落。历经沧桑的石头厝见证了平潭的风雨历史，也曾登上《中国国家地理》杂志，别具特色的“石头压瓦片”建筑风格，成为平潭旅游的新名片。随着民宿产业的兴起和发展，许多民宿在这里落地，石头民宿得以改造，民宿也为当地村民带来了收入。此次“陌上客”入住在寨顶村的清境石厝，是该村第一家入驻的民宿，也是地理位置最好、景色最美的一家。

在整个调研过程中，我们亲切攀谈，通过问卷调查，深度访谈等方式，了解广大村民对北港村未来发展的展望和对现在生活的基本需求。同时团队成员们也对当地的地理环境、建筑环境、人口结构等进行了

深入的了解。

每天都会遇到不同的问题，只有解决问题才会走得更远。每天与同学们探讨现状问题及解决方案，同学们积极发表观点，更是相互促进的过程。

离开北港是不舍的，这是一份独特的记忆，庆幸遇见北港，这次北港之行，收获的不仅是汗水，更是希望美丽乡村的规划能够让北港渔村，获得新的活力与新的期待！

厝东南，驿石筑，渔歌晚！

同学们积极讨论

福州大学建筑学院城乡规划专业：黄　迪　方晓冰　陈明远　池小燕　刘子颖　杜一卓

西北大学：延安延长县安沟镇

一、乡遇（安沟印象）

1. 基本情况

安沟镇地处陕西省东北部、延安市东部、延长县城东南，距延安市72km，距西安市404km。政府驻地安沟村到延长县城沿201省道（渭清公路）路程约20.09km。安沟镇辖25个行政村，61个自然村，共计2806户，总人口9673人（常住人口4995人）。镇政府驻安沟村，是安沟镇的政治、经济、文化、社会服务中心。安沟村位于安沟镇版图中心偏西北，延河一级支流——安沟干流的中段偏下游位置。

2. 地形地貌

安沟地貌类型可以分为山梁系统和沟道系统。安沟地貌属黄土宽梁残塬类型，河谷地域大多为短梁、低峁地貌。登顶四眺，地面大体呈齐一的宽梁残塬。

实拍图

3. 人文特色

腰鼓

饸饹面

窑洞建筑

淳朴的乡民

二、乡愁（现状调研）

1. 调研方法

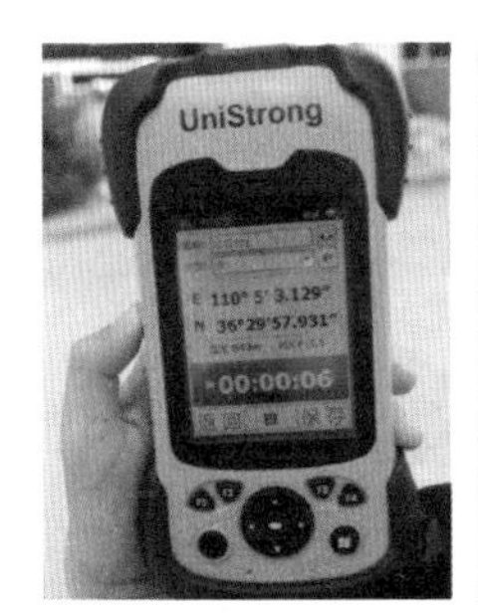

GPS 定位

无人机航拍

村主任座谈

村民问卷访谈

2. 调研过程

走过的山路：三周时间我们走完了全镇 25 个行政村内所有 61 个自然村。

我们走过这些路

进过的窑洞：我们采用问卷访谈的形式按照各村庄常住人口的 20% 进行随机入户调研，对各村基本情况都有较为详细的了解。

安沟镇各村庄居民基本居住在自家建设的窑洞中，窑洞主要类型分为石窑、砖窑、土窑，条件较好的家庭居住在新建的石窑和砖窑中，条件较差的村民居住在土窑中，有的窑洞甚至属于危房，亟待整修。

发生的故事：

帮村民抱抱娃

等下，我“偷”个苹果

山中“豪车”——旋耕机

饿了 ...

酷炫的出场方式

角落的山羊

牛群袭来

公鸡报晓

阿青村古城墙

苹果熟了

三、乡祈（规划愿景）

通过为期三周的暑期调研及十一期间的补调研，我们对安沟镇乡村发展现状的基本情况有了详细的了解。总结为以下几点：

1. 生活

（1）村民居住分散，如何实现城乡公共服务设施均等化？

（2）村民生活条件差，如何缩小城乡生活水平间的差距，尽量实现乡村生活“现代化”？

（3）空间结构不合理，如何实现生活空间功能更完善，结构与形制更合理？

2. 生产

（1）农户收入低，如何增加农民收入，提高劳动生产率？

（2）土地生产率低，如何通过合理利用土地、有效整治土地，从而提高土地生产率？

（3）农闲时间打工难，如何通过完善产业链，平衡农忙、农闲两阶段的劳动力？

3. 生态

（1）水土流失严重，如何通过规划手段，有效治理水土流失？

（2）生产生活受冰雹、滑坡等自然灾害的威胁，如何有效避免？

（3）水资源短缺，如何合理利用水资源，实现农业灌溉？

四、乡梦

希望我们的规划可以为安沟镇的乡村发展献计献策！

南京工业大学：青山——十里江村

南京浦口永宁街道青山社区河北村，听名字确实是个不起眼的小村子，放眼江浙沪，青山，河北的名字大概将将处于烂大街的边缘。

青山之山，约莫就是浦口的老山了，中国的民俗起名法一向直截了当，为何这地方比老山来更青一些，大概是这地方种苗木的更多些，沿着主路走过去，各色苗木苗圃的广告不少。

河北之河，就是紧邻村子的滁河。起先我对滁河的印象一直停留在小时候背《滁州西涧》的那种小小的静静的，挂着条泛舟垂钓的小船的河沟。

河是这样的河，船是这样的船，简单质朴得可怕。

仿佛是个调皮的小姑娘在和你说，你以为你看透我了么，我本该是千变万化，各个不同的。

一、寒来暑往——我们还在这里

细细想来，我们与这村子的缘分匪浅。去年寒冬时节的时候做社会调查，来了几次，而今年，在枝繁叶茂的夏日，我们又来了一回，也算是陪“你”看过冬夏，走过春秋了，寒来暑往，我们见证了这里的景色变化，深入了解村子的往来变迁和风土人情。

二、冬天的青山村，别样的风情

第一次来这儿的冬天，风大天冷，树都抖得没了叶子，手上还拎着调查问卷，所幸村民们热情得很，做调研问乡情的时候还拿来热水热毛巾给我们暖暖手，还有老人家捧来热的菜饭，让人看着就食指大动。

大约是村子临水的多，风吹着总觉得格外冷，但不得不说，景色也是真的好，这几处村子里的小潭颇有些冬日版的荷塘月色的感觉，仿佛是入了画。

离开这片塘的时候，有个年轻的乡人独立立地站在塘边着钓鱼，身影有些孤寂，大概正如他说得，不管怎么拆，怎么改都不是我生长的故土了。

这里的很多年轻人，工作在浦口高新区，每日往返城乡。还有的已经搬离了村子，只有父母还住在乡下。两人是儿时的玩伴了，而右一是我们的某傻队友，一场两兄弟间隔了有十多年的烧烤。烧烤的材料很简单，冬日里腌的腊肉片成薄片烤得透明就能吃，配上简单的蘸料咬上去真是满足，自己钓起的小鱼十分鲜嫩，只加些盐就美味异常。场地就在冬日枯水现出的河滩上，木头是各家都有的，不够时候随手都能捡到干枯的枝丫，凑着一堆火，烘着手，真是觉得暖上心头。

归去时，霞光满天，河水伴着夕阳，一群人漫步在河堤之上，看着眼前略有些荒败的村子，我们都陷入了沉思。

三、夏天的青山村——未来?

再次来到这，已经是今年的暑假。基于对这里的了解，这次村庄规划我们也选择了这个村子，未来这个村子该走向何方？是在城市化的洪流中消亡，还是重新焕发出别样的生机呢?

村里的各类产业也在蓬勃发展。粮食生产、蔬菜种植、苗木生产、传统渔业都在这片土地上共存，共同带动村民致富。

细细品味，这里的空间特色也让人着迷。朴实中又显得有点不同。

滨水空间：青山村最大的特色，就是处处皆有水。夏天水面高涨，草木丰沛，水啊树啊，构成了万般美妙的图景。

夏天的青山村田野

废墟也别有滋味：这里因为靠近城市，大量人口流失，荒废的房子中我们却看到了自然生长出来的独特的美。

村民的房子，甚至有些都颇有高级的清水混凝土的味道。

那片已经拆迁了的荒地，在不经意间，已经有了大自然这个开发商在风中撒来了花种，在人们都未曾留意的时候开出一片的波斯菊花海。

艺术与设计其实无处不在，关键在于一双发现的眼睛。

就像这个村子，在不经意间就有那么多东西美得让人不忍离去。不如归去，不如归去。

河北工程大学：北方瓷都的润土——邯郸市峰峰矿区彭城镇张家楼村

一、张家楼村简介

千里彭城，日进斗金，曾是这个北方瓷都最繁华的写照,张家楼村就隶属于这个千年古镇——“彭城镇”。

张家楼村位于彭城镇南部，坐落在太行山山脉之中，四面环山。整个村庄分为新村和古村两个部分，彼此泾渭分明。村中有一条古道，现在已经演变成从山涧中流淌出来的溪流，古村就分布在溪流的两岸。张家楼现有居民 2000 余人，耕地 1500 余亩，建筑面积 16043m^2，2016 年被评为河北省魅力古村落。

张家楼盛产“瓷土”，且土质在当时极为优良，给制瓷业提供了原料的保证，为昔日辉煌的磁州窑故乡——彭城镇做出了不可磨灭的贡献，被称为北方瓷都的润土。张家楼因此而具有一定的历史意义与研究意义。

张家楼古村河道两岸航拍

河道两侧的笼盔墙古建筑

二、张家楼现状基础

2014 年，以开发和打造古村落的张家楼国际陶瓷艺术公社在这里成立，期待以书画、音乐、陶艺等文艺工作室为主，结合张家楼本身的资源文化和周边文化将张家楼打造成集艺术、生态、旅游、度假于一体的归园田居。根据两年多的实施和运营情况来看，这一举措并不成功，到最后依然还是落俗于模板式的美丽乡村建设。张家楼需要一个活力点！

三、“走”

沿着新村的主干道行进，1.8—1.3m 左右的街道宽高比，使得视觉通常的同时，还有种空间的稳定感。街道的卫生保持的比较干净，偶尔能看到村中的环卫村民坐在门口乘凉歇息。整个新村的街道系统从有标牌来看就能看出还是相对较完善的，其中最大的亮点莫不是主干道两侧都有各家自种的小块菜地，还真是自给自足。

清代存留古宅

河北省魅力古村落标牌

笼盔材质的水坝

文化展示墙

老村当中能看见笼盔被广泛的运用在建造房屋之上，美丽乡村的建设还特意给许多的墙上刷了各式各样的时代印记。向当地村民还有游客静静的诉说着这个村落的历史。当然老村当中也少不了装潢不错的艺术公社。

四、“访”

前后好几次的调研，让这边的人儿总是能看到四小只背着包在村子里到处转悠、逢到无事的爷爷奶奶就得上去交流一番。通过和村民、艺术家、村干部等不同的人群的交流，逐步了解到了张家楼这儿有的不只是“瓷土”，还有硫磺、圆满路、馒头窑、四大怪、老缸调等各种本村特有的文化元素和资源，当然，作为一个传统的北方村落，这儿必不可少的还有诸如“赶会”的集体活动。

对村民来说：张家楼是他们的家乡，他们很希望看到自己的村子能越来越美好，人气越来越旺。

对村委会来说：张家楼是他们想要建设好的家园，他们也正在积极的参与美丽乡村的建设当中。

对艺术家来说：古村落的保护与开发是他们选择这儿的原因之一，同时也希望能带动这儿的经济发展。

下乡义诊的医生（左）
艺术家展览（右）

农活——村民捏谷子（左）
体验农具（右）

当地老师作画当中（左）
四小只合影（右）

五、调研认知

本次调研让我们看到了一个文化底蕴丰厚的村庄，她见证了北方瓷都的兴起、发展、高潮以及最后的衰亡。而“她”现如今和磁州窑的处境如出一辙。大量的年轻人外出打工，致使村庄的空心化现象异常严重，失去了年轻的血液，当地的特色文化、产品、手工技艺等都面临着消亡的尴尬局面。如何“因地制宜”依据当地现有的资源来解决张家楼村人口流失、产业结构、自然环境、历史文脉等是我们本次设计的终极目标，而不是一味的去套取现如今被广泛滥用的美丽乡村的建设手段——外包装。

河北工程大学建筑与艺术学院城乡规划系：刘 磊 白 鑫 郭若男 刘广平

华中科技大学：陶公渔火，钱湖人家

背景

陶公三村陶公村、建设村、利民村地处东钱湖西岸，三面环水的陶公山山脚下，环境幽静，是农耕时代宁波地区的水乡渔村。渔歌樵斧，扁舟柳堤，堪称中国乡村人居环境的理想模式。2013 年，陶公村获“发现中国最美村镇人文奖”，2014 年列入宁波市二批历史文化名村。

如今，《陶公村历史文化名村保护规划》已修编完成，规划定位为：东钱湖历史文化的重要载体、宁波市文化体验旅游目的地、浙东地区传统内湖渔村活化石，将以保护性修缮为途径，保护村庄历史文脉、传统功能和原住民生活的延续，让古村落之美延续下来，并焕发新的活力。

【东钱一隅】

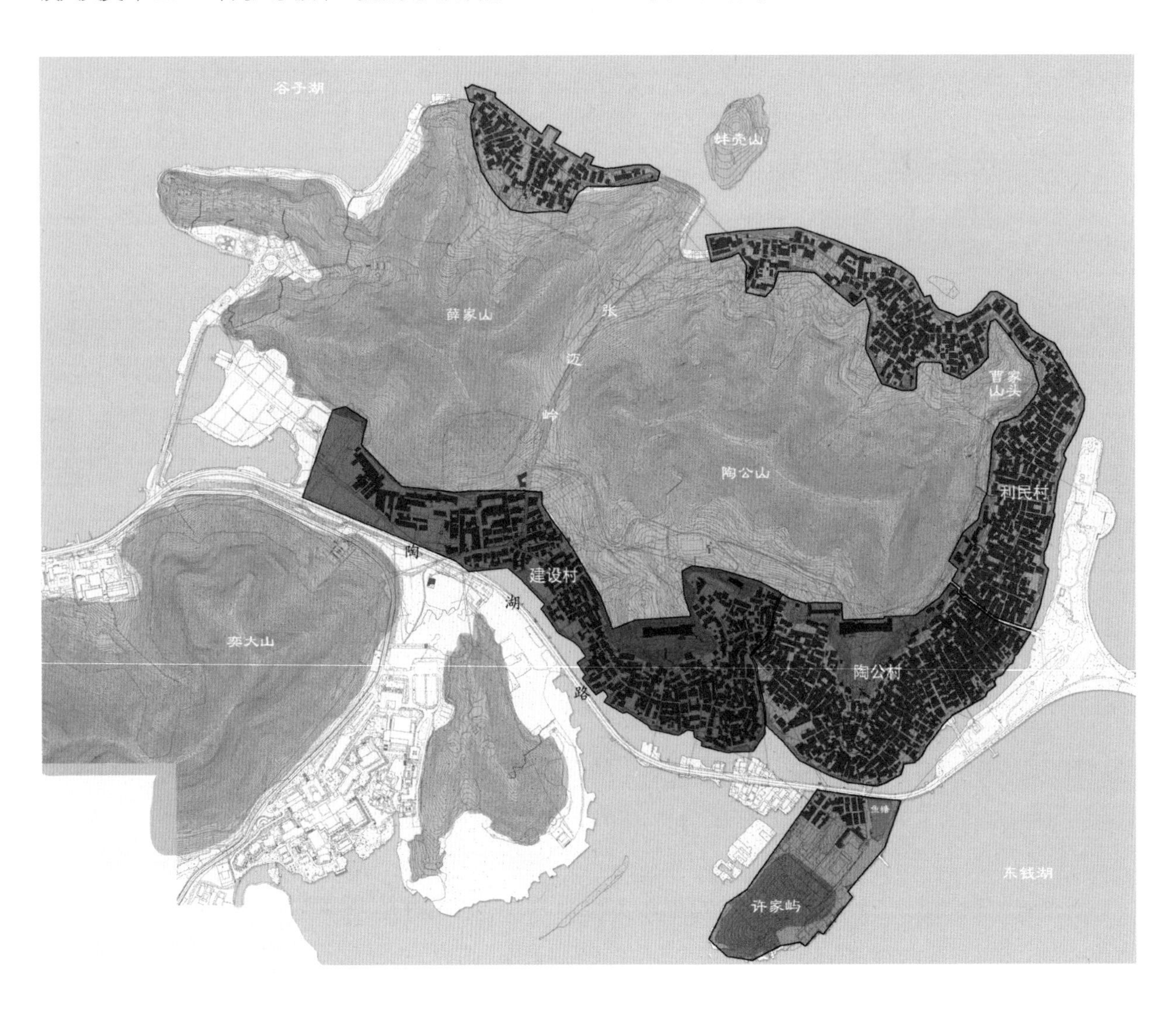

一、湖光山色，美丽传说

“扁舟去稳似乘槎，眼瞥轻鸥掠浪花。绝爱陶公山尽处，淡烟斜日几渔家。”——这是陶公村人日常生活的写照，扁舟泛湖，渔樵耕读，悠然自得。且吟且醉，参差人家，几缕斜阳，美如一幅画卷。

【初识陶工】

乘坐公交车从宁波市内来到陶公岛，一下车便被陶公岛原始的村落风貌吸引。宁静的湖面停着几条渔船，湖对面错落的民宅静静扎在山脚，远山苍松翠柏，云烟氤氲。山下的村落里，木石结构的明清老房子随处可见。

行走在陶公村里，十姓宗祠，雕梁画栋，戏台飞檐高翘；临水而建的老屋，黛瓦粉墙，雨檐回廊，青石板路，柳汀扁舟，自有一种青山隐隐，烟雨袅娜的江南风韵。

这里曾是范蠡与西施的诗意栖居地。鄞州忻氏家谱记载，范蠡助越王复国后，功成身退，与西施一叶扁舟下江湖，隐居于甬东大湖之畔伏牛山中，化姓为忻，以“陶朱公”自称。后经商成功，三致富而三散财，泽被四方。后人为纪念他，将他生活之地改名“陶公山”。

陶公忻氏独盛，如果在宁波街头碰到一个姓忻的人，他十有八九是东钱湖陶公村人。除了忻氏以外，许、王、朱、史、曹、徐、罗、陈、余、方十大姓，也聚居于这块风水宝地。各家各姓，以族为序，以祠堂为中心依次排开，构成了村庄最基本的肌理。

【所见所“闻”】

狭窄潮湿的青石板巷子传来丝丝凉意，随处可见透着阳光的鱼干带着繁琐而平凡的生活气，而这翻修一新的忻家祠堂和作为外来者的我们，又彰显着传统与现代的碰撞。我们不禁思索：

在这宁静的仿佛时间都慢了的小村子里，在这被外面的诱惑逐渐遗忘的村子里，到底如何继续走下去？

陶公大族忻氏宗祠

陶公村街巷实景

二、欸乃一声，网得鲜鳞

靠山吃山，靠水吃水，千百年来，陶公村人就以捕鱼为生。

停泊在屋前房后的渔舟，是村民们捕鱼捉蚌的工具。鱼儿欢腾入网，是大自然最丰腴甘美的恩赐。屋前柳汀，人家枕河，作为暂时承载收获的容器和屏蔽风浪的港湾，柳汀是陶公渔文化的鲜明代表。

沿湖人家，户户都有下湖的埠头，有些人家至今还置有小舟。陶公村与利民村的交界处，如今尚有几家卖河鲜的摊位，以河虾、排鱼、螺蛳为主。生鲜活鱼，透骨新鲜。清人有诗云："此地陶公有钓矶，湖山漠漠鹭群飞。渔翁网得鲜鳞去，不管人间吴越非。"

现在村里很多年轻人都到城里去生活工作，但也还有恋乡的村民们驻守村中，在渔业合作社组织下，东钱湖的渔业得到引导和支持。渔民们在树下湖边，捕鱼晒网，游船言笑，延续着渔村应有的面貌。

【生活剪影】

村委会里的越剧排练、小商铺门前打牌闲聊的老人、湖边的农家乐饭庄正要搭起架子、堂前散学回来的儿童三三两两嬉戏打闹，这是人们真正生活的陶公岛，世世代代以宗族为纽带，继承着老祖宗留下的文化与生活空间，又缓慢接收着外来的冲击。乘坐小普陀景区的人力车，听着骑车的老爷爷一边蹬着三轮，一边给我们讲那些堂前巷道的前世今生，仿佛历史在眼前重演，穿梭于崎岖巷道后，也仿佛做了场兴盛与式微的梦。

三、山水画境，诗和远方

被仙人和诗人眷顾过的地方，总会沾染些仙灵之气。一条老街，五里长巷，千年历史，半壁诗词。每走一段路，便会有一面墙，记载了历代文人骚客对陶公山、东钱湖的赞颂。

往日灿烂的诗词依然留在陶公村的粉壁上，日新月异的社会变迁下，宁波内湖东钱湖随着城市的发展扩张已然踏上现代化的快车道，各种旅游开发项目一点点将东钱湖蚕食。在现代化浪潮的冲击下百年陶公村的历史性、独特性和持久性正在受到前所未有的挑战。

文化上，陶公人数百年来赖以谋生的诗意渔樵的生活方式正在被经济回报更高的外出务工和在附近景区兼工所取代，与此同时作为渔村特色的传统渔业、手工业技艺无人继承，文化遗产存续的稳定性岌岌可危。

产业上，由于本村产业发展的吸引力不足，年轻人外流现象严重，平日里只剩老弱妇孺在家留守，村庄趋向空心化、老龄化，村庄事务少人管理，村庄独有的活力几乎消失殆尽。

空间上，村里许多老屋和公共空间无人打理，气派的宗祠大门紧锁，堂前空间杂草丛生，空间失落化、凋敝化现象严重，于此承载的千年古村文化被标本化，村庄记忆正在消逝。

陶公村谣今犹在，不见当年陶朱公。在今天的环境下探寻保护这片家园的独特的村落改造之路、文化保护之根、产业活化之道，让千年文化得到传承、延续，让“村二代”自愿回到家园、建设家园，让陶公村成为宁波诗意栖居的一片尘世净土，是新时代背景下我们应该认真思考的问题。

这是我们的家园，它破败不堪，堆积着被时间抛弃的垃圾。它也逐渐肩负起时代给予的崭新的功能、动力与意义。它承载的不仅仅是陶公岛人的集体记忆，也是无数外来人对渔樵耕织、血浓于水的质朴生活的憧憬。这是我们的家园，它是来路，也是归途。

村里手工箍木桶的大叔，他是附近村会这项手艺最后一人了

华中科技大学：王抚景　黄　劲　高健敏　刘炎锄

西安建筑科技大学：陕西省斜王上村

我们相信，乡村和城市一样，不过是承载幸福生活的另一种模式。

壹 · 归去

火车开动了。

载着四颗微倦又渴望的心，装着满满的照片与回忆。它清了一声嗓子，就任劳任怨地奔驰起来。广播响起了，景物后退了，有人入睡了。今天是 8 月 3 号，调研结束的日子。夜晚的高铁站有些梦幻，熠熠的电子钟提醒着过去的时光。

呆坐着，斜靠着，沉默着。突然像是春日划过的一声惊雷，有些事情又渐渐清晰起来。一起浮现的，不止是那历历在目的场景，一副壮丽的卷轴画在我们的脑海中缓缓地铺开来了。

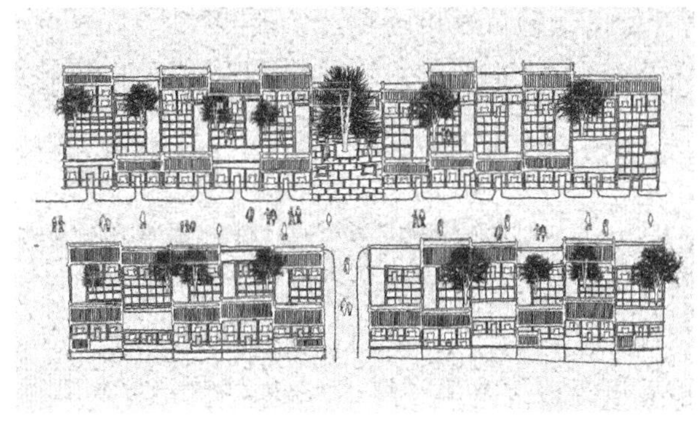

贰 · 村子

当汽车拐过杨凌大道的最后一个红绿灯，是我们乡行的真正起点。路边是赶集的人群，满载着苗木的卡车，抽着烟慢慢走的老人。闪过一些整齐的村组，一些挂着新刷油漆招牌的商店，远远就看见一座方陵，又看见一个写着“泰陵农家”的大院子，擦过一个化工厂，又拐了几个弯，直到区里整齐划一的村标志清晰地填满了车窗，推开车门，便到达斜王上了。

斜王上，本是两个村子，斜上村和王上村。相似的空间结构，相似的规模与产业，甚至连名字都重了一半，于是连起来称呼它们便成了情理中的事情。它们都猕猴桃遍地，它们都各自有一个道观，它们的童年都刻在了塬边的旧窑洞里。大略如彼，差别亦广，譬如，王上村在泰陵脚下，偶尔会有一些外地人来转转，但大概是没有太多人有雅致再走上一里路到斜上的。又譬如，斜上村的猕猴桃更好吃，在区里都叫得响名号，而王上的猕猴桃就黯淡了些许。斜上的村委会和幸福院换了新房子，办公开会宽敞多了，而王上的村委会和幸福院还在犄角旮旯里蜗居。就这样，在关中平原的中部，两个村子就相依相守，维系着某种固有的节奏与惯性。

在乡村里调研和生活，我们似乎忘掉了“文化”“文脉”这些大概念，似乎只剩下一沓沓调查问卷和一些

美丽的斜王上

活在自己世界的鸟

电子文档还在标示着我们的背景了。我们变得感性了，我们开始把精力分享给街边的每一株草，每一块砖，每一声空响，每一个微笑。这里的建筑是真实和坦率的，这里的植物是亲切和憨厚的，这里的人，是从容和自然的。街道上，是宜人的尺度，抬头远眺，还可以有诗和远方。真实的东西，有着质感，气味，用手抚摸，就是其所承载的日常生活与丰富故事。

没有城边村庄每日的喧嚣与面临消失的不安，没有大山深处村庄与世隔绝的寂寞与孤寂，这里的村庄依然看得见山，依旧望得见水，车行片刻就是卉物滋阜的城市，关门闭户便守得一方优雅与闲适。这正是一座村庄的福分。我们不想总是说，把村庄建的和城市一样漂亮，我们也不愿，迎风的野花开在新浇筑的混凝土上。因为我们相信，乡村只是有别于城市的一种人居环境类型，我们相信，乡村同城市一样，不过是承载幸福生活的另一种模式。

叁 · 隋泰陵

说起隋文帝，可能每一个稍微知晓历史的国人都会打起精神。结束了300年的战乱，建立了一统大王朝隋朝，创立了三省六部制度，废酷刑，行均田，创科举……似乎眼前就回荡着一个强盛王朝的影像，虎将狼师，九天阊阖，万邦来朝，稻粟满仓。

今天，这位皇帝的陵墓就在我们面前了。与想象中的不同，我们见过始皇陵的浩荡，见过唐乾陵的坦旷，见过明孝陵的幽蕴，可是今天，一位不逊于任何一位

调研路上的乐子：来和挖掘机合个影

调研路上的乐子

中国历史上帝王的皇陵，却在这古塬上遗世而立。边走边问，我们拨开了通过陵脚的野径。一间小庙，两座石碑，三声鸟啼，四名访客。傍晚的太阳褪去了早晨的青涩和中午的热情，变得恬淡和柔情。有那么一种错觉，时间在黄昏的时候，仿佛会变的慢一些，慢的竟和一千多年的光阴缠绕起来了。只是西边那一轮夕阳，她与这古陵邂逅不知多久了。她曾照在夯筑封土时匠人们的号子声上，她照在络绎不绝的祭客身上，她照在陵庙被毁的大火上，她照在那残砖剩瓦，断垣废梁上，她照在一次次重建的砖堆白灰上……历史，终于是老去了。而我们终于又回到了熟悉的环陵路，留下了几个拉长的身影，变细变长，和身后那座巨大的剪影，变得模糊，也终于看不见了。

远眺隋泰陵

隋泰陵前石碑

肆 · 面条和猕猴桃

面条，这种曾叫“汤饼”的主食，广泛存在于中国人的生活。尤其对陕西人来说，咥一碗地道的家乡的面，不仅仅意味着味蕾上的满足。肥沃的关中平原养育的小麦，制成的面劲道爽口，柔韧滋滑，饱含麦子特有的清香。肉，菜，蛋，油，百千种组合加在一起配料细炒，陕西人把这叫做“臊子”。寡淡的小麦与浓烈的“臊子”的碰撞，平凡的食材造就出非凡的味道。再配上本地特有的油泼辣子，便是给辛劳人们一天活力的慰藉。

在王上村的幸福院，张阿姨正熟练地给大家盛面。漫散着香气的小院里，坐着三三两两聊天的老人。谈起村子这些年的变化，张大伯聊起来话就没完没了，当然要除去把烟送到嘴里猛吸的那几秒。作为老陕的小蕊，收起了普通话和书记聊的正欢。而秦岭 - 淮河线以南的小熊，只能默默在一边乐呵呵地笑。面端上来了，大伙一个个摆开了阵仗。剥蒜的，搅面的，加辣子的，和着风扇调和成欢乐的味道。在这乡野里，在这没有一家面馆的村庄里，一个个大白瓷碗小心翼翼的盛着最地道的面食文化。一周的时间，笑颜如故，面却是没有一次重样。不吃蒜的壮壮，也渐渐吃上了瘾，剥起蒜就停不下来。每当这时，小扬就会打笑起来：“壮壮，别剥了，给我留两瓣吧！”

午饭罢后，便是斜王上一年最热的时刻了。从幸福院到住所的路边，满是绿浪般汹涌的猕猴桃林。一个个黄澄澄的果实套着纸袋，羞涩的探出脑袋。偶尔会看到路边停着一辆自行车，再细看会发现猕猴桃架

村中美食“面条”和斜王上特色农业“猕猴桃”

认真的在调研

回住所的路上

下有个半露的身影。春夏秋冬，收获不会一蹴而就，而付出却可以水滴石穿。眼前这看不到边的绿色，正是斜王上村民赖以生存的重要产业支柱。坐落于国家级农业示范区的西北农林科技大学，又为这些绿色插上了科技的翅膀。轻轻走过这抹绿色，我们郑重的按下了快门，祝它青春常驻。

伍 · 来兮

火车开动了。

载着四颗的年轻好奇的心，装着无数个憧憬的画面。它清了一声嗓子，就任劳任怨地奔驰起来。广播响起了，景物后退了，有人入睡了。今天是 7 月 27 号，

远眺南山

晴，早晨的阳光轻轻撒满地，云彩都很美。南山如屏，北塬似练，碧天如玉，沧田似毯。

“旅客朋友们，下一站是杨陵南站，请从该站下车的旅客做好准备。由于该站停靠时间较短，请未到站的旅客不要下车。Dear passengers，we are……”

关于我们团队

西安建筑科技大学：乔壮壮　熊泽嵩　李捷扬　沈　蕊

指导教师：段德罡　王　瑾　蔡忠原

浙江工商大学：浙江湖州东舍墩村

一、村落故事

东舍墩村是个有故事的村落。从新石器时代辉山遗址，现藏博物馆的文物玉琮，开始了这块土地的文明曙光。民国时蚕桑兴起，即使后期蚕桑行业发展衰落，也以国家级非物质文化遗产的“扫蚕花地”和省级的汤小娥传统蚕花剪纸一代又一代的传承下来。恢复高考后享有“状元村”的美誉，是村民们口口相传的骄傲。

二、初识东舍墩村

去调研的时候，东舍墩老村是一片沉寂的荒凉景象。因为新村建立，八成的村民搬入新村，导致老村房屋闲置。富营养化的水体，蒙上厚灰尘老化的渔船，桑田的废置浪费了东舍墩村的自然禀赋。我们秉着协助东舍墩村实现乡村振兴迈出第一步的虔诚的心进行了此次调研。

三、再识东舍墩村

1. 生于水

东舍墩村天生向水而生，有着悠久历史的古榆树下，老奶奶亲切地跟我们描述着这里曾经是一条蜿蜒的河流，是他们这里老一辈童年记忆的归属。即使这里变成了宽阔的马路，那条河流也流淌在他们的心里。

东舍墩村外围环水，水埠头、渔船、渔网即使现在空落落的，沉淀在那里长长的时光厚重感使他有着兀自发光的能量。跟村委会的人交流讨论的时候，他们会说，水是东舍墩的源，如今的东舍墩村主要产业也是以特种水产养殖为主，但他们也希望有一种生活的联系，他们想要构筑一条环河的滨水步道，将东舍墩的前世今生联系起来。村委会的人们、古榆树下的村民们，老屋前的老人们，他们都说“不能忘本”。

辉山塔

废弃的老房子

河埠头

老榆树的记忆

老奶奶

闲置的渔船

2. 养于桑

古诗中说“故人具鸡黍，邀我至田家。绿树村边合，青山郭外斜。开轩面场圃，把酒话桑麻。”感觉像是为东舍墩村描绘的一幅画，应该是这里的人们曾经都熟悉的画面。很多家门口还摆有闲置放蚕桑的竹扁。村委会的人们告知我们他们一年会大概组织两次有关蚕花剪纸的交流会，一年一次扫蚕花地仪式，很遗憾的是能够积极参与的人越来越少了，但是对于东舍墩村，这是一种必须的仪式，东舍墩村需要这种仪式感。而我们也认为文化复兴对于东舍墩村振兴是至关重要的一环。

村委会交流

微笑的老奶奶

3. 崇于文

东舍墩村旁边的清代古建筑辉山塔刚修饰一新，背面三个山仿佛一支笔架，而塔像是一支笔夹在其中，意蕴这里文风兴盛。村委会的人们说起出自村庄的大学生们，眼睛里都是掩饰不了的骄傲。“再穷不能穷教育”是他们质朴的话语。我们希望崇文重教的这份心情会成为联系新老村的纽带，让东舍墩村拥有同一个精神凝聚在一起。

4. 安于室

村委会的人们说，留在老村的人们大部分都是老人，他们眷恋着几十年朝夕相处的老屋，怀念从中匆匆流逝的时间。即使搬走的人们，内心也不愿拆迁老屋，他们都很担心，老村会不会就这么消失掉了。我们根据这个现状，我们拟了对于老村闲置建筑自治、出租、村民共建进行再利用方法的问卷调查，得出93.4%的村民们愿意出租建筑，92.7%希望保留老村建筑。他们向我们声明“老村是他们的根，不愿意舍弃”。

四、调研东舍墩村

为了能更准确的对东舍墩村的乡村振兴定位、功能、发展策略等把脉，以便更好地进行差异化发展，挖掘该村的地域化特色，之后我们跟随老师去了附近的莫干山度假区——庾村 1932 进行周边环境、市场和景观风貌等调研。

庾村 1932 是个很有情怀的地方，它是集文创、度假、洋家乐多功能为一体的旅游休闲度假区。区别于此，我们希望东舍墩村能够发挥自身的生态自然禀赋，以及文化特色走出老村振兴的第一步。

莫干山庾村 1932 调研

在调研的尾声，大家聚在一起讨论了调研期间的一些想法。第一次参加这种竞赛，大家都很生疏很拘谨，提出来的想法也不是很成熟，老师们却认真倾听了我们的想法，与我们交流，给予了许多很好的意见，让我们抓到了一些好灵感的尾巴。在七月的盛夏，即使辛苦，那些走过的路，流淌过的时间也成了心中星星碎碎的阳光，闪耀不已。

调研后整理

浙江工商大学旅游与城乡规划学院：HIGHFIVE
王奕苏　陈　希　陈　伊　叶诗宇　金　园

西北大学：到青龙寺村去

从山上远眺青龙寺村，山和村交错交织，
演绎着人与自然的和谐旋律

一、规划背景

根据中共汉中市委办公室、汉中市人民政府办公室发布的《关于推进美丽乡村建设的实施意见》，城固县原公镇青龙寺村被确定为美丽乡村市级标杆村，以建设“村新、景美、业盛、人和”为主要目标，把握“集休闲、观光、旅游示范点为一体”的定位，按照“空间优化形态美、全域绿化生态美、村容整洁人居美、设施配套服务美、乡风文明和谐美、产业富民生活美”的要求，将青龙寺村打造成“城固县花果山、汉中世外桃源”。

城固县城以北18km，秦岭浅山区，有一村庄，村内有一古寺遗址，为青龙寺，村口有一水库，水库边的骆驼坡绵延不断，时隐时现，坡上绿树茵茵，酷似一条青龙，因此村庄得名青龙寺村。

青龙寺村既不是历史悠久的古镇名村，也不是创新产业、文化产业集聚的乡村新宠。它只是陕南地区，秦岭脚下众多山村中的一员。与众多山村一样，面临着城乡发展过程中人口流失、产业乏力、资源浪费等问题。西成高铁即将通车，在城固县设置站点，为城固县周边乡村旅游发展带来了可能。也为青龙寺村带来了发展的契机。青龙寺村的发展离不开秦岭的自然山水，古寺禅意，更离不开秦岭脚下的片片橘园。

二、山水禅意

金秋九月，我们从西安出发，穿越秦岭，向原公镇青龙寺村进发。连绵的秦岭，让关中与陕南相望。岭之北，气候偏冷少雨，而岭之南，气候湿润宜人。青龙寺村就位在秦岭之南浅山区。在绵延秦岭引导下，村庄随山就势，与自然完美融合。

秦岭南麓流淌着无数的溪流，沉积成泉，青龙寺水库的建设，将秦岭山泉留在了村口。一进村，就能看见一池沁心的凉，水面阳光点点，偶有水鸟略过，衔起一尾鱼，飞向远方，消失在一片山水绿色中。水库修建之初是用于农田林地灌溉，而随着乡村旅游的发展，青龙寺水库褪去了最初的灌溉功能，成为青龙寺村的特色名片，村庄发展的宝贵资源。

三、青龙古寺遗址

时光荏苒，青龙古寺早已变为了青龙寺古寺遗址，古寺原貌已无法考证，只余传说口口相传。而新的寺庙又在建设，汉白玉的宝箧印塔在阳光下熠熠生辉。继承延续的是山水间不变的悠悠禅意。

四、印象橘乡

调研过程中，观察、倾听和感受，是我们的主要工作。观察村民的生活，倾听他们的故事，感受乡村不同于城市的氛围。通过观察，倾听和感受，思考乡村转型发展过程中真正的需求是什么，村民真正需要的是怎样的乡村规划。

青龙寺村离不开秦岭的山水和禅意，青龙寺村村民的生活离不开橘园的丰收。橘园，既是青龙寺村的过去与现在，也连接着青龙寺村的未来。谈到橘园，村领导和村民总有着说不完的话题。

阳光下的宝箧印塔

乡土建筑——破败却不失乡村的韵味

劳作——辛劳却不失乡村的活力

笑

生活——质朴却不失乡村的温情

唠家常的老人

午饭前的忙碌

五、醉美橘园

村民骄傲地说着青龙寺村橘子年产量2000多万斤，产值1600多万；说着橘叶、橘壳、橘丹、橘梗的药用价值；说着来钓鱼、摘橘子、爬山的城里人；说着批发收购橘子价格低的困惑；更说着乡村旅游的发展带动村里的柑橘产业转型发展的美好憧憬。

面对青龙寺村的山山水水，漫山遍野的橘林，和乡村人淳朴的笑容，我们在思考：城市化导致乡村经济和社会的发生变迁，到底需要怎样的乡村空间来承载乡村和乡村人的未来？

倾听

探讨

大树下的沉思

西北大学：袁洋子　孙圣举　程　元　侯少静　屈婷婷　李海峰

指导教师：李建伟　沈丽娜

西交利物浦大学：苏州同里湖南村

一、柳暗花明又一“村”

“湖南村？那一定是湖南省的一个村子喽。”“非也！非也！”多少人只知其表而不知其里，方才闹了这般笑话。恰逢今日有缘，那不才便为大家介绍一下这埋没于千年古镇之中的一座水上明珠。湖南村是一座位于江苏省苏州市吴江区同里镇东南侧方圆2000多亩的自然村落，属叶建村委员会统一实施行政管理，户籍人口约700余人，紧临著名的国家五A级景区同里古镇。“湖南村”之湖是位于村落北部的一潭天然碧波名曰南星湖，而“南”则表湖之南畔，固美其名曰“湖南村”。从上位规划来看，湖南村位于同里生态旅游度假区，北望国家农业示范基地，东临汾湖休闲旅游度假区，西倚东太湖旅游区，同时自身处在自然乡村带与水乡生态廊道之上。因此，其具有得天独厚的农业，生态以及自然旅游资源。

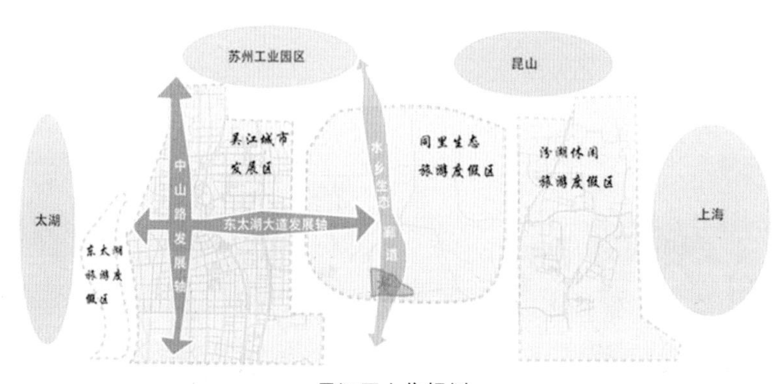

吴江区上位规划

二、“村”色满园关不住

除了得天独厚的区位优势之外，湖南村自身资源也颇为丰富。南星湖这一天然的水源地不仅孕育了美不胜收的湖光水景，丰富的绿植与物种，同时也为辛劳的村民们带来大自然的馈赠。南星湖为水产养殖户带来丰收的喜悦，为水稻田的成片种植提供契机，为果蔬种植提供源源不断的灌溉水源。湖南村不仅自然资源丰富，也是一座富有历史文脉的村庄。圩田，这一江南地区古老的耕作方式，在湖南村的脉络之中还依稀可见。河畔还留存着些许极富当地建筑风格的老房子，在村子的东头留有一座被确立为苏州市文保建筑的余家湾船坊，见证着当年此地川流熙攘的一片繁荣景象。

三、“村萧”不得处，唯有鬓边霜

纵然有再多的本土资源，无奈生不逢时，在城市资本的扩张下，如今湖南村也面临着其他普通乡村所面临的空心化问题。原有紧密的社会结构被无情撕裂，导致现在的湖南村从上到下难以团结与振作起来共渡难关，村庄面临衰败。年轻人为追求城市方便快捷的生活而独在异乡为异客，只留年迈的父母翘首每逢佳节倍思

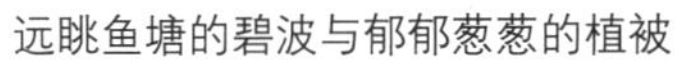

远眺鱼塘的碧波与郁郁葱葱的植被　　颇有韵味的古朴建筑见证着历史变迁　　郁郁葱葱的乔木与自由嬉戏的鸭子

亲。原来的邻居举家搬迁进了城，只留下残垣断壁在乡间。原本清澈的河流也堆满了深深的乡愁而无人问津，池塘里的鱼儿有时难耐这乡愁的苦涩而纷纷死去。村里的稻田日渐稀少 换来的却是田埂上过膝的杂草。湖南村的未来如何是好？谁又能给出一剂良药？

四、妙手回“村”

村庄本不需要规划，而是需要治理。农业是农村的根，农民是农村的本。在城市化和现代化的大潮中，湖南村的病根在于农民对农业与农村从心底上的摈

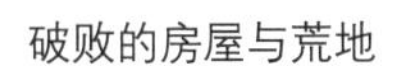

留守村里的老人和孩子　　破败的房屋与荒地　　水体富营养化的河流与池塘

弃，并非短期的表面规划建设可以永久治愈的。正所谓，授之于“鱼”不如授之于“渔”，治疗乡村发展恶疾的良药其实蕴藏于当地村民的智慧中，规划师的角色已不再是代替他（她）们规划一片蓝图，而是引导村民绘制自己心中的美丽乡村并去实践之。因此，规划团队在导师的指导下如火如荼地展开了一场协作式规划。

在炎炎夏日里，规划小组成员头顶烈日挨家挨户的走访调查，与村民们聊生活，谈未来，感受当地的风土人情、传统习俗与社会构架。村民们在规划团队的引导下渐渐放下了心理负担，打开了话匣子。很多村民虽然年事已高，但笑起来却跟孩子一样单纯。成员们都晒得面红耳赤，但他（她）们永远是最美的。看到这一幕，心里无比欣慰。

艳阳下走访的小组成员们

在规划过程当中，团队成员不断地到湖南村进行考察，详细询问村民的想法，把他（她）们心底最迫切但又没能力说出来的想法挖掘出来，规划小组成员在中外导师的悉心指导下彻夜工作，揣摩分析村民们的想法并落实在规划方案上，并且在村里组织工作坊便于村民们对规划方案随时提出意见。

规划跟着村民的心

在最后阶段规划方案出炉之后，小组成员向村民村委和同里镇主管部门做了汇报，村民们纷纷赶来村委聆听他们自己的心声。看到多元的规划利益相关者对团队几个月来的辛勤工作和付出予以了肯定，也看到村民们对湖南村的未来重拾信心，大家感到付出得到了应有的价值体现。

小组成员向村民及相关部门汇报成果

五、“村”风又绿江南岸

从炎炎夏日的七月，到金秋送爽的九月，再到寒风凛冽的十一月。在这短短的五个月中，西交利物浦城市规划与设计系的参赛小组成员在导师团队的悉心指导与鼓励之下努力完成了这次协作式规划方案，此次参赛是将协作式规划的理念用于中国乡村的一次全新尝试，同时团队也深知西方规划理论的地域局限性，因此在参与方式、组织形式、交流途径和参与地点等等细节上都做了深思熟虑的地方化考量，比如充分利用当地享有威信的村民的组织力量，使用浅显易懂的语言或图示表达规划想法等等，从而使这次规划的过程与结果充分体现“以人为本”和“立足乡村”的思想。最后衷心感谢此次竞赛的举办方所提供的平台以促使国内各大院校共聚一堂交流经验，感谢湖南村父老乡亲们的一腔热情，感谢西交利物浦大学城市规划与设计系的参赛成员与指导老师的辛勤工作，愿我们的积极参与能为中国乡村的未来发展贡献一份微薄之力。

规划团队三大核心导师

西交利物浦大学：忻晟熙　罗燕南　周　翔　陆思羽　刘梦川　王　琦
指导教师：钟　声　王怡雯　Christin Nolf

第三部分

基地简介

全国 71 个村落基地列表

全国 71 个村落基地列表

全国自选基地的来自 36 所高校的 74 个参赛团队，选取了遍布全国 20 个省、直辖市和自治区的 71 个村落基地。详情请见下表。

序号	基地
1	安徽省马鞍山市当涂县黄池镇杨桥村
2	江苏省苏州市吴江区同里镇湖南村
3	深圳市罗湖区梧桐山村
4	贵州省铜仁市杨桥乡车坝村
5	浙江省宁波市奉化溪口镇石门村
6	天津市宝坻区郝各庄镇东郝各庄村
7	天津市宝坻区口东街道西河口村
8	江苏省南京市浦口区青山村
9	河南省新乡市西平罗传统村落
10	河北省邯郸市张家楼村
11	浙江省温州市平阳县鸣山村
12	福建省福州市平潭北港村
13	福建省三明市将乐县大源乡肖坊村
14	福建省三明市建宁县水尾村
15	浙江省宁波市鄞州区陶公村
16	湖北省黄梅县停前镇潘河村
17	湖北省黄冈市蕲春县畈上湾村
18	江西省井冈山市长望村
19	浙江省湖州市长兴县林城镇新华村与畎桥村
20	天津蓟县大峪村
21	广西河池市巴马县
22	天津宝坻区小甸村
23	天津市蓟州西井峪村
24	广东省韶关市翁源县青云村
25	陕西省西咸新区孙家堡村

续表

序号	基地
26	陕西省西安市蓝田县葛牌镇石船沟村
27	陕西省西安市咸阳市严家沟村
28	陕西省西安市杨凌区斜王上村
29	陕西省商洛市柞水县营盘镇朱家湾村
30	甘肃省天水市清水县贾川乡梅江峪村
31	陕西省西安市临潼区杨家村
32	陕西省西安市杨凌区上川口村
33	辽宁省沈阳市石佛寺村
34	陕西省西安市长安区南豆角村
35	浙江省湖州市德清县莫干山镇筏头老街
36	河南省南阳市寺庄村
37	河南省南阳市宛城区黄台岗镇三十里屯
38	湖南永州江永县兰溪村
39	广西壮族自治区南宁市西乡塘区美丽南方行政村
40	广西壮族自治区北海市涠洲镇北港仔村
41	陕西省汉中市城固县原公镇青龙寺村
42	陕西省延安市延长县安沟镇
43	贵州省铜仁市石阡县铺溪村
44	贵州省石阡县聚凤乡廖家屯村
45	河南省洛宁县下峪镇后上庄村
46	河南省洛阳市宜阳县张乌镇苏羊村
47	甘肃省临夏市东乡县五家乡下庄村
48	青海省西宁市积石山县大墩村
49	湖北省武汉市黄陂区仁和村
50	浙江省湖州市钟管镇东舍墩村
51	湖南省湘西自治州吉首市齐心村
52	湖南省邵阳市新邵县温泉村
53	湖南省邵阳市新邵县仓场村
54	安徽省蚌埠市禹会区冯嘴村
55	湖北省武汉市蔡甸区老湾村
56	湖北省洪湖市老湾乡柯里湾
57	江苏省徐州市铜山区柳泉镇塔山村

续表

序号	基地
58	湖南省岳阳市平江县福寿山镇白寺村
59	湖南省长沙市浏阳市沿溪镇花园村
60	湖南省长沙市浏阳市永和镇升平村
61	浙江省平湖市新埭镇鱼圻塘村
62	湖南省安化县梅城镇铺坳村
63	浙江省杭州市萧山区浦阳镇江西俞村
64	上海市奉城镇东新市村
65	上海市金山区亭林镇后岗村
66	江苏省苏州市吴中区七都镇开弦弓村
67	江苏省张家港市凤凰镇支山村
68	江苏省苏州市东山镇双湾村古周巷
69	河南省新乡市小店河村
70	陕西省汉中市勉县老道寺张家湾村
71	重庆市开州区九龙山镇双河村